化学感官转导机制

Chemosensory Transduction

The Detection of Odors, Tastes, and Other Chemostimuli

[德] 弗兰克·祖弗（Frank Zufall）
[美] 史蒂夫·D. 芒格（Steven D. Munger） 主编
张建勋　刘俊辉　张启东　毛　健　范　武　译

中国科学技术出版社
·北　京·

图书在版编目（CIP）数据

化学感官转导机制 /（德）弗兰克·祖弗 (Frank Zufall),（美）史蒂夫·D.芒格 (Steven D. Munger) 主编；张建勋等译. -- 北京：中国科学技术出版社，2025. 4. -- ISBN 978-7-5236-1361-0

Ⅰ. Q5；Q7

中国国家版本馆 CIP 数据核字第 2025Q99S63 号

著作权合同登记号：01-2023-2467

译　者	张建勋　刘俊辉　张启东　毛　健　范　武

策划编辑	王晓义
责任编辑	周　婷
封面设计	郑子玥
正文设计	中文天地
责任校对	邓雪梅
责任印制	徐　飞

出　版	中国科学技术出版社
发　行	中国科学技术出版社有限公司
地　址	北京市海淀区中关村南大街 16 号
邮　编	100081
发行电话	010-62173865
传　真	010-62173081
网　址	http://www.cspbooks.com.cn

开　本	787mm × 1092mm　1/16
字　数	516 千字
印　张	27.5
版　次	2025 年 4 月第 1 版
印　次	2025 年 4 月第 1 次印刷
印　刷	河北鑫玉鸿程印刷有限公司
书　号	ISBN 978-7-5236-1361-0 / Q · 289
定　价	96.00 元

目　　录

第 9 章　纤毛贩运转导分子

第 10 章　犁鼻器受体：V1R、V2R 和 FPR

第 11 章　犁鼻器转导和细胞信号

第 12 章　比较嗅觉转导

第 3 部分
味觉转导

第 13 章　G 蛋白耦联味觉受体

贡献者

巴里·W. 艾奇（Barry W.Ache）

佛罗里达大学惠特尼海洋生物科学实验室，美国佛罗里达州圣奥古斯丁；佛罗里达大学生物学与神经科学系，美国佛罗里达州盖恩斯维尔；佛罗里达大学麦克奈特脑研究所嗅觉与味觉中心，美国佛罗里达州盖恩斯维尔

休伯特·安瑞恩（Hubert Amrein）

得克萨斯农工大学健康科学中心医学院分子与细胞医学系，美国得克萨斯州布莱恩

青木真理（Mari Aoki）

萨尔兰大学医学院药理学与毒理学系，德国洪堡

迈克·贝伦斯（Maik Behrens）

德国波茨坦–雷布吕克人类营养研究所分子遗传学部，德国努特塔尔

乌尔里希·伯姆（Ulrich Boehm）

萨尔兰大学医学院药理学与毒理学系，德国洪堡

巴勃罗·查梅罗（Pablo Chamero）

萨尔兰大学医学院综合生理学与分子医学中心生理学系，德国洪堡

伊丽莎白·A. 科里（Elizabeth A. Corey）

佛罗里达大学惠特尼海洋生物科学实验室，美国佛罗里达州圣奥古斯丁；佛罗里达大学麦克奈特脑研究所嗅觉与味觉中心，美国佛罗里达州盖恩斯维尔

萨米·达马克（Sami Damak）

雀巢研究中心，瑞士洛桑

克里斯托弗·H. 弗格森（Christopher H. Ferguson）

约翰·霍普金斯大学生物学系，美国马里兰州巴尔的摩

比尔·汉森（Bill Hansson）

马克斯·普朗克化学生态研究所进化神经行为学系，德国耶拿

伊原小夜子（Sayoko Ihara）

东京大学农学与生命科学研究院应用生物化学系，日本东京；日本科学技术振兴机构 ERATO 化学感觉信号研究项目，日本东京

苏·C. 金纳蒙（Sue C. Kinnamon）

科罗拉多大学医学院耳鼻咽喉系，美

国科罗拉多州奥罗拉

西格伦·科尔辛（Sigrun Korsching）

科隆大学遗传学研究所生物中心，德国科隆

郭宗翰（Tsung-Han Kuo）

斯克里普斯研究所分子与细胞神经科学系，美国加利福尼亚州拉霍亚

沃尔夫冈·迈尔霍夫（Wolfgang Meyerhof）

德国波茨坦－雷布吕克人类营养研究所分子遗传学部，德国努特塔尔

史蒂夫·D. 芒格（Steven D. Munger）

佛罗里达大学嗅觉与味觉中心，美国佛罗里达州盖恩斯维尔；佛罗里达大学药理学与治疗学系，美国佛罗里达州盖恩斯维尔；佛罗里达大学医学部内分泌、糖尿病与代谢科，美国佛罗里达州盖恩斯维尔

新村良仁（Yoshihito Niimura）

东京大学农学与生命科学研究院应用生物化学系，日本东京；日本科学技术振兴机构 ERATO 化学感觉信号研究项目，日本东京

二宫祐三（Yuzo Ninomiya）

九州大学齿学研究院口腔神经科学部，日本福冈；九州大学味觉与嗅觉传感研发中心感觉生理学分部，日本福冈

格雷戈里·M. 帕斯克（Gregory M. Pask）

加州大学河滨分校昆虫学系，美国加利福尼亚州里弗赛德

纳杜里·R. 普拉巴卡尔（Nanduri R. Prabhakar）

芝加哥大学生物科学部整合生理学研究所与氧感应系统生物学中心，美国伊利诺伊州芝加哥

安南达桑卡尔·雷（Anandasankar Ray）

加州大学河滨分校昆虫学系，美国加利福尼亚州里弗赛德；加州大学河滨分校整合基因组生物学研究所，美国加利福尼亚州里弗赛德

伊万·罗德里格斯（Ivan Rodriguez）

日内瓦大学遗传与进化系，瑞士日内瓦；日内瓦大学神经科学中心，瑞士日内瓦

重村德仁（Noriatsu Shigemura）

九州大学齿学研究院口腔神经科学部，日本福冈

杰伊·P. 斯莱克（Jay P.Slack）

奇华顿科技研发部，美国俄亥俄州辛辛那提

马克·斯佩尔（Marc Spehr）

亚琛工业大学第二生物研究所化学感应系，德国亚琛

丽莎·斯托尔斯（Lisa Stowers）

斯克里普斯研究所分子与细胞神经科学系，美国加利福尼亚州拉霍亚

高井新吾（Shingo Takai）

九州大学齿学研究院口腔神经科学

部，日本福冈

东原和成（Kazushige Touhara）

东京大学农学与生命科学研究院应用生物化学系，日本东京；日本科学技术振兴机构ERATO化学感觉信号研究项目，日本东京

温淑萍（Shuping Wen）

萨尔兰大学医学院药理学与毒理学系，德国洪堡

迪特尔·维歇尔（Dieter Wicher）

马克斯·普朗克化学生态研究所进化神经行为学系，德国耶拿

吉田隆介（Ryusuke Yoshida）

九州大学齿学研究院口腔神经科学部，日本福冈

赵海清（Haiqing Zhao）

约翰·霍普金斯大学生物学系，美国马里兰州巴尔的摩

前　言

我们获取的有关这个世界的几乎所有信息都是通过我们头部的小孔——眼睛、耳朵、鼻子、嘴完成的。我们的大脑位于坚硬头颅内部受到保护，并且浸没在温暖的盐水溶液中。我们依赖感觉器官获取有关这个世界的信息。在这些头部小孔中，每个都有一片进化产生的专门组织而对特定物理刺激异常敏感，如电磁波（影响视觉）、机械气压（影响声音），以及丰富多样的化学物质（影响嗅觉、味觉）。

然而最为重要的是，所有这些物理刺激——辐射、压力或环境化学物，永远不会进入大脑，只有它们发出的信号被传递至大脑。这个将物理刺激转变为神经信号过程的工作由我们感觉器官组织的特定细胞完成。这是一个被称为转导的过程，也是其魅力之所在。所有涉及嗅觉和味觉的奇妙感觉——食品的美味、焚香的美感，以及我们生活中印象极其深刻的情感往事——都是首先通过这些辛勤劳作的微型细胞器转导的。进化巧妙利用多种方法使该过程发生。大多数方法都涉及不同种类的蛋白质，它们以周密协调的步骤合作将一个捕获的分子转化为一个可被大脑读取的微小电压变化。

所有这些科学知识都将在这本不同寻常的书中被详细、透彻地讨论。化学感觉作为一门学科是如此有趣，以至于几乎所有我们熟知的、扮演转导功能的机制都被包含在感受环境化学物质的一个或另一个感官系统中。传统上，我们将之仅作为嗅觉和味觉看待，不过事实上它们更为广泛多样。我们所称的嗅觉和味觉事实上是由许多以不同方式工作的感觉构成的集合体。这些不同的机制将是本书各章讨论的主题。

介绍一点历史。嗅觉和味觉转导研究在很多方面宣告了现代化学感官研究纪元的到来。应用源于 20 世纪 80 年代分子生物学和电生理学上的复杂技术，人们发现了第一个复杂的化学转导机制。这些研究的重要性在于，它们表明化学感觉的作用过程与大脑中的其他许多信号系统类似，因而并非那么怪异。我们从大脑和其他感官系统获得的东西可以直接应用于嗅觉和味觉，反之亦然。这一领域的研究已经成为神经科学的主流。所有这些研究最终促成了具有重大意义的发现：1991 年哺乳动物气味受体的发现、1999 年昆虫受体的发现和 21 世纪初基本味觉受体的发现。在一个对科学而言短得惊人的时间内，化学感官研究从一个神经科学的死胡同跨入了神经科学极为激动人心的前沿。如同本书要展示的，如今它仍处于神经科学的前沿。

然而，就我这个过来人看来，最令人惊叹的，莫过于一本关于嗅觉与味觉转导的专著若在 10 年前出版会多么不同。我认为，这本书中至少有 10 章内容在 10 年前根本无从谈起——那时我们对这些领域知之甚少。当然，所有章节都含有 10 年前不曾想象的内容。

这种高速进展能否持续？这本书很快会过时吗？希望如此吧。我期望书中的内容能激起年轻的读者、研究生或博士后的兴趣，使其发现无穷的机会，并着手下一个 10 年不曾想象的发现。我期待着下一本的诞生。

斯图亚特·法尔斯坦（Stuart Firestein）

美国纽约，2015 年

编者序

化学刺激物能够告知人们食品的口感、安全性和营养价值信息，使人们警惕可能存在的捕食者或其他危险，并引导人们的社交往来。所有动物都会利用多种机制来识别外部和内部环境中存在的化学物质信号，并将其转化为生物体能够作用的神经或内分泌响应。在过去的 30 年中，这个被称为化学感官转导的过程日益成为人们关注的焦点。本书的目的即为研究它们的详细信息，以及其是如何将人们与外部的化学物质世界联系在一起的。

我们都对脊椎动物和非脊椎动物如何利用多样化的化学感觉转导机制感知复杂的化学物质世界有长期的兴趣。我们的研究项目（和我们超过 15 年的合作）都侧重于对哺乳动物化学感觉起关键作用的感官转导机制的研究。此外，我们还长时间研究节肢动物的嗅觉，并对所有动物在嗅觉和味觉功能上表现出的差异有浓厚的兴趣。因此，当学术出版社 / 爱思唯尔的高级组稿编辑梅兰妮・塔克（Melanie Tucker）第一次向我们中的一个人（弗兰克・祖弗）建议出版一本聚焦嗅觉的书来及时补充领域空白时，我们马上意识到所缺的是对嗅觉、味觉和其他化学刺激物如何被多样化的动物化学感官系统所识别和编码的方方面面的介绍。于是，在许多化学感官科学专家的协助下，我们经过 2 年的努力编成了你所看到的这本书。我们希望读者能从中发现化学感官的复杂性，进入这一复杂而又给人启发的科学研究中，并激发读者探索任何有关我们如何感知化学世界的未解之谜。

如同大量艰巨的工作一样，没有很多人宝贵的付出就不会有本书的开始（更别提出版）。我们要感谢学术出版社 / 爱思唯尔的制作和营销人员，他们在提炼我们对于本书的想法、募集众多章节作者、应对一本书付梓的所有陌生环节方面提供了许多帮助。我们还要感谢史蒂芬・维格斯（Stephan Vigues）制作了本书的封面，他是一位颇有建树的化学感官研究者，还带点艺术天赋。他为本书创作的封面，不仅呈现了典型信号转导级联中涉及的多种分子，还生动刻画了这些活细胞分子机器的动态运作过程。我们还要感谢斯图亚特・法尔斯坦（Stuart Firestein）提供的极富远见和娱乐性的“前言”。他本人的研究对阐明哺乳动物的鼻子是如何通过分子和生理学机制察觉和编码气味的具有推动作用。他不仅通过正式或非正式方式指导了我们两人，还指导了本书其他的许多撰稿者。他最近一直在从事科学的公共传播工作，成功而且有成效。我们推荐读者阅读他有关无知和失败重要性的真知灼见。当然，我们衷心感谢对本书做出贡献的其他众多撰稿者。撰写图书的部分章节往往获得的回报不如其他工作，例如撰写一篇顶尖期刊的综述文章。然而，这些朋友和同事终究还是加入了我们的工作，本书也因此变得更好。我们希望他们的加入以及最终的作品对他们是值得的。

此外，我们每一个人还有想要表达的感谢。

【弗兰克·祖弗】首先，我要感谢学术圈里指导过我从德国到美国再到德国的科学研究的导师们：兰道夫·门策尔（Randolf Menzel；柏林）、汉斯·哈特（Hanns Hatt；慕尼黑）、约瑟夫·杜德尔（Josef Dudel；慕尼黑）、戈登·谢泼德（Gordon Shepherd；纽黑文）、斯图尔特·法尔斯坦（Stuart Firestein；纽黑文）、查尔斯·格里尔（Charles Greer；纽黑文）、迈克尔·普希利（Michael Shipley；巴尔的摩）。我要感谢所有我们实验室过去和现在参与过该领域长期研究记录的成员，我还要感谢更多同我们合作的个人。我要感谢德国科学基金会对我个人研究的大力资助，并感谢其过去6年对德国国家研究项目“嗅觉综合分析”的资助。最后，我要感谢我的妻子和长期的合作者特雷瑟·莱恩德斯·祖弗（Trese Leinders Zufall），以及我的女儿妮可拉（Nicola），她是我灵感的源泉。

【史蒂夫·D. 芒格】首先，特别感谢我的伙伴弗兰克·祖弗。正如前面所提，我和他既是朋友也是同事，合作超过了15年，希望这种关系永远保持下去。我特别感谢在研究化学感官的30多年中遇见的诸多同事和导师（许多还是本书章节的撰稿者）。我还要深深感谢实验室那些与我一同工作过的人员。其他学科的科学家或许难以理解这个研究群体的特殊性——他们不仅会对青年学者提供强力支持，而且对基础科学的研究有极高的热忱。自从我进入迈克·梅隆（Mike Mellon）实验室进行本科阶段的研究并初次接触该领域以来，诸多因素促使我持续该领域的工作，而同事们的协作精神无疑是关键动力之一。我要感谢国家耳聋和其他沟通障碍研究所，它资助了化学感官领域大部分的研究（包括我自己的实验室）。如果没有它对该领域持之以恒的资助，我们将对这些感觉及其是如何影响我们日常生活的，知之甚少。最后，我要感谢家庭对我的大力支持，特别是我的妻子卡罗琳（Caroline），儿子加勒特（Garrett）和女儿格温（Gwynn）。他们给予了我最大的宽容和无穷的灵感。

弗兰克·祖弗
德国萨尔州洪堡
史蒂夫·D. 芒格
美国佛罗里达州盖恩斯维尔
2015年9月21日

引言和概要

弗兰克·祖弗，史蒂夫·D. 芒格

干草对于情侣和马有着不同的味道（Hay smells different to lovers and horses.）。——斯坦尼斯瓦夫·杰西·莱茨（Stanislaw Jerzy Lec）

动物依赖化学感觉在这个世界生存。环境中含有种类繁多的化学物质，它们传递重要的、有时甚至是关键的信息，从而影响我们吃的东西、我们与他人的交往，帮助我们远离危险，并影响我们的情感和行为。正如前面引语暗示的，一种化学刺激物的含义可能因我们的经历而不同：尽管干草的气味会让一匹马感到饥饿，然而对于两个寻找幽会之地的年轻人而言，同样的气味唤起的却是完全不同的感受。啤酒或咖啡讨厌的苦味令初次品尝的人望而却步，然而一旦它与酒精或咖啡因的药理效应或与好友一道畅饮这些饮料所感受的欢乐相结合，你就会学着爱上它。换言之，背景在论及气味和味觉意义时极为重要。

传递和加工化学感官信息的神经环路也对气味和味觉的意义有决定性作用。许多动物都有专门的化学感官子系统用于介导对健康、生殖、生存，甚至社会交往不可或缺的狭义限定行为。例如，正常的小鼠在嗅到捕食者尿液中的一种成分 TMT 时会心生畏惧，然而缺乏最背侧嗅觉系统（接近于头的顶部）的小鼠，尽管仍旧能够嗅到 TMT，却不再表现出害怕的迹象。某些气味混合物可以充当同种昆虫（但并不对其他种类的昆虫有效）的诱引信号，这戏剧性地说明了一种化合物是如何基于接收者的识别能力来传达一个非常特定的意义的。

然而，不论一种化学刺激物传递的是哪种信息，如果它不能够被化学感觉器官察觉并被传递至神经或内分泌系统，从而引发知觉、行为或生理上的变化，都将是没有意义的。这个气味、味觉分子和其他化学刺激物被察觉并被转化为细胞信号的过程被称为化学感官转导——这就是本书讨论的主题。化学感官转导的研究见证了近年来有关化学信息被转化为细胞、神经和内分泌响应的分子生物学、遗传学和生理机制知识的爆发式增长，并由此将这样一个小领域推入膜信号研究的主流，使之处于阐明神经系统的细胞和分子机制的最前沿。因此，本书不仅将探讨脊椎动物和无脊椎动物中化学感官转导的机制，还将重点介绍隐藏在化学刺激物识别背后的组织原则。

什么是化学感官转导

化学感官转导可被定义为化学刺激物——包含气味物、味觉物、营养物质、刺激物甚至气体——被察觉并被转化为引起细胞膜性质变化或者释放递质或激素的内部信号的过程。这些过程通常发生在特定细胞例如感官神经元的内部。这些细胞常常含有被优化用于转导过程的专用亚细胞区室（例如纤毛或微绒毛）。大多数情况下，化学感官转导是一个多步骤的机制，其中生物化学膜信号被转变为电信号——例如分级受体电势、动作电势序列或者二者兼而有之——一个被称为化学电转导的过程。我们将区分初级信号的转导过程（例如最初的察觉和转导步骤发生在嗅觉感官神经元纤毛结构内部）与同一细胞内随后发生的进一步成形和调节特定感官神经元输出信号的过程两者之间的不同。如同源于其他通道的感官受体细胞一样，化学感官细胞内存在一系列共同作用机制，包括察觉和辨别刺激物，放大和感觉通道门控，适应刺激，终止信号，以及传递信号至大脑。合起来，这些截然不同的机制能够使化学感官细胞将一个外部的分子信号转变为一个可被神经系统编码、传输和加工的内部信号。

化学感官系统中的多层次分析

化学感官转导的研究汇集了各个不同领域的专家：化学家、调香师和食品科学家；研究如何将基因组与生物体独特的化学感官功能联系在一起的遗传学家和分子生物学家；对神经系统功能感兴趣的神经生物学家和生物物理学家；想要了解感官刺激是如何影响行为的心理物理学家；行为内分泌学家和免疫学家；甚至对了解人体感官紊乱机制，以及对如何开发有效的诊断和治疗措施感兴趣的临床医生。相应地，现代化学感官转导研究包括对感官细胞察觉刺激物的机制分析，但范围远远不止这些。

本书每个章节均由该领域最前沿的感官科学家撰写。他们将提供丰富多样的证据来证明化学感官系统是如何在脊椎动物和无脊椎动物中演化并且感知化学信息（即分子）的。人们甚至还发现这种多样性存在于单个的化学感官器官，例如哺乳动物嗅觉上皮（位于鼻腔内）或味觉上皮（位于舌头和腭部）。此领域的一个重大进展是嗅觉或味觉系统外特定受体的非经典表达被发现对察觉许多外部的化学刺激，例如摄取的营养物和血液中的气体，不可缺少。因此，从分析嗅觉和味觉系统获得的原理可以同样很好地应用于了解人体的内部化学感知和稳态调节。

第1部分 社会气味与化学生态学

作为现代化学感官研究的一个重要分支，这一部分旨在回答特定化学刺激物感知是如何改变某一给定有机体行为响应的系统层面上的问题。这些尝试包括详细分析初级化学感官激活连接至某一特定行为输出的神经回路功能。为了深入了解这些策略，以及该领域所处的状态，本书将在最开始的这两章中从有意思的系统层面着手介绍化学感觉。

在第1章中，丽莎·斯托尔斯（Lisa Stowers）和郭宗翰（Tsung-Han Kuo）聚焦影响社会和生存行为的特定化学刺激物。这些化合物——统称为化学信息素，并包括信息素和利他素——激活专门用于引发预调不具有联想学习行为的神经回路。整体而言，这些研究将为解决哺乳动物的嗅觉系统如何利用大脑引导个体的行为决策提供重要的见解。

在第2章中，比尔·汉森（Bill Hansson）和迪特尔·维歇尔（Dieter Wicher）阐明了昆虫在整个生命周期内是如何察觉和加工化学信号的。他们还对昆虫如何利用化学信号相互交流及与环境交流进行了概述。术语“化学信号”的使用和意义带有昆虫－植物相互作用背景下的进化视角。

第2部分 嗅觉转导

现阶段的嗅觉转导研究开始于20世纪80年代中期揭示的脊椎动物的气味转导基本原理和90年代初发现的一套统一原理。早期的一个关键步骤是发现气味分子能够刺激一个环化单磷酸腺苷（cAMP）酶级联，包括一个三磷酸鸟苷（GTP）- 结合蛋白和一个腺苷酸环化酶。这些结果特别指出，嗅觉系统中的信号转导活动与其他已知感知激素、神经递质和光的信号过程有极强的相似性，从而为深入分析嗅觉系统中感官转导机制提供了清晰的概念架构。脊椎动物嗅觉感官神经元纤毛膜中cAMP门控阳离子通道的发现为人们解决了气味刺激下cAMP升高是如何产生兴奋的膜去极化的难题。由于发现和克隆了一个气味受体基因大家族，琳达·巴克（Linda Buck）和理查德·阿克塞尔（Richard Axel）获得了2004年的诺贝尔生理学或医学奖。他们的工作不仅解决了接近无限数量的气味分子如何能够被鼻子察觉的难题，还开启了利用现代基因靶向技术揭示嗅觉的分子机制并绘制从外周至大脑的特定嗅觉路径的研究。在接下来的数年里，人们清楚地看到，嗅觉系统实际上是由鼻腔内解剖学上彼此分隔的诸多子系统组成，它们建立投射至嗅觉前脑独特分区的神经联系并使用特定的察觉和信号机制。类似的原理还被用于研究无脊椎动物物种，尤其是昆虫和线虫的气味分子觉察机制。本书将在第3~12章中重点介绍哺乳动物、低等水生脊椎动物和昆虫嗅觉系统中各种各样有趣的化学感官转导机制。

在第3章中，东原和成（Kazushige Touhara）、新村良仁（Yoshihito Niimura）和伊原小夜子（Sayoko Ihara）介绍了1991年典型气味受体（OR）基因家族的发现历程，气味受体基因家族的演化，以及灵长类及其他脊椎动物物种气味受体的结构和功能。

李倩（Qian Li）和斯蒂芬·D. 利伯莱斯（Stephen D. Liberles）在第4章中概述了从哺乳动物主嗅觉上皮中发现的第二个G蛋白耦联嗅觉受体家族，即痕量胺相关受体（TAAR）。这些受体为研究天生厌恶行为响应和气味效价编码机制提供了良好的模型。

西格伦·科尔辛（Sigrun Korsching）在第5章中对水生脊椎动物的嗅觉受体知识进行了探讨。他从进化角度剖析了若干鱼类、两栖动物和水栖哺乳动物嗅觉受体的表达和功能。

在第6章中，格雷戈里·M. 帕斯克（Gregory M. Pask）和安南达桑卡尔·雷（Anandasankar Ray）讨论了3种已知的昆虫嗅觉受体家族——气味受体（OR）、离子型受体（IR）和CO_2敏感性味觉受体（GR），并概述了每一种化学受体家族的进化、结构/功能关系及其在昆虫行为中扮演的角色。

克里斯托弗·H. 弗格森（Christopher H. Ferguson）和赵海清（Haiqing Zhao）在第7章中集中讨论了cAMP介导的典型脊椎动物嗅觉感官神经元的信号级联，并介绍了这种“最初的”嗅觉转导路径的核心组成部分。他们探讨了许多调节这一转导过程的机制，包括可能调节cAMP瞬态信号幅度和持续时间的机制。这些机制共同调控嗅觉系统的敏感性和响应动力学变化，从而允许该系统适应高度可变的环境信号。

特雷斯·莱因德斯-祖弗（Trese Leinders-Zufall）和帕布罗·查梅罗（Pablo Chamero）在第8章中概括了cAMP并非是唯一重要的气味转导环化核苷酸的证据，探讨了cGMP信号是如何同样发挥重要作用的。哺乳动物鼻腔内的嗅觉神经元亚群，例如表达鸟苷酸环化酶D（GC-D）和其他位于格伦贝格神经节（Grueenberg ganglion）的亚群，利用cGMP信号实现化学感官转导。一个强有力的证据是cGMP信号机制还存在于线虫的嗅觉系统。

杰里米·C. 麦金泰尔（Jeremy C. McIntyre）和杰弗里·R. 马滕斯（Jeffrey R. Martens）在第9章中深入剖析了影响嗅觉纤毛结构或功能的机制和突变，而且深入剖析了能够显著影响嗅觉感受的机制和突变。这些突变常常引发与嗅觉缺失相关的疾病，术语称为纤毛病（ciliopathies）。嗅觉纤毛中蛋白转运工作为人们开发有可能恢复纤毛病患者嗅觉感知的治疗方法提供了基础。

伊万·罗德里格斯（Ivan Rodriguez）在第 10 章中重点介绍了在哺乳动物犁鼻器（VNO，又称雅可布森器官）感官部位发现的不同类型的化学受体。这一章概述了 3 种已知类型的犁鼻器受体家族的发现、进化和功能：1 型和 2 型犁鼻器受体（分别为 V1R 和 V2R）和甲酰肽受体（RPR）。

在第 11 章中，马克·斯佩尔（Marc Spehr）将焦点转向受体下游的犁鼻器信号机制。由于 VNO 对许多类型的啮齿动物的化学通信都非常重要，它在过去 20 年中受到人们的特别关注。这一章概述了目前有关犁鼻器感官神经元（VSN）信号和转导机制方面的知识，特别是啮齿动物模型。

最后，伊丽莎白·A. 科里（Elizabeth A. Corey）和巴里·W. 艾奇（Barry W.Ache）在第 12 章中对各种不同动物模型的嗅觉转导机制进行了对比分析。该方法有助于识别对嗅觉有决定作用的重要功能特征，并为后续研究提供了新的途径。

第 3 部分　味觉转导

脊椎动物感受到的味觉包括 5 种基本味道——咸味、酸味、甜味、鲜味和苦味——它们是察觉和评价食品化学组分必需的。依照发现气味分子受体基因的做法，人们克隆了若干家族的味觉受体基因。这使人们能够培养出转基因小鼠系。这反过来又为识别外周味觉编码的细胞和分子机制提供了强大的工具。如同嗅觉中一样，这些遗传策略目前正在为一个系统层面的方法提供基础。该方法旨在了解中枢神经系统中味觉特征的神经表征，并最终阐明生物体的行为决策是如何受特定味觉受体细胞（TRC）察觉味觉刺激物所驱动的。

迈克·贝伦斯（Maik Behrens）和沃尔夫冈·迈尔霍夫（Wolfgang Meyerhof）介绍了与甜味、鲜味和苦味刺激物发生响应的 G 蛋白耦联受体（GPCR）的结构和功能。是否还存在其他味觉特征是目前一个重要的话题。因此，这一章还包括对与游离脂肪酸发生响应的 GPCR 的讨论。

休伯特·安瑞恩（Hubert Amrein）在第 14 章中系统讨论了昆虫味觉的觉察机制。尽管这一章侧重于讨论成年果蝇，不过还探讨了果蝇幼虫味觉功能的受体基础。

在第 15 章中，苏·C. 金纳蒙（Sue C. Kinnamon）详细讨论了哺乳动物味觉 GPCR 下游的典型信号转导，包括受体激活异源三聚体 G 蛋白（Gα- 味导素以及它的 βγ 伙伴 Gβ1γ13），Gβγ 激活磷脂酶 C β2，生成第二信使三磷酸肌醇（IP_3），细胞内钙库释放 Ca^{2+}，激活转导通道 TRPM5，ATP 通过非囊泡释放作为一个递质激活传入神经纤维的嘌呤受体。

史蒂夫·D. 芒格（Steven D. Munger）在第 16 章中概述了我们目前所知的有关咸味和酸味的深层机制的知识。与其他味道不同，咸味和酸味依赖离子通道作为受体感知附近的刺激物。需要特别注意钠特异性盐响应与广谱性盐响应之间，以及弱酸与强酸之间存在转导策略上的差别。

最后在第 17 章中，高井新吾（Shingo Takai）、吉田隆介（Ryusuke Yoshida）、重村德仁（Noriatsu Shigemura）和二宫祐三（Yuzo Ninomiya）讨论了哺乳动物外周味觉系统中各种的肽信号功能。这些肽影响动物的外周味觉响应性，并在调节摄食行为和保持体内稳态方面发挥重要的作用。

第 4 部分　其他化学感知系统中的刺激转导

从系统分析嗅觉和味觉信号机制得到的统一性原理目前还被用于感知对调节体内平衡至关重要的内部分子有关的化学受体。这个领域依旧处在初期阶段，然而应用最先进的基因修饰工具将有助于精准定位多个身体器官内的细胞，并且对这些检测器进行更好的功能记录和操控。第 18~20 章中提供了 3 个例子来说明这样的内部化学察觉系统。一个密切相关的例子是昆虫的味觉受体在其中充当大脑营养成分的传感器，这在第 14 章中已讨论过。

在第 18 章中，纳杜里·R. 普拉巴卡尔（Nanduri R. Prabhakar）重点介绍了用于监控哺乳动物颈动脉体和大动脉体中动脉血 O_2 和 CO_2 含量的感觉器官。新发现的证据表明 3 种气体——O_2、CO 和 H_2S 之间存在复杂的相互作用，并且它们与 K^+ 通道和（或）缺氧性感官神经兴奋颈动脉体的线粒体电子传递链存在相互作用。

在第 19 章中，温淑萍（Shuping Wen）、青木真理（Mari Aoki）和乌尔里希·伯姆（Ulrich Boehm）重点讨论了脑室系统细胞化学传感领域的最新进展。这些细胞（包括脑室管膜细胞）在不同形式的内部化学感知中发挥重要作用：从葡萄糖感知，到激素及许多其他传递中枢神经系统内部化学状态信息的因子的察觉。

萨米·达马克（Sami Damak）在第 20 章中概述了我们目前所知的肠道中感知营养成分的机制。在很多情况下，同一介导口腔内味觉响应的受体也存在胃肠道内，并充当肠道的化学传感器。

体觉系统是另一个用于识别化学刺激物的重要人体感官系统。经由皮肤或者口腔、鼻腔体觉神经元的化学识别介导我们称为“化学感觉”的过程：用皮肤神经元察觉化学刺激物或毒素。杰伊·P. 斯莱克（Jay P. Slack）在第 21 章中介绍了我们目前所知的与化学感觉感知传递有关的化学感觉、体觉受体的知识，以及它们与疼痛、温度和香味感知之间的关系。

尽管本书已尽可能地包罗万象，但

对化学感官转导话题的讨论依旧可能挂一漏万。不过，我们希望本书作为本话题有益的入门书，引导人们探索大量在此无法全部表达的细节和复杂机制。需要特别指出的是，本书并没有涉及出现在化学感知中的一些其他话题，例如化学感官细胞究竟是如何察觉特定病原体的，以及这些信息是如何被用于引导行为决策的（有趣的是，这些觉察机制看上去类似免疫系统中发现的病原体觉察机制）。我们希望本书能够吸引来新一代对化学感知痴迷的科学家，并将该领域的研究推进到新的高度。

SECTION Ⅰ

第1部分

社会气味与化学生态学

CHAPTER 1

第1章 产生哺乳动物社会行为和生存行为的专一型化学信号传递

丽莎·斯托尔斯，郭宗翰

斯克里普斯研究所分子与细胞神经科学学系，美国加利福尼亚州拉霍亚

概　要

专一型气味是什么

化学感官配体在被生物个体检测到时，可以产生两种不同类别的行为响应：关联型响应或专一型响应。在关联型嗅觉中，人们会闻到气味，并与环境发生互动以确定含义，例如它是愉悦的还是令人厌恶的。这一关联并不是固定的，会随着每一次新的接触而改变，因此在个体内部和个体之间也会有所不同[1]。例如，在一个人饥饿时，肉桂的气味与一个美味的小甜饼相关联，可能引起一个正面的食欲行为和愉悦响应。但是，在寒假期间，相同的气味却与对购物、计划和接待的需求相关联，从而可能导致负面的规避响应，以及产生改变生理的应激激素。这些对相同气味提示的灵活反应使一个人的行为能够具有可塑性，并能适应当下的情况。此外，一组感受相同气味的个体有可能依据他们过去的关联经验做出各种各样不同的行为响应。由于这种响应的可变性，随着关联

型气味体验的不断重复，整个大脑内潜在的神经集合在个体之间和个体内部会有所不同。随着时间的推移，并基于个体经历的环境和气味的强度，这些响应可能会继续具有灵活性，也可能固化为正向或负面的响应。然而，即使它们变得固定下来，也需要一种关联体验来产生最终的行为含义。

相比之下，在首次察觉到一种专一型气味时，大多数个体会产生一个可预测的行为响应或者神经－内分泌生理变化[2]。随后与该气味的相互作用也可能产生相同的结果。检测到这种类型化学信号的感官神经元极有可能产生一个固定的、预先确定的行为。为了产生这一固定的结果，整个大脑中的响应神经集合不大可能经历关联型嗅觉中所观察到的那种可塑性。相反，人们认为这些化学信号激活了一部分由遗传决定的、固有的感官受体，从而引发了一个预设的行为。由于这些信号引发了整个社会群体内的可预测行为，因此将嗅觉与行为相联系的潜在神经集合有可能在许多个体之间具有相似性[3]。专一型气味又被叫作化学信息素，包括一系列信息素（pheromone）和利他素（kairomone）[3,4]。信息素是由个体释放出来的化学感官配体，当被其他相同物种成员察觉时会引起个体的行为或神经－内分泌变化。利他素则是由一个物种释放出来并在另一个物种中产生行为（例如被一种猎物发现时产生的厌恶行为）的配体。这些专门的化学感官信号被认为有助于产生社会行为和生存行为，以增强个体的适应能力。

寻找隐藏在专一型嗅觉行为下的感官神经元

在将嗅觉行为划分为关联型和专一型 2 种最重要的类型时，就可能得出至少存在 2 种不同类型的嗅觉化学感官检测器的结论。一种类型的检测器通过整合过去的经验并使用负责学习和记忆的大脑区域产生灵活的关联感受。为了激活另一类型已经预设有意义的响应，专门的察觉系统可以由调节至不同类别配体的感官检测器组成，这些检测器会产生不同的生理特性（或许为适应或时间上的响应），它们可能将轴突投射至大脑中预先设定而且更具可塑性的目标上[2]。

与功能的二元性相对应，几乎所有陆生脊椎动物的鼻腔都包含两个解剖学上分开的化学感官器官：犁鼻器（VNO）和主嗅觉上皮（MOE）[5]。拥有 2 套独立嗅觉系统的功能重要性尚不清楚。哪些是 MOE 不能提供而进化出 VNO 来提供的呢？它们不仅在生理上相互独立，而且如稍后详述的，它们的感官神经元在很大程度上表达的是完全不同的嗅觉受体库和信号转导组分库，它们与不同种类的配体发生响应，而且它们各自将轴突投射到大脑的不同区域。Cajal 注意到在解剖学投射上的差异，首先推测副嗅球（AOB，VNO 的首个中转）“是一个特殊的中心，或许是为接收某种特定类型的嗅觉刺激而分化出来”[6]。

正如 AOB 的出现所指明的，将嗅觉感官组件分隔成 2 个截然不同的感觉器官是随着四足动物的进化发生的[7]。VNO 和 AOB 的大小及解剖学结构和功能在不同物种之间有显著的差异[7]，而且这种差异性在很大程度上与犁鼻器受体基因库（*Vmn1r/Vmn2r*）的大小密切相关[8,9]（参阅第 10 章）。为什么有些动物拥有一个更精细的 VNO，而另一些动物拥有的 VNO 却明显减少？难道它与察觉专一型化学信号相关吗？依据已知的行为学特征，人们尚未发现犁鼻器受体的增加与减少跟体格大小、夜间活动、饮食、社交或交配系统有相关性[9]。社交和 VNO 功能之间缺乏相关性在狗身上得到了证明。狗乐于采集和使用嗅觉信息，然而它们的基因组中只包含 9 个犁鼻器受体[9]。有人认为或许驯化改变了对 VNO 介导行为的需求，而且施加选择压力有利于该新物种上犁鼻器受体的失活突变。现在人们知道了情况并非如此，因为野狼的犁鼻器受体库与狗的相似，说明犁鼻器受体的丢失发生在驯养之前[9]。此外，人类具有极高的社交性，然而 VNO 似乎是残存的，人类基因组仅含有 5 种在 MOE 中表达的犁鼻器受体，并且在旧世界的灵长类动物中，VNO 的初级信号转导通道——瞬时受体电位通道 C2 型（TRPC2）发生了失活突变[10,11]。这导致了一种假设，即三色视觉的进化职能是为了消除 VNO 信号元件上的选择压力[10]。然而，对其他灵长类动物基因组的分析表明，犁鼻器受体的丢失始于新世界和旧世界灵长类两者的共同祖先，其发生独立于色觉的增益[9]。对拥有一个有限（或无功能）VNO 物种（例如人和狗）的分析表明，单独的 MOE 就足够敏感而复杂，进而产生嗅觉感知并指导行为。至于缺乏一个显著 VNO 系统的物种［例如人类（见“延伸阅读”）和狗］是否涉及专一型嗅觉，还有待确定。

最近的深度测序分析揭示了位于 VNO 和 MOE 上的感觉神经元之间存在巨大的分子差异[12,13]。小鼠的 VNO 通过表达 VMN1R（1 型犁鼻器受体，或 V1R）和 VMN2R（2 型犁鼻器受体，或 V2R）家族的 585 个 G 蛋白耦联受体（GPCR）检测化学配体[12]。这些受体大部分都不存在于 MOE，相反 MOE 却表达了超过 1200 个气味分子受体（OR）家族的 GPCR（第 3 章）[12,13]。尽管人们认为 MOE 或 VNO 的一根感觉神经元分别通过表达一个单独的气味分子受体（OR）或 V1R，从而实现对一个特定化学结构的识别[14,15]，然而一些 VNO 感官神经元（VSN）却表达多达 3 种不同的受体：2 种来自 V2R 家族的受体，以及 1 种 H2-MV 家族的非典型主要组织相容性受体（图 1-1）[16-19]。人们尚不

延伸阅读

人体信息素

人类行为受到信息素的影响吗？是有专门的气味分子在秘密地引导一个人择偶、发怒或者与婴儿建立亲密关系吗？人类是否会发出和检测信息素是社会交往研究中仍待解决的重大谜团之一[179]。科学家们一直在尝试通过聚焦一系列依赖嗅觉的社会情境来识别和研究人类信息素。部分科学家明确了嗅觉介导行为在动物界普遍存在，而且考察了其是否扩展到人类。一个例子是月经同步现象。人群中，生活在一起的妇女们月经周期随着时间的流逝而趋于同步，这是一种由未知的、女性散发的信息素刺激造成的[180]。不过，这种效应尚没有被严格重复，专一型配体还没有纯化出来，而且这种现象背后的机制仍不清楚。婴儿本能性吮乳是另一种可能依赖人体中专一型化学交流的行为，因为所有哺乳动物都必须本能地吮乳才能生存。从人类母亲的乳晕皮肤腺体得到的分泌物被证明可引发新生儿的吮乳和乳头搜索行为[181,182]。人们已从兔乳中严格纯化出一种促进吮乳的信息素并且这种所有哺乳动物中都存在的基本行为同样受专一型化学感官信号的控制[183,184]；然而，小鼠则可能使用生物学上受限的关联型嗅觉来正确地进行初次的吮乳[41]。其他仅属于人类的社交行为，例如握手或哭泣，则促使人们对人的泪液和腋窝汗液进行研究，以便发现改变人类情感、行为或大脑活动的专门化学信号[185-188]。

人们既没有重复这些研究，也没有确定这些信号究竟是真实的专一型信号还是关联型信号[179]。令人惊讶的是，即使没有强有力的科学证据，雄甾烯酮，一种腋窝汗液中的类固醇成分，已经被当作潜在的性引诱剂而被成功售卖，表明普通民众在寻找人体信息素方面有很大的兴趣和愿望。

除了得不到一个经过验证的人类信息素配体，有关人类信息素感知的研究还面临一个更大的挑战。人类 VNO 被认为并不存在或不具有功能[189]。然而，这种感觉器官的缺失并不排除存在人类信息素的可能，这是因为其他哺乳动物包括家兔和猪，都使用 MOE 来检测信息素[190,191]。目前，最有希望的人类候选信息素受体为 OR7D4，它已在体外被证明对雄甾烯酮（腋窝汗液的一种成分）发生响应[192]。人类 MOE 也表达 VR 和 TAAR[193,194]，其在信息素检测中的功能已在小鼠中被确认[5]，并可能充当识别潜在专一型化学配体的直系同源受体。事实上，采用异源表达系统使化学感官受体脱孤，人们已经发现二氢茉莉酮酸甲酯（hedione，一种香水中常用的化合物）可以作为 VN1R1 的一个配体[195]；然而，人体是否会分泌二氢茉莉酮酸甲酯仍然是一个悬而未决的问题。未来的研究将重点放在其他动物的 MOE 中的信息素检测上，这可能为人体信息素检测提供一个可测试的模型。就目前而言，人类行为是否受到专一型化学感受的影响仍未得到证实。

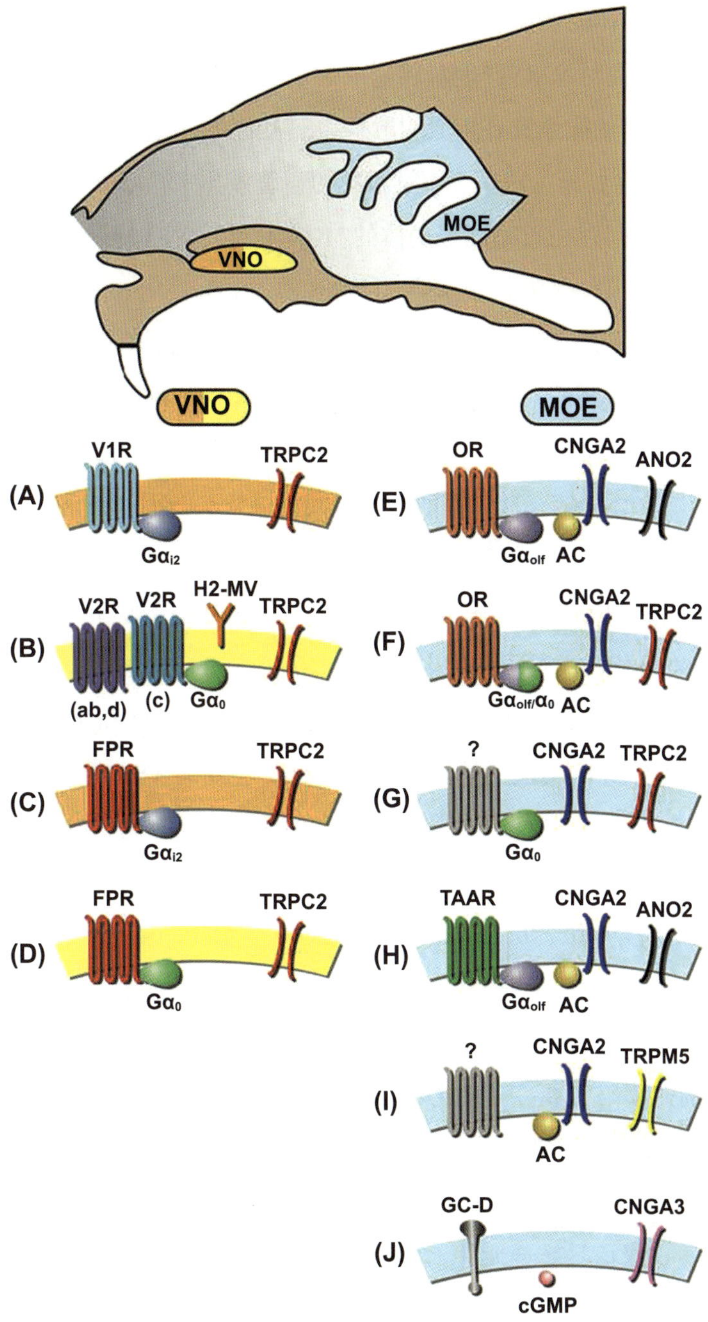

图 1-1　主要和辅助嗅觉系统中涉及专门化学信号的感官神经元的分子标识。上图：小鼠中两个最重要嗅觉感官器官的解剖分离，即犁鼻器（VNO；黄色 / 橙色）和主嗅觉上皮（MOE；蓝色）。【左边栏】小鼠 VNO 由至少 4 种感官神经元亚型组成：（A）和（C），表达 VMN1R（V1R）或 FPR 中的 1 个以及 $G\alpha_{i2}$ 和 TRPC2（橙色）；（B）和（D），表达 2 个 VMN2R（V2R）或 1 个 FPR 以及 $G\alpha_{o}$ 和 TRPC2（黄色）[5]。VR 表达神经元与特异嗅觉有关。【右边栏】（E），典型 MOE 神经元会参与表达 OR、$G\alpha_{olf}$ 和 CNGA2，与联想嗅觉有关；（F-J），参与特异嗅觉的神经元的特征在于要么缺少 OR，要么表达不同的初级信号转导元件

清楚表达两种 VNO 受体的功能意义；然而，染色体工程已成功删除了整个的 H2-MV 家族，并发现这些膜蛋白对 VNO 产生对环境中微量配体的超敏感性是必不可少的[17]。因为 MOE 也对极低浓度的配体具有相似的敏感性，人们尚不清楚 H2-MV 的表达是否构成 VNO 和 MOE 的功能性差异。这两个嗅觉系统的显著差异来自犁鼻器受体（VR）的序列分析。与不同物种之间存在直系同源受体的 MOE 不同，VNO 的受体似乎在物种之间快速进化，从而形成在很大程度上特异于一种物种的 VR 库[20,21]。这种定制的受体表达有可能使每一个物种都能够识别与生存和适应性特别相关的化学信号。

除了在用于配体检测的 GPCR 表达上的差异，VNO 和 MOE 在很大程度上依赖不同的信号转导机制使神经元去极化（图 1-1）。MOE 利用环化单磷酸腺苷（cAMP）介导的信号转导来激活一个环化核苷酸门控通道（参阅第 7 章），而 VNO 利用的则是一个可导致打开阳离子通道 TRPC2 的磷脂酶 C 介导途径（参阅第 11 章）[5]。这些在分子表达谱中的差异支持以下的观点：MOE 和 VNO 并非仅是一个在解剖学上分离的单个化学感觉器官，相反还发生进化以满足不同的生物体需求。

基于基因表达上的差异，人们利用分子遗传学来评估 VNO 和 MOE 感官检测的功能性结果。遗传切除 VNO 的初级信号转导通道 TRPC2 会妨碍 VSN 与许多由其他小鼠（信息素）和潜在掠食动物（利他素）所释放出的天然配体发生响应。雄性 $Trpc2^{-/-}$ 突变体在对雌性的求欢和交配上并没有缺陷——这被认为是由信息素信号介导的，然而却不能够引发领地侵入、确立优势等级、执行领地气味标记、表现恰当的亲代行为、识别病态的同种个体或者对某些捕食者的气味发生响应——这些都是依赖信息化学物质的行为[22-31]。突变体雌性在交配和母性行为上则表现各种各样的缺陷[28]。VNO 信号转导元件由许多不同 VSN 群体（例如编码 G 蛋白亚基 $G\alpha_o$ 的 *Gnao* 和编码 $G\alpha_{i2}$ 的 *Gnai*）共同表达，遗传切除编码这些元件的基因可改变执行多种信息素诱导行为的能力，包括亲代行为和雄性防御领土被侵略行为[32-35]。

将 MOE 用于初级信号转导元件（必不可少的环化核苷酸门控通道亚基 CNGA2；编码 $G\alpha_{olf}$ 的 *Gnal* 和编码腺苷酸环化酶 3 的 *Adcy3*）基因切除的补充实验表明，除了关联型嗅觉，MOE 还需要促进多种信息素介导的先天行为[36-40]。在分析信息素介导的行为时，*Cnga2* 缺失突变体小鼠不能够发起攻击，不论雄性还是雌性小鼠均无法交配，并且新生幼鼠因其不够能觉察引发哺乳所必需的母体嗅觉信号而死于脱水[37,40,41]。缺乏嗅觉输入的动物有可能主要是缺乏研究环境的动力，而这是一个进行适当本能行为必不可少的第一步[37,42]。MOE 对气味分子的感知加速了嗅闻行为，这个能将行为诱导配体泵入一端封闭且充满液体的 VNO 内腔的生物物理过程至关重要[37,42]。有研究证明，缺乏 MOE 功能的基因突变体表现出下降的嗅闻速率[37]；因此，缺失 CNGA2 的动物社交行为下降有可能只是配体无法有效进入 VNO 内腔的次级效应。然而，通过表达白喉毒素（ΔD^{MUT}）[36]而将表达 *O-macs* 基因的神经元经去除的遗传突变体更准确地表明，MOE 在检测专一型气味方面有直接的功能作用。在这些动物中，绝大多数的 MOE 都是完整而且有功能的；不过，它们特异性缺乏投射至主嗅球（MOB）背侧区域的感官受体神经元[36]。由于它们的感官受体大部分都是完好无损的，这些动物并没有在如进食或者搜索等一般嗅觉介导行为上表现出任何重大缺陷，也没有常见的全身不适。然而，类似于 *Cnga2* 突变体，它们却没有表现出部分先天规避行为[36]。对这些实验的一种解释是，MOB 预先装有一个功能地图，其中产生规避的神经元位于它的背侧部分。这样一个固有机制可能为特殊气味的先天响应提供了一个框架。

综上所述，许多证据链表明 VNO 在许多量度上都与 MOE 有很大不同。然而，这两种嗅觉系统都同样能够介导对气味信号的本能性响应，而这构成了生态学相关的社交行为基础。这表明介导专一型嗅觉的神经元很可能同时出现在 MOE 和 VNO 中。

是否有某些专一型的嗅觉配体

MOE 位于鼻腔中由黏液保护层覆盖的上凹部位。气味分子必须具有足够的挥发性，在正常的呼吸过程中被捕获并溶解在含水黏液中才能被 OR 检测到。与这一要求相符合，大部分已知激活 OR 的配体都是有机小分子（低于 900D）[15]。唯一能被 MOE 检测到的非挥发性配体是主要组织相容性复合体（MHC）肽和鸟苷肽，前者可被一个尚未被定义的 MOE 神经元亚群检测，后者可激活一个利用环化单磷酸鸟苷（cGMP）介导信号级联的特殊感官神经元群体（参阅第 8 章）[43–45]。除了这些特殊例子，如果 MOE 检测到了特定的气味，那它们很可能就是有机小分子。

VNO 的解剖结构完全不同于 MOE，这使它能够检测到一系列不同的化学信号。VNO 位于鼻腔基底一端封闭、充满黏液的管腔，正好在口腔的颚部上方。来源于口腔的配体可以通过鼻咽管进入鼻腔[5]。非挥发性配体则可以通过直接接触进入 VNO，例如舔舐配体释放物的社会行为，或者吸入与配体释放物有关或环境中沉积的天然分泌物气溶胶。有人提出，那些一般代谢中并不常见的较大分子副产物，尽管复杂程度不至于使合成代价不菲，但却有可能适合充当信息素的物种特异性线索[46]。

人们目前已经鉴定出6种刺激VNO的化学感官配体：外分泌腺分泌肽（ESP）、MHC肽、主要尿蛋白（MUP）、挥发性小分子、硫酸化类固醇和甲酰肽（表1-1）。这些已知配体被分为2组。ESP、MHC、MUP和甲酰肽都是肽类或小分子蛋白质。在啮齿动物体内，除甲酰肽外，第一组其余配体都经历了物种特异性基因复制[47–49]。这些蛋白质配体中的绝大多数都显示可激活表达V2R的VSN(图1–1)[25,47,50]。第二组由刺激VNO的挥发性小分子和硫酸化类固醇（也是小分子）组成，这些小分子中的绝大多数都可以被表达V1R的神经元检测到[55,56]，其中许多还被证明可以激活MOE神经元（图1–1）[51–54]。

来自大多数VNO配体家族的实例已被证明可介导社会行为。特定性别的表达是引发社交求偶和生殖行为必不可少的特征。ESP1的表达就符合该标准，因为人们发现它仅分泌在雄性泪液中[29]。当被雌性检测到时，ESP1特异性地激活一个受体V2R（即V2Rp5），这对刺激雌性交配行为是必需的[57]。社交行为的另一个特征是具有识别并适当回应个体的能力。在整个生命过程中雄性和雌性的尿液都会分泌出MHC Ⅰ类肽，从而提供个体的稳定表现。除了在免疫系统中具有自我识别功能，它们还具有充当嗅觉感官刺激物的功能[50]。它们可以被VNO中表达V2R的神经元以及MOE中目前尚不确定的神经元检测到[44,50]。一旦它们被VNO检测到，雌性需要它们来铭记交配对象，这对维持妊娠是至关重要的[50]。一个不相关的GPCR家族，即甲酰肽受体（FPR），被认定为仅在VNO感官神经元中表达，这促使了它们同源配体的发现，包括甲酰肽和炎症相关的配体（图1–1）[58–60]。细菌和线粒体两者都可以产生甲酰肽。目前，人们还不清楚检测该配体群体的意义，不过它们可能传达个体健康状况的信号[30,61]。

有人提出MUP充当的是信息素载体蛋白的功能，作用是将尿液中发现的小分子挥发性配体传递到充满黏液的VNO中并且作为这些挥发性配体的稳定剂，以便通过延迟排泄到环境之后的释放来扩展它们的信号潜能[62–64]。在小鼠基因组存在的21个*Mup*基因中，每个个体只表达4~12个[48,65,66]。这种个体化的蛋白排泄被认为能够差异化稳定小分子以方便个体的识别[67–70]。另外，单独的*Mup*，在缺乏相关小分子配体的情况下，被证明会刺激表达V2R2的神经元[24,25,27]。这些配体的识别可促进与性别有关的特异性行为，包括被其他雄性检测到时的区域性反标记和侵略性，被雌性检测到时的吸引[24,27,71]，以及条件性位置偏好这样与性别无关的行为[72]。除此之外，由其他物种特异性产生的MUP直系同源物足以产生VNO介导的本能恐惧信号[24]。

为了鉴定出性别特异性的生物活性配体，有研究用减差法气相色谱–质谱技术比对正常雄性和雄性激素缺失的阉割雄性之间的尿液差异，以筛选出仅在正常雄性尿液中富含的化合物。通过这一方法发现了好几种挥发性的 VNO 激活配体，包括异戊胺、异丁胺、3,4–脱氢–外型–西部松小蠹诱剂（DHB）、2–仲丁基–4,5–二氢噻唑（SBT）、6–羟基–6–甲基–3–庚酮（HMH）和 α/β–法尼烯[73–75]。所有这些小分子都能结合 MUP，MUP 可能充当载体将这些分子转运至 VNO 空腔中[76]。在不结合的情况下，每一种激动剂都被证明可直接激活表达 V1R 的神经元，某些激动剂的作用浓度低至 10^{-11}mol · L^{-1}[55,77]。SBT、α/β– 法尼烯和 HMH 都是在雄性尿液中排出的，并被证明可促进雌性青春期加速[74,75,78]（参阅文献［79］），而由雌性释放的 DHB 和 2– 庚酮会造成发情或青春期延迟[74,80,81]。DHB、α/β– 法尼烯和 2– 庚酮被证明可指导包括昆虫在内的多个物种的社会行为[82–85]。

硫酸化类固醇，包括雄甾烷、雄甾烯、胆甾醇、雌三烯、孕烷和孕烯家族，整体上具有传递许多关于个体生理状态特性的潜能，这是专一型配体应该具有的[51,86,87]。就个体而言，类固醇调节基础生理及神经反应，它们共同定义特定状态的社会或生存行为，包括发育阶段、社会优势、生殖能力和应激状态。硫酸化可加速类固醇的清除，从而能够改变或维持一个特定的类固醇状态[88]。因此，硫酸化类固醇会提供个体内部状态的可靠化学特征信息。硫酸化类固醇能强有力地激活 VNO 中一部分 V1R，而且可能在数量上占到雌性尿液中 VNO 介导化学配体的 80%[51]。尽管大多数的配体仅被 0.5% ~1% 的 VSN 检测到，然而有个别硫酸化类固醇却激活了更多数量的 VSN（大约 10%），而且所引起的感官神经元去极化比任何其他犁鼻器配体所引起的去极化更为显著[86,89–91]。总体来看，这些特征表明它们对该 VNO 系统有极为重要的作用；然而，人们在很大程度上尚不清楚它们对接收者的意义。

在小鼠中，目前已经发现由排卵期雌性释放出来的硫酸化雌性激素可激活表达 V1RJ 进化枝的 VSN 并且促进雄性的求偶行为，然而要发生这种现象，该小鼠需要同时检测到另一种能够激活表达 V1RE 进化枝的神经元的雌性尿液配体（该配体目前尚未被鉴定）[92]。这些配体单独并不足以诱导这种行为，但可能会结合形成一个多组分的信息素，或者它们可能传递了关于配体释放者不同类型的信息。许多社会行为都要求接收者来同时确认配体释放者的多个独立特征（例如它们的物种、性别、支配地位、年龄和健康状况），其中某些特征在一个动物的一生当中都保持稳定，而另一些则随着环境和经验而发生迅速的变化。硫酸化类固醇可能提供了一种机制来传输有关配体释放者体内状态的动态信息，这些类固醇可能会与其他更常见的、用于传输稳定信息的配体协同工

表 1-1 **专用嗅觉配体**

类别	配体	来源	感受器官	行为	识别受体	参考文献
尿挥发物	2-庚酮 反式-5-庚烯-2-酮 反式-4-庚烯-2-酮 乙酸正戊酯 顺式-2-戊烯-1-基乙酸酯 2,5-二甲基吡嗪	雌性尿液	VNO	青春期延迟		[199]
尿挥发物	SBT	雄性尿液	VNO	青春期加速		[74]
				同期发情		[81]
				雌性吸引力		[74]
				雄性间攻击性		[53]
	异丁胺			青春期加速		[73]
	异戊胺			青春期加速		[73]
	DHB			青春期加速		[74]
				同期发情		[81]
				雄性间攻击性		[53]
				雌性吸引力		[74]
尿挥发物	α/β-法尼烯	雄性尿液	VNO	青春期加速		[74]
				雄性间攻击性		[52]
				雌性吸引力		[197]
				同期发情		[198]

续表

类别	配体	来源	感受器官	行为	识别受体	参考文献
尿挥发物	6-羟基-6-甲基-3-庚酮	雄性尿液	VNO	青春期加速		[74]
尿挥发物	(甲硫基)甲硫醇	雄性尿液	MOE	雌性吸引力	OLFR1509	[120,196]
尿挥发物	三甲基胺	雄性尿液	MOE	吸引力	TAAR5	[98]
主要尿蛋白	MUP	雄性尿液	VNO	雄性加盖标记	V2R	[27]
主要尿蛋白	MUP3	雄性尿液	VNO	雄性间攻击	V2R	[27]
主要尿蛋白	MUP20	雄性尿液	VNO	雄性间攻击 雌性吸引力	V2R	[27,71]
MHC 肽	MHC Ⅰ类肽	尿液	VNO 和 MOE	个体识别	V2R1B	[44,50]
外分泌腺分泌肽	ESP1	雄性泪液	VNO	雌性吸引力	V2RP5	[57]
外分泌腺分泌肽	ESP22	青少年泪液	VNO	抑制交配		[26]
硫酸化类固醇	硫酸雌激素	雌性尿液	VNO	雄性吸引力	V1RJ 进化枝	[51,86,92]
利他素	MUP	猫唾液和大鼠尿液	VNO	规避	V2R	[24]
利他素	2-苯乙胺	食肉动物尿液	MOE	规避	TAAR4	[39]
利他素	2,5-二氢-2,4,5-三甲基噻唑啉	狐狸气味	MOE	规避		[36]

注：DHB，3,4-脱氢-外型-西部松小蠹诱剂；MHC，主要组织相容性复合体；MOE，主嗅觉上皮；MUP，主要尿蛋白；SBT，2-仲丁基-4,5-二氢噻唑；VNO，犁鼻器。

作，从而适当指导接收者的响应。

小鼠的 VNO 还可能在检测利他素方面发挥重要的作用；利他素是从一个物种中发出、引发另一个物种接收者有利于自身行为的配体[24,86,93]。实际上，在已发现可被行为学相关气味刺激到的 88 个 VR 中，只有 17 个可被小鼠释放的信号所激活，而 71 个能被其他物种例如鸟类和蛇等释放的气味激活[86]。在检测时，利他素发挥的功能是引发诸如规避等防御性行为和引起应激激素促肾上腺皮质激素（ACTH）水平升高[24]。除了家猫和大鼠释放的 MUP 直系同源基因[24]，人们既没有完成活性配体的纯化和结构鉴定，也没有确定由这些配体促进的关联行为，因此还并不清楚这些由其他物种释放的配体是否也促进了某种专一型功能[86]。不过，有理由推测许多通过 VNO 检测并由潜在掠食者释放的配体都能产生预设的、类似于家猫和大鼠纯化气味信息带来的恐惧[24]。

小鼠的 VNO 表达数百个不同的感官受体（V1R、V2R 和 FPR，图 1-1）[12]，然而只有少量重要配体被鉴定出来。除了 MUP 和 MHC 肽，大部分已知刺激物都是被单一的、高度调谐的受体检测[27,51,55,57,94]。如果每一种受体的功能都是检测单一的重要信号，那么绝大多数的 VNO 配体及潜在的其他类型配体，在很大程度上仍然是未知的。

检测专一型气味的 VNO

为了弄清楚化学感官配体及其受体神经元是否真正具有专一性（有意义的预先编码），人们需要测试动物在第一次接触到这一配体时的先天性反应以确保不存在先前的关联学习。这本是不可能实现的，因为产生行为响应的确切信号在很大程度上是未知的。如果不知道这些生物活性配体的身份，人们就无法确定个体在行为分析时是否真的是原初状态。目前，对指导小鼠攻击、交配和恐惧的生物活性配体进行纯化和结构鉴定使此类实验成为可能。首次暴露于纯化的生物活性气味的行为学反应测试的结果证实了有专一型化学信息素的存在。

例如，一种雄性尿液中分泌出来的 MUP（MUP20，也称为 darcin），能够激活 V2R 神经元并且在被另一个成年雄性检测到时专一性触发愤怒[25,27,71]。合成的 MUP20 所引起的行为学反应与其天然来源物一样稳定，表明它是该项生物活性的基础；然而，人们很多年来仍不知道这种行为究竟是关联型的还是专一型的。由于所有雄性都会释放 MUP20，所以并不能认为有哪个个体对气味信号完全是无经验的。MUP20 表达是睾丸激素依赖性和生长激素依赖性的，因此它在 4 周左右的时间段开始产生[27]，而领土侵略行为在性成熟之前（至少 8 周大）是不会表现出来的。因此，每个雄性在变得性成熟和表现出领土侵略性之前，都会有数周暴露于由它们自己及其兄弟笼伴释放出的 MUP20。在整个暴露期间，可能会在发育性攻击嬉戏中引起激发愤怒信号的 MUP20 关联型学习。这一困惑通过一种被偶然发现无法表达 MUP20 的实验室小鼠 BALB/c 得到了解答[48,49]。BALB/c 雄性小鼠表达和分泌的 MUP 蛋白库在被其他 MUP20 无经验的 BALB/c 雄性小鼠或者稳定表达 MUP20 的 C57BL/6J 雄性小鼠所检测到时，都缺乏促进攻击的生物活性[27]。因此，BALB/c 雄性小鼠在整个发育过程中都不接触促进攻击性的化学配体 MUP20。然而，在成熟后首次暴露于 MUP20 时，它们还是产生了完整的攻击行为能力[27]。这表明 MUP20 是专一型嗅觉配体的一个例证；其能够激活固有的感官检测器，从而触发不需要关联学习的侵略行为引发回路。

预设为引发适当交配行为的专一型配体也已被证实。雄性泪液中分泌有小分子肽 ESP1，能够被表达 V2R 的神经元检测到[29,47]。接触它的雌性会搜寻该雄性的面部并在检测到 ESP1 时引发脊柱前弯（lordosis，一个雌性的交配姿势）[29]。C57BL/6J 是自身并不产生 ESP1 的品种，因此它对 ESP1 检测和整体神经激活方面的经历都是空白的；对该品种雌性进行的分析表明，其首次接触会产生 ESP1 品种的雄性（BALB/c）时会比接触 C57BL/6J 雄性时脊柱前弯增多[57]。这一响应证实了针对配体的经验对其专一型功能并不是必需的。

另一种小分子肽——ESP22，在幼年期分泌出来而且能被表达 V2R 的神经元检测到，也已经被证明是一个专一型交配信号[26]。在被检测到时，该配体抑制了成年雄性的交配进展，而如果该化学信号不起作用的话，成年雄性则展现出与未成年雌性的杂乱交配行为[26]。对一个缺失 ESP22 表达品种（C3H）的雄性的分析，揭示了如果没有这一单独的感官信号，成年雄性无法将该种幼体识别为不恰当的交配目标，反而会针对未成熟小鼠展现强劲的交配行为。但是，成年 C3H 雄性一旦检测到 ESP22，就会迅速而适当地抑制对未成年的性行为[26]。

利他素也被证明在首次检测到时即可激活小鼠产生固定和预设响应的感官受体，而无须关联性学习[3]。一些实验室繁殖的小鼠品种（例如 C57BL/6J）已经被圈养了上百代且与其他捕食物种完全隔离。令人惊奇的是，当第一次暴露于一个仅仅蘸有家猫、大鼠或者蛇气味的棉签，而与这些捕食者本身的威胁环境没有任何关联，这就足以促使它们显现出类似恐惧感的系列响应，包括规避行为、谨慎的伸展运动行为，以及应激激素

ACTH 水平快速而强劲的升高[24]。对这些由家猫和大鼠产生的生物活性配体进行的鉴定试验表明，它们是 MUP 的直系同源物并且已经能够进行人工合成。反过来，这些合成品又被用来证明它们对化学感官神经元的激活足以使一个动物在首次遇到它们时产生类似恐惧的行为[24]。

综合来看，这些实验表明小鼠确实检测到了专一型气味。很多个体都在初次体验这些气味时产生了明确、一致的含义。这表明由小鼠释放出的一部分化学感官配体专门用于激活那些预设为引发社交和生存行为的神经元。

MOE 也检测专一型配体

考虑到气味空间复杂的多样性和 MOE 中数量棘手的孤儿 OR，探索产生专一型响应的那一小部分受体群体被证明是非常困难的[12]。目前，已经通过假定这些专一型感官神经元的转录组可能不同于执行关联型嗅觉的感官神经元而鉴定出了第一批候选者（图 1-1）。人们发现一部分 MOE 神经元并没有表达典型的 OR，相反表达的是九种痕量胺相关受体（TAAR）之中的一种[95,96]（参阅第 4 章）。这些嗅觉特异性受体可检测到捕食者尿液中超低浓度的挥发性胺类以及未知的配体[96–98]。初次暴露这类配体时，大部分个体都出现了本能性的厌恶反应[39,97]，三甲胺则除外，其促进了本能性的吸引[98]。除了表达 TAAR 的神经元，MOE 中典型的表达 OR 的神经元也可能具有胺类检测器的功能。OR 并不识别配体分子整体，而是识别分子的特征（分子的一部分）[15]。这意味着许多的 OR 会识别一个配体，而一个配体又会被好几种的 OR 检测到，这被称为“组合编码”（combinatorial coding）[15]。按照这个原理，很有可能存在具有检测 TAAR- 活化配体的分子特征能力的 OR，并且人们预期 OR 和 TAAR 一致的活性可能协同产生厌恶行为。值得注意的是，基因删除单个 TAAR（TAAR4）会完全消除一部分胺类引起的厌恶行为，甚至将对捕食者气味的响应从本能性的厌恶转变为吸引[39]。这表明表达 TAAR4 的神经元（参阅第 4 章）具有非常强的专一性，而且确证了个别 MOE 神经元类型可以被预设意义并指导个体行为。

除鉴定出 TAAR 外，人们还通过分子表达谱发现了好几种其他非典型 MOE 神经元类型（图 1-1）。一种类型表达的是 VNO 神经元中发现的初级感官转导通道：TRPC2[22,23,99,100]。位于 MOE 中的 TRPC2 神经元，看起来像是典型 VNO 和 MOE 神经元的杂交体。一些 TRPC2 神经元表达 MOE 特异性的 OR 和 G 蛋白（$G\alpha_{olf}$），而在其他此类神经元中，人们并未发现感官受体，不过已经证明它们表达的是 VNO G 蛋白（$G\alpha_o$）[100]。尽管这些细胞都是参与专一型嗅觉的极佳候选者，但是目前还没有关于它们功能的报道。大部分对 TRPC2 突变体的研究通常采用多种方法来确定其潜在的功能依赖 VNO [24-29]。然而，两项早期研究仅基于对 TRPC2 突变体的分析就将多个专一功能的表型归因于 VNO [22,23]。在这些报道的表型中，雄性侵略性和反标记已经被证实是 VNO 介导的 [25,27]，不过其他表型 [22] 则可能部分或全部地归因于这种新型 MOE 感官检测功能的丧失。

一部分由另一个通道 TRPM5 表达所定义的 MOE 神经元也被认为参与了产生专一型功能（图 1-1）[101-103]。TRPM5 已被证明对于在极低浓度下检测到 2-庚酮和 2-DMP 是必不可少的 [101，104]。这些配体是在成年雄性尿液中分泌而且据报道可促进社交行为，这与信息素的活性是一致的。然而，2-庚酮和 2-DMP 也能够强有力地激活 VNO 神经元 [55]。因此，位于 MOE 中的 TRPM5 神经元是否有助于对这些气味产生本能性的行为反应还需要人们进一步确定。

还有一种存在于 MOE 并具有分子层面差异的细胞类型，其特征是表达一个鸟苷酸环化酶 D（GC-D）的膜受体，但不表达其他典型嗅觉感官转导元件（图 1-1）[43,105,106,107]。这些神经元被认为参与了肽激素（尿鸟苷蛋白和鸟苷蛋白）的检测，这可能使 MOE 能够在盐分吸收或者口渴调节 [43,105]、呼出气体成分中二硫化碳（CS_2）检测 [108] 及 CO_2 的检测中 [109] 发挥一定的作用。从功能上讲，从另一只小鼠呼出气体中检测到的 CS_2 与一个非专一型气味能够使一个无经验的社交伙伴获得对新颖食物的偏爱。分子分析目前已经证实这些神经元中 GC-D 的表达对于产生这种食物偏好的社会传递是至关重要的 [108,110]。尽管这是一种习得的行为，但它的显现很可能取决于专一型机制。

处理专一型配体的神经环路

通过比较由专一型嗅觉配体激活的神经环路可知，MOE 感官神经元直接激发的是皮层中心 [111-113]，其介导关联性嗅觉 [1]，而 VNO 感官神经元激活的是边缘系统，其对表现出适当的社会行为必不可少 [111,114,115]。与已知皮层区域连接的缺失可能暗示了 VNO 介导的嗅觉提供了一种进入边缘系统的“直接”途径，以便忠实而又快速地发出专一性的行为。这些彼此分离的环路强化了这样的观念，即每个系统都被设计用来产生一个不同的功能。但是，在对环路整体进行功能性研究之前，人们还必须谨慎对待这种解释。

在 MOE 中，表达同一种 OR 的神经元会聚集在 MOB 的 1~3 个嗅小球中[116]。MOB 输出神经元（僧帽 / 簇状细胞）投射到大脑中的所有嗅觉中心，包括前嗅核（AON）、梨状皮质（PC）、嗅结节、皮质杏仁核（CoA）和外侧鼻内皮层[112,117]。从功能上讲，PC 被认为容纳有能够使个体和个体之间进行关联性学习且对化学刺激产生可塑性反应的神经元[1,113]，并且僧帽细胞轴突向 PC 的投射看起来并不遵循被认为可能产生专一功能的预设地形图[112,117,118]。相比之下，解剖示踪显示 AON 是依据地形而组织起来的，并且 CoA 主要接收来自背部 MOB 的输入信号[112,117]。CoA 由一部分与气味介导行为相关、产生正向或负向价值的神经元组成[119]。固定连接的组织形式及产生情绪价值的脑区等被认为是构成专一型化学感官行为基础的环路特征。对暴露于专一型 MOE 后 MOB 之外的环路活动进行详细的功能分析[120]，仍然是需要研究的命题。

像 MOE 神经元一样，VSN 在整个 AOB 中汇聚至 6~10 个嗅小球。此外，并不是所有嗅小球都由表达单一种类 VR 的细胞轴突组成；某些嗅小球是由不同但又明显密切相关的 VSN 的感官轴突所组成[121,122]。这种混合的嗅小球组织形式很可能与传入感官信息的整合有关[123,124]。AOB 中，由表达 V1R 和 V2R 的神经元所形成的嗅小球在空间上是分开的。V1R 神经元投射到吻部区域，而 V2R 神经元的投射目标却是 AOB 尾端（图 1–2）[125]。这种信息隔离背后的逻辑目前还不清楚。从 AOB 来看，一部分次级僧帽 / 簇状细胞直接投射至多个杏仁核群，包括内侧杏仁核（MeA）、CoA、终纹床核（BST）、外侧嗅束核、副嗅束床核（BAOT），以及前杏仁核区（AA）[126]。其中有一些可能具有参与介导 VNO 信号传递的功能[127–130]。一般而言，人们认为杏仁核作为一种警惕系统，用于确定传入的感官信息是否包含对个体的健康或生存有利或不利的信息，然后将评估结果传递至大脑的其他部分[131–134]。值得注意的是，尽管由表达 V1R 或 V2R 的 VSN 激活的僧帽 / 簇状细胞对这些杏仁核区域均有同样的投射[135,136]，但解剖和功能方面的证据表明在 AOB 中形成的 V1R/V2R 隔离于前端 MeA 和 BST 中保留了下来（图 1–2）[137,139]。具体来说，来自前端 AOB 的细胞投射到中 – 后 – 中 BST，没有来自后端 AOB 的细胞投射到这个区域；然而来自后端 AOB 的细胞则投射到背侧 AA、深层 BAOT 和前腹侧 MeA，而没有来自前端 AOB 的细胞投射到这些区域[137,139]。揭示了 MeA 不同亚核能被不同刺激物所激活的功能性分析，可能为解决这一解剖学区隔谜团提供了线索。来自同一物种的气味（例如信息素）可同时激活前端和后端 MeA，而来自不同物种的气味（例如利他素）却被发现仅能激活前端 MeA[130]。与介导生物学相关的刺激相一致的是，前端 MeA 失活会导致交配、社交记忆和社交化学探索行为方面的缺陷[140–144]。

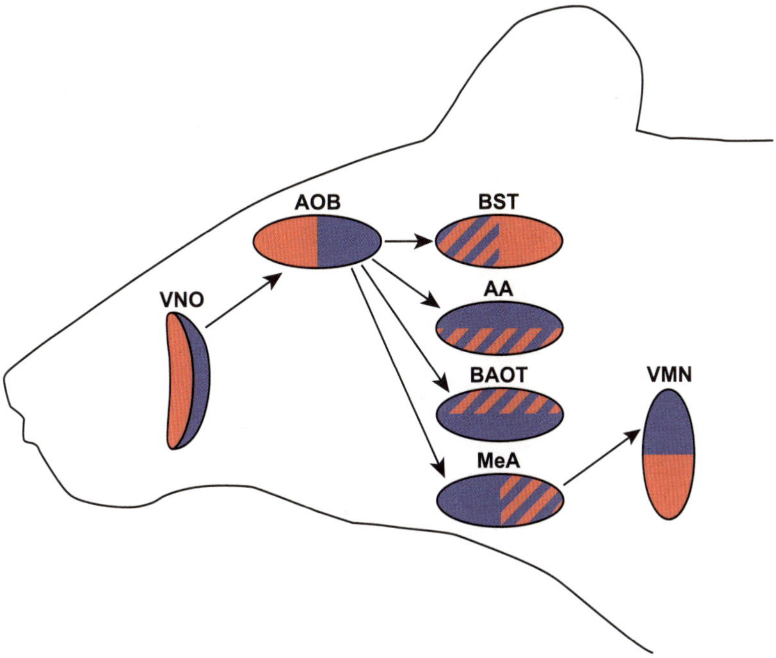

图 1–2 犁鼻器（VNO）激活回路的解剖和功能划分。VNO 看似可指导两个不同的信息处理路径：一个主要由 V1R 表达神经元所激发（红色）和另一个由 2 型犁鼻器受体表达神经元所激发（蓝色）。回路中初始节点已通过解剖学界定：从 VNO 穿过副嗅球（AOB）进入终纹床核（BST）、前杏仁核区（AA）、副嗅束床核（BAOT）和内侧杏仁核（MeA）。对同种小鼠气味（红色）产生的活性和来自猫气味（蓝色）潜在利他素产生的活性的对比，也在功能上支持这种分区

下丘脑被认为是处理 VNO 刺激的另一个已知模块。下丘脑由多个通过释放激素来指导脑垂体活动，从而维持体内稳态（例如饥饿、口渴、温度或血压）的亚核组成[145]。它也具有释放构成恐惧、攻击、交配和睡眠等行为响应基础的运动模式的功能[111,131,139,146–151]。来自 MeA 的神经活动可以直接刺激下丘脑[111,131,139,146–151]。另外，这个信号还可以进一步被 BST（一个被认为整合了稳态和感官信息的区域[152,153]）或者海马体处理，这可能有助于对多个行为学上冲突的 VNO 刺激划定行为反应的优先级顺序[151]。值得注意的是，有人提议将中腹侧下丘脑在解剖学上分割成为两个功能性的区域。一个是背侧中部区域，由利他素激活并产生防御性的恐惧行为；另一个是腹外侧区域，由其他老鼠的气味激活并产生生殖和攻击性的社交行为[149,154–157]。

杏仁核和下丘脑中的神经元都能表达检测和响应肽类和其他神经调节剂的受体。这些神经调节剂包括类固醇激素（雌激素、睾丸激素）[158–160]、肽类激素（NPY、P 物质、催产素、GNRH、ACTH）[140,161–163] 和小分子神经递质（多巴胺、5- 羟色胺）[164–166]。人们已经知道这些受体使 VNO 激活环路能够调节它们响应的固有方面，从而形成个体的

状态（支配地位、性别、饥饿和应激水平）。但是，目前还不清楚神经调节剂是如何精确地改变环路活动的。

众所周知的是，VNO 信号引发的行为会随接收动物的性别而发生变化[167,168]。例如，雄性释放的信号在被其他雄性检测到时引发攻击性行为，但并不引发雌性的攻击性。与这些观察结果相一致的是，杏仁核和下丘脑的核团在体积上是存在性别差异的，通常在雄性中较大（基于绝对数量、密度和单个神经元大小的差异）[169-172]。VNO 激活的环路同样具有功能上的性别差异性[28,129,158,173-175]。目前，人们已经开始研究构成 VNO 激活环路中性别差异基础的分子机制[28,176-178]。

将专一型配体转化为社会行为

尽管分子生物学和生物化学领域的最新进展使人们能够鉴定促进专一性行为的配体，确定那些同源感官神经元的特征，并且已经开始鉴定响应环路的框架，然而大脑如何将一个专一性的化学感官配体转化成与生俱来的社会行为，目前仍然是一个谜。最终控制诸如愤怒、恐惧和求偶之类动态行为的激活环路有何独特之处？为什么有机体会依靠两个截然不同的嗅觉器官来介导社会行为？个体的内部状态和以前的经历如何改变专一性配体产生社会行为的可能性？人们有必要进行进一步的研究来精准确定嗅觉系统是如何驾驭大脑来指导个体的行为决策的。

参考文献

[1] Choi GB, Stettler DD, Kallman BR, Bhaskar ST, Fleischmann A, Axel R. Driving opposing behaviors with ensembles of piriform neurons. *Cell*. 2011;146(6):1004-1015.

[2] Stowers L, Logan DW. Olfactory mechanisms of stereotyped behavior: on the scent of specialized circuits. *Curr Opin Neurobiol*. 2010;20(3):274-280.

[3] Wyatt TD. Pheromones and signature mixtures: defining species-wide signals and variable cues for identity in both invertebrates and vertebrates. *J Comp Physiol A Neuroethol Sens Neural Behav Physiol*. 2010;196(10):685-700.

[4] Karlson P, Luscher M. Pheromones: a new term for a class of biologically active substances. *Nature*. 1959;183(4653):55-56.

[5] Liberles SD. Mammalian pheromones. *Annu Rev Physiol*. 2014;76:151-175.

[6] Cajal SR. Textura del sistema nervioso del hombre y de los vertebrados. *Revista Española de Patología*. 1904;Vol. 2. Madrid.

[7] Meisami E, Bhatnagar KP. Structure and diversity in mammalian accessory olfactory bulb. *Microsc Res Tech*. 1998;43(6):476-499.

[8] Grus WE, Shi P, Zhang YP, Zhang J. Dramatic variation of the vomeronasal pheromone receptor gene repertoire among five orders of placental and marsupial mammals. *Proc Natl Acad Sci USA*. 2005;102(16):5767-5772.

[9] Young JM, Massa HF, Hsu L, Trask BJ. Extreme variability among mammalian V1R gene families. *Genome Res*. 2010; 20(1):10-18.

[10] Liman ER, Innan H. Relaxed selective pressure on an essential component of pheromone transduction in primate evolution. *Proc Natl Acad Sci USA*. 2003;100(6):3328-3332.

[11] Zhang J, Webb DM. Evolutionary deterioration of the vomeronasal pheromone transduction pathway in catarrhine primates. *Proc Natl Acad Sci USA*. 2003;100(14):8337-8341.

[12] Ibarra-Soria X, Levitin MO, Saraiva LR, Logan DW. The olfactory transcriptomes of mice. *PLoS Genet*. 2014; 10(9):e1004593.

[13] Pascarella G, Lazarevic D, Plessy C, et al. NanoCAGE analysis of the mouse olfactory epithelium identifies the expression of vomeronasal receptors and of proximal LINE elements. *Front Cell Neurosci*. 2014;8:41.

[14] Khan M, Vaes E, Mombaerts P. Regulation of the probability of mouse odorant receptor gene choice. *Cell*. 2011;147(4):907-921.

[15] Malnic B, Hirono J, Sato T, Buck LB. Combinatorial receptor codes for odors. *Cell*. 1999;96(5):713-723.

[16] Ishii T, Mombaerts P. Coordinated coexpression of two vomeronasal receptor V2R genes per neuron in the mouse. *Mol Cell Neurosci*. 2011;46(2):397-408.

[17] Leinders-Zufall T, Ishii T, Chamero P, et al. A family of nonclassical class I MHC genes contributes to ultrasensitive chemodetection by mouse vomeronasal sensory neurons. *J Neurosci*. 2014;34(15):5121-5133.

[18] Silvotti L, Cavalca E, Gatti R, Percudani R, Tirindelli R. A recent class of chemosensory neurons developed in mouse and rat. *PloS One*. 2011;6(9):e24462.

[19] Loconto J, Papes F, Chang E, et al. Functional expression of murine V2R pheromone receptors involves selective association with the M10 and M1 families of MHC class Ib molecules. *Cell*. 2003;112(5):607-618.

[20] Grus WE, Zhang J. Rapid turnover and species-specificity of vomeronasal pheromone receptor genes in mice and rats. *Gene*. 2004;340(2):303-312.

[21] Grus WE, Zhang J. Distinct evolutionary patterns between chemoreceptors of 2 vertebrate olfactory systems and the differential tuning hypothesis. *Mol Biol Evol*. 2008;25(8):1593-1601.

[22] Leypold BG, Yu CR, Leinders-Zufall T, Kim MM, Zufall F, Axel R. Altered sexual and social behaviors in trp2 mutant mice. *Proc Natl Acad Sci USA*. 2002;99(9):6376-6381.

[23] Stowers L, Holy TE, Meister M, Dulac C, Koentges G. Loss of sex discrimination and male-male aggression in mice deficient for TRP2. *Science*. 2002;295:1493-1500.

[24] Papes F, Logan DW, Stowers L. The vomeronasal organ mediates interspecies defensive behaviors through detection of protein pheromone homologs. *Cell*. 2010;141(4):692-703.

[25] Chamero P, Marton TF, Logan DW, et al. Identification of protein pheromones that promote aggressive behaviour. *Nature*. 2007;450(7171):899-902.

[26] Ferrero DM, Moeller LM, Osakada T, et al. A juvenile mouse pheromone inhibits sexual behaviour through the vomeronasal system. *Nature*. 2013;502(7471):368-371.

[27] Kaur AW, Ackels T, Kuo TH, et al. Murine pheromone proteins constitute a context-dependent combinatorial code governing multiple social behaviors. *Cell*. 2014;157(3):676-688.

[28] Kimchi T, Xu J, Dulac C. A functional circuit underlying male sexual behaviour in the female mouse brain. *Nature*. 2007;448(7157):1009-1014.

[29] Kimoto H, Haga S, Sato K, Touhara K. Sex-specific peptides from exocrine glands stimulate mouse vomeronasal sensory neurons. *Nature*. 2005;437(7060):898-901.

[30] Boillat M, Challet L, Rossier D, Kan C, Carleton A, Rodriguez I. The vomeronasal system mediates sick conspecific avoidance. *Curr Biol*. 2015;25(2):251-255.

[31] Wu Z, Autry AE, Bergan JF, Watabe-Uchida M, Dulac CG. Galanin neurons in the medial preoptic area govern

parental behaviour. *Nature*. 2014;509(7500):325-330.

[32] Chamero P, Katsoulidou V, Hendrix P, et al. G protein G(alpha)o is essential for vomeronasal function and aggressive behavior in mice. *Proc Natl Acad Sci USA*. 2011;108(31):12898-12903.

[33] Montani G, Tonelli S, Sanghez V, et al. Aggressive behaviour and physiological responses to pheromones are strongly impaired in mice deficient for the olfactory G-protein subunit G8. *J Physiol*. 2013;591 (Pt 16):3949-3962.

[34] Norlin EM, Gussing F, Berghard A. Vomeronasal phenotype and behavioral alterations in G alpha i2 mutant mice. *Curr Biol*. 2003;13(14):1214-1219.

[35] Oboti L, Perez-Gomez A, Keller M, et al. A wide range of pheromone-stimulated sexual and reproductive behaviors in female mice depend on G protein Galphao. *BMC Biol*. 2014;12:31.

[36] Kobayakawa K, Kobayakawa R, Matsumoto H, et al. Innate versus learned odour processing in the mouse olfactory bulb. *Nature*. 2007;450(7169):503-508.

[37] Mandiyan VS, Coats JK, Shah NM. Deficits in sexual and aggressive behaviors in Cnga2 mutant mice. *Nat Neurosci*. 2005;8(12):1660-1662.

[38] Wang Z, Balet Sindreu C, Li V, Nudelman A, Chan GC, Storm DR. Pheromone detection in male mice depends on signaling through the type 3 adenylyl cyclase in the main olfactory epithelium. *J Neurosci*. 2006;26(28):7375-7379.

[39] Dewan A, Pacifico R, Zhan R, Rinberg D, Bozza T. Non-redundant coding of aversive odours in the main olfactory pathway. *Nature*. 2013;497(7450):486-489.

[40] Brunet LJ, Gold GH, Ngai J. General anosmia caused by a targeted disruption of the mouse olfactory cyclic nucleotide-gated cation channel. *Neuron*. 1996;17(4):681-693.

[41] Logan DW, Brunet LJ, Webb WR, Cutforth T, Ngai J, Stowers L. Learned recognition of maternal signature odors mediates the first suckling episode in mice. *Curr Biol*. 2012;22(21):1998-2007.

[42] Meredith M, O'Connell RJ. Efferent control of stimulus access to the hamster vomeronasal organ. *J Physiol*. 1979;286:301-316.

[43] Leinders-Zufall T, Cockerham RE, Michalakis S, et al. Contribution of the receptor guanylyl cyclase GC-D to chemosensory function in the olfactory epithelium. *Proc Natl Acad Sci USA*. 2007;104(36):14507-14512.

[44] Spehr M, Kelliher KR, Li XH, Boehm T, Leinders-Zufall T, Zufall F. Essential role of the main olfactory system in social recognition of major histocompatibility complex peptide ligands. *J Neurosci*. 2006;26(7):1961-1970.

[45] Spehr M, Spehr J, Ukhanov K, Kelliher KR, Leinders-Zufall T, Zufall F. Parallel processing of social signals by the mammalian main and accessory olfactory systems. *Cell Mol Life Sci*. 2006;63(13):1476e1484.

[46] Wilson EO. Pheromones. *Sci Am*. 1963;208:100-114.

[47] Kimoto H, Sato K, Nodari F, Haga S, Holy TE, Touhara K. Sex-and strain-specific expression and vomeronasal activity of mouse ESP family peptides. *Curr Biol*. 2007;17(21):1879-1884.

[48] Logan DW, Marton TF, Stowers L. Species specificity in major urinary proteins by parallel evolution. *PloS One*. 2008;3(9):e3280.

[49] Mudge JM, Armstrong SD, McLaren K, et al. Dynamic instability of the major urinary protein gene family revealed by genomic and phenotypic comparisons between C57 and 129 strain mice. *Genome Biol*. 2008;9(5):R91.

[50] Leinders-Zufall T, Brennan P, Widmayer P, et al. MHC class I peptides as chemosensory signals in the vomeronasal organ. *Science*. 2004;306(5698):1033-1037.

[51] Nodari F, Hsu FF, Fu X, et al. Sulfated steroids as natural ligands of mouse pheromone-sensing neurons. *J Neurosci*. 2008;28(25):6407-6418.

[52] Novotny M, Harvey S, Jemiolo B. Chemistry of male dominance in the house mouse, Mus domesticus. *Experientia*. 1990;46(1):109-113.

[53] Novotny M, Harvey S, Jemiolo B, Alberts J. Synthetic pheromones that promote inter-male aggression in mice. *Proc Natl Acad Sci USA*. 1985;82(7):2059-2061.

[54] Novotny M, Schwende FJ, Wiesler D, Jorgenson JW, Carmack M. Identification of a testosterone-dependent unique volatile constituent of male mouse urine: 7-exo-ethyl-5-methyl-6,8-dioxabicyclo [3.2.1] -3-octene. *Experientia*.

1984;40(2):217-219.

[55] Leinders-Zufall T, Lane AP, Puche AC, et al. Ultrasensitive pheromone detection by mammalian vomeronasal neurons. *Nature*. 2000;405(6788):792-796.

[56] Meeks JP, Arnson HA, Holy TE. Representation and transformation of sensory information in the mouse accessory olfactory system. *Nat Neurosci*. 2010;13(6):723-730.

[57] Haga S, Hattori T, Sato T, et al. The male mouse pheromone ESP1 enhances female sexual receptive behaviour through a specific vomeronasal receptor. *Nature*. 2010;466(7302):118-122.

[58] Liberles SD, Horowitz LF, Kuang D, et al. Formyl peptide receptors are candidate chemosensory receptors in the vomeronasal organ. *Proc Natl Acad Sci USA*. 2009;106(24):9842-9847.

[59] Riviere S, Challet L, Fluegge D, Spehr M, Rodriguez I. Formyl peptide receptor-like proteins are a novel family of vomeronasal chemosensors. *Nature*. 2009;459(7246):574-577.

[60] Ackels T, von der Weid B, Rodriguez I, Spehr M. Physiological characterization of formyl peptide receptor expressing cells in the mouse vomeronasal organ. *Front Neuroanat*. 2014;8:134.

[61] Arakawa H, Cruz S, Deak T. From models to mechanisms: odorant communication as a key determinant of social behavior in rodents during illness-associated states. *Neurosci Biobehav Rev*. 2011;35(9):1916-1928.

[62] Beynon RJ, Hurst JL. Multiple roles of major urinary proteins in the house mouse, Mus domesticus. *Biochem Soc Trans*. 2003;31(Pt 1):142-146.

[63] Beynon RJ, Hurst JL. Urinary proteins and the modulation of chemical scents in mice and rats. *Peptides*. 2004;25(9):1553-1563.

[64] Hurst JL, Robertson DHL, Tolladay U, Beynon RJ. Proteins in urine scent marks of male house mice extend the longevity of olfactory signals. *Anim Behav*. 1998;55(5):1289-1297.

[65] Robertson DH, Cox KA, Gaskell SJ, Evershed RP, Beynon RJ. Molecular heterogeneity in the major urinary proteins of the house mouse *Mus musculus*. *Biochem J*. 1996;316(Pt 1):265-272.

[66] Robertson DH, Hurst JL, Bolgar MS, Gaskell SJ, Beynon RJ. Molecular heterogeneity of urinary proteins in wild house mouse populations. *Rapid Commun Mass Spectrom*. 1997;11(7):786-790.

[67] Armstrong CM, DeVito LM, Cleland TA. One-trial associative odor learning in neonatal mice. *Chem Senses*. 2006;31(4):343-349.

[68] Cheetham SA, Smith AL, Armstrong SD, Beynon RJ, Hurst JL. Limited variation in the major urinary proteins of laboratory mice. *Physiol Behav*. 2009;96(2):253-261.

[69] Hurst JL, Beynon RJ. Scent wars: the chemobiology of competitive signalling in mice. *BioEssays*. 2004; 26(12):1288-1298.

[70] Hurst JL, Payne CE, Nevison CM, et al. Individual recognition in mice mediated by major urinary proteins. *Nature*. 2001;414(6864):631-634.

[71] Roberts SA, Simpson DM, Armstrong SD, et al. Darcin: a male pheromone that stimulates female memory and sexual attraction to an individual male's odour. *BMC Biol*. 2010;8:75.

[72] Roberts SA, Davidson AJ, McLean L, Beynon RJ, Hurst JL. Pheromonal induction of spatial learning in mice. *Science*. 2012;338(6113):1462-1465.

[73] Nishimura K, Utsumi K, Yuhara M, Fujitani Y, Iritani A. Identification of puberty-accelerating pheromones in male mouse urine. *J Exp Zool*. 1989;251(3):300-305.

[74] Novotny MV, Ma W, Wiesler D, Zidek L. Positive identification of the puberty-accelerating pheromone of the house mouse: the volatile ligands associating with the major urinary protein. *Proc R Soc Lond B Biol Sci*. 1999;266(1432):2017-2022.

[75] Schwende FJ, Wiesler D, Jorgenson JW, Carmack M, Novotny M. Urinary volatile constituents of the house mouse, Mus musculus, and their endocrine dependency. *J Chem Ecol*. 1986;12(1):277-296.

[76] Novotny MV. Pheromones, binding proteins and receptor responses in rodents. *Biochem Soc Trans*. 2003;31(Pt 1):117-122.

[77] Boschat C, Pelofi C, Randin O, et al. Pheromone detection mediated by a V1r vomeronasal receptor. *Nat Neurosci*. 2002;5(12):1261-1262.

[78] Novotny MV, Soini HA, Koyama S, Wiesler D, Bruce KE, Penn DJ. Chemical identification of MHC-influenced volatile compounds in mouse urine. I: quantitative proportions of major chemosignals. *J Chem Ecol*. 2007; 33(2):417-434.

[79] Flanagan KA, Webb W, Stowers L. Analysis of male pheromones that accelerate female reproductive organ development. *PloS One*. 2011;6(2):e16660.

[80] Jemiolo B, Andreolini F, Xie TM, Wiesler D, Novotny M. Puberty-affecting synthetic analogs of urinary chemosignals in the house mouse, *Mus domesticus*. *Physiol Behav*. 1989;46(2):293-298.

[81] Jemiolo B, Harvey S, Novotny M. Promotion of the Whitten effect in female mice by synthetic analogs of male urinary constituents. *Proc Natl Acad Sci USA*. 1986;83(12):4576-4579.

[82] Goodwin TE, Eggert MS, House SJ, Weddell ME, Schulte BA, Rasmussen LE. Insect pheromones and precursors in female African elephant urine. *J Chem Ecol*. 2006;32(8):1849-1853.

[83] Papachristoforou A, Kagiava A, Papaefthimiou C, et al. The bite of the honeybee: 2-heptanone secreted from honeybee mandibles during a bite acts as a local anaesthetic in insects and mammals. *PloS One*. 2012;7(10):e47432.

[84] Schulz S, Kruckert K, Weldon PJ. New terpene hydrocarbons from the alligatoridae (crocodylia, reptilia). *J Nat Prod*. 2003;66(1):34-38.

[85] Silk PJ, Lemay MA, LeClair G, Sweeney J, MaGee D. Behavioral and electrophysiological responses of *Tetropium fuscum* (Coleoptera: Cerambycidae) to pheromone and spruce volatiles. *Environ Entomol*. 2010;39(6):1997-2005.

[86] Isogai Y, Si S, Pont-Lezica L, et al. Molecular organization of vomeronasal chemoreception. *Nature*. 2011; 478(7368):241-245.

[87] Turaga D, Holy TE. Organization of vomeronasal sensory coding revealed by fast volumetric calcium imaging. *J Neurosci*. 2012;32(5):1612-1621.

[88] Hanson SR, Best MD, Wong CH. Sulfatases: structure, mechanism, biological activity, inhibition, and synthetic utility. *Angew Chem Int Ed Engl*. 2004;43(43):5736-5763.

[89] Arnson HA, Holy TE. Robust encoding of stimulus identity and concentration in the accessory olfactory system. *J Neurosci*. 2013;33(33):13388-13397.

[90] Celsi F, D'Errico A, Menini A. Responses to sulfated steroids of female mouse vomeronasal sensory neurons. *Chem Senses*. 2012;37(9):849-858.

[91] Hammen GF, Turaga D, Holy TE, Meeks JP. Functional organization of glomerular maps in the mouse accessory olfactory bulb. *Nat Neurosci*. 2014;17(7):953-961.

[92] Haga-Yamanaka S, Ma L, He J, et al. Integrated action of pheromone signals in promoting courtship behavior in male mice. *Elife*. 2014;3:-03025.

[93] Ben-Shaul Y, Katz LC, Mooney R, Dulac C. In vivo vomeronasal stimulation reveals sensory encoding of conspecific and allospecific cues by the mouse accessory olfactory bulb. *Proc Natl Acad Sci USA*. 2010;107(11):5172-5177.

[94] Leinders-Zufall T, Ishii T, Mombaerts P, Zufall F, Boehm T. Structural requirements for the activation of vomeronasal sensory neurons by MHC peptides. Nat Neurosci. 2009;12(12):1551-1558.

[95] Liberles SD, Buck LB. A second class of chemosensory receptors in the olfactory epithelium. *Nature*. 2006; 442(7103):645-650.

[96] Pacifico R, Dewan A, Cawley D, Guo C, Bozza T. An olfactory subsystem that mediates high-sensitivity detection of volatile amines. *Cell Rep*. 2012;2(1):76-88.

[97] Ferrero DM, Lemon JK, Fluegge D, et al. Detection and avoidance of a carnivore odor by prey. *Proc Natl Acad Sci USA*. 2011;108(27):11235-11240.

[98] Li Q, Korzan WJ, Ferrero DM, et al. Synchronous evolution of an odor biosynthesis pathway and behavioral response. *Curr Biol*. 2013;23(1):11-20.

[99] Liman ER, Corey DP, Dulac C. TRP2: a candidate transduction channel for mammalian pheromone sensory

signaling. *Proc Natl Acad Sci USA*. 1999;96(10):5791-5796.

[100] Omura M, Mombaerts P. Trpc2-expressing sensory neurons in the main olfactory epithelium of the mouse. *Cell Rep*. 2014;8(2):583-595.

[101] Lin W, Margolskee R, Donnert G, Hell SW, Restrepo D. Olfactory neurons expressing transient receptor potential channel M5 (TRPM5) are involved in sensing semiochemicals. *Proc Natl Acad Sci USA*. 2007;104(7):2471-2476.

[102] Thompson JA, Salcedo E, Restrepo D, Finger TE. Second-order input to the medial amygdala from olfactory sensory neurons expressing the transduction channel TRPM5. *J Comp Neurol*. 2012;520(8):1819-1830.

[103] Lopez F, Delgado R, Lopez R, Bacigalupo J, Restrepo D. Transduction for pheromones in the main olfactory epithelium is mediated by the Ca^{2+}-activated channel TRPM5. *J Neurosci*. 2014;34(9):3268-3278.

[104] Rolen SH, Salcedo E, Restrepo D, Finger TE. Differential localization of NT-3 and TrpM5 in glomeruli of the olfactory bulb of mice. *J Comp Neurol*. 2014;522(8):1929-1940.

[105] Cockerham RE, Leinders-Zufall T, Munger SD, Zufall F. Functional analysis of the guanylyl cyclase type D signaling system in the olfactory epithelium. *Ann N Y Acad Sci*. 2009;1170:173-176.

[106] Fulle HJ, Vassar R, Foster DC, Yang RB, Axel R, Garbers DL. A receptor guanylyl cyclase expressed specifically in olfactory sensory neurons. *Proc Natl Acad Sci USA*. 1995;92(8):3571-3575.

[107] Juilfs DM, Fulle HJ, Zhao AZ, Houslay MD, Garbers DL, Beavo JA. A subset of olfactory neurons that selectively express cGMP-stimulated phosphodiesterase (PDE2) and guanylyl cyclase-D define a unique olfactory signal transduction pathway. *Proc Natl Acad Sci USA*. 1997;94(7):3388-3395.

[108] Munger SD, Leinders-Zufall T, McDougall LM, et al. An olfactory subsystem that detects carbon disulfide and mediates food-related social learning. *Curr Biol*. 2010;20(16):1438-1444.

[109] Hu J, Zhong C, Ding C, et al. Detection of near-atmospheric concentrations of CO2 by an olfactory subsystem in the mouse. *Science*. 2007;317(5840):953-957.

[110] Arakawa H, Kelliher KR, Zufall F, Munger SD. The receptor guanylyl cyclase type D (GC-D) ligand uroguanylin promotes the acquisition of food preferences in mice. *Chem Senses*. 2013;38(5):391-397.

[111] Lo L, Anderson DJ. A cre-dependent, anterograde transsynaptic viral tracer for mapping output pathways of genetically marked neurons. *Neuron*. 2011;72(6):938-950.

[112] Miyamichi K, Amat F, Moussavi F, et al. Cortical representations of olfactory input by trans-synaptic tracing. *Nature*. 2011;472(7342):191-196.

[113] Stettler DD, Axel R. Representations of odor in the piriform cortex. *Neuron*. 2009;63(6):854-864.

[114] Meredith M. Sensory processing in the main and accessory olfactory systems: comparisons and contrasts. *J Steroid Biochem Mol Biol*. 1991;39(4B):601-614.

[115] Scalia F, Winans SS. The differential projections of the olfactory bulb and accessory olfactory bulb in mammals. *J Comp Neurol*. 1975;161(1):31-55.

[116] Mombaerts P, Wang F, Dulac C, et al. Visualizing an olfactory sensory map. *Cell*. 1996;87(4):675-686.

[117] Sosulski DL, Bloom ML, Cutforth T, Axel R, Datta SR. Distinct representations of olfactory information in different cortical centres. *Nature*. 2011;472(7342):213-216.

[118] Ghosh S, Larson SD, Hefzi H, et al. Sensory maps in the olfactory cortex defined by long-range viral tracing of single neurons. *Nature*. 2011;472(7342):217-220.

[119] Root CM, Denny CA, Hen R, Axel R. The participation of cortical amygdala in innate, odour-driven behaviour. *Nature*. 2014;515(7526):269-273.

[120] Lin DY, Zhang SZ, Block E, Katz LC. Encoding social signals in the mouse main olfactory bulb. *Nature*. 2005;434(7032):470-477.

[121] Del Punta K, Puche A, Adams NC, Rodriguez I, Mombaerts P. A divergent pattern of sensory axonal projections is rendered convergent by second-order neurons in the accessory olfactory bulb. *Neuron*. 2002;35(6):1057-1066.

[122] Wagner S, Gresser AL, Torello AT, Dulac C. A multireceptor genetic approach uncovers an ordered integration of VNO sensory inputs in the accessory olfactory bulb. *Neuron*. 2006;50(5):697-709.

[123] Belluscio L, Koentges G, Axel R, Dulac C. A map of pheromone receptor activation in the mammalian brain. *Cell*. 1999;97(2):209-220.

[124] Rodriguez I, Feinstein P, Mombaerts P. Variable patterns of axonal projections of sensory neurons in the mouse vomeronasal system. *Cell*. 1999;97(2):199-208.

[125] Dulac C, Torello AT. Molecular detection of pheromone signals in mammals: from genes to behaviour. *Nat Rev Neurosci*. 2003;4(7):551-562.

[126] Gutierrez-Castellanos N, Martinez-Marcos A, Martinez-Garcia F, Lanuza E. Chemosensory function of the amygdala. *Vitam Horm*. 2010;83:165-196.

[127] Bressler SC, Baum MJ. Sex comparison of neuronal Fos immunoreactivity in the rat vomeronasal projection circuit after chemosensory stimulation. *Neuroscience*. 1996;71(4):1063-1072.

[128] Butler RK, Sharko AC, Oliver EM, et al. Activation of phenotypically-distinct neuronal subpopulations of the rat amygdala following exposure to predator odor. *Neuroscience*. 2011;175:133-144.

[129] Kang N, Janes A, Baum MJ, Cherry JA. Sex difference in Fos induced by male urine in medial amygdala-projecting accessory olfactory bulb mitral cells of mice. *Neurosci Lett*. 2006;398(1e2):59-62.

[130] Meredith M, Westberry JM. Distinctive responses in the medial amygdala to same-species and different-species pheromones. *J Neurosci*. 2004;24(25):5719-5725.

[131] LeDoux J. Rethinking the emotional brain. *Neuron*. 2012;73(4):653-676.

[132] LeDoux JE. Emotion circuits in the brain. *Annu Rev Neurosci*. 2000;23:155-184.

[133] Pessoa L, Adolphs R. Emotion processing and the amygdala: from a 'low road' to 'many roads' of evaluating biological significance. *Nat Rev Neurosci*. 2010;11(11):773-783.

[134] Salzman CD, Fusi S. Emotion, cognition, and mental state representation in amygdala and prefrontal cortex. *Annu Rev Neurosci*. 2010;33:173-202.

[135] Martinez-Marcos A, Halpern M. Differential centrifugal afferents to the anterior and posterior accessory olfactory bulb. *Neuroreport*. 1999;10(10):2011-2015.

[136] von Campenhausen H, Mori K. Convergence of segregated pheromonal pathways from the accessory olfactory bulb to the cortex in the mouse. *Eur J Neurosci*. 2000;12(1):33-46.

[137] Mohedano-Moriano A, Pro-Sistiaga P, Ubeda-Banon I, Crespo C, Insausti R, Martinez-Marcos A. Segregated pathways to the vomeronasal amygdala: differential projections from the anterior and posterior divisions of the accessory olfactory bulb. *Eur J Neurosci*. 2007;25(7):2065-2080.

[138] Mohedano-Moriano A, Pro-Sistiaga P, Ubeda-Banon I, de la Rosa-Prieto C, Saiz-Sanchez D, Martinez-Marcos A. V1R and V2R segregated vomeronasal pathways to the hypothalamus. *Neuroreport*. 2008;19(16):1623-1626.

[139] Pardo-Bellver C, Cadiz-Moretti B, Novejarque A, Martinez-Garcia F, Lanuza E. Differential efferent projections of the anterior, posteroventral, and posterodorsal subdivisions of the medial amygdala in mice. *Front Neuroanat*. 2012;6:33.

[140] Ferguson JN, Aldag JM, Insel TR, Young LJ. Oxytocin in the medial amygdala is essential for social recognition in the mouse. *J Neurosci*. 2001;21(20):8278-8285.

[141] Kondo Y. Lesions of the medial amygdala produce severe impairment of copulatory behavior in sexually inexperienced male rats. *Physiol Behav*. 1992;51(5):939-943.

[142] Kondo Y, Sachs BD. Disparate effects of small medial amygdala lesions on noncontact erection, copulation, and partner preference. *Physiol Behav*. 2002;76(4e5):443-447.

[143] Lehman MN, Winans SS. Vomeronasal and olfactory pathways to the amygdala controlling male hamster sexual behavior: autoradiographic and behavioral analyses. *Brain Res*. 1982;240(1):27-41.

[144] Liu YC, Salamone JD, Sachs BD. Lesions in medial preoptic area and bed nucleus of stria terminalis: differential effects on copulatory behavior and noncontact erection in male rats. *J Neurosci*. 1997;17(13):5245-5253.

[145] Besser GM, Mortimer CH. Hypothalamic regulatory hormones: a review. *J Clin Pathol*. 1974;27(3):173-184.

[146] Adams DB. Brain mechanisms of aggressive behavior: an updated review. *Neurosci Biobehav Rev*. 2006;30(3):304-318.

[147] Canteras NS, Chiavegatto S, Ribeiro do Valle LE, Swanson LW. Severe reduction of rat defensive behavior to a predator by discrete hypothalamic chemical lesions. *Brain Res Bull*. 1997;44(3):297-305.
[148] Choi GB, Dong HW, Murphy AJ, et al. Lhx6 delineates a pathway mediating innate reproductive behaviors from the amygdala to the hypothalamus. *Neuron*. 2005;46(4):647-660.
[149] Lin D, Boyle MP, Dollar P, et al. Functional identification of an aggression locus in the mouse hypothalamus. *Nature*. 2011;470(7333):221-226.
[150] Motta SC, Goto M, Gouveia FV, Baldo MV, Canteras NS, Swanson LW. Dissecting the brain's fear system reveals the hypothalamus is critical for responding in subordinate conspecific intruders. *Proc Natl Acad Sci USA*. 2009;106(12):4870-4875.
[151] Petrovich GD, Canteras NS, Swanson LW. Combinatorial amygdalar inputs to hippocampal domains and hypothalamic behavior systems. *Brain Res Brain Res Rev*. 2001;38(1e2):247-289.
[152] Dong HW, Petrovich GD, Swanson LW. Topography of projections from amygdala to bed nuclei of the stria terminalis. *Brain Res Brain Res Rev*. 2001;38(1e2):192-246.
[153] Dumont EC. What is the bed nucleus of the stria terminalis? *Prog Neuropsychopharmacol Biol Psychiatry*. 2009;33(8):1289-1290.
[154] Falkner AL, Dollar P, Perona P, Anderson DJ, Lin D. Decoding ventromedial hypothalamic neural activity during male mouse aggression. *J Neurosci*. 2014;34(17):5971-5984.
[155] Kunwar PS, Zelikowsky M, Remedios R, et al. Ventromedial hypothalamic neurons control a defensive emotion state. *Elife*. 2015;4.
[156] Lee H, Kim DW, Remedios R, et al. Scalable control of mounting and attack by $Esr1^+$ neurons in the ventromedial hypothalamus. *Nature*. 2014;509(7502):627-632.
[157] Wang L, Chen IZ, Lin D. Collateral pathways from the ventromedial hypothalamus mediate defensive behaviors. *Neuron*. 2015;85(6):1344-1358.
[158] Blake CB, Meredith M. Change in number and activation of androgen receptor-immunoreactive cells in the medial amygdala in response to chemosensory input. *Neuroscience*. 2011;190:228-238.
[159] Merchenthaler I, Lane MV, Numan S, Dellovade TL. Distribution of estrogen receptor alpha and beta in the mouse central nervous system: in vivo autoradiographic and immunocytochemical analyses. *J Comp Neurol*. 2004;473(2):270-291.
[160] Mitra SW, Hoskin E, Yudkovitz J, et al. Immunolocalization of estrogen receptor beta in the mouse brain: comparison with estrogen receptor alpha. *Endocrinology*. 2003;144(5):2055-2067.
[161] Jennes L, Conn PM. Gonadotropin-releasing hormone and its receptors in rat brain. *Front Neuroendocrinol*. 1994;15(1):51-77.
[162] Van Pett K, Viau V, Bittencourt JC, et al. Distribution of mRNAs encoding CRF receptors in brain and pituitary of rat and mouse. *J Comp Neurol*. 2000;428(2):191-212.
[163] Wood RI, Swann JM. The bed nucleus of the stria terminalis in the Syrian hamster: subnuclei and connections of the posterior division. *Neuroscience*. 2005;135(1):155-179.
[164] Fremeau Jr RT, Duncan GE, Fornaretto MG, et al. Localization of D1 dopamine receptor mRNA in brain supports a role in cognitive, affective, and neuroendocrine aspects of dopaminergic neurotransmission. *Proc Natl Acad Sci USA*. 1991;88(9):3772-3776.
[165] Lemberger T, Parlato R, Dassesse D, et al. Expression of Cre recombinase in dopaminoceptive neurons. *BMC Neurosci*. 2007;8:4.
[166] Schiller L, Donix M, Jahkel M, Oehler J. Serotonin 1A and 2A receptor densities, neurochemical and behavioural characteristics in two closely related mice strains after long-term isolation. *Prog Neuropsychopharmacol Biol Psychiatry*. 2006;30(3):492-503.
[167] Baum MJ. Sexual differentiation of pheromone processing: links to male-typical mating behavior and partner preference. *Horm Behav*. 2009;55(5):579-588.

[168] Stowers L, Logan DW. Sexual dimorphism in olfactory signaling. *Curr Opin Neurobiol*. 2010;20(6):770-775.

[169] Dulac C, Kimchi T. Neural mechanisms underlying sex-specific behaviors in vertebrates. *Curr Opin Neurobiol*. 2007;17(6):675-683.

[170] Guillamon A, Segovia S. Sex differences in the vomeronasal system. *Brain Res Bull*. 1997;44(4):377-382.

[171] Kawata M. Roles of steroid hormones and their receptors in structural organization in the nervous system. *Neurosci Res*. 1995;24(1):1-46.

[172] Yang CF, Shah NM. Representing sex in the brain, one module at a time. *Neuron*. 2014;82(2):261-278.

[173] Halem HA, Baum MJ, Cherry JA. Sex difference and steroid modulation of pheromone-induced immediate early genes in the two zones of the mouse accessory olfactory system. *J Neurosci*. 2001;21(7):2474-2480.

[174] Wu MV, Manoli DS, Fraser EJ, et al. Estrogen masculinizes neural pathways and sex-specific behaviors. *Cell*. 2009;139(1):61-72.

[175] Wu MV, Shah NM. Control of masculinization of the brain and behavior. *Curr Opin Neurobiol*. 2011; 21(1):116-123.

[176] Boehm U, Zou Z, Buck LB. Feedback loops link odor and pheromone signaling with reproduction. *Cell*. 2005;123(4):683-695.

[177] Gregg C, Zhang J, Weissbourd B, et al. High-resolution analysis of parent-of-origin allelic expression in the mouse brain. *Science*. 2010;329(5992):643-648.

[178] Xu X, Coats JK, Yang CF, et al. Modular genetic control of sexually dimorphic behaviors. *Cell*. 2012; 148(3):596-607.

[179] Wyatt TD. The search for human pheromones: the lost decades and the necessity of returning to first principles. *Proc Biol Sci*. 2015;282(1804):20142994.

[180] McClintock MK. Menstrual synchorony and suppression. *Nature*. 1971;229(5282):244-245.

[181] Doucet S, Soussignan R, Sagot P, Schaal B. The secretion of areolar (Montgomery's) glands from lactating women elicits selective, unconditional responses in neonates. *PloS One*. 2009;4(10):e7579.

[182] Doucet S, Soussignan R, Sagot P, Schaal B. An overlooked aspect of the human breast: areolar glands in relation with breastfeeding pattern, neonatal weight gain, and the dynamics of lactation. *Early Hum Dev*. 2012;88(2):119-128.

[183] Charra R, Datiche F, Casthano A, Gigot V, Schaal B, Coureaud G. Brain processing of the mammary pheromone in newborn rabbits. *Behav Brain Res*. 2012;226(1):179-188.

[184] Schaal B, Coureaud G, Langlois D, Ginies C, Semon E, Perrier G. Chemical and behavioural characterization of the rabbit mammary pheromone. *Nature*. 2003;424(6944):68-72.

[185] Frumin I, Perl O, Endevelt-Shapira Y, et al. A social chemosignaling function for human handshaking. *Elife*. 2015;4:e05154.

[186] Gelstein S, Yeshurun Y, Rozenkrantz L, et al. Human tears contain a chemosignal. *Science*. 2011;331(6014):226-230.

[187] Preti G, Wysocki CJ, Barnhart KT, Sondheimer SJ, Leyden JJ. Male axillary extracts contain pheromones that affect pulsatile secretion of luteinizing hormone and mood in women recipients. *Biol Reprod*. 2003;68(6):2107-2113.

[188] Savic I, Berglund H, Gulyas B, Roland P. Smelling of odorous sex hormone-like compounds causes sex-differentiated hypothalamic activations in humans. *Neuron*. 2001;31(4):661-668.

[189] Smith TD, Laitman JT, Bhatnagar KP. The shrinking anthropoid nose, the human vomeronasal organ, and the language of anatomical reduction. *Anat Rec Hob*. 2014;297(11):2196-2204.

[190] Dorries KM, Adkins-Regan E, Halpern BP. Sensitivity and behavioral responses to the pheremone androstenone are not mediated by the vomeronasal organ in domestic pigs. *Brain Behav Evol*. 1997;49:53-62.

[191] Hudson R, Distel H. Pheromonal release of suckling in rabbits does not depend on the vomeronasal organ. *Physiol Behav*. 1986;37(1):123-128.

[192] Keller A, Zhuang H, Chi Q, Vosshall LB, Matsunami H. Genetic variation in a human odorant receptor alters odour perception. *Nature*. 2007;449(7161):468-472.

[193] Carnicelli V, Santoro A, Sellari-Franceschini S, Berrettini S, Zucchi R. Expression of trace amine-associated receptors in human nasal mucosa. *Chem Percept*. 2010;3:99-107.

[194] Rodriguez I, Greer CA, Mok MY, Mombaerts P. A putative pheromone receptor gene expressed in human olfactory mucosa. *Nat Genet*. 2000;26(1):18-19.

[195] Wallrabenstein I, Gerber J, Rasche S, et al. The smelling of Hedione results in sex-differentiated human brain activity. *Neuroimage*. 2015;113:365-373.

[196] Duan X, Block E, Li Z, et al. Crucial role of copper in detection of metal-coordinating odorants. *Proc Natl Acad Sci USA*. 2012;109(9):3492-3497.

[197] Jemiolo B, Xie TM, Novotny M. Socio-sexual olfactory preference in female mice: attractiveness of synthetic chemosignals. *Physiol Behav*. 1991;50(6):1119-1122.

[198] Ma W, Miao Z, Novotny MV. Induction of estrus in grouped female mice (Mus domesticus) by synthetic analogues of preputial gland constituents. *Chem Senses*. 1999;24(3):289-293.

[199] Novotny M, Jemiolo B, Harvey S, Wiesler D, Marchlewska-Koj A. Adrenal-mediated endogenous metabolites inhibit puberty in female mice. *Science*. 1986;231(4739):722-725.

CHAPTER 2

第 2 章
昆虫中化学生态学

比尔·汉森，迪特尔·维歇尔
马克斯·普朗克化学生态研究所进化神经行为学系，德国耶拿

概　要

引　言

化学传感（即对环境化合物的感知及对该信息的后续加工）很可能是生物从外部世界获取信息最古老的方法[1]。依据分子对其释放者和接收者是否具有意义，我们可以对各种层级的相互作用进行区分。最为常见的情况是，所释放的分子很有可能对于其释放者或接收者都没有携带任何有用的信息（图 2-1）。对于一个嗅觉线索，接收者得到有关释放者（例如食物来源）的有用信息。在这种情况下，给接收者带来有用信息的释放行为对于释放者来说通常并非有意为之。代表第三个层级的化学信息物质则是以释放者和接收者间自愿或非自愿通信的组成部分而被释放出来的分子[2]。

在化学信号中，激素所传递的是生物体内部的信息，而化学信息物质传递的则是生物体之间的信息（图 2-2）。介导一个物种内部通信的信息化学物质是信息素，而负责不同物种之间信号传递的信息化学物质则被称为异种化感物质（allelochemicals）。根

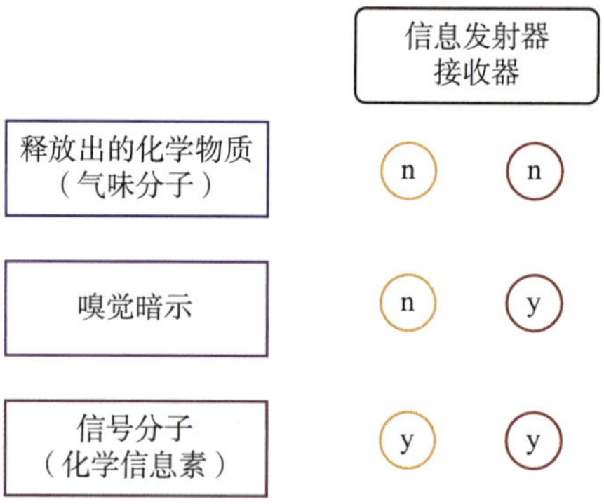

图 2-1　从源头释放出的化学物质会（y）或者不会（n）将信息传递至发射器和（或）接收器。嗅觉暗示仅包含对接收器有价值的信息，而化学信息素用途是便于发射器与接收器之间通信

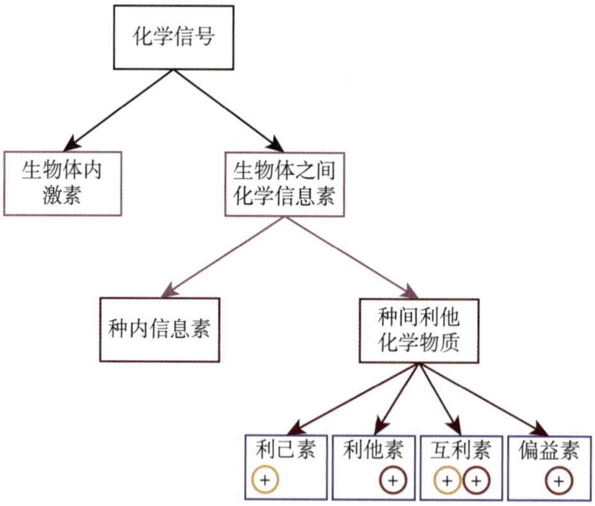

图 2-2　依据发射器和接收器之间关系的化学信号的层级图示。“+”表示有利于释放者（黄色）或接收者（红色）

据一个释放者和（或）接收者能够从化学信号中获得的益处，人们将异种化感物质划分为 4 个类别：利己素（allomone）、利他素（kairomone）、互利素（synomone）和偏益素（apneumone）[3,4]。就利己素而言，只有释放者受益于释放的化学信号。植物释放利己素时，可能会排斥草食性昆虫或者吸引昆虫进入它的陷阱中。相比之下，利他素的信息仅仅对接收者是有利的，例如接收者可能是一个被猎物的气息所吸引的捕食者。互利素不论对任何一方都是有好处的，植物授粉者获得花蜜就是一个例子。偏益素则由非生命体所释放，并且可能含有对接收者有益的信息[4]。

信息素是一个物种内部个体之间用于交流而释放出来的信号（图 2-2）。创造这样一个术语的目的是表明一个外部的化学信号携带着（希腊语 *pherein*）一个令人兴奋的（希腊语 *hormone*）信息[5,6]。第一个被发现的信息素为性引诱剂，是由雌性蚕蛾 *Bombyx mori* 所产生的棉铃酚[7]。信息素通常对释放者和接收者都有好处。依据它们发挥作用的时域，可以将信息素区分为释放信息素（releaser）或者引物信息素（primer）[8]。释放信息素激发接收者产生一个短暂而且立即的行为学响应，而引物信息素则导致持久的生理变化或使接收者为后来的信号做好准备。释放信息素的例子有性信息素、警惕信息素或者募集信息素，而引物信息素可以调节发育过程（例如蜂箱中工蜂的生长）。

在本章中，我们将介绍与昆虫生命周期有关的化学信号传递示例。它涉及寻找合适的产卵地点和寻找适当的食物，以免中毒或者成为捕食者或寄生虫的牺牲品。完成这个循环需要寻找伴侣来繁衍后代，而这个过程也是由化学信号过程 / 嗅觉所介导的。我们将概括介绍昆虫之间，以及它们与环境之间在不同层面上由化学信号介导的相互作用。在此背景下，我们会提供通常来自 *Drosophila melanogaster* 模型昆虫（也就是黑腹果蝇或醋蝇）的案例，并从进化方面讨论化学信号的用途和含义。

化学刺激和受体

化学信号（也就是化学刺激）是由各种各样的来源（例如土壤、植物或动物等）释放出来的分子。这些释放的分子有可能是挥发性的或是处在溶液中。挥发性分子通常是由嗅觉受体检测的（参阅第 6 章），而在溶液中的分子则由味觉受体（GR）进行识别（参阅第 14 章）。在这里，我们将集中讨论挥发性的化学刺激物。在昆虫中，这些信号的检测依赖嗅觉感官神经元（OSN）。这些神经元位于额部附属物、触角和下颚触须中，并在它们的树突中表达嗅觉受体。形成嗅觉受体的受体蛋白有 3 个类别。第一类，检测食物气味和信息素的气味分子受体（OR），由一个气味特异性受体蛋白和一个无处不在的辅助受体蛋白（ORCO）的异二聚体构成（参阅第 6 章）。尽管 OR 蛋白是含有 7 个螺旋的蛋白，例如 G 蛋白耦联受体（GPCR），不过它们在细胞膜内部的排列方面与 GPCR 不同：对于昆虫的 OR 蛋白，N 端是胞质的，而 C 端却是胞外的[9]。OR 的作用是充当配体门控离子通道[10,11]，其敏感性可以通过细胞内信号转导进行调节（参阅文献［12］）。第二类，跟被称为“离子型受体”（IR）[13]的离子型谷氨酸受体同源的受体与诸如酸类和胺类的化合物都发生响应（参阅第 6 章）。由 IR 检测到的气味谱可与 OR

检测到的气味谱互相补充[14]。IR 形成的是气味特异性蛋白和辅助受体蛋白的异四聚体。第三类，特殊的 GR 蛋白会形成异二聚体来感知二氧化碳[15,16]（参阅第 14 章）。

一项研究用一个完整的“气味面板”对果蝇进行了测试[17]，涵盖了不同的化学类别（表 2–1），包括不同质量食品的气味，其覆盖范围从新鲜水果气味到腐烂物品气味。嗅觉受体的接受范围涵盖了从微调节受体到泛调节受体的全部。某些受体可调节范围很广，与大约 20%测试的气味发生了响应。这些受体对结构相似的气味分子最为敏感。然而，由于可能的刺激物数量巨大，一个嗅觉科学领域中总被提及的忠告是，关键配体可能被忽略。对气味信息的加工反映了气味对动物的价值。在昆虫大脑中主嗅觉中心即触角叶的嗅小球内，吸引性气味和厌恶性气味的表现具有明显区隔[18,19]。

表 2–1 **用于表征果蝇嗅觉受体检测特征的气味类别**[17]

酸类
醇类
醛类
胺类
芳烃类
酯类
酮类
内酯类
硫化物
萜类

昆虫体内稳态

寻找食物是维持昆虫生命过程中体内平衡的一项永久而且必不可少的任务。对这一过程而言，最重要的是嗅觉感官。食物气味主要通过包含有 OR 的 OSN 进行检测的。这些神经元位于基锥形（basiconic）感觉器官和（不常见的）腔锥形（coeloconic）感觉器官中（参阅第 6 章）。尽管 IR 和 GR 很早就出现在进化中而且在动物界有广泛的分布，然而异二聚体 OR 却仅限于昆虫中[20,21]。实际上，异二聚体 OR 是伴随新出现的昆虫飞行能力一起进化而来的[22]。有人可能会猜测，OR 为飞行中的昆虫提供了使之在飞行过程中进行快速而又灵敏检测气味的好处。在这种情况下，昆虫会面临两个挑战。首先，它们必须在自己运动过程中追踪气味；其次，气味会因空气运动中可能产生的湍流而扩散并形成迁移的丝状羽流[23]。对这样的信息感知显然受益于快速而又灵敏的受体[24]。不过，相比IR，是什么使OR如此特殊呢？答案可能是OR的灵敏度是可以被调节的，而这并不会在IR中发生[25]。当一个低于阈值浓度的气味刺激果蝇但却未能引发离子型的OR响应时，整个OSN的电活性并不发生变化。人们以前观察到异源表达的ORCO蛋白形成的离子通道[11,26]，能够被环化核苷酸所激活[11]。假如低于阈值的气味刺激足以增强环化单磷酸腺苷的生成进而激活ORCO通道，那么该敏化的OR经由的是一个迄今为止尚不清楚的机制[25]。这个弱刺激在介于数秒钟到几分钟时间窗口内的第二个表现产生了离子型响应而且增强了OSN的活性。因而，这种OR灵敏度的自我调控性会依据短时间范围内的气味表现来调整一个动态的OR范围。

在找到一个食物来源后，有必要评估一下它的营养价值。为了防止沾染上有害的、产生毒素的微生物，动物们需要被提醒警觉和退却，就像你在打开冰箱之后闻到你由于忘记而放了两周的晚餐一样。这对于果蝇等昆虫尤其重要，因为它们更喜欢发酵的水果。对这些果蝇来说，检测到有营养的酵母何时被危险的微生物所覆盖是至关重要的。这些有毒真菌和细菌中的一部分会生成挥发性化合物，其中最重要的一个是土臭素。有的果蝇会被食醋气味强烈吸引[27]，但土臭素的存在使食醋对果蝇的吸引力有明显的降低[28]。在最近的一项研究中，人们考察了针对这个行为学上关于嗅觉信号加工过程的基础[29]，揭示了在不同层级上有一个出奇高效的化学信号加工过程（图2–3）。在图2–3中，由产生毒素的微生物释放的信号土臭素是一个提示接收者果蝇关于潜在危险的信号。由于该信息对接收者的生存具有非常高的相关性，因而发展了一种恰当的信号加工机制。在OSN的层面上，只有一种单一类型的细胞（AB4B）被土臭素所激活。这些AB4B神经元表达的是OR蛋白OR56A。有趣的是，由OR56A和ORCO组成的OR会专门针对土臭素进行调节。这些AB4B神经元将其轴突发送到触角叶中的DA2嗅小球，这是首个处在中枢神经系统的嗅觉信息加工单元。在嗅小球中，OSN与投射神经元形成突触，接着将感官输入信号传递到较高的大脑中枢。信息传递通常由本地的中间神经元所修改，而这些中间神经元连接各种各样的嗅小球，进而对气味编码、信号放大和权重调节有贡献作用。然而，从DA2嗅小球获得输入的投射神经元仅与土臭素发生响应，就像OSN提供的输入一样。因此，由OSN观察到的严格特异性对于传递土臭素信息的投射神经元而言是保守的（即有一个直接的、分隔开的途径用于加工警告性的化学信号）。激活支配DA2嗅小球的神经元会引起一个厌恶的行为。DA2信号具有很高的优先级，因为它支配着来自其他嗅觉途径的输入。厌恶响应会阻止积极的趋化作用、进食和排卵。在果蝇中，特异性的土臭素检测系统是高度保守的。想要对土臭素的气息进行分类是有点困难的。果蝇显然可以从土臭素的检测中受益，但微生物在其中扮演的角色仍然未知。如果微生物因其不被食用而受益，那么土臭味应该被称为一个相互有利的互利素。如果微生物确实想要被吃掉，那么这种讨厌的气味就是有益于接收者的利他素。

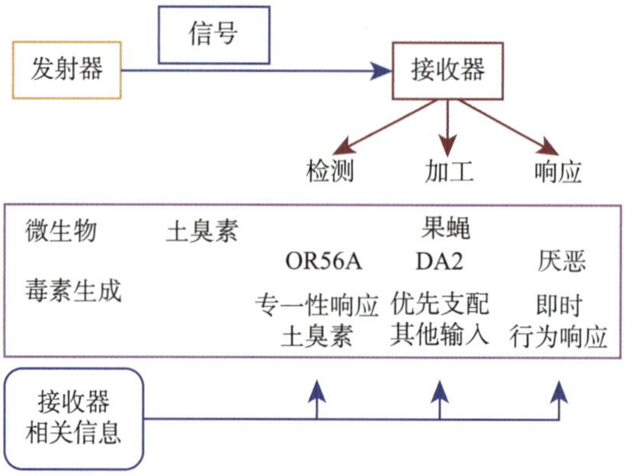

图 2-3　果蝇加工由毒素生成微生物释放出的土臭素信号的过程。气味由受体 OR56A 检测到；该信息后被发送至触角叶中的 DA2 嗅小球。激活支配 DA2 的神经元足以诱发厌恶行为。该路径以一个生态标记线的方式组织，使土臭味素信息与其他输入信息严格分开

另一种食品质量的控制与寻找特别有益的内容物有关。高代谢活性是同生成活性氧自由基（ROS）相伴而生的，其可能损害组织并且加速衰老[30]。抗氧化剂可以防御 ROS。对食品中此类化合物的检测有助于预防可能由感染、严寒或者摄入毒素引发的氧化应激。果蝇能够通过嗅觉信号检测到水果中一种抗氧化剂羟基肉桂酸（HCA）的存在[31]。果蝇并不能直接检测 HCA，但是会检测到由酵母生成的乙基苯酚，它是 HCA 的代谢产物。这些化合物激活的是一类被称为 PB1B 神经元的嗅觉感受神经元，其位于下颚触须上而且表达 OR71A。乙基苯酚激活 PB1B 神经元会引发趋化作用、进食和产卵。果蝇幼虫并没有配备 OR71A，但是它们能够通过幼虫特异性受体 OR94B 来检测乙基苯酚。因此，成年和幼虫时期的果蝇都能够检测到富含抗氧化剂的食物来保护它们免受氧化应激的侵害，只不过通过不同的受体做到这一点。在这种情况下，这些气味应当被视为利他素，因为果蝇是在闻到它的香气后才来食用酵母的。不过，这些酵母也可以通过果蝇身上沾有的孢子传播开来而受益[32]。如果这种关系超过了果蝇掠食带来的负面影响，这种气味就变成了互利素。

吸血的蚊子将各种各样的感官信号与嗅觉整合在一起作为确定人的方位时最重要的输入信号[33]。这个将蚊子引导至它们宿主的人体气味是典型的利他素案例（图 2–2）[34]。人体气味的吸引力因二氧化碳被特异性的 GR 检测到而增强[35,33]。对于埃及伊蚊（*Aedes aegypti*），对化学信号敏感性的改变造成了它们对人类的偏好，这代表了一种进化的转变。除了这种吸食人血的“驯化型”埃及伊蚊，还有一种原始的“森林型”埃及伊蚊，它们生活在肯尼亚并且喜欢人类之外的动物[36]。这种偏好上的差异跟受体 AaegOr4 的表达和气味敏感性有关。这一受体能够被一种人体气味成分 6–甲基 –5–庚烯–2–酮（舒卡酮）所激活，而 AAEGOR4 的表达在这种“驯化型”的蚊子中是上调的。尽管人类之外的动物也会释放舒卡酮，不过人体内舒卡酮的释放量要大很多。此外，驯化型和森林型埃及伊蚊之间在 *Or4* 序列上的差异导致了其在舒卡酮敏感性上的差异。综合起来，OR 表达水平上的变化与 OR 敏感性的改变相结合，最终导致了蚊子对宿主偏好上的改变。

我们在一种岛上居住的果蝇（*Drosophila sechellia*）中发现了一个有趣的例子，可用于说明一个物种是如何成为“食物选择专家”的。这些果蝇是塞舌尔岛特有的，而且它们唯一的宿主是海滨木巴戟（*Morinda citrifolia*）。这些果蝇以海滨木巴戟树的果实为食（图 2–4），并且将其用于产卵。所有其他果蝇物种都会因为接触有毒、产酸的果实而被杀死。居住在塞舌尔岛上的果蝇携带有一个 *Catsup* 基因的突变体[37]。这个突变体会导致雌性果蝇产卵数量减少，因为果蝇中 L–DOPA（一种多巴胺的前体物）的含量很低。

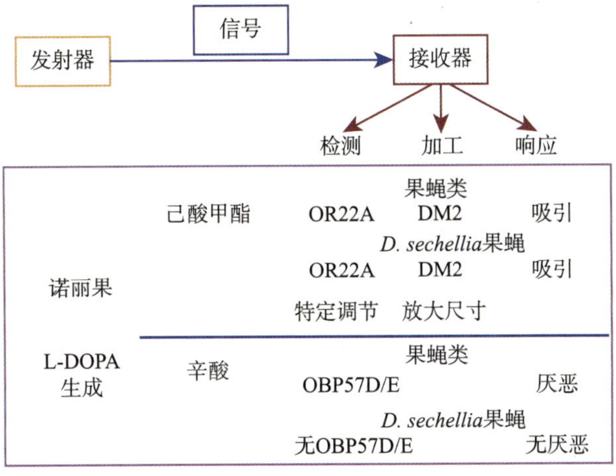

图 2–4　与其他果蝇相比，*D. sechellia* 果蝇对诺丽果释放的气味信号有不同的加工方式。己酸甲酯激活气味分子受体 OR22A。在 *D. sechellia* 果蝇中，OR22A 是高度表达的并专门针对这种气味做了调节。气味信息在 DM2 嗅小球中会聚，但在 *D. sechellia* 果蝇被放大。激活支配 DM2 的神经元介导了吸引，这对 *D. sechellia* 果蝇极为强烈。辛酸通过气味分子结合蛋白 OBP57D/E 传递至受体。辛酸感知导致非常强烈的厌恶。*D. sechellia* 果蝇缺乏 OBP57D/E，这可能解释了为什么 *D. sechellia* 果蝇对辛酸没有表现出厌恶的行为

海滨木巴戟果实中含有大量的 L-DOPA，因此饮食中摄取 L-DOPA 有助于果蝇对受损的生育力进行修复。此外，*Catsup* 突变体还为塞舌尔岛果蝇提供了对海滨木巴戟果实中毒性和酸性更强的抵御能力，使其能够在这种不利的环境中生存。图 2-5 中提供了吸引塞舌尔岛果蝇并且排斥所有其他果蝇的化学信号过程图示。

图 2-5 （A）诺丽果（*Morinda citrifolia*）；（B）泰坦魔芋（*Amorphophallus titanum*）；（C）蜂兰花（*Ophrys apifera*）。图片来源：M. 克纳登（M. Knaden；图 A）；D. 威彻（D. Wicher；图 B 和图 C）

海滨木巴戟果实释放出来的诱人气味成分是己酸甲酯。这种气味能刺激表达 OR22A 受体，而且支配触角叶中 DM2 嗅小球的 AB3A 神经元。激活这些 OSN 将诱导正向趋化作用[38]。对于黑腹果蝇和其他果蝇而言，己酸乙酯是 OR22A 的最佳配体。然而，塞舌尔岛果蝇中的 OR22A 与黑腹果蝇相比有 9 个氨基酸的差异。这一变化造成其最佳配体转变为己酸甲酯[38]。除此之外，塞舌尔岛果蝇的触角还配备了更多容纳 AB3A 神经元的锥形感觉器官。据推测，由于这种增加的输入，塞舌尔岛果蝇中 DM2 嗅小球几乎比黑腹果蝇中发现的 DM2 嗅小球大 3 倍。非塞舌尔岛果蝇对海滨木巴戟果实的厌恶行为与其释放的辛酸有关。这种挥发物激活的受体目前尚不清楚，不过该感知需要特异性的气味分子结合蛋白（OBP57D/E），而这种蛋白在塞舌尔岛果蝇中并未发现。这一事实可能解释了为什么对酸的厌恶仅限于其他果蝇。因而己酸甲酯对塞舌尔岛果蝇是大有裨益的。不过，这对海滨木巴戟是否有益还未可知。当海滨木巴戟果实对果蝇变得极具吸引力时，它的种子早已经生成而且果实或多或少正在腐烂。因此，让果蝇食用它的果实看起来对植物几乎是没有害处的。尽管如此，这种水果的气味仍应被看作利他素。

大约 1/3 的昆虫目是草食性的。这种生活方式的进化过程涉及生理学和行为学上的转变。最近对 *Scaptomyza* 果蝇所做的研究表明，从酵母喂养到植物喂养的转变伴随明显的适应过程[39]。黑腹果蝇中用于检测酵母气味 OR 的直系同源物要么被删除（OR22A, OR85D），要么以假基因（pseudogenes）的形式出现（OR9A, OR42B）。

同时，有一个基因重复出现在黑腹果蝇 Or67b 受体的旁系同源物中，其检测绿叶的挥发物。这些受体水平上的变化通过行为学上的变化反映出来，比如 *Scaptomyza* 果蝇丧失了它们对酵母挥发物的吸引。同时，它们开始被绿叶的挥发物所吸引，这些挥发物对其他果蝇而言却是负价值的。保持黑腹果蝇及其亲属远离绿色植物的互利素因而成了 *Scaptomyza* 果蝇的利他素。

昆虫繁殖

由雌性飞蛾生成的性信息素是长链醇类，以及它们的酯类和（或）醛类的混合物。在家养蚕蛾（*Bombyx mori*）中，这个混合物较为简单而且含有一个主要成分蚕蛾醇（E,Z–10,12–十六碳烯醇–1–醇）和一个次要成分蚕蛾醛（E,Z–10,12–十六碳烯醇–1–醛），二者的含量比值为 10 : 1[7,40]。通常情况下，信息素是由好几种组分构成的比较复杂的混合物。改变这些成分的双键位置、异构体形态及混合比例可使它们具有物种特异性（参阅 Zhang 等的综述[41]）。

甚至在一个物种内部，信息素信号传递上的差异也会造成繁殖的障碍，就像在欧洲玉米钻心飞蛾（*Ostrinia nubilalis*）中看到的那样。这个物种中存在有 2 个种类，称为 E 和 Z，它们产生的信息素混合物可以通过 E–11–14–乙酸酯和 Z–11–14–乙酸酯 2 种成分以不同的比例进行表征[42]。对于 E 种类，混合物中 E : Z 为 98 : 2；而对于 Z 种类，E : Z 为 3 : 97。这两个种群生成不同信息素前体物的原因在于脂肪–酰基还原酶上出现一个等位基因的变异[43]。另外，雄性的响应受到极为复杂的遗传控制。感觉器的设置和所表达的 OR 为雄性特异性嗅小球复合体的嗅小球提供了输入信号。这种神经调控模式反映到两个种群中[44]，正如感受器中 OSN 的设置一样[45,46]。最近的研究也发现在雄性的触角上存在一个极为复杂的受体表达模式[47]。

在某些蛾类物种中，包括蚕蛾在内，由雌性产生的信息素都只能被雄性蚕蛾所感知到。雄性触角中表达的蚕蛾醇受体 BMOR1 的激活会启动固有的动作程序而引起交配行为[48]。然而，这种性别限制的信息素产生和接收在整个昆虫界并非普遍的规则。例如，在黑腹果蝇中，雄性特异性的信息素 11–顺式–十八碳烯醇乙酸酯会激活受体 DmOr67d，这个受体既能被雌性表达，也能被雄性表达[49,50]。受体激活调节的是两性的交配行为。在雄性中，它会抑制雄性对雄性的求偶。有关昆虫信息素信号转导的最新综述参阅文献［41, 51–54］。

除了选择交配的伙伴，繁殖行为还需要有一系列重要的决定[55]。其中之一就是选择合适的产卵位置，这反映了昆虫物种的生活方式。对于植食性动物，这种选择在很大程度上是受植物挥发物引导的[56]。这些挥发物被用于区分宿主植物和非宿主植物，以及评估可能的宿主植物的状态和适宜性。评估一种植物是否已经受到其他植食性动物的攻击是非常重要的（参阅后面的章节）。黑腹果蝇更喜欢发酵的水果，同时会避开被会产生土臭素的细菌或黏菌感染的水果[29]。在这些水果中，它们对柑橘类水果有明显的偏爱[57]。这种偏爱是祖先遗留的特征，而且可能反映的是其对原生的非洲栖息地水果的一种适应性。从柑橘类水果中释放的萜类如柠檬烯和瓦伦烯可以被位于触角中含有 ai2A 神经元的一类感受器检测到，该神经元表达 DMOR19A 受体。这个受体对于介导柑橘属偏好是必要和充分的。有趣的是，柑橘属的气味物瓦伦烯对内寄生性黄蜂小环腹瘿蜂（*Leptopilina boulardi*）是一个强有力的驱除剂，而小环腹瘿蜂是一种非常重要的黑腹果蝇幼虫寄生虫。这种寄生虫是造成果蝇死亡的主要原因。因而，在柑橘类水果上产卵可降低幼虫被小环腹瘿蜂攻击的风险。可见，信息化学物质的相互作用非常复杂。这种柑橘属气味是一种利他素，有益于果蝇接收者但并不利于这种水果。就拟寄生物（parasitoid）而言，它是不太明显的，因为瓦伦烯的行为学意义目前尚不清楚。

昆虫–植物相互作用：探索这个系统

植物的新陈代谢会产生挥发性信号，而这些信号被植食性动物利用来寻找食物来源[58]（图 2–6）。为了应对这样的挑战，植物们进化出了化学防御系统来保护不受植食性动物攻击，这在其他地方有系统而全面的介绍[59]。在这里，我们聚焦化学信号传递的机制，这种机制可能是直接的也可能是间接的。直接的防御包括释放出毒素或者在昆虫神经系统中发挥作用的物质，例如尼古丁、咖啡因、可卡因或其他神经活性物质。例如，生物胺类可以作为竞争性的 ORCO 拮抗剂[60]。在间接防御的情况下，所释放的化合物会吸引摄食昆虫的拟寄生物或捕食者，并且可以显著减少植食性动物的数量[61]。除了基本的防御，植食性动物的攻击会引起诱发的防御响应。这种基于需求的诱导响应有助于节省合成化合物所需的能量。图 2–6 说明了植食性动物攻击后昆虫–植物的相互作用。从植物被昆虫进食的部位释放出来的挥发物会向其他的部位发出警告，使其对潜在的攻击做出响应。这样的信号能够演变成与邻近植物的通信，并有可能吸引正在实施攻击的植食性动物的捕食者或拟寄生物。人们最近对此种由植物释放的化学信号发生的功能转变作了综述性介绍[62]。

化学信号的功用有可能改变。例如，最初只起防御作用的物质可能会变成奖赏授粉者的引诱剂，比如由受伤植物分泌的树脂[63]。为了吸引昆虫授粉，植物通常会散发带有花香香韵的气味。尽管吸引主要通过嗅觉介导，但也涉及其他的感觉通道。例如，五颜六色的花朵可以充当指示花蜜奖赏的视觉地标。除了与奖赏相关的吸引，有些植物类型还进化出通过欺骗来吸引授粉者的机制[64]。它们这么做，只不过通过口惠而实不至的方式。为了吸引果蝇，巴勒斯坦疆南星（*Arum palestinum*）会释放果香味的酵母气息[27]，从而激活特异性调节诱人食物气味的 OR。一些海芋物种例如白星海芋（*Helicodiceros muscivorus*）或者泰坦魔芋（*Amorphophallus titanum*）[图 2–5（B）] 会释放腐肉的气息，从而模仿食肉果蝇的产卵地点[65,66]。其他则是通过产生粪臭或尿液的气

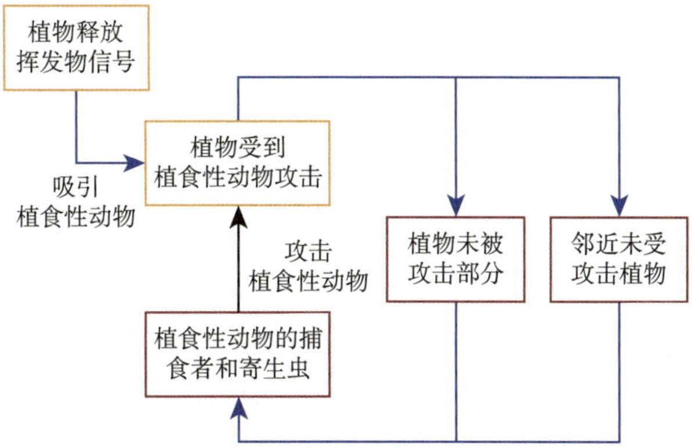

图2–6　昆虫–植物相互作用的反应链。植物释放出的挥发性信号（利他素）会吸引植食性昆虫。受攻击植物释放出警报激素 / 信息素来告知植物的未被攻击部分及其附近植物。还会释放出气味吸引植食性动物的捕食者和寄生虫。捕食者和寄生虫攻击植食性昆虫，进而反制植食性动物攻击

息来吸引诸如苍蝇和蜣螂等昆虫。这些气味演变为对植食性动物的排斥和对传粉者的吸引，有可能反映了化学信号功能的转变[67]。总而言之，这些植物释放的欺骗性气味作为利己素（图 2–2）在被吸引的昆虫中诱导了对植物有益的行为。然而，为了使之有说服力，人们有时候还需要用其他感官信号对化学信号传递进行补充[64]。这一点在性欺骗性的兰花中尤为明显，这种兰花通过释放雌性特异性信息素来吸引雄性授粉者。这种花朵释放的模仿昆虫的视觉信号［图 2–5（C）］提高了它们的繁殖成功率[68–70]。

通常，释放出来吸引传粉者的花香气息起互利素的作用（图 2–2），授粉者获得奖赏（例如通过花蜜）。这种相互作用的一个例子是，天蛾属的烟草天蛾（*Manduca sexta*）被曼陀罗属的怀特曼陀罗（*Datura wrightii*）花中上升的香气流所吸引。烟草天蛾面临的挑战是，将怀特曼陀罗上升的香气流同其他气味的混合物区分开来[71]。怀特曼陀罗通常与释放其他挥发物的植物共存（例如苯甲醛），而这也发生在怀特曼陀罗自己的花束中。在风洞实验中，研究表明在有苯甲醛背景信号的情况下，烟草天蛾向怀特曼陀罗混合物来源进行正确导航的能力出现了下降[71]。尽管如此，烟草天蛾依然能够通过改变触角神经叶内嗅觉信息加工方式而处理这种情况。通过抑制触角神经叶的局部中间神经元信号来扰乱这种神经元表现的灵活性则会干扰气味导航的成功率[71]。尽管烟草天蛾对包括怀特曼陀罗在内的某些夜里开花的植物有天生的偏好[72]，它们却可以学习用其他花进行采蜜进食。这些学习过程（包括章鱼胺信号转导）能改变以前并无吸引力的花束气息的神经元表现，但却并不改变其先天的气味偏好表现[72]。

除了提供进食的花蜜，怀特曼陀罗还为烟草天蛾提供了产卵的服务[73]。有趣的是，诱导两种行为的花香气息也有不同。怀特曼陀罗的花束气味成分中包含芳樟醇，其表现为（+）和（或）（–）两种对映异构体。尽管摄食行为与芳樟醇的对映异构体形态无关，产卵行为却偏好释放（+）芳樟醇的植物[73]。

进化方面

化学信号的演化可能起始于含有对接收者有用信息的代谢副产物的释放[62]。正如我们在前面提供的示例中所看到的那样，化学信号的使用和含义并非飘忽不定或者发生快速变化的。一个新陈代谢的副产物可能变成一个引诱剂，而一个防御信号则可能变成一个警报信号或变得具有吸引力[62]。植物会产生毒素来驱逐植食性动物（参阅“延伸阅读”），而植食性昆虫会发展出解毒系统[74]。

优化一个成功的信号释放可以包括简单的释放量变化。考虑吸引传粉者的植物，这样的策略会引出一个问题，即产生引诱剂的能量消耗是否会被到访者数量的增长所平衡，因为到访者的数量是被给定栖息地所限制的。另外，所发出化学信号的量可能直接传达了有关发送者的状态。例如，星灯蛾（*Utetheisa ornatrix*）会感知到宿主植物释放的吡咯里西啶生物碱，这对它的捕食者是有毒的。雌蛾会根据释放的雄性求偶信息素的数量来选择交配的伙伴，而求偶信息素直接反映了所获得保护性生物碱的量，从而反映出

延伸阅读

影响动物离子通道的植物产物

作为对植食性动物防御系统的一部分，植物产生的神经活性物质会干扰以它们为食的昆虫的神经元信号转导。这些植物产物的首选目标是离子通道和受体。由于这些蛋白在进化过程中的保守性，这些植物产物有时对于哺乳动物也是有毒的。电压门控型钠离子通道对神经元中的电信号传递是必不可少的。相应地，它们是许多神经毒素的目标[79]。在神经毒素受体的 6 个位点中，有 2 个位点可结合植物来源的毒素，包括生物碱类的藜芦定（来自百合科植物）和乌头碱（来自欧乌头），以及木藜芦毒素（来自杜鹃花科植物）。这些脂溶性毒素是通道功能的别构调节剂而且影响电压依赖性门控。它们将激活阈值切换为负电压，从而引起持续的通道激活并使 Na^+ 向神经元涌入，最终杀死这些细胞。除虫菊酯是来自菊科植物花朵的毒素[80]，对昆虫钠离子通道有相对的特异性并促成了合成杀虫剂（拟除虫菊酯，DDT）的研发。para 钠离子通道中特异性突变产生针对这些杀虫剂的抗药性，被称为击倒抗性（knock-down resistance）。

离子型受体（配体门控离子通道）是许多防御性植物产物的目标[81]。尼古丁是一种来自烟草植物的生物碱，可作为烟碱型乙酰胆碱受体（nAChR）的激动剂。nAChR 是兴奋性的阳离子通道而且对神经肌肉接头极其重要。一个众所周知的竞争性拮抗剂是 D-筒箭毒碱（来自南美防己），其曾被用作一种麻痹性箭毒。nAChR 的非竞争性拮抗剂实例为可卡因（来自古柯科植物）和士的宁（来自马钱子）。A 型的 γ-氨基丁酸受体（$GABA_AR$）是配体门控的氯离子通道而且赋予大脑中的抑制活性。$GABA_AR$ 的竞争性拮抗剂例如荷包牡丹碱（来自马裤花）会导致痉挛。尽管 $GABA_AR$ 是中枢神经系统中最重要的抑制性受体，在外周起这一作用的却是甘氨酸受体（也为氯离子通道）。在这里，植物化合物士的宁起拮抗剂的作用而且引起痉挛和窒息。

由交配得到的预期收益[62]。

对于化学生态学不同方面的研究，可进行基因修饰的系统具有很大价值。在昆虫中，黑腹果蝇提供了一个这样的系统，因为它含有数量繁多的各种突变体（参阅FlyBase数据库）。遗传学与分子学、细胞学、电生理学、光学和行为学方法的结合使我们理解果蝇是如何与其环境相互作用的[75]。这一方法由昆虫宿主植物代谢通路的基因调控技术获得进一步完善，而被用于研究昆虫–植物的相互作用[76,77]。在下一代的实验中，我们看到基因组编辑技术被用于新物种的基因调控[33]。

昆虫化学生态学是一个非常迷人的研究领域。昆虫之间、昆虫与宿主或猎物之间、昆虫与其天敌之间、昆虫与日常环境之间相互作用的多样性几乎是一个不竭的科学命题之源。这种多样性与现代化学技术、分子生物学技术、生理学技术及行为研究技术相结合，使人们近年来取得了重大进展。在这里，我们聚焦在与昆虫生命周期相关的化学信号传递。然而，我们在很大程度上忽略了其他感官输入的影响，这些感官输入与化学刺激的感知发生强有力的相互作用。例如，生物周期控制昆虫对性信息素的敏感性[51]。此外，非生物因素也会影响生态系统内部的相互作用[78]。这些重要的方面在解析昆虫的化学生命时都必须考虑。

致　谢

本工作得到马斯克·普朗克学会的资助。

参考文献

[1] Wyatt TD. Introduction to chemical signaling in vertebrates and invertebrates. In: Mucignat-Caretta C, ed. *Neurobiology of Chemical Communication*. Boca Raton, FL: CRC Press; 2014 Chapter 1.

[2] Law JH, Regnier FE. Pheromones. *Annu Rev Biochem*. 1971;40:533-548.

[3] Brown WLJ, Eisner T, Whittacker RH. Allomones and kairomones: transpecific chemical messengers. *Bioscience*. 1970;20:21-22.

[4] Nordlund DA, Lewis WJ. Terminology of chemical releasing stimuli in intraspecific and interspecific interactions. *J Chem Ecol*. 1976;2:211-220.

[5] Karlson P, Butenandt A. Pheromones (ectohormones) in insects. *Annu Rev Entomol*. 1959;4:39-58.

[6] Karlson P, Lüscher M. 'Pheromones': a new term for a class of biologically active substances. *Nature*. 1959; 183(4653):55-56.

[7] Butenandt A, Beckmann R, Stamm D, Hecker E. Über den Sexuallockstoff des Seidenspinners Bombyx mori. Reindarstellung und Konstitution. *Z Naturforsch*. 1959;14b:283-284.

[8] Regnier FE, Law JH. Insect pheromones. *J Lipid Res*. 1968;9(5):541-551.

[9] Benton R, Sachse S, Michnick SW, Vosshall LB. Atypical membrane topology and heteromeric function of Drosophila odorant receptors in vivo. *PLoS Biol*. 2006;4(2):e20.

[10] Sato K, Pellegrino M, Nakagawa T, Nakagawa T, Vosshall LB, Touhara K. Insect olfactory receptors are heteromeric ligand-gated ion channels. *Nature*. 2008;452:1002-1006.

[11] Wicher D, Schäfer R, Bauernfeind R, et al. Drosophila odorant receptors are both ligand-gated and cyclic-nucleotide-activated cation channels. *Nature*. 2008;452:1007-1011.

[12] Wicher D. Olfactory signaling in insects. *Prog Mol Biol Transl Sci*. 2015;130:37-54.

[13] Benton R, Vannice KS, Gomez-Diaz C, Vosshall LB. Variant ionotropic glutamate receptors as chemosensory receptors in Drosophila. *Cell*. 2009;136(1):149-162.

[14] Rytz R, Croset V, Benton R. Ionotropic receptors (IRs): chemosensory ionotropic glutamate receptors in Drosophila and beyond. *Insect Biochem Mol Biol*. 2013;43(9):888-897.

[15] Jones WD, Cayirlioglu P, Kadow IG, Vosshall LB. Two chemosensory receptors together mediate carbon dioxide detection in Drosophila. *Nature*. 2007;445(7123):86-90.

[16] Kwon JY, Dahanukar A, Weiss LA, Carlson JR. The molecular basis of CO_2 reception in Drosophila. *Proc Natl Acad Sci USA*. 2007;104(9):3574-3578.

[17] Hallem EA, Carlson JR. Coding of odors by a receptor repertoire. *Cell*. 2006;125(1):143-160.

[18] Semmelhack JL, Wang JW. Select Drosophila glomeruli mediate innate olfactory attraction and aversion. *Nature*. 2009;459(7244):218-223.

[19] Knaden M, Strutz A, Ahsan J, Sachse S, Hansson BS. Spatial representation of odorant valence in an insect brain. *Cell Rep*. 2012;1(4):392-399.

[20] Croset V, Rytz R, Cummins SF, et al. Ancient protostome origin of chemosensory ionotropic glutamate receptors and the evolution of insect taste and olfaction. *PLoS Genet*. 2010;6(8):e1001064.

[21] Penalva-Arana DC, Lynch M, Robertson HM. The chemoreceptor genes of the waterflea Daphnia pulex: many Grs but no Ors. *BMC Evol Biol*. 2009;9(79):79.

[22] Missbach C, Dweck HK, Vogel H, et al. Evolution of insect olfactory receptors. *Elife*. 2014;3(3):e02115.

[23] Carde RT, Willis MA. Navigational strategies used by insects to find distant, wind-borne sources of odor. *J Chem Ecol*. 2008;34(7):854-866.

[24] Szyszka P, Gerkin RC, Galizia CG, Smith BH. High-speed odor transduction and pulse tracking by insect olfactory receptor neurons. *Proc Natl Acad Sci USA*. 2014;111(47):16925-16930.

[25] Getahun MN, Olsson SB, Lavista-Llanos S, Hansson BS, Wicher D. Insect odorant response sensitivity is tuned by metabotropically autoregulated olfactory receptors. *PLoS One*. 2013;8(3):e58889.

[26] Jones PL, Pask GM, Rinker DC, Zwiebel LJ. Functional agonism of insect odorant receptor ion channels. *Proc Natl Acad Sci USA*. 2011;108(21):8821-8825.

[27] Stökl J, Strutz A, Dafni A, et al. A deceptive pollination system targeting drosophilids through olfactory mimicry of yeast. *Curr Biol*. 2010;20(20):1846-1852.

[28] Becher PG, Bengtsson M, Hansson BS, Witzgall P. Flying the fly: long-range flight behavior of Drosophila melanogaster to attractive odors. *J Chem Ecol*. 2010;36(6):599-607.

[29] Stensmyr MC, Dweck HK, Farhan A, et al. A conserved dedicated olfactory circuit for detecting harmful microbes in Drosophila. *Cell*. 2012;151(6):1345-1357.

[30] Le Bourg E. Oxidative stress, aging and longevity in Drosophila melanogaster. *FEBS Lett*. 2001;498(2e3): 183-186.

[31] Dweck HK, Ebrahim SA, Farhan A, Hansson BS, Stensmyr MC. Olfactory proxy detection of dietary antioxidants in Drosophila. *Curr Biol*. 2015;21(14):01555-01556.

[32] Stamps JA, Yang LH, Morales VM, Boundy-Mills KL. Drosophila regulate yeast density and increase yeast community similarity in a natural substrate. *PLoS One*. 2012;7(7):e42238.

[33] McMeniman CJ, Corfas RA, Matthews BJ, Ritchie SA, Vosshall LB. Multimodal integration of carbon dioxide and

other sensory cues drives mosquito attraction to humans. *Cell*. 2014;156(5):1060-1071.

[34] Zwiebel LJ, Takken W. Olfactory regulation of mosquitoehost interactions. *Insect Biochem Mol Biol*. 2004; 34(7):645-652.

[35] Robertson HM, Kent LB. Evolution of the gene lineage encoding the carbon dioxide receptor in insects. *J Insect Sci*. 2009;9(19):19.

[36] McBride CS, Baier F, Omondi AB, et al. Evolution of mosquito preference for humans linked to an odorant receptor. *Nature*. 2014;515(7526):222-227.

[37] Lavista-Llanos S, Svatos A, Kai M, et al. Dopamine drives Drosophila sechellia adaptation to its toxic host. *Elife*. 2014; 3(3):03785.

[38] Dekker T, Ibba I, Siju KP, Stensmyr MC, Hansson BS. Olfactory shifts parallel superspecialism for toxic fruit in Drosophila melanogaster sibling, D. sechellia. *Curr Biol*. 2006;16(1):101-109.

[39] Goldman-Huertas B, Mitchell RF, Lapoint RT, Faucher CP, Hildebrand JG, Whiteman NK. Evolution of herbivory in Drosophilidae linked to loss of behaviors, antennal responses, odorant receptors, and ancestral diet. *Proc Natl Acad Sci USA*. 2015;26:201424656.

[40] Kaissling KE, Kasang G, Bestmann HJ, Stransky W, Vostrowsky O. A new pheromone of the silkworm moth Bombyx mori. *Naturwissenschaften*. 1978;65:382-384.

[41] Zhang J, Walker WB, Wang G. Pheromone reception in moths: from molecules to behaviors. *Prog Mol Biol Transl Sci*. 2015;130:109e128.

[42] Klun JA, Chapman OL, Mattes KC, Wojtkowski PW, Beroza M, Sonnet PE. Insect sex pheromones: minor amount of opposite geometrical isomer critical to attraction. *Science*. 1973;181(4100):661-663.

[43] Lassance JM, Groot AT, Lienard MA, et al. Allelic variation in a fatty-acyl reductase gene causes divergence in moth sex pheromones. *Nature*. 2010;466(7305):486-489.

[44] Karpati Z, Dekker T, Hansson BS. Reversed functional topology in the antennal lobe of the male European corn borer. *J Exp Biol*. 2008;211(Pt 17):2841-2848.

[45] Hansson BS, Löfstedt C, Roelofs W. Inheritance of olfactory response to sex pheromone components in Ostrinia nubilalis. *Naturwissenschaften*. 1987;74:497-499.

[46] Olsson SB, Kesevan S, Groot AT, Dekker T, Heckel DG, Hansson BS. Ostrinia revisited: evidence for sex linkage in European corn borer Ostrinia nubilalis (Hübner) pheromone reception. *BMC Evol Biol*. 2010;10(285):285.

[47] Koutroumpa FA, Kárpáti Z, Monsempes C, et al. Shifts in sensory neuron identity parallel differences in pheromone preference in the European corn borer. *Front Ecol Evol*. 2014;2:69.

[48] Sakurai T, Mitsuno H, Haupt SS, et al. A single sex pheromone receptor determines chemical response specificity of sexual behavior in the silkmoth Bombyx mori. *PLoS Genet*. 2011;7(6):e1002115.

[49] Ha TS, Smith DP. A pheromone receptor mediates 11-cis-vaccenyl acetate-induced responses in Drosophila. *J Neurosci*. 2006;26(34):8727-8733.

[50] Kurtovic A, Widmer A, Dickson BJ. A single class of olfactory neurons mediates behavioural responses to a Drosophila sex pheromone. *Nature*. 2007;446(7135):542-546.

[51] Stengl M. Pheromone transduction in moths. Front *Cell Neurosci*. 2010;4:133.

[52] Gomez-Diaz C, Benton R. The joy of sex pheromones. *EMBO Rep*. 2013;14(10):874-883.

[53] Kaissling KE. Pheromone reception in insects: the example of silk moths. In: Mucignat-Caretta C, ed. *Neurobiology of Chemical Communication*. Boca Raton, FL: CRC Press; 2014 Chapter 4.

[54] Sakurai T, Namiki S, Kanzaki R. Molecular and neural mechanisms of sex pheromone reception and processing in the silk moth Bombyx mori. *Front Physiol*. 2014;5(125):125.

[55] Laturney M, Billeter JC. Neurogenetics of female reproductive behaviors in Drosophila melanogaster. *Adv Genet*. 2014;85:1-108.

[56] Anderson P, Anton S. Experience-based modulation of behavioural responses to plant volatiles and other sensory cues in insect herbivores. *Plant Cell Environ*. 2014;37(8):1826-1835.

[57] Dweck HK, Ebrahim SA, Kromann S, et al. Olfactory preference for egg laying on citrus substrates in Drosophila. *Curr Biol*. 2013;23(24):2472-2480.
[58] Baldwin IT. Plant volatiles. *Curr Biol*. 2010;20(9):R392-R397.
[59] Mithöfer A, Boland W. Plant defense against herbivores: chemical aspects. *Annu Rev Plant Biol*. 2012;63:431-450.
[60] Chen S, Luetje CW. Trace amines inhibit insect odorant receptor function through antagonism of the co-receptor subunit. *F1000Res*. 2014;3(84):84.
[61] Kessler A, Baldwin IT. Defensive function of herbivore-induced plant volatile emissions in nature. *Science*. 2001;291(5511):2141-2144.
[62] Steiger S, Schmitt T, Schaefer HM. The origin and dynamic evolution of chemical information transfer. *Proc Biol Sci*. 2011;278(1708):970-979.
[63] Armbruster WS, Lee J, Baldwin BG. Macroevolutionary patterns of defense and pollination in Dalechampia vines: adaptation, exaptation, and evolutionary novelty. *Proc Natl Acad Sci USA*. 2009;106(43):18085-18090.
[64] Urru I, Stensmyr MC, Hansson BS. Pollination by brood-site deception. *Phytochemistry*. 2011;72(13):1655-1666.
[65] Stensmyr MC, Urru I, Collu I, Celander M, Hansson BS, Angioy AM. Pollination: rotting smell of dead-horse arum florets. *Nature*. 2002;420(6916):625-626.
[66] Shirasu M, Fujioka K, Kakishima S, et al. Chemical identity of a rotting animal-like odor emitted from the inflorescence of the titan arum (Amorphophallus titanum). *Biosci Biotechnol Biochem*. 2010;74(12):2550-2554.
[67] Lev-Yadun S, Ne'eman G, Shanas U. A sheep in wolf's clothing: do carrion and dung odours of flowers not only attract pollinators but also deter herbivores? *Bioessays*. 2009;31(1):84-88.
[68] Gaskett AC. Orchid pollination by sexual deception: pollinator perspectives. *Biol Rev Camb Philos Soc*. 2011; 86(1):33-75.
[69] Ayasse M, Stökl J, Francke W. Chemical ecology and pollinator-driven speciation in sexually deceptive orchids. *Phytochemistry*. 2011;72(13):1667-1677.
[70] Rakosy D, Streinzer M, Paulus HF, Spaethe J. Floral visual signal increases reproductive success in a sexually deceptive orchid. *Arthropod Plant Interact*. 2012;6(4):671-681.
[71] Riffell JA, Shlizerman E, Sanders E, et al. Sensory biology. Flower discrimination by pollinators in a dynamic chemical environment. *Science*. 2014;344(6191):1515-1518.
[72] Riffell JA, Lei H, Abrell L, Hildebrand JG. Neural basis of a pollinator's buffet: olfactory specialization and learning in Manduca sexta. *Science*. 2013;339(6116):200-204.
[73] Reisenman CE, Riffell JA, Bernays EA, Hildebrand JG. Antagonistic effects of floral scent in an insect-plant interaction. *Proc Biol Sci*. 2010;277(1692):2371-2379.
[74] Pauchet Y, Wilkinson P, Vogel H, et al. Pyrosequencing the Manduca sexta larval midgut transcriptome: messages for digestion, detoxification and defence. *Insect Mol Biol*. 2010;19(1):61-75.
[75] Mansourian S, Stensmyr MC. The chemical ecology of the fly. *Curr Opin Neurobiol*. 2015;34C:95-102.
[76] Kessler D, Baldwin IT. Back to the past for pollination biology. *Curr Opin Plant Biol*. 2011;14(4):429-434.
[77] Gase K, Baldwin IT. Transformational tools for next-generation plant ecology: manipulation of gene expression for the functional analysis of genes. *Plant Ecol Divers*. 2012;5:485-490.
[78] Erb M, Lu J. Soil abiotic factors influence interactions between belowground herbivores and plant roots. *J Exp Bot*. 2013;64(5):1295-1303.
[79] Cestele S, Catterall WA. Molecular mechanisms of neurotoxin action on voltage-gated sodium channels. *Biochimie*. 2000;82(9e10):883-892.
[80] Davies TG, Field LM, Usherwood PN, Williamson MS. DDT, pyrethrins, pyrethroids and insect sodium channels. *IUBMB Life*. 2007;59(3):151-162.
[81] Nasiripourdori A, Taly V, Grutter T, Taly A. From toxins targeting ligand gated ion channels to therapeutic molecules. *Toxins (Basel)*. 2011;3(3):260-293.

SECTION Ⅱ

第2部分

嗅觉转导

CHAPTER 3

第3章
脊椎动物的气味分子受体

东原和成[1,2]，新村良仁[1,2]，伊原小夜子[1,2]
[1] 东京大学农学与生命科学研究院应用生物化学系，日本东京
[2] 日本科学技术振兴机构 ERATO 化学感觉信号研究项目，日本东京

概　要

OR 基因的发现

气味识别理论

据估计，在我们的外部环境中存在 40 万~50 万种气味分子。这个粗略的估算是基于这样的观察：人们发现在 200 万种可能的低分子量（低于 300 Da）有机化合物中有

20% ~ 25%的有机化合物是挥发性和有气味的。即便这个数字是一个过高的估计，可以检测到的气味分子数量依然是一个庞大的数字，因而每种动物都必须拥有一套复杂的嗅觉系统用于识别和区分一大批气味分子。

人类同气味之间的情感联系有可能促成了我们对嗅觉生理学的历史性迷恋。罗马诗人兼哲学家 Titus Lucretius Carus 首次提出了一个假定我们嗅觉感知的机制。他在《论事物的本质》（*On the Nature of Things*）（公元前 50 年）一书中提出，我们可以在生活中检测到各种各样的气味是因为每种气味分子都拥有一个可决定其气味特征的独特结构[1]。在 20 世纪中期，Amoore 对这个概念进行拓展，形成了立体特异性受体理论[2]。这个受体理论认为存在气味分子的受体位点，而且只有在气味分子的结构与其结合位点彼此相互匹配时才会发生气味感知。只要有许多受体存在，这个理论就可以解释隐藏在一个不同寻常的嗅觉传感系统之下的分子机制。基于对特异性嗅觉缺失所做的研究，埃穆尔提出了含有 7 种最主要气味的受体位点结构[2]，而且他估计人体含有的最主要气味数量至少有 32 种[3]。

为了解释嗅觉的机制，人们还提出了其他的理论，包括振动理论、穿刺理论、辐射理论和吸收理论。振动理论最初由 Dyson 在 1928 年提出[4]，并在 1954 年由 Wright 进行了扩展[5]，在 20 世纪 90 年代中期由 Luca Turin 进行了改进[6]。Turin 指出在气味分子根据形状结合其受体位点后，这个受体会测量该分子的分子振动能，进而为该气味分子传递特定的嗅觉信号。这个理论的提出是为了解释各种立体特异性受体理论无法解释的现象。尽管它在理论上得到物理学家们的支持，但迄今为止的实验并不足以支持这一预测，因此这个理论目前仍存在争议。

发现公认的 OR 基因

20 世纪 80 年代中期积累的证据表明，第二信使信号和通道参与了嗅觉信号的转导[7-10]。在这些观察的基础上，Buck 和 Axel[11]做了假设：受体一定是在嗅觉上皮中表达的，而且这些受体一定属于一个 G 蛋白耦联受体（GPCR）家族。通过应用新型聚合酶链式反应（PCR）技术的同源性克隆策略，他们成功鉴定出了一个似乎编码了大鼠识别气味分子的候选受体的多基因家族。所编码的蛋白被命名为嗅觉受体或者气味分子受体（OR）：称为嗅觉受体是因为这些蛋白在嗅觉感官神经元中表达，而称为气味分子受体是因为这些蛋白被认为可以识别气味分子。结果证明无论哪一种情况都是不严格的，因为目前已经知道 OR 还在除嗅觉上皮以外的组织中表达（参阅本章后面的“OR 基因的异位表达”），而且人们发现某些 OR 还可以检测除气味分子以外的其他化学物质。

所鉴的 OR 属于 A 类视紫红质 GPCR 家族，该家族包括视紫红质和 β_2- 肾上腺素能受体。OR 具有与常规 GPCR 相同的结构特征：7 个跨膜（TM）域、1 个 N 端部位上的保守糖基化位点和 1 个介于细胞外环上保守的半胱氨酸之间的二硫键。将 OR 与其他 GPCR 进行区分时，可以通过好几个保守的 OR 家族–特异性模体（motif），包括处在第一个细胞内环的 LHTPMY，处在 TM3 末端的 MAYDRYVAIC，处在 TM5 末端的 SY，处在 TM6 起始位置的 FSTCSSH，以及处在 TM7 中的 PMLNPF[12,13]（图 3–1）。高度变异区域位于数个 TM 结构域在细胞外的一侧，表明这些区域在配体识别中有一定的作用（参阅本章后面的“结构与功能”部分）。

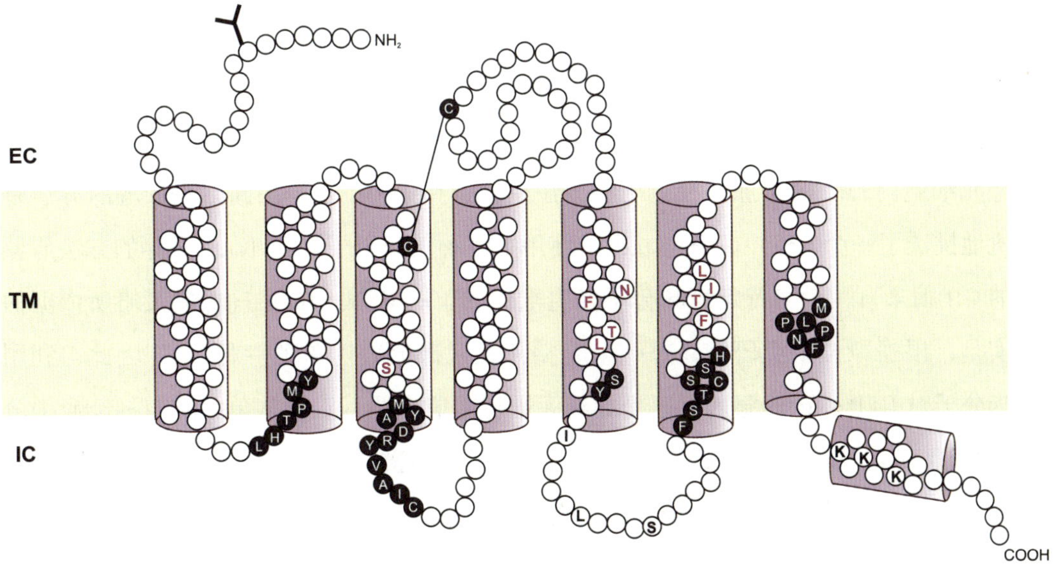

图 3–1　一个 OR 的 7 个跨膜结构的示意图。文本中所述的 OR 特异性保守氨基酸以黑色阴影表示。小鼠 OR、mOR–EG 中涉及配体结合和 G 蛋白耦联的氨基酸分别以红色字和黑色字表示[51]。糖基化位点用“Y”指示。EC，细胞外；TM，跨膜；IC，细胞内

证明确实是 OR

人们在 1991 年发现假定的 OR 基因之后，经过很长一段时间才获得了功能性证据，

证实了这些基因的产物的确就是气味分子结合受体。最大的挑战在于如何获得在异源哺乳动物细胞系中表达的 OR[14]。在这些系统中表达的 OR 并没有被正确地传输到细胞表面，而是被保留在内质网上并被蛋白酶体所降解。另一个使这方面研究进展迟滞的原因在于人们并不确定用于筛查的配体是否确实位于气味分子库中。

最终，一个 OR 表达功能性研究的策略获得了成功。在这个由 Zhao 等[15]开发的策略中，OSN 本身被当成了外源 OR 表达的目标，这是因为 OSN 应当配备了所需细胞机制来完成正常的 OR 膜转运。通过采用腺病毒介导的基因转移技术来实现这种同源表达是可能的。小鼠 OSN 的病毒感染造成神经元除内源性表达其原生 OR 外，还表达了被工程病毒载体传递的 OR。由于许多表达不同内源性 OR 的神经元都会感染相同的外源 OR 基因，研究人员可以在多样化内源性 OR 的背景下，鉴定出所引入的 OR 对应的同源配体信号。当编码了名为 I7 的大鼠 OR 基因的腺病毒感染了实验嗅觉上皮时，嗅觉电图中确实会观察到对同源气味配体的稳健响应。这是第一个可与其同源配体相配对的 OR。

在同一时间，Touhara 等[16]成功发现了一个小鼠的 OR，他们将之命名为 MOR23。在他们的研究中，OR 的激活被量度为由绿色荧光蛋白（GFP）标记的单个腺病毒感染神经元细胞内 Ca^{2+} 的增加。在这两种方法中，选择的 OR 并不相同。Zhao 等的方法是随机地挑选了一个 OR 并在筛查过程中使用了各种气味分子，而 Touhara 等的方法所鉴定的 OR 则来自一个与特定气味分子发生响应的单一 OSN。Touhara 等的策略所依据的事实是，根据原位杂交研究，每一个嗅觉神经元都会表达单独一种 OR。因此，利用气味分子对 GFP 标记的腺病毒感染神经元进行响应实验，以便从单一响应神经元中分离 OR。Touhara 等对受体基因功能性克隆的一个细胞成功再现了气味分子响应。这个研究不仅证明了 OR 在气味分子识别中起作用，而且支持了“一个细胞，一种 OR”的规则。

这些早期研究中使用的腺病毒方法因为在技术上费力费时已被放弃。取而代之的是一种改进的异源表达系统，人们将其用于鉴定其他 OR 的配体。第一个尝试是将来源于视紫红质 N 末端的 20 个氨基酸成功结合至 OR 的 N 末端，最终将 OR 成功转运至非嗅觉细胞系的细胞表面[17]。这些 20 世纪 90 年代末期进行的高强度试验[15-18]证实了由 Buck 和 Axel 发现的假定 OR 基因的确能编码气味分子的受体蛋白。OR 功能性表达的后续研究将在本章后面的“功能性分析方法”中进行讨论。

OR 基因家族

脊椎动物 OR 基因的生物信息学分析

GPCR 拥有共同的结构特征，即含有七重 α- 螺旋跨膜区。GPCR 基因可依据序列相似性划分成 5 组或 6 组。脊椎动物的 OR 基因属于视紫红质样的 GPCR 超家族。这个超家族包括用于检测光线的视蛋白基因，以及用于识别神经递质、肽激素、趋化因子、脂质、核苷酸等的受体基因[19]。在视紫红质样 GPCR 超级家族的系统发育树中，所有脊椎动物的 OR 基因形成一个单系进化枝；因此序列相似性使它们明显有别于其他非 OR 的 GPCR 基因[20]。

通常情况下，脊椎动物的 OR 基因在它们的编码区中并不包含任何的内含子。不过，在 OR 基因内，5′非翻译区中外显子的数量通常各不相同，并且这些非编码外显子有可能被剪接生成多个 mRNA 亚型，但生成的蛋白质仍然相同[21]。人们仍旧不清楚这些多样的亚型在生物学上的重要性。

由于下一代测序仪的出现，我们现在可以获取来自很多种生物的全基因组序列。由于脊椎动物 OR 基因序列同源性，以及它们的基因结构没有内含子，人们可以通过重复同源搜索直接找出所有假定的 OR 基因[22,23]。通过比较各物种的 OR 基因库，我们可以从各物种适应生活环境的视角在一定程度上了解嗅觉进化。

人类的 OR 基因

人们从人类基因组中已经发现了大约 820 个 OR 基因（图 3-2）[24,25]。其中，大约有 400 个是完整基因，超过半数（大约 52%）为假基因。人们假定完整基因都是功能性的。然而需要注意的是，完整基因和假基因之间的区别仅仅依据它们的序列；在大多数的情况下，还并没有关于它们表达的实验验证。即便一个基因保留了完整的开放编码序列，如果在其调控区一个尚未发现的突变破坏了转录，它实际上也可能不会被表达。还有可能的是，一个序列变异会导致翻译后的构象失活。Verbeurgt 等[26]研究了 356 个人类完整 OR 基因在 26 个个体的整个嗅觉黏膜组织上的表达，并在大体上确认了 273 个 OR 基因的表达（占被测试完整基因的 77%）。

OR 基因位于人类染色体上的基因簇中。除了 20 号染色体和 Y 染色体，每一个染色体都编码 OR 基因，而且 11 号染色体含有所有人类 OR 基因的 40%以上[24]。很容易将哺乳动物的OR基因按照序列相似性分为两组。人们发现所有Ⅰ类基因都在11号染色体上的单个簇中，而Ⅱ类基因则散布在整个基因组的多个簇中。最大的人类OR基因簇含有大约100个Ⅱ类基因（完整基因或假基因），而且也在11号染色体上占据大约2 Mb的基因组区域。

OR基因座位表现出非常高的个体间多样性，而且是人类基因组中最具有多样化的区域之一。Olender等[27]使用来自“1000基因组工程”（1000 Genomes Project）的数据研究了OR基因库在个体之间的多样性。他们鉴定出244个分离的OR假基因，就整个基因库而言既存在完整基因又存在假基因。他们还发现有63个OR座位表现出缺失型拷贝数变异（CNV）；这样的基因座位存在于某些个体中，而不在其他个体中存在。总而言之，在大约400个的人类完整OR座位中，有66%受到非功能性单核苷酸多态性（SNP）、插入-删除和（或）CNV的影响。因此，每一个个体都有一组独特的功能性OR基因。

不同个体之间嗅觉感知有非常大的差异。如果一个人不具有感知某种特定气味的能力，尽管通常情况下具有良好的嗅觉，他还是会被认为患有特异性嗅觉缺失[3]。例如，氰化氢是一种极具毒性的气体，对大多数人而言都带有一种微弱的杏仁样甜味，然而在10个人中就有一个人不能感受到这种气味。在1000个人中会有一个人闻不出丁基硫醇（一种臭鼬释放气体的最主要成分）。人们之所以会在天然气中人工添加这一成分，是因为大多数人都可以在极低浓度下检测到它。

到目前为止，人们通过好几种OR-气味分子的组合证明了气味感知上的差异与OR基因座位的SNP之间具有相关性。一种猪的信息素雄甾酮也受特异性嗅觉缺失的影响。这个分子会产生3种不同类别的嗅觉感受：难闻的气味（汗味或尿味）、令人愉悦的气味（甜香或花香）或者没有气味。Keller等[28]揭示了雄甾酮的感知与一个命名为OR7D4的OR基因上的SNP具有相关性。这个基因座位的变体包括两个互相连锁的非同义SNP——R88W和T133M，而且与RT/RT受试者相比，具有RT/WM或WM/WM基因型的受试者对雄甾酮并不那么敏感，同时会产生一个不是特别难闻的感受。

其他一些研究表明，气味感知和OR基因座位中的SNP之间存在关联性：OR11H7P与异戊酸（汗味）感知相关[29]，OR2J3与顺式的3-己烯-1-醇（青草气）感知相关[30]，OR5A1与β-紫罗兰酮（花香）感知相关[31]，OR10G4与愈创木酚（烟熏气）感知相关[32]。

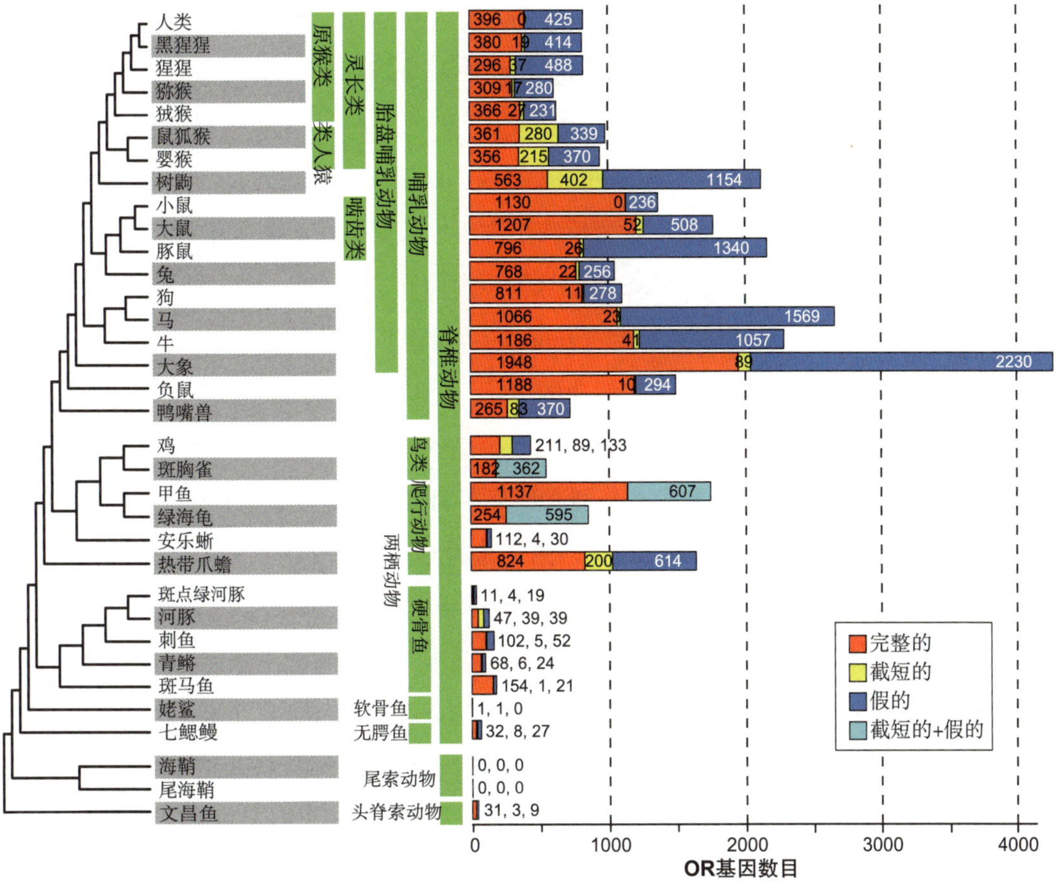

图 3-2　OR 基因的亲缘关系和数目。OR 基因分为 3 类：完整基因、截短基因和假基因。完整基因的定义是一个从起始密码子开始到终止密码子结束的序列，该序列并不包含任何破坏性突变。假基因的定义是一个具有无义突变、移码、在保守区内缺失或它们的某种组合的序列。截短基因的定义是一个位于重叠群末端的部分完整序列。随着基因组序列数据质量的提高，截短基因开始被重新分配为完整基因或假基因。对于一个低覆盖率基因组序列（例如鼠狐猴、婴猴或树鼩），由于重叠群长度较短，截短基因比例往往变得更高。斑胸雀、甲鱼、绿海龟没有截短基因和假基因区分。OR 基因的数目来自参考文献［20,25,35,91］

灵长类动物的 OR 基因

OR 基因库的人群个体差异很大。当比较不同的物种时，这种 OR 基因库的差异会更为明显。对我们最近的亲属黑猩猩所做的基因组分析表明，不论是 OR 完整基因数量还是 OR 假基因数量，黑猩猩与人类几乎是相同的，但在这些 OR 基因中只有约 75% 显示出两个物种之间有直系同源关系[33]。换句话说，在人类和黑猩猩的 OR 基因库中有接近 1/4 是具有物种特异性的。因此，黑猩猩的嗅觉感知有可能与人类的嗅觉感知完全不同。

与大多数其他哺乳动物（拥有约 1000 种 OR 完整基因）相比，高等灵长类动物拥有的 OR 完整基因数量通常要少得多（300~400 种）（图 3-2）。Matsui 等[25]指出类人猿（人类、黑猩猩、猩猩，图 3-2）、旧世界猴（OWM，猕猴）和新世界猴（NWM，狨猴）最近的共同祖先拥有大约 550 个功能性 OR 基因，而每个物种到目前为止都丢失了超过 200 个 OR 基因。这一观察结果被认为反映了高等灵长类动物更多地依赖视觉而不是嗅觉；因而灵长类动物的嗅觉可能因松懈的选择压力而发生了退化。

在灵长类动物目内，有两个亚目（suborder）可以依据鼻孔的形态识别出来：①原猴类（strepsirrhine），英文名意为“扭曲的鼻子”，包括狐猴和懒猴（loris）；②直鼻猴类（haplorhine），英文名意为“简单的鼻子”，包括跗猴（tarsier）、NWM、OWM 和类人猿（图 3-2）。原猴类和直鼻猴类分别通过存在和不存在鼻片（rhinarium）进行区分。鼻片处在鼻尖潮湿而无毛的表面，用于检测气味的方向来源。许多哺乳动物物种，包括猫类和狗类，都有一个鼻片。通常情况下，直鼻猴类嗅球的相对尺寸小于原猴类[34]。此外，大部分原猴类都是夜行性的，而大多数直鼻猴类则是在白天活动，而且色觉只在直鼻猴类中得到了很好的发展。因此直鼻猴类对嗅觉的依赖程度显然要比原猴类降低更多。为了确定是哪些因素导致了灵长类进化过程中 OR 基因库的收缩，人们还需要在很广的生态位范围中研究种类繁多的灵长类物种。

哺乳动物的 OR 基因

哺乳动物在大小、形状和栖息地方面千差万别。它们占据了地球上所有类型的栖息地，包括陆生的、掘地的（fossorial）、树栖的（arboreal）、飞翔的（volant）和水生的。它们的觅食地也呈现高度的多样化。食虫动物、植食性动物、肉食性动物和杂食动物都可以在哺乳动物中找到。一些以鱼类为食，一些以叶子为食，而还有一些以谷物或种子为食，有些甚至以蚂蚁为主要食物。可以预见的是，OR 基因库在哺乳动物之间具有高度可变性，同时反映了它们的生态多样性。

在哺乳动物物种内，OR 基因数量的变化幅度很大（图 3-2）。值得注意的是，非洲象 OR 完整基因的数量多得惊人，大约有 2000 个[35]。这个数量是目前所知的最大数量，是犬类的 2 倍以上和人类的 5 倍以上。非洲象基因组还含有更大数量的 OR 假基因（超过 2200 个）。在非洲象中，OR 假基因所占的比例为 52%，与人类的情况相似。这是值得注意的，因为通常情况下基因组内 OR 假基因的占比与 OR 完整基因数量之间并不具有相关性[35]。

尽管还没有明确非洲象 OR 序列的染色体位点，然而通过与其他物种的对比重建其 OR 基因簇架构则是可能的。在非洲象的基因组中，含有 5 个或 5 个以上 OR 基因的基因簇数量预计有 34 个，这与小鼠和人类的情况完全相同[36]。由于非洲象的 OR 基因数量远远大于小鼠或人类，但是它们却被组织为数量相似的基因簇，因此每个 OR 基因簇似乎都在非洲象基因组中发生了扩增。据估计，最大的非洲象 OR 基因簇含有 353 个Ⅱ类 OR 基因，涵盖了 5.42Mb 的区域。那么大象拥有更为出众的嗅觉吗？众所周知，大象在各种不同场景中都严重依赖嗅觉，包括觅食、社交和繁殖后代[37,38]。神经解剖学研究还表明大象拥有非常发达的嗅觉系统，在大脑中有相对较大的嗅球和嗅觉区域[39]。最近，Rizvanovic 等[40]使用另一种大象物种亚洲象做了行为学测试，来评估它们的嗅觉能力。他们发现亚洲象可以区分 12 对对映异构体的气味，以及 12 对脂族醇、脂肪醛等的气味，哪怕每对脂族醇、脂肪醛等都只有一个碳原子的差别。这表明大象的嗅觉表现至少与小鼠一样优秀，明显比人类、卷毛猴或松鼠猴要好。除此之外，有人还报道了非洲象可以利用嗅觉信号区分两个肯尼亚族群之间的不同：马赛族（Maasai），族里的年轻人通过刺戳大象来展现男子汉气概；坎巴族（Kamba），一个对大象几乎没有威胁的农业民族[41]。

具有不同序列的 OR 基因被推测结合不同种类的气味分子。因此，人们有理由假定，带有较大 OR 基因库的物种可以对结构差别更加细微的气味分子进行区分，并且 OR 基因的数量与对嗅觉世界的分辨能力呈正相关。另外，就针对某一给定气味分子的敏感性而言，一个动物表达的嗅觉受体拷贝数越高，它对那种气味分子的敏感性就越高。例如，犬类以其具有敏锐的嗅觉而闻名，但它们的 OR 基因库却不是特别大（图 3-2）。它们对特定的气味例如脂肪酸极为敏感，这是人体气味的一种主要成分，但它们可能不需要区分许多不同类型气味的差别。

据估算，大约 1 亿年前胎盘哺乳动物最近的共同祖先具有 781 个功能性 OR 基因[35]。数百个 OR 基因的获得和丧失在哺乳动物进化过程中以一个谱系特异性的方式发生，从而形成每一个物种的 OR 基因库。所估算的基因出现率和消亡率远高于所有哺乳动物基因家族的平均值[35]。这些研究为以下判断提供了证据：OR 多基因家族是“出现和消亡进化”最为极端的例子之一，新基因通过基因复制被创造出来，它们有一些在基因组中已经维持了很长一段时间，而另一些则因为有害突变而被删除或变得不具有功能[42]。

非哺乳脊椎动物的 OR 基因

像哺乳动物一样，鱼类也使用嗅觉信号来寻找食物、避免危险及找到同类。此外，嗅觉信息还被用于识别环境位置。鲑拥有返回原地的非凡能力：成年后它们返回当初它们被产下的河流中，而这种行为依靠嗅觉。鲑会在它们敏感的发育期牢记下地点的特异性气味，而成年后则利用这一气味分子记忆返回它们出生的河流。鱼类可以检测到水溶性的气味分子，这些分子主要分为 4 类：氨基酸、性腺类固醇、胆汁酸和前列腺素。这些气味分子都是非挥发性的，人类无法闻到它们的气味。

鱼类拥有的 OR 基因数量远少于哺乳动物（图 3–2；参阅第 5 章）。不过，鱼类的 OR 基因库比哺乳动物更为丰富多样。系统分析表明四足动物（包括哺乳动物、鸟类、爬行动物及两栖动物）和骨鱼的最近共同祖先至少拥有 7 个祖先 OR 基因[20,43]。四足动物和骨鱼中的 OR 基因可以分为 7 组，命名为 α~η，每一个都对应一个祖先 OR 基因（为与哺乳动物的 OR 基因类别比较，γ 组对应于 Ⅱ 类，而 α 和 β 组则共同对应于 Ⅰ 类）。OR 基因在各种脊椎动物种群中的分布揭示了一种有趣的模式[20,43]：α 组和 γ 组基因在四足动物中有广泛的分布，但它们在所有骨鱼中均不存在（只有一个例外是斑马鱼）。相反，δ 组、ε 组和 ζ 组基因都存在于骨鱼和两栖动物中，但羊膜动物（amniote；包括爬行动物、鸟类和哺乳动物）却完全不存在这些组。因此，α 和 γ 组基因被认定为陆生型基因，而 δ 组、ε 组、ζ 组和 η 组基因则被认为是水生型基因。有趣的是，只有两栖动物同时拥有这两种基因类型。这些观察结果表明陆生型基因在检测挥发性气味分子中起作用，而水生型基因则在检测水溶性气味分子中起作用。

脊椎动物属于脊索动物门（*phylum Chordata*）。脊索动物包括 2 个无脊椎动物亚门、头索动物（文昌鱼）和尾索动物（被囊类）。文昌鱼具有类似鱼的外观，但缺乏任何与眼睛、耳朵或鼻子相对应的特定感官装置。因而，文昌鱼被认为是“无颅的”或无头的。尽管如此，人们从文昌鱼基因组序列中鉴定出超过 30 个像脊椎动物一样的 OR 基因（图 3–2）[20]。文昌鱼的 OR 基因在氨基酸序列上跟脊椎动物的 OR 基因有非常大的差异，但与任何其他非 OR 的 GPCR 基因相比，它们与脊椎动物的 OR 基因还是有更为密切的关系。对于文昌鱼的嗅觉系统，人们目前还没有了解清楚，也不清楚这些基因的功能。由于文昌鱼是最为基础的脊索动物，对于脊椎动物 OR 基因家族的起源人们可以追溯到所有脊索动物物种最近的共同祖先，它们被认为生活在大约 7 亿年前。

OR 的功能

功能测定方法

同伴侣蛋白或其他蛋白的共表达，与异源细胞中 OR 有效的膜表达有关。人们已鉴定出一种可促进 OR 膜靶向的伴侣蛋白 RTP1（受体转运蛋白 1），它是一种表达在小鼠 OSN 中的单跨膜结构域蛋白[44]。的确，在共同表达 RTP1 的培养细胞中，有许多 OR 都已被脱孤。Ric8B 是一种公认的 $G\alpha_{olf}$ 和 $G\alpha_s$ 的 GEF（鸟嘌呤核苷酸交换因子），它可以有效扩增培养细胞中的 OR 信号[45]。随后，一项研究还报道了可以明显增强 $G\alpha_{15}$ 介导信号的豆蔻酰化 Ric8A，它是 Ric8B 的同系物，其功能是充当 $G\alpha_q$ 型 G 蛋白的 GEF[46]。最近，人们发现有一种可切割的富含亮氨酸的 17-氨基酸 N 端信号肽（称为 Lucy 标签）可促进 HEK293T 细胞内 OR 的细胞表面表达[47]。在 Rho 标签和上述伴侣蛋白存在的情况下，Lucy 标签的效应被协同增强（参阅本章前面的“证明确实是 OR”）。综合看来，这些辅助因子的引入与添加的 N 端标签相结合，为克服异源系统内 OR 功能性表达方面的障碍奠定了基础。

气味分子激活功能性表达的 OR 可通过对细胞内第二信使（cAMP 或 Ca^{2+}）浓度的测量来检测（图 3-3）[14,48]。在异源细胞中，异位表达的 OR 会激活内源的 $G\alpha_s$，因此对气味分子的响应将导致 cAMP 浓度增加。在培养的细胞中（例如 HEK293、COS7 或

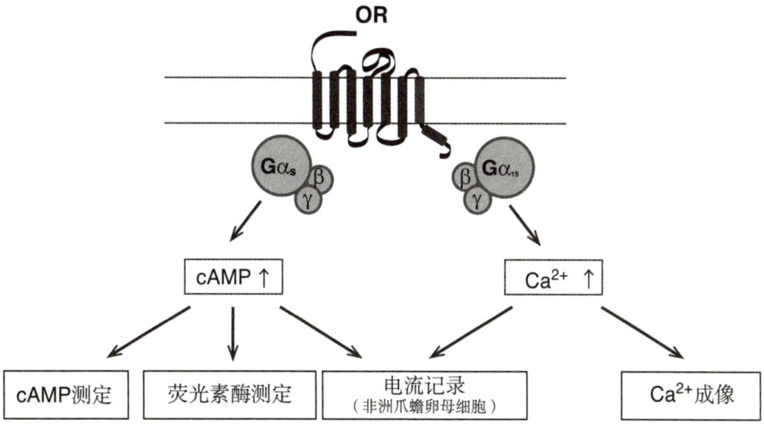

图 3-3　用于监测 OR 激活的分析[14,48]。OR 激活异源细胞中 $G\alpha_s$，引起 cAMP 浓度升高，可以通过萤光素酶方法监测。OR 还激活 HEK293 细胞中的 $G\alpha_{15}$，引起细胞内 Ca^{2+} 浓度升高。气味分子诱导的 cAMP 或 Ca^{2+} 升高可以通过膜电流的变化以电生理方式在非洲爪蟾卵母细胞中进行监测

CHO-K1 细胞），cAMP 通常利用酶联免疫测定方法直接测量或者利用 CRE（cAMP 响应元件）控制下的荧光素酶测定方法间接测量。当采用非洲爪蟾的卵母细胞表达系统时，cAMP 浓度的增加可以通过共表达一个依赖 cAMP 的 Cl^- 通道（囊性纤维化跨膜电导调节因子，CFTR）经由电生理方法检测。相反，除非目标 OR 与 $G\alpha_q$ 相耦合，否则 Ca^{2+} 的升高无法被检测到。因此，人们通常使用更为混杂的 G 蛋白 α，即 $G\alpha_{15/16}$，来迫使肌醇磷酸酯介导途径的激活，最终使来自内质网的 Ca^{2+} 流入。在培养的细胞中，可以通过细胞中预先负载的钙指示剂例如 Fura-2 的荧光来监测细胞内钙的变化。在非洲爪蟾的卵母细胞中，Ca^{2+} 增加可以通过电生理学的方法检测到，这是因为激活内源的 Ca^{2+} 依赖性 Cl^- 通道可引起膜电流的变化。

这些采用异源表达系统的功能测定对于研究 OR 的各个方面非常有用，例如受体的脱孤和结构活性关系的详细分析等。不过，在评估从异源表达系统获得的结果时，还需要谨慎对待几种分析依赖型偏差。一种这样的情况出现在 G 蛋白被迫与一个 OR 结合时。已有研究报道了使用 $G\alpha_{15}$ 介导 Ca^{2+} 升高和 $G\alpha_{s/olf}$ 介导 cAMP 升高进行测量时，配体响应性存在差异，这会导致“两种方法都反映了生理条件下的响应性”这一假设无效[49,50]。这再一次提醒我们注意，异源表达系统中获得的气味分子响应性有可能未必反映嗅觉上皮环境中一个 OR 的在体响应，嗅觉上皮处的黏液可能会影响配体响应[49]。

结构与功能

对 OR 结合口袋的研究可以利用计算同源建模结合体外功能实验突变分析的方法。这种方法揭示了一个鼠类 OR、mOR-EG（也称为 MOR174-9 或 OLFR73）中的配体结合位点是由位于 TM3、TM5 和 TM6 中的氨基酸所形成的[51]（图 3-1）。这些氨基酸大部分都是疏水性的，表明气味分子与其受体的结合主要依赖相对较弱的疏水相互作用[51]。这与非嗅觉的 GPCR 截然不同，后者主要通过氢键或离子键相互作用与配体发生结合。OR-配体对的 EC_{50} 值比非嗅觉的 GPCR-配体对的 EC_{50} 值要大。这种配体结合特性有可能是 OR 与其配体亲和性较低所致。一个经过功能性分析验证的 MOR42-3 同源建模研究得出了相同的结果，即配体结合所需的必需氨基酸位于 TM3、TM5 和 TM6 上[52]。

除了配体结合结构域，人们还通过基因定点诱变对 $G\alpha_{olf}$ 耦联所要求的区域进行了研究[53]。处在第三个细胞内环和 C 末端结构域中的好几个氨基酸被证明参与了 $G\alpha_{olf}$ 的耦联[53]（图 3-1）。

更多有关 OR 受体功能的结构细节还有待对其晶体结构的确定。尽管目前还没有关于 OR 晶体结构的报道，然而最近结晶方法学方面的进展使越来越多的 GPCR 被结晶出来[54]，这可能有助于人们在不久的将来解决 OR 结构的难题。

生理（天然）配体

异源表达系统在 OR 功能性分析中的改进，促进了 OR 与其配体的配对研究。到目前为止，大约有 10% 的鼠类 OR 脱孤[32]。不过，这些配体大部分是从一批人工合成的气味分子中筛选出来的，而它们并不一定在小鼠的天然栖息地中存在。由于嗅觉系统原初的传感器是用于感知外部世界的必要信号，例如食物、捕食者、毒药、潜在的配偶和竞争者，因此 OR 的生理配体有可能与实验室所用的系列气味分子非常不同。

最近，人们报道了一些 OR–生理配体的配对。MOR244–3（或者是 MOR83 或 Olfr1509）被发现是（甲硫基）甲硫醇（MTMT）的受体[55]，MTMT 在能生育的雄性小鼠尿液中发现，是一种可吸引雌性的有机硫气味分子[56]。当存在生理浓度为 30μmol · L^{-1} 的铜离子时，HEK293T 细胞所表达的受体的激活被明显增强，表明铜离子对于 MTMT 的生理检测不可或缺。与之相一致，对于注射了铜离子螯合剂的小鼠而言，其对 MTMT 的辨别力受到了损害。

通过对包皮腺的活性导向纯化，人们发现小鼠尿液中另一个化学物质（Z）–5– 十四碳烯–1–醇（Z5–14:OH）是 OLFR288 的生理配体[57]。Z5–14:OH 以一种睾酮依赖性的方式分泌在成年雄性小鼠的尿液中，并且有助于提高雄性尿液对雌性小鼠的吸引力。尽管 Olfr288 可以识别范围非常广泛的合成类内酯衍生物，自然环境中它似乎由 Z5–14:OH 专一调控。Z5–14:OH 并不包含在以往配体筛选研究中所使用的系列合成气味分子中，这表明未来的工作需要寻找生理配体的天然来源。

不仅可以在尿液中检测到生理配体，还可以在粪便中测到生理配体。只在哺乳动物中发现的一小部分 OR（称为 OR37 家族）被证明可以识别长链的脂肪醛类[58]。近来，有人报道该 OR37 家族中一个 OR 的配体十六烷醛，可在肛门腺中产生并随粪便沉积进入环境[59]。

这些结果提出了这样的可能性：从各种外分泌腺的背景依赖性分泌物中发现的每一个 OR 都有可能存在更多的生理配体。对它们的识别将帮助我们了解动物之间通过 OR 进行的化学信息交流。

气味识别机制

人们认为在嗅觉系统中起作用的一般性原理是组合编码策略。一种气味分子能被数种 OR 所识别，而一种 OR 能识别多个气味分子[60-62]。这一策略能够通过激活不同气味分子的 OR 组合对气味进行区分，从而解释了可被区分的气味类型数量远高于 OR 数量。虽然关于 OR 和合成气味分子配对的研究支持了这一观点[63]，但在天然配体里面 OLFR288 对 Z5-14:OH 的专一性响应对仅靠组合编码策略能否解释嗅觉的生理过程提出了质疑。由于一个 OR 是“被宽调的”还是“被窄调的”在很大程度上依赖所用气味分子库中成分的大小和种类，就像 OLFR288 研究中的情况一样，人们应该谨慎使用“狭窄”和“广泛”这样的词语，特别是在涉及 OR 的生理作用时。

有报道指出，有些气味分子由数量非常有限的特定 OR 编码。大规模体外 OR 筛查表明，一种睾酮衍生的气味甾族化合物雄甾酮主要由人类 OR7D4 检测[28]。研究发现这个基因中 SNP 发生遗传变异时会影响体外 OR 的活性，这与人类受试者的气味感知敏感性相关[28]。这说明该 OR 活性对气味感知的贡献非常大。另一个专一型气味分子-受体对的例子是小鼠嗅觉受体 MOR215-1 与麝香酮，麝香酮是一种从动物臭液腺分泌出来的气味[64]。MOR215-1 被人们认为是麝香酮唯一的或为数不多的受体之一[64]。有些气味分子仅激活一小部分的 OR，而负责那种气味感知的 OR 又非常少。在这样的情况下，单独 OR 基因中的一个 SNP 会显著影响对该气味分子的感知。

脱敏化现象

嗅觉系统在长时间暴露于一种气味分子后会有一个脱敏化的机制，即一个被称为“适应”（adaptation）的过程。在 OSN 的水平上，OR 介导的信号在暴露气味分子后会衰减[65]。通过环化核苷酸门控通道（CNG）的 OR 激活所引起的 Ca^{2+} 增加被证明还介导了 CNG 和Ⅲ型腺苷酸环化酶 3（AC3）的失活，同时激活了磷酸二酯酶，这导致了 OR 信号转导的脱敏化（参阅第 7 章）[66]。

至于非嗅觉的 GPCR，通常认为其脱敏化机制是通过受体的磷酸化。第二信使依赖性蛋白激酶，例如 cAMP 依赖性蛋白激酶（PKA）和钙依赖性蛋白激酶（PKC），以及 G 蛋白耦联受体激酶（GRK），都可以磷酸化细胞内环路和 GPCR 的 C 末端区域内丝氨酸/苏氨酸残基。通过第二信使依赖性蛋白激酶使 GPCR 发生磷酸化会降低与 G 蛋白的耦联效率。被 GRK 磷酸化的 GPCR 募集 β-抑制蛋白（β-arrestin）使 G 蛋白从它们的 GPCR

中分离，从而诱导 GPCR 的内化。基于这些观察结果，人们研究了这些激酶在 OR 脱敏化中扮演的角色。GRK3 的角色受到了特别的关注，这是一种 OSN 中大量存在的 G 蛋白耦联受体激酶。自 20 世纪 90 年代初以来，多项研究表明 GRK3 在 OR 脱敏化中发挥作用[67-69]。然而，这些研究都是基于使用纤毛制剂的体外实验，尚未考察这个激酶在特定受体脱敏化中的作用。一项最新研究考察了 GRK3 在一个特定鼠类 OR 即 mOR-EG 脱敏中扮演的角色[70]。尽管在表达 GRK3 的 HEK293 细胞中观察到 OR 信号转导在配体刺激 15~30min 时变弱，但却既没有观察到 OR 的快速脱敏化，也没有观察到 OR 的内化。此外在 GRK3 缺陷小鼠中，这个表达 mOR-EG 的 OSN 对配体响应性的动力学和幅度都没有受到显著的影响，这说明 GRK3 可能并没有在短期 OR 脱敏化中扮演重要角色。

针对第二信使依赖性蛋白激酶的参与，有两个人类 OR，即 OR2AG1 和 OR17-4 被认为可能由 PKA 磷酸化，而且该磷酸化可能是内化所必需的[71,72]。然而，在 OSN 中这些 PKA 介导的受体磷酸化的准确功能仍不清晰。不管怎样，OR 的脱敏化机制看起来都更为多样，而不像非嗅觉 GPCR 那样一目了然。

OR 基因的异位表达

OR 基因并非仅在嗅觉感官神经元中表达。人们在许多组织中都检测到 OR 的异位表达，包括雄性生殖细胞[73]、脾脏和胰岛素分泌细胞[74]、舌部上皮细胞[75,76]、自主神经系统的神经节[77]、大脑皮质的锥体神经元[78]、结肠[79]、发育中心脏的心肌细胞[80,81]、前列腺[79]和红系细胞[82-85]。最近开展的一项系统性研究表明异位表达的 OR 超过了 100 个，并且表达在非嗅觉动物组织中的 OR 相比仅在嗅觉上皮中表达的 OR 具有更高的保守性[86]。

OR 转录主要通过 RT-PCR 进行检测；因此表达水平有可能太低以至于不被认为具有生理意义。不过，有几篇报道指出 OR 在非嗅觉组织中发挥功能。一种人类 OR（OR1D2）在睾丸中有表达并被认为参与了精子的趋化作用[87]。对小鼠 MOR23（OLFR16）的观察获得了相似的发现，MOR23 在睾丸中有表达并发现可调节精子活动力[88]。在小鼠肌细胞中表达的 OR 在肌肉再生的特殊阶段似乎参与了细胞迁移的调节[89]。先前被称为前列腺特异性 GPCR（PSGR）的人类 OR51E2 调节人体前列腺癌细胞增生[90]。然而，人们目前尚没有鉴定出对应这些异位 OR 的内源性配体。尽管如此，OR 似乎不仅在感应环境挥发性信号中发挥功能，还在感应内分泌信号中发挥功能。

结 论

基因组计划已经揭示出 OR 基因构成了脊椎动物谱系中最大的基因家族，而且在进化过程中嗅觉基因库 OR 的数量和种类都发生了巨大的变化。这种变化似乎由选择性压力导致，这些压力来源于交流中占主导地位的感官模块及所居住的环境。目前积累的证据表明，OR 可以以跨膜结构域所形成的结合位点识别气味分子的形状、大小和官能团，并且许多气味分子都能被多个 OR 识别，从而形成了一种组合编码式的策略。不过，有些气味分子却只被一小部分 OR 检测到，这种情况下这些 OR 的 SNP 会在气味的类型和敏感性两个方面影响气味感知。尽管最近有越来越多的 OR 脱孤，然而我们对于生理性配体和嗅觉受体对的了解却乏善可陈。除此之外，各种非嗅觉组织所表达 OR 的内源性配体还有待确定。在这点上，需要将化学方法和生物学方法相结合来明确 OR 的天然配体，这样才有可能揭示动物如何在复杂的外部化学信号世界中获取有关生存和繁衍的信息。

参考文献

[1] Lucretius. *On the Nature of Things: De rerum natura*. Johns Hopkins University Press; 1995.

[2] Amoore JE. Stereochemical theory of olfaction. *Nature*. 1963;199:912-913.

[3] Amoore JE. Specific anosimia and the concept of primary odors. *Chem Senses*. 1977;2(3):267-281.

[4] Dyson GM. Some aspects of the vibration theory of odor. *Perfum Essent Oil Rec*. 1928;19:456-459.

[5] Wright RH. Odour and chemical constitution. *Nature*. 1954;173:831.

[6] Turin L. A spectroscopic mechanism for primary olfactory reception. *Chem Senses*. 1996;21(6):773-791.

[7] Kurihara K, Koyama N. High activity of adenyl cyclase in olfactory and gustatory organs. *Biochem Biophys Res Commun*. 1972;48(1):30-34.

[8] Pace U, Hanski E, Salomon Y, Lancet D. Odorant-sensitive adenylate cyclase may mediate olfactory reception. *Nature*. 1985;316(6025):255-258.

[9] Sklar PB, Anholt RR, Snyder SH. The odorant-sensitive adenylate cyclase of olfactory receptor cells. Differential stimulation by distinct classes of odorants. *J Biol Chem*. 1986;261(33):15538-15543.

[10] Nakamura T, Gold GH. A cyclic nucleotide-gated conductance in olfactory receptor cilia. *Nature*. 1987;325(6103):442-444.

[11] Buck L, Axel R. A novel multigene family may encode odorant receptors: a molecular basis for odor recognition. *Cell*. 1991;65(1):175-187.

[12] Touhara. K, Structure. expression, and function of olfactory receptors. In: Firestein S, Beaucham GK, eds. *The Senses: A Comprehensive Reference*. New York: Academic Press; 2008:527-544.

[13] Fleischer J, Breer H, Strotmann J. Mammalian olfactory receptors. *Front Cell Neurosci*. 2009;3:9.

[14] Touhara K. Deorphanizing vertebrate olfactory receptors: recent advances in odorant-response assays. *Neurochem Int*. 2007;51(2e4):132-139.

[15] Zhao H, Ivic L, Otaki JM, Hashimoto M, Mikoshiba K, Firestein S. Functional expression of a mammalian odorant receptor. *Science*. 1998;279(5348):237-242.

[16] Touhara K, Sengoku S, Inaki K, et al. Functional identification and reconstitution of an odorant receptor in single olfactory neurons. *Proc Natl Acad Sci USA*. 1999;96(7):4040-4045.

[17] Krautwurst D, Yau KW, Reed RR. Identification of ligands for olfactory receptors by functional expression of a receptor library. *Cell*. 1998;95(7):917-926.

[18] Wetzel CH, Oles M, Wellerdieck C, Kuczkowiak M, Gisselmann G, Hatt H. Specificity and sensitivity of a human olfactory receptor functionally expressed in human embryonic kidney 293 cells and Xenopus laevis oocytes. *J Neurosci*. 1999;19(17):7426-7433.

[19] Fredriksson R, Lagerstrom MC, Lundin LG, Schioth HB. The G-protein-coupled receptors in the human genome form five main families. Phylogenetic analysis, paralogon groups, and fingerprints. *Mol Pharmacol*. 2003;63(6):1256-1272.

[20] Niimura Y. On the origin and evolution of vertebrate olfactory receptor genes: comparative genome analysis among 23 chordate species. *Genome Biol Evol*. 2009;1(1):34-44.

[21] Young JM, Shykind BM, Lane RP, et al. Odorant receptor expressed sequence tags demonstrate olfactory expression of over 400 genes, extensive alternate splicing and unequal expression levels. *Genome Biol*. 2003;4(11):R71.

[22] Niimura Y. Identification of olfactory receptor genes from mammalian genome sequences. *Methods Mol Biol*. 2013;1003:39-49.

[23] Niimura Y. Identification of chemosensory receptor genes from vertebrate genomes. *Methods Mol Biol*. 2013; 1068:95-105.

[24] Niimura Y, Nei M. Evolution of olfactory receptor genes in the human genome. *Proc Natl Acad Sci USA*. 2003; 100(21):12235-12240.

[25] Matsui A, Go Y, Niimura Y. Degeneration of olfactory receptor gene repertories in primates: no direct link to full trichromatic vision. *Mol Biol Evol*. 2010;27(5):1192-1200.

[26] Verbeurgt C, Wilkin F, Tarabichi M, Gregoire F, Dumont JE, Chatelain P. Profiling of olfactory receptor gene expression in whole human olfactory mucosa. *PLoS One*. 2014;9(5):e96333.

[27] Olender T, Waszak SM, Viavant M, et al. Personal receptor repertoires: olfaction as a model. *BMC Genomics*. 2012;13:414.

[28] Keller A, Zhuang H, Chi Q, Vosshall LB, Matsunami H. Genetic variation in a human odorant receptor alters odour perception. *Nature*. 2007;449(7161):468-472.

[29] Menashe I, Abaffy T, Hasin Y, et al. Genetic elucidation of human hyperosmia to isovaleric acid. *PLoS Biol*. 2007; 5(11):e284.

[30] McRae JF, Mainland JD, Jaeger SR, Adipietro KA, Matsunami H, Newcomb RD. Genetic variation in the odorant receptor OR2J3 is associated with the ability to detect the "grassy" smelling odor, cis-3-hexen-1-ol. *Chem Senses*. 2012;37(7):585-593.

[31] Jaeger SR, McRae JF, Bava CM, et al. A mendelian trait for olfactory sensitivity affects odor experience and food selection. *Curr Biol*. 2013;23(16):1601-1605.

[32] Mainland JD, Keller A, Li YR, et al. The missense of smell: functional variability in the human odorant receptor repertoire. *Nat Neurosci*. 2014;17(1):114-120.

[33] Go Y, Niimura Y. Similar numbers but different repertoires of olfactory receptor genes in humans and chimpanzees. *Mol Biol Evol*. 2008;25(9):1897-1907.

[34] Barton RA. Olfactory evolution and behavioral ecology in primates. *Am J Primatol*. 2006;68(6):545-558.

[35] Niimura Y, Matsui A, Touhara K. Extreme expansion of the olfactory receptor gene repertoire in African elephants and evolutionary dynamics of orthologous gene groups in 13 placental mammals. *Genome Res*. 2014;24(9):1485-1496.

[36] Niimura Y, Nei M. Comparative evolutionary analysis of olfactory receptor gene clusters between humans and mice.

Gene. 2005;346:13-21.

[37] Rasmussen LEL, Krishnamurthy V. How chemical signals integrate Asian elephant society: the known and the unknown. *Zoo Biol*. 2000;19(5):405-423.

[38] Langbauer WR. Elephant communication. *Zoo Biol*. 2000;19(5):425-445.

[39] Shoshani J, Kupsky WJ, Marchant GH. Elephant brain. Part I: gross morphology, functions, comparative anatomy, and evolution. *Brain Res Bull*. 2006;70(2):124-157.

[40] Rizvanovic A, Amundin M, Laska M. Olfactory discrimination ability of Asian elephants (Elephas maximus) for structurally related odorants. *Chem Senses*. 2013;38(2):107-118.

[41] Bates LA, Sayialel KN, Njiraini NW, Moss CJ, Poole JH, Byrne RW. Elephants classify human ethnic groups by odor and garment color. *Curr Biol*. 2007;17(22):1938-1942.

[42] Nei M, Rooney AP. Concerted and birth-and-death evolution of multigene families. *Annu Rev Genet*. 2005;39:121-152.

[43] Niimura Y, Nei M. Evolutionary dynamics of olfactory receptor genes in fishes and tetrapods. *Proc Natl Acad Sci USA*. 2005;102(17):6039-6044.

[44] Saito H, Kubota M, Roberts RW, Chi Q, Matsunami H. RTP family members induce functional expression of mammalian odorant receptors. *Cell*. 2004;119(5):679-691.

[45] Von Dannecker LE, Mercadante AF, Malnic B. Ric-8B promotes functional expression of odorant receptors. *Proc Natl Acad Sci USA*. 2006;103(24):9310-9314.

[46] Yoshikawa K, Touhara K. Myr-Ric-8A enhances G(alpha15)-mediated Ca^{2+} response of vertebrate olfactory receptors. *Chem Senses*. 2009;34(1):15-23.

[47] Shepard BD, Natarajan N, Protzko RJ, Acres OW, Pluznick JL. A cleavable N-terminal signal peptide promotes widespread olfactory receptor surface expression in HEK293T cells. *PLoS One*. 2013;8(7):e68758.

[48] Katada S, Nakagawa T, Kataoka H, Touhara K. Odorant response assays for a heterologously expressed olfactory receptor. *Biochem Biophys Res Commun*. 2003;305(4):964-969.

[49] Oka Y, Katada S, Omura M, Suwa M, Yoshihara Y, Touhara K. Odorant receptor map in the mouse olfactory bulb: in vivo sensitivity and specificity of receptor-defined glomeruli. *Neuron*. 2006;52(5):857-869.

[50] Shirokova E, Schmiedeberg K, Bedner P, et al. Identification of specific ligands for orphan olfactory receptors. G protein-dependent agonism and antagonism of odorants. *J Biol Chem*. 2005;280(12):11807-11815.

[51] Katada S, Hirokawa T, Oka Y, Suwa M, Touhara K. Structural basis for a broad but selective ligand spectrum of a mouse olfactory receptor: mapping the odorant-binding site. *J Neurosci*. 2005;25(7):1806-1815.

[52] Abaffy T, Malhotra A, Luetje CW. The molecular basis for ligand specificity in a mouse olfactory receptor: a network of functionally important residues. *J Biol Chem*. 2007;282(2):1216-1224.

[53] Kato A, Katada S, Touhara K. Amino acids involved in conformational dynamics and G protein coupling of an odorant receptor: targeting gain-of-function mutation. *J Neurochem*. 2008;107(5):1261-1270.

[54] Venkatakrishnan AJ, Deupi X, Lebon G, Tate CG, Schertler GF, Babu MM. Molecular signatures of G-proteincoupled receptors. *Nature*. 2013;494(7436):185-194.

[55] Duan X, Block E, Li Z, et al. Crucial role of copper in detection of metal-coordinating odorants. *Proc Natl Acad Sci USA*. 2012;109(9):3492-3497.

[56] Lin DY, Zhang SZ, Block E, Katz LC. Encoding social signals in the mouse main olfactory bulb. *Nature*. 2005;434(7032):470-477.

[57] Yoshikawa K, Nakagawa H, Mori N, Watanabe H, Touhara K. An unsaturated aliphatic alcohol as a natural ligand for a mouse odorant receptor. *Nat Chem Biol*. 2013;9(3):160-162.

[58] Bautze V, Bar R, Fissler B, et al. Mammalian-specific OR37 receptors are differentially activated by distinct odorous fatty aldehydes. *Chem Senses*. 2012;37(5):479-493.

[59] Bautze V, Schwack W, Breer H, Strotmann J. Identification of a natural source for the OR37B ligand. *Chem Senses*. 2014;39(1):27-38.

[60] Kajiya K, Inaki K, Tanaka M, Haga T, Kataoka H, Touhara K. Molecular bases of odor discrimination: reconstitution of olfactory receptors that recognize overlapping sets of odorants. *J Neurosci*. 2001;21(16):6018-6025.

[61] Malnic B, Hirono J, Sato T, Buck LB. Combinatorial receptor codes for odors. *Cell*. 1999;96(5):713-723.

[62] Touhara K. Odor discrimination by G protein-coupled olfactory receptors. *Microsc Res Tech*. 2002;58(3):135-141.

[63] Saito H, Chi Q, Zhuang H, Matsunami H, Mainland JD. Odor coding by a mammalian receptor repertoire. *Sci Signal*. 2009;2(60):ra9.

[64] Shirasu M, Yoshikawa K, Takai Y, et al. Olfactory receptor and neural pathway responsible for highly selective sensing of musk odors. *Neuron*. 2014;81(1):165-178.

[65] Kato A, Touhara K. Mammalian olfactory receptors: pharmacology, G protein coupling and desensitization. *Cell Mol Life Sci*. 2009;66(23):3743-3753.

[66] Zufall F, Leinders-Zufall T. The cellular and molecular basis of odor adaptation. *Chem Senses*. 2000;25(4):473-481.

[67] Dawson TM, Arriza JL, Jaworsky DE, et al. Beta-adrenergic receptor kinase-2 and beta-arrestin-2 as mediators of odorant-induced desensitization. *Science*. 1993;259(5096):825-829.

[68] Boekhoff I, Inglese J, Schleicher S, Koch WJ, Lefkowitz RJ, Breer H. Olfactory desensitization requires membrane targeting of receptor kinase mediated by beta gamma-subunits of heterotrimeric G proteins. *J Biol Chem*. 1994; 269(1):37-40.

[69] Peppel K, Boekhoff I, McDonald P, Breer H, Caron MG, Lefkowitz RJ. G protein-coupled receptor kinase 3 (GRK3) gene disruption leads to loss of odorant receptor desensitization. *J Biol Chem*. 1997;272(41):25425-25428.

[70] Kato A, Reisert J, Ihara S, Yoshikawa K, Touhara K. Evaluation of the role of G protein-coupled receptor kinase 3 in desensitization of mouse odorant receptors in a mammalian cell line and in olfactory sensory neurons. *Chem Senses*. 2014;39(9):771-780.

[71] Mashukova A, Spehr M, Hatt H, Neuhaus EM. b-arrestin2-mediated internalization of mammalian odorant receptors. *J Neurosci*. 2006;26(39):9902-9912.

[72] Neuhaus EM, Mashukova A, Barbour J, Wolters D, Hatt H. Novel function of b-arrestin2 in the nucleus of mature spermatozoa. *J Cell Sci*. 2006;119(Pt 15):3047-3056.

[73] Parmentier M, Libert F, Schurmans S, et al. Expression of members of the putative olfactory receptor gene family in mammalian germ cells. *Nature*. 1992;355(6359):453-455.

[74] Blache P, Gros L, Salazar G, Bataille D. Cloning and tissue distribution of a new rat olfactory receptor-like (OL2). *Biochem Biophys Res Commun*. 1998;242(3):669-672.

[75] Durzynski L, Gaudin JC, Myga M, Szydlowski J, Gozdzicka-Jozefiak A, Haertle T. Olfactory-like receptor cDNAs are present in human lingual cDNA libraries. *Biochem Biophys Res Commun*. 2005;333(1):264-272.

[76] Gaudin JC, Breuils L, Haertle T. Mouse orthologs of human olfactory-like receptors expressed in the tongue. *Gene*. 2006;381:42-48.

[77] Weber M, Pehl U, Breer H, Strotmann J. Olfactory receptor expressed in ganglia of the autonomic nervous system. *J Neurosci Res*. 2002;68(2):176-184.

[78] Otaki JM, Yamamoto H, Firestein S. Odorant receptor expression in the mouse cerebral cortex. J Neurobiol. 2004;58(3):315-327.

[79] Yuan TT, Toy P, McClary JA, Lin RJ, Miyamoto NG, Kretschmer PJ. Cloning and genetic characterization of an evolutionarily conserved human olfactory receptor that is differentially expressed across species. *Gene*. 2001; 278(1e2):41-51.

[80] Drutel G, Arrang JM, Diaz J, Wisnewsky C, Schwartz K, Schwartz JC. Cloning of OL1, a putative olfactory receptor and its expression in the developing rat heart. *Recept Channels*. 1995;3(1):33-40.

[81] Ferrand N, Pessah M, Frayon S, Marais J, Garel JM. Olfactory receptors, Golf alpha and adenylyl cyclase mRNA expressions in the rat heart during ontogenic development. *J Mol Cell Cardiol*. 1999;31(5):1137-1142.

[82] Feingold EA, Penny LA, Nienhuis AW, Forget BG. An olfactory receptor gene is located in the extended human beta-globin gene cluster and is expressed in erythroid cells. *Genomics*. 1999;61(1):15-23.

[83] Feldmesser E, Olender T, Khen M, Yanai I, Ophir R, Lancet D. Widespread ectopic expression of olfactory receptor genes. *BMC Genomics*. 2006;7:121.

[84] Zhang X, Rogers M, Tian H, et al. High-throughput microarray detection of olfactory receptor gene expression in the mouse. *Proc Natl Acad Sci USA*. 2004;101(39):14168-14173.

[85] Pluznick JL, Zou DJ, Zhang X, et al. Functional expression of the olfactory signaling system in the kidney. *Proc Natl Acad Sci USA*. 2009;106(6):2059-2064.

[86] De la Cruz O, Blekhman R, Zhang X, Nicolae D, Firestein S, Gilad Y. A signature of evolutionary constraint on a subset of ectopically expressed olfactory receptor genes. *Mol Biol Evol*. 2009;26(3):491-494.

[87] Spehr M, Gisselmann G, Poplawski A, et al. Identification of a testicular odorant receptor mediating human sperm chemotaxis. *Science*. 2003;299(5615):2054-2058.

[88] Fukuda N, Yomogida K, Okabe M, Touhara K. Functional characterization of a mouse testicular olfactory receptor and its role in chemosensing and in regulation of sperm motility. *J Cell Sci*. 2004;117(Pt 24):5835-5845.

[89] Griffin CA, Kafadar KA, Pavlath GK. MOR23 promotes muscle regeneration and regulates cell adhesion and migration. *Dev Cell*. 2009;17(5):649-661.

[90] Neuhaus EM, Zhang W, Gelis L, Deng Y, Noldus J, Hatt H. Activation of an olfactory receptor inhibits proliferation of prostate cancer cells. *J Biol Chem*. 2009;284(24):16218-16225.

[91] Wang Z, Pascual-Anaya J, Zadissa A, et al. The draft genomes of soft-shell turtle and green sea turtle yield insights into the development and evolution of the turtle-specific body plan. *Nat Genet*. 2013;45(6):701-706.

CHAPTER 4

第 4 章 通过痕量胺相关受体感知气味

李倩，斯蒂芬·D. 利伯莱斯

哈佛大学医学院细胞生物学系，美国马萨诸塞州波士顿

概 要

引 言

嗅觉系统是一个功能强大的感官模块，察觉复杂多样的环境气味并将其转化为各种不同的感知和行为。主嗅觉系统由巨大的感官受体库构成，用于识别各类气味。其中，嗅觉受体（OR）是一个由超过 350 个（人类）或 1000 个（小鼠和大鼠）完整 GPCR 构成的家族[1-6]（参阅第 3 章）。OR（*Olfr*）基因占哺乳动物基因组的 1%~5%，并以含有一个到上百个基因簇的形式存在于几乎每一条染色体上[7]。此外，OR 还通过相互组合的方式对不同气味编码，进一步增强可被感知和辨别的化学物质的多样性[8]。

主嗅觉系统还含有第二个嗅觉受体家族，它们被称为痕量胺相关受体（TAAR）[9,10]。最初，TAAR 的命名依据其在大脑中具有检测低丰度神经递质（术语为痕量胺）的功

能[11]；不过除了 TAAR1，所有 TAAR 的主要或全部功能是在嗅觉系统中起化学感官受体的作用[10]。人们在揭示嗅觉系统中 TAAR 的功能方面（从配体识别到行为）已经取得了显著进展[9]。这里，我们综述了含有 TAAR 嗅觉神经元的细胞神经生物学。

TAAR 家族

TAAR 是早期脊椎动物谱系 GPCR 家族，起源于颌鱼（jawed fish）出现不久之前或不久之后[12-14]，可能来自一种 5- 羟色胺受体亚型（$5\text{-}HT_4$）[15]。TAAR 和生物胺受体具有同源性（许多 TAAR 保留了保守的胺识别模体，见下文），并与 OR 在系统发生学方面截然不同。TMR 家族基因数量的多少随脊椎动物物种而变化，其中人有 6 个、小鼠 15 个、大鼠 17 个、猕猴 6 个[12,15-18]。硬骨鱼有更多 *Taar* 基因，例如斑马鱼有 112 个，其中大多形成一个硬骨鱼特异性进化枝（参阅第 5 章）[12]。推测 RNA 剪接不在编码序列内而是在 *Taar* mRNA 的 5′非编码区发生，并被包含在一个外显子上（*Taar2* 编码序列是一个例外，含有一个内含子）。在小鼠和人类中，基因编码 TAAR 被发现位于单个基因簇中，分别覆盖染色体 10 和 6 上的 10 万～20 万个碱基［图 4-1（A）］。*Taar* 基因依据其所在小鼠染色体的顺序命名从 *Taar1* 至 *Taar9*，其中小鼠含有 5 个全长的 *Taar7* 基因（*Taar7a*、*Taar7b*、*Taar7d*、*Taar7e* 和 *Taar7f*，*Taar7c* 是小鼠基因簇中仅有的一个 *Taar* 假基因）和 3 个全长的 *Taar8* 基因（*Taar8a*、*Taar8b* 和 *Taar8c*）。除了 *Taar7* 组（大鼠中 7 个）和 *Taar8* 组（大鼠中 3 个）中谱系特异性扩张，大鼠和小鼠具有直系同源的 *Taar* 基因库，这些差异在它们最近共同祖先之后的趋异中发生。人的 6 个全长 *TAAR* 基因分别为 *TAAR1*、*TAAR2*、*TAAR5*、*TAAR6*、*TAAR8* 和 *TAAR9*。

TAAR 表达模式

除了 TAAR1，其他所有 TAAR 在主嗅觉上皮（MOE）中都有表达并在其中扮演化学感官受体的角色［图 4-1（B）］。从小鼠、斑马鱼和猕猴嗅觉系统中都能观察到 TAAR 的表达[10,12,17]，这与其充当脊椎动物广泛保留的嗅觉受体相一致。在小鼠中，6 个 TAAR 还在格伦贝格神经节（Grueneberg ganglion，位于小鼠鼻前尖的微小嗅觉器官）[19]的感官神经元中有表达［图 4-1（B）］。格伦贝格神经节感官神经元中 TAAR 的表达受到发育调控，最高表达出现在胚胎和新生的小鼠中，并随寿命增长而下降。与其他 TAAR

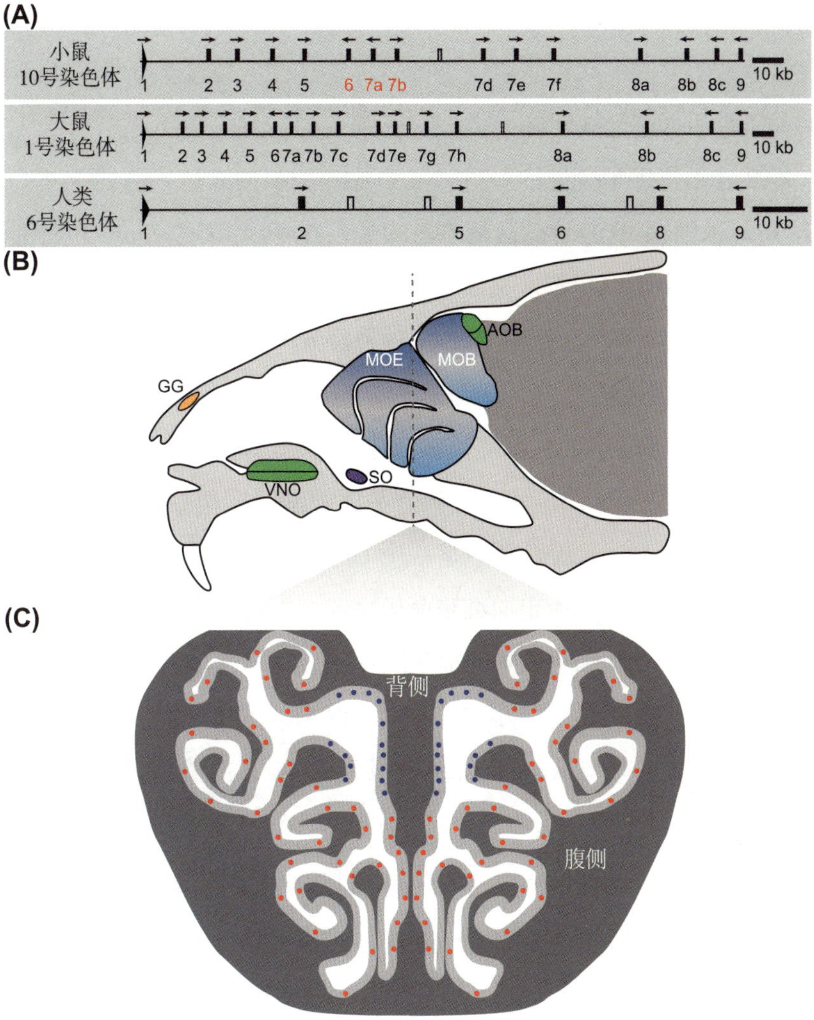

图 4-1　嗅觉系统中 TAAR 表达感官神经元。(A) *Taar* 基因簇在小鼠、大鼠和人类中的基因组结构，显示了全长基因（黑色填充矩形）和 *Taar* 假基因（白色填充矩形）。箭头指示正义链的方向，小鼠基因颜色显示背侧（蓝色）或腹侧（红色）的表达，而小鼠的 *Taar7d* 数据不明确。*Taar1*（三角形）未在嗅觉系统中表达。(B) 小鼠鼻腔解剖图，包括主嗅觉上皮（MOE）、犁鼻器（VNO）、格伦贝格神经节（GG）、中隔器官（SO）、主嗅球（MOB）和副嗅球（AOB）（图片源自参考文献 [61]）。(C) 小鼠 MOE 冠状切面的背侧（蓝色）和腹侧（红色）*Taar* 基因表达

不同，TAAR1 在胰腺和大脑中低水平表达，包括中脑腹侧被盖区和背缝神经核的单胺神经元中[20,21]。

在主嗅觉系统内，表达 TAAR 的 OSN 在很多方面都和表达 OR 的 OSN 类似，不过也表现出某些独特的特点。OR 在小鼠 MOE 中的表达具有显著的分散模式，因为每个 OSN 只表达 2000 多种受体等位基因中的一种[22,23]。而且，功能受体一旦选定，将在该

神经元存活期间都保持稳定[24,25]。这种表达控制保证某个特定受体的激活信息被准确传输至中枢神经系统，并随时间趋于稳定。目前，参与 *Olfr* 基因选择的转录因子、基因座位控制区和异染色质标记已被明确[24-30]。

嗅觉 TAAR 在上皮区中分散的 OSN 小亚群中有类似的表达[10][图 4-1（C）]。在小鼠中，所有 *Taar* 基因在 MOE 背侧区域都有表达，*Taar6* 和某些 *Taar7* 在腹部表达更多，是个例外[10,31,32]。每种 TAAR 都定义一个并不包含其他 TAAR 或 OR 的独特 OSN 种群。因此，TAAR 表达受典型的"一种受体，一种神经元"规则支配[10]。某一特定 OSN 中仅有一个 *Taar* 等位基因被转录[32,33]，即便 *Taar* 基因上缺乏沉默 *Olfr* 基因具有的表观遗传特征[33]，这增加了通过不同的单等位基因选择机制选择 *Taar* 基因的可能性。人们在 *Taar* 基因簇附近还未发现与 *Olfr* 基因选择有关联的基因座位控制区。此外，一个 *Taar* 假基因的表达使第二个 *Taar* 基因而不是一个 *Olfr* 基因被优先表达[32,33]，这表明表达 TAAR 的 OSN 在受体选择前发生定向细胞命运决定。人们需要通过深入研究来了解表达 TAAR 的 OSN 中基因选择和细胞成熟的细胞学基础。

免疫组织化学实验表明 3 个小鼠 TAAR（TAAR4、TAAR5 和 TAAR6）位于气味觉察位点嗅觉纤毛上[33]。TAAR 蛋白还被发现存在于主嗅球（MOB）的 OSN 轴突上[33]，它们有可能在其中参与了轴突导向（大脑中 TAAR 投射的组织方式见下文）。表达 TAAR 的 OSN 含有重要的嗅觉信号分子，包括 G 蛋白亚基 $G\alpha_{olf}$、腺苷酸环化酶 3（AC3）和环化核苷酸门控通道（CNGA2）[10,34]（见第 7 章）。此外，腺苷酸环化酶的药理学抑制阻止表达 TAAR 的 OSN 中的气味响应[34]。这些研究综合起来表明表达 TAAR 的 OSN 可能利用了基于 cAMP 的经典信号级联，进而与 GPCR 激活发生响应并最终导致细胞膜去极化和动作电位生成。

TAAR 配体和行为

在发现 TAAR 配体之前，很多 TAAR 据预测基于生物胺受体具有的序列保守性来识别胺类。5-羟色胺、组胺、多巴胺、乙酰胆碱和肾上腺素等受体都有一个关键的天冬氨酸位于第三个跨膜 α-螺旋，并与配体氨基直接结合形成离子键[35]。所有人体 TAAR（6/6）、大部分小鼠 TAAR（13/15）和某些斑马鱼 TAAR（27/112）中都保留了这个天冬氨酸。人们因而认为许多 TAAR 都会察觉胺类。有趣的是，一个完整的硬骨鱼 TAAR 进化枝缺乏这个保留的天冬氨酸；尽管还不清楚这些鱼类 TAAR 的配体，不过它们有可能表现出截然不同的配体识别特性。

在 TAAR 中，首先发现的是 TAAR1 对应配体[36,37]。TAAR1 察觉多种被认为具有低丰度神经递质功能的生物胺（所谓的痕量胺，该受体家族因此而被命名），包括酪胺（EC_{50}：200 nmol · L^{-1}）、2–苯乙胺（EC_{50}：300 nmol · L^{-1}）、色胺（EC_{50}：>6 μmol · L^{-1}）和章鱼胺（EC_{50}：4 μmol · L^{-1}）[36,37]。TAAR1 同时还察觉其他不同结构的胺类，包括安非他命和类甲腺质[37–39]。结构模型和突变研究预测 TAAR1 像其他生物胺受体一样结合膜平面中的配体，结合点遍布好几种跨膜 α–螺旋，包括跨膜 α–螺旋 3 上保留的盐桥[38]。人工合成的、高度专一性的 TAAR1 激动剂和拮抗剂可调节中脑多巴胺神经元和脑干 5–羟色胺神经元的可激发性、突触释放和神经递质吸收等性质[40,41]。TAAR1 缺失将使这些中枢单胺神经元活性升高，同时引起小鼠安非他命诱导的运动活性升高[20]。TAAR1 诱导单胺类神经元基本发射频率的抑制受 $G\alpha_s$ 和内部矫正钾通道相关路径介导[40]。在此发现的基础上，TAAR1 可能是一个治疗多巴胺造成的神经精神疾病，以及 5–羟色胺系统功能障碍的极好靶点。一些其他的 TAAR1 配体生理效应诸如类甲腺质引发的失温症，因其在 *Taar1* 敲除的小鼠中长久存在，可能不受 TAAR1 依赖机制介导[42]。

其他 TAAR 具有嗅觉受体的功能，这个发现使配体搜寻工作围绕小的挥发性分子而非源自大脑的生物胺。TAAR 和依赖 cAMP 的基因一同在 HEK293 细胞中瞬时表达为高通量的化学筛查提供了方法[10,43]。利用此种或相关的异源细胞系统，人们发现了 6 种小鼠的 TAAR 配体、7 种大鼠的 TAAR 配体、1 种人体的 TAAR 配体、1 种猕猴的 TAAR 配体和 1 种斑马鱼的 TAAR 配体，这 16 种配体的每一种都能察觉不同的挥发胺（图 4–2）[10,17,43–45]。这些胺中有一些是引发行为响应的生态性气味（见下文对每一种 TAAR 的讨论）[31,44,46,47]。TAAR 在 HEK293 细胞和 OSN 中表达时通常偏好同一配体[34,47]，尽管敏感性有差异，这可能源于原生背景信号组件的优化。通常认为 GPCR 在不同类型细胞中均识别同一配体，GPCR 折叠则被认为是受体序列支配的固有特性。因此，TAAR 在 HEK293 细胞和 OSN 中偏好同一配体并不奇怪。

将 TAAR 的不同配体结合偏好画在 TAAR 进化树上，可从中看出分枝处的特异性配体偏好（图 4–2）[43]。进化树一个分枝上的 TAAR 偏好一级胺，其中好几个都源于氨基酸脱羧反应。该分枝包括 TAAR1、TAAR2、TAAR3、TAAR4，以及一些不具有哺乳动物直系同源基因的硬骨鱼 TAAR，例如 TAAR13c。另一个分枝包括 TAAR5~TAAR9，其中几个成员偏好三级胺例如三甲胺和 N,N–二甲基胺。第三个分枝出现在硬骨鱼中而且带有胺结合天冬氨酸这种广泛存在的突变；还不清楚这些受体察觉的是什么。

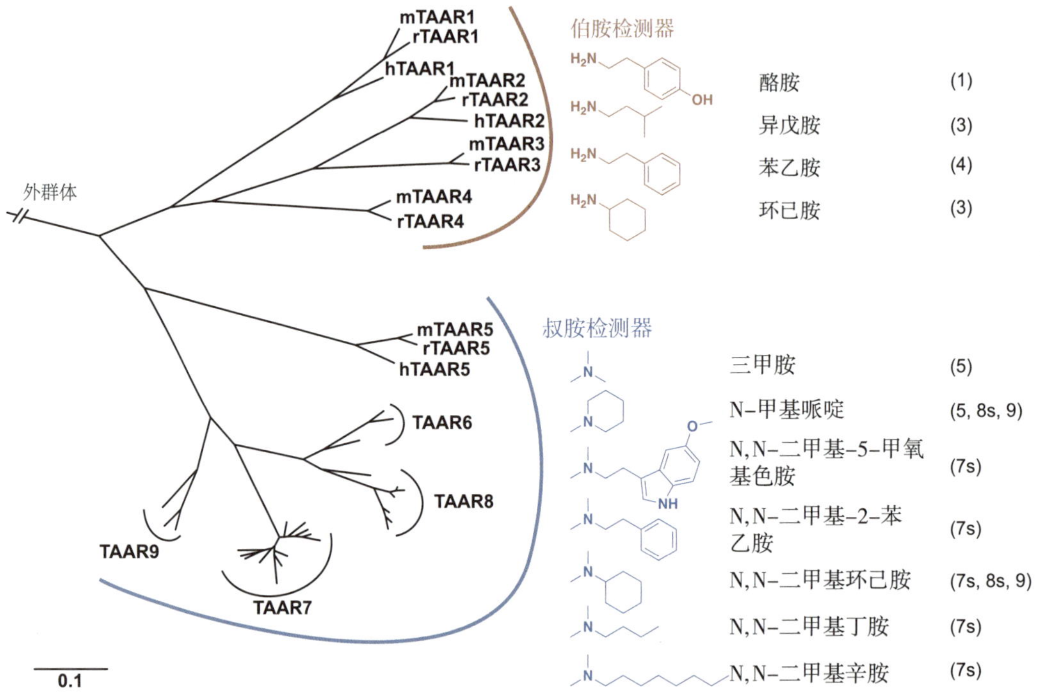

图 4-2 整个 TAAR 进化树的配体偏好。哺乳动物 TAAR 聚集成偏爱伯胺（顶部）或叔胺（底部）的截然不同分支。斑马鱼 TAAR13C（图中并未显示）识别尸胺，并与检测伯胺的 TAAR 在进化树上聚集。图片来自参考文献 [43]

TAAR3

小鼠的 TAAR3 察觉一些小的一级胺，包括异戊胺（也称为支链淀粉胺，EC_{50}：10 μmol · L^{-1}）、环已胺（EC_{50}：20~30 μmol · L^{-1}）和 2-甲基丁胺（EC_{50}：100 μmol · L^{-1}）[10]。TAAR3 不能被对应的醇类（异戊醇或环已醇）通过相同的方式激活，因此配体氨基对于识别必不可少 [10]。异戊胺激活 HEK293 细胞中的 TAAR3、含有 TAAR3 的 OSN，以及 TAAR 神经支配区内的 MOB 嗅小球 [10,34,46]。大鼠 TAAR3 同样察觉异戊胺，只不过敏感性有所降低 [43]。异戊胺和 2-甲基丁胺为脱去羧基的氨基酸，分别来自亮氨酸和异亮氨酸，而且可能是天然气味源例如腐肉的成分 [48]。异戊胺还被认为具有加速小鼠青春期的信息素功能 [49]，尽管该效应还存在争议 [50]。异戊胺引发小鼠的先天厌恶反应 [51]，而这种回避行为在缺乏整个嗅觉 *Taar* 基因簇的小鼠中是不存在的 [46]。

TAAR4

小鼠和大鼠的TAAR4察觉2–苯乙胺（EC_{50}：1~10 μmol · L^{-1}）[10,31,36]，一种同样源于氨基酸脱羧的苯丙胺衍生物。小鼠的 TAAR4 对 2–苯乙胺具有较高的选择性，而对相关的化学物质如苄胺、苯丙氨酸、酪胺、多巴胺、苯乙醇或者其他苯丙氨酸代谢物没有类似的响应[31]。小鼠中，2–苯乙胺被相当多的 OSN 组群（生理水平在 5% 左右）察觉[31]，而含有 TAAR4 的 OSN 却表现出异常敏感的响应[34]。此外，在 MOB 中 2–苯乙胺明显引发 TAAR4 嗅小球（方便成像的嗅小球）的特异性响应[46]，这可能是由于侧向抑制从而抑制了其他嗅小球的响应。

人们发现 2–苯乙胺存在于很多的天然气味源中；它在某些食肉动物尿液中含量极大[31]。小鼠的 TAAR4 被认为是对食肉动物气味直接和敏感的检测器；对山猫尿液进行化学分离并对狮子尿液进行酶分解显示，2–苯乙胺对每个样本而言都是 TAAR4 的天然激动剂[31]。对 38 个动物园动物尿液样品的定量高效液相色谱（HPLC）研究显示，2- 苯乙胺富集存在于许多食肉动物的尿液中[31]。某些物种（狮子、薮猫和老虎）能够产生大量的 2- 苯乙胺，其含量比所测非食肉动物尿液中的含量高 100~1000 倍[31]。2–苯乙胺引发小鼠和大鼠的先天性回避反应，但给它们提供单独 2–苯乙胺气味时引发该反应却需要更高的浓度。一种可能是 2–苯乙胺是鼠类捕食者气味混合物的成分之一[31]。与该模型相一致的是不含有 2–苯乙胺的狮子尿液便是较弱的排斥剂[31]。敲除 *Taar4* 基因的小鼠，对 2–苯乙胺的回避反应则不复存在[46]。这些发现综合表明 TAAR4 充当小鼠利他素受体的功能，可以帮助其避开危险的捕食者。有趣的是，肉食性动物物种高度保留了 TAAR4[52]，此处它可能调节的是一个完全不同的行为响应。

TAAR5

三乙胺是小鼠（EC_{50}：300 nmol · L^{-1}）和大鼠（EC_{50}：1 μmol · L^{-1}）TAAR5 具有高亲和性的激动剂，以及猕猴（EC_{50}：100 μmol · L^{-1}）和人体（EC_{50}：100 μmol · L^{-1}）具有较低亲和性的激动剂[10,17,45,47]。小鼠的 TAAR5 还察觉具有相似结构的三级胺（二甲基乙基胺、N–甲基哌啶），不过亲和性略有下降，然而与相关的一级胺（甲胺）、二级胺（二甲基胺）或四级胺（四甲基氯化铵）相比，其对三级胺有明显的偏好。在 HEK293 细胞及含有 TAAR5 的小鼠 OSN 中表达时，三甲胺能激活 TAAR5（来自小鼠、大鼠、人体和猕猴）[10,47]。

三甲胺存在于小鼠尿液产生的气味痕迹中，有社会行为功能[47]。NMR 谱显示小鼠尿液含有大量的三甲胺（5~10 mmol · L^{-1}）而且呈性别二态性（约 20 倍雄性富集）[47]。与这些发现相一致的是，小鼠的 TAAR5 是雄性小鼠尿液一个异常敏感的检测器（半最大响应在约 30,000 倍稀释尿液浓度）[10]，而且酶分解小鼠尿液中的三甲胺会消除 TAAR5 响应[47]。有趣的是，最近在小鼠谱系中出现了丰富且呈性二态的三甲胺生成[47]，而一些相关的啮齿类物种例如卡氏小鼠（*Mus caroli*）却没有生成可检测水平的三甲胺（< 10 μmol · L^{-1}）。三甲胺最初是肠道菌群产生的副产物，由膳食营养素例如胆碱代谢而成[53]。三甲胺随后被许多宿主物种（包括人类和大鼠）通过肝和肾中的一个代谢酶［黄素单加氧酶 3（FMO3）］除去[53]。FMO3 发生突变导致人体疾病三甲基胺尿症，并产生极其难闻的人体气味[54]。在小家鼠（*Mus musculus*）中，肾中的 FMO3 表达有所下降，而肝中的表达则与性别显著相关，其中雄性特异性 *Fmo3* 基因抑制使青春期后表达水平降低至 1/1000 水平[47]。因此，最新的小鼠谱系 *Fmo3* 基因的控制变化为物种特异性气味进化提供了分子基础。

三甲胺引发物种特异性行为［图 4–3（B）］[47]，而且使人类和大鼠感到极其厌恶[47,53]。相比之下，三甲胺在发现气味源浓度范围对小鼠有吸引。此外，敲除 *Taar5* 基因的小鼠丧失对三甲胺的吸引行为[47]。很有可能三甲胺排斥其他物种的能力为其在尿液气味中形成富集提供了选择性压力。尚不清楚三甲胺是如何引发物种特异性行为响应的，这或许涉及三甲胺激活受体库的变化、TAAR5- 耦合神经回路的变化或者发育决定的厌恶回路的学习覆盖。同样不清楚的还有 TAAR4 和 TAAR5 如何介导相反行为，尽管它们是由小鼠基因组相邻的基因编码并定位至 MOB 中相邻的嗅球［图 4–4（B）］[33]。

TAAR7

TAAR7 亚族在人体中消失，却在啮齿动物中增加（小鼠中 5 个，大鼠中 7 个）。小鼠和大鼠的最后共同祖先可能具有单个的 *Taar7* 基因[43]，因而啮齿动物的 TAAR7 是新近得到并且高度相关的（>87% 相同）。人们发现了 6 个 TAAR7 的配体（小鼠的 TAAR7B、TAAR7E 和 TAAR7F；大鼠的 TAAR7B、TAAR7D 和 TAAR7H），每个配体都检测不同结构的 N,N- 二甲基烷基胺[10,43]。小鼠 TAAR7E 的激动剂 5- 甲氧基 -N,N- 二甲基色胺，是一个报道过的尿液色氨酸代谢物[43,55]，不过还不清楚这个配体或其他 TAAR7 配体的行为显著性。小鼠的 TAAR7F 能够被多种哺乳动物物种共有的尿液组分直接激活，然而目前还不清楚这种天然激动剂的化学身份。

TAAR7 亚族含有高度相关且具有不同配体偏好的受体，这为探测 TAAR 的识别特性提供了独特的机会[43]。例如，小鼠的 TAAR7E 和 TAAR7F 因配体结合口袋排列在跨膜

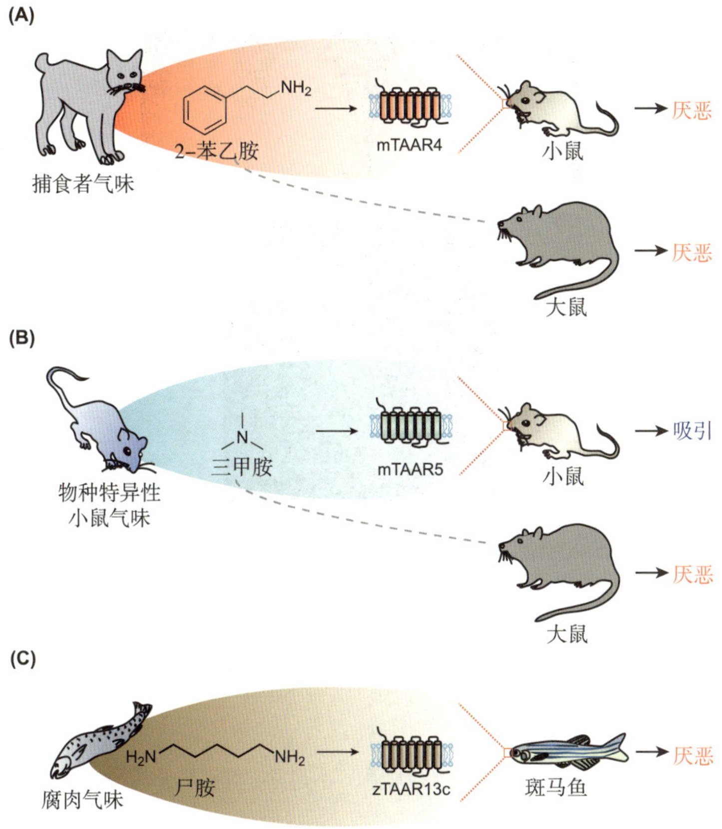

图 4-3　生态显著的 TAAR 反应。(A)TAAR4 检测到肉食性动物的气味物 2- 苯乙胺，引发小鼠和大鼠的厌恶。(B)TAAR5 检测到雄性小鼠气味物三甲胺，引发物种特异性行为反应，包括小鼠的 TAAR5 依赖性吸引。(C)TAAR13C 检测到腐肉气味物尸胺，引发斑马鱼的厌恶

α-螺旋 3 上面引起两个相邻氨基酸侧链的变化，从而显示出极为鲜明的气味响应轮廓[43]。对 TAAR7E 和 TAAR7F 进行结构模型分析及突变研究，预测 TAAR7F 中位于某一位置体积较大的侧链与较大分子发生空间上的冲突，因而制约了配体的大小[43]。TAAR7 亚族为阐明嗅觉受体库如何通过基因重复和后续突变模式实现功能扩张提供了直接案例。

TAAR8c，TAAR9

大鼠的 TAAR9 和大鼠的 TAAR8C 被相同激动剂 N-甲基哌啶和 N,N-二甲基环己基胺所激活，TAAR8c 表现较高的亲和性响应[43]。目前还不清楚这些配体在生态上的重要性，不过这两种受体还直接察觉人类、小鼠、大鼠和美洲狮的尿液。人们还不清楚大鼠 TAAR8C 和大鼠 TAAR9 的天然配体，不过有可能并不是 N-甲基哌啶和 N,N-二甲基环己基胺，因为 TAAR9 对哺乳动物尿液表现的敏感性要高于 TAAR8C。N-甲基哌啶还是好

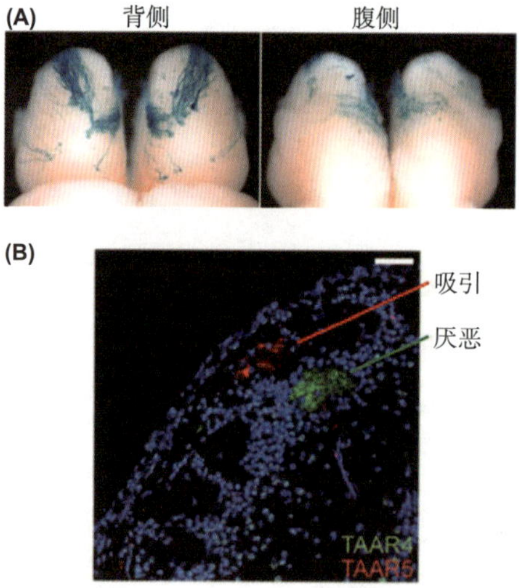

图 4-4　表达 TAAR 的 OSN 在主嗅球中的投射。(A) MOB 背侧和腹侧视图，其中所有类型的 TAAR 表达 OSN 都用β-半乳糖苷酶基因标记。简言之，内源性 *Taar5* 基因被 *LacZ* 取代，该等位基因的选择，大概就像 *Taar* 假基因一样会导致其他 *Taar* 基因的次级表达。(B) 表达 TAAR4（绿色）和表达 TAAR5（红色）的 OSN 如同抗体染色揭示的那样投射至 MOB 中相邻的嗅小球。图片来自参考文献 [33]

多种其他 TAAR[43] 的配体，引发小鼠的厌恶感，不过响应在 *Taar* 基因簇敲除小鼠中消失[46]。

TAAR13C

目前仅有一种斑马鱼 TAAR 的配体为人们所清楚，即 TAAR13C 的配体，它察觉尸胺和其他二胺[44]。结构-活性分析显示它对中等且奇数链长的无支链二胺有偏好[44]。去掉这个配体的 1 个氨基基团或者用 1 个羟基基团代替都将消除 TAAR13C 的激动，表明配体结合口袋对 2 个氨基都有特异性识别[44]。从气味交叉适应研究结果来看，斑马鱼很可能还含有其他的嗅觉二胺受体，这些受体偏好偶数链长的二胺例如腐胺[56]。尸胺引发斑马鱼 OSN 的直接早期基因表达，并且在较低浓度时，绝大多数应答的神经元都含有 TAAR13C[44]。

尸胺是一种腐肉味物质，由赖氨酸经微生物代谢而成。如同其他 TAAR 的配体，尸胺被报道能引发物种特异性行为响应，例如引发金鱼的偏好和斑马鱼的厌恶感[44,57]。TAAR13C 极有可能介导尸胺引发斑马鱼的厌恶感 [图 4-3（C）]，不过还需要经功能缺失研究验证。小鼠同样规避尸胺，该行为在 *Taar* 基因簇敲除小鼠中消失[46]。无论如何，小鼠中并不含有 TAAR13C，迄今还没有在小鼠中发现察觉尸胺的 TAAR。

小鼠主嗅球中 TAAR 神经元的投射

OSN 发出长距离投射至 MOB，它们在那里与二阶神经元（僧帽 / 簇状细胞）形成突触连接。OSN 突触位于靠近 MOB 表面术语称为嗅小球的特殊球体结构中。小鼠的 MOB 中含有大约 2000 个嗅小球，每一个嗅小球都是含有单一受体类型的轴突的聚结点[58,59]。不同个体中，特定 OR 所对应嗅小球的位置是固定的，并在一定程度上由受体介导 cAMP 信号和 OSN 位置控制表达的轴突导向因子决定[60]。通过解剖组织，由气味分子诱发的 MOE 神经活性模式被转化为 MOB 中高度组织化的、空间定型的神经活性地图。

表达 TAAR 的 OSN 也以固定模式向 MOB 投射[32,33]，每一种含有 TAAR 的 OSN 向一小部分专门的嗅小球投射[32,33]，TAAR 蛋白则位于轴突末端[33]。绝大多数 TAAR 投射都聚集在 MOB 背中线的一个热点区域［图 4-4（A）］[32,33]，包括介导不同行为的 TAAR 神经元投射（例如，TAAR4 和 TAAR5）[33]。在细胞培养研究中发现，MOB 的 TAAR 神经分布区中嗅小球对 TAAR 配体之间产生稳健的响应，而该响应在 *Taar* 基因簇敲除小鼠中消失[46]。

总结和展望

TAAR 嗅觉子系统为理解感官系统如何驱动各种行为提供了非常宝贵的模型。TAAR 嗅觉子系统如何形成并发挥功能，这些基本问题仍有待解决。哪些转录因子、表观遗传免疫因子和细胞分化调节剂控制表达 TAAR 的 OSN 成熟？隐藏在 MOB 中 TAAR 耦合神经回路形成背后的机制是什么，而 TAAR 投射是如何被更高级的嗅觉中心组织的？TAAR4 和 TAAR5 究竟如何调节不同物种的特异性行为，TAAR4 耦合神经回路和 TAAR5 耦合神经回路之间有哪些不同，以及这些不同如何在发育和学习过程中建立起来？未来的 TAAR 嗅觉研究或许能为了解神经回路如何加工感官输入以确保行为学上恰当的行为响应提供基本的理解。

参考文献

[1] Buck L, Axel R. A novel multigene family may encode odorant receptors: a molecular basis for odor recognition. *Cell*. April 5, 1991;65(1):175-187.

[2] Glusman G, Yanai I, Rubin I, Lancet D. The complete human olfactory subgenome. *Genome Res*. May 2001;

11(5):685-702.
[3] Godfrey PA, Malnic B, Buck LB. The mouse olfactory receptor gene family. *Proc Natl Acad Sci USA*. February 17, 2004;101(7):2156-2161.
[4] Malnic B, Godfrey PA, Buck LB. The human olfactory receptor gene family. *Proc Natl Acad Sci USA*. February 24, 2004;101(8):2584-2589.
[5] Young JM, Trask BJ. The sense of smell: genomics of vertebrate odorant receptors. *Hum Mol Genet*. May 15, 2002;11(10):1153-1160.
[6] Zhang X, Firestein S. The olfactory receptor gene superfamily of the mouse. *Nat Neurosci*. February 2002; 5(2):124-133.
[7] Sullivan SL, Adamson MC, Ressler KJ, Kozak CA, Buck LB. The chromosomal distribution of mouse odorant receptor genes. *Proc Natl Acad Sci USA*. January 23, 1996;93(2):884-888.
[8] Malnic B, Hirono J, Sato T, Buck LB. Combinatorial receptor codes for odors. *Cell*. March 5, 1999;96(5):713-723.
[9] Liberles SD. Trace amine-associated receptors: ligands, neural circuits, and behaviors. *Curr Opin Neurobiol*. January 20, 2015;34C:1e7.
[10] Liberles SD, Buck LB. A second class of chemosensory receptors in the olfactory epithelium. *Nature*. August 10, 2006;442(7103):645-650.
[11] Lindemann L, Ebeling M, Kratochwil NA, Bunzow JR, Grandy DK, Hoener MC. Trace amine-associated receptors form structurally and functionally distinct subfamilies of novel G protein-coupled receptors. *Genomics*. March 2005;85(3):372-385.
[12] Hussain A, Saraiva LR, Korsching SI. Positive Darwinian selection and the birth of an olfactory receptor clade in teleosts. *Proc Natl Acad Sci USA*. March 17, 2009;106(11):4313-4318.
[13] Libants S, Carr K, Wu H, et al. The sea lamprey Petromyzon marinus genome reveals the early origin of several chemosensory receptor families in the vertebrate lineage. *BMC Evol Biol*. 2009;9:180.
[14] Tessarolo JA, Tabesh MJ, Nesbitt M, Davidson WS. Genomic organization and evolution of the trace amineassociated receptor (TAAR) repertoire in Atlantic salmon (*Salmo salar*). G3 (*Bethesda*). June 2014;4(6):1135-1141.
[15] Lindemann L, Hoener MC. A renaissance in trace amines inspired by a novel GPCR family. *Trends Pharmacol Sci*. May 2005;26(5):274-281.
[16] Hashiguchi Y, Nishida M. Evolution of trace amine associated receptor (TAAR) gene family in vertebrates: lineage-specific expansions and degradations of a second class of vertebrate chemosensory receptors expressed in the olfactory epithelium. *Mol Biol Evol*. September 2007;24(9):2099-2107.
[17] Horowitz LF, Saraiva LR, Kuang D, Yoon KH, Buck LB. Olfactory receptor patterning in a higher primate. *J Neurosci*. September 10, 2014;34(37):12241-12252.
[18] Nei M, Niimura Y, Nozawa M. The evolution of animal chemosensory receptor gene repertoires: roles of chance and necessity. *Nat Rev*. December 2008;9(12):951-963.
[19] Fleischer J, Schwarzenbacher K, Breer H. Expression of trace amine-associated receptors in the Grueneberg ganglion. *Chem Senses*. July 2007;32(6):623-631.
[20] Lindemann L, Meyer CA, Jeanneau K, et al. Trace amine-associated receptor 1 modulates dopaminergic activity. *J Pharmacol Exp Ther*. March 2008;324(3):948-956.
[21] Regard JB, Sato IT, Coughlin SR. Anatomical profiling of G protein-coupled receptor expression. *Cell*. October 31, 2008;135(3):561-571.
[22] Ressler KJ, Sullivan SL, Buck LB. A zonal organization of odorant receptor gene expression in the olfactory epithelium. *Cell*. May 7, 1993;73(3):597-609.
[23] Vassar R, Ngai J, Axel R. Spatial segregation of odorant receptor expression in the mammalian olfactory epithelium. *Cell*. July 30, 1993;74(2):309-318.
[24] Serizawa S, Miyamichi K, Nakatani H, et al. Negative feedback regulation ensures the one receptor-one olfactory

neuron rule in mouse. *Science (New York, NY)*. December 19, 2003;302(5653):2088-2094.

[25] Shykind BM, Rohani SC, O'Donnell S, et al. Gene switching and the stability of odorant receptor gene choice. *Cell*. June 11, 2004;117(6):801-815.

[26] Hirota J, Mombaerts P. The LIM-homeodomain protein Lhx2 is required for complete development of mouse olfactory sensory neurons. *Proc Natl Acad Sci USA*. June 8, 2004;101(23):8751-8755.

[27] Lyons DB, Allen WE, Goh T, Tsai L, Barnea G, Lomvardas S. An epigenetic trap stabilizes singular olfactory receptor expression. *Cell*. July 18, 2013;154(2):325-336.

[28] Magklara A, Yen A, Colquitt BM, et al. An epigenetic signature for monoallelic olfactory receptor expression. *Cell*. May 13, 2011;145(4):555-570.

[29] Nishizumi H, Kumasaka K, Inoue N, Nakashima A, Sakano H. Deletion of the core-H region in mice abolishes the expression of three proximal odorant receptor genes in cis. *Proc Natl Acad Sci USA*. December 11, 2007; 104(50):20067-20072.

[30] Wang SS, Lewcock JW, Feinstein P, Mombaerts P, Reed RR. Genetic disruptions of O/E2 and O/E3 genes reveal involvement in olfactory receptor neuron projection. *Development*. March 2004;131(6):1377-1388.

[31] Ferrero DM, Lemon JK, Fluegge D, et al. Detection and avoidance of a carnivore odor by prey. *Proc Natl Acad Sci USA*. July 5, 2011;108(27):11235-11240.

[32] Pacifico R, Dewan A, Cawley D, Guo C, Bozza T. An olfactory subsystem that mediates high-sensitivity detection of volatile amines. *Cell Rep*. July 26, 2012;2(1):76-88.

[33] Johnson MA, Tsai L, Roy DS, et al. Neurons expressing trace amine-associated receptors project to discrete glomeruli and constitute an olfactory subsystem. *Proc Natl Acad Sci USA*. August 14, 2012;109(33):13410-13415.

[34] Zhang J, Pacifico R, Cawley D, Feinstein P, Bozza T. Ultrasensitive detection of amines by a trace amineassociated receptor. *J Neurosci*. February 13, 2013;33(7):3228-3239.

[35] Shi L, Javitch JA. The binding site of aminergic G protein-coupled receptors: the transmembrane segments and second extracellular loop. *Annu Rev Pharmacol Toxicol*. 2002;42:437-467.

[36] Borowsky B, Adham N, Jones KA, et al. Trace amines: identification of a family of mammalian G protein-coupled receptors. *Proc Natl Acad Sci USA*. July 31, 2001;98(16):8966-8971.

[37] Bunzow JR, Sonders MS, Arttamangkul S, et al. Amphetamine, 3,4-methylenedioxymethamphetamine, lysergic acid diethylamide, and metabolites of the catecholamine neurotransmitters are agonists of a rat trace amine receptor. *Mol Pharmacol*. December 2001;60(6):1181-1188.

[38] Reese EA, Norimatsu Y, Grandy MS, Suchland KL, Bunzow JR, Grandy DK. Exploring the determinants of trace amine-associated receptor 1's functional selectivity for the stereoisomers of amphetamine and methamphetamine. *J Med Chem*. January 23, 2014;57(2):378-390.

[39] Scanlan TS, Suchland KL, Hart ME, et al. 3-Iodothyronamine is an endogenous and rapid-acting derivative of thyroid hormone. *Nat Med*. June 2004;10(6):638-642.

[40] Bradaia A, Trube G, Stalder H, et al. The selective antagonist EPPTB reveals TAAR1-mediated regulatory mechanisms in dopaminergic neurons of the mesolimbic system. *Proc Natl Acad Sci USA*. November 24, 2009; 106(47):20081-20086.

[41] Revel FG, Moreau JL, Gainetdinov RR, et al. TAAR1 activation modulates monoaminergic neurotransmission, preventing hyperdopaminergic and hypoglutamatergic activity. *Proc Natl Acad Sci USA*. May 17, 2011;108(20):8485-8490.

[42] Panas HN, Lynch LJ, Vallender EJ, et al. Normal thermoregulatory responses to 3-iodothyronamine, trace amines and amphetamine-like psychostimulants in trace amine associated receptor 1 knockout mice. *J Neurosci Res*. July 2010; 88(9):1962-1969.

[43] Ferrero DM, Wacker D, Roque MA, Baldwin MW, Stevens RC, Liberles SD. Agonists for 13 trace amineassociated receptors provide insight into the molecular basis of odor selectivity. *ACS Chem Biol*. July 20, 2012;7(7):1184-1189.

[44] Hussain A, Saraiva LR, Ferrero DM, et al. High-affinity olfactory receptor for the death-associated odor cadaverine.

Proc Natl Acad Sci USA. November 26, 2013;110(48):19579-19584.

[45] Wallrabenstein I, Kuklan J, Weber L, et al. Human trace amine-associated receptor TAAR5 can be activated by trimethylamine. *PLoS One*. 2013;8(2):e54950.

[46] Dewan A, Pacifico R, Zhan R, Rinberg D, Bozza T. Non-redundant coding of aversive odours in the main olfactory pathway. *Nature*. May 23, 2013;497(7450):486-489.

[47] Li Q, Korzan WJ, Ferrero DM, et al. Synchronous evolution of an odor biosynthesis pathway and behavioral response. *Curr Biol*. January 7, 2013;23(1):11-20.

[48] Barger G, Walpole GS. Isolation of the pressor principles of putrid meat. *J Physiol*. March 22, 1909;38(4):343-352.

[49] Nishimura K, Utsumi K, Yuhara M, Fujitani Y, Iritani A. Identification of puberty-accelerating pheromones in male mouse urine. *J Exp Zool*. September 1989;251(3):300-305.

[50] Price MA, Vandenbergh JG. Analysis of puberty-accelerating pheromones. *J Exp Zool*. October 15, 1992;264(1):42-45.

[51] Kobayakawa K, Kobayakawa R, Matsumoto H, et al. Innate versus learned odour processing in the mouse olfactory bulb. *Nature*. November 22, 2007;450(7169):503-508.

[52] Staubert C, Boselt I, Bohnekamp J, Rompler H, Enard W, Schoneberg T. Structural and functional evolution of the trace amine-associated receptors TAAR3, TAAR4 and TAAR5 in primates. *PLoS One*. 2010;5(6):e11133.

[53] Mitchell SC, Smith RL. Trimethylaminuria: the fish malodor syndrome. *Drug Metab Dispos*. April 2001;29(4 Pt 2):517-521.

[54] Dolphin CT, Janmohamed A, Smith RL, Shephard EA, Phillips IR. Missense mutation in flavin-containing monooxygenase 3 gene, FMO3, underlies fish-odour syndrome. *Nat Genet*. December 1997;17(4):491-494.

[55] Sitaram BR, Lockett L, Blackman GL, McLeod WR. Urinary excretion of 5-methoxy-N,N-dimethyltryptamine, N,N-dimethyltryptamine and their N-oxides in the rat. *Biochem Pharmacol*. July 1, 1987;36(13):2235-2237.

[56] Michel WC, Sanderson MJ, Olson JK, Lipschitz DL. Evidence of a novel transduction pathway mediating detection of polyamines by the zebrafish olfactory system. *J Exp Biol*. May 2003;206(Pt 10):1697-1706.

[57] Rolen SH, Sorensen PW, Mattson D, Caprio J. Polyamines as olfactory stimuli in the goldfish Carassius auratus. *J Exp Biol*. May 2003;206(Pt 10):1683-1696.

[58] Ressler KJ, Sullivan SL, Buck LB. Information coding in the olfactory system: evidence for a stereotyped and highly organized epitope map in the olfactory bulb. *Cell*. December 30, 1994;79(7):1245-1255.

[59] Vassar R, Chao SK, Sitcheran R, Nunez JM, Vosshall LB, Axel R. Topographic organization of sensory projections to the olfactory bulb. *Cell*. December 16, 1994;79(6):981-991.

[60] Sakano H. Neural map formation in the mouse olfactory system. *Neuron*. August 26, 2010;67(4):530-542.

[61] Li Q, Liberles SD. Aversion and attraction through olfaction. *Curr Biol*. February 2, 2015;25(3):R120-R129.

CHAPTER 5

第 5 章 水生嗅觉

西格伦·科尔辛

科隆大学遗传学研究所生物中心，德国科隆

概　要

引　言

脊椎动物嗅觉系统，像独立发展的节肢动物嗅觉系统一样，起源于水生物种；最早的脊椎动物嗅觉受体基因是因为探测和察觉水生物质而演化形成的（见第 12 章中关于嗅觉转导的对比讨论）。那些被陆生嗅觉保存和扩增的受体和受体家族，最初必定对水生嗅觉具有非常有益的性质。目前，人们对水生嗅觉受体的配体特异性了解有限，还无法理解这种转变。

然而，由于人们近期获得了很多水生物种的测序基因组，有关水生脊椎动物嗅觉受体库进化的知识开始大量出现。此外，还出现了大量有关水生气味、气味诱导神经元活性和先天行为气味响应方面的信息。水生脊椎动物从无颌鱼类到硬骨鱼类、两栖动物类都能利用不同寻常的特异性和敏感性察觉一系列化学结构多样的气味，并能够表现复杂的气味导向社会行为包括雌性–雄性交往中生育阶段的时间安排。

为了深入了解水生嗅觉的受体/配体的组合机制，本章首先简要概括头索动物、无颌脊椎动物和软骨脊椎动物的嗅觉受体库，并探讨所有4种重要嗅觉受体类型的进化。接着，将重心放在作为肉鳍鱼类代表的腔棘鱼、作为水生物种主要群体的硬骨鱼类，以及作为水生嗅觉和陆生嗅觉临界点的两栖动物代表的非洲爪蟾（*Xenopus*）。然后将讨论次级水生哺乳动物逆向转变的结果。

在对少数几个迄今脱孤的水生嗅觉受体的气味配体进行介绍前，将对已知激活嗅觉感官神经元和（或）引发嗅觉介导行为的水生气味进行概括性介绍。最后，讨论水生嗅觉的信号转导，并对不同类型的OSN进行介绍。2个嗅觉受体家族拥有它们各自的近亲味觉受体家族；这些味觉受体家族的固有性质将放在“延伸阅读”中介绍。

脊椎动物嗅觉受体基因的进化源

脊椎动物嗅觉系统具有水生物种的起源（图5–1）。头一批嗅觉受体基因不得不去察觉水生物质，因此水生嗅觉进化所持续的时间比陆生嗅觉长很多。

事实上，作为4种重要嗅觉受体家族之一的气味分子受体（OR，见第3章），其起源要早于脊椎动物的形成。人们从头索动物文昌鱼（*amphioxus*）的基因组中发现了一个大约含50个类似OR基因的家族[1,2]，并证实了它们在推定的文昌鱼化学感官细胞中的表达[3,4]。

在系统发育分析中，文昌鱼的OR基因家族位于所有脊椎动物OR基因的基底[2]，因而不在脊椎动物OR的建议命名之列[5]。这些亚族用希腊字母α至η命名，而最后1个亚族（η）因与其他6个亚族在进化树上相距较远而被归为2型。起初，有人建议进一步分化出第三个亚族，不过后来发现它们并不具有嗅觉功能[2]。

在脊椎动物谱系内，从软骨鱼和无颌鱼中均发现了OR基因。在得到整个基因组序列前，Freitag等[6]通过早期研究发现了4个七鳃鳗的OR基因。总体上，七鳃鳗的OR

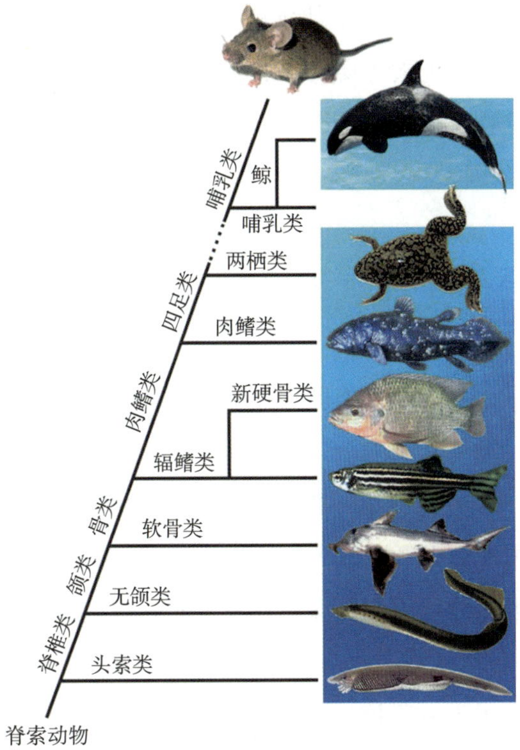

图5-1　脊索动物水生物种演化。一个脊索动物物种的进化树。分支处图片描绘了示例性物种，这些物种的嗅觉受体库已有详细的研究：头索动物，文昌鱼；无颌脊椎类，七鳃鳗；软骨鱼，姥鲨；分叉较早的辐鳍类，斑马鱼；新硬骨类，罗非鱼；肉鳍鱼，腔棘鱼；两栖动物，非洲爪蟾；鲸类，虎鲸（代表数种有齿鲸和须鲸）；哺乳动物和老鼠。水生物种用蓝色背景表示

基因目前已知大约有50个。它们被划分为3个亚族，其中η亚族含有3个基因，而另一个亚族处于所有1型有颌脊椎动物OR的基底[7,8]。其他假定七鳃鳗OR基因[9]被证明是胺能受体，依据其性质可判断其与第二个重要的家族痕量胺相关受体（TAAR，见第4章）紧密相关。尽管有时被视为TAAR[7,10]，这些七鳃鳗胺能受体与哺乳动物、硬骨鱼和鲨鱼的TAAR却并非单系类群，后者的源头似乎是软骨鱼和有骨鱼的最近的共同祖先[11]。

其他2个重要的家族是1型犁鼻器受体（V1R）和2型犁鼻器受体（V2R，见第10章）。V2R属于C类的G蛋白耦联受体（GPCR），而OR、TAAR和V1R都属于A类的GPCR。从七鳃鳗中发现了4个*Vmn1r*基因（编码V1R）[12,13]，而从文昌鱼中却未检测到它们中的任何一个[14]。因而，V1R家族有可能起源于有颌鱼和无颌鱼的最近共同祖先。由于没有从七鳃鳗中发现任何代表物，V2R家族（由*Vmn2r*基因编码）

在进化上略显年轻。不过，从姥鲨中却发现了一大类的 *Vmn2r* 基因[12]。

依据进化年代概括：从头索动物和脊椎动物的最近共同祖先中进化出 OR 基因；从有颌和无颌脊椎动物的最近共同祖先产生 *Vmn1r* 基因；从软骨鱼和有骨鱼的最近共同祖先产生 *Vmn2r* 和 *Taar* 基因。

水生嗅觉与陆生嗅觉

人们对水生嗅觉与陆生嗅觉之间的过渡有很久的兴趣。两者之间的气味分子差异极大，很少有重叠部分。鱼类最重要的气味分子种类为带电荷的分子（氨基酸、胆汁酸、核苷酸、类固醇和前列腺素），而陆生嗅觉气味分子则必须具有挥发性，因而不能够带有电荷。尽管如此，两种类型气味的识别均通过所有脊椎动物中的直系同源系统进行，而且实际上，重要的嗅觉编码原则被保留在最常研究且代表硬骨鱼类的斑马鱼[15,16]与哺乳动物[17]之间。

不过，除了气味种类上的不同，还存在很多的差异，最显著的是直系同源受体基因库在尺寸上的巨大差异。与鱼类家族相比，大部分家族，至少就某些哺乳动物而言，都有一个大得多的尺寸，不过也存在一个趋势相反的家族：*Taar* 基因[11]。这一显而易见的形态差异与哺乳动物嗅觉系统被分隔成若干具有不同分子和功能的感官子系统有关[18]，然而硬骨鱼却具有一个单一的感官表面，其中至少 4 种不同类型的 OSN 混在一起[19-21]。

将这些差别与水生到陆生嗅觉的过渡联系起来似乎非常有诱惑力。然而，斑马鱼和小鼠之间进化距离巨大，它们的最近共同祖先存在了 4.3 亿年[22]。并且实际上，对比水生四足动物（两栖爪蟾）和陆生四足动物（哺乳动物）显示这两组动物的嗅觉特征相似度要比斑马鱼和青蛙之间的相似度大一些。不过，两栖动物代表的是从水生幼虫到成年陆生生命过渡的特殊例子（爪蟾不仅为次级水生还是成年陆生）。由于四足动物起源于肉鳍鱼谱系，将肉鳍鱼和辐鳍鱼相比较可能更为直接。存活至今的肉鳍鱼谱系鱼类物种极少，其中有肺鱼和腔棘鱼。

初步分析肉鳍鱼发现了许多以前认为有可能代表适应陆地生活方式的特征，例如将嗅觉感官表面分隔成主要子系统和非主要子系统（肺鱼[23]），并且存在巨大的、快速进化的嗅觉和味觉受体基因家族（腔棘鱼[24-26]）。有趣的是，由于该特征被报道存在于比肉鳍鱼或辐鳍鱼任何一个都有更多祖先血统的无颌鱼中[27,28]（图 5-1），主要嗅觉系统和非主要嗅觉系统的分隔有可能是进化上的古老特征。不过，七鳃鳗、肺鱼和两栖动物/哺乳动物之间的附属嗅觉器官似乎具有完全不同的形态，因此对这些结构应考虑一个独立的进化源。在此情况下，倾向分隔成嗅觉子系统作为古老的特征显现出来，而在辐鳍鱼中则消失或并未出现（可参阅文献［29］）。

硬骨鱼嗅觉受体基因库进化活力明显不同于四足动物

辐鳍鱼的 OR 基因家族比四足动物要小但更发散

研究人员仔细检查了许多硬骨鱼物种包括斑马鱼、棘鱼、青鳉、东方鲀、河鲀、三文鱼和若干慈鲷科物种基因组中的 OR 基因[8,30-33]。此外，还分析了尚未发表基因组的某些物种的嗅觉器官转录组（例如金鱼和鳝鱼的）[34,35]。OR 家族的大小介于 50 和 150 个基因之间，其中高的为斑马鱼和慈鲷科的罗非鱼，而低的为河鲀[30,32]。相比之下，四足动物的 OR 库则含有几百到几千个基因[36]。

硬骨鱼的 OR 基因家族高度分化，并含有哺乳动物中不存在的四个亚族成员——δ、ε、ζ 和 η——加上另一个亚族（β），该亚族与哺乳动物共有[8]。有关命名的解释见参考文献［8］。η 亚族是其他所有 OR 的姊妹进化枝，不过看上去含有名副其实的嗅觉受体：该亚族在嗅觉器官中的表达已被斑马鱼的 OR（OR137-7）和若干爪蟾的 OR 所证明[30,37]。

γ 亚族，构成哺乳动物 OR 的绝大部分，仅以一个单一成员存在于早期分化的硬骨鱼斑马鱼中，而 α 亚族在全部硬骨鱼基因组中消失[8]。α 和 γ 亚族分别对应哺乳动物的 Ⅰ 类和 Ⅱ 类基因。这些家族还被称为类似鱼类和哺乳动物一样的受体。后一种命名不反映新的系统进化，因而最好不要再用。绝大多数鱼类的 OR 都属于 δ 和 η 亚族，只有极少数鱼类的 OR 基因属于 β 亚族，即 α 的姊妹组，没有任何的鱼类基因属于 α 亚族本身[8]。

硬骨鱼 *Taar* 基因库的高进化活力

TAAR 从胺能受体进化而来，代表 4 种用作硬骨鱼嗅觉受体的 GPCR 家族中的 1 种。软骨鱼是最早分化的物种，拥有按照系统发育分类确定的 TAAR 和存在特征的 TAAR 指纹模体[38]。1 个七鳃鳗姊妹基因类群[10]并不具有该模体，而且系统发育分析表明其有一个独立的来源，尽管同样源于胺能受体[11]。

人们发现了 2~3 个祖先 *Taar* 基因[11]，在两栖动物和鸟类中几乎没有发生基因复制，而且在哺乳动物中没有明显的扩增。相比之下，它们在一些硬骨鱼物种中发生了大规模基因扩增，特别是在棘鱼和斑马鱼中[11,39]。从斑马鱼基因组中鉴别出远超过 100 个 *Taar* 基因，几乎相当于该物种中 OR 的数目。因而，在 4 种最重要的嗅觉受体 GPCR 家族中，TAAR 家族是辐鳍鱼谱系唯一一个显示较大进化活力的家族。相应地，对同义到非同义突变速率的分析表明，某些硬骨鱼的 *Taar* 进化枝具有明显的正向选择，而四足动物的 *Taar* 进化枝却（几乎）没有正向选择[11]。

一个单一的 *Taar* 基因，*Taar1*，并不具有嗅觉功能，而且对 TAAR 家族的进化活力并不产生任何贡献。*Taar1* 被广泛保留而且其直接直系同源基因存在于从鲨鱼到斑马鱼再到小鼠的物种中[11]。

一些啮齿动物的 TAAR（参阅第 4 章对哺乳动物 TAAR 的深入讨论）和一个斑马鱼的 TAAR 已经证明是高度特异性的胺受体。它们都带有所谓的胺能配体模体，一个强的胺配体预测单位[41]。然而，硬骨鱼中 3/4 的 TAAR 都已丧失这个模体，这与绝大多数鱼类的 TAAR 不识别胺类而是识别一系列尚未可知配体的猜想相一致。正向选择在该组 TAAR 中最强，表明有一个很高的进化活力[11]。

与 V1R 相关的 *Ora* 基因家族在硬骨鱼中被高度保留

哺乳动物的 *Vmn1r* 基因表现相当活跃的进化[42]，这与高度保留的直系同源 *Ora* 基因家族形成鲜明对比[43]。从许多硬骨鱼物种中都可以发现 6 个祖先 *Ora* 基因，它们极少发生基因丢失或复制[33,43,44]。由于从腔棘鱼中发现了所有 6 个基因的直接直系同源基因，所有 6 个祖先基因的起源至少可追溯至肉鳍鱼和辐鳍鱼的最近共同祖先[24,26]。如同前面讨论的，这个家族本身更古老。

一个大小几乎不变的受体库对嗅觉受体家族是极不寻常的，并伴随通常高的序列保守性和 *Ora* 基因中正向选择的缺失[43]。在特殊情况下，例如东非慈鲷科中观察到的快速物种形成，人们已经获得了正向选择的证据[45]（也可参阅前期的研究[46]）。某些 ORA 可能充当生殖信息素受体[47]，而此类受体的快速进化可能有助于物种形成。

将进化树成对排列显示存在 3 个 ORA 子分枝，其中一个——*Ora1/Ora2* 基因对——

涵盖所有哺乳动物的 *Vmn1r*（其他的 2 个基因对在哺乳动物中消失）。这使人想起 OR 的情形，其中鱼类在它们的基因库中基因个数较少，但却表现更大的多样性。这些进化树对反映在基因组的排列中：*Ora1/Ora2* 和 *Ora3/Ora4* 在所有研究的鱼类物种中都被摆放为密切相关的基因对。这些基因对摆放并不均匀，*Ora1/Ora2* 为头对头，而 *Ora3/Ora4* 为尾对尾。这样的基因组排列可能与基因调控有关；特别地，它并不被腔棘鱼所保留，这表明 *Ora1/Ora2* 进化枝中出现了好几个基因复制[26]。

另一个想象不到的特征是 *Ora3* 和 *Ora4* 中存在内含子，而内含子边界被所有分析的硬骨鱼所保留[43]。这些内含子很早就从辐鳍鱼谱系获得[26]。尽管如此，所有 6 个 *Ora* 基因都在稀疏的 OSN 中表达[43,48]，如同从真正的嗅觉受体预料的那样。

与 V2R 相关的 *Olfc* 基因家族显示某些物种特异性扩增

四足动物的 V2R 家族表现出极明显的数量差异，在两栖动物中最高达数百个，然而在某些物种中却低至完全消失[49]。对应的硬骨鱼 *Olfc* 家族则具有明显减少的基因出生和死亡事件，尽管存在一些物种特异性扩增。斑马鱼、苦味鳑鲏和慈鲷科鱼类的数量最多，它们含有 50~60 个 *Olfc* 基因[50-53]，与若干哺乳动物的基因库大小无明显差别。三文鱼、棘鱼和东方鲀含有约 30 个基因，青鳉和河鲀则介于 10 个和 20 个基因之间[51,52]。

在所有分析的硬骨鱼物种中，2 个 *Olfc* 基因被高度保留，而且还可发现它们的直系同源基因。一个是 *Olfcc1*，在进化树上牢固地位于最重要的 *Olfc* 家族的基底（见前期工作[53]），因而可能被认为是除一个 *Olfc* 基因起源之外其余所有基因的祖先基因。有趣的是，该基因有一个直接的哺乳动物直系同源基因 *V2R2*，这一点不同于所有来源于最重要的 *Olfc* 家族的基因。另一个基因是 *Olfca1*，最初被称为 5.24，同样拥有四足动物的直系同源基因（例如 *Gprc6a*）[55]。由于感应钙的受体干涉进化树上的 *Olfca1* 和 *Olfcc1*，*Olfca1* 与其他 *Olfc* 基因并不是单系类群[50]。

Olfca1 和 *Olfcc1* 两者均表达广泛[56,57]，并与最重要的 *Olfc* 家族成员共同表达。将 *Olfcc1* 基因敲除显示该基因参与其他 OLFC 受体的搬运和（或）功能[57]。可以想象的是至少 OLFCC1，可能还有 OLFCA1，与来源于最重要家族的 OLFC 形成异源二聚体，类似从密切相关的 1 型味觉受体家族中发现的异源二聚体[58]（见第 13 章）。

延伸阅读

味觉受体家族 T1R 和 T2R 分别与 V2R 和 V1R 紧密相关

味觉就生理功能而言完全不同于嗅觉。味觉将刺激物分成屈指可数的类别，嗅觉则要复杂得多。推测这对于水生脊椎动物同样是适用的，尽管在此情况下嗅觉和味觉使用同一种媒介。

有趣的是，2 个味觉受体家族拥有它们的近亲：对于 1 型味觉受体（T1R），它的近亲为 V2R/OLFC，而 2 型味觉受体（T2R）的近亲则是嗅觉 V1R/ORA。系统发育学研究表明味觉受体进化上较年轻并且源于它们各自的嗅觉受体家族[12]。

T1R 家族包括四足动物中的 3 个基因[129]，其中 2 个还以单一基因存在于鱼类中。第三个基因 *T1r2* 在不同硬骨鱼物种中扩增为 2~10 个基因[25,60,130,131]。因而，T1R 家族在硬骨鱼中表现更高的进化活力。

相比之下，T2R 家族在四足动物中发生非常活跃的进化，某些鸟类只含有 2 个基因，而在两栖动物中则含有超过 50 个基因[132]。辐鳍鱼的 *T2r* 基因库往往很小，某一物种中基因数目从 3 个到 6 个不等[133,134]。

人们曾认为陆生生活方式可能需要更大的 T2R 库。不过，近期从肉鳍鱼中发现一个含 80 个基因的庞大 *T2r* 库[26]，表明大的基因库和充满活力的进化是肉鳍鱼谱系的固有特征，但并非水生物种与陆生物种的差异所在。

哺乳动物、鸟类和两栖动物的 T2R 察觉被认为发出潜在毒性信号的苦味物质（见第 13 章）。人们到目前为止仅使 1 个单一的硬骨鱼 T2R 脱孤，而且发现它能识别传统的苦味物质[135]。植食性动物通常比肉食性动物具有更大的 *T2r* 基因库，这可能是为了避开大量有毒的植物代谢物[136]。腔棘鱼捕食各种不同的鱼类和头足纲动物[137]，而某些头足纲物种已知确实能够容忍强的毒素[138]。可以推测的是，规避这些毒素可能需要包含大量受体的复杂觉察体系。

通过 T1R1:T1R3 异源二聚体察觉氨基酸看起来被介于水生与陆生脊椎动物之间的物种所保留，味觉特征称为鲜味[58,135]。有趣的是，鱼类的 T1R2:T1R3 异源二聚体同样识别氨基酸[135]，这与哺乳动物截然不同，该受体在哺乳动物中与糖类发生响应[58]。

兼有四足动物和硬骨鱼特征的肉鳍鱼嗅觉受体基因库

由于四足动物起源于肉鳍鱼谱系，肉鳍鱼对于评估先前确定出的哺乳动物与硬骨鱼嗅觉系统之间的差别是一个非常合适的参考点（图 5-1）。存在这样的差别是由水生与陆生生活方式不同导致的，还是它们反映了肉鳍鱼与辐鳍鱼谱系之间的差别?

最近，人们获得了腔棘鱼的基因组[24,59]，好多项研究还分析了这一肉鳍鱼的化学感官受体库。正如预料的，所有 4 种嗅觉受体基因家族都存在，但与辐鳍鱼和四足动物相比有显著的差别。

腔棘鱼拥有一个巨大的 OR 库，基因个数接近 300[24]，远远大于报道的辐鳍鱼的家族大小，与鸟类的基因库大小相似[8]。腔棘鱼的 OR 家族极为多样化；它除了含有辐鳍鱼中发现的所有亚族，还含有四足动物特异性的 α 和 γ 亚族[24]。迄今为止，最大的扩增发生在像鱼类一样的受体家族中，而 α 和 γ 亚族仅表现轻微的基因扩增[24]。因而，这种大规模基因复制倾向更容易让人想起四足动物的 OR 库，只不过这些基因扩增的底物主要是像鱼类而非像四足动物一样的腔棘鱼受体。

一个初期的报告显示 1 个小的、仅有 4 个基因的 *Taar* 库[25]，这让人想起在青蛙和鸡中发现的微小基因库。

腔棘鱼的 *V1r* 库含有 20 个基因，其中含有所有 6 个硬骨鱼 *Ora* 基因的直系同源基因。此外，在 *Ora1/Ora2* 进化枝内还发现了若干小的基因扩增，让人想起四足动物谱系中的此类扩增[24,25]。因而，腔棘鱼的 V1R 库同时具备辐鳍鱼谱系（6 个祖先基因 *Vmn1r1-6*）和四足动物（*Vmn1r1/Vmn1r2* 进化枝）的特征。

腔棘鱼带有约 60 个 V2R/OLFC 受体，其中大约有 10 个像鱼类一样的基因和 1 个大的、与四足动物 V2R 相关的扩增组。同时辐鳍鱼（*Olfca1* 和 *Olfcc1*）[50] 和四足动物（*Gpcr6a*[60] 和 *Vmn2r1*[61]）仅有 2 个基因存在[25]。

总而言之，腔棘鱼的嗅觉受体基因家族不仅表现四足动物库的特点，还表现辐鳍鱼库的特点。前者可被认为具有谱系特异性，而后者可能是水生环境必要的。因此，许多以前认为是顺应水生到陆地转变的四足动物库的特点在水生阶段已完成。想要了解它们在水生环境中的进化好处将会是一个极具挑战性的工作。

水生环境向陆生环境过渡的两栖动物嗅觉

两栖动物很久以前就被用作发育学研究的模式生物[62]，同时相比哺乳动物作为较早分化的脊椎动物在进化术语上还颇具趣味（图 5-1）。在水生嗅觉对陆生嗅觉的语境下，它们占据一个过渡点，正如其中的蝌蚪为完全水生，而后来变形生成的青蛙要么是陆生要么是次级水生。

两栖动物幼虫拥有 1 个附属的嗅觉系统犁鼻器（VNO）和 1 个主嗅觉器官[63]，而 VNO 在蜕变期间似乎变化不大。主嗅觉器官在幼虫期充满水，但会蜕变为成年青蛙充满空气、所谓的主腔。这一变化伴随大量的凋亡性细胞死亡，表明所有幼虫的 OSN 大概在变形后期消失[63]。此外，在蜕变过程中重新形成第三个器官：所谓的中腔，在次级水生两栖动物例如非洲爪蟾（*Xenopus laevis*）的情况下是充满水而且含有纤毛状和微绒毛 OSN[64]。主腔只带有纤毛状 OSN，而蝌蚪的嗅觉器官不仅含有纤毛状还含有微绒毛神经元，这方面类似中腔和硬骨鱼的单一嗅觉器官。

人们最近获得了非洲爪蟾的近亲热带爪蟾（*Xenopus tropicalis*）的基因组，而且对嗅觉受体基因家族进行了较为详细的研究。爪蟾的 OR 基因数约为 1000 个，比众多灵长类的 OR 库要大好几倍[8]。爪蟾拥有 7 个 OR 亚族中的 6 个，其中包括所有鱼类和哺乳动物共有的亚族，哺乳动物特有的一个亚族，以及鱼类一个特有亚族外的所有亚族（ζ 亚族消失）。这种高发散度看上去接近肉鳍鱼谱系的祖先情形，正如由所有 7 个亚族构成的腔棘鱼 OR 库反映的那样。与腔棘鱼相比（见前面部分），主基因表达发生在 γ 亚族（即Ⅱ类），类似于哺乳动物中的情形。因而，爪蟾 OR 库为水生嗅觉和陆生嗅觉之间的过渡：正如从水生物种中看到的，基因库的发散度巨大，但家族大小和主扩增却类似于陆生物种中观察到的情况。

另外，爪蟾 *Taar* 家族对 2 个祖先基因中的 1 个具有一个单一、微不足道的基因扩增[11]，生成一个有 5 个基因的家族。另一个祖先基因 *Taar1*，存在但并不在嗅觉器官中表达，其他物种亦是如此[65]。TAAR 表达细胞在嗅觉器官中的空间分布非常接近胺响应细胞的情形，表明爪蟾的 TAAR 也许至少介导一些胺响应[65]。

爪蟾的 V1R 家族已经丧失 6 个祖先基因中的 3 个——腔棘鱼的 *V1r4*、*V1r5* 和 *V1r6*[24,26]，对应硬骨鱼的 *Ora4*、*Ora5* 和 *Ora6*[43]。在 *Ora1/Ora2* 进化枝内，爪蟾在单基因扩增中获得了十几个基因，而且它还获得了一个单个基因 *Xt_ora14*，它是所有哺乳动物基因的祖先[26,43]。换句话说，哺乳动物已经丧失了存在于腔棘鱼和硬骨鱼中的所有

6个祖先基因，并从两栖动物中首次出现的一个单个基因进化生成它们的有时令人印象深刻的巨大基因库。

尽管爪蟾已经具有一个VNO，然而它的*Vmn1r*基因却表达在主嗅觉上皮（MOE）中[66]，这一点像硬骨鱼的*Ora*基因而不像表达在VNO中的哺乳动物V1R。因此，*Vmn1r*基因的表达在陆生嗅觉进化期间迁移至器官形成后的附属嗅觉器官。

爪蟾的V2R家族是曾报道过最大的一个，接近350个成员[67]。最近，该家族被发现具有一个极为不同寻常的表达模式。正如预料的，较晚的A亚族发散基因（即更为现代的基因）如同它们相对应的哺乳动物一样被表达在VNO中[68,69]。相比之下，较早的A亚族发散基因，以及单个的C亚族成员则完全被表达在MOE中[69]（如同对应的硬骨鱼*Olfc*基因，见前面的讨论）。可以想到的是，这种早期和晚期发散基因的空间隔离反映了这两组动物之间某种功能性分歧。事实上，在MOE中表达的V2R很可能像它们的硬骨鱼对应物一样[70-72]察觉氨基酸[69]，然而至少某些在VNO中表达的V2R可能像某些哺乳动物的犁鼻器受体一样[74]察觉硫酸化类固醇[73]。

次级水生脊椎动物中陆生到水生过渡导致嗅觉受体库的大规模假基因化

在脊椎动物进化过程中，好几种谱系已经从陆地生活方式回到两者兼有或完全的水生生活方式。在哺乳动物中，包括鲸类（鲸和海豚）和海牛类（海牛和儒艮）都是完全的水生物种，而鳍足类动物（海豹和海狮）、水鼩和水獭则是半水生物种（图5-1）。

通常而言，半水生物种往往拥有不论从形态还是分子特征来看都与它们的陆生亲戚非常接近的嗅觉系统。针对这些物种中一些，人们将它们的OR库与它们的陆生至亲进行了比较，特别是作为基因丢失一个指标的假基因百分数。对于生活在两种栖息地的动物例如海狮，与陆生肉食性动物狗相比，它们在假基因百分数上并没有表现非常显著的差异[75]。

相比之下，嗅觉器官在完全水生物种中退化或者完全消失，而且巨大的嗅觉受体假基因百分数表明绝大多数的嗅觉受体基因已经在新的水生环境中变得过时。在鲸类谱系中，OR假基因的百分数范围介于70%和100%之间[6,75,76]，远高于作为有蹄类陆生至亲中的奶牛的假基因百分数[77]。

相比须鲸保留有退化的嗅觉器官，齿鲸呈现更为严重的OR假基因化[75,76]而完全丧失这些结构[78-79]。有人认为，须鲸作为滤食动物需要具备某些残留的嗅觉能力，然而齿鲸依赖的是复杂的回升定位以寻找猎物。不管怎样，显而易见的是假基因化过程在鲸类谱系分别进化为齿鲸和须鲸之前就已经发生了[75]。

有趣的是，一个在犁鼻器信号转导中不可或缺的基因——*Trpc2*（瞬时受体电位通道C2），在包括须鲸和齿鲸在内的多种水生哺乳动物中也发生了假基因化[80]。因此，专性水生哺乳动物中嗅觉能力退化极有可能扩展至主嗅觉系统和辅助嗅觉系统两者之中。

此外，一些半水生哺乳动物有可能演化出了一种在水下时使用空气嗅觉的行为策略。它们朝待侦察的水下物体呼出空气，并将由此产生的、现在富含物体气息的空气泡吸回[81]。

水生气味

一种气味是通过嗅觉受体的可探测性来定义的。对于一种水生生物，这意味着气味分子必须能够溶于水（也就是说，要么带电荷，要么至少是极性的，抑或小分子）。有大量有关鱼类和两栖动物会嗅闻物质的信息，像利用嗅觉依赖行为变化、嗅觉器官的嗅电图和 OSN 的电生理响应进行评价一样[82-84]。普遍接受作为水生环境的最主要气味分子类别为氨基酸、胆汁酸、核苷酸、类固醇和前列腺素[82,85]。

氨基酸充当一种指示食物来源的信号，鱼类通常被这种气味所吸引[84]。核苷酸被认为具有相同的功能。这两类气味都能被鱼类中投射至侧嗅球的微绒毛 OSN 所察觉[70,71,86]。

胆汁气味被认为充当社会交往的功能。人们对七鳃鳗的胆汁成分研究最为广泛，其中有一种物种特异性胆汁酸是七鳃鳗迁移信息素的主要成分[87]。这种气味混合物由生活在溪流中的七鳃鳗幼虫所释放；成年七鳃鳗在这种气味的引导下洄游至相同的溪流[88]。胆汁中有气味的化合物不仅包括胆汁酸，还包括胆汁醇。正如通过比较同种和异种鳗、金鱼和罗非鱼对胆汁和单独分离胆汁酸的嗅觉敏感性所显示的那样，硬骨鱼对胆汁酸的觉察可能没有那么明显的物种特异性[89]。胆汁酸似乎是被鱼类中投射至内侧嗅球的纤毛 OSN 所察觉[86]。

鱼类嗅闻到的类固醇和前列腺素要么是生殖激素本身，要么是生殖激素代谢物，具有使男女生殖行为同步的作用。它们似乎是被高特异性的嗅觉受体所察觉[86]，不过迄今尚未被鉴定，并且显示出非常高程度的物种特异性[91]。

水生嗅觉并不局限于前面提到的 4 种主要的气味类别。硬骨鱼和两栖动物能够嗅闻到胺类[40,65,92,93]，而且文献中有一些对胺类行为反应的报道[40,92]。

肽类是另一种水生生物（啮齿动物；见第 1 章和第 10 章）的气味类别。棘鱼能够嗅闻到主要组织相容性复合体（MHC）肽[94]，而雌性棘鱼更喜欢伴侣带有某种不同的 MHC 肽。斑马鱼优先选择和近亲待在一起，而且这种行为很可能受内生 MHC 肽嗅觉觉察所介导[95]。同时，肽类还是很多两栖动物的信息素[96,97]。

此外，人们还零星报道了硬骨鱼能够嗅闻到好几种代谢物[98]、神经递质[99]，甚至阳离子[100,101]，以及某些合成的神经药物[102]。人们还分离出了好几种海生七鳃鳗信息素和物种特异性气味，并发现它们具有非常多样的化学结构，其中包括 1 个蒽衍生物和带有 1 个四氢呋喃环[103]的脂肪酸衍生物[104]。

对行为学重要的一组气味物是报警信息素，它们会向同物种和相关物种发出捕食风险的信号[105]。很多鱼类物种表皮里特有的棒状细胞都含有一种在受伤时释放的报警物质，从而产生物种特异性回避行为[106]。一个嘌呤的衍生物次黄嘌呤 -3（N）- 氧化物和好几种蝶呤衍生物都能够引发报警响应[107,108]。另外，软骨素的片段[109]也被人建议作为报警物质的成分。还需要进行深入研究才能完全弄清楚报警物质的本质——它最初被称为“恐怖的东西”（schreckstoff）[110]。

有关水生嗅觉受体的配体谱知识非常有限

正如前面讨论的，对于众多的水生物种，文献中有大量有关嗅觉受体库、嗅觉配体，以及配体响应的信息。然而，迄今为止极少有水生生物的受体脱孤：总的来说，从斑马鱼中发现 4 个受体，而且从另一鲤科鱼类，金鱼中发现了其中一种的直系同源受体[56]。此外，人们对 2 种非洲爪蟾的 OR 进行了初步研究[111]。有趣的是，其中一种 OR 与一种氨基酸混合物发生响应，表明两栖动物的纤毛神经元传递某些氨基酸响应，这与后来研究得到的结论相一致[69]。

这 4 个斑马鱼中的 2 个属于 V2R 相关的 OLFC 家族（OLFCA1 及 OLFCC1），并与氨基酸响应。对于金鱼的 OLFCA1，最佳配体是基本氨基酸精氨酸和赖氨酸，它们的半最大效应浓度约为 1 μmol · L^{-1}，然而对于斑马鱼的直系同源受体，其与最佳配体，酸性氨基酸谷氨酸的亲和性降低至 1/10[112]。OLFCC1 与高浓度的数种脂肪族中性氨基酸发生响应，其中 EC_{50} 为 0.2~0.3 mmol · L^{-1}[57]，很可能浓度低时不足以传递对这些氨基酸的生理响应[70]。OLFCA1 的亲和性可能在鱼类氨基酸受体的预期范围内，不过这种受体像 OLFCC1 一样被广泛表达[56]（也就是说，并不表现嗅觉受体的典型稀疏表达模式）。OLFCA1 可能是一个类似 OLFCC1 的受体辅助因子，使其他 OLFC 能够正常工作和（或）实现其在细胞内的转运[57]。迄今为止还没有一个稀疏表达的 OLFC 受体脱孤。

来自 TAAR 家族的单个受体 TAAR13C 作为尸胺受体脱孤，它的 EC_{50} 约为 20 μmol・L^{-1}。尸胺是一种由赖氨酸经生物脱羧得到的、与死亡有关的气味物，人类和斑马鱼对其都极为厌恶[40]。TAAR13C 看起来是斑马鱼嗅觉系统中具有最强亲和性的尸胺受体，而且 TAAR13C 激活可能足以产生观察到的回避行为[40]。

一个来自 V1R 相关的 *Ora* 基因家族的受体 ORA1，以一种颇似侦探故事的方式脱孤[47]。最初的实验表明 ORA1 能够被酪氨酸激活，不过人们很快发现负有责任的是酪氨酸的一种污染物而不是酪氨酸。该化合物被分离出来，鉴定结果是 4- 羟基苯乙酸，能激活 ORA1，EC_{50} 约为 2 μmol・L^{-1}。ORA1 的可调范围很窄，即使小的配体变化都会导致亲和性下降至 1/100 ~ 1/10[47]。出乎意料的是，4- 羟基苯乙酸被发现提高了斑马鱼交配过程中的产卵频率，表明其具有潜在信息素功能，而且进一步说，ORA1 是假定的信息素受体。ORA1 是所有哺乳动物 V1R 的祖先，而 V1R 也被认为是信息素受体（第 10 章对此有详细的描述）。

对比脱孤的受体与已知鱼类和两栖动物的气味类别表明我们对水生嗅觉受体的理解还有明显的缺口。氨基酸受体的最佳人选是 V2R/OLFC 家族的成员，它们在微绒毛神经元中被表达[70,71]。除此之外，有间接证据表明 OR 受体也可作为氨基酸受体，因为纤毛和微绒毛神经元两者都与氨基酸响应[19,69]。然而，迄今为止人们仍旧没有发现胆汁酸、核苷酸、类固醇和前列腺素的嗅觉受体；也没有鉴定出稀疏表达的氨基酸受体；肽类的嗅觉受体也尚在未知之列，尽管它们很可能存在[95]。

水生嗅觉受体的信号转导

所有迄今为止讨论的鱼类嗅觉受体都是 GPCR，而最近发现的膜结合鸟苷酸环化酶 GUCY2F 却是一个例外[113]。出乎意料的是，Saraiva 等也发现一个在 OSN 稀疏族群中表达的可溶鸟苷酸环化酶 GUCY1B2[113]。迄今为止，人们还没搞清楚 GUCY1B2 是一个不明受体下游的信号转导成分，还是本身充当一氧化氮（NO）受体的功能。NO 作为代谢过程的部分被释放出来，并且能够透过膜扩散，因此一个细胞内的受体能检测到一个来自例如同种的 NO 信号。有趣的是，GUCY1B2 也在小鼠 OSN 的稀疏族群中被表达[114]

（见第 8 章）。

人们做了很多研究尝试发现 4 种嗅觉 GPCR 家族通过其发出信号的 G 蛋白。数种硬骨鱼物种和一个鲨鱼物种中的免疫组织化学研究表明，就分配给 OSN 族群的 G 蛋白而言存在相当大的物质差异[19,72,115-117]。然而，想要得到明确的结论就需要其他的鉴定方法，例如只有少数情况下才使用的原位杂交[118]。斑马鱼 OSN 的表达模式类似哺乳动物的情形：$G\alpha_{olf}$ 被发现存在于纤毛 OSN、隐窝神经元表达 $G\alpha_{i1b}$[119] 和微绒毛神经元 $G\alpha_{o}$[118]。然而，$G\alpha_{i1b}$ 和 $G\alpha_{i2}$ 并非直系同源，而抑制性 G 蛋白则与哺乳动物 V1R 共同表达。其他两个 G 蛋白——$G\alpha_{olf}$ 和 $G\alpha_{o}$——的确与它们在纤毛和微绒毛神经元中的哺乳动物对应物分别发生响应。

对于斑马鱼的 OSN，药理学研究已表明存在 3 个不同的信号通路[93]。人们已发现存在被胆汁酸激活的典型环化单磷酸腺苷（cAMP）通路的证据，磷脂酶 C（PLC）参与第二个通路并被氨基酸激活[93]。对多胺的响应似乎不使用两通路中的任何一个，表明可能存在第三个信号通路。这种可能性非常有趣，然而似乎并没有人进行深入的研究。将嗅球中[86]氨基酸和胆汁酸的响应模式与纤毛和微绒毛神经元终端[71]的已知定位进行比较，表明纤毛 OSN 通过 cAMP 发出信号而微绒毛 OSN 通过 PLC 发出信号，这与哺乳动物的情形相对应。

在两栖动物中，一项免疫组织化学研究表明 $G\alpha_{i}$ 和 $G\alpha_{o}$ 存在于微绒毛 OSN 而 $G\alpha_{olf}$ 存在于纤毛 OSN，这对应哺乳动物的情形[120]。在两栖动物 MOE 中，既存在依赖 cAMP 的通路，也存在不依赖 cAMP 的通路，多个研究中都曾提及，将在其他地方概括介绍[121]。最近，对不依赖 cAMP 的通路进行的药理学研究表明 PLC、二酰甘油和 TRPC2 都有参与[122]。出乎意料的是，该项研究同时还指出存在第三个信号转导通路。对氨基酸气味的响应被分成 3 类：依赖 PLC 的通路、依赖 cAMP 的通路和两者都不是的通路。弄清楚两栖动物和硬骨鱼的第三个通路之间是否具有相同之处将是非常有意思的事情。有关嗅觉中嗅觉信号转导通路多样性的详细讨论，可参阅第 12 章。

表达水生嗅觉受体的四类嗅觉感官神经元

鱼类拥有 2 个主要的 OSN 族群，纤毛细胞和微绒毛细胞，其与四足动物主嗅觉系统和辅助嗅觉系统中发现的极为相似。尽管如此，还有细微的差别。例如，鱼类微绒毛 OSN 并不表达嗅觉标记蛋白（OMP，见第 7 章），使得 OMP 成为硬骨鱼纤毛 OSN 的特定标记物。相比之下，OMP 在哺乳动物中标记纤毛 OSN，同时还标记微绒毛 OSN。有趣的是，非洲爪蟾幼体与鱼类的情形相似，OMP 仅表达在纤毛神经元中[69]，反映了该物种在从水生到陆生生活方式进化中的过渡状态。

除此之外，鱼类拥有 2 个次要的 OSN 族群，隐窝神经元和帽状（kappe）神经元，两者的名字都来自它们的特征形态[21,123]。这两类细胞的差异性包括胞体形状、在感官表面内的优先位置和不论源于彼此还是源于纤毛和微绒毛 OSN 的分子标记物[21]。隐窝神经元表达一个单个受体 ORA4[119]，而且投射到一个单独的嗅小球[124]（鱼类嗅球中没有镜像映射，这不同于啮齿动物的情形）。帽状神经元也投射到一个单独的嗅小球[125]，表明它们有可能也表达一个单一受体。因此，这两种细胞类型不同于每种都能分别表达嗅觉受体大家族 V2R/OLFC 和 OR 的微绒毛和纤毛 OSN。有人将隐窝神经元所使用的编码原则描述为“一种细胞类型，一个受体，一个嗅小球”法则[124]。

帽状神经元只是最近才被人们提及，而且人们尚不清楚它们的进化源。人们很早就检测到了隐窝神经元[123]，而且发现它们存在于许多硬骨鱼[126]，甚至存在于某些的鲨鱼物种[127]，表明它们的起源可能在骨鱼和软骨鱼分化前就出现了。人们迄今尚未在哺乳动物中发现隐窝状细胞，尽管格伦贝格神经节细胞具有一定的形态相似性[128]（见第 8 章）。可惜的是，隐窝和帽状神经元两者已知的分子标记物都是 S100-ir、TrkA-ir（隐窝神经元）和 $G\alpha_o$-ir（帽状神经元）的抗体，所有这些抗体都利用一个对迄今未知抗原的交叉反应性能，因而很难对这些细胞类型进行分子分析。最近，人们在啮齿动物 MOE 中发现了一个次要的 TRPC2 表达细胞类型，与隐窝神经元和帽状神经元都不相同[114]。因此，存在其他次要的 OSN 细胞类型似乎是水生和陆生嗅觉中一个进化上的保守特征，尽管这些细胞类型本身可能不同。

参考文献

[1] Churcher AM, Taylor JS. Amphioxus (*Branchiostoma floridae*) has orthologs of vertebrate odorant receptors. *BMC Evol Biol*. 2009;9:242.

[2] Niimura Y. On the origin and evolution of vertebrate olfactory receptor genes: comparative genome analysis among 23 chordate species. *Genome Biol Evol*. 2009;1:34-44.

[3] Satoh G. Characterization of novel GPCR gene coding locus in amphioxus genome: gene structure, expression, and phylogenetic analysis with implications for its involvement in chemoreception. *Genesis*. 2005;41(2):47-57.

[4] Satoh G. Exploring developmental, functional, and evolutionary aspects of amphioxus sensory cells. *Int J Biol Sci*. 2006;2(3):142-148.

[5] Niimura Y, Nei M. Evolutionary dynamics of olfactory receptor genes in fishes and tetrapods. *Proc Natl Acad Sci USA*.

2005;102(17):6039-6044.

[6] Freitag J, Ludwig G, Andreini I, Rossler P, Breer H. Olfactory receptors in aquatic and terrestrial vertebrates. *J Comp Physiol A*. 1998;183(5):635-650.

[7] Libants S, Carr K, Wu H, et al. The sea lamprey *Petromyzon marinus* genome reveals the early origin of several chemosensory receptor families in the vertebrate lineage. *BMC Evol Biol*. 2009;9:180.

[8] Niimura Y. Olfactory receptor multigene family in vertebrates: from the viewpoint of evolutionary genomics. *Curr Genomics*. 2012;13(2):103-114.

[9] Berghard A, Dryer L. A novel family of ancient vertebrate odorant receptors. J Neurobiol. 1998;37(3):383-392.

[10] Hashiguchi Y, Nishida M. Evolution of trace amine associated receptor (TAAR) gene family in vertebrates: lineage-specific expansions and degradations of a second class of vertebrate chemosensory receptors expressed in the olfactory epithelium. *Mol Biol Evol*. 2007;24(9):2099-2107.

[11] Hussain A, Saraiva LR, Korsching SI. Positive Darwinian selection and the birth of an olfactory receptor clade in teleosts. *Proc Natl Acad Sci USA*. 2009;106(11):4313-4318.

[12] Grus WE, Zhang J. Origin of the genetic components of the vomeronasal system in the common ancestor of all extant vertebrates. *Mol Biol Evol*. 2009;26(2):407-419.

[13] Venkatesh B, Lee AP, Ravi V, et al. Elephant shark genome provides unique insights into gnathostome evolution. *Nature*. 2014;505(7482):174-179.

[14] Nordstrom KJ, Fredriksson R, Schioth HB. The amphioxus (Branchiostoma floridae) genome contains a highly diversified set of G protein-coupled receptors. *BMC Evol Biol*. 2008;8:9.

[15] Korsching S. The molecular evolution of teleost olfactory receptor gene families. *Results Probl Cell Differ*. 2009;47:37-55.

[16] Yoshihara Y. Molecular genetic dissection of the zebrafish olfactory system. Results Probl Cell Differ. 2009;47:97e120.

[17] Buck LB. Unraveling smell. *Harvey Lect*. 2005;101:117-134.

[18] Munger SD, Leinders-Zufall T, Zufall F. Subsystem organization of the mammalian sense of smell. *Annu Rev Physiol*. 2009;71:115-140.

[19] Hansen A, Rolen SH, Anderson K, Morita Y, Caprio J, Finger TE. Correlation between olfactory receptor cell type and function in the channel catfish. *J Neurosci*. 2003;23(28):9328-9339.

[20] Hamdani el H, Doving KB. The functional organization of the fish olfactory system. *Prog Neurobiol*. 2007;82(2):80-86.

[21] Ahuja G, Nia SB, Zapilko V, et al. Kappe neurons, a novel population of olfactory sensory neurons. *Sci Rep*. 2014; 4:4037.

[22] Broughton RE, Betancur RR, Li C, Arratia G, Orti G. Multi-locus phylogenetic analysis reveals the pattern and tempo of bony fish evolution. *PLoS Curr*. 2013;5.

[23] Gonzalez A, Morona R, Lopez JM, Moreno N, Northcutt RG. Lungfishes, like tetrapods, possess a vomeronasal system. *Front Neuroanat*. 2010;4.

[24] Nikaido M, Noguchi H, Nishihara H, et al. Coelacanth genomes reveal signatures for evolutionary transition from water to land. *Genome Res*. 2013;23(10):1740-1748.

[25] Picone B, Hesse U, Panji S, Van Heusden P, Jonas M, Christoffels A. Taste and odorant receptors of the coelacanthea gene repertoire in transition. *J Exp Zool B Mol Dev Evol*. 2014;322(6):403-414.

[26] Syed AS, Korsching SI. Positive Darwinian selection in the singularly large taste receptor gene family of an 'ancient' fish, Latimeria chalumnae. *BMC Genomics*. 2014;15:650.

[27] Ren X, Chang S, Laframboise A, Green W, Dubuc R, Zielinski B. Projections from the accessory olfactory organ into the medial region of the olfactory bulb in the sea lamprey (Petromyzon marinus): a novel vertebrate sensory structure? *J Comp Neurol*. 2009;516(2):105-116.

[28] Chang S, Chung-Davidson YW, Libants SV, et al. The sea lamprey has a primordial accessory olfactory system. *BMC*

Evol Biol. 2013;13:172.

[29] Taniguchi K, Taniguchi K. Phylogenic studies on the olfactory system in vertebrates. *J Vet Med Sci*. 2014;76(6):781-788.

[30] Alioto TS, Ngai J. The odorant receptor repertoire of teleost fish. *BMC Genomics*. 2005;6:173.

[31] Hashiguchi Y, Furuta Y, Nishida M. Evolutionary patterns and selective pressures of odorant/pheromone receptor gene families in teleost fishes. *PLoS One*. 2008;3(12):e4083.

[32] Azzouzi N, Barloy-Hubler F, Galibert F. Inventory of the cichlid olfactory receptor gene repertoires: identification of olfactory genes with more than one coding exon. *BMC Genomics*. 2014;15:586.

[33] Johnstone KA, Lubieniecki KP, Koop BF, Davidson WS. Identification of olfactory receptor genes in Atlantic salmon Salmo salar. *J Fish Biol*. 2012;81(2):559-575.

[34] Kolmakov NN, Kube M, Reinhardt R, Canario AV. Analysis of the goldfish Carassius auratus olfactory epithelium transcriptome reveals the presence of numerous non-olfactory GPCR and putative receptors for progestin pheromones. *BMC Genomics*. 2008;9:429.

[35] Churcher AM, Hubbard PC, Marques JP, Canario AV, Huertas M. Deep sequencing of the olfactory epithelium reveals specific chemosensory receptors are expressed at sexual maturity in the European eel Anguilla anguilla. *Mol Ecol*. 2015;24(4):822-834.

[36] Niimura Y, Matsui A, Touhara K. Extreme expansion of the olfactory receptor gene repertoire in African elephants and evolutionary dynamics of orthologous gene groups in 13 placental mammals. *Genome Res*. 2014;24(9):1485-1496.

[37] Amano T, Gascuel J. Expression of odorant receptor family, type 2 OR in the aquatic olfactory cavity of amphibian frog Xenopus tropicalis. *PLoS One*. 2012;7(4):e33922.

[38] Lindemann L, Hoener MC. A renaissance in trace amines inspired by a novel GPCR family. *Trends Pharmacol Sci*. 2005;26(5):274-281.

[39] Azzouzi N, Barloy-Hubler F, Galibert F. Identification and characterization of cichlid TAAR genes and comparison with other teleost TAAR repertoires. *BMC Genomics*. 2015;16:335.

[40] Hussain A, Saraiva LR, Ferrero DM, et al. High-affinity olfactory receptor for the death-associated odor cadaverine. *Proc Natl Acad Sci USA*. 2013;110(48):19579-19584.

[41] Huang ES. Construction of a sequence motif characteristic of aminergic G protein-coupled receptors. *Protein Sci*. 2003;12(7):1360-1367.

[42] Grus WE, Shi P, Zhang YP, Zhang J. Dramatic variation of the vomeronasal pheromone receptor gene repertoire among five orders of placental and marsupial mammals. *Proc Natl Acad Sci USA*. 2005;102(16):5767-5772.

[43] Saraiva LR, Korsching SI. A novel olfactory receptor gene family in teleost fish. Genome Res. 2007;17(10):1448e1457.

[44] Ota T, Nikaido M, Suzuki H, Hagino-Yamagishi K, Okada N. Characterization of V1R receptor (ora) genes in Lake Victoria cichlids. *Gene*. 2012;499(2):273-279.

[45] Nikaido M, Ota T, Hirata T, et al. Multiple episodic evolution events in V1R receptor genes of East-African cichlids. *Genome Biol Evol*. 2014;6(5):1135-1144.

[46] Pfister P, Rodriguez I. Olfactory expression of a single and highly variable V1r pheromone receptor-like gene in fish species. *Proc Natl Acad Sci USA*. 2005;102(15):5489-5494.

[47] Behrens M, Frank O, Rawel H, et al. ORA1, a zebrafish olfactory receptor ancestral to all mammalian V1R genes, recognizes 4-hydroxyphenylacetic acid, a putative reproductive pheromone. *J Biol Chem*. 2014;289(28):19778-19788.

[48] Saraiva JL, Martins RS, Hubbard PC, Canario AV. Lack of evidence for a role of olfaction on first maturation in farmed sea bass *Dicentrarchus labrax*. *Gen Comp Endocrinol*. 2015. http://dx.doi.org/10.1016/j.ygcen.2015.02.017 [Epub ahead of print].

[49] Shi P, Zhang J. Extraordinary diversity of chemosensory receptor gene repertoires among vertebrates. *Results Probl Cell Differ*. 2009;47:1-23.

[50] Alioto TS, Ngai J. The repertoire of olfactory C family G protein-coupled receptors in zebrafish: candidate chemosensory receptors for amino acids. *BMC Genomics*. 2006;7:309.
[51] Hashiguchi Y, Nishida M. Screening the V2R-type putative odorant receptor gene repertoire in bitterling Tanakia lanceolata. *Gene*. 2009;441(1e2):74-79.
[52] Hashiguchi Y, Nishida M. Evolution and origin of vomeronasal-type odorant receptor gene repertoire in fishes. *BMC Evol Biol*. 2006;6:76.
[53] Nikaido M, Suzuki H, Toyoda A, et al. Lineage-specific expansion of vomeronasal type 2 receptor-like (OlfC) genes in cichlids may contribute to diversification of amino acid detection systems. *Genome Biol Evol*. 2013;5(4):711-722.
[54] Johnstone KA, Ciborowski KL, Lubieniecki KP, et al. Genomic organization and evolution of the vomeronasal type 2 receptor-like (OlfC) gene clusters in Atlantic salmon, Salmo salar. *Mol Biol Evol*. 2009;26(5):1117-1125.
[55] Kuang D, Yao Y, Lam J, Tsushima RG, Hampson DR. Cloning and characterization of a family C orphan G-protein coupled receptor. *J Neurochem*. 2005;93(2):383-391.
[56] Speca DJ, Lin DM, Sorensen PW, Isacoff EY, Ngai J, Dittman AH. Functional identification of a goldfish odorant receptor. *Neuron*. 1999;23(3):487-498.
[57] DeMaria S, Berke AP, Van Name E, Heravian A, Ferreira T, Ngai J. Role of a ubiquitously expressed receptor in the vertebrate olfactory system. *J Neurosci*. 2013;33(38):15235-15247.
[58] Hoon MA, Adler E, Lindemeier J, Battey JF, Ryba NJ, Zuker CS. Putative mammalian taste receptors: a class of taste-specific GPCRs with distinct topographic selectivity. *Cell*. 1999;96(4):541-551.
[59] Amemiya CT, Alfoldi J, Lee AP, et al. The African coelacanth genome provides insights into tetrapod evolution. *Nature*. 2013;496(7445):311-316.
[60] Bjarnadottir TK, Fredriksson R, Schioth HB. The gene repertoire and the common evolutionary history of glutamate, pheromone (V2R), taste(1) and other related G protein-coupled receptors. *Gene*. 2005;362:70-84.
[61] Martini S, Silvotti L, Shirazi A, Ryba NJ, Tirindelli R. Co-expression of putative pheromone receptors in the sensory neurons of the vomeronasal organ. *J Neurosci*. 2001;21(3):843-848.
[62] Callery EM. There's more than one frog in the pond: a survey of the Amphibia and their contributions to developmental biology. *Semin Cell Dev Biol*. 2006;17(1):80-92.
[63] Dittrich K, Kuttler J, Hassenklover T, Manzini I. Metamorphic remodeling of the olfactory organ of the African clawed frog, *Xenopus laevis*. *J Comp Neurol*. 2015. http://dx.doi.org/10.1002/cne.23887 [Epub ahead of print].
[64] Hansen A, Reiss JO, Gentry CL, Burd GD. Ultrastructure of the olfactory organ in the clawed frog, Xenopus laevis, during larval development and metamorphosis. *J Comp Neurol*. 1998;398(2):273-288.
[65] Syed AS, Sansone A, Roner S, Bozorg Nia S, Manzini I, Korsching SI. Different expression domains for two closely related amphibian TAARs generate a bimodal distribution similar to neuronal responses to amine odors. *Sci Rep*. 2015;5:13935.
[66] Date-Ito A, Ohara H, Ichikawa M, Mori Y, Hagino-Yamagishi K. Xenopus V1R vomeronasal receptor family is expressed in the main olfactory system. *Chem Senses*. 2008;33(4):339-346.
[67] Ji Y, Zhang Z, Hu Y. The repertoire of G-protein-coupled receptors in Xenopus tropicalis. *BMC Genomics*. 2009;10:263.
[68] Hagino-Yamagishi K, Moriya K, Kubo H, et al. Expression of vomeronasal receptor genes in Xenopus laevis. *J Comp Neurol*. 2004;472(2):246-256.
[69] Syed AS, Sansone A, Nadler W, Manzini I, Korsching SI. Ancestral amphibian v2rs are expressed in the main olfactory epithelium. *Proc Natl Acad Sci USA*. 2013;110(19):7714-7719.
[70] Friedrich RW, Korsching SI. Combinatorial and chemotopic odorant coding in the zebrafish olfactory bulb visualized by optical imaging. *Neuron*. 1997;18(5):737-752.
[71] Sato Y, Miyasaka N, Yoshihara Y. Mutually exclusive glomerular innervation by two distinct types of olfactory sensory neurons revealed in transgenic zebrafish. *J Neurosci*. 2005;25(20):4889-4897.
[72] Koide T, Miyasaka N, Morimoto K, et al. Olfactory neural circuitry for attraction to amino acids revealed by

transposon-mediated gene trap approach in zebrafish. *Proc Natl Acad Sci USA*. 2009;106(24):9884-9889.

[73] Sansone A, Hassenklöver T, Offner T, Fu X, Holy TE, Manzini I. Dual processing of sulfated steroids in the olfactory system of an anuran amphibian. *Front Cell Neurosci*. 2015;9:373 [Epub ahead of print].

[74] Nodari F, Hsu FF, Fu X, et al. Sulfated steroids as natural ligands of mouse pheromone-sensing neurons. *J Neurosci*. 2008;28(25):6407-6418.

[75] Kishida T, Kubota S, Shirayama Y, Fukami H. The olfactory receptor gene repertoires in secondary-adapted marine vertebrates: evidence for reduction of the functional proportions in cetaceans. *Biol Lett*. 2007;3(4):428-430.

[76] McGowen MR, Clark C, Gatesy J. The vestigial olfactory receptor subgenome of odontocete whales: phylogenetic congruence between gene-tree reconciliation and supermatrix methods. *Syst Biol*. 2008;57(4):574-590.

[77] Shimamura M, Yasue H, Ohshima K, et al. Molecular evidence from retroposons that whales form a clade within even-toed ungulates. *Nature*. 1997;388(6643):666-670.

[78] Breathnach AS. The cetacean central nervous system. *Biol Rev*. 1960;35:187-230.

[79] Oelschläger HA. Development of the olfactory and terminalis systems in whales and dolphins. In: Doty RL, Müller-Schwarze D, eds. *Chemical Signals in Vertebrates VI*. Vol. VI. New York: Plenum Press; 1992:141-147.

[80] Yu L, Jin W, Wang JX, et al. Characterization of TRPC2, an essential genetic component of VNS chemoreception, provides insights into the evolution of pheromonal olfaction in secondary-adapted marine mammals. *Mol Biol Evol*. 2010;27(7):1467-1477.

[81] Marriott S, Cowan E, Cohen J, Hallock RM. Somatosensation, echolocation, and underwater sniffing: adaptations allow mammals without traditional olfactory capabilities to forage for food underwater. *Zool Sci*. 2013;30(2):69-75.

[82] Hara TJ. Olfaction and gustation in fish: an overview. *Acta Physiol Scand*. 1994;152(2):207-217.

[83] Laberge F, Hara TJ. Neurobiology of fish olfaction: a review. *Brain Res Brain Res Rev*. 2001;36(1):46-59.

[84] Whitlock KE. The sense of scents: olfactory behaviors in the zebrafish. *Zebrafish*. 2006;3(2):203-213.

[85] Buchinger TJ, Li W, Johnson NS. Bile salts as semiochemicals in fish. *Chem Senses*. 2014;39(8):647-654.

[86] Friedrich RW, Korsching SI. Chemotopic, combinatorial, and noncombinatorial odorant representations in the olfactory bulb revealed using a voltage-sensitive axon tracer. *J Neurosci*. 1998;18(23):9977-9988.

[87] Sorensen PW, Fine JM, Dvornikovs V, et al. Mixture of new sulfated steroids functions as a migratory pheromone in the sea lamprey. *Nat Chem Biol*. 2005;1(6):324-328.

[88] Li K, Brant CO, Siefkes MJ, Kruckman HG, Li W. Characterization of a novel bile alcohol sulfate released by sexually mature male sea lamprey (Petromyzon marinus). *PLoS One*. 2013;8(7):e68157.

[89] Huertas M, Hagey L, Hofmann AF, Cerda J, Canario AV, Hubbard PC. Olfactory sensitivity to bile fluid and bile salts in the European eel (Anguilla anguilla), goldfish (Carassius auratus) and Mozambique tilapia (Oreochromis mossambicus) suggests a 'broad range' sensitivity not confined to those produced by conspecifics alone. *J Exp Biol*. 2010;213(2):308-317.

[90] Stacey N, Chojnacki A, Narayanan A, Cole T, Murphy C. Hormonally derived sex pheromones in fish: exogenous cues and signals from gonad to brain. *Can J Physiol Pharmacol*. 2003;81(4):329-341.

[91] Stacey NE, Van Der Kraak GJ, Olsen KH. Male primer endocrine responses to preovulatory female cyprinids under natural conditions in Sweden. *J Fish Biol*. 2012;80(1):147-165.

[92] Rolen SH, Sorensen PW, Mattson D, Caprio J. Polyamines as olfactory stimuli in the goldfish Carassius auratus. *J Exp Biol*. 2003;206(Pt 10):1683-1696.

[93] Michel WC, Sanderson MJ, Olson JK, Lipschitz DL. Evidence of a novel transduction pathway mediating detection of polyamines by the zebrafish olfactory system. *J Exp Biol*. 2003;206(Pt 10):1697-1706.

[94] Milinski M, Griffiths S,Wegner KM, Reusch TB,Haas-AssenbaumA, BoehmT.Mate choice decisions of stickleback females predictably modified by MHC peptide ligands. *Proc Natl Acad Sci USA*. 2005;102(12):4414-4418.

[95] Hinz C, Namekawa I, Behrmann-Godel J, et al. Olfactory imprinting is triggered by MHC peptide ligands. *Sci Rep*. 2013;3:2800.

[96] Wyatt TD. Pheromones: convergence and contrasts in insects and vertebrates. In: Mason RT, Müller-Schwarze D,

eds. *Chemical Signals in Vertebrates*. Vol. 10. New York: Springer Press; 2005:7-20.

[97] Fraker ME, Hu F, Cuddapah V, et al. Characterization of an alarm pheromone secreted by amphibian tadpoles that induces behavioral inhibition and suppression of the neuroendocrine stress axis. *Horm Behav*. 2009;55(4):520-529.

[98] Valdes J, Olivares J, Ponce D, Schmachtenberg O. Analysis of olfactory sensitivity in rainbow trout (Oncorhynchus mykiss) reveals their ability to detect lactic acid, pyruvic acid and four B vitamins. *Fish Physiol Biochem*. 2015; 41(4):879-885.

[99] Hubbard PC, Barata EN, Canario AV. Olfactory sensitivity to catecholamines and their metabolites in the goldfish. *Chem Senses*. 2003;28(3):207-218.

[100] Hubbard PC, Canario AV. Evidence that olfactory sensitivities to calcium and sodium are mediated by different mechanisms in the goldfish Carassius auratus. *Neurosci Lett*. 2007;414(1):90-93.

[101] Dew WA, Pyle GG. Smelling salt: calcium as an odourant for fathead minnows. *Comp Biochem Physiol A Mol Integr Physiol*. 2014;169:1-6.

[102] Abreu MS, Giacomini AC, Gusso D, et al. Acute exposure to waterborne psychoactive drugs attract zebrafish. *Comp Biochem Physiol C Toxicol Pharmacol*. 2015;179:37-43.

[103] Li K, Huertas M, Brant C, et al. (+)- and (-)-petromyroxols: antipodal tetrahydrofurandiols from larval sea lamprey (Petromyzon marinus L.) that elicit enantioselective olfactory responses. *Org Lett*. 2015;17(2):286-289.

[104] Li K, Brant CO, Huertas M, Hur SK, Li W. Petromyzonin, a hexahydrophenanthrene sulfate isolated from the larval sea lamprey (Petromyzon marinus L.). *Org Lett*. 2013;15(23):5924-5927.

[105] Wisenden BD. Olfactory assessment of predation risk in the aquatic environment. *Philos Trans R Soc Lond B Biol Sci*. 2000;355(1401):1205-1208.

[106] Doving KB, Lastein S. The alarm reaction in fisheseodorants, modulations of responses, neural pathways. *Ann N Y Acad Sci*. 2009;1170:413-423.

[107] Pfeiffer W. Heterocyclic compounds as releasers of the fright reaction in the giant danio Danio malabaricus (Jerdon) (Cyprinidae, Ostariophysi, Pisces). *J Chem Ecol*. 1978;4(6):665-673.

[108] Pfeiffer W, Riegelbauer G, Meier G, Scheibler B. Effect of hypoxanthine-3(N)-oxide and hypoxanthine-1(N)-oxide on central nervous excitation of the black tetraGymnocorymbus ternetzi (Characidae, Ostariophysi, Pisces) indicated by dorsal light response. *J Chem Ecol*. 1985;11(4):507-523.

[109] Mathuru AS, Kibat C, Cheong WF, et al. Chondroitin fragments are odorants that trigger fear behavior in fish. *Curr Biol*. 2012;22(6):538-544.

[110] von Frisch K. Zur Psychologie des Fisch-Schwarmes. Naturwissenschaften. 1938;26(37):601e606.

[111] Mezler M, Fleischer J, Breer H. Characteristic features and ligand specificity of the two olfactory receptor classes from Xenopus laevis. *J Exp Biol*. 2001;204(Pt 17):2987-2997.

[112] Luu P, Acher F, Bertrand HO, Fan J, Ngai J. Molecular determinants of ligand selectivity in a vertebrate odorant receptor. *J Neurosci*. 2004;24(45):10128-10137.

[113] Saraiva LR, Ahuja G, Ivandic I, et al. Molecular and neuronal homology between the olfactory systems of zebrafish and mouse. *Sci Rep*. 2015;5:11487.

[114] Omura M, Mombaerts P. Trpc2-expressing sensory neurons in the mouse main olfactory epithelium of type B express the soluble guanylate cyclase Gucy1b2. *Mol Cell Neurosci*. 2015;65:114-124.

[115] Ferrando S, Gambardella C, Ravera S, et al. Immunolocalization of G-protein alpha subunits in the olfactory system of the cartilaginous fish Scyliorhinus canicula. *Anat Rec (Hoboken)*. 2009;292(11):1771-1779.

[116] Hansen A, Anderson KT, Finger TE. Differential distribution of olfactory receptor neurons in goldfish: structural and molecular correlates. *J Comp Neurol*. 2004;477(4):347-359.

[117] Hansen A, Zielinski BS. Diversity in the olfactory epithelium of bony fishes: development, lamellar arrangement, sensory neuron cell types and transduction components. *J Neurocytol*. 2005;34(3e5):183-208.

[118] Oka Y, Korsching SI. Shared and unique G alpha proteins in the zebrafish versus mammalian senses of taste and smell. *Chem Senses*. 2011;36(4):357-365.

[119] Oka Y, Saraiva LR, Korsching SI. Crypt neurons express a single V1R-related ora gene. *Chem Senses*. 2012; 37(3):219-227.

[120] Gliem S, Syed AS, Sansone A, et al. Bimodal processing of olfactory information in an amphibian nose: odor responses segregate into a medial and a lateral stream. *Cell Mol Life Sci*. 2013;70(11):1965-1984.

[121] Manzini I, Schild D. Olfactory coding in larvae of the African clawed frog Xenopus laevis. In: Menini A, ed. *The Neurobiology of Olfaction*. Boca Raton (FL); 2010.

[122] Sansone A, Hassenklover T, Syed AS, Korsching SI, Manzini I. Phospholipase C and diacylglycerol mediate olfactory responses to amino acids in the main olfactory epithelium of an amphibian. *PLoS One*. 2014;9(1):e87721.

[123] Hansen A, Zeiske E. The peripheral olfactory organ of the zebrafish, Danio rerio: an ultrastructural study. *Chem Senses*. 1998;23(1):39-48.

[124] Ahuja G, Ivandic I, Salturk M, Oka Y, Nadler W, Korsching SI. Zebrafish crypt neurons project to a single, identified mediodorsal glomerulus. *Sci Rep*. 2013;3:2063.

[125] Braubach OR, Fine A, Croll RP. Distribution and functional organization of glomeruli in the olfactory bulbs of zebrafish (Danio rerio). *J Comp Neurol*. 2012;520(11):2317-2339. Spc2311.

[126] Hansen A, Finger TE. Phyletic distribution of crypt-type olfactory receptor neurons in fishes. *Brain Behav Evol*. 2000;55(2):100-110.

[127] Ferrando S, Bottaro M, Gallus L, Girosi L, Vacchi M, Tagliafierro G. Observations of crypt neuron-like cells in the olfactory epithelium of a cartilaginous fish. *Neurosci Lett*. 2006;403(3):280-282.

[128] Brechbuhl J, Klaey M, Broillet MC. Grueneberg ganglion cells mediate alarm pheromone detection in mice. *Science*. 2008;321(5892):1092-1095.

[129] Shi P, Zhang J. Contrasting modes of evolution between vertebrate sweet/umami receptor genes and bitter receptor genes. *Mol Biol Evol*. 2006;23(2):292-300.

[130] Ishimaru Y, Okada S, Naito H, et al. Two families of candidate taste receptors in fishes. *Mech Dev*. 2005; 122(12):1310-1321.

[131] Hashiguchi Y, Furuta Y, Kawahara R, Nishida M. Diversification and adaptive evolution of putative sweet taste receptors in threespine stickleback. *Gene*. 2007;396(1):170-179.

[132] Behrens M, Korsching SI, MeyerhofW. Tuning properties of avian and frog bitter taste receptors dynamically fit gene repertoire sizes. *Mol Biol Evol*. 2014;31(12):3216-3227.

[133] Go Y, Investigators ST-NY. Proceedings of the SMBE Tri-National Young Investigators' Workshop 2005. Lineage-specific expansions and contractions of the bitter taste receptor gene repertoire in vertebrates. *Mol Biol Evol*. 2006;23(5):964-972.

[134] Dong D, Jones G, Zhang S. Dynamic evolution of bitter taste receptor genes in vertebrates. *BMC Evol Biol*. 2009;9:12.

[135] Oike H, Nagai T, Furuyama A, et al. Characterization of ligands for fish taste receptors. *J Neurosci*. 2007;27(21):5584-5592.

[136] Li D, Zhang J. Diet shapes the evolution of the vertebrate bitter taste receptor gene repertoire. *Mol Biol Evol*. 2014;31(2):303-309.

[137] Fricke H, Hissmann K, Schauer J, Erdmann M, Moosa MK, Plante R. Biogeography of the Indonesian coelacanths. *Nature*. 2000;403(6765):38.

[138] Fry BG, Roelants K, Norman JA. Tentacles of venom: toxic protein convergence in the kingdom Animalia. *J Mol Evol*. 2009;68(4):311-321.

CHAPTER 6

第 6 章
昆虫嗅觉受体：化学和生物学的一个交叉点

格雷戈里·M. 帕斯克[1]，安南达桑卡尔·雷[1,2]

[1] 加州大学河滨分校昆虫学系，美国加利福尼亚州里弗赛德

[2] 加州大学河滨分校整合基因组生物学研究所，美国加利福尼亚州里弗赛德

概　要

引　言

在复杂的化学环境中，昆虫依赖嗅觉感官通道来驱动好几个关键的行为。这些行为可能包括搜寻并找到食物的来源、定位潜在的配偶或者发现合适的产卵地。引发此类

行为的气味分子术语称为信息化学物质或者给生物体传递信息的化学物质。大自然存在种类繁多的挥发性化合物，因此昆虫依赖嗅觉受体家族来发觉它们感兴趣的信息化学物质。

昆虫最重要的嗅觉附属器官是触角和触须，这些附属器官被感觉毛或感受器覆盖，而且嗅觉感受器的形态能够表现多种多样的亚型。一个嗅觉感受器的表皮被许多毛孔所覆盖，可允许挥发物进入感受器。有研究表明触角梳理行为对于昆虫保持嗅觉感受器表皮毛孔的清洁非常重要，有助于保持昆虫嗅觉的敏锐性[1]。

气味分子一旦穿过毛孔，就会遇到感受器内的淋巴液（图 6-1）。许多气味分子本性都是疏水的，不过感受器淋巴液中含有大量被认为有助于气味分子溶解的气味分子结合蛋白（OBP）[2]。每一感受器内同时还存在 1 种或多种嗅觉受体神经元（ORN，也称为嗅觉感官神经元或 OSN）的树突。一个特定的 ORN 通常在它的树突膜上表达单一类型的嗅觉受体，而该受体对特定组合的气味分子具有敏感性[3-6]。这些表达相同嗅觉受体的 ORN 轴突向昆虫大脑称为嗅小球的触角叶中相同的球面区域投射[7,8]。一个嗅小球包含好几种与投射神经元（PN）树突形成突触的 ORN 轴突。PN 通常刺激单个嗅小球，并将嗅觉信号从触角叶传输至更高级的大脑中心，例如原脑的蘑菇体或侧角[9,10]。

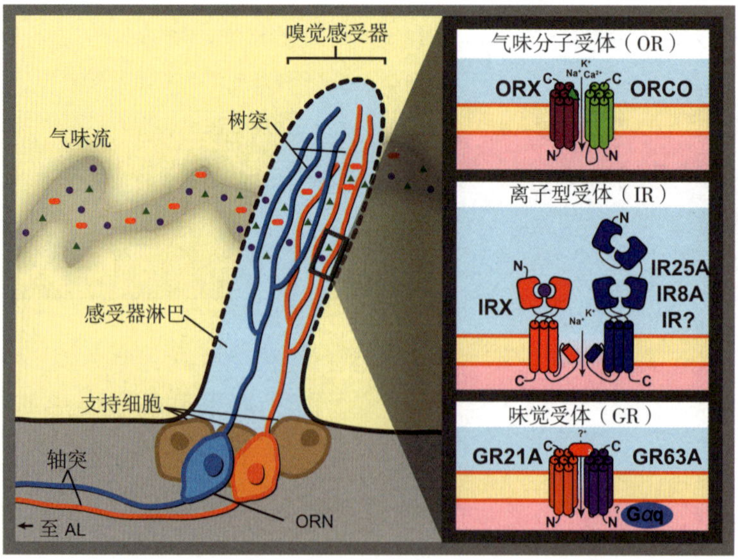

图 6-1 昆虫嗅觉感受器和嗅觉受体家族。ORN，嗅觉受体神经元；AL，触角叶；ORX 和 IRX，气味分子结合 OR 和 IR 的通用术语

嗅觉受体体现了化学与生物学之间的交叉，其中受体将一种气味分子的识别转化为外周嗅觉神经元中的一个电信号。为了察觉不同类型的挥发性化合物，昆虫嗅觉系统利用了一个多样化的嗅觉受体家族。人们鉴定出的首个嗅觉受体家族为 OR 家族，而且是研究最为彻底的受体家族。人们又鉴定出第二个受体家族并命名为离子型受体（IR）家族，其与离子型谷氨酸受体有关，发现存在于节肢动物、线虫和软体动物中。除此之外，来自味觉受体（GR）家族并在嗅觉附属器官中表达的受体能察觉挥发性嗅觉信号二氧化碳（CO_2）。

气味分子受体

1999 年，人们在完成人类基因组计划期间从黑腹果蝇里鉴定出来第一批 OR 基因[11-13]。尽管人们已经发现了哺乳动物和线虫的嗅觉受体，研究者却很难通过序列相似性搜寻鉴定出昆虫的直系同源物[14,15]。相反，人们采用新的蛋白质结构搜索算法和差异筛选技术才鉴定出黑腹果蝇 OR 基因。其他昆虫基因库的完成和序列分析的改进导致横跨好几种昆虫的 OR 家族被注释，而且 OR 基因数量变化很大。黑腹果蝇中含有 62 个 OR，然而佛罗里达弓背蚁却有 352 个 OR[16,17]。大部分 OR 要么表达在成虫触角中，要么表达在成虫触须中，小部分则表达在幼虫期[3,8,11,12,18-21]。除此之外，人们还在其他组织例如长鼻和睾丸中发现了昆虫 OR[22,23]。随着转录组学的出现，在 OR 基因及好几种昆虫组织中其他嗅觉基因的注释和表达谱方面都有了改善[17,24-27]。

OR 家族的进化

系统发生分析表明 OR 基因家族从单一谱系的 GR 家族进化而来。OR 家族是昆虫特有的家族，而且极为发散[16]。不过，很多昆虫物种中都极好地保留了该家族的一个成员，称为 OR 的辅助受体 ORCO（以前命名为黑腹果蝇 OR83B）[28-33]；ORCO 和 GR 家族的关系非常远，也说明了 OR 家族的进化起始于 ORCO[16]。最近的研究考察了 ORCO 在不同种类昆虫谱系中的进化，发现一种基部昆虫石蛃目昆虫（*Lepismachilis y-signata*）并不含有 ORCO 或触角中不存在任何其他的 OR[34]。在非基部的衣鱼目昆虫序列中，家衣鱼（*Thermobia domestica*）似乎有 3 个带触角特异性表达的 *Orco* 旁系同源基因，但没有其他的 OR[34]。考虑到迄今研究的带有 OR 的其他昆虫只含有 1 个 *Orco* 基因，3 个 *Orco* 旁系同源基因在该昆虫中可能的功能是值得关注的。

ORCO 在大多数黑腹果蝇和其他测试物种的 ORN 中都有表达，表明其作用不同于其他在少数神经元中表达的 OR 基因[7,12,30,35,36]。ORCO 突变型果蝇则对大范围的气味分子表现电生理和行为缺陷[35]。后来的分析证明 ORCO 蛋白充当辅助受体的功能，而且对其他 OR 向 ORN 树突膜的定位功能是不可或缺的。ORCO 突变型果蝇的嗅觉响应可以通过表达蚊子或飞蛾的 ORCO 进行补救，证明昆虫中有很强的功能保留[36]。

尽管 ORCO 对昆虫 OR 的正常功能是必需的，然而对受体组合的气味分子特异性起决定作用的却是其他经典的 OR 家族成员。整个昆虫类群的经典 OR 是极其发散的。例如，分析蚂蚁的 OR 家族发现它们在进化中快速扩增和消失[17]。此外，埃及伊蚊（*Aedes aegypti*）中的 OR 与冈比亚按蚊（*Anopheles gambiae*）的序列一致性还不到 20%[21,37]。有人认为昆虫物种之间在行为和局部环境上的差异导致了特有 OR 库的动态演化和多样化表达[38]。人们目前观察到的一个最佳例子在果蝇（*Drosophila sechellia*）中，这种特殊的果蝇物种只把卵产在海滨木巴戟的果实上[39]。该果蝇触角中含有数量增加的 ab3 型感受器，其表达的 OR 对海滨木巴戟果实挥发物具有非常高的敏感性[40]。

气味分子和其他的 OR 配体

人们已经鉴定出好几种与昆虫 OR 对应的气味分子配体。图 6–2 概括介绍了在功能化表征昆虫嗅觉受体中所用的方法。第一个利用在非洲爪蟾卵母细胞中表达和在果蝇 ORN 中异位表达进行功能化表征的是来源于黑腹果蝇的 OR43A[41,42]。然而，OR43A 表达在果蝇的触角 ORN 中，其包含一个可能对气味分子响应有贡献的内源性 OR[42]。为了更为准确地测试 OR 的气味响应，人们开发了一种全新的果蝇表达系统，术语称为“空白神经元”（empty neuron）[4]。在一个 OR22A 和 OR22B 的果蝇突变体中，ab3A 神经元丧失了对所有待测试气味分子的响应。采用 OR22A（启动子）和 GAL4–UAS 系统，感兴趣的 OR 被表达在突变果蝇的 ab3A 神经元中[4]。在此系统中，OR47A 在 ab3A 神经元中表达时，其气味反应谱与 OR47A 的原生神经元 ab5B 神经元的气味分子响应轮廓类似[4]。

人们接着利用空白神经元系统来构建果蝇触角的受体到 ORN 的地图[5]。通过对比触角感受器类型和脱孤 OR 的气味响应轮廓，就可以推断出哪个 OR 是 ORN 原生的[5]。这些具有开创性的实验揭示了 ORN 有好几种性质都依赖 OR。OR 不仅赋予特定气味分子敏感性，而且还对信号模式（兴奋性或抑制性）和信号终止动力学起决定性作用[5]。人们同时还发现 OR 决定气味分子不存在时 ORN 的自发发射速率[5]。该活性据推测来自

配体发现平台

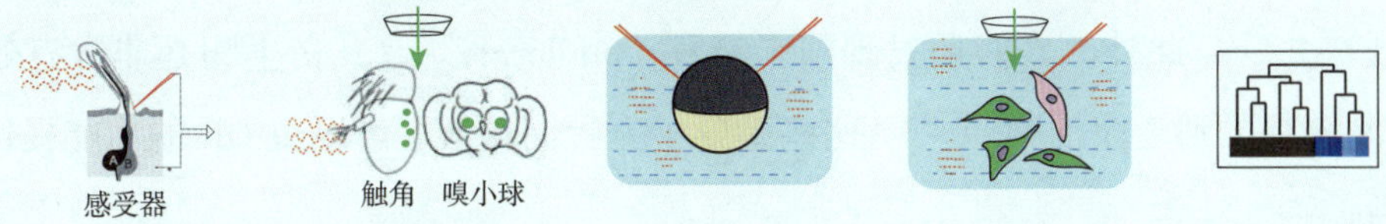

	果蝇“空白神经元”	神经元特异性 Ca^{2+} 成像	爪蟾卵母细胞	哺乳动物细胞	化学信息学
已表征的受体类型	OR, IR, GR	OR-ORN, IR-ORN, GR-ORN	OR, IR	OR	OR, IR, GR
分析技术	单感受器记录	GCAMP钙成像	二极管电压钳 膜片钳	全细胞膜片钳 切除式膜片钳 钙成像	电脑模拟
筛选通量	中	中	中	中至高	很高
优点	-活体感官神经元 -传送挥发性化合物 -多个空白神经元系统 -测量动作电位的受体特异性 -转基因系稳定 -来自多个已测物种的受体	-活体感官神经元 -传送挥发性化合物 -内源性受体环境 -ORN或嗅小球映像 -转基因系稳定	-直接测量受体电流和离子电导 -快速启动以实现瞬时表达来自cRNA的受体 -存在自动化平台 -切除式膜片钳去除细胞内成分	-直接测量受体电流和离子电导 -快速启动以实现瞬时表达来自DNA的受体 -经受住自动化高通量平台 -切除式膜片钳去除细胞内成分 -可能有稳定的细胞系	-快速预测 -购买化合物费用少 -筛选极大的化合物库
缺点	-需要时间和劳力生成转基因UAS系 -可能出现受体与神经元/感受器的不相配	-需要时间和劳力生成受体启动子-GAL4转基因系 -目前限于果蝇 -不解决气味分子识别中受体的需求问题	-需要对化合物进行增溶处理以实现水相递送 -非神经元细胞 -缺乏感受器淋巴成分 -卵母细胞质量存在季节性变化	-需要对化合物进行增溶处理以实现水相递送 -非神经元细胞 -缺乏感受器淋巴成分	-需要已知配体与无配体结构的训练集 -预测能力易变 -需要对预测配体进行验证 -不能区分激动剂和拮抗剂

图 6-2　功能化表征昆虫嗅觉受体所用的方法

树突中自发受体的活性，这是一种后来利用异源表达昆虫 OR 的膜片钳研究进行证实的特征[5, 43–45]。

随着空白神经元系统作为果蝇 OR 的解码器被确立后，研究者开始采用该系统使其他昆虫的 OR 脱孤[46,47]。人们将冈比亚按蚊的 OR（AGOR）表达在“空白神经元”系统中并针对一组气味分子筛选。同时，这些 OR 还在爪蟾卵母细胞中被表达和筛选，它们的响应轮廓非常类似于果蝇系统，确证了这两种方法都能够应用于昆虫 OR 脱孤[48,49]。人们通过该研究比较了黑腹果蝇和冈比亚按蚊的气味接受范围[48]，发现黑腹果蝇的 OR 家族被最为强烈地调整而指向水果中常见的酯类，而冈比亚按蚊则被轻微调整指向人体皮肤散发的特有化合物类别——芳香类和杂环类[48]。

采用高通量技术，研究者鉴别出一种被称为 VUAA1（范德比尔特大学别构激动剂 1）的小分子，它似乎是一种昆虫 OR 的广谱激活剂[44,50]。经过进一步研究，VUAA1 被证明是一种能够同时打开同源和异源 OR 通道的 ORCO 激动剂[44]。研究同时还表明了 VUAA1 能够通过扩散进入感受器淋巴激活体内的 ORCO 表达 ORN。人们通过了解

VUAA1 和 ORCO 的结构-活性关系，最终鉴定出两者的拮抗剂和效果更好的 ORCO 激动剂[47,51-53]。此外，人们还发现阿米洛利（amiloride）及其衍生物是非常有效的昆虫 OR 复合体的通道阻滞剂[45,54]。这些小分子为我们深入了解昆虫 OR 的功能提供了研究工具。

OR 介导的行为

几个昆虫中由嗅觉驱动的行为被认为与特定的 OR 及其配体有关联。在果蝇中，OR56A 和 OR19A 被认为分别参与了有害食品微生物的觉察和在柑橘中产卵的偏好行为[55,56]。另外，人们还鉴定出特定的嗅小球连同它们与喜好嗅闻醋（OR42B）而又讨厌高浓度醋（OR85A）有关的配体[57]。在蚊子中，OR 对应配体的鉴定推动了它们作为陷阱中诱饵的行为学测试[58,59]。人们还将冈比亚按蚊受体脱孤得到的信息与表达数据整合来 探究涉及嗅觉驱动行为的候选信息化学物质[25,60]。有趣的是，辅助受体 ORCO 突变体埃及伊蚊，尽管缺乏所有 AGOR 家族受体的功能，却仍然能够发现人体皮肤气味源[61]。这表明对复杂皮肤气味的吸引可能依赖冗余路径并涉及非 OR 受体种类。

OR 介导信息素的察觉

为了便于同一物种个体之间的交流，昆虫会释放而且觉察挥发性信息素，它们中很多都能被 OR 家族的成员所觉察。通常，信息素响应 OR 可调节范围非常窄，在被激活时引发强劲的行为[62,63]。信息素察觉 OR 首先在蚕蛾（*Bombyx mori*）中被鉴定出来。蚕蛾信息素蚕蛾醇和蚕蛾醛分别与 BMOR1 和 BMOR3 发生响应[62,63]。在黑腹果蝇中，雄性会释放与聚集、攻击和求偶行为有关的信息素，乙酸顺式异油醇酯（cVA），它能分别被雄性和雌性中的 OR67D 和 OR65A 所察觉[64-66]。OR67D 突变体果蝇表现出性行为缺陷，该情况下雄性企图追求其他雄性，雌性则对追求雄性的接受能力下降[65]。此外，黑腹果蝇中 OR47D 和 OR88A 被调节接受其他果蝇提取物成分，因而可能在配偶识别中扮演角色。在蜜蜂（*Apis mellifera*）中，AMOR11 对蜂王特异性信息素 9-氧代-2-癸烯酸极为敏感，该信息素的作用是抑制工蜂的卵巢发育[67]。最近，一项有关天牛（*Megacyllene caryae*）的研究对 3 种 OR 进行了注释和功能表征，它们与信息素混合物的成分产生响应[26]。尽管信息素和一般气味分子有互不相同的生态角色，昆虫却利用不同的 OR 家族成员对它们进行识别。

OR 的结构 / 功能

尽管昆虫和脊椎动物在嗅觉系统的分子和细胞组织方面相似，然而昆虫的 OR 却完全不同于脊椎动物。保留辅助受体 ORCO 的需求对昆虫是独一无二的，如同脊椎动物的 OR 具有 GPCR（见第 4 章）的功能[68]。昆虫 OR 的蛋白序列缺乏 GPCR 常见的 DRY 和 NPxxY 氨基酸结构。此外，拓扑预测算法和实验数据明确表明相对于带有一个细胞内氨基末端和细胞外羧基末端的 GPCR，ORCO 和其他昆虫 OR 具有完全相反的拓扑[33,69–71]。

尽管与传统的 GPCR 不具有同源性，然而破坏数个参与 G 蛋白耦联信号级联的蛋白将导致减少嗅觉响应[62,72–75]。此外，人们还观察到蟑螂触角在接触信息素后立即出现第二信使三磷酸肌醇含量的升高[76]。然而，这些研究并不能直接解决这些分子在昆虫 OR 介导信号中的角色问题。在 2008 年，有 2 个小组独自研究得出昆虫 OR 起配体门控离子通道作用的结论，尽管他们提出了不同的机制模型[43,77]。一个模型指出气味分子结合以不同的速度和持续时间同时触发离子型和代谢型信号过程[77]。另一个模型则提出 ORCO 和 OR 亚基形成化学计量未知的异源离子通道[43]。其他实验所得出的模型是昆虫的 OR 复合物的确是配体门控离子通道，但它们可能受 G 蛋白信号间接调控[44,71,78]。这些 OR 通道具有非选择性阳离子通道的功能，对 K^+ 有较高的相对渗透率[43,77,79]。尽管神经元典型的离子浓度梯度会促进 K^+ 离子的外流，然而浸泡 ORN 的感受器淋巴却发现含有非常高浓度的 K^+（约 200 mmol · L^{-1}）[80,81]。这些数据表明 K^+ 可能是体内 ORN 去极化过程中的主要离子。

对昆虫 OR 功能的深入研究使人们发现了 ORCO 和 OR 亚基的功能，以及某些它们保留的残留物的功能。尽管异源通道对气味分子响应是必不可少的，不过有研究表明 ORCO 亚基独自也能够形成功能性异源通道[44,45,47,51,82]。这类似于在其中可能是同源通道，但加入亚基却提供扩增功能的其他离子通道。ORCO 和 OR 两者同时还被证明对离子通道孔的特殊性质，例如离子渗透性和对通道阻滞剂的易感性都有贡献[43,45,79,83,84]。一个由这些研究得出的简单模型指出这样的通道孔由 ORCO 和 OR 亚基两者构成。人们通过 ORCO 中点突变发现了对通道门控、活化动力学、阳离子选择性和翻译后修饰重要的特异性残留物[77,78,84–86]。此外，还通过少数 OR 的突变研究发现了第三个和第四个跨膜结构域，以及对气味分子结合极为重要的第二个细胞外环[84,87–90]。对 OR 序列的计算分析还鉴定出能够预测配体敏感性的 N–端一半的氨基酸结构和 C–端一半的保留结构域，其对常见的 OR 功能，例如亚基寡聚和通道门控，都可能是必需的[91]。

自从首次被发现以来，OR 家族持续不断成为昆虫化学感官受体中研究最多的受体。即便如此，我们对昆虫 OR 的结构和功能的了解相比其他配体门控离子通道仍旧相对较少。获得一个三维结构将能够加深我们对 OR 的理解。结构信息将能够拓展我们有关配体结合区，以及 OR 通道亚基计量学的知识。采用 N-端 YFP 碎片的补体分析已经指出每个功能性 OR 复合物至少有 2 个 ORCO 和 1 个配体结合的 OR，但尚不清楚每个亚基的绝对数量[69]。随着异源表达方法和药理学工具的数量不断增加，人们将对 OR 的结构和功能有更为深入的认识和理解。

离子型受体

果蝇触角中腔锥形感受器包含好几种 ORN。它们并不表达 OR 或 GR，但是与酸类、胺类、醛类和潮湿响应，表明还存在另一个化学受体家族[92]。2009 年，人们从黑腹果蝇的生物信息筛查中鉴定出一种新的化学感官受体家族——离子型受体（IR）[93]。这个由黑腹果蝇中 66 个基因构成的 IR 家族是离子型谷氨酸受体（IGLUR）家族的一个扩增，其中大部分基因都已经丧失了保留的谷氨酸结合残留[93]。对触角特异性 IR 的分析显示其在腔锥形感受器，以及在触角芒和小囊中的表达，从而发现引起这些 ORN 中嗅觉响应的受体家族[93]。

IR 进化

IR 家族是一个存在于整个原口动物（*Protostomia*）分枝的古老化学受体家族，节肢动物、线虫、软体动物和环节动物中都发现有 IR[93,94]。在眼斑龙虾中，IR 作为唯一受体家族被从大部分化学感官组织中鉴定出来[95]。在缺乏任何 ORCO 或其他 OR 直系同源基因的石蛃中，有研究表明绝大多数的触角 ORN 中都有 IR 表达[34]。值得注意的是，有些黑腹果蝇的 IR 家族成员似乎在嗅觉系统外还有功能，它们被发现参与了味觉系统中低盐味觉和交配信息素的发觉[94,96–98]。

IR 的功能化表征

对于构成功能化 IR 通道的亚基，它们比 OR 通道的情况更为复杂，不过有一些的相似性。2 个 IR——IR25A 和 IR8A，与 IGLUR 的关系最为密切，而且在 IR 表达 ORN 中有广泛的表达[93,99]。此外，IR25A 和 IR8A 对气味分子引发好几种 ORN 的响应必不可少，并且被命名为 IRCO 受体[93,99]。另一种受体 IR76B 在腔锥形感受器中同样表现广泛的表达，而且可能充当第三个辅助受体的功能[93,99]。有证据表明某些 IR 可能并不需要这 3 个已知辅助受体发挥功能，因为敲除或者减少 IR25A、IR8A 和 IR76B 并不引起“IR92A + ORN”的氨气响应降低[100]。然而，IR92A 在 OR 表达神经元中的异位表达并不提供其氨气敏感性，表明可能需要其他辅助受体亚基以便使其功能正常[100]。

最初的表征研究使好几种气味分子结合 IR 的配体被鉴定出来。通过将单个 IR 绘制到果蝇触角上的特定腔锥形感受器，人们证实 IR 是造成这些感受器中先前确定的气味分子引发响应的原因[93,101]。此外，特定 IR 在其他 ORN 中错误表达导致产生类似内源性神经元的气味分子响应轮廓。对更大范围气味分子的筛查结果表明：黑腹果蝇的 IR 表达 ORN 被调节，主要察觉酸类、胺类和醛类[101]。果蝇的 OR 库并没有针对这类生态学上重要的气味分子进行特化调节，表明果蝇的 IR 家族承担了覆盖这类化学空间的重要功能。

人们通过 IR 的异位表达鉴定出足以引发果蝇特定气味分子响应的亚基组合。当在 OR 表达 ORN 中表达时，IR8A 和 IR84A 足以引发对苯乙醛的响应[99]。有趣的是，不论哪一个 IR 被单独表达，都不能将其局限于 ORN 的树突或者引发对气味分子的响应[99]。人们对爪蟾卵母细胞的 IR8A 和 IR84A 进行了功能表征，其中气味分子响应是在缺少果蝇表达模式中存在的其他嗅觉蛋白（例如 OR）的情况下被确证的[99]。人们还表征了卵母细胞中其他的 2 个 IR 对——“IR8A + IR75A”和“IR8A + IR64A”，并采集了体内研究中观察到气味分子引发响应的图像[9,102]。

IR 的结构和功能

人们利用单分子成像认真检查了“IR8A + IR84A”的亚基化学计量学[99]。数据显示 IR 组装为异源四聚体，类似于 AMPA 和红藻氨酸 IGLUR，而且“IR8A + IR84A”通道含有每个中的 2 个亚基[99]。看起来含有 IR8A 的 IR 复合物有可能只需要一个气味分子结合 IR 来发挥功能，而含有 IR25A 的通道似乎并不相同[99]。异位表达时，只有在 3 个 IR——IR25A、IR76A 和 IR76B——被一起表达时才能观察到适当的树突定位和气味分子响应[99]。看起来 IR 家族表现一种特异于所参与 IR 亚基的复杂寡聚组织。

像 OR 一样，IR 同样充当气味分子门控离子通道。对卵母细胞中表达 IR 对的阳离子渗透性的研究已经表明这些电流的传输主要依赖一价正离子，Na^+ 和 K^+[99]。然而，“IR8A + IR84A”复合物却能够使相对少量的 Ca^{2+} 流出[99]。IR84A 在孔选择性过滤中保留了一个与 IGLUR 中 Ca^{2+} 渗透性相关的谷氨酰胺残留，并且这个残留发生突变时的确会消除 Ca^{2+} 电流[99]。此外，氨基末端和配体结合域的截断和点突变被证明影响树突定位及气味分子响应[99]。

IR 介导的行为

在果蝇和其他昆虫中，好几种 IR 都与特定行为相关。IR64A 与 IR8A 一道被表达在果蝇触角的小囊中并被调整察觉酸类，证明其对酸的厌恶行为有贡献作用[103]。另一种黑腹果蝇 IR，IR84A 则被证明对雄性求爱行为有贡献作用[104]。IR84A 的强效配体在食物来源地很常见，这些区域也常发生交配和产卵[104]。人们认为 IR 介导的感官路径是造成生殖行为与适宜的觅食和产卵地相协调的原因[104]。

果蝇和蚊子被氨气和其他胺类所吸引，有人认为 IR 介导了这一行为。黑腹果蝇中的 IR92A 被发现可作为胺类和氨气的受体，敲除该受体导致吸引力下降[100]。氨气是一种人体汗液成分，也是寻找宿主蚊子的诱引剂[105,106]。然而，明确的 IR92A 直系同源基因在蚊子基因组中却不存在。在冈比亚按蚊中，敲除 AGIR76B 受体将改变丁胺引发的行为，表明该受体对蚊子察觉胺类是必不可少的[107]。

有人认为一个保留的 IR 参与了 DEET 的察觉和规避[108]。在黑腹果蝇中，小囊中的 IR40A 表达神经元被发现与 DEET 和数种其他排斥剂发生响应[108]。此外，行为分析发现 IR40A 的 RNAi 敲除将消除 DEET 的排斥性[108]。有研究认为 DEET 通过多个受体和感官通道来发挥它的行为效应[20,108–110]。这与观察到 ORCO 突变体埃及伊蚊持续规避用 DEET 处理的热源的现象相一致，表明有另外一种受体家族参与[111]。由于 DEET 是一种合成的化合物，目前尚不清楚 IR40A 表达 ORN 的天然配体。

CO_2 敏感性味觉受体

在发现黑腹果蝇味觉受体（GR）家族后（参阅第 14 章），人们又鉴定出为数不多在触角中呈现一致表达的 GR[112,113]。研究表明表达其中一个 GR21A 的 ORN 能向触角叶中的 CO_2 敏感性嗅小球发出轴突投射，并且 GR21A 表达 ORN 的突触断裂会削弱 CO_2 回避行为[113,114]。该家族的另一个成员 GR63A 则与 GR21A 一同被表达，该基因的一个突变体丧失对 CO_2 的电生理和行为响应[115,116]。的确，GR21A 和 GR63A 的异位共表达赋予“空白神经元”中的 CO_2 响应，证明这些 GR 可作为 CO_2 的真实嗅觉受体[115,116]。

尽管这些 GR 与 CO_2 响应，然而其他气味分子同样被证明影响这些受体。在黑腹果蝇中，成熟水果释放的挥发物能够抑制触角中 CO_2 敏感性 ORN[117]。对 GR21A 和 GR63A 的异源表达显示这种抑制具有受体依赖性，并且这些抑制性气味分子能够消除对 CO_2 的回避[117]。

CO_2 受体进化和保留

CO_2 是一种常见的感官信号物，并且察觉 CO_2 对好几种物种都很重要。许多昆虫物种中都保留有 Gr63a/Gr21a 受体，而 CO_2 的行为学价值却可能完全不同。黑腹果蝇在 T 形迷宫中规避 CO_2，而吸血昆虫例如蚊子、白蛉和接吻虫则受其吸引并在宿主寻找过程中利用飘升的 CO_2 气流找到宿主[118,119]。捕食鹰蛾也喜欢 CO_2 含量较高的花朵，因为它通常意味着更多的花蜜[120]。自导向沙漠蚂蚁被证明可追踪地下巢穴释放出的 CO_2 气流[121]。尽管果蝇拥有 2 个 CO_2 敏感性 GR，蚊子、飞蛾和甲虫中却存在一种额外的 *Gr21a* 旁系同源基因[122]。不过，在冈比亚按蚊中仅表达 GR21A 和 GR63A 各自的直系同源物 AGGR22 和 AGGR24，就能够赋予对 CO_2 的响应[123]。奇怪的是，在蚂蚁、蜜蜂和黄蜂中并未发现这些 GR 的任何直系同源基因，表明膜翅目昆虫（*Hymenopterans*）对 CO_2 的觉察受其他嗅觉受体介导[122]。

CO_2 受体的结构 / 功能

目前尚未了解清楚 CO_2 受体发挥功能的分子机制。在黑腹果蝇中，代谢型途径例如 $G\alpha_q$ 和 $G\gamma30A$ 的突变将削弱 CO_2 响应，而且保留 $G\alpha_q$ 并异位表达 GR21A 和 GR63A 将极大增强 CO_2 的敏感性[124]。不过，CO_2 受体还可能展示像该家族另一个成员源于家蚕的果糖敏感性 GR 的离子型功能，其在膜片钳实验中展现的阳离子通道特性与相关的 OR 家族非常相似[125]。有必要进行深入的研究以阐明 CO_2 受体的精确信号机理。

蚊子 CO_2 察觉的操控

CO_2 作为蚊子和其他吸血病介体的一种诱引信号，其重要性促使人们鉴定了能够改变宿主寻找行为的化合物。此外，人类皮肤中还发现有好几种气味分子激活埃及伊蚊和冈比亚按蚊都有的 CO_2 敏感性 ORN——cpA，其充当了呼出 CO_2 和皮肤气味的双检测器[61,123]。cpA 神经元的电生理实验和电脑模拟化学品筛查使人们鉴定出各种各样的配体，包括激活剂、抑制剂和施加后能刺激 ORN 超过 5 分钟的持久激活剂[61,118,126]。

这些 CO_2 受体的气味分子激活剂有可能被用作捕蚊器中的实用蒸发诱饵以方便监视或控制。对 CO_2 受体激活剂的深入分析使人们使用电脑模拟筛查来预测新颖的、安全的和可负担的配体，有好几种候选 cpA 激活剂和抑制剂从活体中被确证并且表现出显著的行为学表型[61]。一个 cpA 激活剂环戊酮对于诱引和捕获温室中测试的雌性致倦库蚊（*Culex quinquefasciatus*）是有效的诱饵[61]。反过来，一个预测的 cpA 抑制剂丙酮酸乙酯被发现能够抑制埃及伊蚊中的皮肤气味响应并降低皮肤对它们的吸引[61]。

cpA 的持久激活同样具有显著的行为学表型，表现为其对 CO_2 的风洞趋性响应及入室行为均受到显著抑制[126]。除此之外，还发现了 cpA 神经元的一个持久抑制剂丁酰氯，暴露其中时 CO_2 响应降低长达 24 小时[61]。而且，埃及伊蚊对人体脚气味的逆风吸引行

延伸阅读

昆虫中气味混合物的加工

尽管大多数有关昆虫嗅觉的研究都使用单个气味分子刺激物，昆虫却必须能够在复杂的化学环境中区分相关的挥发性信号物。在外周，气味混合物的成分被认为依据嗅觉受体药理学特性和 ORN 旁触耦合差别化影响 ORN[128,129]。外周产生的激活模式被传递到触角叶（AL）内的嗅小球，其中组合活性被整合并利用投射神经元（PN）中转至更高一级的脑区。

ORN 轴突与 AL 嗅小球中的 PN 形成突触，不过另一组被称为本地中间神经元（LN）的神经元允许嗅小球之间交互“谈话”并协助加工复杂气味。由 LN 介导的侧向连接具有双通道性、激发性或者抑制性。一项研究发现，将 1 个 ORN 的直接突触输入移除后，相对应的 PN 能够被其他嗅觉通路激活所激发[130]。人们认为激发性 LN 通过募集其他的 PN，放大了气味分子的信号，而且提高了敏感性[130,131]。此外，LN 还可能具有抑制性，而且已经被证明在 ORN 轴突末端四周释放 GABA 以降低突触的传递[132]。LN 的角色被认为是增进嗅觉加工的增益控制，其中激发性和抑制性 LN 维持一个同时察觉高气味分子浓度和低气味分子浓度的动态值[131,132]。

在一些昆虫中，信息素信号以特定比值作为复杂的挥发物释放出来，而且看起来 PN 可以检测到 AL 内特定的化合物比值。在烟草天蛾（*Manduca sexta*）中，性信息素混合物的天然比值为 2∶1，而偏离该比值将导致交配行为减少[133]。人们发现这种天然的信息素混合物比值导致大部分的同步 PN 发射模式[133]。这种 AL 中发现的同步性还被认为与斯芬克斯蛾的花朵吸引行为具有相关性，并且被认为在对环境中复杂气味刺激物的特异性察觉中发挥作用[134]。

为显著下降并带有失活的 cpA 神经元[61]。目前，人们还没有厘清有关 cpA 神经元持久激活或抑制的机制，不过它却是一种破坏蚊子中 CO_2 相关行为的有效方法[61,126]。

对蚊子中 CO_2 受体的基因操纵也表明对宿主寻找行为有破坏。在一个缺乏功能性 AAGR3 的突变体蚊子中，其对 CO_2 的电生理响应消失[127]。在行为分析中，AAGR3 突变体在 CO_2 引发的激活及对热和乳酸两者的吸引方面表现严重的缺陷[127]。然而，在采用活体动物的分析中，AAGR3 突变体的宿主寻找行为被发现依赖分析场地的空间尺度[127]。AAGR3 突变体蚊子很难在一个大的笼子中找到小鼠，然而这个缺陷并没有在较少引起宿主寻找问题的小笼子中观察到。类似地，在温室实验中 AAGR3 突变体对人体宿主的吸引力仅表现轻微的降低[127]。综合起来，这些观察结果表明在不存在 CO_2 受体途径时，蚊子会利用其他信号，例如其他皮肤气味和热源，来觉察受体和定位宿主。

外周其他嗅觉蛋白

为了方便疏水性挥发物溶解进入水溶性的感受器淋巴，有人提出淋巴含有大量气味分子结合蛋白（OBP），它们在支持细胞中表达而且分泌进入淋巴感受器[135]。体外生物化学实验证明 OBP 能够结合好几种气味分子[136,137]。此外，异源表达系统中加入 OBP 被证明能够提高气味分子的敏感性[138,139]。

一个果蝇中的 OBP——LUSH，与 at1 感受器中的信息素 cVA 结合[140]。最初的研究发现LUSH突变体并不能察觉cVA而且ORN的自发性活性被消除[140]。此外，一项研究中，一个与 cVA 结合状态非常相似的 LUSH 单点突变体能够在信息素不存在时激活 at1 神经元，从而得出 cVA 结合 LUSH 蛋白在其中充当 OR67D 的真实配体的模型[141]。然而，后来的研究与该模型产生矛盾，而且证实高浓度的 cVA 能够引发 LUSH 突变体中的响应，得出一个 cVA 在其中直接结合 OR67D 引发 ORN 活性的模型[142]。此外，OR67D 在空白神经元中表达赋予了 LUSH 不存在时对 cVA 的响应，尽管其敏感性是原生 ORN 的 1/1000[66]。除了 LUSH，目前并没有涉及 OBP 的基因研究和活体分析。然而，可能的是 OBP 对较低浓度的信息素和常见气味分子的嗅觉敏感性有贡献作用。

被分泌进入感受器淋巴的还有另一种类型的辅助蛋白称为气味分子降解酶（ODE），而这些蛋白被认为可降解累积的气味分子。最容易被人理解的 ODE——APOLPDE，是一种在感受器淋巴肿发现的酯酶，其作用是快速降解大型蚕蛾中的性信息素[143,144]。由于触角特异性表达和具有同时降解信息素和常见气味分子的能力，人们还提出了额外的候选 ODE，例如醛氧化酶和细胞色素 P450[145,146]。

一个被称为感官神经元膜蛋白（SNMP）的清道夫受体家族在察觉外周信息素中具有作用[147]。在黑腹果蝇中，SNMP 与 OR67D 一道被限制在 cVA 敏感性 ORN 树突中，而敲除 SNMP 将导致 cVA 察觉的缺陷，以及高度提升的 ORN 自发性活性[148]。SNMP 突变体与高浓度的 cVA 依旧发生响应，然而相关的激活和失活动力学却明显低于野生物种[149]。这些动力学差异也被发现存在于表达“BMORCO + BMOR1”的爪蟾卵母细胞中，其中 SNMP 共表达导致较快的激活和失活[149]。这些结果表明除了对气味分子敏感性有影响，SNMP 还在该响应时间动力学中发挥功能。SNMP 还被认为参与了法尼醇（一种成熟柑橘中发现的诱人气味分子）的检测，该分子能被同时表达 OR83C 的 ORN 检测到[150]。SNMP 突变体保留了检测法尼醇的能力，然而它的激活和失活动力学却明显降低[150]。

最近研究发现冈比亚按蚊和黑腹果蝇两者触角中都有丰富的铵转运蛋白（AMT）表达。在果蝇中，AMT 被定位在支持细胞中，其环绕表达 IR92A 的氨气敏感性 ORN[151]。AMT 突变体对氨气表现下降的电生理响应，然而却不影响其他气味分子引发的响应[151]。在爪蟾卵母细胞中，铵离子和甲基胺两者都引发 AMT 依赖性内向电流[152]。这些离子能够以质子化的氨气或甲基胺形式存在于感受器淋巴肿，或者甚至作为含氮气味分子降解后的可能分解产物。AMT 的一个可能角色是充当淋巴的清道夫，其中 AMT 防止感受器淋巴过多累积铵离子和甲基铵离子以保持嗅觉的敏锐性。

昆虫嗅觉受体的功能表征方法

果蝇 ORN 中表征

人们通过选定 ORN 中表达对来自若干昆虫物种的 OR、IR 和 CO_2 敏感性 GR 的功能进行了研究。“空白神经元”系统被证明非常适合用于对昆虫 OR 的功能表征[4]。沿用该思路，ab3A 神经元中 OR22A 和 OR22B 的编码区被删除，从而导致该神经元对气味分子没有响应[4]。采用 OR22A-GAL4 的 ab3A 启动子，可以实现任何来自 UAS-OR 转基因的 OR 的表达。采用单感受器电生理记录，该系统允许对缺少另一个 OR 的 OR 进行表征[4]。“空白神经元”中 OR 表达赋予一个与其内源性 ORN 相似的独特气味分子响应轮廓和自发放电频率，而且对描绘特定 ORN 类型中的 OR 表达有用[5]。人们忠实记录了各个方面的受体特性，例如气味响应轮廓、气味响应水平、自发性活性和终止动力学，表明该系统适合于大部分 OR 受体的可靠性脱孤。空白神经元系统自此被用于筛查好几个黑腹果蝇和冈比亚按蚊的 OR 家族成员，以及为数不多来自各种昆虫的其他嗅觉受体[5,6,48,116,138]。

采用一种极相似的 GAL4–UAS 方法，人们在毛状感受器 AT1 神经元中开发了第二个空白神经元系统，其能够正常表达 cVA 受体 OR67D[65]。某些 OR 能在该毛状神经元系统中更好地工作。OR83C 表达并不赋予传统 ab3 “空白神经元” 法尼醇响应，然而在空白 AT1 系统中表达时，其法尼醇响应却与内源性 ORN 的情形相似[150]。总之，这两种体内平台为昆虫 OR 提供了脱孤方法。即便如此，对由进化上远缘昆虫物种得到的 OR 表征数据进行解释时仍需要谨慎，因为这些 OR 在与果蝇中得到的非原生 ORCO 络合时可能具有不同的响应。

神经元活体活性成像

人们利用同一果蝇中受体特异性启动子 ——*Gal4* 转基因，并通过表达来自 UAS-GCAMP3 的 Ca^{2+} 敏感性蛋白，从而在果蝇中鉴定出特定 ORN 的气味分子配体[108,153]。该方法对很难用电极接触的 ORN 中存在的 OR 所对应的配体鉴定特别适用。随着各式各样改进的 Ca^{2+} 和电压敏感性蛋白的出现，该方法将能够提供更为广大的效用。

细胞系统中表达

人们利用经典的离子通道表达系统对活体昆虫嗅觉受体功能进行了研究。先克隆出一个嗅觉受体，通过体外转录合成互补的 RNA（cRNA），而后注射入成熟爪蟾卵母细胞。在充分完成受体的翻译和细胞膜定位之后，采用双电极电压钳（TEVC）技术测量水溶液灌注气味分子期间的电流。还可以对切除的细胞膜实施膜片钳电生理实验，而且 cRNA 注射和 TEVC 技术两者还存在高通量自动化平台。到目前为止，人们对爪蟾卵母细胞中来自 OR 和 IR 两个家族的受体进行了表征，而响应轮廓与它们原生 ORN 中观察到的情况类似[41,99,102,123]。

功能性昆虫 OR 还可以表达在培养的哺乳动物细胞中。含有 ORCO 和一个 ORX 的表达载体可以在各种各样的培养细胞中转染，最受欢迎的是人胚肾（HEK）细胞和中国仓鼠卵巢细胞。OR 的表达可能是短暂的，抑或转基因会被整合到基因组中，形成稳定的、有时可诱导的 OR 表达细胞系。OR 功能的测定可以采用膜片钳电生理技术（整个细胞或切除的膜片）或者采用 Ca^{2+} 敏感性物质（如 Fura-2 和 Fluo4）的成像技术。培养的细胞极为服从96-孔板格式和384-孔板格式，而且已经被用于OR的高通量筛查[44,50]。迄今为止，仅有OR家族的受体在哺乳动物系统中发挥功能。

在这两种活体表达系统中，气味分子和其他分子都以液相的方式递送。为帮助快速溶解这些常为憎水性的分子，测定缓冲液中要加入溶剂例如二甲基亚砜（DMSO）。测定缓冲液中还可以直接加入组合OBP，而该方法被证明可提高卵母细胞中飞蛾信息素受体的敏感性[139]。在这些细胞系统中，还有可能丢掉一些重要的活体ORN因子，以及可能需要某些响应特性。像SNMP的情况一样，这些因子会与嗅觉受体共表达并测定它们在嗅觉信号中发挥的作用[149]。

计算机模拟筛查

由于近期化学信息学的发展，人们开发出了用于发现新的OR、IR和GR配体的计算机筛查方法。计算机首先分析已知配体的三维结构以发现活性配体共有的结构特征。利用该结构信息，计算机接着筛查巨大的化学结构数据库以发现结构与已知活性配体接近的配体[61,108,154]。迄今报道的预测成功率高达70%，可以通过电生理技术确证[154]。

随着新的昆虫嗅觉受体筛查平台例如计算机模拟筛查和无细胞系统的不断发展，我们开始有数量众多的选择来深化对嗅觉受体功能的了解并最终厘清昆虫是如何在化学环境中确定方向的[154,155]。

参考文献

[1] Böröczky K, Wada-Katsumata A, Batchelor D, Zhukovskaya M, Schal C. Insects groom their antennae to enhance olfactory acuity. *Proc Natl Acad Sci*. 2013;110(9):3615-3620. http://dx.doi.org/10.1073/pnas.1212466110.

[2] Steinbrecht RA. Odorant-binding proteins: expression and function. Ann NY Acad Sci. 1998;855:323-332.

[3] Goldman AL, van Naters WVDG, Lessing D, Warr CG, Carlson JR. Coexpression of two functional odor receptors in one neuron. *Neuron*. 2005;45(5):661-666. http://dx.doi.org/10.1016/j.neuron.2005.01.025.

[4] Dobritsa AA, van der Goes van Naters W, Warr CG, Steinbrecht RA, Carlson JR. Integrating the molecular and cellular basis of odor coding in the Drosophila antenna. *Neuron*. 2003;37(5):827-841.

[5] Hallem EA, Ho MG, Carlson JR. The molecular basis of odor coding in the Drosophila antenna. *Cell*. 2004;117(7):965-979. http://dx.doi.org/10.1016/j.cell.2004.05.012.

[6] Hallem EA, Carlson JR. Coding of odors by a receptor repertoire. *Cell*. 2006;125(1):143-160. http://dx.doi.org/10.1016/j.cell.2006.01.050.

[7] Vosshall LB, Wong AM, Axel R. An olfactory sensory map in the fly brain. *Cell*. 2000;102(2):147-159.

[8] Couto A, Alenius M, Dickson BJ. Molecular, anatomical, and functional organization of the Drosophila olfactory

system. *Curr Biol*. 2005;15(17):1535-1547. http://dx.doi.org/10.1016/j.cub.2005.07.034.

[9] Marin EC, Jefferis GSXE, Komiyama T, Zhu H, Luo L. Representation of the glomerular olfactory map in the Drosophila brain. *Cell*. 2002;109(2):243-255.

[10] Wong AM, Wang JW, Axel R. Spatial representation of the glomerular map in the Drosophila protocerebrum. *Cell*. 2002;109(2):229-241.

[11] Clyne PJ, Warr CG, Freeman MR, Lessing D, Kim J, Carlson JR. A novel family of divergent seventransmembrane proteins: candidate odorant receptors in Drosophila. *Neuron*. 1999;22(2):327-338.

[12] Vosshall LB, Amrein H, Morozov PS, Rzhetsky A, Axel R. A spatial map of olfactory receptor expression in the Drosophila antenna. *Cell*. 1999;96(5):725-736.

[13] Gao Q, Chess A. Identification of candidate Drosophila olfactory receptors from genomic DNA sequence. *Genomics*. 1999;60(1):31-39. http://dx.doi.org/10.1006/geno.1999.5894.

[14] Buck L, Axel R. A novel multigene family may encode odorant receptors: a molecular basis for odor recognition. *Cell*. 1991;65(1):175-187.

[15] Troemel ER, Chou JH, Dwyer ND, Colbert HA, Bargmann CI. Divergent seven transmembrane receptors are candidate chemosensory receptors in C. elegans. *Cell*. 1995;83(2):207-218.

[16] Robertson HM, Warr CG, Carlson JR. Molecular evolution of the insect chemoreceptor gene superfamily in Drosophila melanogaster. *Proc Natl Acad Sci USA*. 2003;100(Suppl 2):14537-14542. http://dx.doi.org/10.1073/pnas.2335847100.

[17] Zhou X, Slone JD, Rokas A, et al. Phylogenetic and transcriptomic analysis of chemosensory receptors in a pair of divergent ant species reveals sex-specific signatures of odor coding. *PLoS Genet*. 2012;8(8):e1002930. http://dx.doi.org/10.1371/journal.pgen.1002930.

[18] Kreher SA, Kwon JY, Carlson JR. The molecular basis of odor coding in the Drosophila larva. *Neuron*. 2005; 46(3):445-456. http://dx.doi.org/10.1016/j.neuron.2005.04.007.

[19] Fishilevich E,Domingos AI,AsahinaK,Naef F,Vosshall LB, Louis M.Chemotaxis behaviormediated by single larval olfactory neurons in Drosophila. *Curr Biol*. 2005;15(23):2086-2096. http://dx.doi.org/10.1016/j.cub.2005.11.016.

[20] Xia Y, Wang G, Buscariollo D, Pitts RJ, Wenger H, Zwiebel LJ. The molecular and cellular basis of olfactorydriven behavior in Anopheles gambiae larvae. *Proc Natl Acad Sci*. 2008;105(17):6433-6438. http://dx.doi.org/10.1073/pnas.0801007105.

[21] Bohbot J, Pitts RJ, Kwon H-W, Rützler M, Robertson HM, Zwiebel LJ. Molecular characterization of the Aedes aegypti odorant receptor gene family. *Insect Mol Biol*. 2007;16(5):525-537. http://dx.doi.org/10.1111/j.1365-2583.2007.00748.x.

[22] Kwon H-W, Lu T, Rützler M, Zwiebel LJ. Olfactory responses in a gustatory organ of the malaria vector mosquito Anopheles gambiae. *Proc Natl Acad Sci USA*. 2006;103(36):13526-13531. http://dx.doi.org/10.1073/pnas.0601107103.

[23] Pitts RJ, Liu C, Zhou X, Malpartida JC, Zwiebel LJ. Odorant receptor-mediated sperm activation in disease vector mosquitoes. *Proc Natl Acad Sci*. 2014. http://dx.doi.org/10.1073/pnas.1322923111.

[24] Pitts RJ, Rinker DC, Jones PL, Rokas A, Zwiebel LJ. Transcriptome profiling of chemosensory appendages in the malaria vector Anopheles gambiae reveals tissue- and sex-specific signatures of odor coding. *BMC Genomics*. 2011;12(1):271. http://dx.doi.org/10.1186/1471-2164-12-271.

[25] Rinker DC, Pitts RJ, Zhou X, Suh E, Rokas A, Zwiebel LJ. Blood meal-induced changes to antennal transcriptome profiles reveal shifts in odor sensitivities in Anopheles gambiae. *Proc Natl Acad Sci*. 2013. http://dx.doi.org/10.1073/pnas.1302562110.

[26] Mitchell RF, Hughes DT, Luetje CW, et al. Sequencing and characterizing odorant receptors of the cerambycid beetle Megacyllene caryae. *Insect Biochem Mol Biol*. 2012. http://dx.doi.org/10.1016/j.ibmb.2012.03.007.

[27] Andersson MN, Grosse-Wilde E, Keeling CI, et al. Antennal transcriptome analysis of the chemosensory gene families in the tree killing bark beetles, Ips typographus and Dendroctonus ponderosae (Coleoptera: Curculionidae: Scolytinae). *BMC Genomics*. 2013;14:198. http://dx.doi.org/10.1186/1471-2164-14-198.

[28] Hill CA, Fox AN, Pitts RJ, et al. G protein-coupled receptors in Anopheles gambiae. *Science*. 2002;298(5591):176-178. http://dx.doi.org/10.1126/science.1076196.

[29] Krieger J, Klink O, Mohl C, Raming K, Breer H. A candidate olfactory receptor subtype highly conserved across different insect orders. *J Comp Physiol A*. 2003;189(7):519-526. http://dx.doi.org/10.1007/s00359-003-0427-x.

[30] Pitts RJ, Fox AN, Zwiebel LJ. A highly conserved candidate chemoreceptor expressed in both olfactory and gustatory tissues in the malaria vector Anopheles gambiae. *Proc Natl Acad Sci USA*. 2004;101(14):5058-5063. http://dx.doi.org/10.1073/pnas.0308146101.

[31] Xia Y, Zwiebel LJ. Identification and characterization of an odorant receptor from the West Nile virus mosquito, Culex quinquefasciatus. *Insect Biochem Mol Biol*. 2006;36(3):169-176. http://dx.doi.org/10.1016/j.ibmb.2005.12.003.

[32] Yang Y, Krieger J, Zhang L, Breer H. The olfactory co-receptor Orco from the migratory locust (Locusta migratoria) and the desert locust (Schistocerca gregaria): identification and expression pattern. *Int J Biol Sci*. 2012;8(2):159-170.

[33] Hull JJ, Hoffmann EJ, Perera OP, Snodgrass GL. Identification of the western tarnished plant bug (Lygus hesperus) olfactory co-receptor orco: expression profile and confirmation of atypical membrane topology. *Arch Insect Biochem Physiol*. 2012;81(4):179-198. http://dx.doi.org/10.1002/arch.21042.

[34] Mißbach C, Dweck HK, Vogel H, et al. Evolution of insect olfactory receptors. *eLife*. 2014;3:e02115. http://dx.doi.org/10.7554/eLife.02115.

[35] Larsson MC, Domingos AI, Jones WD, Chiappe ME, Amrein H, Vosshall LB. Or83b encodes a broadly expressed odorant receptor essential for Drosophila olfaction. *Neuron*. 2004;43(5):703-714. http://dx.doi.org/10.1016/j.neuron.2004.08.019.

[36] Jones WD, Nguyen T-AT, Kloss B, Lee KJ, Vosshall LB. Functional conservation of an insect odorant receptor gene across 250 million years of evolution. *Curr Biol*. 2005;15(4):R119-R121. http://dx.doi.org/10.1016/j.cub.2005.02.007.

[37] Bohbot JD, Jones PL, Wang G, Pitts RJ, Pask GM, Zwiebel LJ. Conservation of indole responsive odorant receptors in mosquitoes reveals an ancient olfactory trait. *Chem Senses*. 2011;36(2):149-160. http://dx.doi.org/10.1093/chemse/bjq105.

[38] de Bruyne M, Smart R, Zammit E, Warr CG. Functional and molecular evolution of olfactory neurons and receptors for aliphatic esters across the Drosophila genus. *J Comp Physiol A Neuroethol Sens Neural Behav Physiol*. 2010;196(2):97-109. http://dx.doi.org/10.1007/s00359-009-0496-6.

[39] Mcbride CS, Arguello JR, O'meara BC. Five Drosophila genomes reveal nonneutral evolution and the signature of host specialization in the chemoreceptor superfamily. *Genetics*. 2007;177(3):1395-1416. http://dx.doi.org/10.1534/genetics.107.078683.

[40] Dekker T, Ibba I, Siju KP, Stensmyr MC, Hansson BS. Olfactory shifts parallel superspecialism for toxic fruit in Drosophila melanogaster sibling, D. sechellia. *Curr Biol*. 2006;16(1):101-109. http://dx.doi.org/10.1016/j.cub.2005.11.075.

[41] Wetzel CH, Behrendt HJ, Gisselmann G, Störtkuhl KF, Hovemann B, Hatt H. Functional expression and characterization of a Drosophila odorant receptor in a heterologous cell system. *Proc Natl Acad Sci USA*. 2001;98(16):9377-9380. http://dx.doi.org/10.1073/pnas.151103998.

[42] Störtkuhl KF, Kettler R. Functional analysis of an olfactory receptor in Drosophila melanogaster. *Proc Natl Acad Sci USA*. 2001;98(16):9381-9385. http://dx.doi.org/10.1073/pnas.151105698.

[43] Sato K, Pellegrino M, Nakagawa T, Nakagawa T, Vosshall LB, Touhara K. Insect olfactory receptors are heteromeric ligand-gated ion channels. *Nature*. 2008;452(7190):1002-1006. http://dx.doi.org/10.1038/nature06850.

[44] Jones PL, Pask GM, Rinker DC, Zwiebel LJ. Functional agonism of insect odorant receptor ion channels. *Proc Natl Acad Sci*. 2011;108(21):8821-8825. http://dx.doi.org/10.1073/pnas.1102425108.

[45] Pask GM, Bobkov YV, Corey EA, Ache BW, Zwiebel LJ. Blockade of insect odorant receptor currents by amiloride derivatives. *Chem Senses*. 2013. http://dx.doi.org/10.1093/chemse/bjs100.

[46] Hallem EA, Fox AN, Zwiebel LJ, Carlson JR. Olfaction: mosquito receptor for human-sweat odorant. *Nature*. 2004;427(6971):212-213. http://dx.doi.org/10.1038/427212a.

[47] Jones PL, Pask GM, Romaine IM, et al. Allosteric antagonism of insect odorant receptor ion channels. *PLoS One*. 2012;7(1):e30304. http://dx.doi.org/10.1371/journal.pone.0030304.

[48] Carey AF, Wang G, Su C-Y, Zwiebel LJ, Carlson JR. Odorant reception in the malaria mosquito Anopheles gambiae. *Nature*. 2010;464(7285):66-71. http://dx.doi.org/10.1038/nature08834.

[49] Wang G, Carey AF, Carlson JR, Zwiebel LJ. Molecular basis of odor coding in the malaria vector mosquito Anopheles gambiae. *Proc Natl Acad Sci*. 2010;107(9):4418-4423. http://dx.doi.org/10.1073/pnas.0913392107.

[50] Rinker DC, Jones PL, Pitts RJ, et al. Novel high-throughput screens of Anopheles gambiae odorant receptors reveal candidate behaviour-modifying chemicals for mosquitoes. *Physiol Entomol*. 2012;37(1):33-41. http://dx.doi.org/10.1111/j.1365-3032.2011.00821.x.

[51] Chen S, Luetje CW. Identification of new agonists and antagonists of the insect odorant receptor co-receptor subunit. *PLoS One*. 2012;7(5):e36784. http://dx.doi.org/10.1371/journal.pone.0036784.

[52] Taylor RW, Romaine IM, Liu C, et al. Structure-activity relationship of a broad-spectrum insect odorant receptor agonist. *ACS Chem Biol*. 2012. http://dx.doi.org/10.1021/cb300331z.

[53] Romaine IM, Taylor RW, Saidu SP, et al. Narrow SAR in odorant sensing Orco receptor agonists. *Bioorg Med Chem Lett*. 2014;24(12):2613-2616. http://dx.doi.org/10.1016/j.bmcl.2014.04.081.

[54] Röllecke K, Werner M, Ziemba PM, Neuhaus EM, Hatt H, Gisselmann G. Amiloride derivatives are effective blockers of insect odorant receptors. *Chem Senses*. 2013. http://dx.doi.org/10.1093/chemse/bjs140.

[55] Stensmyr MC, Dweck HKM, Farhan A, et al. A conserved dedicated olfactory circuit for detecting harmful microbes in Drosophila. *Cell*. 2012;151(6):1345-1357. http://dx.doi.org/10.1016/j.cell.2012.09.046.

[56] Dweck HKM, Ebrahim SAM, Kromann S, et al. Olfactory preference for egg laying on citrus substrates in Drosophila. *Curr Biol*. 2013. http://dx.doi.org/10.1016/j.cub.2013.10.047.

[57] Semmelhack JL, Wang JW. Select Drosophila glomeruli mediate innate olfactory attraction and aversion. *Nature*. 2009;459(7244):218-223. http://dx.doi.org/10.1038/nature07983.

[58] Okumu FO, Killeen GF, Ogoma S, et al. Development and field evaluation of a synthetic mosquito lure that is more attractive than humans. *PLoS One*. 2010;5(1):e8951. http://dx.doi.org/10.1371/journal.pone.0008951.

[59] Mukabana WR, Mweresa CK, Otieno B, et al. A novel synthetic odorant blend for trapping of malaria and other African mosquito species. *J Chem Ecol*. 2012. http://dx.doi.org/10.1007/s10886-012-0088-8.

[60] Rinker DC, Zhou X, Pitts RJ, AGC Consortium, Rokas A, Zwiebel LJ. Antennal transcriptome profiles of anopheline mosquitoes reveal human host olfactory specialization in Anopheles gambiae. *BMC Genomics*. 2013;14:749. http://dx.doi.org/10.1186/1471-2164-14-749.

[61] Tauxe GM, Macwilliam D, Boyle SM, Guda T, Ray A. Targeting a dual detector of skin and CO_2 to modify mosquito host seeking. *Cell*. 2013;155(6):1365-1379. http://dx.doi.org/10.1016/j.cell.2013.11.013.

[62] Sakurai T, Nakagawa T, Mitsuno H, et al. Identification and functional characterization of a sex pheromone receptor in the silkmoth Bombyx mori. *Proc Natl Acad Sci USA*. 2004;101(47):16653-16658. http://dx.doi.org/10.1073/pnas.0407596101.

[63] Nakagawa T, Sakurai T, Nishioka T, Touhara K. Insect sex-pheromone signals mediated by specific combinations of olfactory receptors. *Science*. 2005;307(5715):1638-1642. http://dx.doi.org/10.1126/science.1106267.

[64] Ha TS, Smith DP. A pheromone receptor mediates 11-cis-vaccenyl acetate-induced responses in Drosophila. *J Neurosci*. 2006;26(34):8727-8733. http://dx.doi.org/10.1523/JNEUROSCI.0876-06.2006.

[65] Kurtovic A, Widmer A, Dickson BJ. A single class of olfactory neurons mediates behavioural responses to a Drosophila sex pheromone. *Nature*. 2007;446(7135):542-546. http://dx.doi.org/10.1038/nature05672.

[66] van der Goes van Naters W, Carlson JR. Receptors and neurons for fly odors in Drosophila. *Curr Biol*. 2007;17(7):606-612. http://dx.doi.org/10.1016/j.cub.2007.02.043.

[67] Wanner KW, Nichols AS, Walden KKO, Brockmann A, Luetje CW, Robertson HM. A honey bee odorant receptor for the queen substance 9-oxo-2-decenoic acid. *Proc Natl Acad Sci USA*. 2007;104(36):14383-14388. http://dx.doi.org/10.1073/pnas.0705459104.

[68] Kaupp UB. Olfactory signalling in vertebrates and insects: differences and commonalities. *Nat Rev Neurosci*. 2010;11(3):188-200. http://dx.doi.org/10.1038/nrn2789.

[69] Benton R, Sachse S, Michnick SW, Vosshall LB. Atypical membrane topology and heteromeric function of Drosophila odorant receptors in vivo. *PLoS Biol*. 2006;4(2):e20. http://dx.doi.org/10.1371/journal.pbio.0040020.

[70] Lundin C, Käll L, Kreher SA, et al. Membrane topology of the Drosophila OR83b odorant receptor. *FEBS Lett*. 2007;581(29):5601-5604. http://dx.doi.org/10.1016/j.febslet.2007.11.007.

[71] Smart R, Kiely A, Beale M, et al. Drosophila odorant receptors are novel seven transmembrane domain proteins that can signal independently of heterotrimeric G proteins. *Insect Biochem Mol Biol*. 2008;38(8):770-780. http://dx.doi.org/10.1016/j.ibmb.2008.05.002.

[72] Zufall F, Hatt H. A calcium-activated nonspecific cation channel from olfactory receptor neurones of the silkmoth Antheraea polyphemus. *J Exp Biol*. 1991;161:455-468.

[73] Zufall F, Hatt H. Dual activation of a sex pheromone-dependent ion channel from insect olfactory dendrites by protein kinase C activators and cyclic GMP. *Proc Natl Acad Sci USA*. 1991;88(19):8520-8524.

[74] Walker WB, Smith EM, Jan T, Zwiebel LJ. A functional role for Anopheles gambiae Arrestin1 in olfactory signal transduction. *J Insect Physiol*. 2008;54(4):680-690. http://dx.doi.org/10.1016/j.jinsphys.2008.01.007.

[75] Kain P, Chakraborty TS, Sundaram S, Siddiqi O, Rodrigues V, Hasan G. Reduced odor responses from antennal neurons of Gq{alpha}, phospholipase C{beta}, and rdgA mutants in Drosophila support a role for a phospholipid intermediate in insect olfactory transduction. *J Neurosci*. 2008;28(18):4745-4755. http://dx.doi.org/10.1523/JNEUROSCI.5306-07.2008.

[76] Boekhoff I, Raming K, Breer H. Pheromone-induced stimulation of inositol-trisphosphate formation in insect antennae is mediated by G-proteins. *J Comp Physiol B*. 1990;160(1):99-103.

[77] Wicher D, Schäfer R, Bauernfeind R, et al. Drosophila odorant receptors are both ligand-gated and cyclic-nucleotideactivated cation channels. *Nature*. 2008;452(7190):1007-1011. http://dx.doi.org/10.1038/nature06861.

[78] Sargsyan V, Getahun MN, Llanos SL, Olsson SB, Hansson BS, Wicher D. Phosphorylation via PKC regulates the function of the Drosophila odorant co-receptor. *Front Cell Neurosci*. 2011;5:5. http://dx.doi.org/10.3389/fncel.2011.00005.

[79] Pask GM, Jones PL, Rützler M, Rinker DC, Zwiebel LJ. Heteromeric Anopheline odorant receptors exhibit distinct channel properties. *PLoS One*. 2011;6(12):e28774. http://dx.doi.org/10.1371/journal.pone.0028774.

[80] Zufall F, Stengl M, Franke C, Hildebrand JG, Hatt H. Ionic currents of cultured olfactory receptor neurons from antennae of male Manduca sexta. *J Neurosci*. 1991;11(4):956-965.

[81] Kaissling K-E. Single unit and electroantennogram recordings in insect olfactory organs. *In: Experimental Cell Biology of Taste and Olfaction*. 1995:361-377.

[82] Neuhaus EM, Gisselmann G, Zhang W, Dooley R, Störtkuhl K, Hatt H. Odorant receptor heterodimerization in the olfactory system of Drosophila melanogaster. *Nat Neurosci*. 2005;8(1):15-17. http://dx.doi.org/10.1038/nn1371.

[83] Nichols AS, Chen S, Luetje CW. Subunit contributions to insect olfactory receptor function: channel block and odorant recognition. *Chem Senses*. 2011;36(9):781-790. http://dx.doi.org/10.1093/chemse/bjr053.

[84] Nakagawa T, Pellegrino M, Sato K, Vosshall LB, Touhara K. Amino acid residues contributing to function of the heteromeric insect olfactory receptor complex. *PLoS One*. 2012;7(3):e32372. http://dx.doi.org/10.1371/journal.pone.0032372.

[85] Kumar BN, Taylor RW, Pask GM, Zwiebel LJ, Newcomb RD, Christie DL. A conserved aspartic acid is important for agonist (VUAA1) and odorant/tuning receptor-dependent activation of the insect odorant co-receptor (Orco). *PLoS One*. 2013;8(7):e70218. http://dx.doi.org/10.1371/journal.pone.0070218.

[86] Turner RM, Derryberry SL, Kumar BN, et al. Mutational analysis of cysteine residues of the insect odorant co-receptor (Orco) from Drosophila melanogaster reveals differential effects on agonist- and odorant/tuning receptor-dependent activation. *J Biol Chem*. 2014. http://dx.doi.org/10.1074/jbc.M114.603993.

[87] Nichols AS, Luetje CW. Transmembrane segment 3 of Drosophila melanogaster odorant receptor subunit 85B

contributes to ligand-receptor interactions. *J Biol Chem*. 2010:1-26. http://dx.doi.org/10.1074/jbc.M109.058321.

[88] Leary GP, Allen JE, Bunger PL, et al. Single mutation to a sex pheromone receptor provides adaptive specificity between closely related moth species. *Proc Natl Acad Sci*. 2012;109(35):14081-14086. http://dx.doi.org/10.1073/pnas.1204661109.

[89] Hughes DT, Wang G, Zwiebel LJ, Luetje CW. A determinant of odorant specificity is located at the extracellular loop 2-transmembrane domain 4 interface of an Anopheles gambiae odorant receptor subunit. *Chem Senses*. 2014. http://dx.doi.org/10.1093/chemse/bju048.

[90] Xu P, Leal WS. Probing insect odorant receptors with their cognate ligands: insights into structural features. *Biochem Biophys Res Comm*. 2013;435(3):477-482. http://dx.doi.org/10.1016/j.bbrc.2013.05.015.

[91] Ray A, van Naters WG, Carlson JR. Molecular determinants of odorant receptor function in insects. *J Biosci*. 2014;39(4):555-563.

[92] Yao CA, Ignell R, Carlson JR. Chemosensory coding by neurons in the coeloconic sensilla of the Drosophila antenna. *J Neurosci*. 2005;25(37):8359-8367. http://dx.doi.org/10.1523/JNEUROSCI.2432-05.2005.

[93] Benton R, Vannice KS, Gomez-Diaz C, Vosshall LB. Variant ionotropic glutamate receptors as chemosensory receptors in Drosophila. *Cell*. 2009;136(1):149-162. http://dx.doi.org/10.1016/j.cell.2008.12.001.

[94] Croset V, Rytz R, Cummins SF, et al. Ancient protostome origin of chemosensory ionotropic glutamate receptors and the evolution of insect taste and olfaction. *PLoS Genet*. 2010;6(8):e1001064. http://dx.doi.org/10.1371/journal.pgen.1001064.

[95] Corey EA, Bobkov Y, Ukhanov K, Ache BW. Ionotropic Crustacean olfactory receptors. *PLoS One*. 2013;8(4):e60551. http://dx.doi.org/10.1371/journal.pone.0060551.

[96] Voets T, Prenen J, Vriens J, et al. Molecular determinants of permeation through the cation channel TRPV4. *J Biol Chem*. 2002;277(37):33704.

[97] Zhang YV, Ni J, Montell C. The molecular basis for attractive salt-taste coding in Drosophila. *Science*. 2013;340(6138):1334-1338. http://dx.doi.org/10.1126/science.1234133.

[98] Koh T-W, He Z, Gorur-Shandilya S, et al. The Drosophila IR20a clade of ionotropic receptors are candidate taste and pheromone receptors. *Neuron*. 2014;83(4):850-865. http://dx.doi.org/10.1016/j.neuron.2014.07.012.

[99] Abuin L, Bargeton B, Ulbrich MH, Isacoff EY, Kellenberger S, Benton R. Functional architecture of olfactory ionotropic glutamate receptors. *Neuron*. 2011;69(1):44-60. http://dx.doi.org/10.1016/j.neuron.2010.11.042.

[100] Min S, Ai M, Shin SA, Suh GSB. Dedicated olfactory neurons mediating attraction behavior to ammonia and amines in Drosophila. *Proc Natl Acad Sci*. 2013. http://dx.doi.org/10.1073/pnas.1215680110.

[101] Silbering AF, Rytz R, Grosjean Y, et al. Complementary function and integrated wiring of the evolutionarily distinct Drosophila olfactory subsystems. *J Neurosci*. 2011;31(38):13357-13375. http://dx.doi.org/10.1523/JNEUROSCI.2360-11.2011.

[102] Ai M, Blais S, Park J-Y, Min S, Neubert TA, Suh GSB. Ionotropic glutamate receptors IR64a and IR8a form a functional odorant receptor complex in vivo in Drosophila. *J Neurosci*. 2013;33(26):10741-10749. http://dx.doi.org/10.1523/JNEUROSCI.5419-12.2013.

[103] Ai M, Min S, Grosjean Y, et al. Acid sensing by the Drosophila olfactory system. *Nature*. 2010;468(7324):691-695. http://dx.doi.org/10.1038/nature09537.

[104] Grosjean Y, Rytz R, Farine J-P, et al. An olfactory receptor for food-derived odours promotes male courtship in Drosophila. *Nature*. 2011;478(7368):236-240. http://dx.doi.org/10.1038/nature10428.

[105] Cork A, Park KC. Identification of electrophysiologically-active compounds for the malaria mosquito, Anopheles gambiae, in human sweat extracts. *Med Vet Entomol*. 1996;10(3):269-276.

[106] Smallegange RC, Qiu YT, van Loon JJA, Takken W. Synergism between ammonia, lactic acid and carboxylic acids as kairomones in the host-seeking behaviour of the malaria mosquito Anopheles gambiae sensu stricto (Diptera: Culicidae). *Chem Senses*. 2005;30(2):145-152. http://dx.doi.org/10.1093/chemse/bji010.

[107] Liu C, Pitts RJ, Bohbot JD, Jones PL, Wang G, Zwiebel LJ. Distinct olfactory signaling mechanisms in the malaria

vector mosquito Anopheles gambiae. *PLoS Biol*. 2010;8(8). http://dx.doi.org/10.1371/journal.pbio.1000467.
[108] Kain P, Boyle SM, Tharadra SK, et al. Odour receptors and neurons for DEET and new insect repellents. *Nature*. 2013. http://dx.doi.org/10.1038/nature12594.
[109] Degennaro M, McBride CS, Seeholzer L, et al. Orco mutant mosquitoes lose strong preference for humans and are not repelled by volatile DEET. *Nature*. 2013. http://dx.doi.org/10.1038/nature12206.
[110] Xu P, Choo Y-M, La Rosa De A, Leal WS. Mosquito odorant receptor for DEET and methyl jasmonate. *Proc Natl Acad Sci*. 2014. http://dx.doi.org/10.1073/pnas.1417244111.
[111] Guda T, Kain P, Sharma KR, Pham CK, Ray A. *Repellent Compound with Larger Protective Zone than DEET Identified through Activity-Screening of Ir40a Neurons, Does not Require or Function*. 2015. http://dx.doi.org/10.1101/017145.
[112] Clyne PJ, Warr CG, Carlson JR. Candidate taste receptors in Drosophila. *Science*. 2000;287(5459):1830-1834.
[113] Scott K, Brady R, Cravchik A, et al. A chemosensory gene family encoding candidate gustatory and olfactory receptors in Drosophila. *Cell*. 2001;104(5):661-673.
[114] Suh GSB, Wong AM, Hergarden AC, et al. A single population of olfactory sensory neurons mediates an innate avoidance behaviour in Drosophila. *Nature*. 2004;431(7010):854-859. http://dx.doi.org/10.1038/nature02980.
[115] Jones WD, Cayirlioglu P, Kadow IG, Vosshall LB. Two chemosensory receptors together mediate carbon dioxide detection in Drosophila. *Nature*. 2007;445(7123):86-90. http://dx.doi.org/10.1038/nature05466.
[116] Kwon JY, Dahanukar A, Weiss LA, Carlson JR. The molecular basis of CO_2 reception in Drosophila. *Proc Natl Acad Sci USA*. 2007;104(9):3574-3578. http://dx.doi.org/10.1073/pnas.0700079104.
[117] Turner SL, Ray A. Modification of CO_2 avoidance behaviour in Drosophila by inhibitory odorants. *Nature*. 2009;461(7261):277-281. http://dx.doi.org/10.1038/nature08295.
[118] Dekker T, Geier M, Cardé RT. Carbon dioxide instantly sensitizes female yellow fever mosquitoes to human skin odours. *J Exp Biol*. 2005;208(Pt 15):2963-2972. http://dx.doi.org/10.1242/jeb.01736.
[119] Taneja J, Guerin PM. Oriented responses of the triatomine bugs Rhodnius prolixus and Triatoma infestans to vertebrate odours on a servosphere. *J Comp Physiol A*. 1995;176(4):455-464.
[120] Thom C, Guerenstein PG, Mechaber WL, Hildebrand JG. Floral CO_2 reveals flower profitability to moths. *J Chem Ecol*. 2004;30(6):1285-1288.
[121] Buehlmann C, Hansson BS, Knaden M. Path integration controls nest-plume following in desert ants. *Curr Biol*. 2012;22(7):645-649. http://dx.doi.org/10.1016/j.cub.2012.02.029.
[122] Robertson HM, Kent LB. Evolution of the gene lineage encoding the carbon dioxide receptor in insects. *J Insect Sci*. 2009;9:19. http://dx.doi.org/10.1673/031.009.1901.
[123] Lu T, Qiu YT, Wang G, et al. Odor coding in the maxillary palp of the malaria vector mosquito Anopheles gambiae. *Curr Biol*. 2007;17(18):1533-1544. http://dx.doi.org/10.1016/j.cub.2007.07.062.
[124] Yao CA, Carlson JR. Role of G-proteins in odor-sensing and CO_2-sensing neurons in Drosophila. *J Neurosci*. 2010;30(13):4562-4572. http://dx.doi.org/10.1523/JNEUROSCI.6357-09.2010.
[125] Sato K, Tanaka K, Touhara K. Sugar-regulated cation channel formed by an insect gustatory receptor. *Proc Natl Acad Sci*. 2011;108(28):11680-11685. http://dx.doi.org/10.1073/pnas.1019622108.
[126] Turner SL, Li N, Guda T, Githure J, Cardé RT, Ray A. Ultra-prolonged activation of CO_2-sensing neurons disorients mosquitoes. *Nature*. 2011;474(7349):87-91. http://dx.doi.org/10.1038/nature10081.
[127] McMeniman CJ, Corfas RA, Matthews BJ, Ritchie SA, Vosshall LB. Multimodal integration of carbon dioxide and other sensory cues drives mosquito attraction to humans. *Cell*. 2014;156(5):1060e1071. http://dx.doi.org/10.1016/j.cell.2013.12.044.
[128] Su C-Y, Martelli C, Emonet T, Carlson JR. Temporal coding of odor mixtures in an olfactory receptor neuron. *Proc Natl Acad Sci USA*. 2011. http://dx.doi.org/10.1073/pnas.1100369108.
[129] Su C-Y, Menuz K, Reisert J, Carlson JR. Non-synaptic inhibition between grouped neurons in an olfactory circuit. *Nature*. 2012. http://dx.doi.org/10.1038/nature11712.
[130] Olsen SR, Bhandawat V, Wilson RI. Excitatory interactions between olfactory processing channels in the

Drosophila antennal lobe. *Neuron*. 2007;54(1):89-103. http://dx.doi.org/10.1016/j.neuron.2007.03.010.

[131] Assisi C, Stopfer M, Bazhenov M. Excitatory local interneurons enhance tuning of sensory information. *PLoS Comput Biol*. 2012;8(7):e1002563. http://dx.doi.org/10.1371/journal.pcbi.1002563.

[132] Olsen SR, Wilson RI. Lateral presynaptic inhibition mediates gain control in an olfactory circuit. *Nature*. 2008;452(7190):956-960. http://dx.doi.org/10.1038/nature06864.

[133] Martin JP, Lei H, Riffell JA, Hildebrand JG. Synchronous firing of antennal-lobe projection neurons encodes the behaviorally effective ratio of sex-pheromone components in male Manduca sexta. *J Comp Physiol A Neuroethol Sens Neural Behav Physiol*. 2013;199(11):963-979. http://dx.doi.org/10.1007/s00359-013-0849-z.

[134] Riffell JA, Lei H, Hildebrand JG. Neural correlates of behavior in the moth Manduca sexta in response to complex odors. *Proc Natl Acad Sci*. 2009;106(46):19219-19226. http://dx.doi.org/10.1073/pnas.0910592106.

[135] Leal WS. Odorant reception in insects: roles of receptors, binding proteins, and degrading enzymes. *Annu Rev Entomol*. 2012. http://dx.doi.org/10.1146/annurev-ento-120811-153635.

[136] Wojtasek H, Leal WS. Conformational change in the pheromone-binding protein from Bombyx mori induced by pH and by interaction with membranes. *J Biol Chem*. 1999;274(43):30950-30956.

[137] Leal WS, Barbosa RMR, Xu W, et al. Reverse and conventional chemical ecology approaches for the development of oviposition attractants for Culex mosquitoes. *PLoS One*. 2008;3(8):e3045. http://dx.doi.org/10.1371/journal.pone.0003045.

[138] Syed Z, Ishida Y, Taylor K, Kimbrell DA, Leal WS. Pheromone reception in fruit flies expressing a moth's odorant receptor. *Proc Natl Acad Sci USA*. 2006;103(44):16538-16543. http://dx.doi.org/10.1073/pnas.0607874103.

[139] Sun M, Liu Y, Walker WB, et al. Identification and characterization of pheromone receptors and interplay between receptors and pheromone binding proteins in the diamondback moth, Plutella xyllostella. *PLoS One*. 2013;8(4):e62098. http://dx.doi.org/10.1371/journal.pone.0062098.

[140] Xu P, Atkinson R, Jones DNM, Smith DP. Drosophila OBP LUSH is required for activity of pheromone-sensitive neurons. *Neuron*. 2005;45(2):193-200. http://dx.doi.org/10.1016/j.neuron.2004.12.031.

[141] Laughlin J, Ha T, Jones D, Smith D. Activation of pheromone-sensitive neurons is mediated by conformational activation of pheromone-binding protein. *Cell*. 2008;133(7):1255-1265. http://dx.doi.org/10.1016/j.cell.2008.04.046.

[142] Gomez-Diaz C, Reina JH, Cambillau C, Benton R. Ligands for pheromone-sensing neurons are not conformationally activated odorant binding proteins. *PLoS Biol*. 2013;11(4):e1001546. http://dx.doi.org/10.1371/journal.pbio.1001546.

[143] Vogt RG, Riddiford LM, Prestwich GD. Kinetic properties of a sex pheromone-degrading enzyme: the sensillar esterase of Antheraea polyphemus. *Proc Natl Acad Sci USA*. 1985;82(24):8827-8831.

[144] Ishida Y, Leal WS. Rapid inactivation of a moth pheromone. *Proc Natl Acad Sci USA*. 2005;102(39):14075-14079. http://dx.doi.org/10.1073/pnas.0505340102.

[145] Choo Y-M, Pelletier J, Atungulu E, Leal WS. Identification and characterization of an antennae-specific aldehyde oxidase fromthe navel orangeworm. *PLoS One*. 2013;8(6):e67794. http://dx.doi.org/10.1371/journal.pone.0067794.

[146] KeelingCI, HendersonH, LiM,DullatHK, Ohnishi T, Bohlmann J. CYP345E2, an antenna-specific cytochrome P450 from the mountain pine beetle, Dendroctonus ponderosae Hopkins, catalyses the oxidation of pine host monoterpene volatiles. *Insect Biochem Mol Biol*. 2013;43(12):1142-1151. http://dx.doi.org/10.1016/j.ibmb.2013.10.001.

[147] Rogers ME, Krieger J, Vogt RG. Antennal SNMPs (sensory neuron membrane proteins) of Lepidoptera define a unique family of invertebrate CD36-like proteins. *J Neurobiol*. 2001;49(1):47-61.

[148] Benton R, Vannice KS, Vosshall LB. An essential role for a CD36-related receptor in pheromone detection in Drosophila. *Nature*. 2007;450(7167):289-293. http://dx.doi.org/10.1038/nature06328.

[149] Li Z, Ni JD, Huang J, Montell C. Requirement for Drosophila SNMP1 for rapid activation and termination of pheromone-induced activity. *PLoS Genet*. 2014;10(9):e1004600. http://dx.doi.org/10.1371/journal.pgen.1004600.

[150] Ronderos DS, Lin C-C, Potter CJ, Smith DP. Farnesol-detecting olfactory neurons in Drosophila. *J Neurosci*.

2014;34(11):3959-3968. http://dx.doi.org/10.1523/JNEUROSCI.4582-13.2014.

[151] Menuz K, Larter NK, Park J, Carlson JR. An RNA-seq screen of the Drosophila antenna identifies a transporter necessary for ammonia detection. *PLoS Genet*. 2014;10(11):e1004810. http://dx.doi.org/10.1371/journal.pgen.1004810.

[152] Pitts RJ, Derryberry Jr SL, Pulous FE, Zwiebel LJ. Antennal-expressed ammoniumtransporters in themalaria vector mosquito Anopheles gambiae. *PLoS One*. 2014;9(10):e111858. http://dx.doi.org/10.1371/journal.pone.0111858.

[153] Pelz D, Roeske T, Syed Z, de Bruyne M, Galizia CG. The molecular receptive range of an olfactory receptor in vivo (Drosophila melanogaster Or22a). *J Neurobiol*. 2006;66(14):1544-1563. http://dx.doi.org/10.1002/neu.20333.

[154] Boyle SM, McInally S, Ray A, Luo L. Expanding the olfactory code by in silico decoding of odor-receptor chemical space. *eLife*. 2013;2. http://dx.doi.org/10.7554/eLife.01120.

[155] Tegler LT, Corin K, Hillger J, Wassie B, Yu Y, Zhang S. Cell-free expression, purification, and ligand-binding analysis of Drosophila melanogaster olfactory receptors DmOR67a, DmOR85b and DmORCO. *Sci Rep*. 2015;5:7867. http://dx.doi.org/10.1038/srep07867.

CHAPTER 7

第7章 主嗅觉上皮中环化单磷酸腺苷

克里斯托弗·H. 弗格森，赵海清

约翰·霍普金斯大学生物学系，美国马里兰州巴尔的摩

概　要

引　言

环化单磷酸腺苷（cAMP）是在各种信号通路，包括糖原代谢、基因调控和嗅觉感官转导中起细胞外检测关键中介作用的一种环化核苷酸。自 20 世纪 50 年代晚期 Earl Sutherland 发现 cAMP 以来[1]，人们在研究 cAMP 作为多种细胞功能第二信使的重要性方面花费了大量的时间和精力，而且获得了大量有关 cAMP 信号系统的知识[2]。

在细胞中，cAMP 由腺苷酸环化酶（AC）的活性催化产生，该酶将三磷酸腺苷（ATP）转化为具有反应活性的 cAMP。cAMP 降解时主要依赖环化核苷酸磷酸二酯酶（PDE），该酶通过切断环化的磷酸二酯键，将一个 cAMP 分子转化为一个 AMP 分子（图 7-1）。有 10 个 AC 基因在哺乳动物基因组中编码[3]，而且它们全部起显著放大各种各样信号通路源的作用，例如单个环化酶激活时能够每秒生成超过 1000 的 cAMP 分子[4]。PDE 家族含有 21 个基因，其中许多优先降解 cAMP[2]。细胞中含有大量的 ATP，

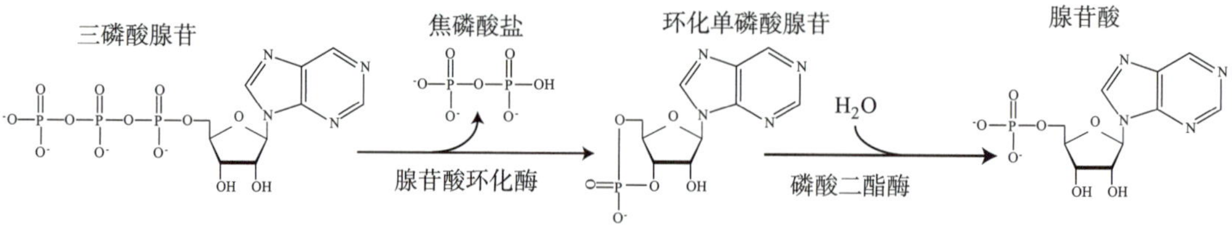

图 7-1 cAMP 的合成和降解。cAMP 是从三磷酸腺苷（ATP）分子经腺苷酸环化酶（AC）合成的。磷酸二酯酶（PDE）通过水解反应催化 cAMP 降解生成单磷酸腺苷（AMP）。在主嗅觉上皮的嗅觉感官神经元中，AC3 和 PDE1C 负责纤毛中 cAMP 的合成和降解，而嗅觉转导就发生在纤毛中

处于低的毫摩尔浓度范围[5,6]。cAMP 浓度变动较大，处于 10 ~ 50 μmol · L^{-1} 范围[7]。cAMP 通过作用于效应分子包括cAMP依赖性蛋白激酶（PKA）[8,9]、鸟嘌呤交换因子EPAC[10,11]和环化核苷酸门控通道（CNG）而介导细胞功能[12,13]。

考虑到 cAMP 含量的微小变化可能引发巨大的信号动力学改变，调控 cAMP 瞬时浓度对细胞功能而言极为重要。这些瞬时浓度可以在生成过程中通过调节 AC 活性进行调控，或在降解过程中通过调节 PDE 活性进行调控。通常，改变 cAMP 的生成和降解会被同时采用[2]。

cAMP 在嗅觉系统主嗅觉上皮（MOE）中的重要性极为突出。MOE 是在鼻腔中排列的特有组织，而且 MOE 内含有嗅觉感官神经元（OSN）。OSN 将环境中带有气味的化学物质转化为神经电信号，然后沿 OSN 轴突传递至大脑并最终产生嗅觉感知。MOE 中绝大多数 OSN 通过一个 cAMP 介导的信号级联将气味分子转换为细胞膜的去极化[14,15]。如果没有 cAMP 瞬时浓度的生成，OSN 就不能通过经典的信号通路与气味分子刺激发生响应，从而导致生物体大部分嗅觉缺失[16-18]。此外，cAMP 对许多其他细胞过程也有调控，其中最引人注意的是 OSN 轴突的靶向性（见“延伸阅读 1”）[19]。

延伸阅读 1

cAMP 调控嗅觉感官神经元的轴突靶向性

嗅觉纤毛中细胞膜去极化通过 OSN 轴突中转至大脑，并与主嗅球中二阶神经元形成突触。表达相同 OR 的 OSN 将其轴突汇聚至嗅球内称为嗅小球的神经纤维结构中相同的位

置。OSN 轴突至嗅球的靶向性至少有一部分依赖 cAMP 发出的信号[19,123]。

OSN 轴突首先投射至它们最终目标的近似位置，划定一个粗略地图，而后它们按类别进入不同的嗅小球。粗略定向性涉及沿前后（A-P）轴，以及背腹（D-V）轴的排列。研究表明 A-P 排列依赖通过自发 OR 活性产生的 cAMP 水平，然而 D-V 排列似乎并不依赖 cAMP 生成发挥功能，相反它取决于 MOE 上皮区内 OSN 的位置[124,125]。在 A-P 排列中，自发活性较高的 OR 生成较高基础水平的 cAMP 以激活 cAMP 依赖性蛋白激酶（PKA），进而磷酸化转录因子 CREB，最终促进更多轴突后端定位[126]。反过来，表达低自发活性 OR 的 OSN 生成较低的基础 cAMP，导致更多前端定位。如同 A-P 排列一样，OSN 轴突局部分类也依赖表达的 OR 和 cAMP 生成的水平。表达相同 OR 的 OSN 通过差异性表达嗜同吸引分子和嗜异排斥分子实现分类聚集，其表达受配体诱导的 cAMP 生成所引发的不同水平神经元活动驱动[127]。

许多与 OSN 轴突靶向性过程有关的问题仍有待解决，包括 cAMP 是在哪里生成的，cAMP 生成地点与影响地点有什么相关性，cAMP 依赖神经元活性如何转化为靶向性因子，特别是有关局部分类中变化的，以及负责调控与轴突靶向性有关 cAMP 水平的是什么样的 PDE。

嗅觉转导中 cAMP 的早期历史

在历经数个标志性发现之后，人们才对 cAMP 在嗅觉信号转导中扮演的重要角色有了真正的了解。20 世纪 80 年代初期的开拓性研究证明转导机制存在于 OSN 纤毛中（图 7-2）。用一种柔和洗涤剂冲洗青蛙的鼻腔会去除 OSN 纤毛并消除对气味分子刺激的电信号响应，而又不扰乱剩余嗅觉上皮的完整性[20,21]。确定转导级联只限于嗅觉上皮促使人们采用纤毛分离技术以富集其后可用于生物化学分析的嗅觉转导成分。这种纤毛制备方法，最初被开发用于从单细胞纤毛虫，例如四膜虫（*Tetrahymena*）中分离鞭毛，需要用高浓度的 Ca^{2+} 处理分离得到的 MOE，使纤毛从树突结中脱离[22,23]。

1985 年，Lancet 小组发表了具有里程碑意义的研究成果，他们使用从青蛙嗅觉上皮制得的纤毛为 cAMP 参与嗅觉转导提供了强有力的证据[23]。他们证明了一种气味分子敏感 AC 在 OSN 纤毛中的富集。在此项以及后来的研究中[23]，他们还在 OSN 纤毛中鉴定出一种很可能负责激活居留的 AC 的刺激性 G 蛋白。这些开创性的发现指出 OR（见第 3 章）是 GPCR，而且通过一种刺激性 Gα 蛋白质变体发出信号来激活一个 AC，进而刺激生成 cAMP。不久之后，Nakamura 和 Gold 对蟾蜍 OSN 纤毛中直接切除的细胞质膜使用膜片钳技术，证明了离子通道 CNG 的存在，而且其很可能是 cAMP 的效应器[12]。

人们通过一系列电生理研究进一步证实了 CNG 参与了嗅觉转导过程[24-27]。CNG 的打开引起 Na^+ 和 Ca^{2+} 内流，导致细胞膜去极化。为了进一步强化 cAMP 的角色，Breer 小组采用一个快速淬灭系统来监控纤毛制剂中 cAMP 的水平，结果表明在气味分子释放 50 ms 时间内 cAMP 水平达到峰值，这是一个快到足以介导嗅觉转导的速度[28]。总而言之，这些电生理和生物化学研究为人们最大限度地了解有关 cAMP 介导嗅觉转导的知识奠定了坚实的基础，这些研究今天仍在继续。

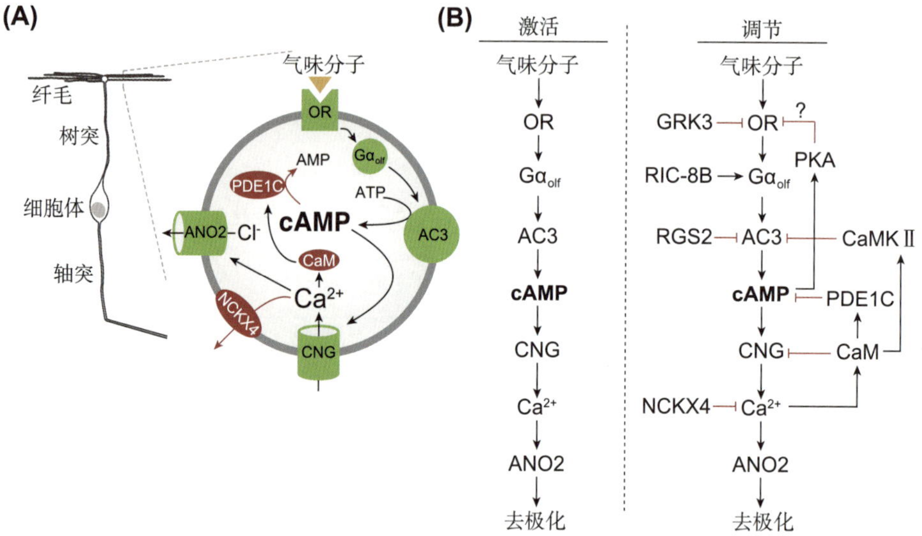

图 7-2 脊椎动物嗅觉转导。每个嗅觉感官神经元（OSN）将单个树突过程延伸至嗅觉上皮的表面。该树突过程终止于树突结，由此 10~20 根纤毛伸出至覆盖上皮的黏液中。这些纤毛是嗅觉转导的位点。该转导过程通过 cAMP 介导的转导级联将气味分子与其同源受体的结合转变成为膜去极化，这是产生气味感知的第一步。激活后，系统会通过多种调节机制恢复到一个静止状态。嗅觉的最终实现是一个激活与调节之间的动态平衡。（A）一个 OSN 和一根纤毛的横截面图（左），以及嗅觉转导级联的主要成分（右）。（B）激活嗅觉转导级联（左）和嗅觉转导过程中调节机制（右）。负调节相互作用用红线表示。AC3，腺苷酸环化酶 3；ANO2，Ca^{2+} 激活氯离子通道；CAM，钙调蛋白；CAMK Ⅱ，Ca^{2+}/CAM 依赖性蛋白激酶 Ⅱ；cAMP，环化单磷酸腺苷；CNG，环化核苷酸门控通道；$G\alpha_{olf}$，嗅觉 G 蛋白；GRK3，G 蛋白耦联受体激酶 3；NCKX4，钾依赖性 Na^+/Ca^{2+} 交换器 4；OR，气味分子受体；PDE1C，磷酸二酯酶 1C；PKA，cAMP 依赖性蛋白激酶；RGS2，G 蛋白信号调节子 2

嗅觉转导成分的分子鉴定

在发现嗅觉转导参与 cAMP 介导信号级联的强有力证据之后，研究人员立即着手鉴定和克隆对转导成分进行编码的基因（图 7-2）。第一波的突破性工作发生在 20 世纪

80 年代末和 90 年代初。通过筛查一个由大鼠嗅觉上皮制得的互补 DNA（cDNA）文库，Reed 小组克隆了刺激性 G 蛋白的 α 亚基 $G\alpha_{olf}$，并成为首个成功克隆一个嗅觉转导成分的研究小组[29]。通过尝试类似的 cDNA 文库筛查，Reed 小组鉴定出 OSN 中 AC 为腺苷酸环化酶 3（AC3）[30]，这促使 Reed 和 Yau 小组克隆出对嗅觉 CNG 主要亚基 CNGA2 进行编码的基因[31]。这些蛋白中每一个扮演的重要角色都被后来的基因敲除工作所证实，因为小鼠缺乏任何一种转导成分都会产生广泛的嗅觉缺失[16-18]。

差不多在同一时间，人们为了确定气味分子受体的分子特征尝试了大量的研究工作。1991 年，Buck 和 Axel 报道了他们通过使用聚合酶链式反应（PCR）克隆 OR 基因的开创性发现[32]。他们的成功源于 OR 与 cAMP 介导的 G 蛋白级联发生耦联，而且 OR 构成一个多基因家族的假定。这些假定促使他们基于保留的已知 GPCR 残余设计用于 PCR 的简并引物并指导对 PCR 产品的分析[32]。后期的研究已经表明 OSN 遵循“一个神经元，一个受体”的原则，其中每一个 OSN 仅表达 1 个 OR，同时对某一给定 OR 而言，2 个等位基因中仅有 1 个被表达[33-37]。需要特别指出的是，即使经典的 OSN 能表达超过 1000 个 OR（至少在啮齿动物中）中的任何一个成员，它们全都共享相同的下游转导路径。

人们很快将精力集中于鉴定异源四聚体 CNG 和异源三聚体 $G\alpha_{olf}$ 复合物的额外分子构成。当异源表达时，CNGA2 亚基有能力形成一个由 cAMP 门控的同聚体通道；然而，这种同聚体通道表现出的通道特性却不同于原生嗅觉通道的情况[31,38]。人们通过进一步筛查发现了对原生 CNG 有贡献作用的 2 个额外亚基：CNGA4[38,39] 亚基和 CNGB1B[40,41] 亚基。尽管 CNGA4 和 CNGB1B 各自都有能力形成一个同聚体通道，然而与 CNGA2 共同表达时，最终得到的异聚体通道却表现与原生嗅觉通道相类似的性质[40,42]。进一步的研究表明原生 CNG 很可能是由“2 个 CNGA2 亚基：1 个 CNGA4 亚基：1 个 CNGB1B 亚基”的化学计量关系形成的[42,43]。在异源三聚体 $G\alpha_{olf}$ 复合物的情况下，Gβ 亚基很可能是 Gβ1[44]，而 Gγ 亚基则被人们鉴定为 Gγ13[45]。

嗅觉转导级联具有一个独特的性质，其中在下游的 CNG 和 Ca^{2+} 内流的 cAMP 激活，一个 Ca^{2+} 激活 Cl^- 流出导致额外的 OSN 纤毛去极化。早期的电生理学研究指出这个 Cl^- 电流是转导级联的信号放大源，覆盖 50%~90% 的 OSN 去极化[46-50]。人们最近基于质谱对小鼠纤毛制剂进行了蛋白组学分析，在此基础上发现作为嗅觉 Ca^{2+} 激活 Cl^- 通道的 ANO2[51-53]。对缺乏 ANO2 突变小鼠的分析证明了其在 OSN 电流生成中扮演的角色[54]。然而，行为学分析指出 ANO2 对小鼠正常的嗅觉可能是可有可无的[54]，而且不清楚 ANO2 是否对人类嗅觉有贡献[55]。

在研究涉及 cAMP 生成和后期电信号响应的成分的同时，人们还对降解 cAMP 的 PDE 开展了积极的研究。早期的工作确定 PDE 活性存在于嗅觉纤毛中，并且此活性有赖于 Ca^{2+} 和钙调蛋白（CAM）[56,57]。通过筛查一个大鼠的嗅觉 cDNA 库，Beavo 小组发现发挥降解嗅觉纤毛 cAMP 功能的 PDE 为 PDE1C2，它是一种由 Ca^{2+}/CAM 激活的 PDE[58,59]。

与 PDE 在控制纤毛 cAMP 水平方面的重要性相类似，这种负责控制纤毛 Ca^{2+} 水平的 Ca^{2+} 转运器对嗅觉转导至关重要。基于质谱对小鼠纤毛制剂进行的蛋白组学分析，同样有助于鉴定出作为 Ca^{2+} 转运器的钾依赖性 Na^{+}/Ca^{2+} 交换器 4（NCKX4），它的作用是从纤毛中清除 Ca^{2+}[60]。

cAMP 信号级联的调控

嗅觉受体细胞（包括 OSN）的一个特性是其能依据环境刺激物强度和持续时间改变响应敏感性。OSN 在持续或反复接触气味后表现出敏感性下降——一种称为嗅觉适应的现象。适应性在细胞层面被认为提供在有气味环境中的感知变化，包括有意识的嗅觉感受随着时间衰减，并帮助动物辨别复杂气味环境中不同的气味。对 cAMP 介导嗅觉转导级联进行调控是嗅觉适应性的基础。

调控 cAMP 信号的机制大致分为两类：调控 cAMP 瞬时浓度的机制和影响该系统内 cAMP 冲击的机制。在嗅觉转导中，Ca^{2+} 依赖负反馈机制既在调控 cAMP 瞬时浓度中发挥重要作用，又在影响 cAMP 的冲击中发挥重要作用（图 7-2）[15,61]。

Ca^{2+} 对调控 cAMP 瞬时浓度的重要性是显而易见的，因为不论用于生成 cAMP 的 AC3 的活性，还是用于降解 cAMP 的 PDE1C 的活性都能被 Ca^{2+} 调控。AC3 活性由 Ca^{2+}/CAM 依赖性蛋白激酶Ⅱ（CAMKⅡ）通过磷酸化反应提高 Ca^{2+} 浓度而受到抑制[62,63]。磷酸化发生在 AC3 上一个单一的氨基酸——丝氨酸 1076，这个丝氨酸突变为丙氨酸后，将其蛋白表达在培养的细胞中会消除 Ca^{2+} 诱导的对 AC3 活性的抑制[63]。在 OSN 中，CAMKⅡ抑制剂妨碍 AC3 位于丝氨酸 1076 的磷酸化，而且延长气味分子引发的 cAMP 瞬时浓度[64]。这些发现表明，嗅觉转导级联 cAMP 瞬时浓度调控的发生可能通过 Ca^{2+} 诱导 AC3 被 CAMKⅡ的磷酸化。因此，Ca^{2+} 内流可能引起气味分子刺激后 cAMP 生成量减少，从而降低响应的敏感性。与该模型相一致的是，使用 CAMKⅡ抑制剂妨碍持续气味分子刺激后 OSN 的电生理响应[65]。然而，缺乏丝氨酸 1076 磷酸化位点的小鼠在嗅觉响应中显示无缺陷[66]。因而，Ca^{2+} 诱导的 AC3 磷酸化对 OSN 中 cAMP 瞬时浓度的调控是否会有贡献，以及贡献大小程度都需要进一步研究。除了 Ca^{2+} 依赖性抑制磷酸化，AC3 可能还被 OSN 中 G 蛋白信号调节子 2（RGS2）所抑制[67]。RGS 这一不寻常的功能还可以作为一种调控 OSN 中 cAMP 瞬时浓度的手段。

PDE1C 是一种对低微摩尔浓度范围的 cAMP 和 cGMP（环化单磷酸鸟苷）有相似亲和性的 Ca^{2+}/CAM 激活 PDE[58]。此外，特异于 OSN 的同源异构体 PDE1C2 对 Ca^{2+} 的亲和性要比 PDE1C1 大[59]。人们通过生物化学和电生理学研究使用 PDE 抑制剂推断出 PDE 活性可能对终止 OSN 与气味分子的响应至关重要，并且就本身而言，PDE1C 丧失据猜测可能减缓响应的终止[24,68]。有趣的是，缺乏 PDE1C 的小鼠表现更加快速的响应终止及降低的响应强度，却没有出现预测的减缓响应终止[69]。对于没有出现延长的响应终止，一个可能的解释是 cAMP 快速扩散离开纤毛并进入树突结可能允许 cAMP 被另一个 PDE 降解[70]。迄今为止，人们知道有 2 个 PDE 在经典的 OSN 中表达：PDE1C 和 PDE4A[71,72]。PDE1C 和 PDE4A 存在于 OSN 内的不同隔间，其中 PDE1C 全部位于纤毛中，而 PDE4A 则被限制在树突结和剩余的细胞中[72]。单独敲除 PDE4A 时，突变体 OSN 并不表现出嗅觉响应不足，表明 PDE1C 有足够能力降解纤毛 cAMP。然而，当同一动物中 PDE4A 和 PDE1C 同时被敲除时，突变体 OSN 却表现明显延长的响应终止[69]。从双突变体中观察到的显著行为学表型证实了 cAMP 降解对 OSN 响应终止的重要性。

PDE1C 突变体小鼠中降低响应强度的显著行为学表型表明 PDE1C 还有可能在设置静止响应敏感性中扮演角色。很大一部分的 OSN 都带有自发活性，至少部分是由不存在配体结合情况下 OR 的自发活性引起的[73]。PDE1C 可能发挥作用降解自发生成的 cAMP，因而可预防刺激物不存在时 CNG 的开放和随后的 Ca^{2+} 内流。在 PDE1C 突变体 OSN 中，纤毛不发生 cAMP 降解，进而增加纤毛中 Ca^{2+} 水平。升高的 Ca^{2+} 接着会引起响应敏感性下降。

除了对 AC3 和 PDE1C 活性的直接调控，作用于 AC3 上游（即作用于 $G\alpha_{olf}$ 和 OR）的事件也可能在调控 cAMP 瞬时浓度中扮演角色。RIC-8B——一个在 OSN 中发现的鸟嘌呤核苷酸交换因子（GEF），被认为通过作用于 $G\alpha_{olf}$ 而影响 cAMP 瞬时浓度[74]。RIC-8B 已被证明与 $G\alpha_{olf}$ 蛋白络合物的成员具有相关性[74,75]，并且还被认为参与运输 OR 至培养中的细胞表面[76]。RIC-8B 和 OR 在细胞培养中共表达表明 RIC-8B 可能通过充当 GEF 而作用于 $G\alpha_{olf}$ 来放大气味分子引发的响应，从而能增强气味分子引发的

cAMP 生成[74]。

在各种 GPCR 信号通路中，受体磷酸化是一个用于减弱受体信号的常见机制[77]。在嗅觉转导中，G 蛋白耦联受体激酶 3（GRK3）被报道可调控 OR 活性，因而调控 cAMP 瞬时浓度[78–80]。抑制嗅觉上皮制剂中的 GRK 活性能防止气味分子引发的 cAMP 升高恢复到基底水平，而且这种效应通过使用特异于 GRK3 的抗体而被证实由 GRK3 介导[79]。与此相一致的是，从 GRK3 敲除小鼠得到的纤毛制剂在与气味分子刺激响应时表现一个延时但是微小的 cAMP 水平升高[80]。然而，后续的研究发现缺乏 GRK3 的 OSN 并未在气味分子响应中表现出电生理缺陷，反驳了 GRK3 在削弱 OR 响应性中所扮演的重要角色[81]。早期研究还特别提到用气味分子混合物刺激分离出的嗅觉纤毛制剂时放射性标记磷酸盐掺入升高。这种磷酸盐掺入在 cAMP 依赖性蛋白激酶（PKA）或钙依赖性蛋白激酶（PKC）受到抑制时降低，表明这两种激酶在调控嗅觉转导中扮演一个角色[82]。人们特别感兴趣的是存在一群大约在 50 kD 凝胶区域的磷酸化蛋白，其处于预计的 OR[82] 大小范围，而且被认为在嗅觉调控的 OR 磷酸化中扮演一个角色。目前，PKA 和 PKC 介导的磷酸化在嗅觉转导中的影响尚有待进一步的探索。

在嗅觉转导中，影响 cAMP 冲击的机制主要归因于 Ca^{2+} 介导的 CNG 对 cAMP 的脱敏作用。在一个响应期间，通过 CNG 进入纤毛的 Ca^{2+} 能够通过结合与 CNG[84] 有直接相关性的 CAM，而降低该通道对 cAMP[83] 的敏感性。

嗅觉 CNG 的调节亚基 CNGB1B 和 CNGA4，不仅显著提高异聚体通道对 cAMP 的表观亲和性[38–41,85–87]，而且调控 Ca^{2+}/CaM 介导的通道脱敏现象[85–87]。CNGB1B 和 CNGA4 亚基两者对快速脱敏动力学都是必需的[85–87]。源于 *Cnga4* 基因敲除小鼠的 OSN 表现出快速适应能力上的缺陷[85]，而且这些基因敲除小鼠表现出气味察觉阈值升高，以及行为测试中受损的气味适应能力[88]。这种 Ca^{2+}/CAM 介导的 CNG 脱敏现象被建议作为快速嗅觉适应的关键机制[65,85,89,90]。然而最近的一项研究指出这种脱敏现象对快速适应性并非是必需的[91]。每一个嗅觉 CNG 亚基都含有一个 CAM 结合位点[84,92]，不过只有 CNGB1B 亚基中的位点是必需的，而且对原生通道结构下的 Ca^{2+}/CAM 介导的脱敏是足够的[84,93]。小鼠中 CNGB1B 亚基的 CAM 结合位点的基因缺失并不破坏 OSN 对重复气味刺激的响应[91]，表明 Ca^{2+}/CAM 介导的 CNG 脱敏对快速嗅觉适应是可有可无的。CNGB1B 中 CAM 结合位点的缺失会造成对持续气味刺激响应的受损害减弱，以及对短暂刺激的稍微延长的 OSN 响应[91]。

鉴于 Ca^{2+} 在调控 cAMP 瞬时浓度生成和系统内 cAMP 冲击两者中的重要性，适当调控 OSN 纤毛内的 Ca^{2+} 水平对正常嗅觉也是至关重要的。调控 OSN 纤毛中静止的 Ca^{2+} 水平被认为是 Ca^{2+} 被 Na^{+}/Ca^{2+} 交换器和 ATP 依赖性 Ca^{2+} 泵排挤的结果。NCKX4 被人们鉴定为与嗅觉转导相关的主要的 Na^{+}/Ca^{2+} 交换器[15,94]。缺乏 NCKX4 的突变小鼠中的 OSN 显示大幅延长的气味分子响应，证明 NCKX4 在调控 cAMP 介导的嗅觉响应中通过控制 Ca^{2+} 水平而扮演一个关键的角色[60]。人们还不大清楚细胞质膜 Ca^{2+}–ATP 酶（PMCA）在调控嗅觉转导中所扮演的角色。早期利用药理学抑制剂的研究显示基于 PMCA 的流出对响应终止可能非常重要；然而，最近使用具有更好特异性抑制剂的研究指出这种对响应终止的影响可能是一个抑制剂对 Na^{+}/K^{+}–ATP 酶活性的非直接作用[95,96]。

未来方向

尽管人们对嗅觉领域中 cAMP 介导嗅觉转导级联的核心参与者有了一个很强的把握，然而许多构成嗅觉调控基础的分子机制细节仍未搞清楚。尽管人们只研究了很多可能机制中的一小部分，最主要的制约在于人们很难对实时和完整组织中的单个调控机制的效应进行评估。

由于 cAMP 和 Ca^{2+} 水平直接显示的是嗅觉响应的变化，了解 cAMP 和 Ca^{2+} 动力学对了解嗅觉是非常重要的（图 7–3）。人们利用 Ca^{2+} 指示剂染色研究了 OSN 纤毛中的 Ca^{2+} 动力学[97–99]。这些影像研究体现了在理解嗅觉响应的 Ca^{2+} 动力学方面所做的前期努力，而且提供了极富远见的关于转导调控的信息。然而，对于活体或者甚至活体外，测定

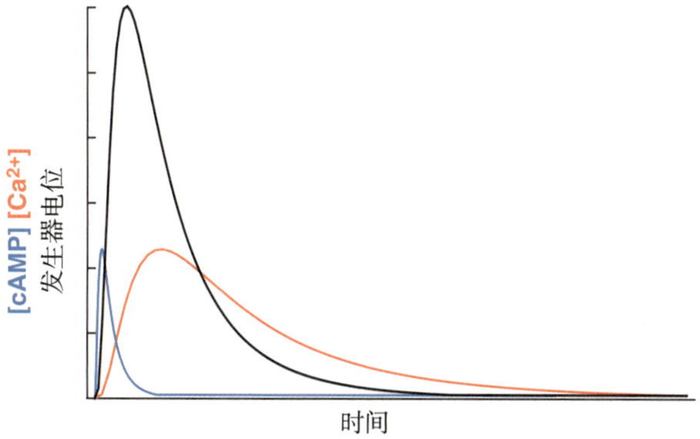

图 7–3　嗅觉响应动力学。假定与一个短暂气味分子脉冲响应时 cAMP 浓度（蓝色）、Ca^{2+} 浓度（红色）和发生器电势（黑色）的变化。准确测定这些分子动力学意味着在嗅觉转导理解上取得了一个重大的进步

OSN 纤毛中的 cAMP 仍然缺乏有效的办法。截至目前，人们通过采用分离的纤毛上实施的生物化学检测[80,100]或电生理记录通过 CNG 的电流研究了 cAMP 动力学[25,65]。然而，生物化学测量并不提供单个细胞或单一纤毛分辨度而且受纤毛断裂造成改变生理条件的困扰。此外，电生理记录 CNG 活性是间接方式，因为通道活性是由 cAMP 激活通道产生的，并且这一通道受其他因素包括 Ca^{2+}/CAM 依赖性脱敏现象调控。

最近，用于 cAMP 的基因编码指示剂有了激动人心的发展[101,102]。这些基因编码指示剂要么是基于比率 Förster 共振能量转移的指示剂，例如采用 Epac3 的 cAMP 指示剂（ICUE3）[103]，要么是基于单荧光蛋白的指示剂，例如 Flamindo 2[104]。这些指示剂已经应用于许多系统，包括 β_2 肾上腺素能受体信号和经由胰腺 β 细胞的胰岛素释放，并使研究人员能够测定特定亚细胞隔间中 cAMP 的时空变化[101,105]。这些指示剂最大的好处是它们能够被整合入一种动物的基因组中，并且通过收入本地化标记将目标对准特定的细胞隔间包括纤毛。尽管这种全新的技术正期待被应用于嗅觉转导的研究中，不过却有几个潜在的制约需要人们研究克服。首先，有确定靶标的需求，理想情况下专门针对 OSN 纤毛，这能降低细胞体和树突结产生的干扰背景信号。目前，人们提出了好几种纤毛靶向基序[106,107]，尽管有一些已经成功应用于初级纤毛[108,109]，然而还没有一种被测试是否具有专门瞄准 OSN 纤毛活体蛋白的能力。其次，指示剂的动力学至关重要而且必须对起伏的 cAMP 变化响应足够快，因为这些变化在毫秒时间尺度上发生[110]。尽管目前的研究集中于秒至分钟的时间尺度，然而这些指示剂的开发进展迅速并力图改善它们在各方面的功能[101]。此外，实施 cAMP 影像还可能因纤毛的空间制约更加具有挑战性（哺乳动物的嗅觉纤毛长度范围为 5~50 μm，其中基部直径为 300 nm 而末端直径为 100 nm，产生近似 1 fl 的体积）。这种极小的嗅觉纤毛体积可能制约 cAMP 动力学的测定，这是因为可利用 cAMP 体积的微小变化都可能影响测定，而且纤毛中存在的指示剂可能对 cAMP 有缓冲并对信号产生负面效应。尽管如此，带有能够准确可靠表示转导级联 cAMP 变化工具的影像 cAMP 动力学对理解嗅觉上皮中的信号将是非常重要的。将这种指示剂与可利用的含有基因干扰关键嗅觉转导成分的突变小鼠结合，将成为测定这些嗅觉突变对调控产生具体影响的理想方式。

AC3 和 PDE1C 的调控是一个仍需大量科学研究的研究领域。AC3 是如何在活体中被调控的仍不清楚[66]，对于 PDE1C 的情况，除了 PDE 的活性受 Ca^{2+}/CAM 刺激，人们对 PDE1C 是如何被调控的所知甚少。此外，我们仍不了解嗅觉纤毛中 AC3 和 PDE1C 的细胞膜密度或细胞质浓度。深入了解这两种蛋白在特定嗅觉纤毛中的相对丰度，以及在静止、气味分子刺激期间和之后的体内活性水平，对理解 cAMP 在嗅觉中扮演的角色将是非常重要的。

对于 cAMP 最常见的效应器 PKA 而言，尽管存在 PKA 是其他系统高度被研究的信号蛋白的事实，然而其在嗅觉转导中的潜在角色却很少有人关注[111,112]。PKA 在嗅觉转导中扮演角色的证据仅限于对 PKA 抑制降低总磷酸盐掺入嗅觉纤毛的研究[82]；然而受这种磷酸化调控的精确蛋白和 PKA 介导的磷酸化在调控 cAMP 生成和嗅觉转导中是否扮演了角色仍然未知。

另一个值得深入探究的领域是 cAMP 和 Ca^{2+} 之间在转导级联中的相互作用。尽管 cAMP 会引起细胞内 Ca^{2+} 升高，而且这种 Ca^{2+} 反过来抑制生成更多的 cAMP 是大家都知道的，不过这种关系的时间性，以及每一个在信号级联中的权重还有待研究。具备同时测定 cAMP 和 Ca^{2+} 动力学的能力将有助于人们更好地了解 cAMP 和 Ca^{2+} 瞬时浓度之间的关系。

人们已经开始尝试使用计算机模拟来解决许多的嗅觉转导灰色区域的问题。随着近期在计算能力上的提高，人们在模拟嗅觉级联中花费了更多的时间和精力以图了解那些背面隐藏的原理，特别是与负面调控相关的原理[113,114]。目前模型研究的一个缺陷在于这些模型建立使用的所有酶反应速率和离子浓度都来自单细胞记录的估值。尽管这对理解嗅觉转导级联中常见的分子成分角色非常有用，然而由于解离 OSN 所处的环境并不一定等同于完整嗅觉上皮内的环境，人们终归不可能对这些测定的速率太过当真。随着每次迭代升级，尽管存在现有的不足，发表的嗅觉转导模型也变得越来越复杂且越来越接近于生理响应。

最后但同样重要的是，我们目前对人体嗅觉障碍是如何与 cAMP 介导的转导过程相联系的所知甚少[115,116]，即便好几种基因变体与人体中损坏的嗅觉都有关系[117-121]。最近的一项研究发现在 CNGA2 亚基中一个基因突变会引发一例孤立性先天性嗅觉缺失[122]。利用快速发展的高通量测序技术，人们将能够表征来自衰老和疾病状态的基

延伸阅读 2

嗅觉标记蛋白

Frank Margolis 于 1972 年发现了嗅觉标记蛋白（OMP）[128]。从那以后，OMP 对我们理解脊椎动物嗅觉变得不可或缺。OMP 是一个 19-kD 的细胞质蛋白而且被一个单独的啮齿动

物外显子基因编码[129]。它高度保留于脊椎动物物种，但不存在于非脊椎动物中。

在MOE中，OMP因其特异性和大量表达而被用于标记成熟的OSN。其他MOE细胞类型中检测不到OMP，包括基底细胞、支持细胞、未成熟的OSN[130]和一小部分通过非经典的、基于cGMP信号级联转导气味分子信息的成熟OSN[131]。在外周嗅觉系统中，OMP还被发现存在于犁鼻器、隔膜器官和格伦贝格神经节的受体细胞中，表明在一般嗅觉功能中扮演一个角色。在嗅觉传感器中，OMP的特异性和强劲表达导致*Omp*基因作为嗅觉系统特异突变体的一种驱动器而被广泛使用，而这一驱动器对嗅觉功能的生理和行为学分析极为重要[132]。

最近，OMP作为一种嗅觉信号指示剂还被应用于定位嗅觉系统之外组织中的嗅觉信号成分[133]。

基因敲除研究表明OMP在嗅觉转导中扮演一个调节角色。缺乏OMP的OSN表现降低的响应幅度，以及减慢的发生和终止动力学[134]。缺乏OMP的小鼠则一贯性表现损坏的觉察阈值和改变的气味分子特征感知[135,136]，而且在哺乳时并不对其亲生母亲表现出偏好[137]。尽管有了几十年的研究工作，OMP调节嗅觉信号的分子机制仍是一个谜。有人认为OMP充当了嗅觉信号上游cAMP生成的调节器[138]、Ca^{2+}稳态的调节器[139]和OSN功能成熟的关键参与者[137]。结构研究[140,141]已经显示OMP会参与蛋白和蛋白之间的相互作用，而且这些相互作用与蛋白质伙伴例如Bex蛋白家族会最终促进OMP所发挥的调节功能[142]。

因表达上的变化并鉴定出遗传变异，特别是与引发人体嗅觉障碍的外周转导过程有关的遗传变异。

总 结

人们通过几十年的研究发现cAMP在MOE中扮演着非常广泛的角色。这个领域已经从人们对嗅觉转导过程所知甚少，发展到可以深入了解cAMP介导的转导级联的核心成员，以及许多参与的调控机制的程度。许多有关cAMP在主嗅觉上皮中扮演角色的问题尚有待人们解决，而且研究人员还需要不断采用新方法以便揭开这些科学谜团。

致 谢

本工作得到美国国家卫生研究院经费（DC007395）资助。

参考文献

[1] Sutherland EW, Rall TW. Fractionation and characterization of a cyclic adenine ribonucleotide formed by tissue particles. *J Biol Chem*. 1958;232(2):1077-1091.

[2] Beavo JA, Brunton LL. Cyclic nucleotide research e still expanding after half a century. *Nat Rev Mol Cell Biol*. 2002;3(9):710-718.

[3] Hanoune J, Defer N. Regulation and role of adenylyl cyclase isoforms. *Annu Rev Pharmacol Toxicol*. 2001;41:145-174.

[4] Sunahara RK, Dessauer CW, Gilman AG. Complexity and diversity of mammalian adenylyl cyclases. *Annu Rev Pharmacol Toxicol*. 1996;36:461-480.

[5] Beis I, Newsholme EA. The contents of adenine nucleotides, phosphagens and some glycolytic intermediates in resting muscles from vertebratės and invertebrates. *Biochem J*. 1975;152(1):23-32.

[6] Traut TW. Physiological concentrations of purines and pyrimidines. *Mol Cell Biochem*. 1994;140(1):1-22.

[7] Conti M, Mika D, Richter W. Cyclic AMP compartments and signaling specificity: role of cyclic nucleotide phosphodiesterases. *J Gen Physiol*. 2014;143(1):29-38.

[8] Walsh DA, Perkins JP, Krebs EG. An adenosine 30,50-monophosphate-dependant protein kinase from rabbit skeletal muscle. *J Biol Chem*. 1968;243(13):3763-3765.

[9] Tao M, Salas ML, Lipmann F. Mechanism of activation by adenosine 3′:5′-cyclic monophosphate of a protein phosphokinase from rabbit reticulocytes. *Proc Natl Acad Sci USA*. 1970;67(1):408-414.

[10] de Rooij J, Zwartkruis FJ, Verheijen MH, et al. Epac is a Rap1 guanine-nucleotide-exchange factor directly activated by cyclic AMP. *Nature*. 1998;396(6710):474-477.

[11] Kawasaki H, Springett GM, Mochizuki N, et al. A family of cAMP-binding proteins that directly activate Rap1. *Science*. 1998;282(5397):2275-2279.

[12] Nakamura T, Gold GH. A cyclic nucleotide-gated conductance in olfactory receptor cilia. *Nature*. 1987; 325(6103):442-444.

[13] Kaupp UB, Seifert R. Cyclic nucleotide-gated ion channels. *Physiol Rev*. 2002;82(3):769-824.

[14] Firestein S. How the olfactory system makes sense of scents. *Nature*. 2001;413(6852):211-218.

[15] Kleene SJ. The electrochemical basis of odor transduction in vertebrate olfactory cilia. *Chem Senses*. 2008; 33(9):839-859.

[16] Brunet LJ, Gold GH, Ngai J. General anosmia caused by a targeted disruption of the mouse olfactory cyclic nucleotide-gated cation channel. *Neuron*. 1996;17(4):681-693.

[17] Belluscio L, Gold GH, Nemes A, Axel R. Mice deficient in G(olf) are anosmic. Neuron. 1998;20(1):69-81.

[18] Wong ST, Trinh K, Hacker B, et al. Disruption of the type III adenylyl cyclase gene leads to peripheral and behavioral anosmia in transgenic mice. *Neuron*. 2000;27(3):487-497.

[19] Sakano H. Neural map formation in the mouse olfactory system. *Neuron*. 2010;67(4):530-542.

[20] Mair RG, Gesteland RC, Blank DL. Changes in morphology and physiology of olfactory receptor cilia during development. *Neuroscience*. 1982;7(12):3091-3103.

[21] Adamek GD, Gesteland RC, Mair RG, Oakley B. Transduction physiology of olfactory receptor cilia. *Brain Res*. 1984;310(1):87-97.

[22] Anholt RR, Aebi U, Snyder SH. A partially purified preparation of isolated chemosensory cilia from the olfactory epithelium of the bullfrog, Rana catesbeiana. *J Neurosci*. 1986;6(7):1962-1969.

[23] Chen Z, Pace U, Heldman J, Shapira A, Lancet D. Isolated frog olfactory cilia: a preparation of dendritic membranes from chemosensory neurons. *J Neurosci*. 1986;6(8):2146-2154.

[24] Firestein S, Darrow B, Shepherd GM. Activation of the sensory current in salamander olfactory receptor neurons depends on a G protein-mediated cAMP second messenger system. *Neuron*. 1991;6(5):825-835.

[25] Firestein S, Zufall F, Shepherd GM. Single odor-sensitive channels in olfactory receptor neurons are also gated by

cyclic nucleotides. *J Neurosci*. 1991;11(11):3565-3572.

[26] Zufall F, Firestein S, Shepherd GM. Analysis of single cyclic nucleotide-gated channels in olfactory receptor cells. *J Neurosci*. 1991;11(11):3573-3580.

[27] Lowe G, Gold GH. Contribution of the ciliary cyclic nucleotide-gated conductance to olfactory transduction in the salamander. *J Physiol*. 1993;462:175-196.

[28] Breer H, Boekhoff I, Tareilus E. Rapid kinetics of second messenger formation in olfactory transduction. *Nature*. 1990;345(6270):65-68.

[29] Jones DT, Reed RR. Golf: an olfactory neuron specific-G protein involved in odorant signal transduction. *Science*. 1989;244(4906):790-795.

[30] Bakalyar HA, Reed RR. Identification of a specialized adenylyl cyclase that may mediate odorant detection. *Science*. 1990;250(4986):1403-1406.

[31] Dhallan RS, Yau KW, Schrader KA, Reed RR. Primary structure and functional expression of a cyclic nucleotide-activated channel from olfactory neurons. *Nature*. 1990;347(6289):184-187.

[32] Buck L, Axel R. A novel multigene family may encode odorant receptors: a molecular basis for odor recognition. *Cell*. 1991;65(1):175-187.

[33] Chess A, Simon I, Cedar H, Axel R. Allelic inactivation regulates olfactory receptor gene expression. *Cell*. 1994;78(5):823-834.

[34] Malnic B, Hirono J, Sato T, Buck LB. Combinatorial receptor codes for odors. *Cell*. 1999;96(5):713-723.

[35] Serizawa S, Miyamichi K, Nakatani H, et al. Negative feedback regulation ensures the one receptor-one olfactory neuron rule in mouse. *Science*. 2003;302(5653):2088-2094.

[36] Mombaerts P. Odorant receptor gene choice in olfactory sensory neurons: the one receptor-one neuron hypothesis revisited. *Curr Opin Neurobiol*. 2004;14(1):31-36.

[37] Markenscoff-Papadimitriou E, Allen WE, Colquitt BM, et al. Enhancer interaction networks as a means for singular olfactory receptor expression. *Cell*. 2014;159(3):543-557.

[38] Bradley J, Li J, Davidson N, Lester HA, Zinn K. Heteromeric olfactory cyclic nucleotide-gated channels: a subunit that confers increased sensitivity to cAMP. *Proc Natl Acad Sci USA*. 1994;91(19):8890-8894.

[39] Liman ER, Buck LB. A second subunit of the olfactory cyclic nucleotide-gated channel confers high sensitivity to cAMP. *Neuron*. 1994;13(3):611-621.

[40] Bonigk W, Bradley J, Muller F, et al. The native rat olfactory cyclic nucleotide-gated channel is composed of three distinct subunits. *J Neurosci*. 1999;19(13):5332-5347.

[41] Sautter A, Zong X, Hofmann F, Biel M. An isoform of the rod photoreceptor cyclic nucleotide-gated channel beta subunit expressed in olfactory neurons. *Proc Natl Acad Sci USA*. 1998;95(8):4696-4701.

[42] Zheng J, Zagotta WN. Stoichiometry and assembly of olfactory cyclic nucleotide-gated channels. *Neuron*. 2004;42(3):411-421.

[43] Zhong H, Lai J, Yau KW. Selective heteromeric assembly of cyclic nucleotide-gated channels. *Proc Natl Acad Sci USA*. 2003;100(9):5509-5513.

[44] Sathyanesan A, Feijoo AA, Mehta ST, Nimarko AF, Lin W. Expression profile of G-protein betagamma subunit gene transcripts in the mouse olfactory sensory epithelia. *Front Cell Neurosci*. 2013;7:84.

[45] Li F, Ponissery-Saidu S, Yee KK, et al. Heterotrimeric G protein subunit Ggamma13 is critical to olfaction. *J Neurosci*. 2013;33(18):7975-7984.

[46] Kleene SJ, Gesteland RC. Calcium-activated chloride conductance in frog olfactory cilia. *J Neurosci*. 1991; 11(11):3624-3629.

[47] Kleene SJ. Origin of the chloride current in olfactory transduction. *Neuron*. 1993;11(1):123-132.

[48] Lowe G, Gold GH. Nonlinear amplification by calcium-dependent chloride channels in olfactory receptor cells. *Nature*. 1993;366(6452):283-286.

[49] Kurahashi T, Yau KW. Co-existence of cationic and chloride components in odorant-induced current of vertebrate

olfactory receptor cells. *Nature*. 1993;363(6424):71-74.
[50] Kleene SJ. High-gain, low-noise amplification in olfactory transduction. *Biophys J*. 1997;73(2):1110-1117.
[51] Stephan AB, Shum EY, Hirsh S, Cygnar KD, Reisert J, Zhao H. ANO2 is the cilial calcium-activated chloride channel that may mediate olfactory amplification. *Proc Natl Acad Sci USA*. 2009;106(28):11776-11781.
[52] Rasche S, Toetter B, Adler J, et al. Tmem16b is specifically expressed in the cilia of olfactory sensory neurons. *Chem Senses*. 2010;35(3):239-245.
[53] Pifferi S, Dibattista M, Menini A. TMEM16B induces chloride currents activated by calcium in mammalian cells. *Pflugers Arch*. 2009;458(6):1023-1038.
[54] Billig GM, Pal B, Fidzinski P, Jentsch TJ. Ca^{2+}-activated Cl currents are dispensable for olfaction. *Nat Neurosci*. 2011;14(6):763-769.
[55] Cenedese V, Mezzavilla M, Morgan A, et al. Assessment of the olfactory function in Italian patients with type 3 von Willebrand disease caused by a homozygous 253 Kb deletion involving VWF and TMEM16B/ANO2. *PLoS One*. 2015;10(1):e0116483.
[56] Anholt RR, Rivers AM. Olfactory transduction: cross-talk between second-messenger systems. *Biochemistry*. 1990;29(17):4049-4054.
[57] Borisy FF, Ronnett GV, Cunningham AM, Juilfs D, Beavo J, Snyder SH. Calcium/calmodulin-activated phosphodiesterase expressed in olfactory receptor neurons. *J Neurosci*. 1992;12(3):915-923.
[58] Yan C, Zhao AZ, Bentley JK, Loughney K, Ferguson K, Beavo JA. Molecular cloning and characterization of a calmodulin-dependent phosphodiesterase enriched in olfactory sensory neurons. *Proc Natl Acad Sci USA*. 1995; 92(21):9677-9681.
[59] Yan C, Zhao AZ, Bentley JK, Beavo JA. The calmodulin-dependent phosphodiesterase gene PDE1C encodes several functionally different splice variants in a tissue-specific manner. *J Biol Chem*. 1996;271(41):25699-25706.
[60] Stephan AB, Tobochnik S, Dibattista M, Wall CM, Reisert J, Zhao H. The Na(+)/Ca(2+) exchanger NCKX4 governs termination and adaptation of the mammalian olfactory response. *Nat Neurosci*. 2012;15(1):131-137.
[61] Zufall F, Leinders-Zufall T. The cellular and molecular basis of odor adaptation. Chem Senses. 2000;25(4):473e481.
[62] Wayman GA, Impey S, Storm DR. Ca^{2+} inhibition of type III adenylyl cyclase in vivo. *J Biol Chem*. 1995;270(37):21480-21486.
[63] Wei J, Wayman G, Storm DR. Phosphorylation and inhibition of type III adenylyl cyclase by calmodulindependent protein kinase II in vivo. *J Biol Chem*. 1996;271(39):24231-24235.
[64] Wei J, Zhao AZ, Chan GC, et al. Phosphorylation and inhibition of olfactory adenylyl cyclase by CaM kinase II in neurons: a mechanism for attenuation of olfactory signals. *Neuron*. 1998;21(3):495-504.
[65] Leinders-Zufall T, Ma M, Zufall F. Impaired odor adaptation in olfactory receptor neurons after inhibition of Ca^{2+}/ calmodulin kinase II. *J Neurosci*. 1999;19(14):RC19.
[66] Cygnar KD, Collins SE, Ferguson CH, Bodkin-Clarke C, Zhao H. Phosphorylation of adenylyl cyclase III at serine1076 does not attenuate olfactory response in mice. *J Neurosci*. 2012;32(42):14557-14562.
[67] Sinnarajah S, Dessauer CW, Srikumar D, et al. RGS2 regulates signal transduction in olfactory neurons by attenuating activation of adenylyl cyclase III. *Nature*. 2001;409(6823):1051-1055.
[68] Boekhoff I, Breer H. Termination of second messenger signaling in olfaction. *Proc Natl Acad Sci USA*. 1992; 89(2):471-474.
[69] Cygnar KD, Zhao H. Phosphodiesterase 1C is dispensable for rapid response termination of olfactory sensory neurons. *Nat Neurosci*. 2009;12(4):454-462.
[70] Chen C, Nakamura T, Koutalos Y. Cyclic AMP diffusion coefficient in frog olfactory cilia. *Biophysical J*. 1999;76(5):2861-2867.
[71] Cherry JA, Davis RL. A mouse homolog of dunce, a gene important for learning and memory in Drosophila, is preferentially expressed in olfactory receptor neurons. *J Neurobiol*. 1995;28(1):102-113.
[72] Juilfs DM, Fulle HJ, Zhao AZ, Houslay MD, Garbers DL, Beavo JA. A subset of olfactory neurons that selectively

express cGMP-stimulated phosphodiesterase (PDE2) and guanylyl cyclase-D define a unique olfactory signal transduction pathway. *Proc Natl Acad Sci USA*. 1997;94(7):3388-3395.

[73] Reisert J. Origin of basal activity in mammalian olfactory receptor neurons. *J Gen Physiol*. 2010;136(5):529-540.

[74] Von Dannecker LE, Mercadante AF, Malnic B. Ric-8B, an olfactory putative GTP exchange factor, amplifies signal transduction through the olfactory-specific G-protein Galphaolf. *J Neurosci*. 2005;25(15):3793-3800.

[75] Kerr DS, Von Dannecker LE, Davalos M, Michaloski JS, Malnic B. Ric-8B interacts with G alpha olf and G gamma 13 and co-localizes with G alpha olf, G beta 1 and G gamma 13 in the cilia of olfactory sensory neurons. *Mol Cell Neurosci*. 2008;38(3):341-348.

[76] Zhuang H, Matsunami H. Synergism of accessory factors in functional expression of mammalian odorant receptors. *J Biol Chem*. 2007;282(20):15284-15293.

[77] Reiter E, Lefkowitz RJ. GRKs and beta-arrestins: roles in receptor silencing, trafficking and signaling. *Trends Endocrinol Metab*. 2006;17(4):159-165.

[78] Dawson TM, Arriza JL, Jaworsky DE, et al. Beta-adrenergic receptor kinase-2 and beta-arrestin-2 as mediators of odorant-induced desensitization. *Science*. 1993;259(5096):825-829.

[79] Schleicher S, Boekhoff I, Arriza J, Lefkowitz RJ, Breer H. A beta-adrenergic receptor kinase-like enzyme is involved in olfactory signal termination. *Proc Natl Acad Sci USA*. 1993;90(4):1420-1424.

[80] Peppel K, Boekhoff I, McDonald P, Breer H, Caron MG, Lefkowitz RJ. G protein-coupled receptor kinase 3 (GRK3) gene disruption leads to loss of odorant receptor desensitization. *J Biol Chem*. 1997;272(41):25425-25428.

[81] Kato A, Reisert J, Ihara S, Yoshikawa K, Touhara K. Evaluation of the role of g protein-coupled receptor kinase 3 in desensitization of mouse odorant receptors in a mammalian cell line and in olfactory sensory neurons. *Chem Senses*. 2014;39(9):771-780.

[82] Boekhoff I, Schleicher S, Strotmann J, Breer H. Odor-induced phosphorylation of olfactory cilia proteins. *Proc Natl Acad Sci USA*. 1992;89(24):11983-11987.

[83] Chen TY, Yau KW. Direct modulation by Ca(2+)-calmodulin of cyclic nucleotide-activated channel of rat olfactory receptor neurons. *Nature*. 1994;368(6471):545-548.

[84] Bradley J, Bonigk W, Yau KW, Frings S. Calmodulin permanently associates with rat olfactory CNG channels under native conditions. *Nat Neurosci*. 2004;7(7):705-710.

[85] Munger SD, Lane AP, Zhong H, et al. Central role of the CNGA4 channel subunit in Ca^{2+}-calmodulindependent odor adaptation. *Science*. 2001;294(5549):2172-2175.

[86] Bradley J, Reuter D, Frings S. Facilitation of calmodulin-mediated odor adaptation by cAMP-gated channel subunits. *Science*. 2001;294(5549):2176-2178.

[87] Michalakis S, Reisert J, Geiger H, et al. Loss of CNGB1 protein leads to olfactory dysfunction and subciliary cyclic nucleotide-gated channel trapping. *J Biol Chem*. 2006;281(46):35156-35166.

[88] Kelliher KR, Ziesmann J, Munger SD, Reed RR, Zufall F. Importance of the CNGA4 channel gene for odor discrimination and adaptation in behaving mice. *Proc Natl Acad Sci USA*. 2003;100(7):4299-4304.

[89] Kurahashi T, Menini A. Mechanism of odorant adaptation in the olfactory receptor cell. *Nature*. 1997; 385(6618):725-729.

[90] Boccaccio A, Lagostena L, Hagen V, Menini A. Fast adaptation in mouse olfactory sensory neurons does not require the activity of phosphodiesterase. J Gen Physiol. 2006;128(2):171-184.

[91] Song Y, Cygnar KD, Sagdullaev B, et al. Olfactory CNG channel desensitization by Ca^{2+}/CaM via the B1b subunit affects response termination but not sensitivity to recurring stimulation. *Neuron*. 2008;58(3):374-386.

[92] Liu M, Chen TY, Ahamed B, Li J, Yau KW. Calcium-calmodulin modulation of the olfactory cyclic nucleotide-gated cation channel. *Science*. 1994;266(5189):1348-1354.

[93] Waldeck C, Vocke K, Ungerer N, Frings S, Mohrlen F. Activation and desensitization of the olfactory cAMP-gated transduction channel: identification of functional modules. *J Gen Physiol*. 2009;134(5):397-408.

[94] Pyrski M, Koo JH, Polumuri SK, et al. Sodium/calcium exchanger expression in the mouse and rat olfactory systems.

J Comp Neurol. 2007;501(6):944-958.

[95] Kleene SJ. Limits of calcium clearance by plasma membrane calcium ATPase in olfactory cilia. *PLoS One*. 2009; 4(4):e5266.

[96] Griff ER, Kleene NK, Kleene SJ. A selective PMCA inhibitor does not prolong the electroolfactogram in mouse. *PLoS One*. 2012;7(5):e37148.

[97] Leinders-Zufall T, Greer CA, Shepherd GM, Zufall F. Imaging odor-induced calcium transients in single olfactory cilia: specificity of activation and role in transduction. *J Neurosci*. 1998;18(15):5630-5639.

[98] Castillo K, Restrepo D, Bacigalupo J. Cellular and molecular Ca^{2+} microdomains in olfactory cilia support low signaling amplification of odor transduction. *Eur J Neurosci*. 2010;32(6):932-938.

[99] Lopez F, Delgado R, Lopez R, Bacigalupo J, Restrepo D. Transduction for pheromones in the main olfactory epithelium is mediated by the Ca^{2+} -activated channel TRPM5. *J Neurosci*. 2014;34(9):3268-3278.

[100] Breer H, Boekhoff I. Second messenger signalling in olfaction. Curr Opin Neurobiol. 1992;2(4):439-443.

[101] DiPilato LM, Zhang J. Fluorescent protein-based biosensors: resolving spatiotemporal dynamics of signaling. *Curr Opin Chem Biol*. 2010;14(1):37-42.

[102] Gorshkov K, Zhang J. Visualization of cyclic nucleotide dynamics in neurons. Front Cell Neurosci. 2014;8:395.

[103] DiPilato LM, Zhang J. The role of membrane microdomains in shaping beta2-adrenergic receptor-mediated cAMP dynamics. *Mol Biosyst*. 2009;5(8):832-837.

[104] Odaka H, Arai S, Inoue T, Kitaguchi T. Genetically-encoded yellow fluorescent cAMP indicator with an expanded dynamic range for dual-color imaging. *PLoS One*. 2014;9(6):e100252.

[105] Dyachok O, Isakov Y, Sagetorp J, Tengholm A. Oscillations of cyclic AMP in hormone-stimulated insulin-secreting beta-cells. *Nature*. 2006;439(7074):349-352.

[106] Berbari NF, Johnson AD, Lewis JS, Askwith CC, Mykytyn K. Identification of ciliary localization sequences within the third intracellular loop of G protein-coupled receptors. *Mol Biol Cell*. 2008;19(4):1540-1547.

[107] Follit JA, Li L, Vucica Y, Pazour GJ. The cytoplasmic tail of fibrocystin contains a ciliary targeting sequence. *J Cell Biol*. 2010;188(1):21-28.

[108] Su S, Phua SC, DeRose R, et al. Genetically encoded calcium indicator illuminates calcium dynamics in primary cilia. *Nat Methods*. 2013;10(11):1105-1107.

[109] Delling M, DeCaen PG, Doerner JF, Febvay S, Clapham DE. Primary cilia are specialized calcium signalling organelles. *Nature*. 2013;504(7479):311-314.

[110] Boekhoff I, Tareilus E, Strotmann J, Breer H. Rapid activation of alternative second messenger pathways in olfactory cilia from rats by different odorants. *EMBO J*. 1990;9(8):2453-2458.

[111] Johnson DA, Akamine P, Radzio-Andzelm E, Madhusudan M, Taylor SS. Dynamics of cAMP-dependent protein kinase. *Chem Rev*. 2001;101(8):2243-2270.

[112] Kandel ER. The molecular biology of memory: cAMP, PKA, CRE, CREB-1, CREB-2, and CPEB. *Mol Brain*. 2012;5:14.

[113] Dougherty DP, Wright GA, Yew AC. Computational model of the cAMP-mediated sensory response and calcium-dependent adaptation in vertebrate olfactory receptor neurons. *Proc Natl Acad Sci USA*. 2005;102(30):10415-10420.

[114] De Palo G, Boccaccio A, Miri A, Menini A, Altafini C. A dynamical feedback model for adaptation in the olfactory transduction pathway. *Biophys J*. 2012;102(12):2677-2686.

[115] Feldmesser E, Bercovich D, Avidan N, et al. Mutations in olfactory signal transduction genes are not a major cause of human congenital general anosmia. *Chem Senses*. 2007;32(1):21-30.

[116] Menashe I, Abaffy T, Hasin Y, et al. Genetic elucidation of human hyperosmia to isovaleric acid. *PLoS Biol*. 2007; 5(11):e284.

[117] Franco B, Guioli S, Pragliola A, et al. A gene deleted in Kallmann's syndrome shares homology with neural cell adhesion and axonal path-finding molecules. *Nature*. 1991;353(6344):529-536.

[118] Legouis R, Hardelin JP, Levilliers J, et al. The candidate gene for the X-linked Kallmann syndrome encodes a

protein related to adhesion molecules. *Cell*. 1991;67(2):423-435.

[119] Dode C, Levilliers J, Dupont JM, et al. Loss-of-function mutations in FGFR1 cause autosomal dominant Kallmann syndrome. *Nat Genet*. 2003;33(4):463-465.

[120] Weiss J, Pyrski M, Jacobi E, et al. Loss-of-function mutations in sodium channel Nav1.7 cause anosmia. *Nature*. 2011;472(7342):186-190.

[121] Keydar I, Ben-Asher E, Feldmesser E, et al. General olfactory sensitivity database (GOSdb): candidate genes and their genomic variations. *Hum Mutat*. 2013;34(1):32-41.

[122] Karstensen HG, Mang Y, Fark T, Hummel T, Tommerup N. The first mutation in CNGA2 in two brothers with anosmia. *Clin Genet*. 2015;88(3):293-296.

[123] Chesler AT, Zou DJ, Le Pichon CE, et al. A G protein/cAMP signal cascade is required for axonal convergence into olfactory glomeruli. *Proc Natl Acad Sci USA*. 2007;104(3):1039-1044.

[124] Miyamichi K, Serizawa S, Kimura HM, Sakano H. Continuous and overlapping expression domains of odorant receptor genes in the olfactory epithelium determine the dorsal/ventral positioning of glomeruli in the olfactory bulb. *J Neurosci*. 2005;25(14):3586-3592.

[125] Imai T, Suzuki M, Sakano H. Odorant receptor-derived cAMP signals direct axonal targeting. *Science*. 2006; 314(5799):657-661.

[126] Nakashima A, Takeuchi H, Imai T, et al. Agonist-independent GPCR activity regulates anterior-posterior targeting of olfactory sensory neurons. *Cell*. 2013;154(6):1314-1325.

[127] Serizawa S, Miyamichi K, Takeuchi H, Yamagishi Y, Suzuki M, Sakano H. A neuronal identity code for the odorant receptor-specific and activity-dependent axon sorting. *Cell*. 2006;127(5):1057-1069.

[128] Margolis FL. A brain protein unique to the olfactory bulb. *Proc Natl Acad Sci USA*. 1972;69(5):1221-1224.

[129] Rogers KE, Dasgupta P, Gubler U, Grillo M, Khew-Goodall YS, Margolis FL. Molecular cloning and sequencing of a cDNA for olfactory marker protein. *Proc Natl Acad Sci USA*. 1987;84(6):1704-1708.

[130] Graziadei GA, Stanley RS, Graziadei PP. The olfactory marker protein in the olfactory system of the mouse during development. *Neuroscience*. 1980;5(7):1239-1252.

[131] Cockerham RE, Puche AC, Munger SD. Heterogeneous sensory innervation and extensive intrabulbar connections of olfactory necklace glomeruli. *PLoS One*. 2009;4(2):e4657.

[132] Li J, Ishii T, Feinstein P, Mombaerts P. Odorant receptor gene choice is reset by nuclear transfer from mouse olfactory sensory neurons. *Nature*. 2004;428(6981):393-399.

[133] Kang N, Kim H, Jae Y, et al. Olfactory marker protein expression is an indicator of olfactory receptor-associated events in non-olfactory tissues. *PLoS One*. 2015;10(1):e0116097.

[134] Buiakova OI, Baker H, Scott JW, et al. Olfactory marker protein (OMP) gene deletion causes altered physiological activity of olfactory sensory neurons. *Proc Natl Acad Sci USA*. 1996;93(18):9858-9863.

[135] Youngentob SL, Margolis FL. OMP gene deletion causes an elevation in behavioral threshold sensitivity. *Neuroreport*. 1999;10(1):15-19.

[136] Youngentob SL, Margolis FL, Youngentob LM. OMP gene deletion results in an alteration in odorant quality perception. *Behav Neurosci*. 2001;115(3):626-631.

[137] Lee AC, He J, Ma M. Olfactory marker protein is critical for functional maturation of olfactory sensory neurons and development of mother preference. *J Neurosci*. 2011;31(8):2974-2982.

[138] Reisert J, Yau KW, Margolis FL. Olfactory marker protein modulates the cAMP kinetics of the odour-induced response in cilia of mouse olfactory receptor neurons. *J Physiol*. 2007;585(Pt 3):731-740.

[139] Kwon HJ, Koo JH, Zufall F, Leinders-Zufall T, Margolis FL. Ca extrusion by NCX is compromised in olfactory sensory neurons of OMP mice. *PLoS One*. 2009;4(1):e4260.

[140] Baldisseri DM, Margolis JW, Weber DJ, Koo JH, Margolis FL. Olfactory marker protein (OMP) exhibits a beta-clam fold in solution: implications for target peptide interaction and olfactory signal transduction. *J Mol Biol*. 2002;319(3):823-837.

[141] Smith PC, Firestein S, Hunt JF. The crystal structure of the olfactory marker protein at 2.3 A resolution. *J Mol Biol*. 2002;319(3):807-821.

[142] Behrens M, Margolis JW, Margolis FL. Identification of members of the Bex gene family as olfactory marker protein (OMP) binding partners. *J Neurochem*. 2003;86(5):1289-1296.

CHAPTER 8

第 8 章 嗅觉感官神经元中环化单磷酸鸟苷信号

特雷斯·莱因德斯－祖弗，帕布罗·查梅罗
萨尔兰大学医学院综合生理学与分子医学中心生理学系，德国洪堡

概　要

引　言

细胞内第二信使环化单磷酸鸟苷（cGMP）通过调控不同的信号级联影响和调节各种的生理过程。有两种类型的鸟苷酸环化酶——可溶性鸟苷酸环化酶（sGC）和颗粒性鸟苷酸环化酶（pGC，亦称为受体鸟苷酸环化酶、膜结合鸟苷酸环化酶）——两者都能合成 cGMP[1]。这两种鸟苷环化酶都已经在嗅觉组织中被发现，但并非所有亚型[2-7]。sGC 为无所不在的细胞溶质受体，它们被气态信使激活。sGC 激活剂特别是产生气态信使的酶的存在看起来在嗅觉调控中具有差异。pGC 是一个含有 7 个膜结合蛋白的家族，其中 2 个（GC-D 和 GC-G）发现存在于某些嗅觉感官神经元（OSN）中。cGMP 的降解完全通过环化核苷酸磷酸二酯酶路径发生。在此过程中，cGMP 会充当某些 PDE 活性的调节器，从而影响另一种环化核苷酸 cAMP 的细胞内浓度[8]。这样的环化核苷酸之间的交互通话，跟存在的好几种 cGMP 合成和降解成分和存在的像环化核苷酸门控通道（CNG）一样截然

不同的目标分子一起会对 OSN 的生理功能产生深远的影响。在这篇综述中，我们聚焦眼下与 cGMP 如何被合成和降解并对 OSN 中的目标分子（例如，CNG）施加影响有关的知识。

可溶性鸟苷酸环化酶

sGC［图 8-1（A）］是一种能够促进 cGMP 形成的细胞内受体[9-13]。它是一种由 1 个 α 亚基和 1 个血红素结合 β 亚基组成的异源二聚体。每一个亚基都被发现存在 2 个同种异构体，其中最常见的形态为 α1β1 蛋白[13]。因为它的血红素结合域从被称为血红素－氧化氮/氧结合域蛋白的细菌蛋白家族进化而来的原因，sGC 能充当气体传感器的功能[14,15]。这个含有血红素基团的域融合了一个与腺苷酸环化酶非常相似的催化域[16]，只不过在这种情况下将三磷酸鸟苷（GTP）转化为 cGMP。sGC 结合类似一氧化氮（NO）和一氧化碳（CO）的分子，它们称为气体信使或者气体调节分子。在这两种气体调节分子中，NO 是更强有力的 sGC 激活剂[17]。在室温下，气体－sGC 络合物的半衰期范围介于 4 min 和 3 h 之间[18,19]。另一种 sGC 激活剂为原卟啉Ⅸ（一种血红素前体），其功能发挥不是与血红素无关就是与 NO 无关[20]。为了支撑 sGC 的催化活性从而生成 cGMP，需要像 Mg^{2+} 和 Mn^{2+} 一样的二价正离子，并与 GTP 络合。有趣的是，经由 NO/CO 感知 sGC 的 cGMP 生成可以通过 ATP 对 NO 结合和解离的影响进行调节[21,22]（在 Derbyshire 和 Marletta[13] 的综述中可以找到其他参考文献）。

在蠕虫、蝇子和哺乳动物中，捕食者、猎物和配偶的存在，以及食物品质都可以通过化学感官神经元对环境呼吸气体含量的探测而被感知到[23]。呼吸气体主要为氧气（O_2）和二氧化碳（CO_2），还有少量的 NO。含量最多的 sGC 形态，α1/β1 异源二聚体[24,25]，并不能够与最主要的呼吸气体 O_2 形成稳定的络合物[15]。然而，O_2 上的变化却可以被蠕虫和蝇子中所谓的非典型 sGC 探测到。然而，还没有哺乳动物中存在这些非典型 sGC 的报道。秀丽隐杆线虫（*Caenorhabditis elegans*）与 O_2 变化发生响应从而平衡其对环境的需求：低的 O_2 降低能量生成而高的 O_2 诱发氧化应激。表达在两个不同神经元中的非经典 sGC——GCY-35/36 和 GCY-31/33 需要一个优选的环境，而且通过与 O_2 升高或降低分别响应而起作用[26-28]。类似地，O_2 敏感性 sGC 在昆虫中同时介导高氧和低氧环境中的摄食行为[23,29]。于是，蠕虫和蝇子同时使用两种非典型 sGC 来感知某一特定设定点之上或之下的 O_2 水平。如果体内平衡受到干扰，与所表达的非经典 sGC 无关的化学感官神经元通过升高 cGMP 而发生响应，从而激活 CNG 引发一个去极化并导致

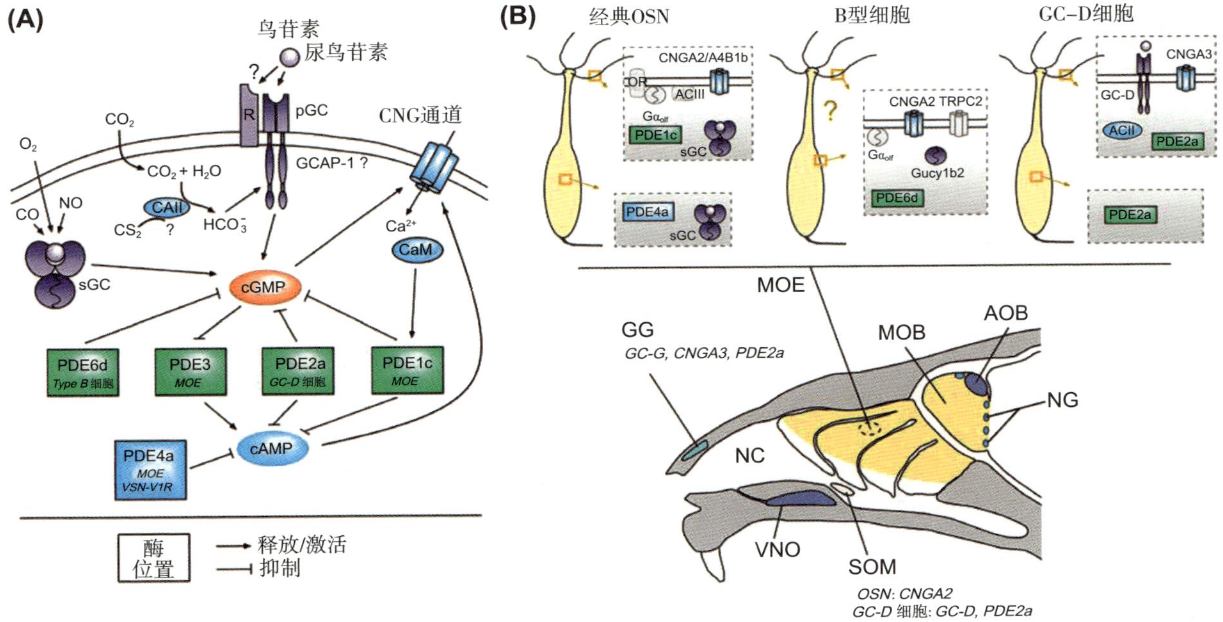

图8-1　（A）哺乳动物cGMP信号转导示意图，其依赖cGMP合成（紫罗兰色）和降解（绿色）之间的平衡来影响靶标分子的功能。cGMP由sGC或pGC产生。OSN中鸟苷酸环化酶（GC）的分布取决于它们的同工型。因而，一个OSN内不同GC的表达可能引起局部的cGMP浓度变化。同样，cGMP降解酶、磷酸二酯酶（PDE）的存在可以调节cGMP水平。感官神经元的单独细胞区室中存在多个PDE，每一个都有不同的调节特性，它们可以形成影响cGMP信号转导的负反馈回路。然而，人们尚不清楚在任一给定OSN中会存在何种cGMP调节分子组合。（B）啮齿动物嗅觉系统的结构（侧视）和已知的嗅觉神经元亚群中cGMP相关分子表达，特别是在3个MOE神经元中：典型OSN，B型和GC-D细胞。各个子系统中的感官神经元都表达特定的且相同的cGMP依赖性分子。并非所有在正文中提到的以及已知存在于外周嗅觉系统中的分子都有显示，因为对于这些分子，人们尚不清楚它们会被哪些OSN表达。AOB，副嗅球；GG，格伦贝格神经节；MOB，主嗅球；MOE，主嗅觉上皮；NC，鼻腔；NG，项链嗅小球；SOM，Masera中隔器官；VNO，犁鼻器；VSN-V1R，表达1型犁鼻器受体（V1R）的VSN亚群

动物规避变化的 O_2 源。有趣的是，最近从鼠类位于主嗅觉上皮（MOE）的 OSN 亚群中发现一个 sGC β2 亚基 GUCY1B2 [6]，MOE 含有几个充当特定化学感官角色的嗅觉子系统［图 8-1（B）］。还不清楚 GUCY1B2 是否属于非典型的 sGC，不过据推测 GUCY1B2 与 NO 或 O_2 的一种变化发生响应。在异源系统中，这个 β2 亚基在用 NO 刺激时能够在 α 亚基不存在的情况下生成 cGMP，但是需要存在二价锰正离子 [30]。第二个主要呼吸气体 CO_2 的嗅觉察觉主要取决于通过调整碳酸氢根离子而引发的 pGC 活性（见后文）。因此，人们普遍认为 sGC 充当的是脊椎动物 OSN 中一个 NO 或 CO 的传感器。

依据对生成 sGC 激活剂 NO 或 CO 必要的酶［即一氧化氮合成酶（NOS）、烟酰胺腺嘌呤二核苷酸磷酸脱氢酶或血红素加氧酶］的表达和 cGMP 水平或者 CNG 活性的测定，人们提出了 sGC 诱发的 cGMP 信号在嗅觉中扮演的两种不同角色 [4,7,9,31]。sGC 诱发 cGMP 信号的功能强烈依赖 NO 生成酶或者 CO 生成酶的表达，这些酶随 OSN 成熟发生变化。在第一个角色中，与成熟的经典 OSN 中的气味觉察有关，cGMP 调节 CNG 水平上的初级转导路径。简言之，经典脊椎动物 OSN 对气味刺激的最主要响应是 cAMP 快速升高，这将激活 CNG，引发一个视其大小是否产生动作电位的受体电势（参阅第 7 章）。经典 OSN 中的 CNG 是一个由 3 个完全不同亚基（CNGA2、CNGA4 和 CNGB1B）构成的异源多聚体蛋白质。一个该通道的有趣特征在于它不仅能被 cAMP 门控，也能被 cGMP 门控 [32–35]，而这一通道对 cGMP 表现的亲和性居然高于 cAMP [36–38]。气味刺激还导致 cGMP 升高，只不过这种 cGMP 的升高发生在一个更慢的时间尺度上 [7,31,39,40]。细胞 cGMP 浓度升高是由 sGC 作为气味引发的 CO 生成酶血红素加氧酶 -2 活性的结果而产生。cGMP 引发的钙渗透性 CNG 的持续性活性造成 OSN 纤毛中钙的长时间升高，这反过来又会促进各种依赖钙降低气味响应性的过程 [41]。人们尚不清楚嗅觉受体激活与 CO 合成相耦合的机制。考虑到 cGMP 响应的时间性，它的作用可能是作为一个气味适应的反馈信使，影响 CNG 开放概率 [4,42]。另一个由 sGC 引发 cGMP 信号所启动的长期适应性响应可能涉及腺苷酸环化酶活性 [7] 的扩增或 Epac（用于像 Ras 一样 GTP 酶的 cAMP 激活鸟苷酸交换因子）的调制 [43]。这些作用可能会影响与转录调控有关的长期事件，从而提高存活的 OSN [44]。

对 sGC 引发 cGMP 所建议的第二个角色是由瞬时表达 NOS 和另一个 CO 生成酶血红素加氧酶 -1 引起的 MOE 神经元的增殖或成熟 [31,45,46]。然而，NOS 存在于成熟的牛 MOE 神经元中，这对 NOS 介导 cGMP 可能影响该物种的发育和再生提出了质疑。

脊椎动物嗅觉系统的 sGC 分布和同种异构体问题基本上还没人研究。尽管 MOE 的纤毛层中存在 sGC[47–49]，然而感官上皮目前因其不同的 OSN 亚型更为人熟知。某些的 OSN 亚型会表达 pGC（见后文），这将使此处的 cGMP 信号变得非常迷人，特别是在这些神经元中同时存在这两种 GC 的情况下。

膜结合鸟苷酸环化酶

cGMP 水平还可以通过 pGC［图 8–1（A）］进行调制[1,2,50]。这些分子通常为同源二聚体，其中每个多肽都包含 1 个细胞外配体结合域、1 个跨膜片段、1 个细胞内蛋白激酶样结构域和 1 个 C– 端催化域。哺乳动物能表达多至 7 个的 pGC 同种异构体：GC–A 至 GC–G[5,51,52]。其中，从 2 个 OSN 亚群中鉴定出了 GC–D 和 GC–G，在 MOE 内发现了表达 GC–D 的 OSN，而 GC–G 则被发现存在于一个单独的化学感官器官格伦贝格神经节中［图 8–1（B）］。pGC 最初被人们认为是细胞外配体或细胞蛋白的受体，不过现在看起来 pGC 可以被细胞外和细胞内两种信号途径同时调节[1,50]。

GC–A 和 GC–B 能够被钠利尿肽激活[53]。细菌肠毒素，以及鸟苷家族肽鸟苷素和尿鸟苷素都对 GC–C 有刺激[54]。哺乳动物中表达 GC–D 的 OSN 所扮演的首个角色是充当 CO_2 的传感器[55]。然而，不论是细胞外配体还是细胞内配体，即鸟苷素、尿鸟苷素和碳酸氢根离子都能激活 GC–D[56–59]［图 8–1（A）］。CO_2 在溶液中很容易转化为碳酸氢根离子，一个由同一嗅觉感官神经元中存在的碳酸酐酶加速的反应[55,58,59]。有趣的是，碳酸酐酶可能还会改变二硫化碳（CS_2）的代谢[60–62]。鸟苷素、尿鸟苷素和 CS_2 每一种都能促进与食物相关的社会学习，一个依赖 MOE 中 GC–D 存在的功能[59,63,64]。从前面提到的发现，可以想象除鸟苷素和尿鸟苷素之外，碳酸氢根离子也充当了 GC–D 活性的催化剂。在哺乳动物光受体中表达的 GC–E 和 GC–F 并不具有受体结构域的已知配体。它们的蛋白激酶样结构域与细胞内结合 Ca^{2+} 的 GC 激活蛋白 GCAP–1 和 GCAP–2 结合来刺激 GC 活性。尽管在 OSN 中并未鉴定出 GC–E 和 GC–F，然而 MOE 的纤毛层却表达视网膜 GCAP–1[48]。人们目前尚不清楚 GCAP–1 在 OSN 中的分子伙伴，因而也不了解它的功能。其他像 p21 激活激酶一样的小分子也可以直接激活 pGC[65]，包括 GC–D[51]。GC–G 为嗅觉组织中发现的其他 pGC[52]，包含一个结构上类似 GC–A 和 GC–B 的细胞外结构域。不过，该受体依然不能够被钠利尿肽激活。如同表达 GC–G 的 HEK293 人体肾细胞和神经元样 NG108 细胞中所示的，GC–G 对细胞内的碳酸氢根离子具有敏感性[66]。GC–G 还可能充当一个低温的传感器，并因此被认为是格伦贝格神经节中的热敏性蛋白质[67]，其感官神经元与温度下降响应[68]。温度下降诱发 GC-G 活性的机制尚不清楚。同样地，从秀丽隐杆线虫得到的 pGC 亚型 GCY-12 可在异源系统中被低温所调节[69]。然而，gcy-12 似乎并不在活体的温度感知中扮演一个角色[70]。在此情况下，秀丽隐杆线虫的趋温性依赖 pGC（GCY-8/18/23）的存在，导致 CNG 激活和最终的膜电势变化[70]。在这个例子中，热受体被认为是一个 G 蛋白耦联受体或者 3 个 pGC GCY-8/18/23。另一项秀丽隐杆线虫的研究提出了一个涉及 GCY-8（非 GCY-18/23）和 2A 型磷酸二酯酶（PDE2A）的信号级联，其通过温度依赖性方式调控 cGMP 水平[71]。如果不考虑机制，秀丽隐杆线虫或小鼠格伦贝格神经节中的温度感知似乎改变细胞内 cGMP 的水平。

脊椎动物外周嗅觉系统中 pGC 的分布目前被认为仅限于 2 个 OSN 的亚群：表达 GC-D 的 OSN[51,72]和一群表达 GC-G 的格伦贝格神经节的神经元[52]。表达 GC-D 的 OSN 主要存在于 MOE 内而且只限于小鼠嗅觉鼻甲上一个很宽但很明确的细胞区域，其聚集在每一种内鼻甲背缘的热点[3,51]。GC-D 蛋白看起来在嗅觉纤毛中表达浓度最高[72]。这些表达 GC-D 的 OSN 因其在信号转导级联上的差异明显不同于经典的 OSN。与使用 cAMP 转导气味刺激（见前文和第 7 章）的经典 OSN 不同，表达 GC-D 的 OSN 使用一个 cGMP 介导的信号级联，包括 cGMP 敏感性 CNGA3 和 PDE2A 转导化学感官信号[56,72]。表达 GC-D 的 OSN 投射到嗅球尾部区域（颈）的一圈嗅小球上，并因此被称为项链嗅小球[73,74]（见“延伸阅读”）。

表达 GC-G 的神经元是啮齿动物格伦贝格神经节神经元的一个亚群[52]，其可以从鼻腔的背部顶点看到。像 MOE 中表达 GC-D 的 OSN 一样，这些神经元表达 cGMP 敏感性 CNGA3 和 PDE2A[52,68,75,76]。他们的神经分布于项链嗅小球附近和副嗅球中的一个区域[55,77]。目前，人们还不清楚 GC-G 表达是依赖神经元的成熟还是依赖动物的发育阶段（出生后 0~10 天）。例如，很大一部分的格伦贝格神经节神经元都在胚胎晚期和新生儿期，但不在成年期表达痕量胺相关受体（TAAR，参阅第 4 章）[78]。类似地，从新生小鼠获得的格伦贝格神经节神经元对化学感官刺激响应很广，这与成年神经元的情况相反[79,80]，说明这些感官神经元的功能角色在发育过程中发生了巨大变化。考虑到所有格伦贝格神经节神经元似乎都能感知温度变化并且表达 cGMP 依赖性通道 CNGA3，如同秀丽隐杆线虫的情况，这种脊椎动物器官有可能存在多个温度感受器。

pGC 引发的 cGMP 信号在这两种 OSN 亚群中扮演的是什么角色？用尿液、鸟苷素、尿鸟苷素、CS_2 或 CO_2 刺激表达 GC-D 的 OSN 导致细胞膜去极化和一个既依赖 GC-D 表达又依赖 CNGA3 表达的动作电势频率的升高[55,56,59]。在一个异源系统中，尿鸟苷素引

延伸阅读

项链系统

嗅觉感官信息最初在 MOB 中加工。轴突向 MOB 特定区域的投射取决于 OSN 的种类。它们的终点在被称为嗅小球的特征球体形状内。它们在那里与来自投射神经元（僧帽 / 簇状细胞）和球旁中间神经元的树突形成突触。项链系统包含主要从位于 MOE 内的 GC-D 阳性 /CNGA3 阳性 OSN 中接受输入的嗅小球。这些嗅小球在 MOB 后面的梗（颈）周围形成一个环[73,74]。它们由大约 20 个嗅小球 / 嗅球构成，在它们的鉴定中使用了对 PDE2A 的免疫细胞化学和通过基因靶向的遗传标记方法[56,72,77]。单个的项链嗅小球既接受来自 GC-D 阳性 /PDE2A 阳性 OSN 的输入，也接受来自 GC-D 阴性 /PDE2A 阴性 OSN 的输入，因此看起来像一种异质群体[77,112,113]。表达 GC-G 的感官神经元即格伦贝格神经节神经元的亚群轴突投射至 AOB 附近的尾部 MOB 的背面，为大约 10 个嗅小球供应神经[73]。除 GC-G 之外，格伦贝格神经节神经元表达——如同 GC-D 神经元——cGMP 依赖性通道 CNGA3 和 cGMP 降解酶 PDE2A[68,75,76]。然而，它们并不表达 GC-D 或碳酸酐酶 II。因为这两种类型的神经元均对 PDE2A 呈阳性[52,72,76]，人们很难区别这两种为相同区域提供神经的投射[114]。在一个遗传模型中，GC-D 阳性 OSN 还被发现为项链区域前端的众多小号嗅小球供应神经[55,77]，表明有某种程度的功能分化。项链系统的功能复杂程度尚属未知。人们认为它在气味诱导与食物相关的社会学习中扮演了一个角色，因为这种行为在具有表达 GC-D 的 OSN 却又不能够与鸟苷素、尿鸟苷素或 CS_2 发生响应的动物中已被废除[59,63]。使用项链嗅小球区域的电生理记录使用或者利用即刻早期基因 *c-Fos* 的免疫检测来发现项链系统神经活性的实验同时也表明小鼠的内生规避行为被这种 cGMP 依赖性系统所调控。引发这种行为的既可以是 CO_2[55]，也可以是特殊的捕食者气味[79,80]。在后者的研究中，捕食者气味 2- 丙基硫杂环丁烷引发的项链系统活性完全取决于格伦贝格神经节神经元激活和一个功能性 CNGA3。相比之下，由捕食者气味分子 2,4,5- 三甲基噻唑啉（TMT）引发的项链系统活性则不依赖 CNGA3 表达，而且切断与格伦贝格神经节的轴突连接时活性只略微降低[79]。因此，项链系统看起来似乎接受其他来自格伦贝格神经节外的感官输入，最有可能来自 MOE 中的神经元。

发的 GC-D 活性使细胞内 cGMP 浓度升高[57]。与表达 GC-D 的 OSN 类似，格伦贝格神经节中表达 GC-G 的神经元也表达与 cGMP 有关的信号蛋白[52,68,75,76]。提高这些格伦贝格神经节神经元中的细胞内 cGMP 水平同样会引发一个兴奋性响应和一个细胞内钙离子浓度升高[68,81]。因此，看起来在化学感官信号的初级转导中，两种嗅觉神经元亚群都使用了 pGC 引发的 cGMP 信号。

环化核苷酸磷酸二酯酶

环化核苷酸 PDE［图 8-1（A）］为水解 cAMP 或 cGMP 中的磷酸二酯键的酶。结构上，所有哺乳动物的 PDE 都享有一个共同的特征，其中 N- 端为一个调节域而 C- 端为一个保守的催化域。由于具有各种各样的磷酸化相互作用位点、小分子配体结合位点、蛋白 - 蛋白相互作用和二聚结构域的原因，PDE 调节 cGMP 信号的定位、持续时间和幅度[82-84]。PDE 因此有可能在信号特异性和信号区室化中发挥重要的作用。依据它们的底物特异性可以对 11 个 PDE 家族进行划分：一些对 cAMP 有选择性（PDE4、7~8），一些对 cGMP 有选择性（PDE5、6 和 9），而其他对两种环化核苷酸都有选择性（PDE1~3 和 10~11）。每一个 PDE 家族都可以依据它的剪接变异体再细分。在哺乳动物 OSN 中，最初发现的 PDE 有 3 个：cGMP/cAMP 敏感性同种异构体 PDE1C 和 PDE2A，以及 cAMP 敏感性 PDE4A[6,55,56,72,85-89]。然而，对鼠类嗅觉神经元转录组进行深度测序揭示所有 11 个 PDE 基因家族在嗅觉上皮中的表达[90]。在 MOE 神经元中，含量最多的 cGMP- 特异性 PDE 为 PDE6D。其他 cGMP 敏感性 PDE 包括 PDE3A、3B、5A、6G、9A、10A 和 11A[90]。人们还没有搞清楚这些 cGMP 敏感性 PDE 的细胞定位，以及它们在嗅觉探测和加工中的功能。从其他系统获得的知识表明，根据 PDE 同种异构体的不同，cGMP 的升高会影响 cAMP 水平。例如，激活的 PDE2 能引起 cAMP 浓度降低[91]，而 PDE3 被 cGMP 抑制能引起 cAMP 浓度升高[92]［图 8-1（A）］。这种通过调节环化核苷酸浓度的交互通话可显著影响气味响应性，并因此控制离子通道的开放概率和细胞膜去极化。经典 MOE 神经元中的 CNG，不论是受 cGMP 门控还是受 cAMP 门控，都特别容易受这种交互通话的影响。

cGMP/cAMP 敏感性 PDE1C[93]位于经典 OSN 的纤毛中[72,85]。有人曾认为 PDE1C 起至关重要的作用，因它通过水解气味引发的 cAMP 而快速终止感官响应；然而，气味引发的发生器电势并未在 PDE1C 缺乏小鼠中延长，正如通过电嗅香图记录所看到的[85]。相反，缺乏 PDE1C 的神经元对重复气味刺激表现出敏感性降低，而缺乏 PDE4A 时没有明显的效果。只有同时消除 PDE1C 和 PDE4A 时感官响应终止才会延长[85]。鉴于在 OSN 中心发现的 PDE[90]，有可能在消除 PDE1C 之后正向调节另一个 PDE 会妨碍最终的结果并阻止感官响应终止动力学发生预期的变化。此外，某一方面的 cGMP

（以及 cAMP）信号还没有完全搞清楚，而且还提出了一些与环化核苷酸信号的动力学和能量学相关的生理问题。像钙离子一样，环化核苷酸具有多个靶点，必须有差异调控而且它们位于细胞不同区域内。此外，对嗅觉感官神经元而言，有关它们分子靶点的环化核苷酸的信号特异性（例如会引起截然不同的 PDE 活性）仍相对不够清楚。合成环化核苷酸需要很高的能量表明将这些分子的生成限制在一定区域内对细胞而言是有益的。因此，具备检测区域化细胞内环化核苷酸信号的方法对研究人员会非常有用。

监控 cGMP 变化的技术

获得大部分细胞和组织中 cGMP 的准确、可靠测定方法是极具挑战性的，OSN 的情况也不例外。用于测定 cGMP 的经典生物化学方法要么是基于利用放射活性标记 cGMP 的放射性免疫测定法，要么是基于酶联免疫分析的方法。这些方法尽管非常灵敏和有特异性，但却因为缺乏时间和空间分辨率而不太适合用于单个细胞中 cGMP 的实时测定。考虑到 cGMP 信号可能在细胞溶质中分布不均匀，不过很可能是在亚细胞微区内分配的，对亚细胞水平上的高空间分辨率的需求特别关键[94]。采用 CNG 作为 cGMP 传感器部分上解决了该问题[95-97]。依据它们亚基构成的不同，CNG 既能结合 cGMP，又能结合 cAMP，并且在高含量的环化核苷酸存在时被激活[36-38,98]。然而，这种方法是间接的：cGMP 和 cAMP 本身没有被监控到，只不过是利用电生理或钙成像方法分别对正离子电流或细胞内钙流进行了监控。新的基于荧光费斯特共振能量转移（FRET）指示剂对实时 cGMP 检测进行了改进。创造这些基因编码指示剂的常见策略是将一个 cGMP 敏感性结构域夹在两个荧光蛋白突变体之间——通常为青色荧光蛋白和黄色荧光蛋白。cGMP 的结合引发传感器内一个构象变化，调节荧光蛋白之间的能量转移。这个传感器在动力学、结合亲和力和环化核苷酸特异性方面各不相同，但主要取决于所用 cGMP- 响应蛋白的类型。许多这样的传感器——术语为“小天鹅”（cygnet）——含有被截断一部分的 cGMP 激酶Iα（cGKIα），以及 cGMP 结合域[99]。利用一个“小天鹅”生物传感器，培养嗅觉感官神经元中的气味引发 cGMP 合成不仅被证明依赖经由气体信使的 sGC 激活，而且似乎还需要 cAMP[43]。人们还开发了其他各种 FRET 传感器，它们要么使用较短的（cGi500）或较长的（CGY-Dell）cGK Iα 结构域，要么显示 cGMP 结合在 PDE2 和 PDE5 的 GAF 结构域中[100-103]。对秀丽隐杆线虫化学感官神经元采用 FRET 技术揭示 cGMP 动力学在细胞隔室之间存在差异。这些动力学是由持续的 Ca^{2+} 和 cGMP 两者水平升高所诱发的竞争性负反馈回路形成的，而这两者自身又由 O_2 敏感性非经典 GC 引发并由不同的 PDE 协调[104]。这一广泛的 FRET 传感器库提供了多种多样的敏感性、动力学属性和选择性，允许人们详细研究细胞内 cGMP 信号。除此之外，这些传感器还可基因编码，因而能够把特定的亚细胞隔室和细胞种类作为靶标，使多个第二信使（例如钙和 cAMP）同时成像成为可能[105]。

大部分依赖 FRET 的生物传感器的不足之处在于它们动态范围和时间分辨率低，以及在活体记录中深部组织表现不佳。因此，新的非 FRET 传感器（例如，与 cGMP 结合域融合的环状排列绿色荧光蛋白）也被开发出来[106]。这个技术，最初用于制造荧光钙传感器[107]，监控在 cGMP 结合引发构型变化后 cpGFP 荧光强度的升高。因 FlincG（cGMP 的荧光指示剂）而知名，这些传感器采用不同的截短 cGKI变体作为 cGMP 结合域，得到大量的 cGMP 动态范围、解离常数和选择性[106,108]。

FRET 和 FlincG 两种传感器都是需要一个外光源的荧光传感器。高水平的自体荧光或结合其他光敏系统的研究可能会限制这种基于荧光的方法。由于具有好的信噪比，生物发光为荧光传感器提供了一个良好的替代品。这导致人们开发了使用生物发光共振能量转移（BRET）监控环化核苷酸的传感器。与 FRET 的工作机制类似，BRET 利用从供体酶（例如通过一个荧光素酶反应）得到的能量激发一个靠近供体酶的荧光蛋白。用于 cGMP 信号的 BRET 传感器使用的是夹在 GFP 和荧光素酶之间的 cGMP 结合域，例如从 PDE5 得到的 GAF 结构域[109]。

从这个简短的概述中可以明显看出，人们已经开发了很多种允许直接观察完整活细胞中 cGMP 信号的生物传感器（一个更为完整的概述，见 Sprenger 等的研究[110]）。此外，新的以特定微结构域为目标的传感器目前还在研制中。这些新的 cGMP 生物传感器可能有助于因化学感官刺激引发的嗅觉神经元不同隔室内的 cGMP 动力学研究，因为它们可能会提供无与伦比的空间和时间分辨率，从而解决了完整嗅觉组织中与 cGMP 亚细胞异质性有关的问题。

展　望

未来仍然有许多悬而未决的问题和激动人心的挑战。存在很多种控制 OSN 中 cGMP 水平的调控机制而且它们可能对局部的 cGMP 动力学有显著影响。然而，人们仍不清楚许多这样的调控子位于 OSN 内的什么地方。不仅阐明它们在神经元内和在嗅觉系统不同子系统中的位置是非常重要的，而且考察调节 cGMP 水平的精确细胞成分即 GCs、众多的 PDE，以及未讨论的蛋白激酶和磷酸酶也是有价值的[111]。除此之外，环化核苷酸调控系统之间的对话同样值得特别关注，因为它容许对气味分子引发的激活、感官响应适应性，以及 OSN 中长期细胞响应，如转录激活和神经元发育进行微调。

参考文献

[1] Lucas KA, Pitari GM, Kazerounian S, et al. Guanylyl cyclases and signaling by cyclic GMP. *Pharmacol Rev*. 2000;52(3):375-414.

[2] Gibson AD, Garbers DL. Guanylyl cyclases as a family of putative odorant receptors. *Annu Rev Neurosci*. 2000;23:417-439.

[3] Munger SD, Leinders-Zufall T, Zufall F. Subsystem organization of the mammalian sense of smell. *Annu Rev Physiol*. 2009;71:115-140.

[4] Zufall F, Leinders-Zufall T. The cellular and molecular basis of odor adaptation. *Chem Senses*. 2000;25(4):473-481.

[5] Zufall F, Munger SD. Receptor guanylyl cyclases in mammalian olfactory function. *Mol Cell Biochem*. 2010;334(1e2):191-197.

[6] Omura M, Mombaerts P. Trpc2-expressing sensory neurons in the mouse main olfactory epithelium of type B express the soluble guanylate cyclase Gucy1b2. *Mol Cell Neurosci*. 2015;65.

[7] Moon C, Simpson PJ, Tu Y, Cho H, Ronnett GV. Regulation of intracellular cyclic GMP levels in olfactory sensory neurons. *J Neurochem*. 2005;95(1):200-209.

[8] Zaccolo M, Movsesian MA. cAMP and cGMP signaling cross-talk: role of phosphodiesterases and implications for cardiac pathophysiology. *Circ Res*. 2007;100(11):1569-1578.

[9] Verma A, Hirsch DJ, Glatt CE, Ronnett GV, Snyder SH. Carbon monoxide: a putative neural messenger. *Science*. 1993;259(5093):381-384.

[10] Garthwaite J, Garthwaite G, Palmer RM, Moncada S. NMDA receptor activation induces nitric oxide synthesis from arginine in rat brain slices. *Eur J Pharmacol*. 1989;172(4e5):413-416.

[11] Bredt DS, Snyder SH. Nitric oxide mediates glutamate-linked enhancement of cGMP levels in the cerebellum. *Proc Natl Acad Sci USA*. 1989;86(22):9030-9033.

[12] Ignarro LJ. Signal transduction mechanisms involving nitric oxide. *Biochem Pharmacol*. 1991;41(4):485-490.

[13] Derbyshire ER, Marletta MA. Structure and regulation of soluble guanylate cyclase. *Annu Rev Biochem*. 2012;81:533-559.

[14] Iyer LM, Anantharaman V, Aravind L. Ancient conserved domains shared by animal soluble guanylyl cyclases and bacterial signaling proteins. *BMC Genomics*. 2003;4(1):5.

[15] Derbyshire ER, Marletta MA. Biochemistry of soluble guanylate cyclase. *Handb Exp Pharmacol*. 2009;(191):17-31.

[16] Sunahara RK, Beuve A, Tesmer JJ, Sprang SR, Garbers DL, Gilman AG. Exchange of substrate and inhibitor specificities between adenylyl and guanylyl cyclases. *J Biol Chem*. 1998;273(26):16332-16338.

[17] Stone JR, Marletta MA. Soluble guanylate cyclase from bovine lung: activation with nitric oxide and carbon monoxide and spectral characterization of the ferrous and ferric states. *Biochemistry*. 1994;33(18):5636-5640.

[18] Sharma VS, Ranney HM. The dissociation of NO from nitrosylhemoglobin. *J Biol Chem*. 1978;253(18):6467-6472.

[19] Hille R, Olson JS, Palmer G. Spectral transitions of nitrosyl hemes during ligand binding to hemoglobin. *J Biol*

Chem. 1979;254(23):12110-12120.

[20] Ignarro LJ, Wood KS, Wolin MS. Activation of purified soluble guanylate cyclase by protoporphyrin IX. *Proc Natl Acad Sci USA*. 1982;79(9):2870-2873.

[21] Cary SP, Winger JA, Marletta MA. Tonic and acute nitric oxide signaling through soluble guanylate cyclase is mediated by nonheme nitric oxide, ATP, and GTP. *Proc Natl Acad Sci USA*. 2005;102(37):13064-13069.

[22] Russwurm M, Koesling D. NO activation of guanylyl cyclase. *EMBO J*. 2004;23(22):4443-4450.

[23] Scott K. Out of thin air: sensory detection of oxygen and carbon dioxide. Neuron. 2011;69(2):194-202.

[24] Harteneck C, Koesling D, Soling A, Schultz G, Bohme E. Expression of soluble guanylyl cyclase. Catalytic activity requires two enzyme subunits. *FEBS Lett*. 1990;272(1e2):221-223.

[25] Buechler WA, Nakane M, Murad F. Expression of soluble guanylate cyclase activity requires both enzyme subunits. *Biochem Biophys Res Commun*. 1991;174(1):351-357.

[26] Zimmer M, Gray JM, Pokala N, et al. Neurons detect increases and decreases in oxygen levels using distinct guanylate cyclases. *Neuron*. 2009;61(6):865-879.

[27] Cheung BH, Cohen M, Rogers C, Albayram O, de Bono M. Experience-dependent modulation of C. elegans behavior by ambient oxygen. *Curr Biol*. 2005;15(10):905-917.

[28] Gray JM, Karow DS, Lu H, et al. Oxygen sensation and social feeding mediated by a C. elegans guanylate cyclase homologue. *Nature*. 2004;430(6997):317-322.

[29] Vermehren A, Langlais KK, Morton DB. Oxygen-sensitive guanylyl cyclases in insects and their potential roles in oxygen detection and in feeding behaviors. *J Insect Physiol*. 2006;52(4):340-348.

[30] Koglin M, Vehse K, Budaeus L, Scholz H, Behrends S. Nitric oxide activates the b2 subunit of soluble guanylyl cyclase in the absence of a second subunit. *J Biol Chem*. 2001;276(33):30737-30743.

[31] Chen J, Tu Y, Moon C, Nagata E, Ronnett GV. Heme oxygenase-1 and heme oxygenase-2 have distinct roles in the proliferation and survival of olfactory receptor neurons mediated by cGMP and bilirubin, respectively. *J Neurochem*. 2003;85(5):1247-1261.

[32] Pifferi S, Boccaccio A, Menini A. Cyclic nucleotide-gated ion channels in sensory transduction. *FEBS Lett*. 2006; 580(12):2853-2859.

[33] Biel M, Michalakis S. Cyclic nucleotide-gated channels. *Handb Exp Pharmacol*. 2009;(191):111-136.

[34] Kaupp UB, Seifert R. Cyclic nucleotide-gated ion channels. *Physiol Rev*. 2002;82(3):769-824.

[35] Zufall F, Firestein S, Shepherd GM. Cyclic nucleotide-gated ion channels and sensory transduction in olfactory receptor neurons. *Annu Rev Biophys Biomol Struct*. 1994;23:577-607.

[36] Nakamura T, Gold GH. A cyclic nucleotide-gated conductance in olfactory receptor cilia. *Nature*. 1987; 325(6103):442-444.

[37] Frings S, Lynch JW, Lindemann B. Properties of cyclic nucleotide-gated channels mediating olfactory transduction. Activation, selectivity, and blockage. *J Gen Physiol*. 1992;100(1):45-67.

[38] Firestein S, Zufall F, Shepherd GM. Single odor-sensitive channels in olfactory receptor neurons are also gated by cyclic nucleotides. *J Neurosci*. 1991;11(11):3565-3572.

[39] Leinders-Zufall T, Shepherd GM, Zufall F. Modulation by cyclic GMP of the odour sensitivity of vertebrate olfactory receptor cells. *Proc R Soc Lond B Biol Sci*. 1996;263(1371):803-811.

[40] Zufall F, Leinders-Zufall T. Identification of a long-lasting form of odor adaptation that depends on the carbon monoxide/cGMP second-messenger system. *J Neurosci*. 1997;17(8):2703-2712.

[41] Leinders-Zufall T, Greer CA, Shepherd GM, Zufall F. Imaging odor-induced calcium transients in single olfactory cilia: specificity of activation and role in transduction. *J Neurosci*. 1998;18(15):5630-5639.

[42] Breer H, Shepherd GM. Implications of the NO/cGMP system for olfaction. *Trends Neurosci*. 1993;16(1):5-9.

[43] Pietrobon M, Zamparo I, Maritan M, Franchi SA, Pozzan T, Lodovichi C. Interplay among cGMP, cAMP, and Ca^{2+} in living olfactory sensory neurons in vitro and in vivo. *J Neurosci*. 2011;31(23):8395-8405.

[44] Watt WC, Sakano H, Lee ZY, Reusch JE, Trinh K, Storm DR. Odorant stimulation enhances survival of olfactory

sensory neurons via MAPK and CREB. *Neuron*. 2004;41(6):955-967.

[45] Chen J, Tu Y, Moon C, Matarazzo V, Palmer AM, Ronnett GV. The localization of neuronal nitric oxide synthase may influence its role in neuronal precursor proliferation and synaptic maintenance. *Dev Biol*. 2004;269(1):165-182.

[46] Zufall F, Shepherd GM, Barnstable CJ. Cyclic nucleotide gated channels as regulators of CNS development and plasticity. *Curr Opin Neurobiol*. 1997;7(3):404-412.

[47] Wenisch S, Arnhold S. NADPH-diaphorase activity and NO synthase expression in the olfactory epithelium of the bovine. *Anat Histol Embryol*. 2010;39(3):201-206.

[48] Moon C, Jaberi P, Otto-Bruc A, Baehr W, Palczewski K, Ronnett GV. Calcium-sensitive particulate guanylyl cyclase as a modulator of cAMP in olfactory receptor neurons. *J Neurosci*. 1998;18(9):3195-3205.

[49] Ingi T, Ronnett GV. Direct demonstration of a physiological role for carbon monoxide in olfactory receptor neurons. *J Neurosci*. 1995;15(12):8214-8222.

[50] Kuhn M. Function and dysfunction of mammalian membrane guanylyl cyclase receptors: lessons from genetic mouse models and implications for human diseases. *Handb Exp Pharmacol*. 2009;(191):47-69.

[51] Fulle HJ, Vassar R, Foster DC, Yang RB, Axel R, Garbers DL. A receptor guanylyl cyclase expressed specifically in olfactory sensory neurons. *Proc Natl Acad Sci USA*. 1995;92(8):3571-3575.

[52] Fleischer J, Mamasuew K, Breer H. Expression of cGMP signaling elements in the Grueneberg ganglion. *Histochem Cell Biol*. 2009;131(1):75-88.

[53] Potter LR, Hunter T. Guanylyl cyclase-linked natriuretic peptide receptors: structure and regulation. *J Biol Chem*. 2001;276(9):6057-6060.

[54] Forte Jr LR. Uroguanylin and guanylin peptides: pharmacology and experimental therapeutics. *Pharmacol Ther*. 2004;104(2):137-162.

[55] Hu J, Zhong C, Ding C, et al. Detection of near-atmospheric concentrations of CO_2 by an olfactory subsystem in the mouse. *Science*. 2007;317(5840):953-957.

[56] Leinders-Zufall T, Cockerham RE, Michalakis S, et al. Contribution of the receptor guanylyl cyclase GC-D to chemosensory function in the olfactory epithelium. *Proc Natl Acad Sci USA*. 2007;104(36):14507-14512.

[57] Duda T, Sharma RK. ONE-GC membrane guanylate cyclase, a trimodal odorant signal transducer. *Biochem Biophys Res Commun*. 2008;367(2):440-445.

[58] Sun L, Wang H, Hu J, Han J, Matsunami H, Luo M. Guanylyl cyclase-D in the olfactory CO_2 neurons is activated by bicarbonate. *Proc Natl Acad Sci USA*. 2009;106(6):2041-2046.

[59] Munger SD, Leinders-Zufall T, McDougall LM, et al. An olfactory subsystem that detects carbon disulfide and mediates food-related social learning. *Curr Biol*. 2010;20(16):1438-1444.

[60] Beauchamp Jr RO, Bus JS, Popp JA, Boreiko CJ, Goldberg L. A critical review of the literature on carbon disulfide toxicity. *Crit Rev Toxicol*. 1983;11(3):169-278.

[61] Haritos VS, Dojchinov G. Carbonic anhydrase metabolism is a key factor in the toxicity of CO_2 and COS but not CS_2 toward the flour beetle Tribolium castaneum [Coleoptera: Tenebrionidae]. *Comp Biochem Physiol C Toxicol Pharmacol*. 2005;140(1):139-147.

[62] Dalvi RR, Neal RA. Metabolism in vivo of carbon disulfide to carbonyl sulfide and carbon dioxide in the rat. *Biochem Pharmacol*. 1978;27(11):1608-1609.

[63] Arakawa H, Kelliher KR, Zufall F, Munger SD. The receptor guanylyl cyclase type D (GC-D) ligand uroguanylin promotes the acquisition of food preferences in mice. *Chem Senses*. 2013;38(5):391-397.

[64] Kelliher KR, Munger SD. Chemostimuli for guanylyl cyclase-D-expressing olfactory sensory neurons promote the acquisition of preferences for foods adulterated with the rodenticide warfarin. *Front Neurosci*. 2015;9:262.

[65] Guo D, Zhang JJ, Huang XY. A new Rac/PAK/GC/cGMP signaling pathway. *Mol Cell Biochem*. 2010;334(1-2):99-103.

[66] Chao YC, Cheng CJ, Hsieh HT, Lin CC, Chen CC, Yang RB. Guanylate cyclase-G, expressed in the Grueneberg ganglion olfactory subsystem, is activated by bicarbonate. *Biochem J*. 2010;432(2):267-273.

[67] Chao YC, Chen CC, Lin YC, Breer H, Fleischer J, Yang RB. Receptor guanylyl cyclase-G is a novel thermosensory protein activated by cool temperatures. *EMBO J*. 2015;34(3):294-306.

[68] Schmid A, Pyrski M, Biel M, Leinders-Zufall T, Zufall F. Grueneberg ganglion neurons are finely tuned cold sensors. *J Neurosci*. 2010;30(22):7563-7568.

[69] Yu S, Avery L, Baude E, Garbers DL. Guanylyl cyclase expression in specific sensory neurons: a new family of chemosensory receptors. *Proc Natl Acad Sci USA*. 1997;94(7):3384-3387.

[70] Inada H, Ito H, Satterlee J, Sengupta P, Matsumoto K, Mori I. Identification of guanylyl cyclases that function in thermosensory neurons of Caenorhabditis elegans. *Genetics*. 2006;172(4):2239-2252.

[71] Wang D, O'Halloran D, Goodman MB. GCY-8, PDE-2, and NCS-1 are critical elements of the cGMP-dependent thermotransduction cascade in the AFD neurons responsible for C. elegans thermotaxis. *J Gen Physiol*. 2013;142(4):437-449.

[72] Juilfs DM, Fulle HJ, Zhao AZ, Houslay MD, Garbers DL, Beavo JA. A subset of olfactory neurons that selectively express cGMP-stimulated phosphodiesterase (PDE2) and guanylyl cyclase-D define a unique olfactory signal transduction pathway. *Proc Natl Acad Sci USA*. 1997;94(7):3388-3395.

[73] Fuss SH, Omura M, Mombaerts P. The Grueneberg ganglion of the mouse projects axons to glomeruli in the olfactory bulb. *Eur J Neurosci*. 2005;22(10):2649-2654.

[74] Shinoda K, Shiotani Y, Osawa Y. "Necklace olfactory glomeruli" form unique components of the rat primary olfactory system. *J Comp Neurol*. 1989;284(3):362-373.

[75] Mamasuew K, Hofmann N, Kretzschmann V, et al. Chemo- and thermosensory responsiveness of Grueneberg ganglion neurons relies on cyclic guanosine monophosphate signaling elements. *Neurosignals*. 2011;19(4):198-209.

[76] Liu CY, Fraser SE, Koos DS. Grueneberg ganglion olfactory subsystem employs a cGMP signaling pathway. *J Comp Neurol*. 2009;516(1):36-48.

[77] Walz A, Feinstein P, Khan M, Mombaerts P. Axonal wiring of guanylate cyclase-D-expressing olfactory neurons is dependent on neuropilin 2 and semaphorin 3F. *Development*. 2007;134(22):4063-4072.

[78] Fleischer J, Schwarzenbacher K, Breer H. Expression of trace amine-associated receptors in the Grueneberg ganglion. *Chem Senses*. 2007;32(6):623-631.

[79] Perez-Gomez A, Bleymehl K, Stein B, et al. Innate predator odor aversion driven by parallel olfactory subsystems that converge in the ventromedial hypothalamus. *Curr Biol*. 2015;25.

[80] Brechbuhl J, Moine F, Klaey M, et al. Mouse alarm pheromone shares structural similarity with predator scents. *Proc Natl Acad Sci USA*. 2013;110(12):4762-4767.

[81] Liu CY, Xiao C, Fraser SE, Lester HA, Koos DS. Electrophysiological characterization of Grueneberg ganglion olfactory neurons: spontaneous firing, sodium conductance, and hyperpolarization-activated currents. *J Neurophysiol*. 2012;108(5):1318-1334.

[82] Bender AT, Beavo JA. Cyclic nucleotide phosphodiesterases: molecular regulation to clinical use. *Pharmacol Rev*. 2006;58(3):488-520.

[83] Mehats C, Andersen CB, Filopanti M, Jin SL, Conti M. Cyclic nucleotide phosphodiesterases and their role in endocrine cell signaling. *Trends Endocrinol Metab*. 2002;13(1):29-35.

[84] Maurice DH, Ke H, Ahmad F, Wang Y, Chung J, Manganiello VC. Advances in targeting cyclic nucleotide phosphodiesterases. *Nat Rev Drug Discov*. 2014;13(4):290-314.

[85] Cygnar KD, Zhao H. Phosphodiesterase 1C is dispensable for rapid response termination of olfactory sensory neurons. *Nat Neurosci*. 2009;12(4):454-462.

[86] Yan C, Zhao AZ, Bentley JK, Beavo JA. The calmodulin-dependent phosphodiesterase gene PDE1C encodes several functionally different splice variants in a tissue-specific manner. *J Biol Chem*. 1996;271(41):25699-25706.

[87] Cherry JA, Davis RL. A mouse homolog of dunce, a gene important for learning and memory in Drosophila, is preferentially expressed in olfactory receptor neurons. *J Neurobiol*. 1995;28(1):102-113.

[88] Lau YE, Cherry JA. Distribution of PDE4A and G(o) alpha immunoreactivity in the accessory olfactory system of

the mouse. *Neuroreport*. 2000;11(1):27-32.

[89] Leinders-Zufall T, Brennan P, Widmayer P, et al. MHC class I peptides as chemosensory signals in the vomeronasal organ. *Science*. 2004;306(5698):1033-1037.

[90] Kanageswaran N, Demond M, Nagel M, et al. Deep sequencing of the murine olfactory receptor neuron transcriptome. *PLoS One*. 2015;10(1):e0113170.

[91] Nikolaev VO, Gambaryan S, Engelhardt S, Walter U, Lohse MJ. Real-time monitoring of the PDE2 activity of live cells: hormone-stimulated cAMP hydrolysis is faster than hormone-stimulated cAMP synthesis. *J Biol Chem*. 2005;280(3):1716-1719.

[92] Degerman E, Belfrage P, Manganiello VC. Structure, localization, and regulation of cGMP-inhibited phosphodiesterase (PDE3). *J Biol Chem*. 1997;272(11):6823-6826.

[93] Loughney K, Martins TJ, Harris EA, et al. Isolation and characterization of cDNAs corresponding to two human calcium, calmodulin-regulated, 30,50-cyclic nucleotide phosphodiesterases. *J Biol Chem*. 1996;271(2):796-806.

[94] Fischmeister R, Castro LR, Abi-Gerges A, et al. Compartmentation of cyclic nucleotide signaling in the heart: the role of cyclic nucleotide phosphodiesterases. *Circ Res*. 2006;99(8):816-828.

[95] Leinders-Zufall T, Shepherd GM, Zufall F. Regulation of cyclic nucleotide-gated channels and membrane excitability in olfactory receptor cells by carbon monoxide. *J Neurophysiol*. 1995;74(4):1498-1508.

[96] Kramer RH. Patch-cram detection of cyclic GMP in intact cells. In: Walz A, Boulton AA, Baker GB, eds. *Patch-Clamp Analysis: Advanced Techniques*. Vol. 35. Totowa, NJ: Humana Press; 2002:245-264.

[97] Rich TC, Fagan KA, Nakata H, Schaack J, Cooper DM, Karpen JW. Cyclic nucleotide-gated channels colocalize with adenylyl cyclase in regions of restricted cAMP diffusion. *J Gen Physiol*. 2000;116(2):147-161.

[98] Craven KB, Zagotta WN. CNG and HCN channels: two peas, one pod. *Annu Rev Physiol*. 2006;68:375-401.

[99] Honda A, Adams SR, Sawyer CL, Lev-Ram V, Tsien RY, Dostmann WR. Spatiotemporal dynamics of guanosine 30,50-cyclic monophosphate revealed by a genetically encoded, fluorescent indicator. *Proc Natl Acad Sci USA*. 2001;98(5):2437-2442.

[100] Russwurm M, Mullershausen F, Friebe A, Jager R, Russwurm C, Koesling D. Design of fluorescence resonance energy transfer (FRET)-based cGMP indicators: a systematic approach. *Biochem J*. 2007;407(1):69-77.

[101] Sato M, Hida N, Ozawa T, Umezawa Y. Fluorescent indicators for cyclic GMP based on cyclic GMP-dependent protein kinase Ialpha and green fluorescent proteins. *Anal Chem*. 2000;72(24):5918-5924.

[102] Nikolaev VO, Gambaryan S, Lohse MJ. Fluorescent sensors for rapid monitoring of intracellular cGMP. *Nat Methods*. 2006;3(1):23-25.

[103] Niino Y, Hotta K, Oka K. Simultaneous live cell imaging using dual FRET sensors with a single excitation light. *PLoS One*. 2009;4(6):e6036.

[104] Couto A, Oda S, Nikolaev VO, Soltesz Z, de Bono M. In vivo genetic dissection of O_2-evoked cGMP dynamics in a Caenorhabditis elegans gas sensor. *Proc Natl Acad Sci USA*. 2013;110(35):E3301-E3310.

[105] Landa Jr LR, Harbeck M, Kaihara K, et al. Interplay of Ca^{2+} and cAMP signaling in the insulin-secreting MIN6 b-cell line. *J Biol Chem*. 2005;280(35):31294-31302.

[106] Nausch LW, Ledoux J, Bonev AD, Nelson MT, Dostmann WR. Differential patterning of cGMP in vascular smooth muscle cells revealed by single GFP-linked biosensors. *Proc Natl Acad Sci USA*. 2008;105(1):365-370.

[107] Nagai T, Sawano A, Park ES, Miyawaki A. Circularly permuted green fluorescent proteins engineered to sense Ca^{2+}. *Proc Natl Acad Sci USA*. 2001;98(6):3197-3202.

[108] Bhargava Y, Hampden-Smith K, Chachlaki K, et al. Improved genetically-encoded, FlincG-type fluorescent biosensors for neural cGMP imaging. *Front Mol Neurosci*. 2013;6:26.

[109] Biswas KH, Sopory S, Visweswariah SS. The GAF domain of the cGMP-binding, cGMP-specific phosphodiesterase (PDE5) is a sensor and a sink for cGMP. *Biochemistry*. 2008;47(11):3534-3543.

[110] Sprenger JU, Nikolaev VO. Biophysical techniques for detection of cAMP and cGMP in living cells. *Int J Mol Sci*. 2013;14(4):8025-8046.

[111] Francis SH, Busch JL, Corbin JD, Sibley D. cGMP-dependent protein kinases and cGMP phosphodiesterases in nitric oxide and cGMP action. *Pharmacol Rev*. 2010;62(3):525-563.

[112] Cockerham RE, Leinders-Zufall T, Munger SD, Zufall F. Functional analysis of the guanylyl cyclase type D signaling system in the olfactory epithelium. *Ann NY Acad Sci*. 2009;1170:173-176.

[113] Cockerham RE, Puche AC, Munger SD. Heterogeneous sensory innervation and extensive intrabulbar connections of olfactory necklace glomeruli. *PLoS One*. 2009;4(2):e4657.

[114] Matsuo T, Rossier DA, Kan C, Rodriguez I. The wiring of Grueneberg ganglion axons is dependent on neuropilin 1. *Development*. 2012;139(15):2783-2791.

CHAPTER 9

第 9 章 纤毛贩运转导分子

杰里米·C. 麦金泰尔，杰弗里·R. 马滕斯
佛罗里达大学医学院嗅觉和味觉中心药理学和药物治疗学系，
美国佛罗里达州盖恩斯维尔

概 要

引 言

嗅觉系统通过察觉空气中的挥发性化学物质来提供我们对环境的认识。嗅觉系统对于察觉告知我们行为的气味必不可少，对于我们鉴赏食品风味至关重要，而且在我们的生活品质、健康和安全中扮演重要的角色。嗅觉功能障碍不论源自嗅觉受损（嗅觉障碍）还是嗅觉能力完全丧失（嗅觉缺失症）都会对我们的生活质量产生显著影响，妨碍我们发现危险的信号，例如烟雾或变质食品，以及产生严重的情绪后果[1,2]。嗅觉功能受损被认为影响数百万的美国人，而且超过 50% 的人年龄在 65 岁以上[3]。然而，考虑到嗅觉障碍常不被报道，这可能是一个严重的低估[4]。尽管在某些情况下我们了解嗅觉功能障碍的原因，然而在至少 20% 的案例中，我们尚不清楚潜在的病因[5]。随着研究

不断向前，人们对遗传学与基因突变在嗅觉丧失中扮演的角色越来越了解。在过去的 10 年里，嗅觉功能障碍已经成为一类被称为纤毛病的遗传紊乱的一种症状。纤毛病是一种与纤毛畸形或故障有关的多向性疾病，会影响多个器官系统的功能。本章将着重讨论纤毛在嗅觉中的作用，蛋白如何被贩运进入嗅觉纤毛，以及由纤毛相关蛋白突变引起的嗅觉障碍。

气味分子被吸入鼻腔时激活一个位于经典气味分子受体纤毛中的信号通路，而气味分子受体表达由 MOE 中发现的 OSN 进行 [图 9-1（A）]。尽管 OSN 由 MOE 中绝大多数的化学检测细胞组成，然而还存在好几种类型的微绒毛细胞（见图 9-1 插入框）。第一个过程包括 1 个气味分子与 1 个气味分子受体结合引发一个刺激性异源三聚体 G 蛋白来激活腺苷酸环化酶 3 [图 9-1（B）和（C），见第 7 章]。随后纤毛 cAMP 浓度升高打开嗅觉环化核苷酸门控通道（CNG）导致 Ca^{2+} 内流进入纤毛 [图 9-1（D）]。嗅觉 CNG 是一个 cAMP 介导钙离子流引发 OSN 去极化的异源四聚体结构[6-8]。这个通道由化学计量比为 2∶1∶1 的 CNGA2、CNGB1B 和 CNGA4 组成[9,10]。虽然 CNGA2 能够形成功能性同源四聚体，但 CNGA4 和 CNGB1B 调节该通道的性质[11,12]，并且所有 3 种亚基对该通道在 OSN 中的正常运行都是必需的[13,14]。这种去极化还可以通过 Ca^{2+}- 激活 Cl^- 通道而被进一步放大 [图 9-1（E）]。所有这些部件都位于纤毛中而且在嗅觉信号转导中发挥重要的作用。然而，由于纤毛缺乏必要的蛋白质翻译机器，每一个信号蛋白都在细胞体中

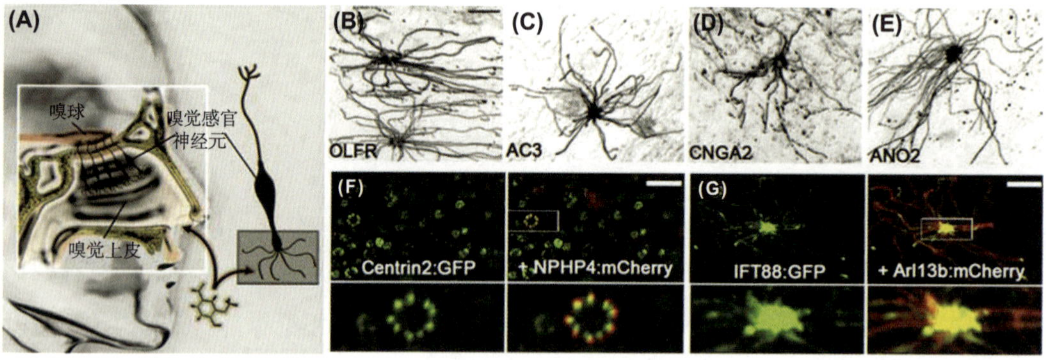

图 9-1 正面共焦显微镜显示。（A）位于 MOE 的 OSN 沿组织表面纤毛投射。这些纤毛是气味分子结合和嗅觉信号转导途径引发的位点。（B~E）在 OSN 中异位表达的荧光融合蛋白显示嗅觉信号蛋白 [包括（B）气味分子受体（OLFR），（C）AC3，（D）CNGA2，（E）ANO2] 定位在整个嗅觉纤毛长度上。（F）中心体蛋白 2（Centrin2）-GFP（绿色）小鼠的正面成像显示每一根纤毛都拥有一个基体，而过渡区肾消耗病蛋白 4（NPHP4）-mCherry（红色）恰好处在基体远端。（G）嗅觉纤毛中 IFT88-GFP（绿色）的异位表达显示 IFT 成分存在于纤毛中，用 Arl13b-mCherry（红色）标记成点状图样。图（F）和（G），根据 Williams 等[31]的研究修改。比例尺为 10 μm

生成而且必须被贩运至纤毛。这里我们将讨论与这种贩运直接相关的机制，以及干扰贩运或纤毛形成如何能够引起造成嗅觉功能受损有关的知识。

纤毛结构

纤毛是一种进化上高度保守并对许多单细胞生物和其他低等真核生物的功能必不可少的细胞器。在脊椎动物中包括人类，大多数体内细胞都能够形成纤毛[15]。不论是纤毛数量还是纤毛结构在不同种类的哺乳动物细胞之间都表现非常大的差异。尽管许多细胞只有一根单独的初级纤毛，有几个神经元却长出 2~3 根初级纤毛[16]，而一小部分的细胞例如沿呼吸上皮和脑室排列的细胞却能有数百根的活动纤毛[17]。OSN 是一个高度专一的细胞类型：超过 40 根纤毛会从它们的树突结沿 MOE 表面投射（图 9–2）。这些细胞器的数量和长度能够显著增强 OSN 经此检测进入鼻腔气味的表面积。

通常，依据它们的运动性和轴丝结构对纤毛进行分类。纤毛轴丝通常是由围绕或者含有“9+2”构型或者缺乏“9+0”构型，一对中心单峰微管的中心核对称排列的 9 个双峰微管构成。（9+2）构型的纤毛通常术语称为能动的纤毛，而“9+0”构型的纤毛经典上被定义为不能动的或初级纤毛。然而，这些区别并非是绝对的，因为极少胚胎节中存在的能动“9+0”构型的纤毛容许体内发展出适当的左右不对称性[18]。反过来，不能动的“9+2”构型的纤毛存在于感觉器官，例如内耳和许多脊椎动物的 MOE[19,20]。哺乳动物嗅觉纤毛的不动性起因于它们缺乏与内部和外部微管相连接的动力蛋白臂[20]。相比之下，一些非哺乳动物的脊椎动物例如鱼类和两栖动物[21,22]的确具有这些联系；这允许有能动的嗅觉纤毛，可能在气味分子清除中发挥功能[23,24]。

支撑纤毛轴丝的是包含 α 和 β 微管蛋白聚合物的微管[25,26]。这些微管蛋白亚基有好几种不同的翻译后修饰。这些修饰不仅发生在 α 微管蛋白亚基，还发生在 β 微管蛋白，而且包括乙酰化（α）、聚谷胺酰化（α + β）、聚糖酯化（α + β）和脱酪氨酸化（α）。微管蛋白修饰以斑马鱼的嗅觉纤毛为例，不论在调控货物运输[27]还是纤毛维护中都发挥作用[28,29]。然而，有关这些微管蛋白修饰在哺乳动物嗅觉纤毛中的功能却鲜为人知。

人们认为纤毛投射有助于形成一个大的接收场，而 OSN 在其中能够被进入鼻腔的气味分子所激活。来自单个 OSN 的纤毛向四面八方投射，延伸长度达 50~60μm，并

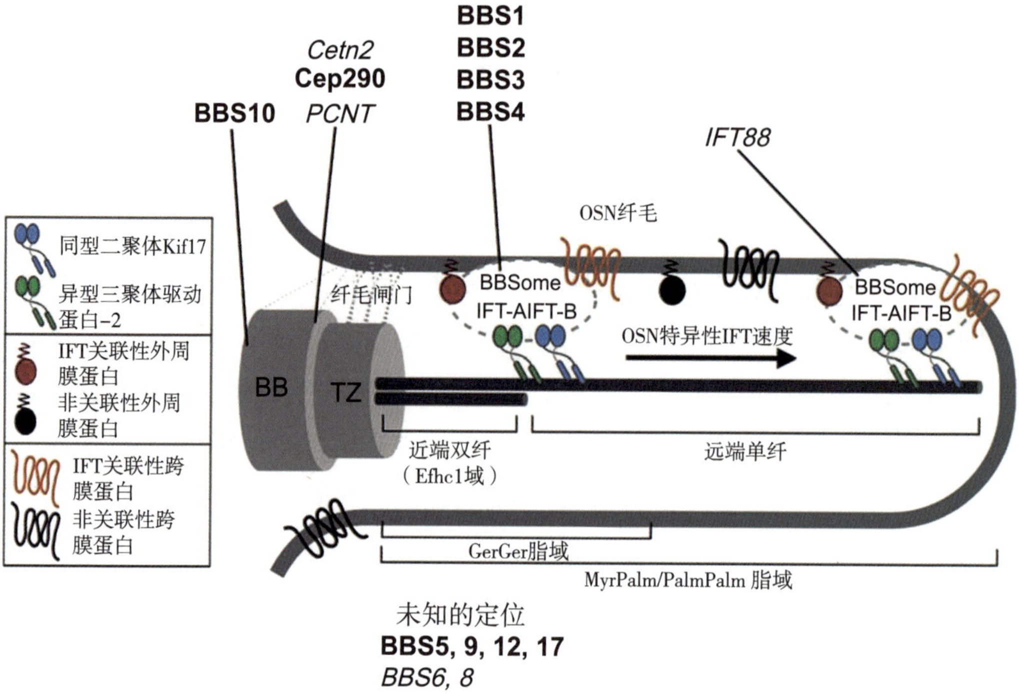

图 9-2 影响嗅觉纤毛结构和功能的已知突变。一个单独的嗅觉纤毛组织的描绘模型。显示了基体、过渡区和对纤毛有支持的微管结构。微管与纤毛内转运（IFT）蛋白和 Bardet-Biedl 综合征（BBS）蛋白复合，提供一条驱动蛋白马达不断向前的链路。这些复合物能接着移动纤毛内的嗅觉信号蛋白。重点突出了已知对嗅觉功能不可或缺的纤毛蛋白及其在纤毛内发现的地方。粗体显示的蛋白突变是从带有嗅觉功能的患者中发现的，斜体显示的蛋白突变则来自已知的小鼠模型。BBSome，与多效性障碍 BBS 相关的蛋白；OSN，嗅觉感官神经元。图片根据 Williams 等[31]的研究修改

使 MOE 的感官表面增加超过 40 倍[30,31]。单一嗅觉纤毛的钙成像实验揭示了每一根纤毛都充当一个独立的信号室[32,33]。重要的是，需要去极化 OSN 的钙瞬时变化在迁移进入树突结和体内之前就在纤毛中开始了[33,34]。我们大部分的早期嗅觉纤毛结构认识多源于电子显微镜研究[22,35-39]。这些研究揭示了纤毛近端（起始 2~3 μm 区域）具有较厚的结构，对应于由“9+2”构型微管的轴丝。随着纤体向远端延伸至 60 μm，轴丝结构逐渐变细，至仅保留 1~4 根单联微管（通常为 1 对）[31-40]。借助荧光标记蛋白定位技术，新近研究进一步验证并扩展了上述发现，尤其明确了纤体近端与远端段落的蛋白质分布差异。

由于信号蛋白在这两个区域之间差异化分布，嗅觉纤毛的近端和远端节段很可能代表的是完全不同的隔室。在不断发展的、未成熟的纤毛中，信号蛋白的分布在所有节段之间更为均匀；不过，这些蛋白看起来好像优先定位在成熟纤毛上的远端节

段[41-43]。然而，直到最近，对这些嗅觉纤毛上的截然不同蛋白域进行详细分析的研究仍未出现。这很可能是因为嗅觉纤毛的远端节段与上皮表面平行排列，和来自邻近 OSN 的纤毛有非常多的重叠。这种相互交织的垫子使其在利用免疫组织化学方法时几乎不可能分离出一个一个的纤毛。通过已知定位于纤毛特定区域的荧光标记蛋白表达，Williams 和同事们使用活着的 OSN 的共焦显微镜详细描述了嗅觉纤毛的结构[31]。中心体蛋白 2（CETN2）的转基因表达融合绿色荧光蛋白（GFP）技术显示从树突结伸出的每一根纤毛的基部都含有一个基体。就在这一点的远端坐落着过渡地带，它的确定依据是肾消耗病蛋白 4（NPHP4）的存在［图 9-1（F）］。最后，嗅觉纤毛近端节段被揭示出来则是通过含有 1 型的 EF-手型蛋白域（C-末端）蛋白的定位，其与一个长度限制在近似 2.5 μm 区域的双峰微管相作用。

脂质组成

纤毛，就像细胞体的其他部分一样，被一层脂类双层所包围。然而，在纤毛基部和纤毛自身内部，脂质的组成（即脂质比例和组织方式）有可能不同于其他的细胞。例如，在培养的 Madin-Darby 犬肾细胞中，初级纤毛的基底由一圈带状的独有脂质构成[44]。除此之外，其他研究者还报道了纤毛形成期间伸长的上皮纤毛束中含有丰富的胆固醇，不过项链区域却并不含有[45]。这些脂质差异的存在说明嗅觉纤毛的脂质组成对支持的嗅觉信号转导可能是重要的。尽管与这种重要的膜结构的精确脂质构成有关的信息很少，然而最近的数据却表明嗅觉纤毛的脂质构成完全不同于其他的细胞[31]。

当表达为可溶性蛋白质时，GFP 很难在嗅觉纤毛中富集。利用这一事实，Williams 及其同事们表达了被改性以容许加入脂质锚的 GFP 蛋白[31]。传输酰基化信号的 GFP 蛋白存在于所有的纤毛中。然而，异戊二烯基化的 GFP 却仅仅存在于纤毛的近端区域。这些数据表明嗅觉纤毛的脂质构成是截然不同的，并且由于酰基化 GFP 的局部化，它很可能由高度组织化（木排样的）的脂质构成。这有可能对经典的嗅觉信号蛋白的组织和功能有重要的影响。有趣的是，气味觉察路径的多个蛋白组分都定位在脂筏结构上[46-50]。这些嗅觉纤毛可能是多个通道在其中相结合的亚细胞位点，增加了那些影响脂质为基础信号的突变或许是引起某些嗅觉障碍病例原因的可能性。除此之外，影响膜组织的药理学药物或者降低体内总脂质含量的药理学药物（即他汀类药物）也有可能造成患者嗅觉障碍[51-53]。

纤毛内部蛋白质的运动

细胞纤毛内转运蛋白（IFT）的运动大概是纤毛内发生的被广泛认可的过程之一。IFT 具有进化上的保守性，并且在绿藻莱茵衣藻（*Chlamydomonas reinhardtii*）中首次被发现[54-56]。由于纤毛不具有局部蛋白合成必不可少的成分，货物例如微管成分和信号蛋白必须在细胞里被合成并转运进入纤毛。纤毛微管提供分子马达借以使纤毛末端顶部的正极移动的结构。这种排列方式确保了单独的微管亚基可以从纤毛顶部被添加或移除。朝向正极的运动［术语称为“顺行性”（anterograde）］，是通过驱动蛋白马达完成的；而朝向负极的运动［术语称为“逆行性”（retrograde）］，则是通过细胞质动力蛋白马达实现的[57]。这一过程，使用了与术语称为 IFT 颗粒[25,26,58]的转运分子相结合的两种类型的分子马达蛋白，对所有纤毛的创建和维护都是必不可少的。尽管 IFT 的基本原理对不同的物种和纤毛种类都通常具有保守性，然而在具体的纤毛形成和维护过程方面仍存在明显的差异。尽管绝大部分哺乳动物的纤毛都主要由双峰微管构成，然而嗅觉纤毛却只含有很少的双峰部分，其他剩余部分则为单峰微管。鉴于在轴丝结构上的差异，嗅觉纤毛中 IFT 络合物的运动基本上还是个未知数。对哺乳动物嗅觉纤毛进行的对比分析阐明了其中的一些差异。

在秀丽隐杆线虫（*Caenorhabditis elegans*）的化学感官神经元中，两个驱动蛋白马达即异源三聚体驱动蛋白-Ⅱ和同源二聚体 OSM-3，相互配合不仅形成纤毛，同时也维护纤毛[59]。不过，人们已经从无脊椎动物和哺乳动物中特有纤毛类型之间发现了这些货物——输送马达必要性上的差异[60,61]。例如，尽管哺乳动物的 OSM-3 同系物，驱动蛋白家族成员 17（KIF17）功能的丧失会损害嗅觉 CNG 的纤毛运输，然而它对哺乳动物细胞中的纤毛长度却没有任何影响[60,61]。除了这些马达蛋白功能上的差异，还有这些马达依赖运动的潜在微管结构上的差异。在秀丽隐杆线虫中，驱动蛋白－Ⅱ仅被限于在双峰微管中运动[61]。相比之下，最近的证据显示哺乳动物异源三聚体驱动蛋白马达并不局限于双峰微管，而且能够在嗅觉纤毛的远端微管单峰上运动。这些数据由直接可视化的 GFP 标记驱动蛋白家族成员 3A，一个异源三聚体驱动蛋白马达的成分和哺乳动物嗅觉纤毛中的 KIF17 所提供，后者提供了原生细胞纤毛中首个 IFT 过程的实时证据[31]。一个显性负性 KIF17 的表达对纤毛结构并无任何有害影响，说明它对维护嗅觉纤毛是可有可无的[31]。这些数据为整个嗅觉纤毛内发生的驱动蛋白运动提供了新的证据，并且特别强调了哺乳动物和低等生物在形成和维护化学感官纤毛上的相同点和不同点。

在嗅觉系统中，IFT 颗粒作为沿纤毛轴丝的电子致密络合物，首次通过青蛙嗅觉纤毛的超微结构分析而可视化[22,62]。现在从其他系统的工作中了解到 IFT 颗粒由 2 个以其分子量命名的独特蛋白质络合物所构成。这两个络合物，络合物 A（包含 IFT144、140、139、122，以及可能的 43）和络合物 B（包含 IFT172、88、81、80、74/72、57/55、52、46、27，以及 20）在不同的物种中都保存得非常好[62]。尽管 IFT88 对嗅觉纤毛的形成和维护是不可或缺的，然而 IFT 络合物在哺乳动物嗅觉纤毛搬运中所扮演的真实角色尚不够明确[40]。除了纤毛内部的货物蛋白运动，IFT 蛋白还与高尔基-定域网格蛋白（Golgi-localized clathrin）的贩运机制共享同源性，而且可能有助于将某些蛋白质例如 OR 限定在纤毛之上[63,64]。

采用全内反射荧光显微镜（TIRFM）技术和荧光标记的 IFT 蛋白，IFT122 和 IFT88，哺乳动物嗅觉纤毛中的 IFT 目前已经实现可视化［图 9-1（G）］[31]。采用活体细胞、双色 TIRF 成像技术，我们可以观察到这 2 个蛋白质以络合物形式在整个嗅觉纤毛内一起移动。不过，在顺行性和逆行性方向上，IFT 颗粒的运动速度并不相同。有趣的是，同一神经元不同纤毛内的 IFT 速度相比其他 OSN 内的速度更为相近，表明 OSN 之间存在 IFT 速度的随机变化。这种差异可能反映了神经元年龄、激活状态或者这些神经元可能的特异性 OR 表达。我们还需要进一步的实验来确定隐含在这些差异之后的机制，以及它们对嗅觉功能的重要性。

人们普遍认为 IFT 火车输送货物蛋白例如微管蛋白和信号蛋白。最近的数据也表明了 IFT 络合物能够运送跨膜蛋白例如 GPCR 以及辅助性的蛋白，例如与一个被称为 BBSome 的多向性紊乱 Bardet-Biedl 综合征（BBS）相关的蛋白质络合物有联系的那些蛋白。采用双色 TIRF 成像技术，BBSome 蛋白 BBS1、BBS2、BBS3 和 BBS4，以及二磷酸腺苷 - 核糖基化因子样的 13B（Arl13b）在原生哺乳动物嗅觉纤毛中的运动都被清楚看到[31]。此外，当 BBS4 和 IFT88 两者均在相同的 OSN 中表达时，这两个蛋白总是被看到在一起移动。这些数据显示核心 BBS 蛋白是原生哺乳动物嗅觉纤毛中必不可少的 IFT 成分[31,65,66]。

嗅觉信号蛋白例如 AC3、CNGA2，以及气味分子受体 OLFR78，也被明确无误确定作为供嗅觉纤毛中 IFT 的货物[31]。尽管在稳定状态下基本保持不动，不过每一种信号蛋白都能够以 IFT 一样的方式移动。结合 BBS4 的荧光标记蛋白共表达为发生在贯穿 IFT 始终的运动提供了进一步的证据。合起来，这些数据表明嗅觉信号蛋白在嗅觉纤毛中基本上是静止的，有可能只有处在纤毛膜上时才发生被动扩散。不过，嗅觉信号蛋白完全具有移动经过 IFT 的能力。这是否显示了这个蛋白质正常的输送，一个随机运动的产物，还是与非功能蛋白质的内化或移除相关，目前还是个未知。

调控嗅觉信号蛋白选择性纤毛富集的机制

纤毛隔室是一个选择性细胞器，限制进入并维持一个专门的蛋白质库。隐藏在这种专门化后面的机制基本上还是个未知数。只有一小部分的细胞蛋白质能够进入纤毛表明存在一个限制进入纤毛的扩散障碍[67]。这个障碍被认为在基体通过与一个大的蛋白质络合物相互作用而发生的[25,26,68,69]。嗅觉纤毛基体坐落在 OSN 的树突结中，而每一个纤毛都拥有它自己的基体[31]。人们已经发现了一些基体的成分，它们能够调控选择性嗅觉信号蛋白进入纤毛。

与嗅觉纤毛基体有关的蛋白质发生突变或删除会对嗅觉纤毛形成、维护和货物贩运产生显著的效应。例如，嗅觉纤毛形成需要用到基体蛋白中心粒周蛋白，尽管其他纤毛类型的形成并不受此影响[70]。另一个基体蛋白中心体蛋白 290（CEP290）则在一小部分嗅觉信号分子的纤毛定位方面非常重要。对亚效等位基因删除 CEP290 的小鼠模型进行分析表明嗅觉 G 蛋白，$G\alpha_{olf}$ 和 $G_{\gamma 13}$，并未在纤毛上定域化[71]。有趣的是，这种 CEP290 上的突变并不影响嗅觉纤毛的结构或者一些其他嗅觉信号分子的定域化。基因删除另一个基体蛋白 CETN2 导致了一小部分嗅觉上皮中的信号蛋白发生一个相似的错误定位。AC3 和 CNGA2 的纤毛贩运在缺乏 CETN2 的小鼠中受到影响，造成这些纤毛中蛋白质在早期发育期间发生损失[72]。其他嗅觉信号蛋白例如 OR 和 G 蛋白的纤毛定位在早期发育阶段并没有受到影响。然而，由于嗅觉纤毛也会随这些小鼠衰老而失去，这种分析因而极为复杂。最后，跨膜蛋白[67]（TMEM67，也称为 MKS3）同样局限于 OSN 的树突结[73]。在一个含有 MKS3 突变的大鼠模型中，嗅觉纤毛发生了改变微管组织方式的畸变。在这个突变模型中，$G\alpha_{olf}$ 和 AC3 两者在纤毛中的定位都降低了，即便 OR 的定位在单个的 OSN 中看起来是正常的。合起来，这些研究不仅为基体蛋白差异化调控纤毛维护和货物进入嗅觉纤毛提供了强有力的证据，也为这些过程因不同的信号蛋白而特立独行提供了强有力的证据。

蛋白质-蛋白质相互作用也对嗅觉信号蛋白的纤毛定位有调控作用。例如，嗅觉 CNG 络合物的纤毛贩运需要 CNGB1B 亚基[60,74]。CNG 络合物还必须与 KIF17 发生相互作用才能进入纤毛。CNG 亚基与一个显性负性 KIF17 的共表达妨害了该通道的纤毛定位[60]。这些数据突出强调了蛋白质 - 蛋白质相互作用在纤毛定位中所起的重要作用。

单独的货物蛋白同样拥有纤毛进入所必需的氨基酸序列。人们从限定在嗅觉纤毛的蛋白质中发现了一些这样的“定向”序列，包括了最早从多囊蛋白-2[75]中发现的 RVxP 模体、从一些 GPCR[76]中发现的 AX[S/A]XQ 模体以及一个核定位信号[77]。就嗅觉信号蛋白而言，RVxP 模体对嗅觉 CNG 的纤毛递送是必不可少的[60]。有趣的是，RVxP 模体在 CNGB1B 中存在，却并不存在于 CNGA2。将这个 CNGB1B 中的模体进行突变切断了这种 CNG 向纤毛中的定位。不过在缺乏 CNGB1B 的情况下，将 RVxP 模体插入 CNGA2 的 C-末端依旧不能满足纤毛对准目标。因而，这个 RVxP 模体对于该 CNG 在纤毛中的定位是必要的，但却又不足以使该 CNGA2 亚基进入纤毛。尽管这些模体对纤毛定位有控制作用，然而它们采用哪些具体的机制从而这样做仍不得而知。它们只存在于一小部分的嗅觉纤毛蛋白中，这一事实进一步佐证了有可能存在好多个通过不同机制起作用的纤毛靶向模体。

对嗅觉货物蛋白进行翻译后修饰同样对进入纤毛有调节作用。利用 PACS-1 酶对 CNG 进行磷酸化对其向纤毛的定位是必要的[78]。对这种磷酸化采用药理学抑制剂或显性负性蛋白质表达进行抑制不仅妨碍该通道到纤毛的递送，还妨碍嗅觉功能。其他形式的翻译后修饰在纤毛贩运中同样扮演一定的角色。类泛素化（SUMOylation）是一种将小类泛素蛋白（SUMO）与其他蛋白进行共价结合的修饰。除了在调控核贩运中扮演角色，类泛素化还在膜贩运和跨膜蛋白调控中扮演角色。在嗅觉纤毛中，AC3 的 SUMO 修饰对其贩运进入纤毛是非常必要的[79]。因此，在调控贩运嗅觉信号蛋白进入纤毛方面，很可能存在更多的至今尚未被确认的翻译后修饰。

气味分子的纤毛定位作用

环境气味与 OR（最大的一类 GPCR[80]）的结合将引发嗅觉信号级联。嗅觉纤毛的缺失与嗅觉功能障碍密切相关的事实有力支撑了 OR 的纤毛定位对气味觉察而言必不可少的想法[40,65,66]。即便如此，人们对调控这一过程的机制这方面所知甚少。一些有关 OR 纤毛贩运的线索可能来源于其他在不同组织中向纤毛定位的 GPCR。序列模体例如 VxPx 和 AX[S/A]XQ 调控包括视紫质、生长激素抑制剂受体 3（SSTR3）和血清素受体 6（HTR6）在内 GPCR 的贩运[76,81-83]。尽管有几个 OR 含有 AX[S/A]XQ 定向模体，绝大多数却并不含有，表明其对 OR 的纤毛贩运可能并不那么重要。仍然存在这样的可能，OR 包含尚未被确认将这些受体向纤毛定位的序列模体。然而，对于很多的受体靶向序列与其他机制协同发生作用。

对 GPCR 例如 SSTR3、HTR6 和视紫质的纤毛贩运同样有赖于与其他蛋白质，例如那些构成 BBSome 和 Tubby（TUB）蛋白质家族蛋白质的相互作用[84-88]。不论在缺失 BBS2 还是缺失 BBS4 的小鼠中，许多 GPCR 都不能实现向大脑中初级神经元上存在的纤

延伸阅读

微绒毛和化学觉察

纤毛并不是唯一对嗅觉系统的功能和化学信号的觉察做出贡献的顶端细胞突起。鼻腔中有好几种细胞类型都含有对细胞功能非常重要的顶端微绒毛[30,112,113]。这些细胞器与纤毛的不同之处在于它们都是以肌动蛋白为基础的。除此之外，尽管驱动蛋白马达和动力蛋白马达在纤毛中运送蛋白，肌球蛋白马达却在微绒毛中沿肌动蛋白网格移动。在 MOE 中，有好几种独特的细胞类型都拥有微绒毛。这些支持细胞，支撑 MOE 中含有最顶端细胞体但又将过程扩展至基膜的细胞，直接往 OSN 的纤毛之下投射顶端微绒毛。其他好几种要么不同于支持细胞要么不同于 OSN 的微绒毛细胞，看起来不具备向 MOE 基底的轴突或投射。人们已经观察到这些细胞的三叉神经稀疏分布，表明一些这样的细胞可能是一类独处的化学感官细胞[114,115]。这些细胞所扮演的一个可能角色是察觉有气味的刺激物。

微绒毛同样对很多哺乳动物中存在的犁鼻器（VNO）的功能有重要作用（见第 11 章）。犁鼻器感官神经元（VSN）能够感受各式各样的化学信息素，而微绒毛含有觉察过程中用到的受体和感官转导级联。有趣的是，VSN 微绒毛完全不同于 VNO 中支持细胞上的微绒毛。例如，VSN 微绒毛含有钙离子敏感性肌动蛋白集束蛋白绒毛蛋白，而 VNO 支持细胞中则不含有这一蛋白[116]。人们对于 G 蛋白耦联受体的犁鼻器受体或者其他信号蛋白是如何被贩运至微绒毛的还一无所知。

在这些微绒毛细胞中，纤毛可能会扮演什么样的角色？一个细胞中存在的一种细胞器并不妨碍其拥有另一种细胞器。例如，广泛被研究的 Madin-Darby 犬肾细胞不仅有一个初级纤毛，还有许多的微绒毛。有可能的是，形成 MOE 顶端表面的支持细胞同时具有纤毛和微绒毛。考虑到的标准的免疫组织化学方法在揭示 MOE 中细胞器结构上的局限性，人们可能需要进行基因模型研究才能理解这些差异性。

毛定位[85]。然而，由于嗅觉纤毛在 BBS 空白小鼠中不存在，人们尚不清楚 BBS 蛋白质在 OR 贩运中所扮演的角色。尽管如此，对 TUB 敲除小鼠的 MOE 所作的分析显示至少有一个 OR 的纤毛定向与野生型小鼠几乎无法分辨，即便同样在嗅觉上皮中表达的相关蛋白质有可能对 TUB 的损失进行补偿[84,89]。如果以后能够发现 OR 在纤毛中富集的那些机制，这将有助于人们理解嗅觉功能。

纤毛疾病和嗅觉功能

据估计，美国受常见或者临床嗅觉缺失症折磨的个人达数百万，尽管这有可能因为患者的漏报而是一个低估的数字。尽管嗅觉缺失症常见的起因为急性创伤和感染，然而在过去的 10 年内，一个明显的变化趋势是患有对纤毛有效应的基因突变或疾病的患者也会表现嗅觉功能障碍［图 9–2］[65,71,90]。目前，嗅觉缺陷是已知与两种不同的纤毛疾病，BBS 和 Leber 先天性黑蒙（LCA）在一起的合并症。

BBS 是一种导致包括嗅觉功能障碍在内的众多表型的多效性障碍[91–98]。敲除 *Bbs1*、*Bbs2*、*Bbs4*、*Bbs6* 和 *Bbs8* 基因的小鼠模型表现出严重受损的嗅觉功能[65,66,90,91,99–101]。然而，将不同 BBS 蛋白质删除看起来并非享有共同的潜在嗅觉功能障碍机制，这可能是由每一个 BBS 蛋白质的不同定位和（或）功能造成的（表 9–1，图 9–2）[102,103]。采用荧光标记的异位表达蛋白质，可明显看到 BBS 蛋白质在 OSN 的树突结和纤毛中不同的定位[31]。定位差异及与 IFT 络合物相互作用的差异可能是引起不同组织表型上多样性和不同 *Bbs* 基因丢失的原因。例如，嗅觉纤毛在 *Bbs4* 基因敲除小鼠中丢失，而纤毛却在其他细胞类型中存在[90]。这种差异可能由下面的事实造成，嗅觉纤毛中 BBS1 和 BBS4 以 1∶1 的化学计量关系同 IFT 蛋白质移动表明它们在功能上有一个严格的耦合，而这在其他组织中或许并不那么强有力[31]。嗅觉表型与其他每种 BBS 蛋白质丢失的外显率尚有待确证。因为在其他 *Bbs* 基因敲除小鼠模型中很多个细胞类型的纤毛集合通常并不受影响，嗅觉纤毛有可能对丢失 BBS 蛋白质特别敏感[65,90]。尽管如此，BBS 蛋白质中发生突变显而易见会影响纤毛功能并导致嗅觉缺陷，这有可能是先天性嗅觉缺失症的重要贡献者。

CEP290 中发生突变会引发一种被称为 LCA 的视网膜营养不良[104,105]。带有确定的 CEP290 突变的 LCA 患者都在嗅觉上是受损的[71]。合起来，这些研究说明了由纤毛缺陷造成的嗅觉功能障碍能够通过 2 个单独的机制发生：完全丧失嗅觉纤毛和蛋白质贩运上的缺陷导致嗅觉信号的丧失。

表 9-1 嗅觉纤毛相关基因清单

基因名称	基因符号	功能	定位
McKusick-Kaufman 综合征	*Mkks/Bbs6*	BBS 组装复合体	未知
Bardet-Biedl 综合征 10	*Bbs10*	BBS 组装复合体	基体
Bardet-Biedl 综合征 12	*Bbs12*	BBS 组装复合体	未知
Bardet-Biedl 综合征 1	*Bbs1*	BBSome	全长
Bardet-Biedl 综合征 2	*Bbs2*	BBSome	全长
Bardet-Biedl 综合征 4	*Bbs4*	BBSome	全长
Bardet-Biedl 综合征 5	*Bbs5*	BBSome	未知
三十四肽重复域 8	*Ttc8/Bbs8*	BBSome	未知
Bardet-Biedl 综合征 9	*Bbs9*	BBSome	未知
类亮氨酸拉链转录因子 1	*Lztfl1/Bbs17*	BBSome 转运调节剂	未知
中心体蛋白 2	*Cetn2*	中心粒功能	基体
中心粒周蛋白	*Pectn*	中心粒功能	基体
跨膜蛋白 67	*Tmem67/Mks3*	中心粒功能	基体
类 ADP- 核糖基化因子 6	*Arl6/Bbs3*	GTP 酶 / 转运	全长
类 ADP- 核糖基化因子 13B	*Arl13b*	GTP 酶 / 转运	全长
鞭毛内转运蛋白 122	*Ift122*	鞭毛内运输	全长
鞭毛内转运蛋白 88	*Ift88*	鞭毛内运输	全长
驱动蛋白 17	*Kif17*	鞭毛内运输	全长
驱动蛋白 3a	*Kif3a*	鞭毛内运输	全长
含 EF 手性域（C 末端）1	*Efhc1*	微管相互作用	近端双纤
肾消耗病蛋白 4	*Nphp4*	纤毛转运调节	过渡区
中心体蛋白 290	*Cep290*	纤毛转运调节	基体
腺苷酸环化酶 3	*Ac3*	信号转导	全长
环化核苷酸门控通道亚基 A2	*Cnga2*	信号转导	全长

续表

基因名称	基因符号	功能	定位
环化核苷酸门控通道亚基 A4	*Cnga4*	信号转导	全长
环化核苷酸门控通道亚基 B1b	*Cngb1b*	信号转导	全长
Anoctamin 2	*Ano2*	信号转导	全长

注：BBS，Bardet-Biedl 综合征；BBSome，与 BBS 相关的蛋白质复合物。

纤毛疾病诱发嗅觉缺失症的潜在治疗方法

目前，还没有针对嗅觉功能障碍的治疗方法，特别是先天性嗅觉丧失。随着引发纤毛缺陷的突变类型的不断增长，与这些疾病有关的先天性嗅觉缺失症列表也可能增长。然而，基因治疗方法代表了一种有可能矫正由基因突变导致的嗅觉缺失症的可行选择[40,106]。

理解突变对纤毛形成和功能的效应将对人们治疗由纤毛疾病导致的嗅觉功能障碍产生显著的影响。许多纤毛紊乱的小鼠模型都表现出嗅觉纤毛的缺失[40,65,66,73,99]。这表明一个重要的治疗考量是在 OSN 上恢复纤毛结构的能力。人们最近已经实现了对此的原理论证[40]。IFT 在纤毛形成和维护中扮演的角色得到了充分证实，这使 IFT 功能失调的突变模型在研究恢复纤毛时变得非常有用。20 多年以前，人们就已经使用含有 *Ift88* 基因亚效等位基因突变的小鼠，术语称为橡树岭多囊肾（ORPK）的小鼠模型，来了解纤毛在许多器官系统的生理和功能中所扮演的角色[107,108]。IFT88 突变导致了嗅觉纤毛的失去和丧失嗅觉功能[40]。为了测试修复纤毛结构是否是可行的，对 ORPK 小鼠使用编码野生型 IFT88 蛋白的腺病毒载体进行了处理[40]。IFT88 的腺病毒表达导致了纤毛在转导 OSN 上重建。这些数据证明了成熟分化细胞在必要成分存在时创建纤毛的能力。除此之外，IFT88 的重新表达恢复了转导 OSN 的功能，正如在动物中看到的那样用基因治疗的动物能够与气味发生响应。这些实验不仅提供了纤毛对嗅觉功能非常重要的关键信息，也提供了恢复纤毛疾病患者的正常嗅觉功能是具有可行性的证据[109-111]。

总　　结

嗅觉纤毛对于气味分子觉察是必要的细胞器。纤毛代表了一个优化用于转导来自周围环境信息的特许亚细胞隔室。因此，了解用于选择性富集纤毛膜和蛋白质成分的机制对于我们理解嗅觉功能是非常重要的。类似地，了解突变通过那种机制造成纤毛功能中断，对我们理解嗅觉丧失的病理学也是至关重要的。对嗅觉系统中纤毛疾病表型的外显率进行持续性研究，将有助于阐明先天性嗅觉缺失症对普通人群中更为广泛的化学感官缺失情况的贡献。由于 OSN 在人的一生中持续不断地生成，纤毛形成和蛋白质传送过程对嗅觉功能是至关重要的。通过其他方式例如创伤、发炎或感染对嗅觉纤毛进行破坏也可能对嗅觉疾病的病理学有一定的帮助。仅仅满足于我们对发病机制的理解还是不够的，未来的工作应该聚焦于从治疗策略上恢复嗅觉功能。就先天性嗅觉缺失症和纤毛疾病而言，嗅觉系统适合于使用基因治疗技术，这是因为 OSN 与众不同地位于鼻腔内，暴露于外部环境中。因而，注射进入鼻腔的药物或治疗药剂能够直接作用于神经元。重要的是，OSN 也对经由腺病毒载体的转导高度的顺从，使之成为一种非常有吸引力的治疗方法。

参考文献

[1] Toller SV. Assessing the impact of anosmia: review of a questionnaire's findings. *Chem Senses*. 1999;24(6):705-712.

[2] Keller A, Malaspina D. Hidden consequences of olfactory dysfunction: a patient report series. *BMC Ear Nose Throat Disord*. 2013;13(1):8.

[3] Murphy C, Schubert CR, Cruickshanks KJ, Klein BE, Klein R, Nondahl DM. Prevalence of olfactory impairment in older adults. *Jama*. 2002;288(18):2307-2312.

[4] Nguyen-Khoa BA, Goehring Jr EL, Vendiola RM, Pezzullo JC, Jones JK. Epidemiologic study of smell disturbance in 2 medical insurance claims populations. *Arch Otolaryngol Head Neck Surg*. 2007;133(8):748-757.

[5] Jafek BW, Murrow B, Linschoten M. Evaluation and treatment of anosmia. *Curr Opin Otolaryngol Head Neck Surg*. 2000;8:5.

[6] Fesenko EE, Novoselov VI, Novikov JV. Molecular mechanisms of olfactory reception. VI. Kinetic characteristics of camphor interaction with binding sites of rat olfactory epithelium. *Biochim Biophys Acta*. 1985;839(3):268-275.

[7] Firestein S, Werblin F. Odor-induced membrane currents in vertebrate-olfactory receptor neurons. *Science*. 1989;244(4900):79-82.

[8] Nakamura T, Gold GH. A cyclic nucleotide-gated conductance in olfactory receptor cilia. *Nature*. 1987;325(6103):442-444.

[9] Bonigk W, Bradley J, Muller F, et al. The native rat olfactory cyclic nucleotide-gated channel is composed of three distinct subunits. *J Neurosci*. 1999;19(13):5332-5347.

[10] Zheng J, Zagotta WN. Stoichiometry and assembly of olfactory cyclic nucleotide-gated channels. *Neuron*.

2004;42(3):411-421.
[11] Nache V, Zimmer T, Wongsamitkul N, et al. Differential regulation by cyclic nucleotides of the CNGA4 and CNGB1b subunits in olfactory cyclic nucleotide-gated channels. *Sci Signal*. 2012;5(232):ra48.
[12] Kaupp UB, Seifert R. Cyclic nucleotide-gated ion channels. Physiol Rev. 2002;82(3):769-824.
[13] Munger SD, Lane AP, Zhong H, et al. Central role of the CNGA4 channel subunit in Ca^{2+}-calmodulin-dependent odor adaptation. *Science*. 2001;294(5549):2172-2175.
[14] Kelliher KR, Ziesmann J, Munger SD, Reed RR, Zufall F. Importance of the CNGA4 channel gene for odor discrimination and adaptation in behaving mice. *Proc Natl Acad Sci USA*. 2003;100(7):4299-4304.
[15] Davenport JR, Yoder BK. An incredible decade for the primary cilium: a look at a once-forgotten organelle. *Am J Physiol Renal Physiol*. 2005;289(6):F1159-F1169.
[16] Koemeter-Cox AI, Sherwood TW, Green JA, et al. Primary cilia enhance kisspeptin receptor signaling on gonadotropin-releasing hormone neurons. *Proc Natl Acad Sci USA*. 2014;111(28):10335-10340.
[17] Livraghi A, Randell SH. Cystic fibrosis and other respiratory diseases of impaired mucus clearance. *Toxicol Pathol*. 2007;35(1):116-129.
[18] Okada Y, Takeda S, Tanaka Y, Izpisua Belmonte JC, Hirokawa N. Mechanism of nodal flow: a conserved symmetry breaking event in left-right axis determination. *Cell*. 2005;121(4):633-644.
[19] Dabdoub A, Kelley MW. Planar cell polarity and a potential role for a Wnt morphogen gradient in stereociliary bundle orientation in the mammalian inner ear. *J Neurobiol*. 2005;64(4):446-457.
[20] Menco BP. Ciliated and microvillous structures of rat olfactory and nasal respiratory epithelia. A study using ultra-rapid cryo-fixation followed by freeze-substitution or freeze-etching. *Cell Tissue Res*. 1984;235(2):225-241.
[21] Lidow MS, Menco BP. Observations on axonemes and membranes of olfactory and respiratory cilia in frogs and rats using tannic acid-supplemented fixation and photographic rotation. *J Ultrastruct Res*. 1984;86(1):18-30.
[22] Reese TS. Olfactory cilia in the frog. *J Cell Biol*. 1965;25(2):209-230.
[23] Bronshtein AA, Minor AV. Significance of flagellae and their mobility for olfactory receptor function. *Dokl Akad Nauk SSSR*. 1973;213(4):987-989.
[24] Mair RG, Gesteland RC, Blank DL. Changes in morphology and physiology of olfactory receptor cilia during development. *Neuroscience*. 1982;7(12):3091-3103.
[25] Rosenbaum JL, Witman GB. Intraflagellar transport. *Nat Rev Mol Cell Biol*. 2002;3(11):813-825.
[26] Scholey JM. Intraflagellar transport. *Annu Rev cell Dev Biol*. 2003;19:423-443.
[27] Hammond JW, Cai D, Verhey KJ. Tubulin modifications and their cellular functions. *Curr Opin cell Biol*. 2008; 20(1):71-76.
[28] Pathak N, Obara T, Mangos S, Liu Y, Drummond IA. The zebrafish fleer gene encodes an essential regulator of cilia tubulin polyglutamylation. *Mol Biol Cell*. 2007;18(11):4353-4364.
[29] Schwarzenbacher K, Fleischer J, Breer H. Formation and maturation of olfactory cilia monitored by odorant receptor-specific antibodies. *Histochem Cell Biol*. 2005;123(4e5):419-428.
[30] Menco BP. Lectins bind differentially to cilia and microvilli of major and minor cell populations in olfactory and nasal respiratory epithelia. Microsc *Res Tech*. 1992;23(2):181-199.
[31] Williams CL, McIntyre JC, Norris SR, et al. Direct evidence for BBSome-associated intraflagellar transport reveals distinct properties of native mammalian cilia. *Nat Commun*. 2014;5:5813.
[32] Leinders-Zufall T, Rand MN, Shepherd GM, Greer CA, Zufall F. Calcium entry through cyclic nucleotide-gated channels in individual cilia of olfactory receptor cells: spatiotemporal dynamics. *J Neurosci*. 1997;17(11):4136-4148.
[33] Leinders-Zufall T, Greer CA, Shepherd GM, Zufall F. Imaging odor-induced calcium transients in single olfactory cilia: specificity of activation and role in transduction. *J Neurosci*. 1998;18(15):5630-5639.
[34] Zufall F, Leinders-Zufall T, Greer CA. Amplification of odor-induced Ca(2+) transients by store-operated Ca(2+) release and its role in olfactory signal transduction. *J Neurophysiol*. 2000;83(1):501-512.
[35] Cuschieri A, Bannister LH. The development of the olfactory mucosa in the mouse: electron microscopy. *J Anat*.

1975;119(Pt 3):471-498.

[36] Cuschieri A, Bannister LH. The development of the olfactory mucosa in the mouse: light microscopy. *J Anat*. 1975;119(Pt 2):277-286.

[37] Menco BP. Qualitative and quantitative freeze-fracture studies on olfactory and nasal respiratory epithelial surfaces of frog, ox, rat, and dog. II. Cell apices, cilia, and microvilli. *Cell Tissue Res*. 1980;211(1):5-29.

[38] Menco M. Qualitative and quantitative freeze-fracture studies on olfactory and respiratory epithelial surfaces of frog, ox, rat, and dog. IV. Ciliogenesis and ciliary necklaces (including high-voltage observations). *Cell Tissue Res*. 1980;212(1):1-16.

[39] Menco BP. Qualitative and quantitative freeze-fracture studies on olfactory and nasal respiratory structures of frog, ox, rat, and dog. I. A general survey. *Cell Tissue Res*. 1980;207(2):183-209.

[40] McIntyre JC, Davis EE, Joiner A, et al. Gene therapy rescues cilia defects and restores olfactory function in a mammalian ciliopathy model. *Nat Med*. 2012;18(9):1423-1428.

[41] Matsuzaki O, Bakin RE, Cai X, Menco BP, Ronnett GV. Localization of the olfactory cyclic nucleotide-gated channel subunit 1 in normal, embryonic and regenerating olfactory epithelium. *Neuroscience*. 1999;94(1):131-140.

[42] Menco BP, Cunningham AM, Qasba P, Levy N, Reed RR. Putative odour receptors localize in cilia of olfactory receptor cells in rat and mouse: a freeze-substitution ultrastructural study. *J Neurocytol*. 1997;26(10):691-706.

[43] Flannery RJ, French DA, Kleene SJ. Clustering of cyclic-nucleotide-gated channels in olfactory cilia. *Biophys J*. 2006;91(1):179-188.

[44] Vieira OV, Gaus K, Verkade P, Fullekrug J, Vaz WL, Simons K. FAPP2, cilium formation, and compartmentalization of the apical membrane in polarized Madin-Darby canine kidney (MDCK) cells. *Proc Natl Acad Sci USA*. 2006; 103(49):18556-18561.

[45] Chailley B, Boisvieux-Ulrich E, Sandoz D. Evolution of filipin-sterol complexes and intramembrane particle distribution during ciliogenesis. *J Submicrosc Cytol*. 1983;15(1):275-280.

[46] Brady JD, Rich ED, Martens JR, Karpen JW, Varnum MD, Brown RL. Interplay between PIP3 and calmodulin regulation of olfactory cyclic nucleotide-gated channels. *Proc Natl Acad Sci USA*. 2006;103(42):15635-15640.

[47] Brady JD, Rich TC, Le X, et al. Functional role of lipid raft microdomains in cyclic nucleotide-gated channel activation. *Mol Pharmacol*. 2004;65(3):503-511.

[48] Kobayakawa K, Hayashi R, Morita K, et al. Stomatin-related olfactory protein, SRO, specifically expressed in the murine olfactory sensory neurons. *J Neurosci*. 2002;22(14):5931-5937.

[49] Schreiber S, Fleischer J, Breer H, Boekhoff I. A possible role for caveolin as a signaling organizer in olfactory sensory membranes. *J Biol Chem*. 2000;275(31):24115-24123.

[50] Goldstein BJ, Kulaga HM, Reed RR. Cloning and characterization of SLP3: a novel member of the stomatin family expressed by olfactory receptor neurons. *J Assoc Res Otolaryngol*. 2003;4(1):74-82.

[51] Agarwal V, Mishra B. Recent trends in drug delivery systems: intranasal drug delivery. *Indian J Exp Biol*. 1999;37(1):6-16.

[52] Illum L. Nasal drug deliveryepossibilities, problems and solutions. *J Control Release*. 2003;87(1e3):187-198.

[53] Doty RL, Philip S, Reddy K, Kerr KL. Influences of antihypertensive and antihyperlipidemic drugs on the senses of taste and smell: a review. *J Hypertens*. 2003;21(10):1805-1813.

[54] Cole DG, Diener DR, Himelblau AL, Beech PL, Fuster JC, Rosenbaum JL. Chlamydomonas kinesin-II-dependent intraflagellar transport (IFT): IFT particles contain proteins required for ciliary assembly in Caenorhabditis elegans sensory neurons. *J Cell Biol*. 1998;141(4):993-1008.

[55] Kozminski KG, Beech PL, Rosenbaum JL. The Chlamydomonas kinesin-like protein FLA10 is involved in motility associated with the flagellar membrane. *J Cell Biol*. 1995;131(6 Pt 1):1517-1527.

[56] Kozminski KG, Johnson KA, Forscher P, Rosenbaum JL. A motility in the eukaryotic flagellum unrelated to flagellar beating. *Proc Natl Acad Sci USA*. 1993;90(12):5519-5523.

[57] Pazour GJ, Wilkerson CG, Witman GB. A dynein light chain is essential for the retrograde particle movement of

intraflagellar transport (IFT). *J Cell Biol*. 1998;141(4):979-992.

[58] Scholey JM. Intraflagellar transport motors in cilia: moving along the cell's antenna. *J Cell Biol*. 2008;180(1):23-29.

[59] Snow JJ, Ou G, Gunnarson AL, et al. Two anterograde intraflagellar transport motors cooperate to build sensory cilia on C. elegans neurons. *Nat Cell Biol*. 2004;6(11):1109-1113.

[60] Jenkins PM, Hurd TW, Zhang L, et al. Ciliary targeting of olfactory CNG channels requires the CNGB1b subunit and the kinesin-2 motor protein, KIF17. *Curr Biol*. 2006;16(12):1211-1216.

[61] Ou G, Blacque OE, Snow JJ, Leroux MR, Scholey JM. Functional coordination of intraflagellar transport motors. *Nature*. 2005;436(7050):583-587.

[62] Cole DG. The intraflagellar transport machinery of Chlamydomonas reinhardtii. *Traffic*. 2003;4(7):435-442.

[63] Avidor-Reiss T, Maer AM, Koundakjian E, et al. Decoding cilia function: defining specialized genes required for compartmentalized cilia biogenesis. *Cell*. 2004;117(4):527-539.

[64] Dwyer ND, Adler CE, Crump JG, L'Etoile ND, Bargmann CI. Polarized dendritic transport and the AP-1 mu1 clathrin adaptor UNC-101 localize odorant receptors to olfactory cilia. *Neuron*. 2001;31(2):277-287.

[65] Kulaga HM, Leitch CC, Eichers ER, et al. Loss of BBS proteins causes anosmia in humans and defects in olfactory cilia structure and function in the mouse. *Nat Genet*. 2004;36(9):994-998.

[66] Tadenev AL, Kulaga HM, May-Simera HL, Kelley MW, Katsanis N, Reed RR. Loss of Bardet-Biedl syndrome protein-8 (BBS8) perturbs olfactory function, protein localization, and axon targeting. *Proc Natl Acad Sci USA*. 2011; 108(25):10320-10325.

[67] Inglis PN, Boroevich KA, Leroux MR. Piecing together a ciliome. *Trends Genet*. 2006;22(9):491-500.

[68] Breslow DK, Nachury MV. Primary cilia: how to keep the riff-raff in the plasma membrane. *Curr Biol*. 2011; 21(11):R434-R436.

[69] Dishinger JF, Kee HL, Verhey KJ. Analysis of ciliary import. *Methods Enzymol*. 2013;524:75-89.

[70] Miyoshi K, Kasahara K, Miyazaki I, et al. Pericentrin, a centrosomal protein related to microcephalic primordial dwarfism, is required for olfactory cilia assembly in mice. *Faseb J*. 2009;23(10):3289-3297.

[71] McEwen DP, Koenekoop RK, Khanna H, et al. Hypomorphic CEP290/NPHP6 mutations result in anosmia caused by the selective loss of G proteins in cilia of olfactory sensory neurons. *Proc Natl Acad Sci USA*. 2007;104(40):15917-15922.

[72] Ying G, Avasthi P, Irwin M, et al. Centrin 2 is required for mouse olfactory ciliary trafficking and development of ependymal cilia planar polarity. *J Neurosci*. 2014;34(18):6377-6388.

[73] Pluznick JL, Rodriguez-Gil DJ, Hull M, et al. Renal cystic disease proteins play critical roles in the organization of the olfactory epithelium. *PLoS One*. 2011;6(5):e19694.

[74] Michalakis S, Reisert J, Geiger H, et al. Loss of CNGB1 protein leads to olfactory dysfunction and subciliary cyclic nucleotide-gated channel trapping. *J Biol Chem*. 2006;281(46):35156-35166.

[75] Geng L, Okuhara D, Yu Z, et al. Polycystin-2 traffics to cilia independently of polycystin-1 by using an N-terminal RVxP motif. *J Cell Sci*. 2006;119(Pt 7):1383-1395.

[76] Berbari NF, Johnson AD, Lewis JS, Askwith CC, Mykytyn K. Identification of ciliary localization sequences within the third intracellular loop of G protein-coupled receptors. *Mol Biol Cell*. 2008;19(4):1540-1547.

[77] Dishinger JF, Kee HL, Jenkins PM, et al. Ciliary entry of the kinesin-2 motor KIF17 is regulated by importin-beta2 and RanGTP. *Nat Cell Biol*. 2010;12(7):703-710.

[78] Jenkins PM, Zhang L, Thomas G, Martens JR. PACS-1 mediates phosphorylation-dependent ciliary trafficking of the cyclic-nucleotide-gated channel in olfactory sensory neurons. *J Neurosci*. 2009;29(34):10541-10551.

[79] McIntyre JC, Joiner AM, Zhang L, Iniguez-Lluhi J, Martens JR. SUMOylation regulates ciliary localization of olfactory signaling proteins. *J Cell Sci*. 2015;128(10):1934-1945.

[80] Buck L, Axel R. A novel multigene family may encode odorant receptors: a molecular basis for odor recognition. *Cell*. 1991;65(1):175-187.

[81] Deretic D. Post-Golgi trafficking of rhodopsin in retinal photoreceptors. *Eye*. 1998;12(Pt 3b):526-530.

[82] Deretic D, Schmerl S, Hargrave PA, Arendt A, McDowell JH. Regulation of sorting and post-Golgi trafficking of rhodopsin by its C-terminal sequence QVS(A)PA. *Proc Natl Acad Sci USA*. 1998;95(18):10620-10625.

[83] Mazelova J, Astuto-Gribble L, Inoue H, et al. Ciliary targeting motif VxPx directs assembly of a trafficking module through Arf4. *Embo J*. 2009;28(3):183-192.

[84] Sun X, Haley J, Bulgakov OV, Cai X, McGinnis J, Li T. Tubby is required for trafficking G protein-coupled receptors to neuronal cilia. *Cilia*. 2012;1(1):21.

[85] Berbari NF, Lewis JS, Bishop GA, Askwith CC, Mykytyn K. Bardet-Biedl syndrome proteins are required for the localization of G protein-coupled receptors to primary cilia. *Proc Natl Acad Sci USA*. 2008;105(11):4242-4246.

[86] Loktev AV, Jackson PK. Neuropeptide Y family receptors traffic via the Bardet-Biedl syndrome pathway to signal in neuronal primary cilia. *Cell Rep*. 2013;5(5):1316-1329.

[87] Mukhopadhyay S, Wen X, Chih B, et al. TULP3 bridges the IFT-A complex and membrane phosphoinositides to promote trafficking of G protein-coupled receptors into primary cilia. *Genes Dev*. 2010;24(19):2180-2193.

[88] Domire JS, Green JA, Lee KG, Johnson AD, Askwith CC, Mykytyn K. Dopamine receptor 1 localizes to neuronal cilia in a dynamic process that requires the Bardet-Biedl syndrome proteins. *Cell Mol Life Sci*. 2011;68(17):2951-2960.

[89] Sammeta N, Yu TT, Bose SC, McClintock TS. Mouse olfactory sensory neurons express 10,000 genes. *J Comp Neurol*. 2007;502(6):1138-1156.

[90] Iannaccone A, Mykytyn K, Persico AM, et al. Clinical evidence of decreased olfaction in Bardet-Biedl syndrome caused by a deletion in the BBS4 gene. *Am J Med Genet A*. 2005;132(4):343-346.

[91] Rachel RA, May-Simera HL, Veleri S, et al. Combining Cep290 and Mkks ciliopathy alleles in mice rescues sensory defects and restores ciliogenesis. *J Clin Invest*. 2012;122(4):1233-1245.

[92] Braun JJ, Noblet V, Durand M, et al. Olfaction evaluation and correlation with brain atrophy in Bardet-Biedl syndrome. *Clin Genet*. 2014;86(6):521-529.

[93] Hichri H, Stoetzel C, Laurier V, et al. Testing for triallelism: analysis of six BBS genes in a Bardet-Biedl syndrome family cohort. *Eur J Hum Genet*. 2005;13(5):607-616.

[94] Mykytyn K, Nishimura DY, Searby CC, et al. Evaluation of complex inheritance involving the most common Bardet-Biedl syndrome locus (BBS1). *Am J Hum Genet*. 2003;72(2):429-437.

[95] Biedl A. A pair of siblings with adiposo-genital dystrophy. 1922. *Obes Res*. 1995;3(4):404.

[96] Beales PL, Badano JL, Ross AJ, et al. Genetic interaction of BBS1 mutations with alleles at other BBS loci can result in non-Mendelian Bardet-Biedl syndrome. *Am J Hum Genet*. 2003;72(5):1187-1199.

[97] Beales PL, Elcioglu N, Woolf AS, Parker D, Flinter FA. New criteria for improved diagnosis of Bardet-Biedl syndrome: results of a population survey. *J Med Genet*. 1999;36(6):437-446.

[98] Bardet G. On congenital obesity syndrome with polydactyly and retinitis pigmentosa (a contribution to the study of clinical forms of hypophyseal obesity). 1920. *Obes Res*. 1995;3(4):387-399.

[99] Fath MA, Mullins RF, Searby C, et al. Mkks-null mice have a phenotype resembling Bardet-Biedl syndrome. *Hum Mol Genet*. 2005;14(9):1109-1118.

[100] Nishimura DY, Fath M, Mullins RF, et al. Bbs2-null mice have neurosensory deficits, a defect in social dominance, and retinopathy associated with mislocalization of rhodopsin. *Proc Natl Acad Sci USA*. 2004;101(47):16588-16593.

[101] Mykytyn K, Mullins RF, Andrews M, et al. Bardet-Biedl syndrome type 4 (BBS4)-null mice implicate Bbs4 in flagella formation but not global cilia assembly. *Proc Natl Acad Sci USA*. 2004;101(23):8664-8669.

[102] Klysik M. Ciliary syndromes and treatment. *Pathol Res Pract*. 2008;204(2):77-88.

[103] Stoetzel C, Laurier V, Davis EE, et al. BBS10 encodes a vertebrate-specific chaperonin-like protein and is a major BBS locus. *Nat Genet*. 2006;38(5):521-524.

[104] Cideciyan AV, Aleman TS, Jacobson SG, et al. Centrosomal-ciliary gene CEP290/NPHP6 mutations result in blindness with unexpected sparing of photoreceptors and visual brain: implications for therapy of Leber congenital amaurosis. *Hum Mutat*. 2007;28(11):1074-1083.

[105] den Hollander AI, Koenekoop RK, Yzer S, et al. Mutations in the CEP290 (NPHP6) gene are a frequent cause of Leber congenital amaurosis. *Am J Hum Genet*. 2006;79(3):556-561.

[106] McIntyre JC, Williams CL, Martens JR. Smelling the roses and seeing the light: gene therapy for ciliopathies. *Trends Biotechnol*. 2013;31(6):355-363.

[107] Berbari NF, O'Connor AK, Haycraft CJ, Yoder BK. The primary cilium as a complex signaling center. *Curr Biol*. 2009;19(13):R526-R535.

[108] Lehman JM, Michaud EJ, Schoeb TR, Aydin-Son Y, Miller M, Yoder BK. The oak ridge polycystic kidney mouse: modeling ciliopathies of mice and men. *Dev Dyn*. 2008;237(8):1960-1971.

[109] Gau P, Rodriguez S, De Leonardis C, Chen P, Lin DM. Air-assisted intranasal instillation enhances adenoviral delivery to the olfactory epithelium and respiratory tract. *Gene Ther*. 2011;18(5):432-436.

[110] Ivic L, Pyrski MM, Margolis JW, Richards LJ, Firestein S, Margolis FL. Adenoviral vector-mediated rescue of the OMP-null phenotype in vivo. *Nat Neurosci*. 2000;3(11):1113-1120.

[111] Zhao H, Ivic L, Otaki JM, Hashimoto M, Mikoshiba K, Firestein S. Functional expression of a mammalian odorant receptor. *Science*. 1998;279(5348):237-242.

[112] Asan E, Drenckhahn D. Immunocytochemical characterization of two types of microvillar cells in rodent olfactory epithelium. *Histochem Cell Biol*. 2005;123(2):157-168.

[113] Elsaesser R, Paysan J. The sense of smell, its signalling pathways, and the dichotomy of cilia and microvilli in olfactory sensory cells. *BMC Neurosci*. 2007;8(suppl 3):S1.

[114] Lin W, Ezekwe Jr EA, Zhao Z, Liman ER, Restrepo D. TRPM5-expressing microvillous cells in the main olfactory epithelium. *BMC Neurosci*. 2008;9:114.

[115] Lin W, Ogura T, Margolskee RF, Finger TE, Restrepo D. TRPM5-expressing solitary chemosensory cells respond to odorous irritants. *J Neurophysiol*. 2008;99(3):1451-1460.

[116] Hofer D, Shin DW, Drenckhahn D. Identification of cytoskeletal markers for the different microvilli and cell types of the rat vomeronasal sensory epithelium. *J Neurocytol*. 2000;29(3):147-156.

CHAPTER 10

第 10 章 犁鼻器受体：V1R、V2R 和 FPR

伊万·罗德里格斯[1,2]

[1] 日内瓦大学遗传与进化系，瑞士日内瓦

[2] 日内瓦大学神经科学中心，瑞士日内瓦

概要

引言

所有的生命形态，从单细胞生物到认知上的娴熟的物种，都使用化学传感器。这些分子器件能够实现从体内稳态维护到联想式学习的很广范围的功能。作为系统发育进化枝独立进化，以及对感知有潜在效用的诸多不同刺激物的结果，这些传感器在今天活着的物种中有种类繁多各式各样的存在。在陆生脊椎动物中，这些分子探针由大脑中数不清的不同神经递质受体组成，例如舌头部位的甜味和苦味受体，鼻腔内的气味分子受体。

本章的目的在于描述一种从犁鼻器感官部位所发现的化学受体。这个结构，亦称为

雅各布森器官，是一种位于哺乳动物上腭顶部的双侧嗅觉探针[1]。它的尺寸随物种不同而发生变化。例如，在蛇身上，它能使主嗅觉感官上皮相形见绌。它也可能是退化过的，像在一些简单鼻灵长类物种（特别是人类）或鲸类中一样[2]。一个处在嘴位置的开口允许化学物质进入这一感官结构。这个过程在一些物种是处于积极状态的，而在另一些物种中则处于消极的状态的。在一些物种中，信号分子的进入点是鼻腔，而对另一些物种而言则是口腔。有好几十万的感官神经元包埋在犁鼻器内部。它们排列在新月形的假复层上皮中，衬有一个含液体的管腔。正是经由这个官腔化学物质与专门的犁鼻器感官神经元（VSN）的树突末梢发生接触。在化学物质被犁鼻器细胞识别后或者更准确地说被感官神经元表达的受体识别后，一个信号经由神经元轴突直接传递至大脑中的副嗅球。这一信号最终抵达不仅调节内分泌反应还调节先天行为的关键大脑边缘系统区域，特别是杏仁核和下丘脑。

犁鼻器受体（VR）是非常特别的，这种特殊性不在于结构而是因为它们代表了一个不同寻常系统的出入口，该系统被激活能够调节甚至引发各种各样的社会行为。这个系统专门从事识别同类物种释放的分子或者由其他物种个体产生的分子[3]。这些带有交际价值的化学物质分子被称为化学信息素，一个很有用并且涵盖信息素、异源信息素和利他素在内的各种各样类型分子的术语，并且因而避免了有关谁从这一排放中受益的争论（见第 1 章和第 2 章）。源于化学信息素的犁鼻器激活所产生的行为是多种多样的。例如，雄性之间的攻击、捕食者的飞行反应、恶心的同种规避或各式各样的性行为都可以被引出[4-9]。因此，犁鼻器受体不仅代表了在个人层面生存所用的重要工具，也是该物种生存的基石。

到目前为止，人们从小鼠身上已经鉴定出 3 个家族的犁鼻器受体。它们被称为 1 型和 2 型犁鼻器受体（分别为 V1R 和 V2R），以及甲酰肽受体（FPR）。

1 型犁鼻器受体

1995 年，Catherine Dulac 和 Richard Axel[10] 采用一个在今天看来极为过时，而在当时非常高明的单细胞减成法鉴定出了首个 V1R。在那时，这些受体是唯一已知的犁鼻器化学受体。像 Linda Buck 和 Richard Axel[11] 4 年前发现的气味分子受体一样，并且事实上像大多数已知的脊椎动物化学传感器一样，V1R 是 G 蛋白耦联的、7 个跨膜结构域受体（GPCR）[3,12,13]。GPCR 依据它们的氨基酸序列被划分成 6 个类别。其中最大的一个类术语称为 A 类或视紫质样家族。V1R 今天被认为是这一类别的一部分，尽管它们缺乏许多表征其成员的最常见的序列模体。它们因而与气味分子受体（OR，见第 3 章）并不享有序列同源性，即便它们并非是完全的离群索居者，这是因为它们确实表现出例如与苦味受体（T2R，见第 13 章）一样的相似性。一个典型的 V1R 为大约 300 氨基酸长，分别带有短的细胞外和细胞内 N- 末端和 C- 末端。

依据不同的分子标记物，人们可以将假复层的犁鼻器神经上皮分成 2 层[14-16]。2 层在小鼠中大约有相同的厚度（图 10-1）。第一层位置处在神经上皮的基底，而第二层位于第一层之上，接近于犁鼻器的管腔。V1R 表达被限制在位于这一顶端部分的感官神经元中。V1R 存在于它们树突末梢的膜中：也就是说处在沐浴于黏膜的专门微绒毛上。它们在那里被认为与一个含有一个 $G\alpha_{i2}$ 亚基的异源三聚体 G 蛋白发生耦联。

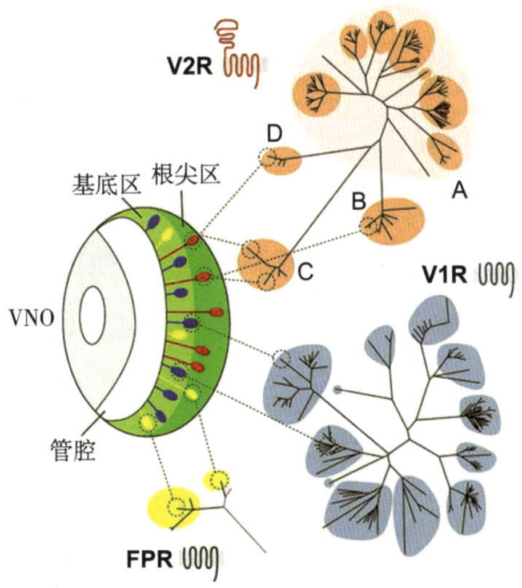

图 10-1　小鼠的犁鼻器受体基因家族。每一感官神经元表达一个单个 *V1r* 或 *Fpr* 基因，每个细胞则共转录两个 *V2r* 基因。*V1r* 和 *V2r* 分别表达在根尖和基底神经上皮中，而 *Fpr* 依据不同的基因表达在一层或另一层中。根据 Rodriguez 和 Boehm[121] 的研究修改

V1r 基因

在小鼠的基因组中，*V1r* 基因（术语 *Vmn1r*）存在于大部分的常染色体而且以基因簇的形式排列[17-19]。每一个 *V1r* 基因与下一个基因都有 5~50 kb 的差别，而且就转录方向而言没有明显的规律[17,20]。在 *V1r* 基因之间，人们会发现一个罕见稠密的长散在重复序列（LINE），其角色如果有的话目前还不清楚[21]。在哺乳动物物种中，*V1r* 基因有一

个非常简单的结构。它们拥有一个首个的（有时还有第二个）的非编码外显子，继之以一个含有整个 *V1r* 编码序列的最终外显子。*V1r* 启动子至少在同一亚科的成员之间具有高度保守性[19,22]，这与其他化学受体基因家族特别是 *Or* 基因家族的启动子之间具有极低的序列一致性形成对比[23,24]。

V1r 基因出现在 4 亿年前，而且仍在硬骨鱼、爬行动物和哺乳动物的基因组中存在着[25–29]。其中大部分的在犁鼻器中表达，尽管几个在来自主嗅觉上皮的感官神经元中转录[30–33]。总共有 392 个不同的 *V1r* 基因存在于小鼠基因组中，其中 239 个有一个完整可读框（图 10–1）[34–36]。在小鼠中，它们的产物依据其序列相似性被编为 12 个亚科（*V1ra-V1rl*），其中一个给定家族内的成员享有至少 40% 的氨基酸序列一致性[34]。人们发现这样大的一个 *V1r* 基因库还存在于几个其他物种中，例如兔子、诸如小鼠狐猴的原猴灵长类及同样出乎意料的鸭嘴兽，这导致脊椎动物分级成 283 个明显有功能性的 *Vmn1r*[37]。狗类、奶牛、蛇类和人类位于该名单的较低位置，以某些像海豚和飞狐一样仅仅缺乏完整 *Vmn1r* 的物种结束[27,28,30,35,37–39]。随物种的不同，有潜在功能的 *Vmn1r* 和假基因的比例发生变化。例如在大鼠和小鼠中，假基因约占 *Vmn1r* 总数的 50%，不过在许多灵长类中占比高达 90%[40]。不仅物种之间有不同的基因库大小，而且它们的成分也各不相同。而且这从进化的角度来看可能是很快的，因为即便在亚种水平上也存在高度的多样性[41]。这些动态的 *Vmn1r* 家族由高速率的基因复制、基因转化、特定进化枝的扩张或收缩，以及通常假基因化引起。这对大多数脊椎动物进化枝都是成立的，硬骨鱼除外，它们的 *Vmn1r* 库很明显逃避了这种不稳定性[25,26,42,43]。确实，不仅鱼类只含有非常有限数量的 *Vmn1r*，而且这些基因在硬骨鱼之间是有保守性的（有可能指向这些物种共有的 *V1r* 激动剂）。

有没有产生种类繁多的 *V1r* 库尺寸和多样性的压力？看起来首先是那些受益于大量 V1R 的物种都拥有发育完好的犁鼻器系统[28,35]，一个并不算奇怪的相关性。有人认为在进化过程中，特别是在物种从水迁移到陆地之后，发生了一个 *V1r* 数量上的增长或者更确切说是 *V2r*（将在稍后讨论）和 *V1r* 两者比率的下降。这个想法在破译粟米蛇的犁鼻器受体基因库之后被搁置了，因为它含有一个数量极有限的 *V1r* 库和一个巨大的 *V2r* 库[27]。然而，有一种新物种的排序和鉴定它们对应的化学受体库之间的相关性似乎是不成立的。联系成立的是 *V1r* 基因库的尺寸和特定的生态位或行为之间：建造巢穴的物种和夜间活动的物种它们每个的基因库都含有大量有潜在功能的 *V1r* 基因[44]。与 *V1r* 库适应特定的社会结构和生态位一致，仔细分析 *V1r* 基因表明它们随基因和物种的不同而经受了不同类型的选择性压力，包括正向的达尔文选择[21,35,41,43,45-51]。

与观察到的主嗅觉系统中的 *Or* 基因相类似[52]，每一个 VSN 都随机性选择一个单个的 *V1r* 基因[53-55]。这个规则非常严格[56]，并扩展到等位基因，其抄录同样是随机的，要么是来自父系的拷贝，要么来自母系的拷贝。隐藏在这种单数表达后面的机制尚没有被搞清楚。一个暗示可能存在于 *V1r* 基因的成簇聚集方式。这很可能反映了经常在本地复制的 *Vmn1r* 之间在进化上的接近程度，但它也可能指向存在簇范围内的调控机制。事实上，有证据表明簇依赖性 *Vmn1r* 转录调控：观察到一个强烈的偏差不利于来自同一簇的两个 *V1r* 以顺式共表达[56]。这一情况显然与上面提到的严格的 *V1r* 单基因规律相矛盾。然而，这种第二个 *V1r* 在给定犁鼻器感官神经元中的表达只有在选择的第一个 *V1r* 并不会产生一个功能蛋白质的情况下才会发生。因而，受体本身看起来在非表达其他 *V1r* 中发挥了一定的作用。最近对 *Or* 调控的理解提出了一个涉及化学受体引发的味折叠蛋白响应的反馈环路[57,58]。鉴于 *Or* 与 *Vr* 之间在基因组组织和转录特征（例如，一个 *Or* 在 VSN 中的强迫表达妨碍 *V1r* 的表达并且因此造成一个与 *V1r* 自身所引发等同的负面反馈[59]）方面有诸多的相似性，人们很容易猜测有类似的机制可能正在发挥作用，进而实现两种化学感官基因超家族的单基因和单等位基因转录。

V1R 功能

表达 *V1r* 的VSN 投射它们的轴突至主嗅球（MOB）的末端部分，一个称为副嗅球（AOB）的区域。它是大脑中的第一个犁鼻器信号中转站。此类神经元进一步向 MOB 的前端区域投射。功能上等同的神经元（即表达同一 V1R 的那些神经元）合并成 10~30 个富含神经毡的结构，称为嗅小球[54,55,60]。每一个犁鼻器嗅小球因而由 1 个（或几个）特定的 VSN 族群提供神经支配。有趣的是，V1R 看起来在该过程中发挥一定的作用，这是因为删除一个特定的 *V1r* 基因使表达非功能等位基因的神经元以一个明显杂乱无章的地图向 AOB 投射[54,55]。这是反映了缺少 *V1r* 的 VSN 有关键目标信息丢失还是新的投射模式是由 VSN 表达另一个随机选取的 *V1r* 造成的，目前仍未可知。不管这个问题的答案是什么，V1R 看起来都直接或间接地参与了这个目标定位过程。此外，VSN 趋同与主嗅觉系统中观察到的东西享有相似性，相似的纤维（也就是那些表达相同 OR 的纤维）也在嗅小球中合并。支持这种相似特征并将其延伸至机制的层面，在与 V1RB2 受体发生基因交换时，M71OR 具有修复 VSN 轴突能够向 AOB 中合并和聚合的惊人能力[54]。同样地，相反的实验，嗅觉感官神经元（OSN）中 V1RB2 受体的表达而非 M71 受体的表达修复的是这些神经元发现彼此并在 MOB 嗅小球中合并的能力[61]。

因此，V1R 在调控它们的转录和在引导轴突中发挥一定的作用。不过，V1R 一个最主要的功能是用于识别化学物质，尤其在身体分泌物如尿液、眼泪、汗液或粪便中生成的那些化学物质。V1R 对天然混合物中存在的小分子有机化合物具有非常高的选择性和敏感性[8,9,62–68]。人们最近在老鼠身上进行了一项不同寻常而又系统的调查。这项研究评估了 VSN 对来源于同种个体或来源于其他物种化学信号的响应[64]。这个 VSN 表达明确的 VR 对特定配体的响应或对天然混合物的响应通过即刻早期基因 *Egr1* 的转录进行评价。人们发现复杂的天然信号如来自鹰隼草垫的化学信号，强烈激活小鼠表达 V1R 的 VSN。还有人观察到有些 V1R 进化枝是专门用于检测特定的配体类型。例如，V1RD 进化枝被雌性特异性信号所激活。专门化并不局限于亚科：V1RC25、V1RG8 和 V1RH16 只能被猫头鹰产生的化学信号激活。出乎意料的是，某些 V1R 进化枝显示出被明显冲突的信号激活。例如，V1RE 亚科的成员被捕食者、非捕食者及小鼠信号所激活[64]。

某些化合物特别是硫酸化类固醇，雌性尿液中存在的一类化学物质，是强有力的 V1R 激动剂：80% 由雌性尿液引起的犁鼻器激活都归功于这一类型的激动剂[69,70]。这些硫酸化类固醇被特异性的 V1R 选择性识别出来[64,67,71,72]。例如，V1RJ2 与雌二醇和雄激素发生响应，但并不被雌三醇激活；V1RE6 和 V1RE2 选择性识别皮质类固醇；V1RF3 并不与雄激素发生响应，但却能被雌三醇和雌二醇激活[64]。V1R 因而能识别不同类型结构的类固醇，这有可能为接受动物提供一种同侪生理状态的感受。总而言之，V1R 看起来不仅包括专一型的受体，也包括通才型的受体。

正如前面提到的，各种影响小鼠个体间相互作用的行为改变都是由 VNO 的沉默引起的。这种沉默要么是通过敲除用于一个主要的犁鼻器转导级联的下游组分（见第 11 章），甘油二酯 - 激活 TRPC2 的基因编码获得的，要么是通过器官本身的物理切除获得的。由此产生的行为异常包括雌性和雄性之间性倾向歧视缺失，对不成熟个体的性抑制丧失，对捕食者的逃避能力丧失，雄性之间攻击性减少，以及厌恶同种规避行为的丢失[4–7]。V1R 对这些行为究竟做出了哪些具体的贡献目前还不清楚，因为整个器官的沉默同样使表达 *V2r* 或 *Fpr* 的 VSN 沉默（见下文）。然而，即便 *V1r* 基因库减少程度相对有限也会产生重大的影响。2002 年，人们通过染色体基因工程生成了一只小鼠，其中一个包括所有 16 个表达 V1RA 和 V1RB 亚族成员的 *Vmn1r* 簇被删除。这些相对应的雌性小鼠对它们的幼崽表现出的母性照顾水平要低，而基因突变的雄性则对雌性显示低的性热情[18]。这些突变小鼠表现出的异常行为也可能影响与犁鼻器活性相关的其他行为，不过基因删除是在鉴定由犁鼻器系统发挥的多个功能，尤其是捕食者和厌恶同种规避行为之前被生成和检测的。

2 型犁鼻器受体

在 V1R 被鉴定出来两年之后，有 3 个小组同时而且独立报道了存在第二个的 VR 家族，V2R[73–75]。像 V1R 一样，V2R 属于 GPCR 超家族。不过它们并不被划分为类视紫质组；它们是一部分的 C 类，亦被称为代谢型谷氨酸受体家族。V2R 享有与 T1R 甜味受体一样的序列同源性（见第 13 章），而且不像 V1R 一样拥有一个长的被认为含有主要激动剂结合位点的 N- 末端[3,12,13]。一个 V2R 的正常大小约为 600 个氨基酸。然而，来自一个单个 *V2r* 基因的诸多剪接变异体会导致细胞外 N- 末端长度上的差异。

尽管 V1R 由处于犁鼻器上皮顶端区域中的 VSN 所表达，V2R 则被发现只在基底位置的 VSN 中存在。这种神经元类型之间的分离并不局限于化学传感器；它也适用于转导机制（V2R 被认为与一个含有一个 $G\alpha_o$ 亚基的 G 蛋白耦联[76]），它们在 AOB 中的投射位点（表达 *V2r* 的轴突投射至该结构的尾部），甚至适用于进入杏仁核和下丘脑的高层次投射[77,78]。像 V1R 和犁鼻器标记物 TRPC2 一样[79]，极少 V2R 被主嗅觉上皮中的 OSN 表达[80,81]。

V2r 基因

与 *V1r* 不同，*V2r* 基因的编码序列（称为 *Vmn2r*）被分裂为多个外显子，其中一个大的单个外显子编码受体的 7 个跨膜部分。*Vmn2r* 像 *Vmn1r* 一样成簇聚集。视物种的不同，它们可以很多，也可以几乎没有[29,82]。装备差的物种有新世界和旧世界的猴子、狗类和奶牛[83]。装备精良的物种则包括负鼠、某些两栖动物、蛇类和很多啮齿物种。像 *Vmn1r* 一样，*Vmn2r* 库能够大幅扩张和收缩。他们很久以前就这么做了，但最近也在这么做，这使今天人们很难弄清楚物种之间的 *V2r* 直系同源关系[82–85]。在基因组由 121 个具有潜在功能的 *V2r* 构成的小鼠中（图 10–1），*V2r* 基因产物通常分为 4 个家族，术语为 A~D。这种分类不仅仅是一种使人们更容易描述一个大基因库的工具。首先，这些家族显而易见承受了不同的选择压力。因此，当研究小鼠内部以及小鼠物种 / 亚种之间的单核苷酸多态性时，我们观察到 *V2r* 变体在不同进化枝中有一个非随机分布。

特别是，与检测同域信号（来自非捕食性啮齿动物）有联系的 V2R，它们的差异远大于检测捕食者（例如来自蛇类）或同种信号的差异[41,64]。其次，不同于其他的嗅觉受体包括 OR（第 3 章）、TAAR（第 4 章）、V1R 和 FPR（见下文），V2R 并不严格遵循“单基因规则”。所有表达 *V2r* 的 VSN 都表达一个 V2RC 家族的成员，加上另一个家族的成员[86-89]。这种共表达所起的作用尚不清楚，不过它存在于许多物种中，甚至是爬行动物[27]。来自基底犁鼻器神经上皮的 VSN 的特征因非经典主要组织相容性复合体 1b 蛋白在非常基础的 V2R- 阳性神经元特定子集中的表达而变得更加复杂，表明这个基底的 $G\alpha_o$、V2R 表达层发生了进一步分裂[90-93]。

V2R 功能

尽管 V1R 看起来专门用于检测小分子化学物质，V2R 识别的却是通常的肽类或蛋白质大分子。这些物质被发现存在于同种或异种生成的身体分泌物如尿液或眼泪中。正如从 V1R 响应轮廓中所观察到的那样，V2R 进化枝看起来专门被用来检测特定种类的分子。例如，雄性小鼠草垫激活的是大部分来自小鼠 A 家族的 7 进化枝成员，而大鼠草垫激活的是大部分来自同一家族的 8 进化枝成员[64]。再次如同 V1R 一样，某些进化枝看起来有更广泛的用途，例如来自 A 家族的 3 进化枝，其成员不仅与雌性和雄性小鼠草垫发生响应，还与捕食者信号发生响应[64]。V2R 激动剂被认为是单一的化合物。第一批被确认的激动剂是主要组织相容性复合体（MHC）Ⅰ类肽[94-96]，它们能在非常低的浓度下激活表达 *V2r* 的 VSN。例如，一个由 *Vmn2r26* 编码的受体 V2R1B 在低于皮摩尔浓度时识别 MHC 肽[95]。这种类型的配体是有趣的，这是因为考虑到转化为它们结合肽相对应变异性的个体之间的 MHC 分子多态性，这些肽类代表了独特而且特异性的分子特征。支持这一观点的是人们非常熟悉的由陌生雄性诱发的选择性预防怀孕，一个称为布鲁斯效应（Bruce effect）的响应[97]，可以通过往一个否则为中性的尿液样品中加入这些肽类而重现[94]。

还发现了其他 V2R 激动剂，包括外分泌腺分泌肽（ESP）和主要尿蛋白（MUP）。ESP 是外分泌腺中产生的小肽，并在某些啮齿动物物种的泪液或唾液中释放。[98]在小鼠和大鼠中，它们由 38 个成员组成的大基因家族编码，并且其中一些表达有品系、年龄和性别特异性[99]。他们的感知可以触发或阻止先天和刻板的行为。例如，ESP22 是一种少年信息素，VSN 对其的感知对成年雄性交配具有很强的抑制作用[100]。另一个不同寻常的例子是在啮齿类动物中发现的第一个化学信息素-VR- 行为的字符串，甚至在哺乳动物中：雄性产生的ESP1通过激活表达V2RP5的VSN增强雌性脊柱前弯（交配姿势）[64,101]。这种 ESP-V2R 相互作用并不是唯一的。例如，V2RP1 识别 ESP5，而 V2RP2 既识别 ESP6 又识别 ESP5[102]。

MUP 顾名思义通常在尿液中发现，是疏水性脂蛋白。它们像 ESP 一样由一个大的基因家族编码。它们在小鼠中的表达具有性别特异性和品系特异性，因而提供了潜在的个性化信号。有趣的是，MUP 不是唯一的种内信息素信号。由猫和其他捕食者产生的 MUP 会被啮齿动物的犁鼻器系统感知到，它们在其中触发一个先天的防御性反应。[5,103] 因而，由 V2R 介导的对 MUP、ESP 和其他化合物的识别诱发多种反应，包括攻击行为、性行为和规避行为[5,7,101,104–107]。

表达 V1R 和 V2R 的神经元之间的地形和分子二分法表明这两个受体家族起着不同的作用。为了验证这个假设，一种显而易见的方法要求基因删除整个的 *V1r* 库或整个的 *V2r* 库，然后评估与之对应动物中的潜在缺陷。考虑到这两个受体基因家族成员都在大多数小鼠的常染色体中存在，所有 *V1r* 的系统基因靶向需要花费数年的时间。作为一种间接而又快速的替代方法，两个小组利用了表征两个 VSN 族群的分子二分法，更准确地说是分别删除了两个在 V1R 和 V2R 转导级联中扮演关键作用的参与者，即 $G\alpha_{i2}$ 或 $G\alpha_o$ 亚基。其结果并不像人们预期的那么明确无误：特异性删除 VSN 中的 $G\alpha_o$ 导致雄性和雌性的侵略性响应的减少，雌性对男性尿液诱导发情活性的反应改变以及在脊柱前弯症和雌性对熟悉雄性气息识别方面的降低[108]。$G\alpha_{i2}$ 缺失产生一个比较温和的显性性状（尽管许多前面提到的行为并未得到验证），其表现为男性对入侵者攻击性减少和母性攻击行为下降[109]。

甲酰肽受体

Fpr 基因

几年前，为了发现潜在而又未知的犁鼻器受体，两个研究小组独立鉴定出了第三个化学受体家族[110,111]。这个被称为甲酰肽受体（FPR）的家族包含有 7 个小鼠成员（图 10-1）。其中有 2 个（FPR1 和 FPR2）并没有在 VSN 中表达。不过，这些蛋白质先前被认为是由哺乳动物中免疫细胞表达的，它们在其中识别由细菌和其他与病原体或者致病状态相关的化合物产生的甲酰化肽。在小鼠和其他啮齿物种中，其余的 FPR（FPR-RS1/3/4/6/7）像 *V1r* 和 *V2r* 一样在犁鼻器神经上皮中以点状图样转录。在小鼠中，转录 *Fpr* 的 VSN 既不与它们自身家族的其他成员共表达，也不与 *V1r* 或 *V2r* 家族的成员共表达[110,111]。像 *V1r* 和 *V2r* 基因一样，不仅免疫 *Fpr* 基因而且犁鼻器 *Fpr* 基因都在基因组中聚集。这种 FPR 的嗅觉表达可能仅限于啮齿动物物种[112]，因为尽管所有哺乳动物的免疫细胞都可能会使用 FPR，但在啮齿动物进化枝外并未发现犁鼻器 FPR 的直系同源物（这依然是显著的，要知道如今所有活着的哺乳动物物种中大约 40%为啮齿动物）。因此，不仅 VR 库易于扩增、收缩和变异，而且它们看似还包含了新的具有新职能的化学受体。

犁鼻器 FPR 表达遵循 VSN 顶部和基底之间的 V1R/V2R 二分法。不过，视它们身份的不同，*Fpr* 在神经上皮的上部区域（FPR-RS3/4/6/7）或在神经上皮的下层（FPR-RS1）中表达[110,111]。此外，每个神经元都有可能选择 FPR-RS3 表现出一个沿犁鼻器器官长度的喙尾神经梯度[113]。VSN 位置越靠近喙，就越有可能选择 FPR-RS3。这一观察结果使人想起了在 MOE 中表达的每一个 OR 或 TAAR 中的特定区域。

FPR 功能

FPR 在 VSN 的树突末端及其轴突末端上都存在并在 AOB 中，其中表达相同受体的神经元会聚成多个嗅小球[113]。人们已经鉴定了各种不同的犁鼻器 FPR 激动剂，它们许多先前都显示可以激活免疫 FPR[110]。这是一个假说的起源，其假设 FPR 可能参与了病原体或病原状态的察觉，不过仍有待检验[110]。潜在的 FPR 激动剂清单现在已经增加，外加来自线粒体的甲酰化肽[114]和另一种肽（术语 W），为此 FPR-RS1 受体对含有 D- 氨基酸的形态表现立体选择性调节[115]。最后一点非常有趣，因为自然界中发现的大多数肽都用 L- 氨基酸构建，除了那些来自细菌细胞壁的肽或由一些真菌生成毒素得到的肽。

气味分子受体

第四个化学受体家族的成员也由犁鼻器感官神经元所表达。它们是 OR，正是那些同时在主嗅觉系统感官神经元中存在的受体。OR 被报道存在于来自顶部犁鼻器感官上皮的 VSN 中[116]。它们在 MOE 之外存在是否反映假表达或功能上相关，目前尚不可知。然而，观察到表达 OLFR17 或 OLFR78 的 VSN 在喙部副嗅球内的嗅小球中合并[116]，表明它们有可能在附属嗅觉系统内部发挥一定的作用。

延伸阅读

化学受体、化学隔离和物种形成

VR 库的多样性为我们提供了独一无二的进化足迹，或者至少为物种的不同化学史提供了足迹。这是因为对一个给定的生态位，一些化学受体比其他化学受体适应性更强。通常，一个物种的成员共享相同的生态位。在某个时候，该物种可能面临一个全新的情况，如新的捕食者的到来或入侵一个新的领地。有些个体会比其他个体更加适应这种新颖性，可能导致分裂为亚群，并最终造成物种形成事件。根据新环境的不同，特定的压力接着将作用于化学感官受体库并形成新物种的化学感官受体库。然而，这些事件可能以不同的顺序发生，特别是在同域性物种形成的情况下（即物种形成发生在同一地理区域内）。人们可以将 VR 库中的变化视为一个创始事件，其将改变个体相互识别并最终社交的能力。因此，VR 库的变化并不引起地理上的分离，而是引起给定物种化学分离为不同的群体，它们不再交换遗传信息。类似于从白天活动转换为夜间活动或者改变求爱的曲子，这些改变都可能导致社交交流丧失，并因此造成群体之间的基因隔离。实际上，信息素及其受体的进化已被表明在从酵母到昆虫的无脊椎动物生殖分离中起重要的作用[117-120]。采用这样的方式，犁鼻器受体工具箱的多样性很可能指导了新物种的出现。

编码系

一般而言，犁鼻器诱发的行为输出是否来源于特定编码系（例如，表达 1 个或几个 *Vr* 基因的 VSN 群体）的简单活性目前还不清楚。至于单个、独立和非冗余的品系的证据却存在，例如雌性小鼠通过激活表达 *V2rp5* 的 VSN 对 ESP1 的行为响应[101]。不过，小鼠中也有证据表明存在多种通路或组合编码，它们要求同时激活多个化学信号系对给定的刺激产生充分的响应。例如，仅仅删除 10% 的小鼠 *V1r* 库便被证明不仅影响雄性而且影响雌性行为（这表明有必要整合不同的信号以产生足够的输出）。此外，通过删除 $G\alpha_o$ 亚基对所有表达 *V2r* 的 VSN 进行的基因沉默导致其表型与通过删除 $G\alpha_{i2}$ 亚基使表达 V1R 的神经元沉默后观察到的表型发生部分程度的重叠[108,109,114]。

正如在生物系统中经常观察到的那样，犁鼻器感知依赖的逻辑基础很可能是非常复杂的。它必定涉及激活独立的、强劲的和预定电路的单个受体和隐含激活不同系统中各种受体类型的整合乃至协同感官过程之间的一个混合。事实是我们仍处在发现哺乳动物经由其 VR 从邻居那里提取信息的分子逻辑的开始阶段。不过这个早期阶段不会持续太久，因为遗传工具的发展允许人们随意激活或沉默特定的神经元群体，可轻易破坏基因表达，从而为我们解码这些规则提供了非常有效的工具。

致　谢

感谢实验室所有成员对文稿提出的修改建议。

参考文献

[1] Doving KB, Trotier D. Structure and function of the vomeronasal organ. *J Exp Biol*. November 1998;201(Pt 21):2913-2925.

[2] Mucignat-Caretta C. The rodent accessory olfactory system. *J Comp Physiol A Neuroethol Sens Neural Behav Physiol*. October 2010;196(10):767-777.

[3] Dulac C, Torello AT. Molecular detection of pheromone signals in mammals: from genes to behaviour. *Nat Rev Neurosci*. July 2003;4(7):551-562.

[4] Stowers L, Holy TE, Meister M, Dulac C, Koentges G. Loss of sex discrimination and male-male aggression in mice deficient for TRP2. *Science*. February 22, 2002;295(5559):1493-1500.

[5] Papes F, Logan DW, Stowers L. The vomeronasal organ mediates interspecies defensive behaviors through detection of protein pheromone homologs. *Cell*. May 14, 2010;141(4):692-703.

[6] Boillat M, Challet L, Rossier D, Kan C, Carleton A, Rodriguez I. The vomeronasal system mediates sick conspecific avoidance. *Curr Biol*. January 19, 2015;25(2):251-255.

[7] Chamero P, Marton TF, Logan DW, et al. Identification of protein pheromones that promote aggressive behaviour. *Nature*. December 6, 2007;450(7171):899-902.

[8] Ben-Shaul Y, Katz LC, Mooney R, Dulac C. In vivo vomeronasal stimulation reveals sensory encoding of conspecific and allospecific cues by the mouse accessory olfactory bulb. *Proc Natl Acad Sci USA*. March 16, 2010;107(11):5172-5177.

[9] Holy TE, Dulac C, Meister M. Responses of vomeronasal neurons to natural stimuli. *Science*. 2000;289(5484):1569-1572.

[10] Dulac C, Axel R. A novel family of genes encoding putative pheromone receptors in mammals. *Cell*. 1995;83(2):195-206.

[11] Buck L, Axel R. A novel multigene family may encode odorant receptors: a molecular basis for odor recognition. *Cell*. 1991;65(1):175-187.

[12] Mombaerts P. Genes and ligands for odorant, vomeronasal and taste receptors. *Nat Rev Neurosci*. April 2004;5(4):263-278.

[13] Tirindelli R, Mucignat-Caretta C, Ryba NJ. Molecular aspects of pheromonal communication via the vomeronasal organ of mammals. *Trends Neurosci*. 1998;21(11):482-486.

[14] Takigami S, Mori Y, Tanioka Y, Ichikawa M. Morphological evidence for two types of mammalian vomeronasal system. *Chem Senses*. May 2004;29(4):301-310.

[15] BerghardA,BuckLB. Sensory transduction in vomeronasal neurons: evidence for Galpha o,Galpha i2, andadenylyl cyclase II as major components of a pheromone signaling cascade. *J Neurosci*. February 1, 1996;16(3):909-918.
[16] Jia C, Halpern M. Subclasses of vomeronasal receptor neurons: differential expression of Gproteins (Gi alpha 2 and G(o alpha)) and segregated projections to the accessory olfactory bulb. *Brain Res*. May 6, 1996;719(1e2):117-128.
[17] Del Punta K, Rothman A, Rodriguez I, Mombaerts P. Sequence diversity and genomic organization of vomeronasal receptor genes in the mouse. *Genome Res*. December 2000;10(12):1958-1967.
[18] Del Punta K, Leinders-Zufall T, Rodriguez I, et al. Deficient pheromone responses in mice lacking a cluster of vomeronasal receptor genes. *Nature*. September 5, 2002;419(6902):70-74.
[19] Lane RP, Cutforth T, Axel R, Hood L, Trask BJ. Sequence analysis of mouse vomeronasal receptor gene clusters reveals common promoter motifs and a history of recent expansion. *Proc Natl Acad Sci USA*. January 8, 2002; 99(1):291-296.
[20] Zhang X, Rodriguez I, Mombaerts P, Firestein S. Odorant and vomeronasal receptor genes in two mouse genome assemblies. *Genomics*. 2004;83(5):802-811.
[21] Young JM, Kambere M, Trask BJ, Lane RP. Divergent V1R repertoires in five species: amplification in rodents, decimation in primates, and a surprisingly small repertoire in dogs. *Genome Res*. February 2005;15(2):231-240.
[22] Stewart RLR. V1R promoters are well conserved and exhibit common putative regulatory motifs. *BMC Genomics*. 2007;25:253.
[23] Clowney EJMA, Colquitt BM, Pathak N, Lane RP, Lomvardas S. High-throughput mapping of the promoters of the mouse olfactory receptor genes reveals a new type of mammalian promoter and provides insight into olfactory receptor gene regulation. *Genome Res*. 2011;21(8):1249-1259.
[24] Vassalli A, Rothman A, Feinstein P, Zapotocky M, Mombaerts P. Minigenes impart odorant receptor-specific axon guidance in the olfactory bulb. *Neuron*. August 15, 2002;35(4):681-696.
[25] Pfister P, Rodriguez I. Olfactory expression of a single and highly variable V1r pheromone receptor-like gene in fish species. *Proc Natl Acad Sci USA*. April 4, 2005.
[26] Saraiva LR, Korsching SI. A novel olfactory receptor gene family in teleost fish. *Genome Res*. October 2007; 17(10):1448-1457.
[27] Brykczynska U, Tzika AC, Rodriguez I, Milinkovitch MC. Contrasted evolution of the vomeronasal receptor repertoires in mammals and squamate reptiles. *Genome Biol Evol*. 2013;5(2):389-401.
[28] Grus W, Shi P, Zhang Y, Zhang J. Dramatic variation of the vomeronasal pheromone gene repertoire among five orders of placental and marsupial mammals. *PNAS*. 2005;102(16):5767-5772.
[29] Shi P, Zhang J. Comparative genomic analysis identifies an evolutionary shift of vomeronasal receptor gene repertoires in the vertebrate transition from water to land. *Genome Res*. 2007;17(2):166-174.
[30] Rodriguez I, Greer CA, Mok MY, Mombaerts P. A putative pheromone receptor gene expressed in human olfactory mucosa. *Nat Genet*. September 2000;26(1):18-19.
[31] Wakabayashi Y, Ohkura S, Okamura H,Mori Y, Ichikawa M. Expression of a vomeronasal receptor gene (V1r) and G protein alpha subunits in goat, Capra hircus, olfactory receptor neurons. *J Comp Neurol*. 2007;503(2):371-380.
[32] Wakabayashi Y, Mori Y, Ichikawa M, Yazaki K, Hagino-Yamagishi K. A putative pheromone receptor gene is expressed in two distinct olfactory organs in goats. *Chem Senses*. March 2002;27(3):207-213.
[33] Karunadasa DK, Chapman C, Bicknell RJ. Expression of pheromone receptor gene families during olfactory development in the mouse: expression of a V1 receptor in the main olfactory epithelium. *Eur J Neurosci*. May 2006; 23(10):2563-2572.
[34] Rodriguez I, Del Punta K, Rothman A, Ishii T, Mombaerts P. Multiple new and isolated families within the mouse superfamily of V1r vomeronasal receptors. *Nat Neurosci*. February 2002;5(2):134-140.
[35] Young JM, Massa HF, Hsu L, Trask BJ. Extreme variability among mammalian V1R gene families. *Genome Res*. January 2010;20(1):10-18.
[36] Zhang X, Firestein S. Comparative genomics of odorant and pheromone receptor genes in rodents. *Genomics*.

2007;89(4):441-450.

[37] Grus WE, Shi P, Zhang J. Largest vertebrate vomeronasal type 1 receptor gene repertoire in the semiaquatic platypus. *Mol Biol Evol*. October 2007;24(10):2153-2157.

[38] Rodriguez I, Mombaerts P. Novel human vomeronasal receptor-like genes reveal species-specific families. *Curr Biol*. June 25, 2002;12(12):R409-R411.

[39] Yoder AD, Larsen PA. The molecular evolutionary dynamics of the vomeronasal receptor (class 1) genes in primates: a gene family on the verge of a functional breakdown. *Front Neuroanat*. 2014;8:153.

[40] Nei M, Niimura Y, Nozawa M. The evolution of animal chemosensory receptor gene repertoires: roles of chance and necessity. *Nat Rev Genet*. December 2008;9(12):951-963.

[41] Wynn EH, Sánchez-Andrade G, Carss KJ, Logan DW. Genomic variation in the vomeronasal receptor gene repertoires of inbred mice. *BMC Genomics*. 21 August 2012;13:415.

[42] Hashiguchi Y, Furuta Y, Nishida M. Evolutionary patterns and selective pressures of odorant/pheromone receptor gene families in teleost fishes. *PLoS One*. 2008;3(12):e4083.

[43] Pfister P, Randall J, Montoya-Burgos JI, Rodriguez I. Divergent evolution among teleost V1R receptor genes. *PLoS One*. 2007;2:e379.

[44] Wang G, Shi P, Zhu Z, Zhang YP. More functional V1R genes occur in nest-living and nocturnal terricolous mammals. *Genome Biol Evol*. 2010;2:277-283.

[45] Shi P, Bielawski JP, Yang H, Zhang YP. Adaptive diversification of vomeronasal receptor 1 genes in rodents. *J Mol Evol*. May 2005;60(5):566-576.

[46] Mundy NI, Cook S. Positive selection during the diversification of class I vomeronasal receptor-like (V1RL) genes, putative pheromone receptor genes, in human and primate evolution. *Mol Biol Evol*. November 2003;20(11):1805-1810.

[47] Grus WE, Zhang J. Rapid turnover and species-specificity of vomeronasal pheromone receptor genes in mice and rats. *Gene*. October 13, 2004;340(2):303-312.

[48] Kurzweil VC, Getman M, NICS Comparative Sequencing Program, Green ED, Lane RP. Dynamic evolution of V1R putative pheromone receptors between Mus musculus and Mus spretus. *BMC Genomics*. February 9, 2009;10:74.

[49] Lane RP, Young J, Newman T, Trask BJ. Species specificity in rodent pheromone receptor repertoires. *Genome Res*. April 2004;14(4):603-608.

[50] Niimura Y, Nei M. Evolutionary dynamics of olfactory and other chemosensory receptor genes in vertebrates. *J Hum Genet*. 2006;51(6):505-517.

[51] Nozawa M, Kawahara Y, Nei M. Genomic drift and copy number variation of sensory receptor genes in humans. *Proc Natl Acad Sci USA*. December 18, 2007;104(51):20421-20426.

[52] Chess A, Simon I, Cedar H, Axel R. Allelic inactivation regulates olfactory receptor gene expression. *Cell*. 1994;78(5):823-834.

[53] Dulac C, Axel R. Expression of candidate pheromone receptor genes in vomeronasal neurons. *Chem Senses*. 1998;23(4):467-475.

[54] Rodriguez I, Feinstein P, Mombaerts P. Variable patterns of axonal projections of sensory neurons in the mouse vomeronasal system. *Cell*. April 16, 1999;97(2):199-208.

[55] Belluscio L, Koentges G, Axel R, Dulac C. A map of pheromone receptor activation in the mammalian brain. *Cell*. 1999;97(2):209-220.

[56] Roppolo D, Vollery S, Kan CD, Luscher C, Broillet MC, Rodriguez I. Gene cluster lock after pheromone receptor gene choice. *EMBO J*. July 25, 2007;26(14):3423-3430.

[57] Dalton R, Lyons D, Lomvardas S. Co-opting the unfolded protein response to elicit olfactory receptor feedback. *Cell*. 2013.

[58] Rodriguez I. Singular expression of olfactory receptor genes. *Cell*. October 10, 2013;155(2):274-277.

[59] Capello L, Roppolo D, Jungo VP, Feinstein P, Rodriguez I. A common gene exclusion mechanism used by two chemosensory systems. *Eur J Neurosci*. 2009;29(4):671-678.

[60] Wagner S, Gresser AL, Torello AT, Dulac C. A multireceptor genetic approach uncovers an ordered integration of VNO sensory inputs in the accessory olfactory bulb. *Neuron*. June 1, 2006;50(5):697-709.

[61] Feinstein P, Bozza T, Rodriguez I, Vassalli A, Mombaerts P. Axon guidance of mouse olfactory sensory neurons by odorant receptors and the beta2 adrenergic receptor. *Cell*. June 11, 2004;117(6):833-846.

[62] Leinders-Zufall T, Lane AP, Puche AC, et al. Ultrasensitive pheromone detection by mammalian vomeronasal neurons. *Nature*. 2000;405(6788):792-796.

[63] Boschat C, Pelofi C, Randin O, et al. Pheromone detection mediated by a V1r vomeronasal receptor. *Nat Neurosci*. December 2002;5(12):1261-1262.

[64] Isogai Y, Si S, Pont-Lezica L, et al. Molecular organization of vomeronasal chemoreception. *Nature*. October 13, 2011;478(7368):241-245.

[65] Trinh K, Storm DR. Vomeronasal organ detects odorants in absence of signaling through main olfactory epithelium. *Nat Neurosci*. May 2003;6(5):519-525.

[66] Xu F, Schaefer M, Kida I, et al. Simultaneous activation of mouse main and accessory olfactory bulbs by odors or pheromones. *J Comp Neurol*. September 5, 2005;489(4):491-500.

[67] Nodari F, Hsu FF, Fu X, et al. Sulfated steroids as natural ligands of mouse pheromone-sensing neurons. *J Neurosci*. June 18, 2008;28(25):6407-6418.

[68] Hammen GF, Turaga D, Holy TE, Meeks JP. Functional organization of glomerular maps in the mouse accessory olfactory bulb. *Nat Neurosci*. July 2014;17(7):953-961.

[69] Holekamp TF, Turaga D, Holy TE. Fast three-dimensional fluorescence imaging of activity in neural populations by objective-coupled planar illumination microscopy. *Neuron*. March 13, 2008;57(5):661-672.

[70] Turaga D, Holy TE. Organization of vomeronasal sensory coding revealed by fast volumetric calcium imaging. *J Neurosci*. February 1, 2012;32(5):1612-1621.

[71] Meeks JP, Arnson HA, Holy TE. Representation and transformation of sensory information in the mouse accessory olfactory system. *Nat Neurosci*. June 2010;13(6):723-730.

[72] Hsu FF, Nodari F, Kao LF, et al. Structural characterization of sulfated steroids that activate mouse pheromonesensing neurons. *Biochemistry*. December 30, 2008;47(52):14009-14019.

[73] Herrada G, Dulac C. A novel family of putative pheromone receptors in mammals with a topographically organized and sexually dimorphic distribution. *Cell*. 1997;90(4):763-773.

[74] Matsunami H, Buck LB. A multigene family encoding a diverse array of putative pheromone receptors in mammals. *Cell*. 1997;90(4):775-784.

[75] Ryba NJ, Tirindelli R. A new multigene family of putative pheromone receptors. *Neuron*. 1997;19(2):371-379.

[76] Del Punta K, Puche A, Adams NC, Rodriguez I, Mombaerts P. A divergent pattern of sensory axonal projections is rendered convergent by second-order neurons in the accessory olfactory bulb. *Neuron*. September 12, 2002; 35(6):1057-1066.

[77] Mohedano-Moriano A, Pro-Sistiaga P, Ubeda-Banon I, de la Rosa-Prieto C, Saiz-Sanchez D, Martinez-Marcos A. V1R and V2R segregated vomeronasal pathways to the hypothalamus. *Neuroreport*. October 29, 2008;19(16): 1623-1626.

[78] Mohedano-Moriano A, Pro-Sistiaga P, Ubeda-Banon I, Crespo C, Insausti R, Martinez-Marcos A. Segregated pathways to the vomeronasal amygdala: differential projections from the anterior and posterior divisions of the accessory olfactory bulb. *Eur J Neurosci*. April 2007;25(7):2065-2080.

[79] Omura M, Mombaerts P. Trpc2-expressing sensory neurons in the main olfactory epithelium of the mouse. *Cell Rep*. July 24, 2014;8(2):583-595.

[80] Syed AS, Sansone A, Nadler W, Manzini I, Korsching SI. Ancestral amphibian v2rs are expressed in the main olfactory epithelium. *Proc Natl Acad Sci USA*. May 7, 2013;110(19):7714-7719.

[81] Hohenbrink P, Dempewolf S, Zimmermann E, Mundy NI, Radespiel U. Functional promiscuity in a mammalian chemosensory system: extensive expression of vomeronasal receptors in the main olfactory epithelium of mouse lemurs. *Front Neuroanat*. 2014;8:102.

[82] Yang H, Shi P, Zhang YP, Zhang J. Composition and evolution of the V2r vomeronasal receptor gene repertoire in mice and rats. *Genomics*. September 2005;86(3):306-315.

[83] Young JM, Trask BJ. V2R gene families degenerated in primates, dog and cow, but expanded in opossum. *Trends Genet*. May 2007;23(5):212-215.

[84] Hashiguchi Y, Nishida M. Evolution and origin of vomeronasal-type odorant receptor gene repertoire in fishes. *BMC Evol Biol*. 2006;6:76.

[85] Hashiguchi Y, Nishida M. Evolution of vomeronasal-type odorant receptor genes in the zebrafish genome. *Gene*. December 5, 2005;362:19-28.

[86] Ishii T, Mombaerts P. Coordinated coexpression of two vomeronasal receptor V2R genes per neuron in the mouse. *Mol Cell Neurosci*. February 2011;46(2):397-408.

[87] Martini S, Silvotti L, Shirazi A, Ryba NJ, Tirindelli R. Co-expression of putative pheromone receptors in the sensory neurons of the vomeronasal organ. *J Neurosci*. February 1, 2001;21(3):843-848.

[88] Silvotti L, Moiani A, Gatti R, Tirindelli R. Combinatorial co-expression of pheromone receptors, V2Rs. *J Neurochem*. December 2007;103(5):1753-1763.

[89] Silvotti L, Cavalca E, Gatti R, Percudani R, Tirindelli R. A recent class of chemosensory neurons developed in mouse and rat. *PLoS One*. 2011;6(9):e24462.

[90] Ishii T, Hirota J, Mombaerts P. Combinatorial coexpression of neural and immune multigene families in mouse vomeronasal sensory neurons. *Curr Biol*. March 4, 2003;13(5):394-400.

[91] Ishii T, Mombaerts P. Expression of nonclassical class I major histocompatibility genes defines a tripartite organization of the mouse vomeronasal system. *J Neurosci*. March 5, 2008;28(10):2332-2341.

[92] Leinders-Zufall T, Ishii T, Chamero P, et al. A family of nonclassical class I MHC genes contributes to ultrasensitive chemodetection by mouse vomeronasal sensory neurons. *J Neurosci*. April 9, 2014;34(15):5121-5133.

[93] Loconto J, Papes F, Chang E, et al. Functional expression of murine V2R pheromone receptors involves selective association with the M10 and M1 families of MHC class Ib molecules. *Cell*. March 7, 2003;112(5):607-618.

[94] Leinders-Zufall T, Brennan P, Widmayer P, et al. MHC class I peptides as chemosensory signals in the vomeronasal organ. *Science*. November 5, 2004;306(5698):1033-1037.

[95] Leinders-Zufall T, Ishii T, Mombaerts P, Zufall F, Boehm T. Structural requirements for the activation of vomeronasal sensory neurons by MHC peptides. *Nat Neurosci*. December 2009;12(12):1551-1558.

[96] He J, Ma L, Kim S, Nakai J, Yu CR. Encoding gender and individual information in the mouse vomeronasal organ. *Science*. April 25, 2008;320(5875):535-538.

[97] Bruce HM. An exteroceptive block to pregnancy in the mouse. *Nature*. July 11, 1959;184:105.

[98] Kimoto H, Haga S, Sato K, Touhara K. Sex-specific peptides from exocrine glands stimulate mouse vomeronasal sensory neurons. *Nature*. October 6, 2005;437(7060):898-901.

[99] Kimoto H, Sato K, Nodari F, Haga S, Holy TE, Touhara K. Sex- and strain-specific expression and vomeronasal activity of mouse ESP family peptides. *Curr Biol*. November 6, 2007;17(21):1879-1884.

[100] Ferrero DM, Moeller LM, Osakada T, et al. A juvenile mouse pheromone inhibits sexual behaviour through the vomeronasal system. *Nature*. October 17, 2013;502(7471):368-371.

[101] Haga S, Hattori T, Sato T, et al. The male mouse pheromone ESP1 enhances female sexual receptive behaviour through a specific vomeronasal receptor. *Nature*. July 1, 2010;466(7302):118-122.

[102] Dey S, Matsunami H. Calreticulin chaperones regulate functional expression of vomeronasal type 2 pheromone receptors. *Proc Natl Acad Sci USA*. October 4, 2011;108(40):16651-16656.

[103] Rodriguez I. The chemical MUPpeteer. *Cell*. May 14, 2010;141(4):568-570.

[104] Kaur AW, Ackels T, Kuo TH, et al. Murine pheromone proteins constitute a context-dependent combinatorial code

governing multiple social behaviors. *Cell*. April 24, 2014;157(3):676-688.

[105] Hurst JL, Payne CE, Nevison CM, et al. Individual recognition in mice mediated by major urinary proteins. *Nature*. December 6, 2001;414(6864):631-634.

[106] Roberts SA, Davidson AJ, McLean L, Beynon RJ, Hurst JL. Pheromonal induction of spatial learning in mice. *Science*. December 14, 2012;338(6113):1462-1465.

[107] Roberts SA, Simpson DM, Armstrong SD, et al. Darcin: a male pheromone that stimulates female memory and sexual attraction to an individual male's odour. *BMC Biol*. 2010;8:75.

[108] Oboti L, Perez-Gomez A, Keller M, et al. A wide range of pheromone-stimulated sexual and reproductive behaviors in female mice depend on G protein Galphao. *BMC Biol*. 2014;12:31.

[109] Norlin EM, Gussing F, Berghard A. Vomeronasal phenotype and behavioral alterations in G alpha i2 mutant mice. *Curr Biol*. July 15, 2003;13(14):1214-1219.

[110] Riviere S, Challet L, Fluegge D, Spehr M, Rodriguez I. Formyl peptide receptor-like proteins are a novel family of vomeronasal chemosensors. *Nature*. May 28, 2009;459(7246):574-577.

[111] Liberles SD, Horowitz LF, Kuang D, et al. Formyl peptide receptors are candidate chemosensory receptors in the vomeronasal organ. *Proc Natl Acad Sci USA*. June 16, 2009;106(24):9842-9847.

[112] Yang H, Shi P. Molecular and evolutionary analyses of formyl peptide receptors suggest the absence of VNO-specific FPRs in primates. *J Genet Genomics*. December 2010;37(12):771-778.

[113] Dietschi Q, Assens A, Challet L, Carleton A, Rodriguez I. Convergence of FPR-rs3-expressing neurons in the mouse accessory olfactory bulb. *Mol Cell Neurosci*. September 2013;56:140-147.

[114] Chamero P, Katsoulidou V, Hendrix P, et al. G protein G(alpha)o is essential for vomeronasal function and aggressive behavior in mice. *Proc Natl Acad Sci USA*. August 2, 2011;108(31):12898-12903.

[115] Bufe B, Schumann T, Zufall F. Formyl peptide receptors from immune and vomeronasal system exhibit distinct agonist properties. *J Biol Chem*. September 28, 2012;287(40):33644-33655.

[116] Levai O, Feistel T, Breer H, Strotmann J. Cells in the vomeronasal organ express odorant receptors but project to the accessory olfactory bulb. *J Comp Neurol*. October 1, 2006;498(4):476-490.

[117] Seike T, Nakamura T, Shimoda C. Molecular coevolution of a sex pheromone and its receptor triggers reproductive isolation in Schizosaccharomyces pombe. *Proc Natl Acad Sci USA*. April 7, 2015;112(14):4405-4410.

[118] Engsontia P, Sangket U, Chotigeat W, Satasook C. Molecular evolution of the odorant and gustatory receptor genes in lepidopteran insects: implications for their adaptation and speciation. *J Mol Evol*. August 2014;79(1e2):21-39.

[119] Pillay N, Rymer TL. Behavioural divergence, interfertility and speciation: a review. *Behav Process*. November 2012;91(3):223-235.

[120] Gould F, Estock M, Hillier NK, et al. Sexual isolation of male moths explained by a single pheromone response QTL containing four receptor genes. *Proc Natl Acad Sci USA*. May 11, 2010;107(19):8660-8665.

[121] Rodriguez I, Boehm U. Pheromone sensing in mice. *Results Probl Cell Differ*. 2009;47:77-96.

CHAPTER 11

第 11 章 犁鼻器转导和细胞信号

马克·斯佩尔

亚琛工业大学第二生物研究所化学感应系，德国亚琛

概 要

引 言

1813 年，丹麦解剖学家 Ludvig L. Jacobson（1783—1843）首次描述了一个“位于鼻腔最前端部分、与鼻中隔有紧密的接触而且位于颌间骨的软腭延长上”的器官[1]。由驯养哺乳动物和野生哺乳动物物种的比较分析，他得出结论：“该器官存在于所有的哺乳动物中”，并作为一种“可能对嗅闻气味有帮助的感觉器官”[1]。这个雅各布森器官（organ of Jacobson）后来被（重新）命名为“雅各布森氏器”（Jacobsoni）或简称为犁鼻器（VNO）。

今天，我们知道 VNO 是附属嗅觉系统（AOS）的外周感官结构（见第 1、第 10 和第 12 章），存在于大多数的哺乳动物物种中。不过，大量的形态多样性使外推物种之间的发现极为复杂[2,3]。因此，本章重点介绍啮齿动物的 AOS，特别强调由转基因小鼠模型得到的知识。小鼠是迄今研究最为深入的 VNO 模型，并且它们的遗传顺从性允许在

分子、细胞和系统层面上进行多个层级的研究[4]。

VNO 的解剖学和细胞组成

VNO 为一个成对的管状结构，在前鼻中隔的基底（图 11–1）[5,6]。封闭在软骨胶囊中的盲端圆柱形器官通过犁鼻器或鼻腭管分别向前伸向鼻腔或口腔部位。VNO 内腔充满了侧腺分泌物，总量可达约 0.5 mm^3 黏液[7]。医学上，新月形状的神经上皮含有 3 种截然不同的细胞类型：①基底细胞，一组对上皮再生起重要作用的多能神经干细胞[8]；②延性 / 支持细胞，为结构和代谢功能服务的胶质样细胞；③几十万个寿命短暂的犁鼻器感官神经元（VSN），不断从基底细胞库中被替换，并起 AOS 外周感官“触角”的作用。VSN 是微小的双极神经元，向顶部延伸单个的无分支树突并向基底延伸一个无髓轴突。在上皮的表面，顶部树突终止于一个沐浴在管腔黏液中的微绒毛结［图 11–1（C）］。在基底层，VSN 轴突聚集成神经束，通过头颅筛板中的孔道向背侧投射，并沿近中嗅球来靶向瞄准副嗅球（AOB）的嗅小球层[6]。

在它的侧面，VNO 由高度血管化的洞穴样组织组成。该组织内有一个大的血管［图 11–1（C）］。这个特征鲜明的侧血管的神经由颈上神经节的交感神经纤维支配，激活时诱发大量的血管收缩[9,10]。在压力、新颖性和（或）唤醒的状态下，该机制引起管

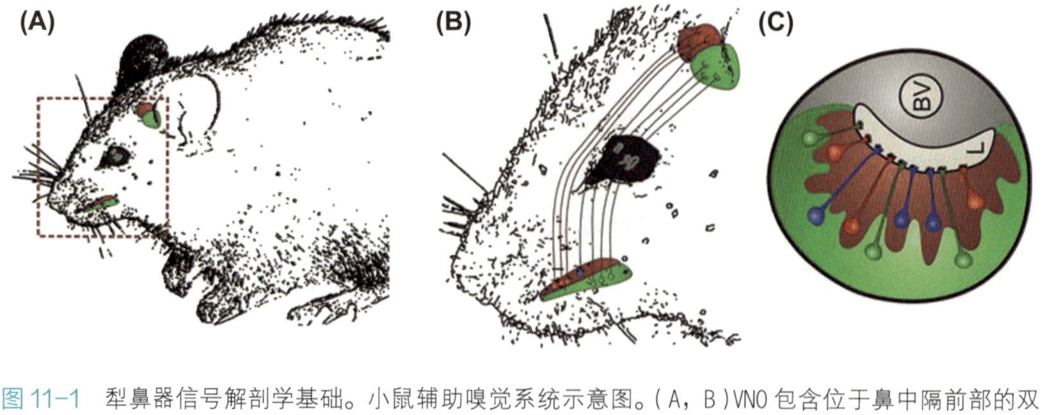

图 11–1 犁鼻器信号解剖学基础。小鼠辅助嗅觉系统示意图。（A，B）VNO 包含位于鼻中隔前部的双侧对称盲端管。（C）至少 2 个双极微绒毛感官神经元亚群位于内侧新月形感官神经上皮的更为顶尖的 V1R 阳性（红色）层或者更为基底的 V2R 阳性（绿色）层。表达 FPR-RS 的神经元（蓝色）主要位于根尖层，尽管有少数位于基层。当一个大的侧血管（BV）发生血管收缩时，VNO 腔（L）吸入化学刺激物。（B）这个层特异性组织二分法维持在副嗅球（AOB）水平，其中犁鼻器神经元与僧帽细胞树突发生突触接触。这里，顶尖 VSN 将其轴突投射到 AOB 的喙半部，而基底 VSN 支配 AOB 的尾半部神经。VNO，犁鼻器；FPR，甲酰肽受体

腔内负压，富有成效地建立介导腔液进入 VNO 的蠕动泵。正是这样的泵机制允许相对的非挥发性刺激物从尿液、唾液、阴道液和其他腺体分泌物中被吸收[11,12]。

犁鼻器化学受体功能

要了解 VSN 信号，深入了解犁鼻器化学受体功能就变得至关重要。在第 10 章中，我们已详细介绍了犁鼻器受体的生物学。因此，以下段落仅仅概括介绍对 VSN 信号转导的概念有关键作用的犁鼻器受体蛋白功能的那些方面。

在大多数哺乳动物物种中，AOS 表现出一个结构和功能上的二分法[13–15]（图 11–1）。大致上基于标记蛋白的表达，VNO 神经上皮依据地形被分成至少 2 个神经元亚群。同时表达 G 蛋白 α–亚基 $G\alpha_{i2}$，磷酸二酯酶同工型 *Pde4a* 和 *Vmn1r* 多基因家族的一个单个成员的 VSN 倾向于位于上皮的偏顶部层[16]。相比之下，一组分子水平上截然不同的 VSN 呈 $G\alpha_o$ 阳性，而且表达不相关的 *Vmn2r* 家族的成员[17–19]。这些神经元通常被人们称为基底细胞，尽管这个顶部对基底神经元的概念不是绝对的[20]。最近，人们鉴定出了一个假定的 VNO 化学受体的第三个家族：甲酰肽受体（FPR）样蛋白[21,22]。除了明显的 FPR–RS1 与 $G\alpha_o$ 共表达的例子，其余的 4 个犁鼻器 *Fpr-rs* 基因都由位于神经上皮的 $G\alpha_{i2}$/PDE4A 阳性顶部层中的 VSN 所表达［图 11–1（C）和图 11–2］。

所有 *Vmn1r*、*Vmn2r* 和 *Fpr-rs* 基因家族的成员均编码 GPCR，其表现出一个推定的 7 个跨膜拓扑结构。除了 C 类 *Vmn2r* 家族，所有的候选化学受体蛋白都是相对于其自身和对应的化学受体家族单基因表达的，最有可能还是单等位基因表达[21–24]。所有 3 个 GPCR 家族成员几乎全部在犁鼻器中表达，并且正如预料的，受体蛋白高度富集于 VSN 微绒毛树突末梢，即受体 – 配体相互作用的位点。不过，家族规模有非常显著的差异。尽管 V1R 和 V2R 受体家族分别包含约 150 个和 120 个潜在的功能成员[25–27]，FPR–RS 蛋白家族却只有 5 个成员。此外，V1R 和 FPR 为 A 类（即类似视紫红质）GPCR，而 V2R 为典型的 C 类 GPCR（即类似谷氨酸受体），其享有一个大的可能形成细胞外配体结合位点的疏水氨基（N）– 末端结构域[28,29]（图 11–2）。

Vmn1r 基因可被划分为 12 个相对独立的家族[25]，它们异常发散而又多态，共享无内含子的编码区并在大多数的染色体上聚集[26,30]。删除一个单独的包含全部（除一个外）*Vmn1ra* 和 *Vmn1rb* 家族基因的 *Vmn1r* 簇已经证明 V1R 表达和 VSN 化学响应度之间有联系[4,31]。

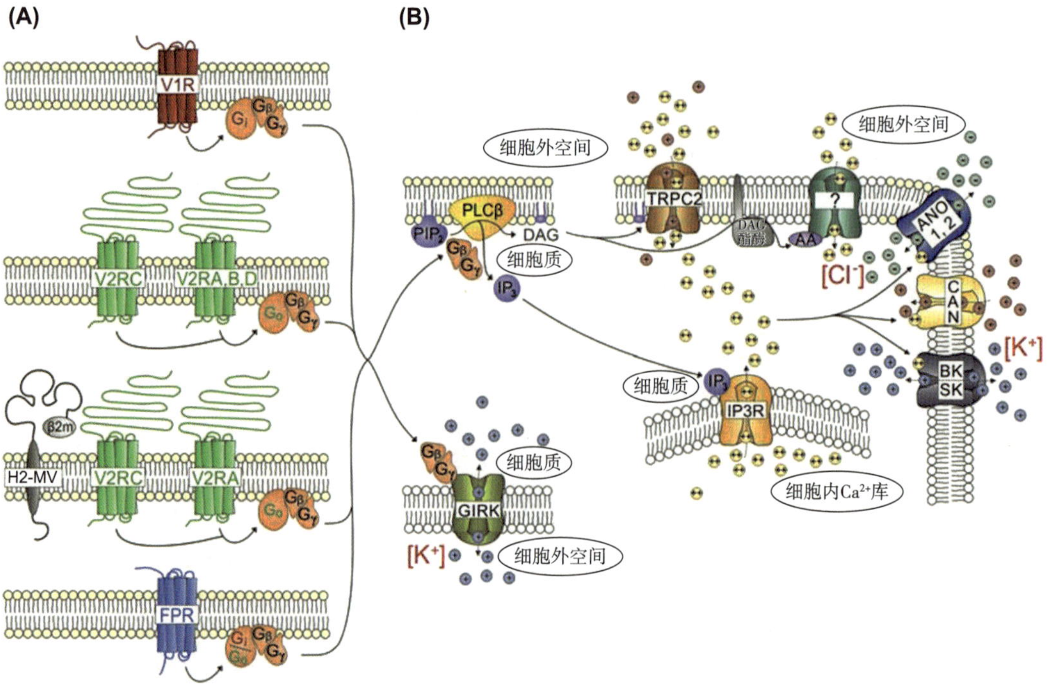

图 11-2 犁鼻器信号关联的信号转导机制。(A)在小鼠犁鼻器中假定运行的信号转导途径示意图。(B)犁鼻器感官神经元(VSN)中发现有 4 种一般性"受体身份":V1R 表达神经元和 G 蛋白 α 亚基($G\alpha_{i2}$)表达神经元,VSN 共表达 2 个 V2R 和 $G\alpha_o$——此种神经元集群被细分到要么与广泛表达的 V2RC 亚家族成员一起表达的 A、B 或 D 受体家族的细胞里,要么与非经典主要组织相容性复合蛋白(H2-MV;与 β2-微球蛋白相关)一致共表达 A 家族和 C 家族 V2R 的神经元里——以及甲酰肽受体(FPR-RS)表达 VSN,其依据不同的特异性受体类型共表达 $G\alpha_{i2}$ 或 $G\alpha_o$。下游受体激活、当前模型认为 G 蛋白依赖性磷脂酶 C β(PLCβ)激活,将磷脂酰肌醇-4,5-二磷酸(PIP_2)裂解为可溶性 1,4,5- 三磷酸肌醇(IP_3)和膜结合二酰基甘油(DAG),最终导致部分由 TRPC2 形成的初级转导通道的门控。TRPC2 传导非特异性阳离子电流,它除了提供电信号(去极化),还通过增加胞浆 Ca^{2+} 的浓度扮演一个生化角色。作为一个继发性事件,不仅内部库中 IP_3 依赖性 Ca^{2+} 释放可能促进 Ca^{2+} 升高,一个未知经由 DAG 的多不饱和脂肪酸代谢物很可能是花生四烯酸的 Ca^{2+} 电导门控,也可能促进 Ca^{2+} 升高。作为一个多面信使,Ca^{2+} 被证明可作用于多个靶标,包括 Ca^{2+} 激活的 Cl^- 通道[可能是 ANO1 和(或)ANO2],Ca^{2+} 激活的阳离子通道(CAN)和 Ca^{2+} 依赖性 K^+ 通道(BK、SK)。由 Cl^- 和 K^+ 通道门控引起的电效应分别依赖两种离子(红色)的细胞内与细胞外相对浓度。这对于打开 G 蛋白依赖性 GIRK K^+ 通道当然也正确。每一种转导蛋白对初级信号与次级信号转导过程的相对重要性部分取决于其亚细胞定位。微绒毛膜用黄色脂质极性头部基团(实心圈)指示,假定的体/树突状膜则用空心圆标记

Vmn1r 和 *Vmn2r* 基因并不具有明显的序列同源性。相比之下,V2R 与 Ca^{2+} 感应受体、代谢型谷氨酸受体和 T1R 味觉受体密切相关(参阅第 13 章)[15,28]。在大多数的染色体上都发现了 *Vmn2r* 簇。单独的基因被分为 4 个家族:A,B,D 和 C(通常称为 *V2r2*)[27,32,33]。即便不是所有的,不过却在大多数(如果不是全部)的 $G\alpha_o$ 阳性 VSN 中

发现了 7 个高度同源的 C 家族蛋白[34]。基因缺失研究提供了 V2R 化学响应度的直接证据。敲除 *Vmn2r26*（*V2r1b*）或 *Vmn2r116*（*V2rp5*）导致对行为相关的肽刺激的敏感性大大降低——*Vmn2r26* 缺陷型小鼠则缺乏主要组织相容性复合体（MHC）Ⅰ类肽敏感性[7]，而敲除 *Vmn2r*[116] 则会破坏对雄性特异的外分泌的腺分泌肽 1（ESP1）[35]。

此外，一些 V2R 阳性的基底神经元还表达非经典的Ⅰb 类 MHC 基因，被称为 H2-MV 或 M10[36,37]（图 11-2）。早期的 H2-MV 蛋白功能模型表明其对恰当的 V2R 表面运输有一个陪伴作用[15,37]。然而，不仅相当一部分 V2R 阳性 VSN[38] 中不存在 *H2-mv* 基因表达，而且基底的 VSN 在删除 *H2-mv* 基因簇后仍有化学响应度[39]，这对 H2-MV 分子作为 V2R 伴游蛋白的重要角色提出了质疑。然而，一个家族的非随机组合共表达——A/B/D *Vmn2r* 基因与单个的 C 家族基因，以及无 *H2-Mv* 基因或其 9 个中的 1 个——可能在给定基底 VSN 基础上赋予一个独一无二的功能身份[4]。

不论对 V1R 还是 V2R，脱孤工作都在很大程度上失败了。这导致了与犁鼻器受体结构——功能关系知识的缺乏。这是犁鼻器信号转导研究中的一个瓶颈（如果不是唯一瓶颈的话）。然而，最近有关重组 V2R 质膜靶向[40]的报告使人们产生了不久之后就能通过获取直接实验结果来洞察犁鼻器受体功能的希望。

VSN 中受体依赖性转导途径和次级信号过程

在配体被 V1R、V2R 或 FPR-RS 受体察觉后，复杂的生化转导级联将受体 - 配体结合的化学能转化为一个电信号，进而被编码为一系列的动作电位并中转至附属嗅觉途径的中央核。人们只了解清楚了部分的潜在转导机制。因此，有好几个通用的 VNO 生理学方面仍然难以捉摸。然而，有据可查的是，与大量的天然信息素刺激物源——例如尿液或泪腺分泌物接触时，VSN 表现明显的膜去极化作用。该受体电位被翻译为动作电位放电速率升高，因此有细胞质 Ca^{2+} 的瞬时升高（图 11-2）[20,31,35,41-55]。犁鼻器神经元对电刺激非常敏感。由于数千兆欧的超高输入电阻[56-59]，只有几个皮安的受体电流会产生强劲的重复放电。有点让人惊奇的是，VSN 静止时是非常超极化的还是相对去极化的仍是人们争议的主题。有报道称静息时膜电位在 −75 mV 和 −60 mV 之间[57,59,60]。这一生理上最相关的参数最终必须在体内确定才可以解释可用的体外电生理学发现。

离子通道介导次级信号事件

VSN 表达各种不同的离子通道库。由于补充“标准”的霍奇金－赫胥黎（Hodgkin-Huxley）型电压激活电导，例如那些河豚毒素敏感性 Na^+ 电流或延迟整流 K^+ 电流[61]，VSN 电生理学或更具体地说它们的输入–输出关系受几个有点不合常规的离子通道的表达所影响。T 型和 L 型电压门控 Ca^{2+} 电流[57]产生低阈值的 Ca^{2+} 尖峰，进而部分驱动动作电位放电[59]。有趣的是，尽管 FPR-RS3 阳性神经元和对照的 VSN 之间的 T 型和 L 型 Ca^{2+} 电流看上去并没有什么不同，但 N 型和 P/Q 型电流在表达 FPR-RS3 的神经元中却都表现有些不同的属性[62]。有人提出了电压门控 Ca^{2+} 电流与大电导的 Ca^{2+} 敏感性 K^+（BK）通道[63]的功能耦合。体细胞 BK 通道的激活被认为可以维持持续的动作电位放电[59]或者稍稍与之相反，通过花生四烯酸依赖性 BK 通道募集以支撑感官适应[64]。然而，这两个过程还可能并行发生——每个都在截然不同的亚细胞区室（即体细胞对结/微绒毛）。其他各种不同的 K^+ 通道也被认为参与了犁鼻器信号，其要么作为初级转导途径的组分，要么作为次级过程的中间体。有人认为 Ca^{2+} 敏感的小电导 Ca^{2+} 敏感性 K^+ 通道 SK3，以及 G 蛋白激活的 K^+ 通道 GIRK1 是一个针对 VNO 激活的独立途径一部分[65]（图 11-2）。相对应的同型基因敲除小鼠（*Kcnn3*$^{-/-}$ 和 *Kcnj3*$^{-/-}$）表现出在交配和攻击行为方面的缺陷[65]。同样如研究指出的那样，重要的是要记住观察到的行为缺陷还分别出现在非条件反射的 SK3 和 GIRK1 通道敲除中。这些基因在大脑区域而不是 VNO 中的沉默可能因而导致观察到的交配和攻击性缺陷[65]。另一个控制表达 V2R 基底 VSN 的感官输出的 K^+ 通道而非参与初级信号级联的 K^+ 通道是乙醚引发舞动相关的 ERG 通道[56]，层特异性和活动依赖性 ERG K^+ 通道表达通过调整 VSN 中刺激——响应功能的动态范围来发挥一个稳态的功能[56]，从而以层特异性和使用依赖性方式建立一个目标输出范围。此外，超极化激活的环化核苷酸门控通道（HCN）家族的成员，最有可能是 HCN2 和（或）HCN4，代表的却是另一种控制 VSN 兴奋性的电压依赖性电导[66]。最近，Cichy 等人指出 HCN 通道依赖性犁鼻器对社会化学信号有控制[60]。他们观察了雌性小鼠尿液 pH 值中周期阶段相关的变化，并确定细胞外酸化是一个很强的犁鼻器超极化激活电流 I_h 的激活剂[60]，从而揭示了一个用于啮齿动物化学感官通讯中刺激 pH 检测的潜在机制基础。

初级信号转导途径

很早的时候，人们对 $G\alpha_{i2}$ 和 $G\alpha_o$ 分别在顶部和基底信号途径中所扮演功能角色的猜测是由表达 V1R 和 V2R 的 VSN 的树突头部和微绒毛两者中的 G 蛋白 α-亚基的严格层特异性共表达激起的[67-69]。然而，这种令人向往的模型的直接功能证明直到最近才出现——至少对 $G\alpha_o$——来自条件反射的嗅觉神经元特异性基因缺失研究。Chamero 及其同事证明 $G\alpha_o$ 的功能表达对于维持基底 VSN 对 MHC Ⅰ类肽、主要尿蛋白（MUP）以及分泌的肽化学信号 ESP1[42] 的敏感性是至关重要的（参阅第 1 章）。$G\alpha_o$ 还被发现对线粒体编码的 FPR-RS1 配体的 VSN 检测是必不可少的[42]，而由 fMLF 引发的信号，一种显示至少激活 4 个 $G\alpha_{i2}$ 耦联 FPR 中一些的甲酰化肽[22]，并没有在条件性 $G\alpha_o$ 基因敲除小鼠中发生显著变化[42]。$G\alpha_{i2}$ 在 V1R 依赖性信号中的功能作用尚缺乏可比的直接证据。在结构性删除 $G\alpha_{i2}$ 后并未观察到明确无误的 VNO 依赖性表型[70]，至少部分原因在于没有对这些 $G\alpha_{i2}$ 基因敲除小鼠进行生理性 VSN 记录。正如 Chamero 及其同事指出的，全局删除大量表达而且相对混杂的信号成分例如 $G\alpha_{i2}$[70] 或 $G\alpha_o$[71] 可以预见会引发各种不同的缺陷[42]。

犁鼻器 G 蛋白信号的事情因最终构成功能性异源三聚体 G 蛋白的 β-亚基和 γ-亚基的明显异种表达谱而变得更加复杂。在迄今鉴定出的 5 个 β-亚基和 12 个 γ-亚基中，人们在 VNO 整个发育过程中检测到多个 Gβγ 亚基的转录产物[72]。例如，Sathyanesan 及其同事们鉴定出 4 个 Gγ 亚基转录产物——γ2、γ3、γ8 和 γ13——在 $G\alpha_{i2}$ 阳性上皮层的顶部，而 Gγ8（*Gng8*）是基底表达 $G\alpha_o$ 的 VSN 中发现的唯一转录产物[72]。基底 VSN 中 Gγ8 的限制性表达证实了先前的数据[73-75]，并促使 Montani 及其同事生产了有 Gγ8 编码基因同型缺陷的小鼠[76]。引人注目的是，不仅雄性而且雌性 $Gng8^{-/-}$ 小鼠均表现出信息素介导的攻击性降低，而其他的社会性行为则基本保持不变[76]。

磷脂酶 C β（PLCβ）看起来充当了犁鼻器 G 蛋白信号的主要靶标的作用[15,29,77]。类似于其他细胞类型中磷脂酰肌醇的转化数，VSN 中经典的 PLCβ 刺激主要是由解离自受体——配体相互作用时激活的 α-亚基的非 GTP 结合 Gβγ 复合物介导的[78]。Dey 等人最近确定了 PLCβ 的 VSN 特异性表达。令人惊讶的是，PLCβ2 是 MUP 响应性神经元中的一个主要的信号转导元件，而其他同型——很可能由 PLCβ4 主导——对非 MUP 刺激的察觉是至关重要的[79]。值得注意的是，PLCβ2 似乎也受发情周期特异性激素黄体酮的调节，从而提供一个内分泌状态和感官知觉之间的直接联系[79]。

PLCβ 的激活有利于磷脂酰肌醇-4,5-二磷酸断裂生成膜结合的脂质二酰基甘油（DAG）和可溶性的信使 1,4,5-三磷酸肌醇（IP_3）。DAG 要么直接靶向膜蛋白，要么经酶反应代谢为多不饱和脂肪酸（例如花生四烯酸），IP3 信号通常与释放自内部存储库的

大量 Ca^{2+} 相耦合（图 11–2）。人们针对 PLC 依赖性脂质转换的一种或所有产物的作用提出了各种不同的模型[45,49,52,64,65,80,81]。它们全部都享有一个共同的特征：一个胞质 Ca^{2+} 升高扮演的核心角色和一个瞬时受体电位（TRP）通道同型 TRPC2[83]的重要但并非是不可或缺的功能[82]（图 11–2）。TRPC2 蛋白在 VNO 感官微绒毛种高度富含，不过早期严格 VNO 特异性的观念最近受到了挑战[84]。$TRPC2^{-/-}$ 小鼠在各种不同的性行为和社交行为中均表现严重的缺陷[85–87]。然而，人们已注意到 $TRPC2^{-/-}$ 小鼠和接受手术性 VNO 切除动物之间某些重要的表型差异[88,89]。此外，有人还报道了 $TRPC2^{-/-}$ 神经元中尚有（残留的）刺激引发的 VSN 活性[45,64,65,81,82]。

由内质网存储库的 TRPC2 介导的内流[49]和（或）IP_3 依赖性消耗所产生的胞质 Ca^{2+} 升高会影响不同的级联蛋白，既有一级蛋白也有二级蛋白[45,81]。Ca^{2+} 水平的升高不仅发挥正反馈调节，也发挥负反馈调节[4]。不仅在仓鼠 VSN 中[90]也在小鼠 VSN 中[91]，均发现了一个 Ca^{2+} 激活的非选择性阳离子电流（I_{CAN}）。其他已知的 Ca^{2+} 依赖性机制显示出与主嗅觉上皮的经典感官神经元中实施的调节过程极为惊人的相似性。类似于有效抑制嗅觉感官神经元（OSN）中的环化核苷酸门控通道[92–96]（参阅第 7 章），Ca^{2+}/ 钙调蛋白可通过抑制 TRPC2 介导 VSN 中的适应性和增益控制[91]。再者，类似于放大 OSN 中受体电流的 Ca^{2+} 激活氯离子电导[97–103]，很大一部分的刺激诱发的 VSN 活性似乎由 Ca^{2+} 激活的氯离子电流携带[45,80,81]。该电流的分子相关物最近被人们发现是 TMEM16A/ANOCTAMIN1[104]，一个最近鉴定的 Ca^{2+} 激活氯离子通道的 ANOCTAMIN 家族的成员[105,106]。尽管不同的基团都被证明有 VSN 中 ANOCTAMIN1 和 ANOCTAMIN2 两者的表达和 TRPC2 共定位[80,101,102,107]，Ca^{2+} 激活电流在 TMEM16A/ ANOCTAMIN1 条件性敲除小鼠的 VSN 中被废除[104]。不过就这些结果的生理学解释而言，一个悬而未决的重大问题是氯离子通道是否对去极化电流（如在 OSN 中）有贡献作用或 TMEM16A/ANOCTAMIN1 激活是否导致了膜的超极化。对这个问题的解答取决于微绒毛 VSN 膜上的体内氯离子平衡电位，一个目前尚属未知的生理参数。

VSN 中报道的不同 Ca^{2+} 依赖性离子电导的相互作用在很大程度上将取决于刺激诱导的 Ca^{2+} 升高的时空分布图。例如，CAN 通道激活要求的 Ca^{2+} 浓度远高于通常报道的用于 Ca^{2+} 激活 Cl^- 电导激活的 Ca^{2+} 浓度[108]。VSN 的极化形态和细胞质区室化对协调离散的 Ca^{2+} 敏感性响应构成了挑战。它们的可靠性、特异性和速度不仅取决于 Ca^{2+} 的释放和内流机制，还取决于限制 Ca^{2+} 扩散的胞质缓冲液。在一个“教科书”描述的典型神经元中，主体胞质的 Ca^{2+} 浓度通过质膜 Ca^{2+}–ATP 酶，Na^+/Ca^{2+} 交换器及肌肉 / 内质网泵的协调活性维持在 100~150 nmol・L^{-1} 的稳定水平[109,110]。除此之外，线粒体通过线粒体 Ca^{2+} 单向运载载体累积 Ca^{2+}[111-115]。在 OSN 纤毛中，静止时的 Ca^{2+} 浓度约为 40 nmol・L^{-}[116]，而气味响应期间会发生局部升高至微摩尔浓度[117]。如果想要获得一个犁鼻器信号转导的全方位图像，对犁鼻器 Ca^{2+} 响应曲线进行一个类似的详细描述将是必不可少的。

延伸阅读

AOB 中犁鼻器信息加工

VSN 轴突的目标是一个位于嗅球背脊-尾端的特定区域——AOB。这里，编码在 VSN 活动中的信息被处理并直接中转至控制内分泌状态和社交行为的脑核。在 AOB 中，VNO 的结构二分法被保留：表达 V1R 的神经元突触在喙端 AOB 中的僧帽细胞上，而 V2R 阳性细胞则靶向尾部 AOB 中的僧帽细胞[118,119]。与主嗅球中 1 个或 2 个受体特异性嗅小球的定型图形成了鲜明的对比，有相同受体“同一性”的 VSN 汇聚之 6~10 个广泛分布的嗅小球中的僧帽细胞树突中[120]。这种 VSN- 僧帽细胞连接性的组织似乎非常适合整合感官信息[23,24]。

许多的 AOB（神经）生物学基本原理在很大程度上尚待探索。任何与主嗅球的类比大部分都是纯粹推测性的[121]。因此，从主嗅球的组织和生理学原理外推至 AOB 的情况经常都是不成熟的，大多都是任意的，并且因此阻碍了对 AOB 生物学的公正评价。在解剖学层面上，相对厚的 AOB 嗅小球层是由小的、簇状而且界限模糊的合流嗅小球组成[122]，四周被少数几个外周嗅小球细胞环绕[108]。AOB 投射神经元的躯体很少是僧帽状的[122]，而且“常规”的丛状层很大程度上是缺失的[2]。因此，AOB 僧帽细胞不具有广泛的侧向树突状树，不过精致分岔的顶部树突却终止于多达 12 个不同的嗅小球[10,123-125]。

有人分别提出了同型接线方案[120,126]和异型连接模型[121,127]来作为 AOB 中嗅小球图形成的基础。不仅在嗅小球水平上还是沿近端初级树突树，僧帽细胞都与抑制性中间神经元突触[128]。绝大多数这样的中间神经元都是颗粒细胞[129]，它们与僧帽细胞形成树状树突的相互突触。这种特殊的突触在主嗅球中已被研究得非常透彻[130,131]，但在 AOB 中却很少受到人们的关注，更不会理会其在信息素信息处理中所提出的关键作用[132-134]。基于它们在 AOB 僧帽细胞顶部树突的基底片段所处的“战略”位置，树状树突突触似乎主要与 GABA 能递归自我抑制而不是扩散的侧向抑制相关[135]。通过加强僧帽细胞响应的选择性[136]，不同的研究小组提出了一个相对简单的方案：一个在嗅觉记忆形成和一次试验学习中发挥感官“门控”功能的中继样递归自我抑制现象[133,137-139]，例如在选择性妊娠失败的背景下发生的现象（布鲁斯效应[140]）。

参考文献

[1] Jacobson L, Trotier D, Døving KB. Anatomical description of a new organ in the nose of domesticated animals by Ludvig Jacobson (1813). *Chem Senses*. 1998;23(6):743-754. Available at: http://www.ncbi.nlm.nih.gov/pubmed/9915121.

[2] Salazar I, Sanchez-Quinteiro P, Cifuentes JM, Fernandez De Troconiz P. General organization of the perinatal and adult accessory olfactory bulb in mice. *Anat Rec A Discov Mol Cell Evol Biol*. 2006;288(9):1009-1025. http://dx.doi.org/10.1002/ar.a.20366.

[3] Salazar I, Quinteiro PS, Aleman N, Cifuentes JM, Fernandez De Troconiz P. Diversity of the vomeronasal system in Mammals : the singularities of the sheep model. *Microsc Res Tech*. March 2007;70:752-762. http://dx.doi.org/10.1002/jemt.

[4] Chamero P, Leinders-Zufall T, Zufall F. From genes to social communication: molecular sensing by the vomeronasal organ. *Trends Neurosci*. 2012;2:1-10. http://dx.doi.org/10.1016/j.tins.2012.04.011.

[5] Halpern M, Martinez-Marcos A. Structure and function of the vomeronasal system: an update. *Prog Neurobiol*. 2003;70(3):245-318. http://dx.doi.org/10.1016/S0301-0082(03)00103-5.

[6] Meredith M. Sensory processing in the main and accessory olfactory systems: comparisons and contrasts. *J Steroid Biochem Mol Biol*. 1991;39(4):601-614.

[7] Leinders-Zufall T, Ishii T, Mombaerts P, Zufall F, Boehm T. Structural requirements for the activation of vomeronasal sensory neurons by MHC peptides. *Nat Neurosci*. 2009;12(12):1551-1558. http://dx.doi.org/10.1038/nn.2452.

[8] Brann JH, Firestein S. A lifetime of neurogenesis in the olfactory system. *Front Neurosci*. June 2014;8:1-11. http://dx.doi.org/10.3389/fnins.2014.00182.

[9] Meredith M, O'Connell RJ. Efferent control of stimulus access to the hamster vomeronasal organ. *J Physiol*. 1979;286:301-316.

[10] Ben-Shaul Y, Katz LC, Mooney R, Dulac C. In vivo vomeronasal stimulation reveals sensory encoding of conspecific and allospecific cues by the mouse accessory olfactory bulb. *Proc Natl Acad Sci USA*. 2010;107(11):5172-5177. http://dx.doi.org/10.1073/pnas.0915147107.

[11] Luo M, Fee MS, Katz LC. Encoding pheromonal signals in the accessory olfactory bulb of behaving mice. *Science*. February 2003;299:1196-1201. http://dx.doi.org/10.1126/science.1082133.

[12] Wysocki CJ, Wellington JL, Beauchamp GK. Access of urinary nonvolatiles to the mammalian vomeronasal organ. *Science*. 1980;207(4432):781-783.

[13] Mucignat-Caretta C. The rodent accessory olfactory system. *J Comp Physiol A Neuroethol Sens Neural Behav Physiol*. 2010;196(10):767-777. http://dx.doi.org/10.1007/s00359-010-0555-z.

[14] Halpern M. The organization and function of the vomeronasal organ. *Annu Rev Neurosci*. 1987;10:325-362.

[15] Dulac C, Torello AT. Molecular detection of pheromone signals in mammals: from genes to behaviour. *Nat Rev Neurosci*. 2003;4(7):551-562. http://dx.doi.org/10.1038/nrn1140.

[16] Dulac C, Axel R. A novel family of genes encoding putative pheromone receptors in mammals. *Cell*. 1995; 83(2):195-206. Available at: http://www.ncbi.nlm.nih.gov/pubmed/7585937.

[17] Herrada G, Dulac C. A novel family of putative pheromone receptors in mammals with a topographically organized and sexually dimorphic distribution. *Cell*. 1997;90(4):763-773. Available at: http://www.ncbi.nlm.nih.gov/pubmed/9288755.

[18] Matsunami H, Buck LB. A multigene family encoding a diverse array of putative pheromone receptors in mammals. *Cell*. 1997;90(4):775-784. Available at: http://www.ncbi.nlm.nih.gov/pubmed/9288756.

[19] Ryba NJP, Tirindelli R. A new multigene family of putative pheromone receptors. *Neuron*. 1997;19(2):371-379. Available at: http://www.ncbi.nlm.nih.gov/pubmed/9288756.

[20] Leinders-Zufall T, Lane AP, Puche AC, et al. Ultrasensitive pheromone detection by mammalian vomeronasal

neurons. *Nature*. June 15, 2000;405:792-796. http://dx.doi.org/10.1038/35015572.

[21] Liberles SD, Horowitz LF, Kuang D, et al. Formyl peptide receptors are candidate chemosensory receptors in the vomeronasal organ. *Proc Natl Acad Sci USA*. 2009;106(24):9842-9847. http://dx.doi.org/10.1073/pnas.0904464106.

[22] Rivière S, Challet L, Fluegge D, Spehr M, Rodriguez I. Formyl peptide receptor-like proteins are a novel family of vomeronasal chemosensors. *Nature*. 2009;459(7246):574-577. http://dx.doi.org/10.1038/nature08029.

[23] Belluscio L, Koentges G, Axel R, Dulac C. A map of pheromone receptor activation in the mammalian brain. *Cell*. 1999;97(2):209-220. Available at: http://www.ncbi.nlm.nih.gov/pubmed/10219242.

[24] Rodriguez I, Feinstein P, Mombaerts P. Variable patterns of axonal projections of sensory neurons in the mouse vomeronasal system. *Cell*. April 16, 1999;97:199-208. Available at: http://www.ncbi.nlm.nih.gov/pubmed/10219241.

[25] Rodriguez I, Del Punta K, Rothman A, Ishii T, Mombaerts P. Multiple new and isolated families within the mouse superfamily of V1r vomeronasal receptors. *Nat Neurosci*. 2002;5(2):134-140. http://dx.doi.org/10.1038/nn795.

[26] Roppolo D, Vollery S, Kan C, Lüscher C, Broillet M-C, Rodriguez I. Gene cluster lock after pheromone receptor gene choice. *EMBO J*. 2007;26(14):3423-3430. http://dx.doi.org/10.1038/sj.emboj.7601782.

[27] Young JM, Trask BJ. V2R gene families degenerated in primates, dog and cow, but expanded in opossum. *Trends Genet*. 2007;23(5):209-212. http://dx.doi.org/10.1016/j.tig.2007.02.010.

[28] Mombaerts P. Genes and ligands for odorant, vomeronasal and taste receptors. *Nat Rev Neurosci*. 2004;5(4):263-278. http://dx.doi.org/10.1038/nrn1365.

[29] Spehr M, Munger SD. Olfactory receptors: G protein-coupled receptors and beyond. *J Neurochem*. 2009;109(6):1570-1583. http://dx.doi.org/10.1111/j.1471-4159.2009.06085.x.

[30] Capello L, Roppolo D, Jungo VP, Feinstein P, Rodriguez I. A common gene exclusion mechanism used by two chemosensory systems. *Eur J Neurosci*. 2009;29(4):671-678. http://dx.doi.org/10.1111/j.1460-9568.2009.06630.x.

[31] Del Punta K, Leinders-Zufall T, Rodriguez I, et al. Deficient pheromone responses in mice lacking a cluster of vomeronasal receptor genes. *Nature*. September 5, 2002;419:70-74.

[32] Silvotti L, Moiani A, Gatti R, Tirindelli R. Combinatorial co-expression of pheromone receptors, V2Rs. *J Neurochem*. 2007;103(5):1753-1763. http://dx.doi.org/10.1111/j.1471-4159.2007.04877.x.

[33] Silvotti L, Cavalca E, Gatti R, Percudani R, Tirindelli R. A recent class of chemosensory neurons developed in mouse and rat. *PLoS One*. 2011;6(9):e24462. http://dx.doi.org/10.1371/journal.pone.0024462.

[34] Martini S, Silvotti L, Shirazi A, Ryba NJP, Tirindelli R. Co-expression of putative pheromone receptors in the sensory neurons of the vomeronasal organ. *J Neurosci*. 2001;21(3):843-848. Available at: http://www.ncbi.nlm.nih.gov/pubmed/11157070.

[35] Haga S, Hattori T, Sato T, et al. The male mouse pheromone ESP1 enhances female sexual receptive behaviour through a specific vomeronasal receptor. *Nature*. 2010;466(7302):118-122. http://dx.doi.org/10.1038/nature09142.

[36] Ishii T, Hirota J, Mombaerts P. Combinatorial coexpression of neural and immune multigene families in mouse vomeronasal sensory neurons. *Curr Biol*. 2003;13(5):394-400. Available at: http://www.ncbi.nlm.nih.gov/pubmed/12620187.

[37] Loconto J, Papes F, Chang E, et al. Functional expression of murine V2R pheromone receptors involves selective association with the M10 and M1 families of MHC class Ib molecules. *Cell*. 2003;112(5):607-618. Available at: http://www.ncbi.nlm.nih.gov/pubmed/12628182.

[38] Ishii T, Mombaerts P. Expression of nonclassical class I major histocompatibility genes defines a tripartite organization of the mouse vomeronasal system. *J Neurosci*. 2008;28(10):2332-2341. http://dx.doi.org/10.1523/JNEUROSCI.4807-07.2008.

[39] Leinders-Zufall T, Ishii T, Chamero P, et al. A family of nonclassical class I MHC genes contributes to ultrasensitive chemodetection by mouse vomeronasal sensory neurons. *J Neurosci*. 2014;34(15):5121-5133. http://dx.doi.org/10.1523/JNEUROSCI.0186-14.2014.

[40] Dey S, Matsunami H. Calreticulin chaperones regulate functional expression of vomeronasal type 2 pheromone receptors. *Proc Natl Acad Sci USA*. 2011;108(40):16651-16656. http://dx.doi.org/10.1073/pnas.1018140108.

[41] Chamero P, Marton TF, Logan DW, et al. Identification of protein pheromones that promote aggressive behaviour. *Nature*. 2007;450(7171):899-902. http://dx.doi.org/10.1038/nature05997.

[42] Chamero P, Katsoulidou V, Hendrix P, et al. G protein G(alpha)o is essential for vomeronasal function and aggressive behavior in mice. *Proc Natl Acad Sci USA*. 2011;108(31):12898-12903. http://dx.doi.org/10.1073/pnas.1107770108.

[43] Inamura K, Kashiwayanagi M, Kurihara K. lnositol-1,4,5-trisphosphate induces responses in receptor neurons in rat vomeronasal sensory slices. *Chem Senses*. 1997;22:93-103.

[44] Inamura K, Kashiwayanagi M. Inward current responses to urinary substances in rat vomeronasal sensory neurons. *Eur J Neurosci*. 2000;12(10):3529-3536. Available at: http://www.ncbi.nlm.nih.gov/pubmed/11029622.

[45] Kim S, Ma L, Yu CR. Requirement of calcium-activated chloride channels in the activation of mouse vomeronasal neurons. *Nat Commun*. May 2011;2:365. http://dx.doi.org/10.1038/ncomms1368.

[46] Inamura K, Matsumoto Y, Kashiwayanagi M, Kurihara K. Laminar distribution of pheromone-receptive neurons in rat vomeronasal epithelium. *J Physiol*. 1999;517(Pt 3):719-731. Available at: http://www.pubmedcentral.nih.gov/articlerender.fcgi?artid¼2269374&tool¼pmcentrez&rendertype¼abstract.

[47] Kimoto H, Sato K, Nodari F, Haga S, Holy TE, Touhara K. Sex- and strain-specific expression and vomeronasal activity of mouse ESP family peptides. *Curr Biol*. 2007;17(21):1879-1884. http://dx.doi.org/10.1016/j.cub.2007.09.042.

[48] Leinders-Zufall T, Brennan PA, Widmayer P, et al. MHC class I peptides as chemosensory signals in the vomeronasal organ. *Science*. 2004;306(5698):1033-1037. http://dx.doi.org/10.1126/science.1102818.

[49] Lucas P, Ukhanov K, Leinders-Zufall T, Zufall F. A diacylglycerol-gated cation channel in vomeronasal neuron dendrites is impaired in TRPC2 mutant mice: mechanism of pheromone transduction. *Neuron*. 2003;40(3):551-561. Available at: http://www.ncbi.nlm.nih.gov/pubmed/14642279.

[50] Nodari F, Hsu F-F, Fu X, et al. Sulfated steroids as natural ligands of mouse pheromone-sensing neurons. *J Neurosci*. 2008;28(25):6407-6418. http://dx.doi.org/10.1523/JNEUROSCI.1425-08.2008.

[51] Papes F, Logan DW, Stowers L. The vomeronasal organ mediates interspecies defensive behaviors through detection of protein pheromone homologs. *Cell*. 2010;141(4):692-703. http://dx.doi.org/10.1016/j.cell.2010.03.037.

[52] Spehr M, Hatt H, Wetzel CH. Arachidonic acid plays a role in rat vomeronasal signal transduction. *J Neurosci*. 2002;22(19):8429-8437. Available at: http://www.ncbi.nlm.nih.gov/pubmed/12351717.

[53] Holy TE, Dulac C, Meister M. Responses of vomeronasal neurons to natural stimuli. *Science*. 2000; 289(5484):1569-1572. Available at: http://www.ncbi.nlm.nih.gov/pubmed/10968796.

[54] Arnson HA, Holy TE. Chemosensory burst coding by mouse vomeronasal sensory neurons. *J Neurophysiol*. 2011; 106(1):409-420. http://dx.doi.org/10.1152/jn.00108.2011.

[55] Turaga D, Holy TE. Organization of vomeronasal sensory coding revealed by fast volumetric calcium imaging. *J Neurosci*. 2012;32(5):1612-1621. http://dx.doi.org/10.1523/JNEUROSCI.5339-11.2012.

[56] Hagendorf S, Fluegge D, Engelhardt CH, Spehr M. Homeostatic control of sensory output in basal vomeronasal neurons: activity-dependent expression of ether-à-go-go-related gene potassium channels. *J Neurosci*. 2009; 29(1):206e221. http://dx.doi.org/10.1523/JNEUROSCI.3656-08.2009.

[57] Liman ER, Corey DP. Electrophysiological characterization of chemosensory neurons from the mouse vomeronasal organ. *J Neurosci*. 1996;16(15):4625-4637. Available at: http://www.ncbi.nlm.nih.gov/pubmed/8764651.

[58] Shimazaki R, Boccaccio A, Mazzatenta A, Pinato G, Migliore M, Menini A. Electrophysiological properties and modeling of murine vomeronasal sensory neurons in acute slice preparations. *Chem Senses*. 2006;31(5):425-435. http://dx.doi.org/10.1093/chemse/bjj047.

[59] Ukhanov K, Leinders-Zufall T, Zufall F. Patch-clamp analysis of gene-targeted vomeronasal neurons expressing a defined V1r or V2r Receptor: Ionic mechanisms underlying persistent firing. *J Neurophysiol*. 2007;98(4):2357-2369. http://dx.doi.org/10.1152/jn.00642.2007.

[60] Cichy A, Ackels T, Tsitoura C, et al. Extracellular pH regulates excitability of vomeronasal sensory neurons. *J Neurosci*. 2015;35(9):4025-4039. http://dx.doi.org/10.1523/JNEUROSCI.2593-14.2015.

[61] Bean BP. The action potential in mammalian central neurons. *Nat Rev Neurosci*. 2007;8(6):9579-9967. http://dx.doi.

org/10.1038/nrn2148.
[62] Ackels T, von der Weid B, Rodriguez I, Spehr M. Physiological characterization of formyl peptide receptor expressing cells in the mouse vomeronasal organ. *Front Neuroanat*. November 2014;8:134. http://dx.doi.org/10.3389/fnana.2014.00134.
[63] Fakler B, Adelman JP. Control of K(Ca) channels by calcium nano/microdomains. *Neuron*. 2008;59(6):873-881. http://dx.doi.org/10.1016/j.neuron.2008.09.001.
[64] Zhang P, Yang C, Delay RJ. Urine stimulation activates BK channels in mouse vomeronasal neurons. *J Neurophysiol*. 2008;100(4):1824-1834. http://dx.doi.org/10.1152/jn.90555.2008.
[65] Kim S, Ma L, Jensen KL, et al. Paradoxical contribution of SK3 and GIRK channels to the activation of mouse vomeronasal organ. *Nat Neurosci*. July 2012:1-11. http://dx.doi.org/10.1038/nn.3173.
[66] Dibattista M, Mazzatenta A, Grassi F, Tirindelli R, Menini A. Hyperpolarization-activated cyclic nucleotide-gated channels in mouse vomeronasal sensory neurons. *J Neurophysiol*. 2008;100(2):576-586. http://dx.doi.org/10.1152/jn.90263.2008.
[67] Berghard A, Buck LB. Sensory transduction in vomeronasal neurons: evidence for G alpha o, G alpha i2, and adenylyl cyclase II as major components of a pheromone signaling cascade. *J Neurosci*. 1996;16(3):909-918. Available at: http://www.ncbi.nlm.nih.gov/pubmed/8558259.
[68] Halpern M, Shapiro LS, Jia C. Differential localization of G proteins in the opossum vomeronasal system. *Brain Res*. 1995;677(1):157-161. Available at: http://www.ncbi.nlm.nih.gov/pubmed/7606461.
[69] Matsuoka M, Yoshida-Matsuoka J, Iwasaki N, Norita M, Costanzo RM, Ichikawa M. Immunocytochemical study of Gi2alpha and Goalpha on the epithelium surface of the rat vomeronasal organ. *Chem Senses*. 2001;26(2):161-166. Available at: http://www.ncbi.nlm.nih.gov/pubmed/11238246.
[70] Norlin EM, Gussing F, Berghard A. Vomeronasal phenotype and behavioral alterations in Gai2 mutant mice. *Curr Biol*. July 15, 2003;13:1214-1219. http://dx.doi.org/10.1016/S.
[71] Tanaka M, Treloar HB, Kalb RG, Greer CA, Strittmatter SM. G(o) protein-dependent survival of primary accessory olfactory neurons. *Proc Natl Acad Sci USA*. 1999;96(24):14106-14111. Available at: http://www.pubmedcentral.nih.gov/articlerender.fcgi?artid¼24198&tool¼pmcentrez&rendertype¼abstract.
[72] Sathyanesan A, Feijoo AA, Mehta ST, Nimarko AF, Lin W. Expression profile of G-protein bg subunit gene transcripts in the mouse olfactory sensory epithelia. *Front Cell Neurosci*. June 2013;7:84. http://dx.doi.org/10.3389/fncel.2013.00084.
[73] Tirindelli R, Ryba NJP. The G-protein gamma-subunit G gamma 8 is expressed in the developing axons of olfactory and vomeronasal neurons. *Eur J Neurosci*. 1996;8(11):2388-2398.
[74] Ryba NJP, Tirindelli R. A novel GTP-binding protein g-subunit, Gg8, is expressed during neurogenesis in the olfactory and vomeronasal neuroepithelia. *J Biol Chem*. 1995;270(12):6757-6767. http://dx.doi.org/10.1074/jbc.270.12.6757.
[75] Rünnenburger K, Breer H, Boekhoff I. Selective G protein beta gamma-subunit compositions mediate phospholipase C activation in the vomeronasal organ. *Eur J Cell Biol*. 2002;81(10):539-547.
[76] Montani G, Tonelli S, Sanghez V, et al. Aggressive behaviour and physiological responses to pheromones are strongly impaired in mice deficient for the olfactory G-protein -subunit G8. *J Physiol*. 2013;591(Pt 16):3949-3962. http://dx.doi.org/10.1113/jphysiol.2012.247528.
[77] Spehr M, Spehr J, Ukhanov K, Kelliher KR, Leinders-Zufall T, Zufall F. Parallel processing of social signals by the mammalian main and accessory olfactory systems. *Cell Mol Life Sci*. 2006;63(13):1476-1484. http://dx.doi.org/10.1007/s00018-006-6109-4.
[78] Smrcka AV. G protein b/g subunits: central mediators of G protein-coupled receptor signaling. *Cell Mol Life Sci*. 2008;65(14):2191-2214. http://dx.doi.org/10.1007/s00018-008-8006-5.
[79] Dey S, Chamero P, Pru JK, et al. Cyclic regulation of sensory perception by a female hormone alters behavior. *Cell*. 2015;161(6):1334-1344. http://dx.doi.org/10.1016/j.cell.2015.04.052.

[80] Dibattista M, Amjad A, Maurya DK, et al. Calcium-activated chloride channels in the apical region of mouse vomeronasal sensory neurons. *J Gen Physiol*. 2012;140(1):3-15. http://dx.doi.org/10.1085/jgp.201210780.

[81] Yang C, Delay RJ. Calcium-activated chloride current amplifies the response to urine in mouse vomeronasal sensory neurons. *J Gen Physiol*. 2010;135(1):3-13. http://dx.doi.org/10.1085/jgp.200910265.

[82] Kelliher KR, Spehr M, Li X-H, Zufall F, Leinders-Zufall T. Pheromonal recognition memory induced by TRPC2-independent vomeronasal sensing. *Eur J Neurosci*. 2006;23(12):3385-3390. http://dx.doi.org/10.1111/j.1460-9568.2006.04866.x.

[83] Liman ER, Corey DP, Dulac C. TRP2: a candidate transduction channel for mammalian pheromone sensory signaling. *Proc Natl Acad Sci USA*. 1999;96(10):5791-5796. http://dx.doi.org/10.1073/pnas.96.10.5791.

[84] Omura M, Mombaerts P. Trpc2-Expressing sensory neurons in the main olfactory epithelium of the mouse. *Cell Rep*. 2014:1-13. http://dx.doi.org/10.1016/j.celrep.2014.06.010.

[85] Leypold BG, Yu CR, Leinders-Zufall T, Kim MM, Zufall F, Axel R. Altered sexual and social behaviors in trp2 mutant mice. *Proc Natl Acad Sci USA*. 2002;99(9):6376-6381. http://dx.doi.org/10.1073/pnas.082127599.

[86] Stowers L, Holy TE, Meister M, Dulac C, Koentges G. Loss of sex discrimination and male-male aggression in mice deficient for TRP2. *Science*. 2002;295(5559):1493-1500. http://dx.doi.org/10.1126/science.1069259.

[87] Kimchi T, Xu J, Dulac C. A functional circuit underlying male sexual behaviour in the female mouse brain. *Nature*. 2007;448(7157):1009-1014. http://dx.doi.org/10.1038/nature06089.

[88] Pankevich DE, Baum MJ, Cherry JA. Olfactory sex discrimination persists, whereas the preference for urinary odorants from estrous females disappears in male mice after vomeronasal organ removal. *J Neurosci*. 2004;24(42):9451-9457. http://dx.doi.org/10.1523/JNEUROSCI.2376-04.2004.

[89] Yu CR. TRICK or TRP? what Trpc2$^{-/-}$ mice tell us about vomeronasal organ mediated innate behaviors. *Front Neurosci*. June 2015;9:1-7. http://dx.doi.org/10.3389/fnins.2015.00221.

[90] Liman ER. Regulation by voltage and adenine nucleotides of a Ca^{2+}-activated cation channel from hamster vomeronasal sensory neurons. *J Physiol*. 2003;548(Pt 3):777-787. http://dx.doi.org/10.1113/jphysiol. 2002.037119.

[91] Spehr J, Hagendorf S, Weiss J, Spehr M, Leinders-Zufall T, Zufall F. Ca^{2+}-calmodulin feedback mediates sensory adaptation and inhibits pheromone-sensitive ion channels in the vomeronasal organ. *J Neurosci*. 2009;29(7):2125-2135. http://dx.doi.org/10.1523/JNEUROSCI.5416-08.2009.

[92] Bradley J, Reuter D, Frings S. Facilitation of calmodulin-mediated odor adaptation by cAMP-gated channel subunits. *Science*. 2001;294(5549):2176-2178. http://dx.doi.org/10.1126/science.1063415.

[93] Bradley J, Bönigk W, Yau K-W, Frings S. Calmodulin permanently associates with rat olfactory CNG channels under native conditions. *Nat Neurosci*. 2004;7(7):705-710. http://dx.doi.org/10.1038/nn1266.

[94] Song Y, Cygnar KD, Sagdullaev BT, et al. Olfactory CNG channel desensitization by Ca^{2+}/CaM via the B1b subunit affects response termination but not sensitivity to recurring stimulation. *Neuron*. 2008;58(3):374-386. http://dx.doi.org/10.1016/j.neuron.2008.02.029.

[95] Zufall F, Leinders-Zufall T. The cellular and molecular basis of odor adaptation. *Chem Senses*. 2000;25(4):473-481. Available at: http://www.ncbi.nlm.nih.gov/pubmed/10944513.

[96] Munger SD, Lane AP, Zhong H, et al. Central role of the CNGA4 channel subunit in Ca^{2+}-calmodulin-dependent odor adaptation. *Science*. 2001;294(5549):2172-2175. http://dx.doi.org/10.1126/science.1063224.

[97] Stephan AB, Shum EY, Hirsh S, Cygnar KD, Reisert J, Zhao H. ANO2 is the cilial calcium-activated chloride channel that may mediate olfactory amplification. *Proc Natl Acad Sci USA*. 2009;106(28):11776-11781. http://dx.doi.org/10.1073/pnas.0903304106.

[98] Ponissery-Saidu S, Stephan AB, Talaga AK, Zhao H, Reisert J, Ponissery Saidu S. Channel properties of the splicing isoforms of the olfactory calcium-activated chloride channel Anoctamin 2. *J Gen Physiol*. 2013;141(6):1-13. http://dx.doi.org/10.1085/jgp.201210937.

[99] Sagheddu C, Boccaccio A, Dibattista M, Montani G, Tirindelli R, Menini A. Calcium concentration jumps reveal dynamic ion selectivity of calcium-activated chloride currents in mouse olfactory sensory neurons and TMEM16b-

transfected HEK 293T cells. *J Physiol*. 2010;588(Pt 21):4189-4204. http://dx.doi.org/10.1113/jphysiol.2010.194407.

[100] Henkel B, Drose DR, Ackels T, Oberland S, Spehr M, Neuhaus EM. Co-expression of anoctamins in cilia of olfactory sensory neurons. *Chem Senses*. 2014:73-87. http://dx.doi.org/10.1093/chemse/bju061.

[101] Dauner K, Lißmann J, Jeridi S, Frings S, Möhrlen F. Expression patterns of anoctamin 1 and anoctamin 2 chloride channels in the mammalian nose. *Cell Tissue Res*. 2012;347(2):327-341. http://dx.doi.org/10.1007/s00441-012-1324-9.

[102] Billig GM, Pál B, Fidzinski P, Jentsch TJ. Ca^{2+}-activated Cl^- currents are dispensable for olfaction. *Nat Neurosci*. 2011;14(6):763-769. http://dx.doi.org/10.1038/nn.2821.

[103] Pifferi S, Dibattista M, Sagheddu C, et al. Calcium-activated chloride currents in olfactory sensory neurons from mice lacking bestrophin-2. *J Physiol*. 2009;587(17):4265-4279. http://dx.doi.org/10.1113/jphysiol.2009.176131.

[104] Amjad A, Hernandez-Clavijo A, Pifferi S, et al. Conditional knockout of TMEM16A/anoctamin1 abolishes the calcium-activated chloride current in mouse vomeronasal sensory neurons. *J Gen Physiol*. 2015;1:1-17. http://dx.doi.org/10.1085/jgp.201411348.

[105] Caputo A, Caci E, Ferrera L, et al. TMEM16A, a membrane protein associated with calcium-dependent chloride channel activity. *Science*. 2008;322(5901):590-594. http://dx.doi.org/10.1126/science.1163518.

[106] Schroeder BC, Cheng T, Jan YN, Jan LY. Expression cloning of TMEM16A as a calcium-activated chloride channel subunit. *Cell*. 2008;134(6):1019-1029. http://dx.doi.org/10.1016/j.cell.2008.09.003.

[107] Rasche S, Toetter B, Adler J, et al. Tmem16b is specifically expressed in the cilia of olfactory sensory neurons. *Chem Senses*. 2010;35(3):239-245. http://dx.doi.org/10.1093/chemse/bjq007.

[108] Tirindelli R, Dibattista M, Pifferi S, Menini A. From pheromones to behavior. *Physiol Rev*. 2009;89:921-956. http://dx.doi.org/10.1152/physrev.00037.2008.

[109] Berridge MJ, Bootman MD, Roderick HL. Calcium signalling: dynamics, homeostasis and remodelling. *Nat Rev Mol Cell Biol*. 2003;4(7):517-529. http://dx.doi.org/10.1038/nrm1155.

[110] Clapham DE. Calcium signaling. *Cell*. 2007;131(6):1047-1058. http://dx.doi.org/10.1016/j.cell.2007.11.028.

[111] Baughman JM, Perocchi F, Girgis HS, et al. Integrative genomics identifies MCU as an essential component of the mitochondrial calcium uniporter. *Nature*. 2011;476(7360):341-345. http://dx.doi.org/10.1038/nature10234.

[112] Kirichok Y, Krapivinsky G, Clapham DE. The mitochondrial calcium uniporter is a highly selective ion channel. *Nature*. 2004;427(6972):360-364. http://dx.doi.org/10.1038/nature02246.

[113] Mallilankaraman K, Doonan P, Cárdenas C, et al. MICU1 is an essential gatekeeper for MCU-mediated mitochondrial Ca(2+) uptake that regulates cell survival. *Cell*. 2012;151(3):630-644. http://dx.doi.org/10.1016/j.cell.2012.10.011.

[114] Fluegge D, Moeller LM, Cichy A, et al. Mitochondrial Ca^{2+} mobilization is a key element in olfactory signaling. *Nat Neurosci*. February 2012:1-11. http://dx.doi.org/10.1038/nn.3074.

[115] Veitinger S, Veitinger T, Cainarca S, et al. Purinergic signalling mobilizes mitochondrial Ca^{2+} in mouse Sertoli cells. *J Physiol*. 2011;589(Pt 21):5033-5055. http://dx.doi.org/10.1113/jphysiol.2011.216309.

[116] Leinders-Zufall T, Greer CA, Shepherd GM, Zufall F. Imaging odor-induced calcium transients in single olfactory cilia: specificity of activation and role in transduction. *J Neurosci*. 1998;18(15):5630-5639. Available at: http://www.ncbi.nlm.nih.gov/pubmed/9671654.

[117] Bradley J, Reisert J, Frings S. Regulation of cyclic nucleotide-gated channels. *Curr Opin Neurobiol*. 2005;15(3):343-349. http://dx.doi.org/10.1016/j.conb.2005.05.014.

[118] Jia C, Halpern M. Segregated populations of mitral/tufted cells in the accessory olfactory bulb. *Neuroreport*. 1997;8(8):1887-1890. Available at: http://www.ncbi.nlm.nih.gov/pubmed/9223071.

[119] Mori K, von Campenhausen H, Yoshihara Y. Zonal organization of the mammalian main and accessory olfactory systems. *Philos Trans R Soc Lond B Biol Sci*. 2000;355(1404):1801-1812. http://dx.doi.org/10.1098/rstb.2000.0736.

[120] Del Punta K, Puche AC, Adams NC, Rodriguez I, Mombaerts P. A divergent pattern of sensory axonal projections is rendered convergent by second-order neurons in the accessory olfactory bulb. *Neuron*. 2002;35(6):1057-1066.

Available at: http://www.ncbi.nlm.nih.gov/pubmed/12354396.

[121] Dulac C, Wagner S. Genetic analysis of brain circuits underlying pheromone signaling. *Annu Rev Genet*. August 2006;40:449-467. http://dx.doi.org/10.1146/annurev.genet.39.073003.093937.

[122] Larriva-Sahd J. The accessory olfactory bulb in the adult rat: a cytological study of its cell types, neuropil, neuronal modules, and interactions with the main olfactory system. *J Comp Neurol*. 2008;510(3):309-350. http://dx.doi.org/10.1002/cne.21790.

[123] Meeks JP, Arnson HA, Holy TE. Representation and transformation of sensory information in the mouse accessory olfactory system. *Nat Neurosci*. 2010;13(6):723-730. http://dx.doi.org/10.1038/nn.2546.

[124] Takami S, Graziadei PP. Light microscopic golgi study of mitral/tufted cells in the accessory olfactory bulb of the adult rat. *J Comp Neurol*. 1991;311(1):65-83. http://dx.doi.org/10.1002/cne.903110106.

[125] Urban NN, Castro JB. Tuft calcium spikes in accessory olfactory bulb mitral cells. *J Neurosci*. 2005;25(20):5024-5028. http://dx.doi.org/10.1523/JNEUROSCI.0297-05.2005.

[126] Hovis KR, Ramnath R, Dahlen JE, et al. Activity regulates functional connectivity from the vomeronasal organ to the accessory olfactory bulb. *J Neurosci*. 2012;32(23):7907-7916. http://dx.doi.org/10.1523/JNEUROSCI.2399-11.2012.

[127] Wagner S, Gresser AL, Torello AT, Dulac C. A multireceptor genetic approach uncovers an ordered integration of VNO sensory inputs in the accessory olfactory bulb. *Neuron*. 2006;50(5):697-709. http://dx.doi.org/10.1016/j.neuron.2006.04.033.

[128] Brennan PA, Kendrick KM. Mammalian social odours: attraction and individual recognition. *Philos Trans R Soc Lond B Biol Sci*. 2006;361(1476):2061-2078. http://dx.doi.org/10.1098/rstb.2006.1931.

[129] Keverne EB, Brennan PA. Olfactory recognition memory. *J Physiol*. 1996;90(5e6):503-508. Available at: http://www.ncbi.nlm.nih.gov/pubmed/9089523.

[130] Price JL, Powell TPS. The synaptology of the granule cells of the olfactory bulb. *J Cell Sci*. 1970;7(1):125-155. Available at: http://www.ncbi.nlm.nih.gov/pubmed/5476853.

[131] Schoppa NE, Urban NN. Dendritic processing within olfactory bulb circuits. *Trends Neurosci*. 2003;26(9):501-506. http://dx.doi.org/10.1016/S0166-2236(03)00228-5.

[132] Taniguchi M, Kaba H. Properties of reciprocal synapses in the mouse accessory olfactory bulb. *Neuroscience*. 2001;108(3):365-370.

[133] Hayashi Y, Momiyama A, Takahashi T, et al. Role of metabotropic glutamate receptors in synaptic modulation in the accessory olfactory bulb. *Nature*. December 16, 1993;366:687-690.

[134] Jia C, Chen WR, Shepherd GM. Synaptic organization and neurotransmitters in the rat accessory olfactory bulb. *J Neurophysiol*. 1999;81(1):345-355. Available at: http://www.ncbi.nlm.nih.gov/pubmed/9914294.

[135] Luo M, Katz LC. Encoding pheromonal signals in the mammalian vomeronasal system. *Curr Opin Neurobiol*. 2004;14(4):428-434. http://dx.doi.org/10.1016/j.conb.2004.07.001.

[136] Hendrickson RC, Krauthamer S, Essenberg JM, Holy TE. Inhibition shapes sex selectivity in the mouse accessory olfactory bulb. *J Neurosci*. 2008;28(47):12523-12534. http://dx.doi.org/10.1523/JNEUROSCI.2715-08.2008.

[137] Brennan PA, Keverne EB. Neural mechanisms of mammalian olfactory learning. *Prog Neurobiol*. 1997;51(4):457-481. Available at: http://www.ncbi.nlm.nih.gov/pubmed/9106902.

[138] Castro JB, Hovis KR, Urban NN. Recurrent dendrodendritic inhibition of accessory olfactory bulb mitral cells requires activation of group I metabotropic glutamate receptors. *J Neurosci*. 2007;27(21):5664-5671. http://dx.doi.org/10.1523/JNEUROSCI.0613-07.2007.

[139] Kaba H, Hayashi Y, Nakanishi S. Induction of an olfactory memory by the activation of a metabotropic glutamate receptor. *Science*. July 8, 1994;265:262-264.

[140] Bruce HM. A block to pregnancy in the mouse caused by proximity of strange males. *J Reprod Fertil*. 1960;1:96-103.

CHAPTER 12

第 12 章
比较嗅觉转导

伊丽莎白·A. 科里[1,2]，巴里·W. 艾奇[1,2,3]

[1] 佛罗里达大学惠特尼海洋生物科学实验室，美国佛罗里达州圣奥古斯丁

[2] 佛罗里达大学生物学与神经科学系，美国佛罗里达州盖恩斯维尔

[3] 佛罗里达大学麦克奈特脑研究所嗅觉与味觉中心，美国佛罗里达州盖恩斯维尔

概　要

引　言

据我们所知，所有的动物，包括单细胞动物和多细胞动物、无脊椎动物和脊椎动物、水生动物和陆生动物，都会使用某种类型的嗅觉受体来检测距离源头有一段路程的化学信号。嗅觉介导了多种多样的行为响应，包括觅食、食物选择、交配、交流、察觉到掠食者和逃脱。尽管嗅觉通常是在陆生生物的背景下考虑的，不过水生动物们会出于相同的目的来使用嗅觉检测水溶性的化合物，这与在陆地上生活并且检测空气传播气味的动物们有基本相同的神经机制（参阅第 5 章）。

当气味分子与嗅觉受体相互作用，而且通过气味受体激活信号转导时就开始了嗅觉

感知。在多细胞生物中，嗅觉受体表达在被称为嗅觉感官神经元（OSN）的初级受体神经元中，而嗅觉感官神经元位于节肢动物触角上的专用末端器官，例如嗅觉感受器中和脊椎动物的主嗅觉上皮（MOE）中。OSN 向嗅觉系统提供初级的输入，它们是如此重要，以至于引起 OSN 激活的细胞过程遭到破坏时将不可避免地损害嗅觉功能，一种在害虫管理或用降低生活质量的方式造成伤害的背景下可能有益处的结果。

嗅觉系统：相似性和多样性

嗅觉系统已经进化到可以从环境中提取尽可能多的相关化学信息。正如可以预料的那样，考虑到它们所处环境的不同，以及它们依赖其他感觉例如视觉和听觉的能力，不同物种内对相关气味分子有所区分。因此，对一个物种至关重要的气味可能在另一个物种中并不产生行为学上的显著性，甚至根本不会被另一个物种检测到。考虑到环境和气味分子的范围十分广泛，不同类型动物的嗅觉系统中发现有多样化的功能性组织和信号转导机制就不足为奇了。的确，即便是嗅觉外周都比最初认为的更为复杂和多样，甚至是在嗅觉受体本身性质的水平上。

尽管蛋白质结构上的差异和下游信号转导途径上的差异都与不同的嗅觉受体类型有关，但使用它们的动物都生活在同一个嗅觉世界，并面临发现气味而且做出适当行为响应的同一挑战。考虑到嗅觉最基本的要求，例如要求有敏感性和速度以便做出快速的行为响应，由进化趋同产生的实质性相似也是有可能发生的。尽管哺乳动物和其他陆生动物都主要暴露于挥发性的、通过空气传播的气味中，然而气味分子必须进入环绕 OSN 纤毛四周的水溶液环境才能接触到嗅觉受体。对不同类型的动物，不论是一组动物内如节肢动物（参阅文献［1,2］），还是不同动物之间例如脊椎动物和昆虫（参阅文献［3–5］），进行嗅觉信号转导机制方面的比较研究，可以揭示出构成常见嗅觉系统重要功能特性基础的相似性和多样化机制。

嗅觉系统的功能性组织

最容易了解清楚的嗅觉转导是在脊椎动物和节肢动物中，它们的信号转导发生在特定的子系统中。除了 MOE，哺乳动物的嗅觉被组织成与不同的受体类型有关的功能性子系统，包括犁鼻器（参阅第 10、11 章）、Masera 中隔器官、格伦贝格神经节（参阅第

8 章）和三叉神经系统（参阅第 21 章）。其他脊椎动物也将它们的嗅觉组织成解剖学上分隔开的子系统（参阅文献［6］），不过在两栖动物的情况下人们只发现了两个子系统，一个用于一般的气味分子，而另一个用于物种特异性气味分子（信息素），因而它们可能不是那么复杂[7]。昆虫的嗅觉及其他节肢动物例如甲壳类动物的嗅觉也被发现使用极为相似的带有多个受体类型的子系统[8,9]。在昆虫中，嗅觉系统被组织成不同类型的感受器。在黑腹果蝇的情况下，这些感受器包括基锥形感受器、毛发状感受器和腔锥形感受器，它们将 OSN 包裹在触角和下颚须上[10]。这些感受器的类型依据它们的形态和解剖分布进行区分，还可以依据与其响应的气味分子区分[10-12]。在甲壳类动物中，这一系统区分可能依据的是嗅觉受体的类型，一些 OSN 表达昆虫样的味觉受体（GR，参阅第 14 章），而另一些则表达谷氨酸受体样离子型气味分子受体（IR，参阅第 6 章）[13-15]，不过这仍然有待进一步的探索。许多类型的动物都保留有用于加工嗅觉信息的相似系统，说明它有可能对感官系统是一个可以提供适应性优势的重要功能特征。

OSN 的功能性子集

除了不同的子系统，在它们内部还有功能上完全不同的 OSN 子集。脊椎动物鼻子中典型的 OSN 是双极神经元，每一个都含有一个终止在树状结中的单个树突，而纤毛延伸进入鼻腔黏液（参阅第 7 章）。每一个都含有向主嗅球（MOB）的一个嗅小球投射的一个单独基底轴突从而在其中发生第一次的突触。MOE 内部不同的细胞亚群都可以被鉴别出来，包括表达瞬时氨基酸受体（TAAR）的 OSN（参阅第 4 章）、表达 D 型受体鸟苷酰环化酶的 OSN（参阅第 8 章）、表达瞬时受体电位（TRP）通道的 OSN，以及表达 1 型犁鼻器受体的 OSN（参阅第 10 章）。这些子集每一个都在哺乳动物的化学传感中发挥一个不同但有时重叠的功能，从而可以通过创建专门用于识别关键嗅觉信号的细胞组合来提供一个适应的优势，同时包含一些的冗余以防一个特定系统出现故障。

尽管节肢动物的 OSN 相比哺乳动物具有更多的区域性分隔，但它们结构上是相似的，带有的感官纤毛（树突）延伸进入嗅觉触角的感受器而且基底轴突投射到触角叶上的嗅小球，这与哺乳动物的 MOB 相对应。尽管常见的细胞形态是保守的，然而 OSN 的细微之处却具有适应性，这是因为它们可以随栖息地而非物种发生变化。在陆地环境中作为成年生存的甲壳类动物例如巨型强盗蟹和其他陆地寄居蟹中的 OSN，相比海洋甲壳类动物其更像是一个昆虫样的形态[16,17]。然而，这两种甲壳类动物中的嗅觉感受器都含有受体淋巴，以提供一个对陆生甲壳类动物检测气味分子至关重要的潮湿环境并保护 OSN 不会受海洋甲壳类动物中盐度变化造成的损害[17,18]。

在脊椎动物和节肢动物中，人们证明了每一个嗅小球都主要接收来自表达同一嗅觉受体类型的 OSN 的输入，而每一种受体类型都可以用一个到少量的嗅小球代表[19,20]。在嗅小球内，OSN 形成它们的第一个突触，在节肢动物中有投射神经元而在脊椎动物中有僧帽细胞和簇状细胞，从而将嗅觉信息发送至中枢神经系统中较高的中心。每一个物种的嗅小球数量是高度可变的。尽管人们最初认为一个物种编码的嗅觉受体的数量和嗅小球的数量之间可能有一个密切的相关性，但这对所有动物而言却并非都成立。尽管啮齿动物看起来拥有一个 2∶1 的收敛比，但人类表达的嗅觉受体近似有 350 个，然而已经发现的嗅小球超过 5000 个，给出的收敛比更接近 16∶1[21]。考虑到气味通常是单个气味分子的混合物，可激活一个以上的嗅觉受体，而且 OSN 可被不止一种气味分子所激活，因此气味身份是由激活嗅小球的相互组合所编码的，一个被称为嗅觉组合编码的过程[22]。第一个突触中转站的嗅小球组织和组合编码一道有可能产生于收敛性进化，而且它们的保守性表明它们构成了一个编码气味的有效机制。

嗅觉受体

在所有嗅觉系统中，信号转导起始于配体与嗅觉受体结合，只不过受体类型和转导机制会物种而发生变化。人们在哺乳动物中鉴定出了第一个嗅觉受体基因家族，所谓的典型气味分子受体（OR），它是主要表达在 MOE 中的一个巨大的 GPCR（参阅第 3 章）[23]。根据系统进化分析的结果，可以将经典的哺乳动物 OR 划分成两个不同的组，Ⅰ类（像鱼一样的 OR）和Ⅱ类（四足动物的 OR），两者主要区别在于细胞外环的序列[24]。尽管在大多数情况下每一个 OSN 都表达一个单独的 OR，有些细胞却可以表达多个受体[25]。配体与经典哺乳动物 OR 相结合激活由亚基 $G\alpha_{olf}$、$G\beta_1$ 和 $G\gamma_{13}$ 构成的嗅觉异源三聚体 G 蛋白，它接着激活腺苷酸环化酶 3（AC3）（参阅第 7 章）。AC3 激活导致环化单磷酸腺苷（cAMP）的增加，该单磷酸腺苷结合并打开一个环化核苷酸门控通道（CNG），从而产生一个可进一步被钙激活 Cl^- 通道放大的向内电流。这一转导级联使 OSN 发生去极化，从而释放动作电位将气味信息传递到大脑。尽管某些其他的哺乳动物 OSN 亚型例如表达 TAAR 的亚型（参阅第 4 章）使用这种经典路径发出信号，而其他亚型例如表达 TRPC2 的亚型却可能使用其他的路径[26]。

基因组和转录组测序使得嗅觉受体基因库鉴定方面的工作迅速增加并鉴定出了好几个物种的嗅觉受体基因库。人们最初认为无脊椎动物的嗅觉受体也是 GPCR。确实，人们发现某些 OSN 如线虫类的秀丽隐杆线虫（*Caenorhabditis elegans*）[27]含有的 OSN 会表达这种类型的嗅觉受体。不过，人们在昆虫和其他节肢动物中发现了两个巨大的编码离子型嗅觉受体的基因家族，它们被称为 OR 和 IR（图 12–1，参阅第 6 章）[28,29]。第一个被鉴定的家族包含有 7 个跨膜结构域受体，它们的功能是充当由至少 1 个配体特异性 OR 和 1 个辅助受体亚基 ORCO 形成的异聚体[30–32]。尽管 ORCO 本身在昆虫中是高度保守的，配体特异性亚基的序列却迥然不同，这可能是由生态学和配体上的差异造成的。尽管它们与哺乳动物 OR 的相似点在于它们具有相似数量的跨膜结构域（而且因此最初认为它们可能充当 GPCR），然而研究发现它们在膜上具有一个不同的取向[33,34]，而且具有一个完全不同的离子信号转导机制。昆虫的 GR（参阅第 14 章）虽说与昆虫的 OR 关系疏远而且被认为具有相似的分布和信号转导机制，但至少它们在昆虫中是主要表达在味觉器官中的[35,36]。需要重点指出的是，OR 似乎并不在某些昆虫[8]以及某些甲壳类动物[13–15]中存在，尽管它们保留对嗅觉信号的敏感性响应，表明这些动物中还存在有一个介导嗅觉的第二组受体，包括 IR 和可能的 GR[14]。

与昆虫的 OR 一样，IR 被认为可以充当由配体结合亚基和至少一个保守而且广泛表达的亚基所形成的异聚体的功能[37]。然而，在某些情况下，它们还可能具有作为单体

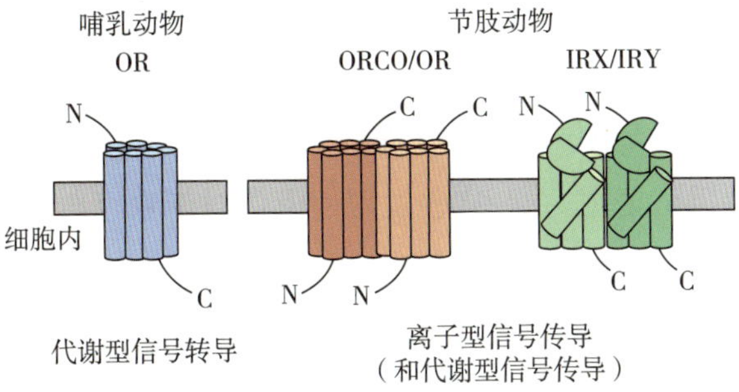

图 12–1　嗅觉受体和信号转导机制的比较。典型哺乳动物嗅觉转导始于气味分子结合气味分子受体（OR），OR 为激活代谢型信号通路的 G 蛋白耦联受体。相比之下，节肢动物嗅觉感官神经元表达离子型受体，被称为嗅觉受体（OR）和离子型受体（IR），而气味分子结合激活离子型信号转导（和可能的代谢型信号，尽管仍有争议）。节肢动物 OR 形成共受体（ORCO）和配体特异性亚基（OR）的异源体。尽管共受体可能随配体特异性亚基不同而变化，IR 也具有杂聚体（IRX/IRY）功能。在某些情况下，IR 可能充当同源受体。氨基（N）和羧基（C）末端指示了在膜中的方向

功能的能力，如同 IR76B 用于食盐检测的情况那样[38]。尽管昆虫使用两种不同类型的嗅觉受体来扩展检测不同类型配体的能力，然而最近的工作表明 OR 和 IR 还在时间动力学上表现出内在的差异，OR 对较短的气味暴露响应更快而且灵敏度更高，IR 则对较高浓度和较长持续时间的响应气味暴露响应更好[39]。尽管许多昆虫都共表达 OR 和 IR，不过这两种类型受体的比值各不相同，并且在某些情况下只表达 IR[8]。考虑到在甲壳类动物和某些昆虫中并没有检测到 OR 直系同源物的表达，它们的表达似乎是一个节肢动物在后期进化上的适应[8]。考虑到 IR 可能是表达在某些甲壳类动物中的唯一嗅觉受体类型，从已经被大量研究的龙虾模型中可以学到很多关于它们的信息。

尽管尚未在甲壳类动物的嗅觉组织中检测到 OR 和 ORCO[13,15]，然而人们却在水蚤类的蚤状溞基因组中鉴定出了 GR[14]。有人推测 GR 可能介导了甲壳类动物中与嗅觉有关的行为，不过它们的表达却并未在龙虾或寄居蟹的 OSN 中被人们检测到[13,15]。尽管有可能 GR 充当甲壳类动物中一个与其他组织类型有联系的第二化学感官子系统的功能，不过这种可能性还有待人们的进一步研究，因为即便最初在蚤状溞中鉴定的 GR，人们都还没有定位一个特定的细胞类型。

非典型气味分子诱发的信号通路

基因切除任何的典型嗅觉信号转导通路主成分，例如哺乳动物中的基于 AC3 的环化核苷酸信号转导[40,41]或昆虫中的 ORCO[42]，会最终导致严重的嗅觉相关行为上的缺陷，表明它们是最重要的由气味分子引发的激发级联的基础，激发级联则在这两种动物的典型 OSN 中。IR 在昆虫具有气味分子响应但缺乏 OR 的 OSN 中表达时，以及在其他神经元中异位表达时，通过其预测的配体介导转导的能力，为 IR 同样充当了一个节肢动物中典型的激发通道提供了证据[37]。这些发现使人们对于除经典激发通道之外信号通道的存在和角色问题产生了非常大的争议。

在节肢动物中，人们认为 OR 和 IR 都主要起离子型受体的作用，其与气味分子的结合导致一个构象的变化，从而打开通道并激活信号转导。不过，在这两种情况下，都存在 G 蛋白耦联和促代谢信号的证据。删除 G 蛋白亚基或者磷酸肌醇（PI）信号转导的成分都会减少果蝇中的嗅觉响应[43-45]。昆虫 OR 和 G 蛋白的共表达会改变异源系统中的信号转导[45]，然而有其他研究表明 G 蛋白信号转导并没有参与到该系统中[46,47]。代谢信号的药理抑制剂和活化剂例如 PI 和环化核苷酸介导的通道，可以调控被人们认为并不表达 OR 的龙虾 OSN[48–51] 的气味分子响应性，表明代谢信号也有可能参与了表达 IR 的 OSN。

考虑到截然不同的保守性氨基酸模体，哺乳动物的 OR 被认为是一组特殊的 GPCR 的一部分，而且因而可能具有独特的信号转导限制。不过，一个 OR 的配体响应轮廓会依据与之耦联的 Gα 亚基的类型而发生变化[52,53]。许多类型的 GPCR 都可以引发不是由异源三聚体 G 蛋白介导的应答，不过更准确地说是由其他细胞内信号转导蛋白如抑制蛋白所介导。哺乳动物嗅觉纤毛的蛋白质组学分析表明，嗅觉纤毛中存在大量已知的信号转导通路元素，这至少为非典型信号转导准备了分子的阶段[54,55]。确实，哺乳动物 OR 的配体激活除了通过 $G\alpha_{olf}$ 和 AC3 直接介导之外，例如 β- 抑制蛋白的内化和 PI 介导的信号转导，还与多个信号转导通路有联系[56–58]。所有这些都必须来源于相同的受体，这暗示了一个信号通路的网络例如在其他 GPCR 中看到的。

这些气味诱发的由嗅觉受体传递信号的潜在非典型机制可能扮演多种角色。哺乳动物 OSN 被气味分子激活可以使它们免于凋亡和周转，暗示了另一种信号转导通路的激活[59]。这个功能还被证明与多个信号转导通路有联系，例如 PI 和分裂素激活的蛋白激酶级联[59–62]，而且目前还不清楚应对此负责。除此之外，β- 抑制蛋白的激活还与气味分子引发的哺乳动物 OR 内化和脱敏有联系[56]。通过昆虫的 OR 激活 G 蛋白被认为扩大了对气味的灵敏度范围，其中离子型通道充当了高气味分子浓度情况下唯一转导者的角色，而代谢型通道扩增了较低气味分子浓度情况下的信号[39]。然而，不仅在脊椎动物而且在节肢动物中，一个重要但却经常被忽略同时可能涉及一种或多种非典型信号转导的嗅觉问题是存在两种相反的信号发送方式。也就是说，气味会要么刺激 OSN，要么抑制 OSN。

竞争性信号：激发和抑制

与我们对气味分子如何激发 OSN 有深入了解形成对比的是，我们对于气味分子是如何抑制任何动物中这些细胞的仍知之甚少。最初观察到气味分子对 OSN 的抑制出现在节肢动物中，包括昆虫和甲壳类动物[63,64]。尽管这个现象最初在哺乳动物 OSN 中被摒除，最近的研究不仅发现了可以在哺乳动物细胞水平上抑制气味分子激活激发通路的配体，而且还发现了可以在哺乳动物受体水平上抑制气味分子激活激发通道的配体（图 12–2）（参阅文献 [65]）。这种现象在各种各样动物物种中都有保留，而且因此在结构上表现为不同的嗅觉受体类型，表明竞争性输入是一个常见嗅觉系统的重要功能特征，而且很可能是嗅觉转导不可或缺的一部分。

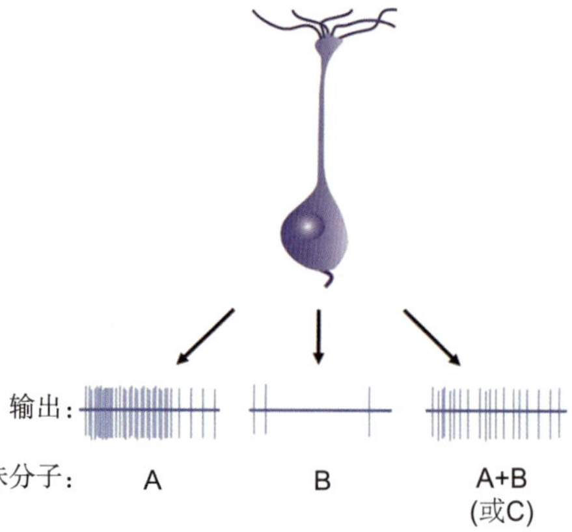

图 12-2 一个假定嗅觉感官神经元（OSN）的图示，它受气味分子 A 激活和气味分子 B 抑制，并在暴露于气味分子 A 和 B 混合物（或一个部分激动剂气味分子 C）时以较低水平被激活。该 OSN 输出反映对混合物中气味分子 A 和 B 相对比例的整合

人们通常将针对 OSN 的气味分子特异性竞争输入称为“抑制”（inhibition），我们在这里使用的是该术语，还可以使用其他术语例如压制（suppression）、低加和性（hypoadditivity）和气味掩盖（odor masking）来描述 OSN 中气味分子引起的输出减少[66-69]。究竟这只是语义学上的东西还是存在功能上具有不同潜在机制的不同“抑制性”过程，还有待进一步研究确定。例如，气味分子可以通过直接阻断激活细胞的元素来抑制哺乳动物的 OSN，这些元素通过不涉及 OR 的直接相互作用参与细胞的激活，包括电压门控通道[70]和嗅觉 CNG[71]。在昆虫的 OR 中，形成通道的 ORCO 亚基可能被诸如痕量胺之类的拮抗性化合物所阻断[72]。不过，人们还没有搞清楚这些动作如何会在不改变其他 OSN 的情况下而造成特定 OSN 输出上的减少，因为典型的 OSN 都被认为表达相同的信号转导元素，或者至少表达一个包括其离子通道在内的相似而又互补的信号转导元素。

在竞争性输入的背景下，气味诱发的抑制作用被清楚地证明是一个特定气味分子——嗅觉受体组合的特性而不是一个 OSN 的特性。当 OR 被异源表达时，人们从体外试验中发现了哺乳动物 OR 的抑制性气味分子[52,73,74]，表明这个“拮抗剂”正在与这个 OR 发生相互作用。类似地在昆虫中，果蝇 OSN 中非原生 OR 的异位表达，不论是来自同一物种还是不同的物种，都会转移在供体 OSN 中观察到的气味分子诱发的抑制作用[37,75,76]，表明它并不是一个 OSN 或 ORCO 的特征，却是一个 OR 的特征。

抑制作用最直接的机制是通过一个竞争性拮抗剂的活动，它会阻断活化的激动剂与受体上正构结合位点的结合。考虑到气味分子通常都是复杂的混合物，抑制作用有可能来自拮抗剂或者甚至只是部分的激动剂，它们与强的激动剂竞争相同的嗅觉受体结合位点以避免完全活化。很多年来，人们对嗅觉拮抗剂都一无所知，不过哺乳动物的 OR 为 GPCR 的事实被曝光后，人们开始了对可与这些受体发生竞争性相互作用的化合物的寻找。与此同时发生的是对可阻断昆虫化学感官受体激活的气味分子的寻找，这些化学感官受体可用于宿主检测。目前有好多项研究都发现了一些气味分子，它们可以诱导原生哺乳动物 OSN 和表达 OR 的异源细胞中剂量——响应功能上平行的、饱和的右向移位，这强烈暗示了对正构结合位点的直接竞争[52,73]。抑制作用看似在昆虫的 OSN 中较为常见，不过这些细胞中更高的自发活性可能使抑制作用更容易检测到。有人报道在哺乳动物 OSN 中抑制作用的发生率非常低[77]，这导致人们认为抑制作用可能并不那么重要，即便抑制作用在编码中发挥一定的作用。然而，人们目前还没有严格测试过哺乳动物 OSN 中的抑制作用发生率。

非竞争性的抑制作用机制

非竞争性相互作用也可能对塑造气味响应是非常重要的。当对实验确定的哺乳动物 OSN 与二元气味分子混合物的响应进行建模时，人们发现几乎 50%的细胞响应都与一个经由非竞争性相互作用调节 OR 信号转导的模型有最佳的拟合[78]。这些结果通过单一气味分子能够抑制特定 OSN 的自发输出的研究结果而得到了确证[79,80]，因为这显然不可能来自竞争性抑制作用，除非沾染的背景气味分子驱使了正在进行的放电。单一气味分子还可能通过腺苷酸环化酶激活剂 forskolin（源自与 K. Ukhanov 进行的个人交流）而抑制啮齿动物 OSN 的活化，其独立于 OR 而激活 AC3，从而排除了在 OR 水平上的竞争性抑制作用的可能性。总而言之，这些建模和实验结果都证实了有一种或多种的非竞争性抑制作用机制参与了哺乳动物的气味响应。

有人指出非竞争性抑制作用可能是由处于非活动状态的昆虫嗅觉受体的气味分子固定造成的[11,81]。在离子型的昆虫 OR 和 IR 的情况下，这可能涉及在一个截然不同于正构位点的变构位点的结合，并且使这个受体稳定在一种不能再与最初的激动剂发生相互作用的构象，或者一种其固有的通道不能够在与激动剂结合响应时而打开的构象。类似地，信号转导抑制还可能经由一个哺乳动物的 OR 而发生，加入该受体被锁定在一个妨

碍 $G\alpha_{olf}$ 活化的状态的话。一个有密切关系的想法是这个抑制的气味分子可以将这个 OR 稳定在一个与特定细胞内信号转导复合物相互作用，但却抑制兴奋性通路的构象。确实，这与我们不断增长的有关 GPCR 的认识是一致的。与始终如一认为配体结合引发一个单独的细胞内信号的看法不同，人们越来越清楚地认识到配体的性质和细胞内环境的动态变化塑造了许多不同种类受体的下游信号转导网络。许多 GPCR 都可以激活被认为部分上由配体——GPCR 复合物的构象所强加的一个层级结构的信号转导，程度如此之广以至于不同的配体使网络平衡朝不同的路径转移，这一过程可用不同的名字称谓例如配体诱导的选择性信号转导（见“延伸阅读”）和偏向的激动作用（参阅文献［82–84］）。

尽管有药理学证据表明哺乳动物 OR 的激活可能涉及 AC3 以及 PI 依赖性信号转导，并且这两个信号转导通路的 G 蛋白依赖性激活可以是配体选择性的，不过 LiSS 有可能参与哺乳动物的嗅觉过程却很少受到人们的关注[57,79,80,85,86]。众所周知，体外实验中 OR 不仅可与 $G\alpha_{olf}$ 耦联来激活一个环化核苷酸通路，还可与 $G\alpha_{15}$ 耦联来激活 PI 信号转导，而且这两种通路的激活程度可以是配体特异性的[52,53,87]。还有令人信服的证据表明 G 蛋白耦联的 PI 信号转导，尤其是通过磷酸肌醇 3 激酶（PI3K），在被 OR 以配体选择性方式激活时可介导 OSN 的抑制性输入，从而在塑造 OSN 输出中发挥一个重要的角色[57,85]。对于某些对抗的气味分子对，不仅可以通过 PI3K 阻断来削弱抑制作用，而且还可以增强该对物质较弱（否则为抑制性的）成员的激动剂强度，表明该抑制作用通过一个采用选择性方式的 PI3K 依赖性通路介导。有证据表明这个“较弱的”气味分子以一种特定的构象（或许别构形式）与 OR 发生相互作用，从而选择性激活 PI3K 并且对抗激发 OR 的下游。PI3K 信号转导的主要产物外源性磷脂酰肌醇 -3,4,5- 三磷酸（PIP_3）能够抑制 cAMP 对嗅觉 CNG 的激活[88,89]，表明这是一个潜在的下游机制并可能通过 LiSS 介导抑制作用（图 12–3）。人们在筛选一组针对 PI3K 依赖性抑制的气味分子时发现，许多气味分子包括许多在一个气味对象中天然共存的气味分子，都具有激活原生 OSN 中 PI3K 通路的能力，表明 LiSS 有可能是哺乳动物 OR 的一个内在特性[80]。

因此，我们或许建议在哺乳动物 OSN 中对手输入隐藏有一个重要的非竞争性机制，即抑制性的气味分子能够使 OR 稳定在一个与另一种细胞内信号复合物相互作用的构象，当被激活时抑制典型的环化核苷酸介导的兴奋性通路。尽管人们对通过节肢动物 OR 和 IR 的非离子型信号转导激活的证据存在争议，而且人们已经证明昆虫 OSN 产生配体偏向的输出（即不同的配体在相同的细胞中引发不同的输出模式）[90,91]，不过人

延伸阅读

配体诱导的经由 G 蛋白耦联受体的选择性信号转导

一个单独的 G 蛋白耦联受体（GPCR）可以与一个以上的异源三聚体 G 蛋白亚型耦联，通过不依赖 G 蛋白的途径传递信号，通过诸如磷酸化等调节过程进行修饰，通过与其他蛋白包括其他 GPCR 的相互作用进行调节，以及与骨架蛋白发生相互作用。这种 GPCR 的功能通用性与受体激活的经典二态、开－合的模型并不一致。相反，有越来越多证据表明大多数 GPCR 都是结构化的动态蛋白，并且特定的配体可稳定截然不同的受体构象从而导致一个特定信号通路组合的偏置激活（biased activation），这一过程通常用诸如配体诱导的选择性信号转导或偏向激动作用的术语称呼。因此，是配体－受体复合物而非单独的受体对细胞的响应有明确的规定。实际上，这个与偏向配体结合的受体是一个不同的功能实体，其具有的信号转导特性不同于与一个传统的正构配体结合的相同受体。

我们所了解的大部分有关 GPCR 结构和信号转导机制的信息都是基于一小部分特征明确的受体例如 β2- 肾上腺素受体和 1 型血管紧张素 II 受体（AT_1R）。不过，有越来越多的证据表明从它们那里获得的概念会有更为广泛的适用性。早期研究表明 AT_1R 主要与 $G\alpha_q$ 及其他 G 蛋白例如 $G\alpha_i$ 发生耦联[96]。然而，人们现在知道 AT_1R 信号可以被偏置趋向一个不依赖 G 蛋白的、由 β- 抑制蛋白介导的通路，从而导致不同的细胞响应[97]。对偏置配体的寻找使得人们将目标对准有益的通路同时尽量避免激活那些有害的通路是当前药物开发的一个策略，并且瞄准受体如 AT_1R 的偏置激动剂目前也在临床试验中[98]。

们仍有待确定经由这些受体的不同信号转导模式是否是被选择性激活从而产生输出模式的。

从嗅觉转导的比较研究中获得的启示

使用各种不同的动物物种对其进行信号转导机制方面的详细研究和对比可以揭示嗅觉的重要基本特征。不同物种之间在嗅觉上具有惊人的相似性，从嗅觉系统的整体功能组织到下游信号转导的类型。这些共同的功能特征涵盖了一个在系统发育上有着广泛分布的动物，并且它们共同起到定义一般嗅觉的作用。这样的保守性还意味着对于检测和

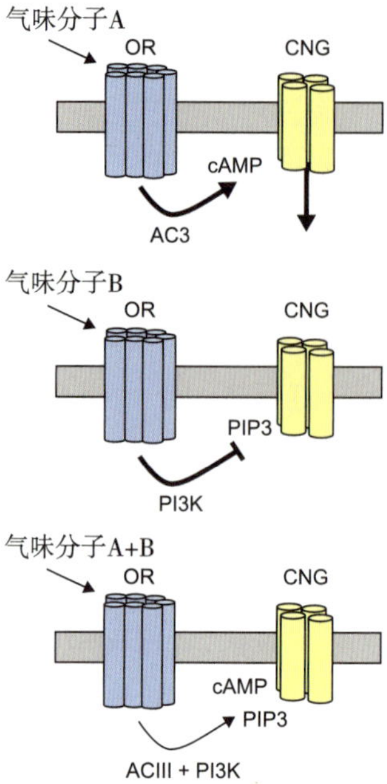

图 12-3 通过哺乳动物气味分子受体（OR）的配体诱导选择性信号转导的潜在机制。气味分子 A 充当兴奋性配体激活腺苷酸环化酶 3（AC3）产生环化单磷酸腺苷（cAMP），很少或不激活磷酸肌醇 3 激酶（PI3K），并通过嗅觉环化核苷酸门控通道（CNG）激活细胞。气味分子 B 充当抑制性配体，主要激活 PI3K 产生磷脂酰肌醇 -3,4,5- 三磷酸（PIP_3），很少或不激活 AC Ⅲ，抑制 CNG 打开。气味分子 A 和 B 混合物同时激活 AC Ⅲ和 PI3K 以致 cAMP 和 PIP_3 都影响 CNG 的打开，导致其激活水平与单独的气味分子 A 相比有一个下降（用较细箭头表示），而且每个通路被激活的程度最终决定了细胞的输出

区分气味质量和数量的难题存在一个最佳的解决方法，假如不是为了其他感官量度例如定位空间和时间上气味来源的话。不管这些解决方法是早期进化而且被保留下来的，尽管使用的是截然不同的嗅觉受体种类和信号转导通路，还是更为可能的，动物趋同性进化出相似的办法来解决这个检测和定位化学信号的难题的，都为继续使用各种不同动物模型来研究嗅觉提供了支持。

人们通过将一种动物模型中学到的东西应用于另一种动物的方法获取了有关嗅觉转导的方方面面的知识。例如，我们已经了解到 OSN 的分子接受范围（MRR）需要包括抑制细胞的气味分子而不仅是刺激细胞的气味分子，这是最为常见的情况。通过在原生 OSN 中异位表达的昆虫嗅觉受体并用大量潜在配体筛查的方法，人们生成了更为完整的此类 MRR。这项工作在哺乳动物中更加艰巨，这是因为哺乳动物的 OSN 表现出来的自发输出水平较低而且用于抑制作用的分析受限，不过人们已经开始认识到它的必要性。对 MRR 进行全面了解将有助于我们更加全面地了解嗅觉中的组合编码。

此外，具有缓和或调节激发的抑制性输入要求将 OSN 视作在输入水平扮演一个整合的角色。这个由一个 OSN 向大脑发送的信号反映了那一刻气味世界中特定组合的气味分子的整合作用。如果抑制性驱动力超过了激发性驱动力，那么一个 OSN 的有意义的输入就可能为零。一个令人兴奋的可能性是，将激发作用和抑制作用看作一个气味分子特异性输出至 OSN 的连续过程的极端情况，而不是将其看作两个截然不同的输入或许是更为合适的方法。为了达此目的，不同的单一气味分子会在同一昆虫 OSN 中引发一系列的兴奋性输出模式[91]。除了它们可能是由受体决定，这种模式背后的信号转导机制人们还没有了解清楚[81]；它们是否适用于哺乳动物的 OSN 还有待进一步确定。即便如此，人们还是可以预见一种气味分子会基于其同时诱发抑制作用的程度而激活不同嗅觉受体的不同激发模式。考虑到这个在第一个突触接力处的巨大趋同比例，即便由兴奋性信号转导通路调节得到的每个 OSN 的放电模式上的细小差别都可能在趋同后得到加强。

这里没有涉及但是却与利用比较研究深入了解嗅觉转导有关的是人们最近发现在刺龙虾中有一个全新的 OSN 亚群具有准确编码所遇到气味的时间的能力[92]。这有可能使该动物确定出该气味信号的空间维度，因为它随着与气味来源的距离而改变时间结构。这样的嗅觉时空维度的动态编码使用的是一种并非常规种类的“爆发性”OSN，这种 OSN 具有自发的、节律性振荡，其被气味刺激相位锁定或“裹挟”，而且与气味响应时发生一个动作电位的相位依赖性爆发[93]。人们在包括哺乳动物和两栖动物在内的其他动物中也发现了相类似的爆发 OSN 亚群[94,95]，表明气味时空维度的动态编码可以被认为是嗅觉的基础。

因此，正如这几个例子所说明的，通过研究各种多样的动物模型，而且它们每种都有自身的优缺点，人们已经对嗅觉转导的本质和机制有了广泛的了解。随着已测序基因组的数量和嗅觉转录组的数量不断增加，人们有希望借助各种各样的动物模型来加深我们对嗅觉过程的了解，这种潜力将被越来越多的人接受，并且我们将之用于对那些合起来起定义嗅觉作用的共同基本特征的寻找。

参考文献

[1] Martin JP, Beyerlein A, Dacks AM, et al. The neurobiology of insect olfaction: sensory processing in a comparative context. *Prog Neurobiol*. 2011;95(3):427-447. http://dx.doi.org/10.1016/j.pneurobio.2011.09.007.

[2] Clifford MR, Riffell JA. Mixture and odorant processing in the olfactory systems of insects: a comparative perspective. *J Comp Physiol A*. 2013;199(11):911-928. http://dx.doi.org/10.1007/s00359-013-0818-6.

[3] Ache BW, Young JM. Olfaction: diverse species, conserved principles. *Neuron*. 2005;48(3):417-430. http://dx.doi.org/10.1016/j.neuron.2005.10.022.

[4] Ihara S, Yoshikawa K, Touhara K. Chemosensory signals and their receptors in the olfactory neural system. *Neuroscience*. 2013;254:45-60. http://dx.doi.org/10.1016/j.neuroscience.2013.08.063.

[5] Kaupp UB. Olfactory signalling in vertebrates and insects: differences and commonalities. *Nat Rev Neurosci*. 2010;11(3):188-200. http://dx.doi.org/10.1038/nrn2789.

[6] Munger SD, Leinders-Zufall T, Zufall F. Subsystem organization of the mammalian sense of smell. *Annu Rev Physiol*. 2009;71:115-140. http://dx.doi.org/10.1146/annurev.physiol.70.113006.100608.

[7] Taniguchi K, Saito S, Taniguchi K. Phylogenic outline of the olfactory system in vertebrates. *J Vet Med Sci*. 2011;73(2):139-147. http://dx.doi.org/10.1292/jvms.10-0316.

[8] Missbach C, Dweck HK, Vogel H, et al. Evolution of insect olfactory receptors. *Elife*. 2014;3:e02115. http://dx.doi.org/10.7554/eLife.02115.

[9] Galizia CG, Rössler W. Parallel olfactory systems in insects: anatomy and function. *Annu Rev Entomol*. 2010; 55(1):399-420. http://dx.doi.org/10.1146/annurev-ento-112408-085442.

[10] Shanbhag S, Müller B, Steinbrecht R. Atlas of olfactory organs of Drosophila melanogaster. *Int J Insect Morphol Embryol*. 1999;28(4):377-397. http://dx.doi.org/10.1016/S0020-7322(99)00039-2.

[11] Yao CA, Ignell R, Carlson JR. Chemosensory coding by neurons in the coeloconic sensilla of the Drosophila antenna. *J Neurosci*. 2005;25(37):8359-8367. http://dx.doi.org/10.1523/JNEUROSCI.2432-05.2005.

[12] Couto A, Alenius M, Dickson BJ. Molecular, anatomical, and functional organization of the Drosophila olfactory system. *Curr Biol*. 2005;15(17):1535-1547. http://dx.doi.org/10.1016/j.cub.2005.07.034.

[13] Corey EA, Bobkov Y, Ukhanov K, Ache BW. Ionotropic crustacean olfactory receptors. *PLoS One*. 2013;8(4):e60551. http://dx.doi.org/10.1371/journal.pone.0060551.

[14] Peñalva-Arana DC, Lynch M, Robertson HM. The chemoreceptor genes of the waterflea Daphnia pulex: many Grs but no Ors. *BMC Evol Biol*. 2009;9:79. http://dx.doi.org/10.1186/1471-2148-9-79.

[15] Groh KC, Vogel H, Stensmyr MC, Grosse-Wilde E, Hansson BS. The hermit crab's nose-antennal transcriptomics. *Front Neurosci*. 2013;7:266. http://dx.doi.org/10.3389/fnins.2013.00266.

[16] Stensmyr MC, Erland S, Hallberg E, Wallén R, Greenaway P, Hansson BS. Insect-like olfactory adaptations in the terrestrial giant robber crab. *Curr Biol*. 2005;15(2):116-121. http://dx.doi.org/10.1016/j.cub.2004.12.069.

[17] Tuchina O, Groh KC, Talarico G, et al. Morphology and histochemistry of the aesthetasc-associated epidermal glands in terrestrial hermit crabs of the genus Coenobita (Decapoda: Paguroidea). *PLoS One*. 2014;9(5):e96430. http://dx.doi.org/10.1371/journal.pone.0096430.

[18] Gleeson RA, McDowell LM, Aldrich HC. Structure of the aesthetasc (olfactory) sensilla of the blue crab, Callinectes sapidus: transformations as a function of salinity. *Cell Tissue Res*. 1996;284(2):279-288. http://dx.doi.org/10.1007/s004410050588.

[19] Vosshall LB, Wong AM, Axel R. An olfactory sensory map in the fly brain. *Cell*. 2000;102(2):147-159. http://www.ncbi.nlm.nih.gov/pubmed/10943836. Accessed 25.08.15.

[20] Wang F, Nemes A, Mendelsohn M, Axel R. Odorant receptors govern the formation of a precise topographic map. *Cell*. 1998;93(1):47-60. http://dx.doi.org/10.1016/S0092-8674(00)81145-9.

[21] Maresh A, Rodriguez Gil D, Whitman MC, Greer CA. Principles of glomerular organization in the human olfactory bulbeimplications for odor processing. *PLoS One*. 2008;3(7):e2640. http://dx.doi.org/10.1371/journal.pone.0002640.

[22] Malnic B, Hirono J, Sato T, Buck LB. Combinatorial receptor codes for odors. *Cell*. 1999;96(5):713e723. http://www.ncbi.nlm.nih.gov/pubmed/10089886. Accessed 01.02.15.

[23] Buck L, Axel R. A novel multigene family may encode odorant receptors: a molecular basis for odor recognition. *Cell*. 1991;65(1):175-187. http://dx.doi.org/10.1016/0092-8674(91)90418-X.

[24] Mezler M, Fleischer J, Breer H. Characteristic features and ligand specificity of the two olfactory receptor classes from Xenopus laevis. *J Exp Biol*. 2001;204(17):2987-2997. http://jeb.biologists.org/content/204/17/2987.long. Accessed 10.04.15.

[25] Rawson NE, Eberwine J, Dotson R, Jackson J, Ulrich P, Restrepo D. Expression of mRNAs encoding for two different olfactory receptors in a subset of olfactory receptor neurons. *J Neurochem*. 2001;75(1):185-195. http://dx.doi.org/10.1046/j.1471-4159.2000.0750185.x.

[26] Omura M, Mombaerts P. Trpc2-expressing sensory neurons in the mouse main olfactory epithelium of type B express the soluble guanylate cyclase Gucy1b2. *Mol Cell Neurosci*. 2015;65:114-124. http://dx.doi.org/10.1016/j.mcn.2015.02.012.

[27] Sengupta P, Chou JH, Bargmann CI. odr-10 encodes a seven transmembrane domain olfactory receptor required for responses to the odorant diacetyl. *Cell*. 1996;84(6):899-909. http://dx.doi.org/10.1016/S0092-8674(00)81068-5.

[28] Clyne PJ, Warr CG, Freeman MR, Lessing D, Kim J, Carlson JR. A novel family of divergent seven-transmembrane proteins. *Neuron*. 1999;22(2):327-338. http://dx.doi.org/10.1016/S0896-6273(00)81093-4.

[29] Benton R, Vannice KS, Gomez-Diaz C, Vosshall LB. Variant ionotropic glutamate receptors as chemosensory receptors in Drosophila. *Cell*. 2009;136(1):149-162. http://dx.doi.org/10.1016/j.cell.2008.12.001.

[30] Wicher D, Schäfer R, Bauernfeind R, et al. Drosophila odorant receptors are both ligand-gated and cyclic-nucleotide-activated cation channels. *Nature*. 2008;452(7190):1007-1011. http://dx.doi.org/10.1038/nature06861.

[31] Sato K, Pellegrino M, Nakagawa T, Nakagawa T, Vosshall LB, Touhara K. Insect olfactory receptors are heteromeric ligand-gated ion channels. *Nature*. 2008;452(7190):1002-1006. http://dx.doi.org/10.1038/nature06850.

[32] Neuhaus EM, Gisselmann G, Zhang W, Dooley R, Störtkuhl K, Hatt H. Odorant receptor heterodimerization in the olfactory system of Drosophila melanogaster. *Nat Neurosci*. 2005;8(1):15-17. http://dx.doi.org/10.1038/nn1371.

[33] Lundin C, Käll L, Kreher SA, et al. Membrane topology of the Drosophila OR83b odorant receptor. *FEBS Lett*. 2007;581(29):5601-5604. http://dx.doi.org/10.1016/j.febslet.2007.11.007.

[34] Benton R, Sachse S, Michnick SW, Vosshall LB. Atypical membrane topology and heteromeric function of Drosophila odorant receptors in vivo. *PLoS Biol*. 2006;4(2):e20. http://dx.doi.org/10.1371/journal.pbio.0040020.

[35] Zhang H-J, Anderson AR, Trowell SC, Luo A-R, Xiang Z-H, Xia Q-Y. Topological and functional characterization of an insect gustatory receptor. *PLoS One*. 2011;6(8):e24111. http://dx.doi.org/10.1371/journal.pone.0024111.

[36] Clyne PJ. Candidate taste receptors in Drosophila. *Science*. 2000;287(5459):1830-1834. http://dx.doi.org/10.1126/science.287.5459.1830.

[37] Abuin L, Bargeton B, Ulbrich MH, Isacoff EY, Kellenberger S, Benton R. Functional architecture of olfactory ionotropic glutamate receptors. *Neuron*. 2011;69(1):44-60. http://dx.doi.org/10.1016/j.neuron.2010.11.042.

[38] Zhang YV, Ni J, Montell C. The molecular basis for attractive salt-taste coding in Drosophila. *Science*. 2013;340(6138):1334-1338. http://dx.doi.org/10.1126/science.1234133.

[39] Getahun MN, Wicher D, Hansson BS, Olsson SB. Temporal response dynamics of Drosophila olfactory sensory neurons depends on receptor type and response polarity. *Front Cell Neurosci*. 2012;6:54. http://dx.doi.org/10.3389/fncel.2012.00054.

[40] Wong ST, Trinh K, Hacker B, et al. Disruption of the type III adenylyl cyclase gene leads to peripheral and behavioral anosmia in transgenic mice. *Neuron*. 2000;27(3):487-497. http://dx.doi.org/10.1016/S0896-6273(00)00060-X.

[41] Belluscio L, Gold GH, Nemes A, Axel R. Mice deficient in Golf are anosmic. *Neuron*. 1998;20(1):69-81. http://dx.doi.org/10.1016/S0896-6273(00)80435-3.

[42] Larsson MC, Domingos AI, Jones WD, Chiappe ME, Amrein H, Vosshall LB. Or83b encodes a broadly expressed odorant receptor essential for Drosophila olfaction. *Neuron*. 2004;43(5):703-714. http://dx.doi.org/10.1016/j.neuron.2004.08.019.

[43] Chatterjee A, Roman G, Hardin PE. Go contributes to olfactory reception in Drosophila melanogaster. *BMC Physiol*. 2009;9(1):22. http://dx.doi.org/10.1186/1472-6793-9-22.

[44] Kain P, Chandrashekaran S, Rodrigues V, Hasan G. Drosophila mutants in phospholipid signaling have reduced olfactory responses as adults and larvae. *J Neurogenet*. 2009;23(3):303-312. http://dx.doi.org/10.1080/01677060802372494.

[45] Deng Y, Zhang W, Farhat K, Oberland S, Gisselmann G, Neuhaus EM. The stimulatory Ga(s) protein is involved

in olfactory signal transduction in Drosophila. *PLoS One*. 2011;6(4):e18605. http://dx.doi.org/10.1371/journal.pone.0018605.

[46] Yao CA, Carlson JR. Role of G-proteins in odor-sensing and CO_2-sensing neurons in Drosophila. *J Neurosci*. 2010;30(13):4562-4572. http://dx.doi.org/10.1523/JNEUROSCI.6357-09.2010.

[47] Smart R, Kiely A, Beale M, et al. Drosophila odorant receptors are novel seven transmembrane domain proteins that can signal independently of heterotrimeric G proteins. *Insect Biochem Mol Biol*. 2008;38(8):770-780. http://dx.doi.org/10.1016/j.ibmb.2008.05.002.

[48] Doolin RE, Ache BW. Cyclic nucleotide signaling mediates an odorant-suppressible chloride conductance in lobster olfactory receptor neurons. *Chem Senses*. 2005;30(2):127-135. http://dx.doi.org/10.1093/chemse/bji008.

[49] Corey EA, Bobkov Y, Pezier A, Ache BW. Phosphoinositide 3-kinase mediated signaling in lobster olfactory receptor neurons. *J Neurochem*. 2010;113(2):341-350. http://dx.doi.org/10.1111/j.1471-4159.2010.06597.x.

[50] Bobkov YV, Pezier A, Corey EA, Ache BW. Phosphatidylinositol 4,5-bisphosphate-dependent regulation of the output in lobster olfactory receptor neurons. *J Exp Biol*. 2010;213(Pt 9):1417-1424. http://dx.doi.org/10.1242/jeb.037234.

[51] Zhainazarov AB, Doolin R, Herlihy JD, Ache BW. Odor-stimulated phosphatidylinositol 3-kinase in lobster olfactory receptor cells. *J Neurophysiol*. 2001;85(6):2537-2544. http://www.ncbi.nlm.nih.gov/pubmed/11387399. Accessed 16.04.15.

[52] Shirokova E, Schmiedeberg K, Bedner P, et al. Identification of specific ligands for orphan olfactory receptors. G protein-dependent agonism and antagonism of odorants. *J Biol Chem*. 2005;280(12):11807-11815. http://dx.doi.org/10.1074/jbc.M411508200.

[53] Ukhanov K, Bobkov Y, Corey EA, Ache BW. Ligand-selective activation of heterologously-expressed mammalian olfactory receptor. *Cell Calcium*. 2014;56(4):245-256. http://dx.doi.org/10.1016/j.ceca.2014.07.012.

[54] Kuhlmann K, Tschapek A, Wiese H, et al. The membrane proteome of sensory cilia to the depth of olfactory receptors. *Mol Cell Proteomics*. 2014;13(7):1828-1843. http://dx.doi.org/10.1074/mcp.M113.035378.

[55] Mayer U, Ungerer N, Klimmeck D, et al. Proteomic analysis of a membrane preparation from rat olfactory sensory cilia. *Chem Senses*. 2008;33(2):145-162. http://dx.doi.org/10.1093/chemse/bjm073.

[56] Mashukova A, Spehr M, Hatt H, Neuhaus EM. Beta-arrestin2-mediated internalization of mammalian odorant receptors. *J Neurosci*. 2006;26(39):9902-9912. http://dx.doi.org/10.1523/JNEUROSCI.2897-06.2006.

[57] Ukhanov K, Brunert D, Corey EA, Ache BW. Phosphoinositide 3-kinase-dependent antagonism in mammalian olfactory receptor neurons. *J Neurosci*. 2011;31(1):273-280. http://dx.doi.org/10.1523/JNEUROSCI.3698-10.2011.

[58] Bush CF, Jones SV, Lyle AN, Minneman KP, Ressler KJ, Hall RA. Specificity of olfactory receptor interactions with other G protein-coupled receptors. *J Biol Chem*. 2007;282(26):19042-19051. http://dx.doi.org/10.1074/jbc.M610781200.

[59] Watt WC, Sakano H, Lee Z-Y, Reusch JE, Trinh K, Storm DR. Odorant stimulation enhances survival of olfactory sensory neurons via MAPK and CREB. *Neuron*. 2004;41(6):955-967. http://dx.doi.org/10.1016/S0896-6273(04)00075-3.

[60] Kim SY, Yoo S-J, Ronnett GV, Kim E-K, Moon C. Odorant stimulation promotes survival of rodent olfactory receptor neurons via PI3K/Akt activation and Bcl-2 expression. *Mol Cells*. 2015;38(6):535-539. http://dx.doi.org/10.14348/molcells.2015.0038.

[61] Kim SY, Mammen A, Yoo S-J, et al. Phosphoinositide and Erk signaling pathways mediate activity-driven rodent olfactory sensory neuronal survival and stress mitigation. *J Neurochem*. 2015;134(3):486-498. http://dx.doi.org/10.1111/jnc.13131.

[62] Moon C, Liu BQ, Kim SY, et al. Leukemia inhibitory factor promotes olfactory sensory neuronal survival via phosphoinositide 3-kinase pathway activation and Bcl-2. *J Neurosci Res*. 2009;87(5):1098-1106. http://dx.doi.org/10.1002/jnr.21919.

[63] De Bruyne M, Clyne PJ, Carlson JR. Odor coding in a model olfactory organ: the Drosophila maxillary palp. *J Neurosci*. 1999;19(11):4520-4532. http://www.jneurosci.org/content/19/11/4520.long. Accessed 19.08.15.

[64] Michel WC, Ache BW. Odor-evoked inhibition in primary olfactory receptor neurons. *Chem Senses*. 1994;19(1):11-24. http://dx.doi.org/10.1093/chemse/19.1.11.

[65] Ache BW. Odorant-specific modes of signaling in mammalian olfaction. *Chem Senses*. 2010;35(7):533-539. http://dx.doi.org/10.1093/chemse/bjq045.

[66] Kurahashi T, Lowe G, Gold GH. Suppression of odorant responses by odorants in olfactory receptor cells. *Science*. 1994;265(5168):118-120. http://www.ncbi.nlm.nih.gov/pubmed/8016645. Accessed 13.04.15.

[67] Sanhueza M, Schmachtenberg O, Bacigalupo J. Excitation, inhibition, and suppression by odors in isolated toad and rat olfactory receptor neurons. *Am J Physiol Cell Physiol*. 2000;279(1):C31-C39. http://www.ncbi.nlm.nih.gov/pubmed/10898714. Accessed 13.04.15.

[68] Duchamp-Viret P, Duchamp A, Chaput MA. Single olfactory sensory neurons simultaneously integrate the components of an odour mixture. *Eur J Neurosci*. 2003;18(10):2690-2696. http://www.ncbi.nlm.nih.gov/pubmed/14656317. Accessed 13.04.15.

[69] Takeuchi H, Ishida H, Hikichi S, Kurahashi T. Mechanism of olfactory masking in the sensory cilia. *J Gen Physiol*. 2009;133(6):583-601. http://dx.doi.org/10.1085/jgp.200810085.

[70] Sanhueza M, Bacigalupo J. Odor suppression of voltage-gated currents contributes to the odor-induced response in olfactory neurons. *Am J Physiol*. 1999;277(6 Pt 1):C1086-C1099. http://www.ncbi.nlm.nih.gov/pubmed/10600760. Accessed 13.04.15.

[71] Chen T-Y, Takeuchi H, Kurahashi T. Odorant inhibition of the olfactory cyclic nucleotide-gated channel with a native molecular assembly. *J Gen Physiol*. 2006;128(3):365-371. http://dx.doi.org/10.1085/jgp.200609577.

[72] Chen S, Luetje CW. Trace amines inhibit insect odorant receptor function through antagonism of the co-receptor subunit. *F1000Res*. 2014;3:84. http://dx.doi.org/10.12688/f1000research.3825.1.

[73] Oka Y, Nakamura A, Watanabe H, Touhara K. An odorant derivative as an antagonist for an olfactory receptor. *Chem Senses*. 2004;29(9):815-822. http://dx.doi.org/10.1093/chemse/bjh247.

[74] Bavan S, Sherman B, Luetje CW, Abaffy T. Discovery of novel ligands for mouse olfactory receptor MOR42-3 using an in silico screening approach and in vitro validation. *PLoS One*. 2014;9(3):e92064. http://dx.doi.org/10.1371/journal.pone.0092064.

[75] Pelz D, Roeske T, Syed Z, de Bruyne M, Galizia CG. The molecular receptive range of an olfactory receptor in vivo (Drosophila melanogaster Or22a). *J Neurobiol*. 2006;66(14):1544-1563. http://dx.doi.org/10.1002/neu.20333.

[76] Dobritsa AA, van der Goes van Naters W, Warr CG, Steinbrecht RA, Carlson JR. Integrating the molecular and cellular basis of odor coding in the Drosophila antenna. *Neuron*. 2003;37(5):827-841. http://www.ncbi.nlm.nih.gov/pubmed/12628173. Accessed 13.04.15.

[77] Duchamp-Viret P, Chaput MA, Duchamp A. Odor response properties of rat olfactory receptor neurons. *Science*. 1999;284(5423):2171-2174. http://www.ncbi.nlm.nih.gov/pubmed/10381881. Accessed 13.04.15.

[78] Rospars J-P, Lansky P, Chaput M, Duchamp-Viret P. Competitive and noncompetitive odorant interactions in the early neural coding of odorant mixtures. *J Neurosci*. 2008;28(10):2659-2666. http://dx.doi.org/10.1523/JNEUROSCI.4670-07.2008.

[79] Ukhanov K, Corey EA, Brunert D, Klasen K, Ache BW. Inhibitory odorant signaling in mammalian olfactory receptor neurons. *J Neurophysiol*. 2010;103(2):1114-1122. http://dx.doi.org/10.1152/jn.00980.2009.

[80] Ukhanov K, Corey EA, Ache BW. Phosphoinositide 3-kinase dependent inhibition as a broad basis for opponent coding in mammalian olfactory receptor neurons. *PLoS One*. 2013;8(4):e61553. http://dx.doi.org/10.1371/journal.pone.0061553.

[81] Hallem EA, Ho MG, Carlson JR. The molecular basis of odor coding in the Drosophila antenna. *Cell*. 2004;117(7):965-979. http://dx.doi.org/10.1016/j.cell.2004.05.012.

[82] Wisler JW, Xiao K, Thomsen ARB, Lefkowitz RJ. Recent developments in biased agonism. *Curr Opin Cell Biol*. 2014;27:18-24. http://dx.doi.org/10.1016/j.ceb.2013.10.008.

[83] Kenakin T. Ligand-selective receptor conformations revisited: the promise and the problem. *Trends Pharmacol Sci*.

2003;24(7):346-354. http://dx.doi.org/10.1016/S0165-6147(03)00167-6.

[84] Luttrell LM. Minireview: more than just a hammer: ligand "bias" and pharmaceutical discovery. *Mol Endocrinol*. 2014; 28(3):281-294. http://dx.doi.org/10.1210/me.2013-1314.

[85] Brunert D, Klasen K, Corey EA, Ache BW. PI3Kgamma-dependent signaling in mouse olfactory receptor neurons. *Chem Senses*. 2010;35(4):301-308. http://dx.doi.org/10.1093/chemse/bjq020.

[86] Spehr M, Wetzel CH, Hatt H, Ache BW. 3-Phosphoinositides modulate cyclic nucleotide signaling in olfactory receptor neurons. *Neuron*. 2002;33(5):731-739. http://www.ncbi.nlm.nih.gov/pubmed/11879650. Accessed 13.04.15.

[87] Kato A, Katada S, Touhara K. Amino acids involved in conformational dynamics and G protein coupling of an odorant receptor: targeting gain-of-function mutation. *J Neurochem*. 2008;107(5):1261-1270. http://dx.doi.org/10.1111/j.1471-4159.2008.05693.x.

[88] Zhainazarov AB, Spehr M, Wetzel CH, Hatt H, Ache BW. Modulation of the olfactory CNG channel by Ptdlns(3,4,5)P3. *J Membr Biol*. 2004;201(1):51-57. http://www.ncbi.nlm.nih.gov/pubmed/15635812. Accessed 13.04.15.

[89] Brady JD, Rich ED, Martens JR, Karpen JW, Varnum MD, Brown RL. Interplay between PIP3 and calmodulin regulation of olfactory cyclic nucleotide-gated channels. *Proc Natl Acad Sci USA*. 2006;103(42):15635-15640. http://dx.doi.org/10.1073/pnas.0603344103.

[90] Raman B, Joseph J, Tang J, Stopfer M. Temporally diverse firing patterns in olfactory receptor neurons underlie spatiotemporal neural codes for odors. *J Neurosci*. 2010;30(6):1994-2006. http://dx.doi.org/10.1523/JNEUROSCI.5639-09.2010.

[91] Nagel KI, Wilson RI. Biophysical mechanisms underlying olfactory receptor neuron dynamics. *Nat Neurosci*. 2011;14(2):208-216. http://dx.doi.org/10.1038/nn.2725.

[92] Park IM, Bobkov YV, Ache BW, Príncipe JC. Intermittency coding in the primary olfactory system: a neural substrate for olfactory scene analysis. *J Neurosci*. 2014;34(3):941-952. http://dx.doi.org/10.1523/JNEUROSCI.2204-13.2014.

[93] Bobkov YV, Ache BW. Intrinsically bursting olfactory receptor neurons. *J Neurophysiol*. 2007;97(2):1052-1057. http://dx.doi.org/10.1152/jn.01111.2006.

[94] Sicard G. Electrophysiological recordings from olfactory receptor cells in adult mice. *Brain Res*. 1986;397(2):405-408. http://dx.doi.org/10.1016/0006-8993(86)90648-7.

[95] Reisert J, Matthews HR. Responses to prolonged odour stimulation in frog olfactory receptor cells. *J Physiol*. 2001;534(Pt 1):179-191. http://www.pubmedcentral.nih.gov/articlerender.fcgi?artid¼2278694&tool¼pmcentrez&rendertype¼abstract. Accessed 08.04.15.

[96] Crawford K, Frey E, Cote T. Angiotensin II receptor recognized by DuP753 regulates two distinct guanine nucleotide-binding protein signaling pathways. *Mol Pharmacol*. 1992;41(1):154-162. http://molpharm.aspetjournals.org/content/41/1/154.abstract. Accessed 10.04.15.

[97] Wei H, Ahn S, Shenoy SK, et al. Independent beta-arrestin 2 and G protein-mediated pathways for angiotensin II activation of extracellular signal-regulated kinases 1 and 2. *Proc Natl Acad Sci USA*. 2003;100(19):10782-10787. http://dx.doi.org/10.1073/pnas.1834556100.

[98] Kim K-S, Abraham D, Williams B, Violin JD, Mao L, Rockman HA. b-Arrestin-biased AT1R stimulation promotes cell survival during acute cardiac injury. *Am J Physiol Heart Circ Physiol*. 2012;303(8):H1001-H1010. http://dx.doi.org/10.1152/ajpheart.00475.2012.

SECTION Ⅲ

第3部分

味觉转导

CHAPTER 13

第 13 章 G 蛋白耦联味觉受体

迈克·贝伦斯，沃尔夫冈·迈尔霍夫
德国波茨坦－雷布吕克人类营养研究所分子遗传学部，德国努特塔尔

概　要

引　言

味觉对脊椎动物的生存和健康而言非常重要，因为它使脊椎动物对所食食物的化学成分进行评估[1]。对检测味觉物质负有责任的解剖结构味蕾位于口腔内部而且在不断监测存在的食源性物质[2]。味蕾中含有的化学感官细胞专门用于检测对应味觉物质的五种基本味觉特征：咸味、酸味、甜味、鲜味和苦味[3]。虽然咸味和酸味是由离子通道介导的（见第 16 章），后三种味觉特征则依赖于 G 蛋白耦联受体（GPCR，另见第 15 章）。从 1999 年鉴定出第一批味觉 GPCR 开始[4]，有关味觉受体的鉴定和表征研究取得了很大的成功并且变得越来越复杂。近年来，这种复杂性随口腔外发现的大量表达味觉 GPCR 的组织而有所增加，其中包括但不局限于呼吸道上皮、胃肠道、甲状腺和心脏（有关这个快速扩展研究领域的综述，见前面的工作[5-7]）。迅速增加的基因组计划项目

数量又增加了另一层的复杂性，而这些项目已被用于分析味觉受体的序列。本章中包括了一些在脊椎动物中广泛分布的味觉 GPCR 的激动人心发现，其中包括一部分有关不同物种中高度可变的苦味受体基因。正在进行的关于假设其他味觉特征存在的讨论促使我们对 GPCR 与脂肪酸的响应性进行一个简短的讨论，最重要的刺激物脂肪酸被认为促进了这个脂肪成分的口腔感官感知。然而，针对脂肪酸的感知能否被认定为一个独特的味觉特征，这个争论仍有待解决。

1 型味觉受体

人们发现的第一个 G 蛋白耦联味觉受体是 *TAS1R* 基因编码的受体[4]。这个 1 型味觉受体（TAS1R，亦称为 T1R）属于 GPCR 的 C 类家族，它具有大的处在 7 个跨膜结构域（7-TMD）区域前面的细胞外氨基末端。这个氨基末端在示意图上看起来像金星捕蝇草植物的叶子形状，因此被称为金星捕蝇草结构域（VFTD）。它通过一个细胞外富含半胱氨酸的结构域（CRD）连接至羧基末端 7-TMD。类似于从 GPCR 的 C 类家族得到其他受体，例如代谢型谷氨酸受体或 B 型γ-氨基丁酸受体，分别充当同二聚体或异二聚体功能[8-12]，这样的 TAS1R 充当强制性异源聚合体的功能（图 13-1）。

先前利用 TAS1R1 或 TAS1R2 特异性原位杂交探针检测到啮齿动物味觉受体细胞在截然不同亚群中的互斥表达，表明这两个基因都可能参与了单独味觉通道的检测[4]。然

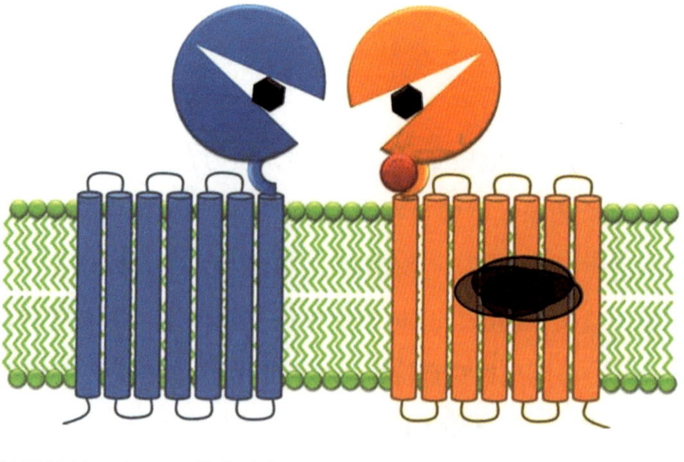

图 13-1 甜味受体异聚体示意图。甜味受体特异性亚基 TAS1R2（蓝色）和常见亚基 TAS1R3（橙色）显示嵌入质膜的脂质双层（绿色）。还显示了 TAS1R2 和 TAS1R3 亚基胞外捕蝇草夹域内单糖和二糖的结合位点（黑色六边形），以及甜味蛋白（红圆圈）与 TAS1R3 单体富含半胱氨酸域的结合位点。深色椭圆显示了人工激活剂和抑制剂 lactisole 的其他结合位点

而，好多个实验室又花费了额外的多年努力才鉴定出第三个 *Tas1r* 基因 *Tas1r3*，它编码两个功能性味觉受体的共同亚基[13-18]。尽管 TAS1R1 和 TAS1R3 亚基相结合形成一个用于检测氨基酸刺激的功能性受体[19,20]，TAS1R2 和 TAS1R3 亚基则构成用于检测甜味物质的受体 17。多年以来，这种检测蛋白质和糖类这两种重要常量营养素骨架的漂亮简单的方法变得比以前所预期的要复杂得多。例如，硬骨鱼拥有好多个基于 *Tas1r* 的 L 氨基酸受体：在这些物种中存在的好多个 *Tas1r2* 基因的产物，与 *Tas1r3* 基因的产物相结合形成对氨基酸有响应性、但对甜味化合物无响应性的受体蛋白（见第 5 章）21。相反，在蜂鸟进化过程中，它们像其他鸟类一样缺少一个功能性 *Tas1r2* 基因，这个 *Tas1r1* 基因获得了至关重要的对糖的敏感性，并因此在事实上充当了一个甜味受体的作用[22]。据报道有些啮齿动物味觉受体细胞会表达 TAS1R3，但既不表达 TAS1R1 亚基也不表达 TAS1R2 亚基，表明一个 TAS1R3 同源二聚体可以充当一个检测单糖和二糖的高亲和力受体[23]。其他啮齿动物的味觉受体细胞则被发现共表达所有 3 个 TAS1R 亚基，而且因此对甜味和鲜味刺激都能做出反应[24]。尽管这些新的发现对甜味和鲜味受体，以及检测途径的严格功能和细胞区分提出了挑战，不过在后面的章节中，我们将对这两种受体系统用一种相当规范的方式来描述。

甜味味觉受体

脊椎动物甜味受体是一个由甜味味觉受体特异性亚基 TAS1R2 和与鲜味受体享有的“共同”TAS1R3 亚基形成的异源二聚体[17,19]。不过，跟对特异性高亲和力配体具有高度选择性的其他 C 类 GPCR 有所不同，甜味受体与众多的甜味化合物相互作用时灵敏度相对较低。的确，这个 TAS1R2/TAS1R3 异聚体可以被所有引发人体甜味味觉的化合物激活。有人在这个受体的不同部分描绘出了好几个人体和啮齿动物受体的甜味激动剂的结合位点。这些实验中有许多都受到这个物种特异性激活模式发现的引导，这种模式使异源特异性杂交甜味味觉受体的共同表达、后续物种间嵌合体的表达，以及通过定点突变确定关键的相互作用位点成为可能（参阅文献［25–30］）。这些实验和其他实验表明两个亚基都对激动剂相互作用位点有贡献，而且亚基内的不同亚结构域还参与了甜味剂的结合。对小鼠 TAS1R2 和 TAS1R3 的细胞外 VFTD 的异源表达和随后的生物物理学测量表明这两个亚基不仅与天然的单糖和二糖相互作用，还与人工甜味剂三氯蔗糖相互作用[31]。与之相成鲜明对比的是，对阿斯巴甜、纽甜[30]和莫内林[27]结合位点的描绘证明了这些化合物与 TAS1R2 亚基的氨基末端结构域有选择性相互作用，尽管甜味修饰蛋白 neoculin 与 TAS1R3 氨基末端结构域相互作用[32]。有趣的是，另一个被证明好多个效应物质在其中与甜味味觉受体相互作用的区域是 TAS1R3 的 TMD，它是甜味和鲜味受体的常见亚基。在这里，甜味剂甜蜜素[26,30]和新橙皮苷二氢查耳酮[28]，以及人体内甜味的特异性抑制剂降甜剂[25,30]相互作用来激活这个甜味味觉受体或在降甜剂的情况下抑制甜味味觉受体。毫不奇怪，甜蜜素和降甜剂会对享有 TAS1R3 亚基的人体鲜味受体产生作用（见以下章节）[30]。巴西甜蛋白通过与处在 VFTD 和 7-TMD 结构域之间的 CRD 发生相互作用来激活甜味味觉受体[27]。因此，即便只存在一个单个的甜味受体来介导众多甜味分子的响应，该受体内多个激活位点的存在仍容许其与所有这些结构多样的化合物发生选择性相互作用（图 13-1）。

鲜味味觉受体

与甜味相反，人们认为 L- 氨基酸的味道受到好几个受体介导。当数十年前第一次提出鲜味味道代表了第五种基本味觉特征时，一个由 5′- 核糖核苷酸例如单磷酸肌苷（IMP）对典型鲜味刺激物 L- 谷氨酸味觉产生的高度特异性增强作用在人类和啮齿类动物中明显存在；这种增强作用被认为代表了一个鲜味味道的印记[33,34]。这使 TAS1R1/TAS1R3 异聚体有资格成为鲜味味觉最主要的受体（图 13-2）。人们还发现了其他用于 L- 谷氨酸味觉感受的受体，并且它们对这种味觉特征有贡献作用。这些其他的受体将放在本节末尾进行讨论。

TAS1R1/TAS1R3 异聚体的鲜味特异性亚基 TAS1R1 与甜味味觉受体特异性的 TAS1R2 亚基被人们同时发现。这两个基因在不同味觉受体细胞中的表达表明它们会参与到不同

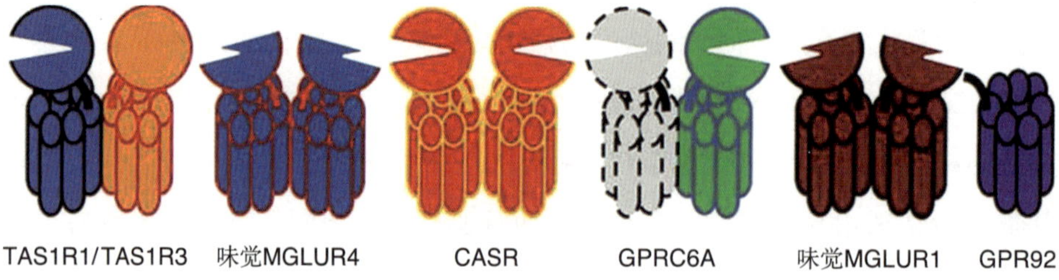

图 13-2 氨基酸和肽口感检测有关的多个受体。图中显示鲜味受体异聚体（TAS1R1/TAS1R3）的结构，以及其他在哺乳动物味觉上皮中发现的对 L-氨基酸或肽有响应的其他受体的结构。CASR，胞外钙敏感受体

味觉特征的感应机制中[4]。对 *sac* 位点处 *Tas1r3* 基因的搜索和发现（以前认为与对糖精的味觉响应性差异有联系[35]），它不仅允许对甜味味觉受体的功能性验证（见前面章节），而且还使 TAS1R1/TAS1R3 异聚体的表征成为可能[19,20]。结果证明人类的鲜味味觉受体与 L- 谷氨酸有响应，而且对 L- 天冬氨酸的响应不那么明显，不过啮齿动物的鲜味味觉受体却有更为广泛的调节，从而能够识别一大批 L- 氨基酸。然而，在异源表达测定中，人类和啮齿动物受体两者在 5′- 核糖核苷酸存在下都显示一个显著的增强，因而表现出一个真实鲜味味觉受体的预期特征。这个受体的整体结构非常类似于甜味味觉受体的结构：两个亚基 TAS1R1 和 TAS1R3 由氨基末端 VFTD、CRD 及羧基末端 7-TMD 组成。L- 谷氨酸的结合发生在鲜味特异性 TAS1R1 亚基处的 VFTD 内[19,20]。5′- 核糖核苷酸例如 IMP 也与 TAS1R1 的 VFTD 相互作用[36]。有人提出激动剂 L- 谷氨酸首先结合到该结构域的铰链区，而随后的 IMP 结合使活性构象变得稳固，从而解释了所观察到受体响应的增强[36]。

最近有关在 *Tas1r1* 基因敲除小鼠模型中残留有 L- 谷氨酸响应的发现再次激起了这样的看法：尽管 TAS1R1/TAS1R3 很可能就是最主要的鲜味味觉受体，仍存在其他对 L- 谷氨酸有选择性的味觉受体[24,37-39]。尽管以前来自两个独立基因敲除小鼠模型的证据已显示有不同于 TAS1R1/TAS1R3 发挥唯一鲜味受体功能的证据[23,37]，这些新的数据支持了存在其他的口腔 L- 谷氨酸检测途径。

人们所建议的替代受体有一个是 4 型代谢型谷氨酸受体的一个截短的、味觉特异性变体（味觉 MGLUR4）。这个受体代表了第一个从啮齿动物中鉴定出来的鲜味物质候选受体[40]。这个受体表达在味觉受体细胞中，而且对 L- 谷氨酸表现出的敏感性比它的全长变体要低，使其浓度响应函数处在一个与已知的对 L- 谷氨酸味觉响应相一致的范围。人们还在大鼠的味觉上皮中鉴定出另一个截短的 MGLUR1，它是一个 MGLUR1 的变体[41]。再次，这个部分截短的细胞外氨基末端结构域导致其对 L- 谷氨酸的敏感性相比全长的受体有一个下降，使它的激活范围发生迁移进入这个味觉相关的范围。这两个替代的鲜味受体在存在 5′- 核糖核苷酸时都不表现增强的响应，使它们与 TAS1R1/TAS1R3 异聚体有所区分。的确，*Tas1r1* 基因敲除小鼠没有 L- 谷氨酸响应的 IMP 协同作用，尽管保留了对独自 L- 谷氨酸残留的但却减弱的响应。最近，有研究对 MGLUR4 敲除小鼠并进行了表征，暗示 TAS1R1/TAS1R3、MGLUR4 和 MGLUR1 在小鼠的鲜味品尝能力中有一个参与[42]。

在氨基酸和肽感应中有 3 个其他 GPCR 参与其中。它们有 2 个是 C 组 GPCR：细胞外钙感应（CASR）受体[43]和 GPCR 的 C 类 6 组 A 亚型（GPRC6A）受体。第三个受体是 GPR92（例如 GPR93 或 LPAR5），属于类视紫红质样的 A 类 GPCR[45]。GPR92 对蛋白质水解物和游离的 L-氨基酸响应[46,47]，而且被发现存在于小鼠、猪和人类胃肠内分泌细胞中[48]，它们先前在小鼠 TAS1R1 表达味觉受体细胞中存在表明其也具有一个味觉功能[49]。GPRC6A 与好几种 L-氨基酸发生响应，碱性 L-氨基酸刺激物效能最高而小的脂肪性 L-氨基酸次之[50-52]。除了 Ca^{2+}[53]，CASR 表现出一个广泛而又多样的配体范围并包括 L-氨基酸，而在 L-氨基酸这类刺激物中芳香性 L-氨基酸效能最好[54]。这两种 C 类 GPCR 在小鼠味蕾细胞中的表达表明有一个味觉的 L-氨基酸感应的参与[55]。

苦味味觉受体

苦味味觉受体的味觉受体 2 基因（*Tas2r* 或 *TAS2R*）家族也属于 GPCR 超家族。它们与其他 GPCR 的低氨基酸序列同源性使之不可能被可靠地分组到系统发育树的现有进化枝的任何一个。不过，它们与卷曲受体享有某些片段同源性，这促使 Frederiksson 及其同事将它们与这些受体组合在一起[56]。但是，TAS2R 享有 GPCR 的共同结构特征（例如，它们拥有 7 个通过 3 个细胞外和三个细胞内环路的 TMD），它们的短氨基末端处在细胞外而它们的羧基末端处在细胞内（图 13-3）。TAS2R 为一种糖蛋白，带有一个高度保守的天冬酰胺 - 连接（N- 连接）糖基化位点，其中心处在第二个细胞外环；一些

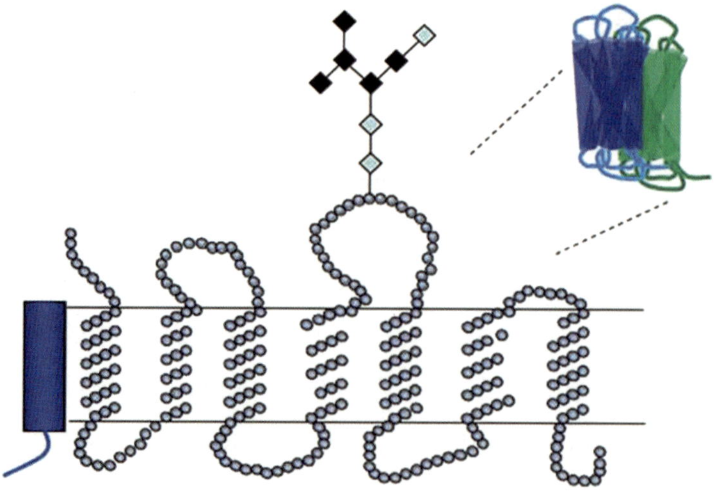

图 13-3 苦味受体结构示意图。受体氨基酸序列以中心蛇形图表示，图中还指示了高度保守的 N- 连接寡聚糖结构的位置。涉及苦味受体生物合成和运输的辅助蛋白显示为蓝色圆柱体。图中右上角描述了 2 型味觉受体形成同型和异型寡聚体的能力

TAS2R 中还存在其他的 N- 连接糖基化位点。实验证实了糖基化过程，而且表明其对异源表达测定中的受体功能是非常重要的[57]。此外，类似于许多其他的 GPCR，人类的 TAS2R 在体外形成同型和异型寡聚体。然而，迄今为止尚没有检测到这些复杂形成物任何的功能性结果[58]。类似于脊椎动物的气味分子受体（OR，见第 3 章）和脊椎动物的 TAS1R，TAS2R 在异源细胞系统中很难有功能性表达（见“延伸阅读”），因而人们推测原生细胞含有受体运输和功能所必需的辅助因子。事实上，人们已经鉴定出能改善某些 TAS2R 体外功能的辅助因子[59]。它们属于同一类受体转运蛋白和受体表达增强蛋白，最初被发现可增强 OR 转运[60]，而最近被发现用作甜味味觉受体的辅助因子[61]。

延伸阅读

味觉受体的功能性异源表达

一个表征味觉受体和其他化学感受器必不可少的方法是将这些受体功能性表达在细胞系中从而实现化合物筛查而且成功的话实现激动剂受体相互作用的识别。尽管人们已成功将好几种测定系统用于味觉受体的脱孤和表征，不过首要的测定系统仍依赖于重组表达受体的钙成像分析。一般而言，尽管已建立配备有数个内源性表达味觉受体的永生化人类味觉细胞，然而受体互补性 DNA 仍在非味觉细胞系例如 HEK 293 细胞中被异源表达[133]。依据研究的重点，这个受体互补性 DNA 可能被稳定、可诱导地导入受体细胞系的基因组中或者被瞬时转染（这两种方法的平行使用参阅参考文献 [134]）。这可实现对筛查和表征步骤中受体依赖性钙信号的严格控制。尽管哺乳动物细胞系通常情况下都拥有供耦联 G 蛋白耦联受体使用的内源表达 G 蛋白，然而功能测定所用的细胞系经常被操控，包括外源 G 蛋白或 G 蛋白嵌合体例如 $G\alpha_{16gust44}$[135]。这些外源 G 蛋白能够改善与内源性钙信号转导途径的耦联。将细胞用钙敏感性染料加载后，可以使用单细胞钙成像装置[73, 78]监测激动剂依赖性荧光变化以便进行详细分析或者利用荧光板读数器进行高通量实验（参阅文献 [72]）。尽管受体特性例如阈值浓度或半最大效应浓度值并不总是与心理物理实验所得的体内数据相匹配，不过这个激动剂效价和激活浓度范围的排列次序通常与测定的体内味觉数据具有很好的相关性[78, 84]。由于这样的实验可以与其他复杂的分子生物学工具（例如，生成点突变受体或受体嵌合体[27, 30, 97]）相结合或者使之适合于筛查受体拮抗剂[134, 136]，功能性异源表达测定已经成为味觉研究中一个必不可少的工具。

脊椎动物的 *Tas2r* 基因库

*Tas2r*基因最早出现在真硬骨动物中[62]。随着成熟基因组测序工程数量的快速增长，以及人们对其他生物个体克隆花费的努力，我们对脊椎动物中 *Tas2r* 基因库尺寸的认知有了明显的进步。文献报道的推定功能性 *Tas2r* 基因数量从 0 个[63,64]到 70 个[65]不等。到目前为止，人们已经对好几种辐鳍鱼物种[21,66,68]、鸟类[64,66,67]、两栖动物[66]、爬行动物[68]、原始兽类和有袋动物[68]、水生哺乳动物[63,69]、啮齿动物[68]和灵长类动物[68,72,73]的 *Tas2r* 基因库进行了评估（图 13–4）。这些功能性苦味味觉受体的数量是否与饮食习惯例如肉食性、杂食性或草食性生活方式有联系[63,68]，或者它是针对例如富含苦味毒素的生活环境的，抑或它并不与苦味物质带来的挑战有紧密联系，因为基因数量上的偏差可通过调整 TAS2R 的调节宽度来进行部分补偿，这目前是一个有争议的问题[66]。

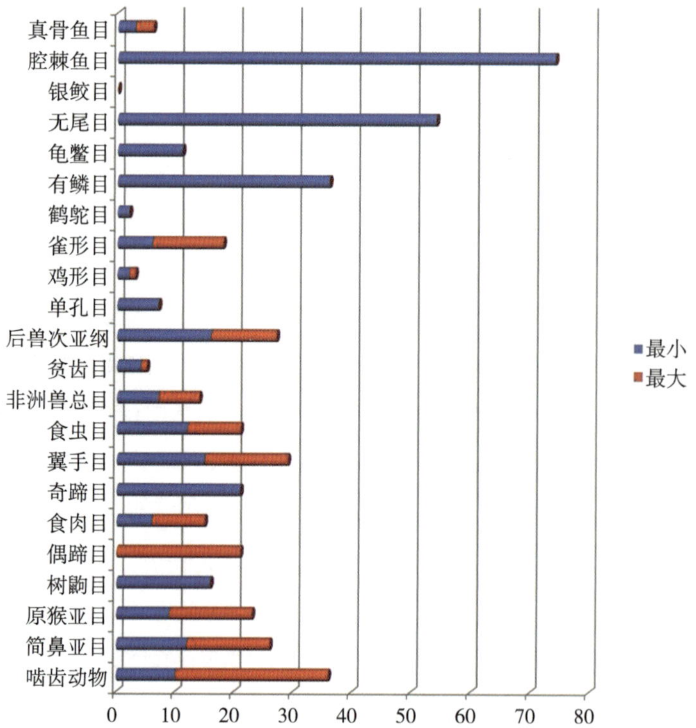

图 13–4　脊椎动物中苦味受体基因库的大小高度易变。图中圆柱显示了迄今为止已分析的分类动物组（*y* 轴）中推定功能性苦味受体基因的数目（*x* 轴）。蓝色表示已报道的 *Tas2r* 基因的最小数目；红色表示最大数目

TAS2R 的接受范围

直到最近，对苦味味觉受体的药理学表征还是强烈偏向于人类的 TAS2R。这种情况已经有所改变，这是因为人们已经获得了更多有关其他脊椎动物激动剂轮廓的数据。除去脱孤的 21 个人类 TAS2R 外，12 个脊椎动物物种中至少有 1 种苦味味觉受体与激活苦味物质有关联（表 13-1）。

表 13-1　目前已脱孤的脊椎动物的苦味受体

物种	TAS2R	激动剂	参考文献	物种	TAS2R	激动剂	参考文献
人类	TAS2R1	肽类	[70]	猕猴	TAS2R16	水杨苷	[71]
	TAS2R3	氯喹	[72]	叶猴	TAS2R16	水杨苷	[71]
	TAS2R4	秋水仙碱	[72,73]	猫	TAS2R38	PTC	[74]
	TAS2R5	1,10- 菲咯啉	[72]		TAS2R43	芦荟苷	[74]
	TAS2R7	罂粟碱	[75]	小鼠	TAS2R105	环己酰亚胺	[73]
	TAS2R8	氯霉素	[72,76]		TAS2R108	PROP	[73]
	TAS2R9	哌仑西平	[77]	大鼠	TAS2R105	环已酰亚胺	[78]
	TAS2R10	士的宁	[78]	鸡	TAS2R1	氯喹	[66]
	TAS2R13	地那铵	[72]		TAS2R2	咖啡因	[66]
	TAS2R14	苦毒宁	[79]		TAS2R7	秋水仙碱	[66]
	TAS 2R16	水杨苷	[78]	火鸡	TAS2R3	秋水仙碱	[66]
	TAS2R20	色甘酸	[72]		TAS2R4	咖啡因	[66]
	TAS2R30	地那铵	[80]	斑马雀	TAS2R5	氯喹	[66]
	TAS2R31	马兜铃酸	[81]		TAS2R6	地芬尼多	[66]
	TAS2R38	PROP/PTC	[82,83]		TAS2R7	地那铵	[66]
	TAS2R39	苦龙苷	[72]	爪蛙	TAS2R5	香豆素	[66]
	TAS2R40	葎草酮	[84]		TAS2R9a	秋水仙碱	[66]
	TAS2R41	氯霉素	[85]		TAS2R11	那可汀	[66]
	TAS2R43	马兜铃酸	[81]		TAS2R20	育亨宾	[66]
	TAS2R46	苦艾苷	[86]		TAS2R29	穿心莲内酯	[66]
	TAS2R50	穿心莲内酯	[87]		TAS2R37	苦木素	[66]
黑猩猩	TAS2R16	水杨苷	[71]	斑马鱼	T2R5	地那铵	[21]
	TAS2R38	PROP/PTC	[88]	青鳉鱼	T2R1	地那铵	[21]

注：对于每个脱孤苦味味觉受体，提供一个示例性激动剂及参考文献。

采用这些外加的脊椎动物苦味味觉受体所做的功能性实验已经证实了许多先前由人类 TAS2R 得到的发现。人类 TAS2R 体外实验中激动剂效能的范围从高的纳摩尔浓度到低的毫摩尔浓度不等，而绝大多数受体－激动剂相互作用发生在微摩尔浓度的范围。这对于迄今为止测试的所有其他脊椎动物苦味味觉受体而言同样属实。因此，苦味味觉受体与其他 GPCR（例如识别神经递质或激素的 GPCR）相比敏感性相当不够的观念对于迄今为止所有研究的苦味味觉受体而言都是正确的。然而，必须注意的是苦味味觉受体是由大自然设计用来充当近距离传感器作用，以提醒生物体存在潜在的危险性食品组分，这是一项它们高效执行的工作。相反，无害的、微量的苦味化合物（例如大多数蔬菜中含有的苦味化合物）对 TAS2R 的激活将限制看起来是安全的食物资源的可利用性，因此可能对生存产生不利影响。因此，苦味味觉受体被激活的浓度范围是一个平衡好的、以便物种保持一个健康的饮食却又避免中毒的范围。

对人类 TAS2R 的研究还揭示了这些受体如何能够识别巨大数量的结构多样苦味物质。尽管有些 TAS2R 表现非常宽泛的调节，使其能识别大约 1/3 的所有大规模筛查中测试的苦味物质[72]，然而其他的 TAS2R 却只能被一种或非常少的苦味化合物所激活。大多数 TAS2R 都表现出中等的调节轮廓（图 13-5）。对热带爪蟾 54 种推定的功能性 TAS2R 中的 6 种进行分析后发现，在其他脊椎动物的 TAS2R 库中还同时存在有狭窄调节和广泛调节的受体。与青蛙中大量推定的功能性 *Tas2r* 基因截然不同的是，家鸡和火鸡这两种鸟类分别只有 3 个和 2 个功能性 *Tas2r*。这些鸟类 TAS2R 中每一个都是广泛调节的，表明这个少量的 TAS2R 在某种程度上由每个受体大量的激动剂所补偿。并非所有的鸟类物种都具有如此少的 *Tas2r*（图 13-4），并且有些（例如白喉麻雀，具有 18 个 *Tas2r*）会接近哺乳动物中通常发现的数量。有趣的是，3 个与家鸡受体 TAS2R1 关系最密切的草雀受体表现比家鸡直系同源物更窄的调节，表明受体的特殊化可能伴随有扩展的 *Tas2r* 库。

苦味味觉受体的结构功能关系

在发现某些人类的 TAS2R 具有与如此众多结构多样的苦味物质相互作用的惊人能力后，人们做了大量的研究工作来确定用于这些受体激动剂结合的结构性参数。所用方法包括受体结构的计算机模拟预测、功能性实验或两种方法的组合（想要一个最新的综述，见参考文献［89］）。到目前为止分析的受体结构包括 TAS2R1[90–92]、TAS2R4[93]、TAS2R10[94]、TAS2R16[95,96]、TAS2R31（44）[80,97]、TAS2R38[98–100]、TAS2R43[80,97] 和

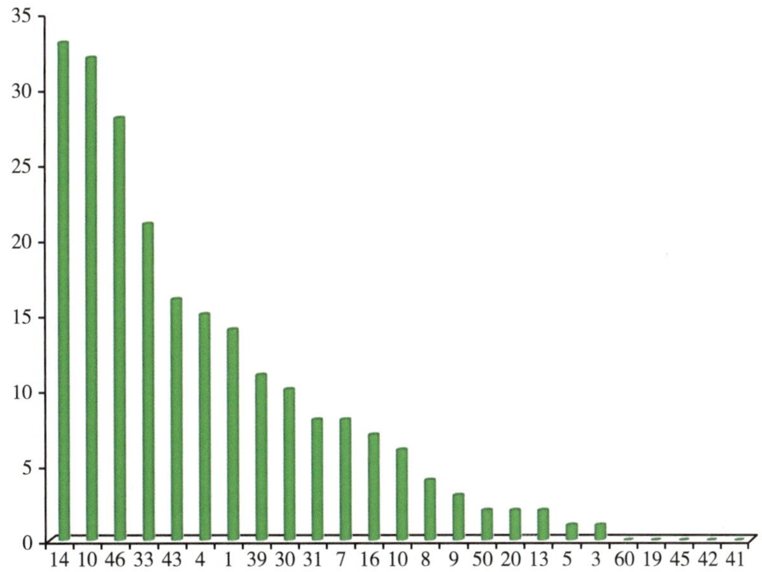

图 13-5　人类苦味受体表现非常不同的调节幅度。*y* 轴显示了通过筛查 104 种苦味物质[72]发现的激动剂数目。TAS2R 在 *x* 轴上用数字标记

TAS2R46[97]。除了一项侧重于两个紧密相关的受体 TAS2R31 和 TAS2R43 的细胞外环区域研究[80]，其他研究绘制了对由激动剂造成的受体激活重要的残基，它们大部分被深深埋藏在所研究受体的跨膜（TM）螺旋束内。这些关键残基所处的位置在 TM 螺旋Ⅰ、Ⅱ、Ⅲ、Ⅴ、Ⅵ和Ⅶ的上半部分，尽管单个受体亚型之间会存在差异（最新的综述，见参考文献［89］）。这些鉴定出的位置在分析的受体之间很少有重叠，表明受体激动剂接触位点有相当大的灵活性。不过，在 TM Ⅲ、TM Ⅵ和 TM Ⅶ中，显而易见的是一个明显的激动剂接触点聚集[89]。与定点突变、计算机模拟和配体对接实验相结合的功能性实验表明，即便广泛调节的 TAS2R 也只有一个单一的激动剂结合口袋，能够与它的各种各样激动剂建立相重叠但又完全不同的接触[97]。此外，广泛调节的 TAS2R10 并未被简化从而以尽可能高的灵敏度检测单个的激动剂，而是被调整到与许多不同激动剂相互作用[94]。人们对人类的 TAS2R38 进行了类似的实验，它是一个在两种具有截然不同功能的变体即激动剂响应性“味感者”（taster）变体和非响应性“味盲者”（nontaster）变体中发现的受体。有趣的是，跟激动剂响应性差异相关联的氨基酸位置并未参与激动剂的结合[99]。这表明味盲者 TAS2R38 变体的受体激活机制受到了损害，并且因此不大可能存在味盲者变体的替代激动剂[101]。

脂肪酸受体

最近，许多研究都证明了人类和啮齿动物均能感知到口腔内的脂肪成分[102–109]。因此，一个目前正在进行的讨论为是否可能存在第六种基本味道“脂肪味”（最近有关人类口腔感官脂肪感知的综述，见参考文献［110］）。尽管有一些候选脂肪味觉受体是GPCR，但另一些并不是。在被认为对口腔中脂肪感知有贡献的分子中，一些是延迟整流钾离子通道的成员，其最早被发现在啮齿动物味蕾中[111]。另一个与脂肪的口腔感官感知相关联的非GPCR蛋白是脂肪酸转运蛋白CD36[107,112]。鉴于这个游离脂肪酸代表了啮齿动物和人类感知脂肪的首要刺激物的研究发现[105,113]，有人认为已知与游离脂肪酸响应的GPCR——GPR40、GPR41、GPR43、GPR84和GPR120也参与到这个脂肪感知机制中[102,105,114,115]。在功能上，这些受体与不同链长的脂肪酸发生响应：两个受体GPR41和GPR43与链长最高达到C7的短链脂肪酸发生响应[116,117]。受体GPR84被介于C9和C14之间的中等链长脂肪酸所激活[118]。GPR40被中等链至长链长度（不低于C7）的脂肪酸所激活[119]，而GPR120则在用链长为C8或更长的脂肪酸进攻时表现出响应[105,120]（图13–6）。在这些前面提到的候选受体中，钾通道、CD36、GPR40和GPR120每一个都能在味觉上皮中检测到[102,105,107,111,112,114,115]。然而，有相反的证据表明舌部上皮中存在有GPR40。尽管在小鼠的味觉组织中检测到GPR40[102]，然而有人报道称它在大鼠和人类味觉上皮并不存在[105,115]。为了阐明一些与口腔感官脂肪酸感知相关的分子的贡献，人们对几种基因敲除小鼠模型进行了分析。尽管有人证明CD36基因敲除小鼠对口服脂质刺激物表现出偏好降低[107,121,122]，然而从*Gpr40*和*Gpr120*基因敲除模型却得出了相反的证据。尽管有一项研究证明了*Gpr40*和*Gpr120*基因敲除小鼠对长链脂肪酸偏爱有所减少[102]，其他研究却表明口服脂质刺激物对这两个GPCR的激活并不足以驱动对脂质的偏爱[123,124]。未来的研究需要阐明这些假定脂肪味觉受体单独的作用，以及在小鼠中获得的发现能否以类似的方式适用于人类口腔的脂肪感知。

展　望

尽管人们已经解决了许多味觉受体的功能特性问题，然而仍有大量的问题尚待解决。例如，味觉受体特异性调节剂及充当它们结合位点的受体位点的身份是什么？尽管

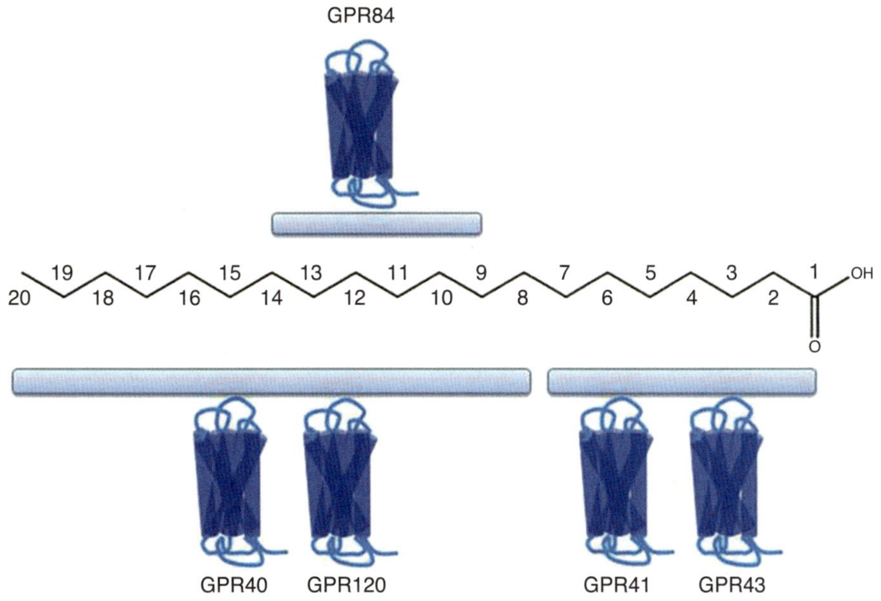

图 13-6　脂肪酸响应性 G 蛋白耦联受体的链长特异性。为了便于说明，图的中心描绘了饱和 C20 脂肪酸即花生酸（正二十烷酸；国际纯粹与应用化学联合会名称：二十烷酸）的结构。蓝色长条显示脂肪酸链长，被试验证明可引起对图中长条下方或上方显示受体的响应

缺乏这样的知识，然而人们已经利用味觉受体测定来发现新颖的、有用的味觉化合物。这些化合物包括能够帮助减少卡路里的新强效甜味剂，尽可能降低药品和健康食品不良味道的苦味抑制剂，以及可替代谷氨酸的鲜味替代物。人们特别感兴趣的是甜味受体和鲜味受体的阳性变构激活剂，它们本身没有味道但却能够增强激动剂依赖性味觉受体活性[125]。实际上，人们已发现了好几种有前途的化合物并被开发用于营养用途[36,126–132]。此外，人们已采用味觉受体测定来鉴定食品中存在或添加到食品中的味觉活性分子的感官特性的分子基础。今后人们将更频繁地使用这些分析方法并基于味觉受体的生物化学性质和药理学特性来解释食品组分的感知特性。

致　　谢

感谢欧盟第七框架计划（研究、技术开发与示范专项）对本研究的资助（WM # 613879；SynSignal）。

参考文献

[1] Lindemann B. Taste reception. *Physiol Rev*. 1996;76:718-766.

[2] Miller Jr IJ. Anatomy of the peripheral taste system. In: Doty RL, ed. *Handbook of Olfaction and Gustation*. New York: Dekker; 1995.

[3] Yarmolinsky DA, Zuker CS, Ryba NJ. Common sense about taste: from mammals to insects. *Cell*. 2009;139: 234e244.

[4] Hoon MA, Adler E, Lindemeier J, Battey JF, Ryba NJ, Zuker CS. Putative mammalian taste receptors: a class of taste-specific GPCRs with distinct topographic selectivity. *Cell*. 1999;96:541-551.

[5] Behrens M, Prandi S, Meyerhof W. Springer Berlin Heidelberg; 2014:1-34.

[6] Li F. Taste perception: from the tongue to the testis. *Mol Hum Reprod*. 2013;19:349-360.

[7] Tizzano M, Finger TE. Chemosensors in the nose: guardians of the airways. *Physiology*. 2013;28:51-60.

[8] Jones KA, Borowsky B, Tamm JA, et al. GABA(B) receptors function as a heteromeric assembly of the subunits GABA(B)R1 and GABA(B)R2. *Nature*. 1998;396:674-679.

[9] Kaupmann K, Malitschek B, Schuler V, et al. GABA(B)-receptor subtypes assemble into functional heteromeric complexes. *Nature*. 1998;396:683-687.

[10] Kuner R, Kohr G, Grunewald S, Eisenhardt G, Bach A, Kornau HC. Role of heteromer formation in GABAB receptor function. *Science*. 1999;283:74-77.

[11] Kunishima N, Shimada Y, Tsuji Y, et al. Structural basis of glutamate recognition by a dimeric metabotropic glutamate receptor. *Nature*. 2000;407:971-977.

[12] White JH, Wise A, Main MJ, et al. Heterodimerization is required for the formation of a functional GABA(B) receptor. *Nature*. 1998;396:679-682.

[13] Bachmanov AA, Li X, Reed DR, et al. Positional cloning of the mouse saccharin preference (Sac) locus. *Chem Senses*. 2001;26:925-933.

[14] Kitagawa M, Kusakabe Y, Miura H, Ninomiya Y, Hino A. Molecular genetic identification of a candidate receptor gene for sweet taste. *Biochem Biophys Res Commun*. 2001;283:236-242.

[15] Max M, Shanker YG, Huang L, et al. Tas1r3, encoding a new candidate taste receptor, is allelic to the sweet responsiveness locus Sac. *Nat Genet*. 2001;28:58-63.

[16] Montmayeur JP, Liberles SD, Matsunami H, Buck LB. A candidate taste receptor gene near a sweet taste locus. *Nat Neurosci*. 2001;4:492-498.

[17] Nelson G, Hoon MA, Chandrashekar J, Zhang Y, Ryba NJ, Zuker CS. Mammalian sweet taste receptors. *Cell*. 2001;106:381-390.

[18] Sainz E, Korley JN, Battey JF, Sullivan SL. Identification of a novel member of the T1R family of putative taste receptors. *J Neurochem*. 2001;77:896-903.

[19] Li X, Staszewski L, Xu H, Durick K, Zoller M, Adler E. Human receptors for sweet and umami taste. *Proc Natl Acad Sci USA*. 2002;99:4692-4696.

[20] Nelson G, Chandrashekar J, Hoon MA, et al. An amino-acid taste receptor. *Nature*. 2002;416:199-202.

[21] Oike H, Nagai T, Furuyama A, et al. Characterization of ligands for fish taste receptors. *J Neurosci*. 2007;27:5584-5592.

[22] Baldwin MW, Toda Y, Nakagita T, et al. Sensory biology. Evolution of sweet taste perception in hummingbirds by transformation of the ancestral umami receptor. *Science*. 2014;345:929-933.

[23] Zhao GQ, Zhang Y, Hoon MA, et al. The receptors for mammalian sweet and umami taste. *Cell*. 2003;115: 255-266.

[24] Kusuhara Y, Yoshida R, Ohkuri T, et al. Taste responses in mice lacking taste receptor subunit T1R1. *J Physiol*. 2013;591:1967-1985.

[25] Jiang P, Cui M, Zhao B, et al. Lactisole interacts with the transmembrane domains of human T1R3 to inhibit sweet taste. *J Biol Chem*. 2005;280:15238-15246.

[26] Jiang P, Cui M, Zhao B, et al. Identification of the cyclamate interaction site within the transmembrane domain of the human sweet taste receptor subunit T1R3. *J Biol Chem*. 2005;280:34296-34305.
[27] Jiang P, Ji Q, Liu Z, et al. The cysteine-rich region of T1R3 determines responses to intensely sweet proteins. *J Biol Chem*. 2004;279:45068-45075.
[28] Winnig M, Bufe B, Kratochwil NA, Slack JP, Meyerhof W. The binding site for neohesperidin dihydrochalcone at the human sweet taste receptor. *BMC Struct Biol*. 2007;7:66.
[29] Winnig M, Bufe B, Meyerhof W. Valine 738 and lysine 735 in the fifth transmembrane domain of rTas1r3 mediate insensitivity towards lactisole of the rat sweet taste receptor. *BMC Neurosci*. 2005;6:22.
[30] Xu H, Staszewski L, Tang H, Adler E, Zoller M, Li X. Different functional roles of T1R subunits in the heteromeric taste receptors. *Proc Natl Acad Sci USA*. 2004;101:14258-14263.
[31] Nie Y, Vigues S, Hobbs JR, Conn GL, Munger SD. Distinct contributions of T1R2 and T1R3 taste receptor subunits to the detection of sweet stimuli. *Curr Biol*. 2005;15:1948-1952.
[32] Koizumi A, Nakajima K, Asakura T, et al. Taste-modifying sweet protein, neoculin, is received at human T1R3 amino terminal domain. *Biochem Biophys Res Commun*. 2007;358:585-589.
[33] Lindemann B. A taste for umami. *Nat Neurosci*. 2000;3:99-100.
[34] Lindemann B, Ogiwara Y, Ninomiya Y. The discovery of umami. *Chem Senses*. 2002;27:843-844.
[35] Lush IE. The genetics of tasting in mice. VI. Saccharin, acesulfame, dulcin and sucrose. *Genet Res*. 1989;53: 95-99.
[36] Zhang F, Klebansky B, Fine RM, et al. Molecular mechanism for the umami taste synergism. *Proc Natl Acad Sci USA*. 2008;105:20930-20934.
[37] Damak S, Rong M, Yasumatsu K, et al. Detection of sweet and umami taste in the absence of taste receptor T1r3. *Science*. 2003;301:850-853.
[38] Delay ER, Hernandez NP, Bromley K, Margolskee RF. Sucrose and monosodium glutamate taste thresholds and discrimination ability of T1R3 knockout mice. *Chem Senses*. 2006;31:351-357.
[39] Maruyama Y, Pereira E, Margolskee RF, Chaudhari N, Roper SD. Umami responses in mouse taste cells indicate more than one receptor. *J Neurosci*. 2006;26:2227-2234.
[40] Chaudhari N, Landin AM, Roper SD. A metabotropic glutamate receptor variant functions as a taste receptor. *Nat Neurosci*. 2000;3:113-119.
[41] San Gabriel A, Uneyama H, Yoshie S, Torii K. Cloning and characterization of a novel mGluR1 variant from vallate papillae that functions as a receptor for L-glutamate stimuli. *Chem Senses*. 2005;30(Suppl. 1):i25-i26.
[42] Yasumatsu K, Manabe T, Yoshida R, et al. Involvement of multiple taste receptors in umami taste: analysis of gustatory nerve responses in metabotropic glutamate receptor 4 knockout mice. *J Physiol*. 2015;593: 1021-1034.
[43] Brown EM, Gamba G, Riccardi D, et al. Cloning and characterization of an extracellular Ca(2+)-sensing receptor from bovine parathyroid. *Nature*. 1993;366:575-580.
[44] Wellendorph P, Brauner-Osborne H. Molecular cloning, expression, and sequence analysis of GPRC6A, a novel family C G-protein-coupled receptor. *Gene*. 2004;335:37-46.
[45] Lee DK, Nguyen T, Lynch KR, et al. Discovery and mapping of ten novel G protein-coupled receptor genes. *Gene*. 2001;275:83-91.
[46] Choi S, Lee M, Shiu AL, Yo SJ, Aponte GW. Identification of a protein hydrolysate responsive G protein-coupled receptor in enterocytes. *Am J Physiol Gastrointest Liver Physiol*. 2007;292:G98-G112.
[47] Choi S, Lee M, Shiu AL, Yo SJ, Hallden G, Aponte GW. GPR93 activation by protein hydrolysate induces CCK transcription and secretion in STC-1 cells. *Am J Physiol Gastrointest Liver Physiol*. 2007;292:G1366-G1375.
[48] Haid DC, Jordan-Biegger C, Widmayer P, Breer H. Receptors responsive to protein breakdown products in g-cells and d-cells of mouse, swine and human. *Front Physiol*. 2012;3:65.
[49] Haid D, Widmayer P, Voigt A, Chaudhari N, Boehm U, Breer H. Gustatory sensory cells express a receptor responsive to protein breakdown products (GPR92). *Histochem Cell Biol*. 2013;140:137-145.
[50] Christiansen B, Hansen KB, Wellendorph P, Brauner-Osborne H. Pharmacological characterization of mouse

GPRC6A, an L-alpha-amino-acid receptor modulated by divalent cations. *Br J Pharmacol*. 2007;150:798-807.
[51] Wellendorph P, Burhenne N, Christiansen B, Walter B, Schmale H, Brauner-Osborne H. The rat GPRC6A: cloning and characterization. *Gene*. 2007;396:257-267.
[52] Wellendorph P, Hansen KB, Balsgaard A, Greenwood JR, Egebjerg J, Brauner-Osborne H. Deorphanization of GPRC6A: a promiscuous L-alpha-amino acid receptor with preference for basic amino acids. *Mol Pharmacol*. 2005;67:589-597.
[53] Brown EM, MacLeod RJ. Extracellular calcium sensing and extracellular calcium signaling. *Physiol Rev*. 2001;81:239-297.
[54] Conigrave AD, Quinn SJ, Brown EM. L-amino acid sensing by the extracellular Ca^{2+}-sensing receptor. *Proc Natl Acad Sci USA*. 2000;97:4814-4819.
[55] Bystrova MF, Romanov RA, Rogachevskaja OA, Churbanov GD, Kolesnikov SS. Functional expression of the extracellular-Ca^{2+}-sensing receptor in mouse taste cells. *J Cell Sci*. 2010;123:972-982.
[56] Fredriksson R, Lagerstrom MC, Lundin LG, Schioth HB. The G-protein-coupled receptors in the human genome form five main families. Phylogenetic analysis, paralogon groups, and fingerprints. *Mol Pharmacol*. 2003;63: 1256-1272.
[57] Reichling C, Meyerhof W, Behrens M. Functions of human bitter taste receptors depend on N-glycosylation. *J Neurochem*. 2008;106:1138-1148.
[58] Kuhn C, Bufe B, Batram C, Meyerhof W. Oligomerization of TAS2R bitter taste receptors. *Chem Senses*. 2010;35:395-406.
[59] Behrens M, Bartelt J, Reichling C, Winnig M, Kuhn C, Meyerhof W. Members of RTP and REEP gene families influence functional bitter taste receptor expression. *J Biol Chem*. 2006;281:20650-20659.
[60] Saito H, Kubota M, Roberts RW, Chi Q, Matsunami H. RTP family members induce functional expression of mammalian odorant receptors. *Cell*. 2004;119:679-691.
[61] Ilegems E, Iwatsuki K, Kokrashvili Z, Benard O, Ninomiya Y, Margolskee RF. REEP2 enhances sweet receptor function by recruitment to lipid rafts. *J Neurosci*. 2010;30:13774-13783.
[62] Grus WE, Zhang J. Origin of the genetic components of the vomeronasal system in the common ancestor of all extant vertebrates. *Mol Biol Evol*. 2009;26:407-419.
[63] Jiang P, Josue J, Li X, et al. Major taste loss in carnivorous mammals. *Proc Natl Acad Sci USA*. 2012;109: 4956-4961.
[64] Zhao H, Li J, Zhang J. Molecular evidence for the loss of three basic tastes in penguins. *Curr Biol*. 2015;25: R141-R142.
[65] Syed AS, Korsching SI. Positive Darwinian selection in the singularly large taste receptor gene family of an 'ancient' fish, *Latimeria chalumnae*. *BMC Genomics*. 2014;15:650.
[66] Behrens M, Korsching SI, Meyerhof W. Tuning properties of avian and frog bitter taste receptors dynamically fit gene repertoire sizes. *Mol Biol Evol*. 2014;31:3216-3227.
[67] Davis JK, Lowman JJ, Thomas PJ, et al. Evolution of a bitter taste receptor gene cluster in a new world sparrow. *Genome Biol Evol*. 2010;2:358-370.
[68] Li D, Zhang J. Diet shapes the evolution of the vertebrate bitter taste receptor gene repertoire. *Mol Biol Evol*. 2014;31:303-309.
[69] Zhu K, Zhou X, Xu S, et al. The loss of taste genes in cetaceans. *BMC Evol Biol*. 2014;14:218.
[70] Maehashi K, Matano M, Wang H, Vo LA, Yamamoto Y, Huang L. Bitter peptides activate hTAS2Rs, the human bitter receptors. *Biochem Biophys Res Commun*. 2008;365:851-855.
[71] Imai H, Suzuki N, Ishimaru Y, et al. Functional diversity of bitter taste receptor TAS2R16 in primates. *Biol Lett*. 2012;8:652-656.
[72] Meyerhof W, Batram C, Kuhn C, et al. The molecular receptive ranges of human TAS2R bitter taste receptors. *Chem Senses*. 2010;35:157-170.
[73] Chandrashekar J, Mueller KL, Hoon MA, et al. T2Rs function as bitter taste receptors. *Cell*. 2000;100:703-711.

[74] Sandau MM, Goodman JR, Thomas A, Rucker JB, Rawson NE. A functional comparison of the domestic cat bitter receptors Tas2r38 and Tas2r43 with their human orthologs. *BMC Neurosci*. 2015;16:33.

[75] Sainz E, Cavenagh MM, Gutierrez J, Battey JF, Northup JK, Sullivan SL. Functional characterization of human bitter taste receptors. *Biochem J*. 2007;403:537-543.

[76] Pronin AN, Xu H, Tang H, Zhang L, Li Q, Li X. Specific alleles of bitter receptor genes influence human sensitivity to the bitterness of aloin and saccharin. *Curr Biol*. 2007;17:1403-1408.

[77] Dotson CD, Zhang L, Xu H, et al. Bitter taste receptors influence glucose homeostasis. *PLoS One*. 2008;3:e3974.

[78] Bufe B, Hofmann T, Krautwurst D, Raguse JD, Meyerhof W. The human TAS2R16 receptor mediates bitter taste in response to beta-glucopyranosides. *Nat Genet*. 2002;32:397-401.

[79] Behrens M, Brockhoff A, Kuhn C, Bufe B, Winnig M, Meyerhof W. The human taste receptor hTAS2R14 responds to a variety of different bitter compounds. *Biochem Biophys Res Commun*. 2004;319:479-485.

[80] Pronin AN, Tang H, Connor J, Keung W. Identification of ligands for two human bitter T2R receptors. *Chem Senses*. 2004;29:583-593.

[81] Kuhn C, Bufe B, Winnig M, et al. Bitter taste receptors for saccharin and acesulfame K. *J Neurosci*. 2004;24: 10260-10265.

[82] Bufe B, Breslin PA, Kuhn C, et al. The molecular basis of individual differences in phenylthiocarbamide and propylthiouracil bitterness perception. *Curr Biol*. 2005;15:322-327.

[83] Kim UK, Jorgenson E, Coon H, Leppert M, Risch N, Drayna D. Positional cloning of the human quantitative trait locus underlying taste sensitivity to phenylthiocarbamide. *Science*. 2003;299:1221-1225.

[84] Intelmann D, Batram C, Kuhn C, Haseleu G, Meyerhof W, Hofmann T. Three TAS2R bitter taste receptors mediate the psychophysical responses to bitter compounds of hops (*Humulus lupulus* L.) and beer. *Chem Percept*. 2009;2:118-132.

[85] Thalmann S, Behrens M, Meyerhof W. Major haplotypes of the human bitter taste receptor TAS2R41 encode functional receptors for chloramphenicol. *Biochem Biophys Res Commun*. 2013;435:267-273.

[86] Brockhoff A, Behrens M, Massarotti A, Appendino G, Meyerhof W. Broad tuning of the human bitter taste receptor hTAS2R46 to various sesquiterpene lactones, clerodane and labdane diterpenoids, strychnine, and denatonium. *J Agric Food Chem*. 2007;55:6236-6243.

[87] Behrens M, Brockhoff A, Batram C, Kuhn C, Appendino G, Meyerhof W. The human bitter taste receptor hTAS2R50 is activated by the two natural bitter terpenoids andrographolide and amarogentin. *J Agric Food Chem*. 2009;57:9860-9866.

[88] Wooding S, Bufe B, Grassi C, et al. Independent evolution of bitter-taste sensitivity in humans and chimpanzees. *Nature*. 2006;440:930-934.

[89] Behrens M, Meyerhof W. Bitter taste receptor research comes of age: from characterization to modulation of TAS2Rs. *Semin Cell Dev Biol*. 2013;24:215-221.

[90] Dai W, You Z, Zhou H, Zhang J, Hu Y. Structure-function relationships of the human bitter taste receptor hTAS2R1: insights from molecular modeling studies. *J Recept Signal Transduct Res*. 2011;31:229-240.

[91] Singh N, Pydi P, Upadhyaya J, Chelikani P. Structural basis of activation of bitter taste receptor T2R1 and comparison with class A GPCRs. *J Biol Chem*. 2011;286:36032-36041.

[92] Upadhyaya J, Pydi SP, Singh N, Aluko RE, Chelikani P. Bitter taste receptor T2R1 is activated by dipeptides and tripeptides. *Biochem Biophys Res Commun*. 2010;398:331-335.

[93] Pydi SP, Sobotkiewicz T, Billakanti R, Bhullar RP, Loewen MC, Chelikani P. Amino acid derivatives as bitter taste receptor (T2R) blockers. *J Biol Chem*. 2014;289:25054-25066.

[94] Born S, Levit A, Niv MY, Meyerhof W, Behrens M. The human bitter taste receptor TAS2R10 is tailored to accommodate numerous diverse ligands. *J Neurosci*. 2013;33:201-213.

[95] Sakurai T, Misaka T, Ishiguro M, et al. Characterization of the beta-D-glucopyranoside binding site of the human bitter taste receptor hTAS2R16. *J Biol Chem*. 2010;285:28373-28378.

[96] Sakurai T, Misaka T, Ueno Y, et al. The human bitter taste receptor, hTAS2R16, discriminates slight differences in the configuration of disaccharides. *Biochem Biophys Res Commun*. 2010;402:595-601.

[97] Brockhoff A, Behrens M, Niv MY, Meyerhof W. Structural requirements of bitter taste receptor activation. *Proc Natl Acad Sci USA*. 2010;107:11110-11115.

[98] Biarnes X, Marchiori A, Giorgetti A, et al. Insights into the binding of phenyltiocarbamide (PTC) agonist to its target human TAS2R38 bitter receptor. *PLoS One*. 2010;5:e12394.

[99] Marchiori A, Capece L, Giorgetti A, et al. Coarse-grained/molecular mechanics of the TAS2R38 bitter taste receptor: experimentally-validated detailed structural prediction of agonist binding. *PLoS One*. 2013;8:e64675.

[100] Tan J, Abrol R, Trzaskowski B, Goddard WA. The 3D structure prediction of TAS2R38 bitter receptors bound to agonists phenylthiocarbamide (PTC) and 6-n-propylthiouracil (PROP). *J Chem Inf Model*. 2012;52:1875-1885.

[101] Wooding S. Phenylthiocarbamide: a 75-year adventure in genetics and natural selection. *Genetics*. 2006;172: 2015-2023.

[102] Cartoni C, Yasumatsu K, Ohkuri T, et al. Taste preference for fatty acids is mediated by GPR40 and GPR120. *J Neurosci*. 2010;30:8376-8382.

[103] Chale-Rush A, Burgess JR, Mattes RD. Multiple routes of chemosensitivity to free fatty acids in humans. *Am J Physiol Gastrointest Liver Physiol*. 2007;292:G1206-G1212.

[104] Fukuwatari T, Shibata K, Iguchi K, et al. Role of gustation in the recognition of oleate and triolein in anosmic rats. *Physiol Behav*. 2003;78:579-583.

[105] Galindo MM, Voigt N, Stein J, et al. G protein-coupled receptors in human fat taste perception. *Chem Senses*. 2012;37:123-139.

[106] Hiraoka T, Fukuwatari T, Imaizumi M, Fushiki T. Effects of oral stimulation with fats on the cephalic phase of pancreatic enzyme secretion in esophagostomized rats. *Physiol Behav*. 2003;79:713-717.

[107] Laugerette F, Passilly-Degrace P, Patris B, et al. CD36 involvement in orosensory detection of dietary lipids, spontaneous fat preference, and digestive secretions. *J Clin Invest*. 2005;115:3177-3184.

[108] Takeda M, Sawano S, Imaizumi M, Fushiki T. Preference for corn oil in olfactory-blocked mice in the conditioned place preference test and the two-bottle choice test. *Life Sci*. 2001;69:847-854.

[109] Voigt N, Stein J, Galindo MM, et al. The role of lipolysis in human orosensory fat perception. *J Lipid Res*. 2014;55:870-882.

[110] Mattes RD. Accumulating evidence supports a taste component for free fatty acids in humans. *Physiol Behav*. 2011;104:624-631.

[111] Gilbertson TA, Fontenot DT, Liu L, Zhang H, Monroe WT. Fatty acid modulation of Kt channels in taste receptor cells: gustatory cues for dietary fat. *Am J Physiol*. 1997;272:C1203-C1210.

[112] Fukuwatari T, Kawada T, Tsuruta M, et al. Expression of the putative membrane fatty acid transporter (FAT) in taste buds of the circumvallate papillae in rats. *FEBS Lett*. 1997;414:461-464.

[113] Kawai T, Fushiki T. Importance of lipolysis in oral cavity for orosensory detection of fat. *Am J Physiol Regul Integr Comp Physiol*. 2003;285:R447-R454.

[114] Matsumura S, Eguchi A, Mizushige T, et al. Colocalization of GPR120 with phospholipase-Cbeta2 and alpha-gustducin in the taste bud cells in mice. *Neurosci Lett*. 2009;450:186-190.

[115] Matsumura S, Mizushige T, Yoneda T, et al. GPR expression in the rat taste bud relating to fatty acid sensing. *Biomed Res*. 2007;28:49-55.

[116] Brown AJ, Goldsworthy SM, Barnes AA, et al. The orphan G protein-coupled receptors GPR41 and GPR43 are activated by propionate and other short chain carboxylic acids. *J Biol Chem*. 2003;278:11312-11319.

[117] Le Poul E, Loison C, Struyf S, et al. Functional characterization of human receptors for short chain fatty acids and their role in polymorphonuclear cell activation. *J Biol Chem*. 2003;278:25481-25489.

[118] Wang J, Wu X, Simonavicius N, Tian H, Ling L. Medium-chain fatty acids as ligands for orphan G protein-coupled receptor GPR84. *J Biol Chem*. 2006;281:34457-34464.

[119] Briscoe CP, Tadayyon M, Andrews JL, et al. The orphan G protein-coupled receptor GPR40 is activated by medium and long chain fatty acids. *J Biol Chem*. 2003;278:11303-11311.

[120] Hirasawa A, Tsumaya K, Awaji T, et al. Free fatty acids regulate gut incretin glucagon-like peptide-1 secretion through GPR120. *Nat Med*. 2005;11:90-94.

[121] Gaillard D, Laugerette F, Darcel N, et al. The gustatory pathway is involved in CD36-mediated orosensory perception of long-chain fatty acids in the mouse. *Faseb J*. 2008;22(5):1458-1468.

[122] Sclafani A, Ackroff K, Abumrad NA. CD36 gene deletion reduces fat preference and intake but not post-oral fat conditioning in mice. *Am J Physiol Regul Integr Comp Physiol*. 2007;293:R1823-R1832.

[123] Godinot N, Yasumatsu K, Barcos ME, et al. Activation of tongue-expressed GPR40 and GPR120 by non caloric agonists is not sufficient to drive preference in mice. *Neuroscience*. 2013;250:20-30.

[124] Sclafani A, Zukerman S, Ackroff K. GPR40 and GPR120 fatty acid sensors are critical for postoral but not oral mediation of fat preferences in the mouse. *Am J Physiol Regul Integr Comp Physiol*. 2013;305:R1490-R1497.

[125] Servant G, Tachdjian C, Li X, Karanewsky DS. The sweet taste of true synergy: positive allosteric modulation of the human sweet taste receptor. *Trends Pharmacol Sci*. 2011;32:631-636.

[126] Hillmann H, Mattes J, Brockhoff A, Dunkel A, MeyerhofW, Hofmann T. Sensomics analysis of taste compounds in balsamic vinegar and discovery of 5-acetoxymethyl-2-furaldehyde as a novel sweet taste modulator. *J Agric Food Chem*. 2012;60:9974-9990.

[127] Ley JP, Blings M, Paetz S, Krammer GE, Bertram HJ. New bitter-masking compounds: hydroxylated benzoic acid amides of aromatic amines as structural analogues of homoeriodictyol. *J Agric Food Chem*. 2006;54: 8574-8579.

[128] Ley JP, Dessoy M, Paetz S, et al. Identification of enterodiol as a masker for caffeine bitterness by using a pharmacophore model based on structural analogues of homoeriodictyol. *J Agric Food Chem*. 2012;60:6303-6311.

[129] Ley JP, Krammer G, Reinders G, Gatfield IL, Bertram HJ. Evaluation of bitter masking flavanones from herba santa (*Eriodictyon californicum* (H. and A.) Torr., Hydrophyllaceae). *J Agric Food Chem*. 2005;53:6061-6066.

[130] Servant G, Tachdjian C, Tang XQ, et al. Positive allosteric modulators of the human sweet taste receptor enhance sweet taste. *Proc Natl Acad Sci USA*. 2010;107:4746-4751.

[131] Suess B, Brockhoff A, Degenhardt A, Billmayer S, Meyerhof W, Hofmann T. Human taste and umami receptor responses to chemosensorica generated by Maillard-type N(2)-alkyl- and N(2)-arylthiomethylation of guanosine 50-monophosphates. *J Agric Food Chem*. 2014;62:11429-11440.

[132] Zhang F, Klebansky B, Fine RM, et al. Molecular mechanism of the sweet taste enhancers. *Proc Natl Acad Sci USA*. 2010;107:4752-4757.

[133] Hochheimer A, Krohn M, Rudert K, et al. Endogenous gustatory responses and gene expression profile of stably proliferating human taste cells isolated from fungiform papillae. *Chem Senses*. 2014;39:359-377.

[134] Slack JP, Brockhoff A, Batram C, et al. Modulation of bitter taste perception by a small molecule hTAS2R antagonist. *Curr Biol*. 2010;20:1104-1109.

[135] Ueda T, Ugawa S, Yamamura H, Imaizumi Y, Shimada S. Functional interaction between T2R taste receptors and G-protein alpha subunits expressed in taste receptor cells. *J Neurosci*. 2003;23:7376-7380.

[136] Brockhoff A, Behrens M, Roudnitzky N, Appendino G, Avonto C, Meyerhof W. Receptor agonism and antagonism of dietary bitter compounds. *J Neurosci*. 2011;31:14775-14782.

CHAPTER 14

第 14 章
果蝇中味觉感知的机制

休伯特·安瑞恩

得克萨斯农工大学健康科学中心医学院分子与细胞医学系，美国得克萨斯州布莱恩

概　要

引　言

昆虫最早出现在距今大约 4 亿年前，时间在第一批进化的脊椎动物出现后的 1 亿多年。尽管它们在总生物量上不能够向脊椎动物挑战，然而在数量上昆虫物种却远远超过了脊椎动物，有描述的物种大约为 900,000 种。相比之下，很可能是最为物种丰

富的硬骨鱼类只拥有大约28,000种不同的物种。为什么昆虫会在一个相对较短时间内在多样化方面有如此的成功，针对这个的猜测有很多：其中包括①它们在面对缓慢但却持续的环境变化时具有更快的适应能力；②具有从灾难性大灭绝事件中更快恢复的能力，而这些灭绝事件在过去的数亿年中对这个星球造成了数次冲击（见第2章）。

我们对昆虫的了解来源于对一小部分物种的研究，而且对于昆虫生物学是如何嵌入遗传蓝图中的，我们所了解的也只有它们中的少数几个。它们没有一个在表征上是优于果蝇的。果蝇作为一个潜在的工具用于遗传研究是由遗传学家Thomas Hunt Morgan在100多年以前首次发现的，而且仅仅经过15年左右的时间，他和他的学生们就确立了染色体和基因的概念并使其成为遗传的物理基础[1]。这项开拓性的工作为今天人们详细了解遗传网络，以及基因在发育、生长、性别确定、感官感知、运动功能和一般性行为等各个方面所发挥的特定作用奠定了基础。尽管人们对许多昆虫进行了早期的解剖学描述和神经生理学研究，然而正是Morgan及许多步其后尘的果蝇研究人员所编纂的基因图谱和数不清的基因突变的可获得才使得果蝇几乎成了每一个生物分支学科的中流砥柱。随着20世纪70年代分子生物学的出现及其迅速被用于果蝇研究，以及过去10年中在显微镜技术上的发展和分子遗传学上的创新，使果蝇研究牢牢处于分子和细胞神经生物学研究的最前沿，最显著的是在视觉和化学感官感知方面。的确，这种例子相对较少而且在节肢动物中基本上是没有的，在其中遗传研究已导致人们在基因与化学感官生理和行为之间建立起直接的功能联系，而且正是这些联系使得果蝇到目前为止将任何其他动物模型系统远远抛在了身后。随着在分子生物学（例如CRISPR）上的最新创新，人们将能够比以往更快地获取基因组信息和大规模的表达数据，从而使我们在理解包括味觉在内的感官感知方面取得快速的进展，这些在许多其他昆虫物种中都是目前可以想象的。

人们常常忽略了节肢动物，尤其是昆虫，有两个极为不同的生命阶段，从而面临截然不同的挑战。本章将主要概括介绍成年果蝇的味觉，其相比幼虫具有不同而且更为复杂的饲养挑战。不过，我们会在本章末尾处对果蝇幼虫的味觉进行简短的讨论。

成年昆虫味觉系统

很多昆虫例如苍蝇、蚊子、飞蛾和蝴蝶都缺乏强壮的下颌骨，而这对于将固体食物在吞咽前分解是必不可少的。取而代之的是，它们会使用一个管状的进食器官口器来吮吸流质或半流质食品例如未成熟的果实、花蜜和蜜露。在果蝇中，这个口器的前端尖梢由两个称为唇须的上皮薄片形成，其中包含有大量的化学感官细胞并代表果蝇的主要味觉器官[2,3]（图 14–1）。然而，蝇类以及广义的昆虫的特征在于有一个广泛分布的味觉系统，带有的味觉感官结构处于腿部和翅膀上（图 14–1）。这种“松散”的结构为昆虫提供了不通过直接接触喂食设备从而感应化学物质的能力，一个要回到本章的“味觉功能的行为学分析”部分的话题。

昆虫的味觉细胞为初级感官神经元，而且这些神经元大多与须毛有关联，亦称为味觉感器[2]。在果蝇中，味觉感器模式化排列在两个唇须的表明以及每条腿的跗骨和胫骨上

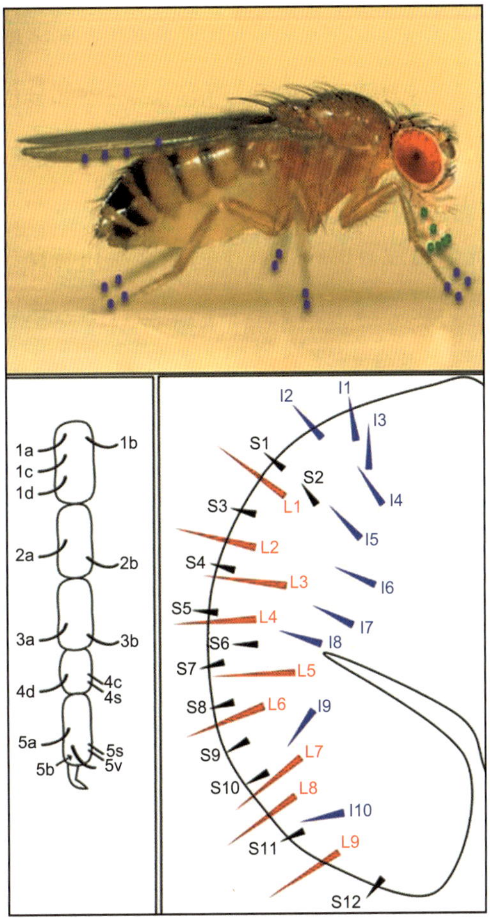

图 14–1 果蝇的味觉器官。味觉感器分布于很多的附属器官。主器官、唇须和三簇内部味觉感器用绿点标示。果蝇在每条腿的后几节（跗骨）以及翅膀的边缘（紫色点）也具有大量的味觉感器。果蝇腿部的味须比数量更多的机械感官须更稀薄和更弯曲。唇部感器大多为化学感官的。底部图显示一个雌性前肢和一个唇须上所有的化学感官须毛（均为侧视图）。S= 小，I= 中等，L= 大。注意跗骨感器以双侧对称成对出现（外侧和内侧），图中仅显示了外侧（果蝇图片转载经 Solvin Zankl 摄影许可）

（图 14–1）。人们很容易通过形状对机械感官感器和化学感官感器进行区分，后者形状弯曲且纤细而前者则更为笔直而且厚实（图 14–1）。在某些昆虫例如膜翅类昆虫中，它们的触角也会带有味觉感器，而在果蝇中触角被认为是一个嗅觉器官。正如本章“味觉受体的非味觉功能”部分所讨论的，这个嗅觉和味觉输入的解剖分离在果蝇中也可能有待重新评估。

昆虫具有一个分散的味觉系统

每一个唇须都含有 31 个味觉感器，它们排列形成 3 个主要的侧列。这些感器根据须毛的长度划分为 L（长）、S（小）和 I（中等）3 个种类（图 14–1），尽管每条腿上还有大约 30 个大小相类似的味觉感器。此外，每一翅膀前缘还携带大约 20 个味觉感器。因而一只果蝇携带的味觉感器大约有 280 个。最后，一少部分的味觉神经元被排列在味觉钩中，位置介于每个触须内侧的假气管之间（即咽的开口处），并且像咽内位置的 3 个较小的簇一样（图 14–1）。

然而，昆虫味觉系统最为独有的特征在于味觉感器在与食物摄入无关的附属器有分布，正是这样的分布使之明显不同于大多数其他动物，因为这些动物的味觉细胞通常只在口腔内才有存在。“远程”味觉感器的可用性为其提供了可对潜在的食物进行不合意物质和有毒物质采样而不会出现误食可能性的优点。这种侧骨味觉感器的功能在行为学分析中得到了很好的证明，由此用食品化学物质对它们进行刺激可引发一个容易量化的定型喂养反射（见“味觉功能的行为学分析”部分）。

味觉感器的架构

不同的味觉感器在组成和味觉受体神经元（GRN）数量上各不相同。L 感器和 S 感器包含有 4 个味觉神经元，而 I 感器仅包含有 2 个神经元（图 14–2）。最初，果蝇的味觉被分为 4 种通道，其与 S/L 感器的 4 个神经元中的一个相关联［这些通道只有两个即甜味（蔗糖）和高盐由 I 感器代表］。这种相关性建立在 Dethier 等人对绿头苍蝇所进行的初步电生理研究的基础上[4–7]，他使用蔗糖、高盐、低盐和水刺激作用，而且后来被扩展到果蝇[8–10]。然而，这种对昆虫味觉的简化看法在过去数年中开始变得越来越复杂，这是因为人们进行了更为广泛的电生理分析并对 *Gr* 基因进行了鉴定和功能表征[11,12]。我们现在知道了果蝇还能够感受到可引发厌恶行为响应的众多具有复杂化学结构的化合物（即对人有苦味）[13–18]；其他有营养的食品化学物质例如氨基酸和脂肪

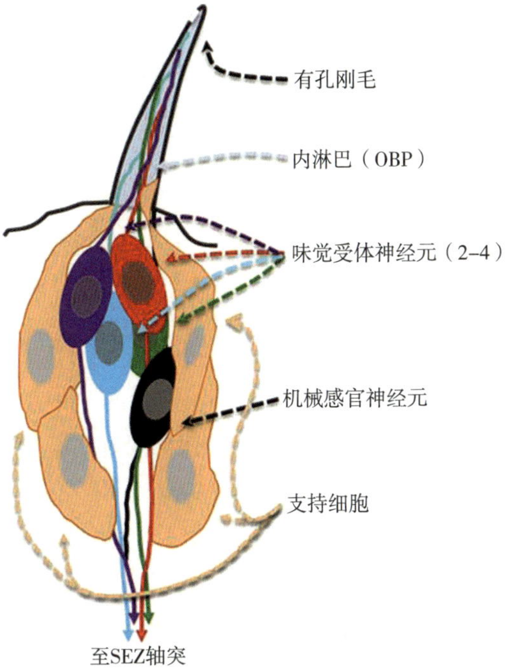

图 14–2　味觉感器的细胞结构。唇须的 L 和 S 感器包含 4 个 GRN（红色、紫色、蓝色和绿色），每一个都特异性响应不同类型的化学物质以及一个机械感官神经元（黑色）。每一 GRN 都延伸一个树突至充满内淋巴并含有气味分子结合蛋白（OBP）的须毛腔内。每一双极 GRN 都发送一个轴突至大脑中的食管下区域（SEZ）。OBP 在支持细胞中表达并由支持细胞分泌

酸[19–21]；以及不具有营养价值然而却增加进食能力的化合物（酸类）[22,23]。此外，这种一个化学类别与一个特定神经元类型的严格关联性不再适用于果蝇的情况。这种关联性基于人们对哺乳动物系统（特别是小鼠、大鼠和人类）所做的研究而被扩展到果蝇，通常被称为标记线假说。这个假设假定特定的味觉细胞只为一个单独味觉通道服务（人类中的甜味、鲜味、酸味、咸味或苦味）。在果蝇中，目前大家接受的事实是许多苦味化合物能被 GRN 感知到，而 GRN 还能够对高浓度的食盐（NaCl）发生响应[16–18]。同样，至少某些甜味神经元看起来也介导了对脂肪酸的食欲性响应，而脂肪酸是一组在结构上与蔗糖无关的营养性化学物质[20]。总而言之，这些观察表明某些 GRN 被调节至与截然不同化学类型的化合物响应，并可能表达不同种类的味觉受体（见本章“不同味觉通道的分子基础”部分）。

除了 GRN，其为味觉感器最核心和最关键的组成部分，还需要一些其他细胞来使化学物质与受体蛋白发生功能性相互作用。具体来说，有若干个辅助支持细胞将 GRN 封装起来（图 14–2）[2]。这些细胞会提供感器淋巴，一种亲水性分泌物（相当于环绕哺

乳动物味蕾中味孔的黏膜)，来维持一个保护性细胞外环境中的树突状 GRN 过程。尽管许多味觉化学物质都是水溶性的，并且很容易被吸收进入淋巴液（糖类、大多数氨基酸、盐类)，然而其他的则是疏水性的（许多苦味化学物质、脂肪酸)，并且因此必须被溶解。这是通过将味觉刺激物耦联至气味分子结合蛋白（OBP）来实现的。由一个大的基因家族编码的 OPB 最早在嗅觉系统中被人们发现，它们在其中通过嗅觉感器中存在的支持细胞进行表达和分泌并促进疏水性气味分子的溶解[24]。许多 OBP 还在味觉感器的支持细胞中有表达[25]，它们在其中充当溶解疏水性味觉化学物质尤其那些激活苦味感应 GRN 的化学物质的作用[26]。最后，所有的味觉感器都含有一个单个的机械感官神经元[2]。人们目前还没有弄清楚这个神经元是否在评估潜在食品的“质地”方面发挥任何的作用。

食管下区域

昆虫的感官味觉细胞为初级感官神经元，它们与大脑中的味觉加工中心食管下区域（SEZ）直接通信。与触角叶不同，这个初级嗅觉加工中心即 SEZ 具有一个截然不同的嗅小球结构特征并表现很少的离散解剖亚结构，即便有的话[10,27]。确实，与表达一个给定嗅觉受体（参阅第 6 章）并且汇聚到一个单独的嗅小球的嗅觉神经元不同，表达一个特定 *Gr* 基因的 GRN 的轴突末端在 SEZ 的子区域中显示一个相对宽泛的空间分布，而 SEZ 则点缀有来自其他 GRN 的末端。然而，表达调节至苦味或甜味受体的神经元在 SEZ 中显示出独特而又复杂的投射模式[16,17]。这些解剖特征的功能重要性通过 Ca^{2+} 成像研究得到了证实，表明苦味化学物质和糖类激活了受体神经元而将其轴突投射到 SEZ 中与之对应的领域[28]。此外，GRN 的末端还有一个明显的区隔，它们感知相同的化学物质但却在不同味觉器官中存在。例如，位于内口器中的甜味感应 GRN 与唇须或腿部位置处的甜味 GRN 相比，会在 SEZ 中有不同的投射区域[28]。这表明果蝇大脑会对由同一类型配体所造成的不同嗅觉器官的刺激之间有所区分。

味觉功能的细胞分析

人们已经开发了两种基本策略来表征昆虫味觉神经元的功能：全味觉感器的电生理记录，以及不论单个细胞还是大脑中味觉神经突触集合体的 Ca^{2+} 成像方法。

尖端记录

最为成熟的分析味觉细胞特性的方法是“全感器尖端记录”方法，其中有一个装有味觉溶液的记录移液管被置于所选感器的顶端[29]。尽管此方法在鉴定味觉感器内不同受体神经元类型上是至关重要的，它却有一定的局限性：首先，所有（多达 4 个）与覆盖顶端感器相关的神经元的活性都会被同时记录，因而需要研究者根据形状和幅度对尖峰分类，一个并非不可能但有时难以实现的建议[30]；其次，在记录过程中不能改变刺激物容易，因此不能够提供有关 GRN 的基础放电速率和复原动力学的信息。利用钨微电极记录方法至少克服了第二个忠告，其中将一个记录电极插入感器的基底并因此与刺激物移液管分离[30]。尽管如此，来自优选感器的尖端记录仍有巨大的价值，用于鉴定调节至糖类、水，以及厌恶盐浓度（大于 400 $mmol \cdot L^{-1}$）和有食欲盐浓度（低于 100 $mmol \cdot L^{-1}$）的神经元。这些研究已被扩展到人类感知为苦味的化学物质，这些化学物质被证明可激活高盐响应性神经元并引发厌食性响应（见本章“味觉功能的行为学分析”部分）。

Ca^{2+} 成像

一个最新开发用于监控味觉神经元活性的方法涉及实时 Ca^{2+} 成像，其不仅适用于整只的果蝇而且适用于解剖的味觉器官制备物[31-33]。它的基本原理是将一个基因操控的 Ca^{2+} 传感器，通常为绿色荧光—调钙蛋白—M13 融合蛋白（GCAMP）[34]，表达在一个特定的味觉细胞类型里面，该过程通常在味觉受体基因启动子的控制下通过 GAL4/UAS 表达系统完成。GCAMP 通过一个 Ca^{2+} 依赖性方式改变其构象（及其荧光）；因而当细胞质中的 Ca^{2+} 因受体激活而增加时，就可以用荧光显微镜直接监测 GRN 的活性。Ca^{2+} 成像相对于电生理记录的最大优点在于它能够明确无误地将神经响应关联到一个特定的细胞，并能够在去除或交换味觉底物的同时连续记录活性。然而，Ca^{2+} 成像的时间分辨率很差，并且尽管它可以定量，却无法像电生理记录那样提供有关动作电位放电速率方面的信息。

味觉功能的行为学分析

果蝇模型系统的一个最大优点在于容易获得功能强大的行为分析，从而使研究人员能够将特定基因的功能与味觉行为联系起来。这些分析可量化不同层面的味觉功能，包括：①味觉配体的促食欲和厌食性特征；②由特定味觉配体或食物引起的短期摄食活性；③两种（或更多）配体 / 食物之间果蝇的相对偏好。

口器延伸反射分析

这种设计讲究的行为分析方法是由昆虫生理学家 Dethier 在 50 年多前开发出来的[3]。Dethier 观察到果蝇在其侧骨或唇须受刺激时，会有一个反射性延伸其口器的响应，而这是供食物摄取所必需的一个运动行为［图 14-3（A）］。口器延伸反射（PER）指数是一个衡量受刺激时口器延伸概率的量化指标［图 14-3（A）］。饥饿或者增加糖浓度会提升 PER 指数，然而一个有营养的食品中存在厌恶性的化学物质时则降低 PER 指数，这一事实说明了 PER 与进食意图有紧密的联系[16,22,35]。重要的是，人们可以很容易地使用 PER 来评估对厌恶化学刺激物的行为。对此类化学物质的行为响应可以通过将它们混合

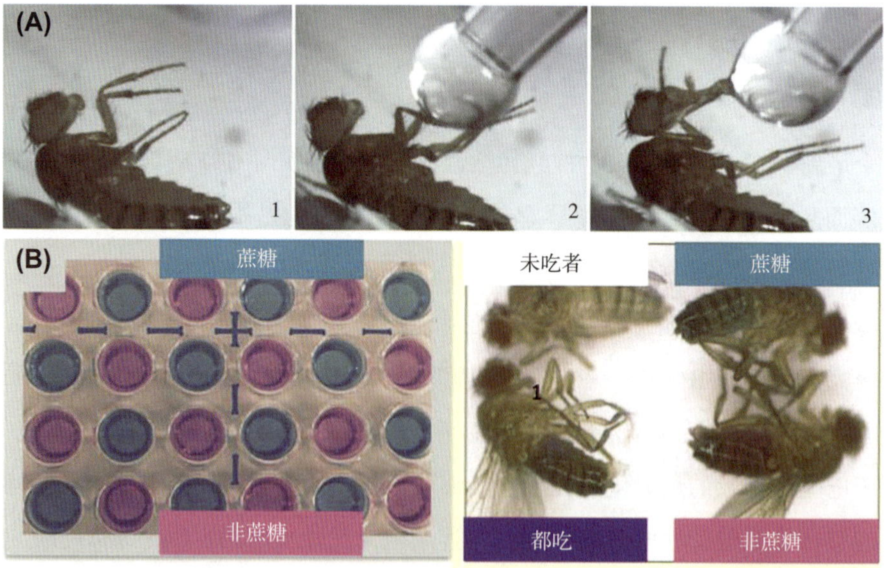

图 14-3　测定味觉响应的行为分析。（A）在口器延伸反射（PER）分析中，一只饥饿的果蝇通过其背部（非进食状态）被粘在载玻片上（1）。用一个有营养的含糖溶液刺激跗骨时（2），果蝇通过伸展其口器做出反射性响应（3），其对吸入溶液是必需的。（B）在双选喂养分析中，将一个多孔板的各孔以交替模式充满包含有两种不同喂养底物的琼脂（也含两种截然不同的食用染料）。在喂食 1 小时后，检查果蝇的腹部以确定食物偏好 / 摄入量。例如，假如蓝色标记的琼脂含有 50 mmol・L^{-1} 蔗糖，而粉红色标记的琼脂仅含有 2 mmol・L^{-1} 蔗糖，大部分（接近 90%）饥饿的果蝇通常只会从浓度更高的糖中进食，并因此具有一个蓝色腹部。一个偏好指数（PI）可简单地利用公式 PI = N[蓝]+0.5[紫]/N[蓝]+N[粉红]+N[紫]计算，N 反映只从 50 mmol・L^{-1} 蔗糖孔（蓝）、2 mmol・L^{-1} 蔗糖孔（粉红）或同时含两种糖浓度孔（紫）进食的果蝇数量。经 Amrein 等[38]许可转载

到一个糖溶液中并相比于未污染的纯糖底物测量 PER 的下降进行测定[16]。PER 在味觉受体基因研究中特别是编码糖受体基因研究中是非常有用的[31,36]（见本章“不同味觉通道的分子基础”部分）。与其他行为分析法尤其是双选择喂养分析相比，PER 的一个经常被忽视但又与众不同的优势在于味觉响应可以与摄食完全脱钩，并且由此可以排除对观察到的行为有贡献作用的次生（即餐后）效应。

双选喂食分析

这种高通量行为分析方法允许对数量相对较大的果蝇进行评价。果蝇可以选择两种不同的底物（糖 1 vs. 糖 2、糖 vs. 无糖等）来进食一小段时间，它们的偏好可利用在两种底物中添加的食用染料（红色和蓝色）的帮助来量化［图 14–3（B）］[37,38]。然后通过依据果蝇腹部颜色对肠道进行视觉评分的方法半定量测定［图 14–3（B）］，或者通过使用内脏提取物比色分析方法定量测定从一种底物进食到另一种底物进食的果蝇数量。像 PER 一样，双选偏好分析同时还被用于测试不良化合物（即苦味化合物）的厌恶效应，通常是在提供两种不同浓度的单一糖的情况下。例如，尽管野生型果蝇会优先进食含有 5 $mmol \cdot L^{-1}$ 蔗糖的琼脂而不是含有 1 $mmol \cdot L^{-1}$ 蔗糖的琼脂，然而向 5 $mmol \cdot L^{-1}$ 蔗糖 – 琼脂中添加一个厌恶的苦味化合物将使其改变偏好转向 1 $mmol \cdot L^{-1}$ 蔗糖 – 琼脂[17]。这种双选分析法已被应用于一系列突变品种，使研究人员能够将特定的 Gr 蛋白与苦味化合物联系在一起[14,15,39]。与 PER 截然不同，摄食后效应会对双选分析中的进食偏好有贡献作用，特别是假如喂食时间超过 15 分钟。这些效应可通过肠道或大脑中的营养成分感应，以及由此释放的各种神经肽来介导，而这些神经肽可调整进食环路并因此改变分析过程中的进食活性。

毛细管进食分析

尽管双选进食分析方法允许对两种或更多底物之间的食物偏爱进行精确的评价，然而它并不能为某一特定的营养物质被摄入了多少量提供一个定量化的量度。此类信息在考察味觉偏好时或者研究能量稳态和消耗情况下的进食活动时是非常有价值的。对于这种情况首选的测定方法是毛细管进食（CAFE）测定法，其中单个或很少数量的果蝇会被提供一种有确定浓度的营养素溶液[40]。使用带刻度的进食毛细管记录随时间所消耗的食物量，这些食物消耗量可以在不同基因型的果蝇之间或者在不同膳食条件下饲养的果蝇之间进行比较。CAFE 分析持续时间为数个小时甚至几天。因此，他们主要评价的是进食偏好而不是味觉偏好，因为后者受进食后的机制影响较大[33]。

产卵分析

这种分析方法是对双选进食测定法的一个改进。它的目的是用于评价雌性对合适的产卵底物的偏爱，而非测量在两种不同底物之间所做的食物选择[41]。由于所孵化的幼虫被限制在其作为卵被产下的食物底物上，这种分析评价的是雌性为其后代所做的食物选择。毫不奇怪，雌性果蝇会在含有糖的琼脂上产下比单独琼脂上更多的卵。然而非常有趣的是，成年果蝇偏爱的食物底物和雌性为其后代挑选的底物会发生变化。例如，成年果蝇优先进食不含有乙酸的糖而不是含有乙酸的糖，然而雌性则更喜欢在含有酸的糖上产卵[41]。这表明酸为生长中的幼虫提供了一个好处。一种可能的解释是低 pH 值会阻止微生物在富含羧酸的天然底物（水果）[22,41]上过度生长[42]。

不同味觉通道的分子基础

大约 15 年前，3 个不同的实验室报道了对 *Gr* 基因家族的鉴定工作，这代表了对昆虫味觉行为和生理学研究上的一个重大突破[43–45]。果蝇基因组包含有 68 个 *Gr* 基因[46]，其中有一些在整个节肢动物中都是高度保守的[47–52]。然而，*Gr* 基因进化速度非常快并以截然不同的速度扩展；在一些物种例如蜜蜂中，人们只发现了少量的 *Gr* 基因[52]，然而在另一些物种例如蚊子中，几乎有 100 个看起来编码了功能性味觉受体[51]。然而，除了果蝇，人们对其在任何节肢动物中的表达和特定功能都不甚了解。在果蝇中，人们利用 GAL4/UAS 系统获得了唇须和跗骨味觉感器中几乎所有 *Gr* 基因的详细表达图谱[13,36,43,44,53]。在这些研究的基础上，人们将这一 *Gr* 基因进一步分成两个主要群体。绝大多数 *Gr* 基因（约 35 个）的表达被限制在苦味 / 高盐神经元中[13]，而一个较小的仅含有 8 个基因的群体则被表达在每个味觉感器中的甜味神经元中[36]。然而，还有几个 *Gr* 基因不属于这两个群体中的任何一个，并且似乎已经获得不同的或另外的化学感官角色（见“味觉受体的非味觉功能”部分）。

糖味

人们研究最多的果蝇味觉通道是糖的甜味。与哺乳动物中只有 1 个单独的异源二聚体 GPCR 复合物介导所有糖类甚至甜味蛋白[54,55]的味觉感受（见第 13 章）截然不同的是，果蝇中参与甜味的 GR 蛋白有 8 个[36]。这些蛋白被由 *Gr5a*、*Gr61a* 及一个含 6 个

延伸阅读

果蝇味觉受体的分子多样性

选择适当的食物对于获取生长、能量消耗和繁殖所需的营养成分至关重要。人们已利用果蝇作为一个重要的模型体系来剖析包括味觉感知在内的许多感官过程。果蝇最重要的食物来源——水果和酵母——包含有大量营养素（糖类、氨基酸、脂肪）、必需的微量营养素（维生素、胆固醇）、盐类，以及没有营养但大多无害的化合物（例如羧酸等的混合物）。然而，尤其是成熟的水果通常会被微生物所占据，它们产生一系列代谢产物（生物碱、萜类和酚类），其中许多具有毒性并因而对以之为食的动物构成一个健康危害。因此，味觉研究中一个研究的主线是对参与察觉各种各样营养性味觉化学物质，以及非营养性和可能有毒化合物的受体和感官细胞进行鉴定。

在过去的 15 年中，果蝇味觉研究的焦点主要集中在味觉受体（GR）蛋白家族的作用上，以及表达各自基因的不同味觉细胞上。目前公认的事实是 GR 蛋白可分成两个主要的类型，即糖类受体和苦味化学物质受体，而且功能性糖受体和苦味受体都是 2 种及有可能多达 4 种不同的 GR 蛋白所构成的异源体复合物。然而，有越来越多的证据表明许多其他受体和通道在检测食物化学成分中也发挥了至关重要的作用，包括许多由一个离子型受体基因（*Ir*），以及一个瞬时受体电位基因（*Trp*）和 Pickpocket（*Ppk*）基因家族的选定基因所编码的成员。未来味觉研究一个重要的内容将涉及对 *Ir* 基因家族的特定成员的鉴定，它们有可能介导了氨基酸 / 蛋白质、羧酸和脂肪酸的味觉，而所有这些化合物都在果蝇食物中大量存在。最后，人们已经确立了许多味觉受体基因在内部营养素感测、温度感测，以及光感测中的重要功能，这些功能被广泛扩展到其他感官过程中。

基因的 *Gr64a-Gr64f* 簇构成的保守 *Gr* 亚家族编码。早在鉴定出 *Gr* 基因之前，就有人报道了第一个带有一个特定味觉表型的突变，其对海藻糖的行为响应有显著的下降[37]。人们后来发现这个基因上的突变对应于 *Gr5a*，其被发现在所有的甜味 GRN[56,57]，以及许多其他味觉神经元中都有表达[36]。后续的遗传学和电生理学研究表明至少有一些其他 *Gr* 基因涉及了甜味[35,58–60]，尽管因为细胞表达数据的缺乏和单基因突变的可用性，人们并不清楚它们具体的作用。这些缺陷通过一个基因替代策略得到了彻底解决，在该策略中，6 个糖 *Gr* 基因的单个编码序列被 *Lexa* 或 *Gal4* 所取代［图 14-4（A）］。这些研究不仅提供了单个基因突变，而且还揭示了这些基因每一个的精确表达模式[36]。具体来说，人们发现所有的糖 *Gr* 基因都在跗骨中有表达而且所有除 *Gr64a* 以外的基因还在

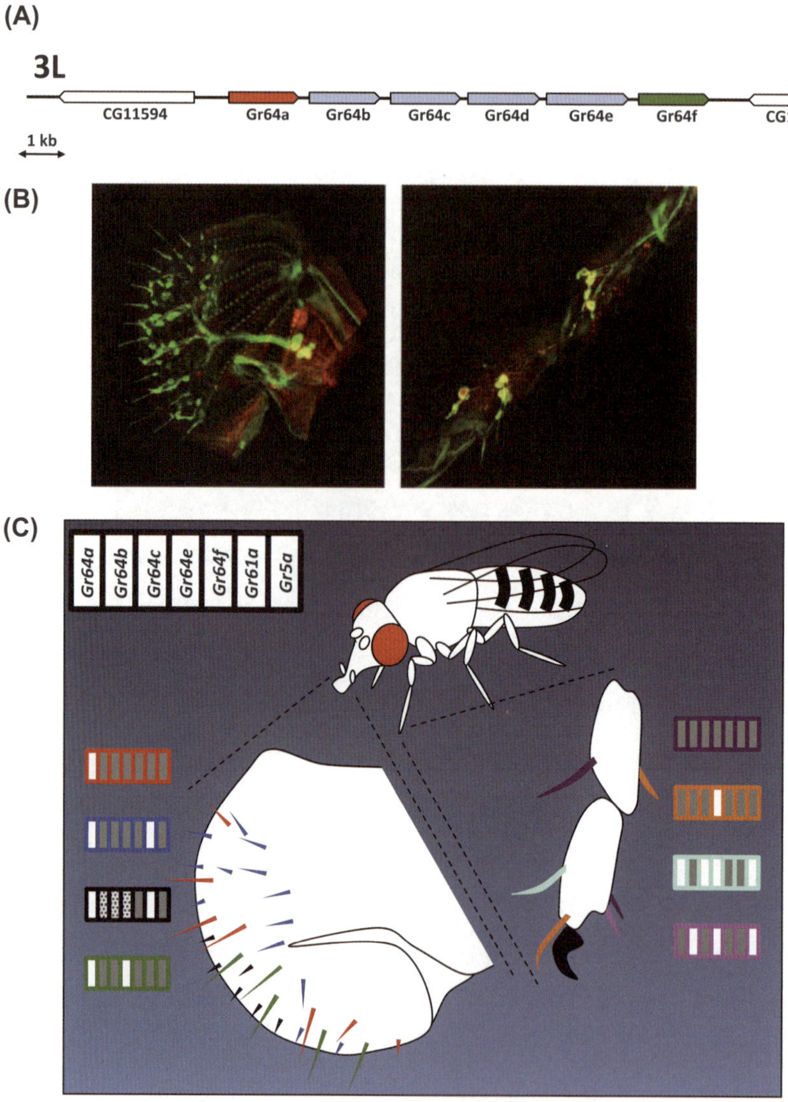

图 14-4 糖受体的表达编码。(A) 8 个经典糖受体中的 6 个紧密聚集在 *Gr64* 基因座位中，其表达和功能通过使用同源重组的精确 *Lexa/Gal4* 替代来确定。(B) 图片显示了 *Gr64* 基因座位中第一个和最后一个基因的共表达。唇须味觉感器中完全没有 *Gr64a*（红色），而每个感器的甜味 GRN 都表达有 *Gr64f*（绿色）。相比之下，两个基因在前肢第四和第五节的所有甜味 GRN 中被共表达（显示为由绿色和红色通道合并成的明显黄色荧光）。(C) 唇须和跗骨味觉感器依据表达的糖 *Gr* 基因划分为 4 组。最完整的表达谱被发现处在与 31 个唇须毛中 7 个须毛和最后两个片段中 6 个跗骨须毛（紫色，7 个糖 *Gr* 基因；橙色，6 个糖 *Gr* 基因）有关联的甜味神经元中（粉红；6 个糖 *Gr* 基因）。与其余须毛相关的甜味 GRN 表达 3~5 个糖 *Gr* 基因。灰色，表达；白色，无表达；点，随机表达。注意只显示每侧须毛（经许可转载自参考文献 [36]）

唇须中有表达。然而，除了 *Gr64f*，其看似在每一味觉感器的甜味 GRN 中都有表达，余下的糖 *Gr* 基因则表达在一小部分的甜味 GRN 中。此外，没有两个 *Gr* 基因是完全共表达的［图 14–4（C）］。因此，人们可以将甜味 GRN 细分为至少 8 个不同的表达亚类（而且可能更多，因为尚未确定出 *Gr64d* 的表达），从而有可能为它们每一个提供不同的糖响应曲线。

Gal4/Lex 等位基因也是无效等位基因。因此，它们允许人们第一次对缺乏一个单一糖 *Gr* 基因的果蝇进行一个行为和细胞响应的系统性评估[36]。令人惊讶的是，单个糖 *Gr* 突变的行为效应并不大并且通常只限于一少部分的糖类（表 14–1）[36]。最强的表型是在 $Gr5a^{LEXA}$ 和 $Gr64f^{LEXA}$ 突变体果蝇中观察到的，其中 PER 对大约一半测试糖的响应都受到了影响；然而，这些突变都没有导致 PER 对任何糖的响应下降 50% 以上，说明不同的糖味受体之间存在有冗余[36]。另一个基因复杂的果蝇品种为糖受体的分子性质提供了其他重要的见识。在此果蝇中，所有 8 个糖 *Gr* 基因的突变结合在一起生成了糖盲（sugar–blind）的突变果蝇[61]（由于 GR43A 营养素传感器在一对甜味 GRN 中表达，这些果蝇保留了弱的跗骨果糖响应；见本章“味觉受体的非味觉功能”部分）。重要的是，8 个糖 *Gr* 基因中任何一个的表达都不能够恢复对任何糖的细胞学或行为学响应，然而它们成对组合表达却能够恢复对 1 种或几种选定糖的响应[61]（表 14–1）。这些观察结果扩展了以前的研究，并且表明功能性糖受体为异聚体复合物，包含有 2 个（或对某些糖受体而言可能更多）GR 亚基（图 14–5）。有趣的是，与系统发育相关的气味分子受体（OR）（见第 6 章）也形成异聚体复合物，其由广泛表达的嗅觉受体共受体和一个配体结合的、细胞类型特异性 OR 亚基组成[62]。然而，似乎有些 GR 蛋白例如 GR43A 能够独自发挥功能，或许充当了同源多聚体[33]（见本章“味觉受体的非味觉功能”部分）。

表 14–1　味觉感知及其他化学感官过程中仅基于基因敲除得到功能已知的味觉受体基因

基因	功能	配体	伙伴	注释	参考文献
Gr5a	糖 R	Tre	*Gr64f*		［36,56–58］
Gr8a	苦 R	L–cav			［62］
Gr21a	嗅觉 R	CO_2	*Gr63a*	触角中表达	［105,106］
Gr32a	信息素 R R、苦 R	（z）–7– 二十三烯 Caf、DEET、Pap、Str、Lob			［14,65,66］

续表

基因	功能	配体	伙伴	注释	参考文献
Gr33a	苦 R 信息素 R	(z)-7- 二十三烯 Caf、DEET、Pap、Str、Lob		Core sub U	[64]
Gr43a	糖 R	Fru、Suc	无	脑营养物传感器	[33]
Gr61a	糖 R	Glu			[31]
Gr64a	糖 R	Mal、Fru	*Gr64e*		[36,61]
Gr64b	糖 R	Glyc	*Gr64e*		[36,61]
Gr64c	糖 R	Suc、Mal、Ara			[36,61]
Gr64e	糖 R	Glyc	*Gr64a* *Gr64b*		[36,61]
Gr64f	糖 R	Suc、Mal、Fru、Mel、Glu、Tre	*Gr5a*		[36,58,61]
Gr66a	苦 R	Caf、DEET、Pap、Str、Lob		Core sub U	[39,64]
Gr93a	苦 R	Caf			[15]
Ir76b	盐 C	NaCl			[79]
Ppk28	水 C	水	无	DEG/ENAC	[75]
TrpA1	刺激 R	A-iso、Ari			[69-71]
Pain	刺激 R	A-iso			[68]
DmRX	苦 R	L-cav	无	GPCR	[86]

注：A-iso，异硫氰酸烯丙酯；Ari，马兜铃酸；Caf，咖啡因；L-cav，L-刀豆氨酸；Fru，果糖；Glu，葡萄糖；Glyc，甘油；Pap，罂粟碱；Lob，山梗菜碱；Mal，麦芽糖；Mel，松三糖；Str，士的宁；Suc，蔗糖；Tre，海藻糖。

苦味

与哺乳动物相似，果蝇和其他昆虫也非常擅长检测潜在的有害化学物质，这些物质对人而言具有苦味而且缺乏营养价值。昆虫通过各种渠道接触到许多苦味的化学物质。例如，它们在许多植物中以次生代谢产物的形式生成并用来防御植食性动物昆虫。对于果蝇和其他食果动物而言，此种化学物质的源头经常是大量繁殖在腐烂果实上的微生物。苦味化学物质包括各种具有多样化结构的化合物，例如生物碱、萜类和酚类。毫不奇怪，大多数味觉受体（约 35 个）都表达在苦味 / 高盐响应性 GRN 中，并且人们认为它们能被这一范围广的苦味化合物激活[13]。然而，只有大约 4 个假定的苦味 *Gr* 基因在功能上得到了表征（表 14–1）。这些基因中无效的突变表明它们每一个对正常细胞与各种苦味化学物质的响应都必不可少[14,15,39,63]。例如，*Gr93a* 和 *Gr8a* 分别对检测优选的苦味化合物例如咖啡因和 L–刀豆氨酸（一种植物杀虫剂）必不可少，而 *Gr33a* 和 *Gr66a* 对检测一个更广范围的化学物质包括咖啡因、罂粟碱和杀虫剂 DEET 也是不可或缺的（表 14–1）[14,15,39,63,64]。因为单个苦味 *Gr* 基因在甜味神经元中表达时无法传达受体特异性响应，似乎有可能苦味受体也由多个 GR 亚基所组成，而且 GR33A 和（或）GR66A 为此类多聚受体的核心亚基（图 14–5）。我们注意到某些苦味的 *Gr* 基因（*Gr32a* 和 *Gr33a*）还参与了对雄性抑制性信息素（z）–7– 二十三碳烯的感知，其抑制雄性对其他雄性的求爱[65,14]，并且介导雄性 – 雄性攻击性行为[66]。因而，看起来对苦味味觉 GRN 的激活会

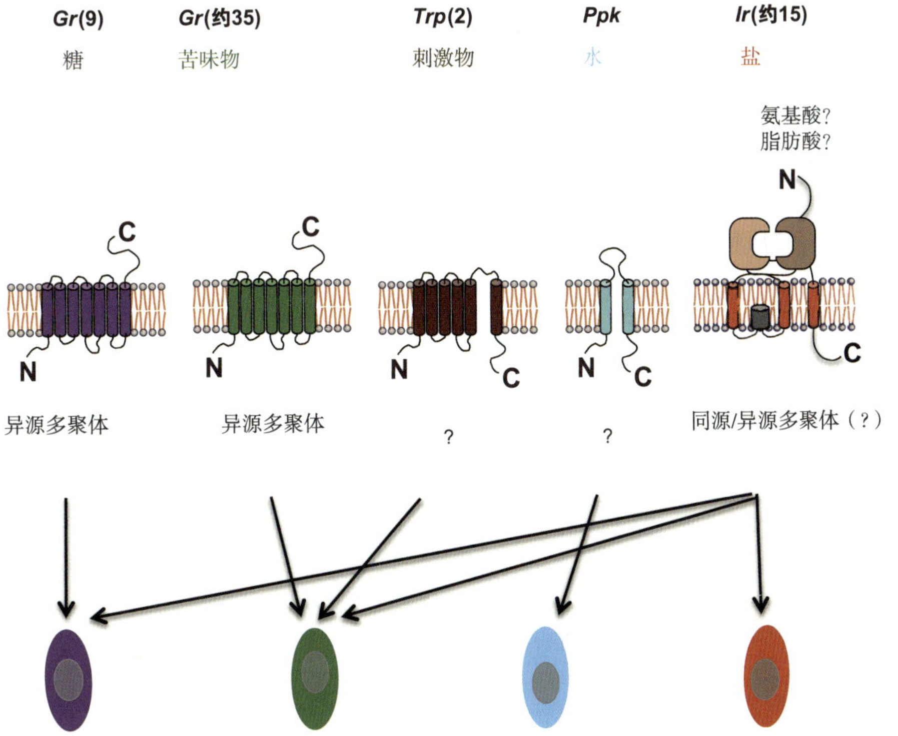

图 14–5　成年果蝇中不同味觉受体类型的结构。在味觉神经元中发现至少 4 种不同类型的受体 / 通道。68 个 *Gr* 基因中有超过 40 个编码苦味和糖受体并分别在苦味 / 高盐和甜味 GRN 中几乎完全表达。2 个 *Trp* 基因显示编码化学刺激物的受体（马兜铃酸和异硫氰酸烯丙酯）并在厌恶性苦 / 高盐神经元中表达。至少 1 种 PPK 通道蛋白（PPK28）对水的味道是必需的，并在由水 / 低渗透压溶液激活的 GRN 中特异性表达。*Ir* 基因的作用在很大程度上是未知的，但最后一个与低盐味有关。然而，15 个 *Ir* 基因表达在味觉神经元中，包括一些在苦味和甜味 GRN 中。未显示两种被认为在幼虫盐味中起作用的 PPK 蛋白（PPK11 和 PPK19）和 GPCR 的唯一代表 DMRX

导致不同的行为学响应，具体取决于一个刺激物被接受的环境。

除了 *Gr* 基因，还有两个 *Trp* 基因参与了排斥性行为和避免进食。TRP 因其在温度感测、机械性感受和化学痛觉感受中的作用而为人所知（参阅第 21 章）[67]。果蝇的 *Trp* 基因被表达在多种多样的神经元中，而有少数发现存在于苦味 GRN 的亚群中。具体而言，TRPA1 和 Painless（PAIN）被证明介导了对马兜铃酸和异硫氰酸烯丙酯（即对芥末的热辣刺激感受）的排斥[68-71]。需要指出的是 TRP 充当双模式信号检测器的功能：它们能够发挥受体操纵性兴奋性通道功能（受第二信使激活）或者通过结合特定的配体（即作为离子型受体）而被激活。就 TRPA1 而言，用于异硫氰酸烯丙酯的结合域处在 N 末端的尾部，其位于细胞质内[72]。因此，与 GR 化学感受器的配体截然不同，用于某些 TRP 通道的配体必须进入味觉细胞才能激活它。

水味

水的检测和消耗对所有动物在维持渗透稳态方面都是至关重要的。有趣的是，某些包括果蝇在内的昆虫都已经进化出通过它们的味觉感官系统来检测水的能力，这在早期的电生理研究中得到了确认[9,73,74]。这些研究表明大多数味觉感器中 GRN 的一个在用纯水或含有各种低浓度溶质的水刺激时会释放动作电位。Cameron 等[75]发现了一个用于水味的候选“受体”，他们使用一个有差别的分子筛选策略比较了野生型果蝇（具有完整数量的味觉神经元）和 *poxN* 突变果蝇（缺乏味觉神经元，但具有额外的机械感官神经元）唇须之间的转录丰度[76,77]。除了许多的富集化 *Gr* 基因，他们还鉴定出一些隶属于 PPK 家族的跨膜蛋白［与哺乳动物退化蛋白 / 上皮 Na^+ 通道家族（DEG/ENAC）有关］[78]。细胞表达分析和 Ca^{2+} 成像显示这些候选蛋白中的一个即 PPK28 在唇须的水神经元中有表达，并且 *Ppk28* 基因突变会消除这些神经元中的水响应，使该通道蛋白与水感应直接联系起来[75]。

盐味

就像哺乳动物一样，果蝇对 NaCl 表现出有差异的响应：在浓度大于 200 mmol · L^{-1} 时，果蝇表现出厌恶的行为学响应，而在一个低浓度（小于 100 mmol · L^{-1}）时，NaCl 引发刺激食欲的行为[6,7]（参阅第 16 章）。这些观察结果与电生理研究相联系，其确定出一个高的（最大放电速率为 NaCl 浓度大于 500 mmol · L^{-1}）和一个低的（最大放电速率约为 50 mmol · L^{-1}）盐响应性 GRN[2,9,18,74]。最近人们从成年果蝇中鉴定出了一个低盐味的候选基因[79]。利用完整的感器记录，该项研究的作者证明 *Ir76b* 突变体果蝇在用一个低浓度（50 mmol・L^{-1}）NaCl 刺激时放电速率明显下降而且失去对这种引诱剂刺激的进食偏好[79]。值得注意的是，许多通常被认为发挥四聚的、配体门控离子通道功能的 IR 蛋白被在味觉神经元中有表达（见下文），它们通常被认为发挥四聚的、配体门控离子通道的功能。奇怪的是，*Ir76b* 在许多嗅觉神经元中也有表达，它在其中的功能和其他 *Ir* 基因一道用于检测大量的气味分子[80]。

氨基酸、脂肪酸、羧酸

好几个观察结果都显示 GR 蛋白并不能介导所有的主要味觉通道。具体而言，人们尚未建立任一特异性 *Gr* 基因与除糖之外的营养性化学物质（包括氨基酸、羧酸和脂肪酸）检测之间的任何联系。尽管人们尚未建立感应氨基酸和羧酸的细胞学基础，但脂肪酸的味道却是由甜味 GRN 介导的[20]。即便如此，不含有任何已知的糖 *Gr* 基因的果蝇在细胞学和行为学两者水平上对这些化学物质都表现出正常的响应[81]。因为没有任何其他 *Gr* 基因在甜味 GRN 中表达的报道，似乎很可能其他受体会感知脂肪酸、氨基酸和羧酸。

这些化学物质中有些的候选受体是 IR 蛋白家族的成员（图 14–5）（参阅第 6 章）。IR 蛋白，其与离子型谷氨酸受体有关，是由节肢动物谱系中扩增迅速的一个巨大基因家族编码的[82]。人们在果蝇中鉴定出 66 个 *Ir* 基因，它们有 1/4 表达在毛形感器的嗅觉神经元中[12]。分子遗传学研究和电生理记录已经将一些 IR 蛋白跟胺类、挥发性羧酸，以及恶臭的动物死尸分解产物腐胺和尸胺的检测联系在一起[80,83,84]。

有趣的是，一个约有 15 个 *Ir* 基因的亚群表达在唇须和跗骨的 GRN 中[85]。这强烈表明基于 *Ir* 的味觉受体与基于 *Gr* 的味觉受体在感应食品化合物和可能的厌恶化学物质方面相互补充。尽管有人提出 *Ir76b* 在盐味中发挥一个潜在角色[79]，最近的表达研究却表明每个感器有多达 3 个 GRN 发现有 *Ir76b* 表达，包括某些苦味和甜味 GRN[81]（图 14–6）。这个观察结果表明，*Ir76b* 在好几种不同味觉通道中都发挥一定的作用，或许充当多聚的、基于 *Ir* 的味觉受体的一个通用亚基。无论如何，对 *Ir* 基因的详细表达和分子遗传分析对建立它们在味觉系统中的特定作用都是必不可少的。

DMXR 是一个属于 GPCR 超级家族的单独候选味觉受体且由基因 *Mangetout*(*Mtt*) 编码，它被证明对于感知天然存在的植物杀虫剂 L– 刀豆氨酸是不可或缺的[86]。DMXR 在系统发育上与代谢型谷氨酸受体相关，而且显示在异源表达系统中结合 L– 刀豆氨酸，

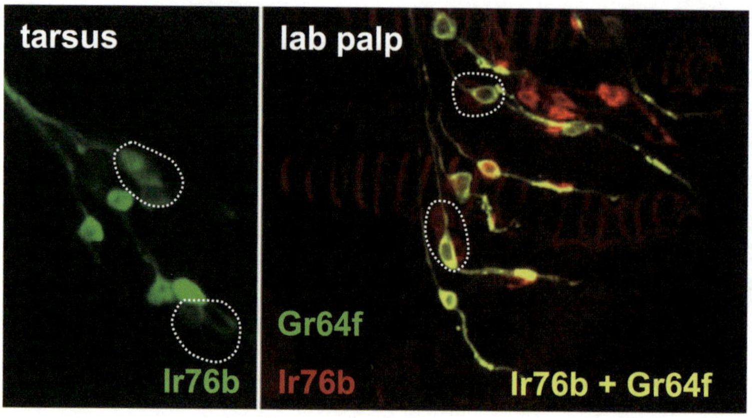

图 14-6 *Ir76b* 在唇须（lab palp）和跗骨（tarsus）GRN 中的表达。左图显示跗骨感器容纳有数个表达 *Ir76b* 的 GRN（标记为 *Ir76b-Gal4*）。单个感器的神经元用白色虚线显示。右图显示唇须中许多的感器还含有表达 *Ir76b* 的神经元（红色，用 *Ir76b-Gal4* 标记），其中之一还表达 *Gr64f*（绿色，用 *Gr64fLEXA* 标记）并使细胞呈黄色。然而，好多个细胞都未检测到 *Gr64f* 的表达

但不结合谷氨酸。一个针对 *Mtt* 基因的 GAL4 增强子捕获株揭示了在苦味 GRN 中的表达，在那里 DMXR 对感应 L-刀豆氨酸是必不可少的。此外，一个由 *Gαo47A* 基因编码的 Gα 蛋白被证明对 DMXR 介导的 L-刀豆氨酸规避行为也是必不可少的[87]。

味觉信号转导

人们对基于 *Gr* 或 *Ir* 的味觉受体的信号转导机制知之甚少，并且也是果蝇味觉生理学研究最少的领域。导致这种知识匮乏的主要原因有两个：首先，要对果蝇味觉神经元（或嗅觉神经元）进行膜片钳记录是不可能的，这限制了人们深入了解隐含在其激活背后的神经生理过程；其次，人们在异源系统中对味觉受体功能表达的尝试在很大程度上没有成功。一个成功进行异源表达的报道涉及 HEK 293 细胞和非洲爪蟾卵母细胞中的 GR43A[88]。在这些研究中，GR43A 被证明似乎发挥一个配体门控离子通道的功能，因为对 G 蛋白信号转导的药理学抑制并不干扰 Ca^{2+} 内流进入细胞。有人还报道了对于相关 OR 蛋白的类似观察结果[89]。然而，在第二项针对 OR 蛋白且同样使用一个异源表达系统的研究中，其结果表明 OR 配合物可能同时发挥了 GPCR 和配体门控离子通道的作用[90]。在这种情况下，有许多不同的 G 蛋白参与到了糖味之中[91-94]。不过，人们还不能完全清楚地确定这些基因在相关甜味 GRN 中的细胞需求。因此，GR 蛋白是否可以发挥 GPCR 的功能还需要做进一步的严格分析。

更不为人所知的是有关基于 *Ir* 的味觉受体的信号转导机制。它们与嗅觉系统中 *Ir* 蛋白的密切关系，以及它们与离子型谷氨酸受体的相似性表明基于 *Ir* 的味觉受体为多聚体复合物。离子型谷氨酸受体在哺乳动物中起离子通道的作用，使其在谷氨酸发生结合时允许 Na^{+} 和 Ca^{2+} 离子内流，导致细胞膜去极化和产生动作电位。然而，人们对于气味分子结合基于 *Ir* 的嗅觉受体后导致嗅觉神经元激活的信号转导机制却一无所知。

最后，*norpA*（No receptor potential A）基因编码一个对眼中的视觉转导必不可少的磷脂酶 C，它同样参与了对脂肪酸的感应[20]和通过 TRPA1 实现的对马兜铃酸的检测[95]，尽管人们还不清楚这些刺激对应的受体。

总之，对基于 *Gr*、*Trp* 和 *Ir* 的受体信号转导知识目前还缺乏系统而全面的了解。人们需要开发更为直接的电生理记录方法例如 GRN 的膜片钳记录方法，以及适用性更为广泛的异源表达系统，最终使我们在对味觉受体信号转导机制理解方面取得实质性的进步。

幼虫的味觉感知

在大多数昆虫中，幼虫的味觉系统与成虫（成年阶段）的味觉系统相比都是相当简单的。这种差异反映了成年昆虫和幼虫各不相同的生活方式：成年昆虫的生活特征包括大量的运动活动，以寻找交配对象和食物并逃避掠食者及其他不利条件，而在幼虫生长过程中该动物被限制在一个很小的生物栖息地，在那里它最主要的活动是进食。实际上，果蝇幼虫栖息地为一个单独的果实，它们在那里以卵的形式被产下。

Gr 基因的神经解剖学研究和表达研究两者都证明了果蝇幼虫的味觉系统相比成年果蝇具有较对简单性（图 14-6）。一个果蝇幼虫的味觉神经元数量约为 70 个，它们位于 3 个外部的感觉结构背部、末端和腹部器官上，以及 3 个小的咽簇上［图 14-7（A）］[2,96]。与它们预先确定的生活环境相一致，幼虫并不表达 8 个糖 *Gr* 基因中任何的一个[96]，但依赖营养成分传感器 *Gr43a*，该传感器在一些味觉神经元和好几个大脑的神经元中有表达［图 14-7（B）和（C）］[97]。因此，幼虫极有可能利用味觉神经元来检测果糖，并通过进食后化学感应机制来检测其他营养性糖类，这些糖在被摄取时会转化为循环果糖从而激活表达 *Gr43a* 的大脑神经元[97]。相比之下，许多苦味 *Gr* 基因在幼虫中有表达[96]，反映出它们需要避开一个水果中含有来自繁殖微生物潜在有毒副产物的区域的需求。

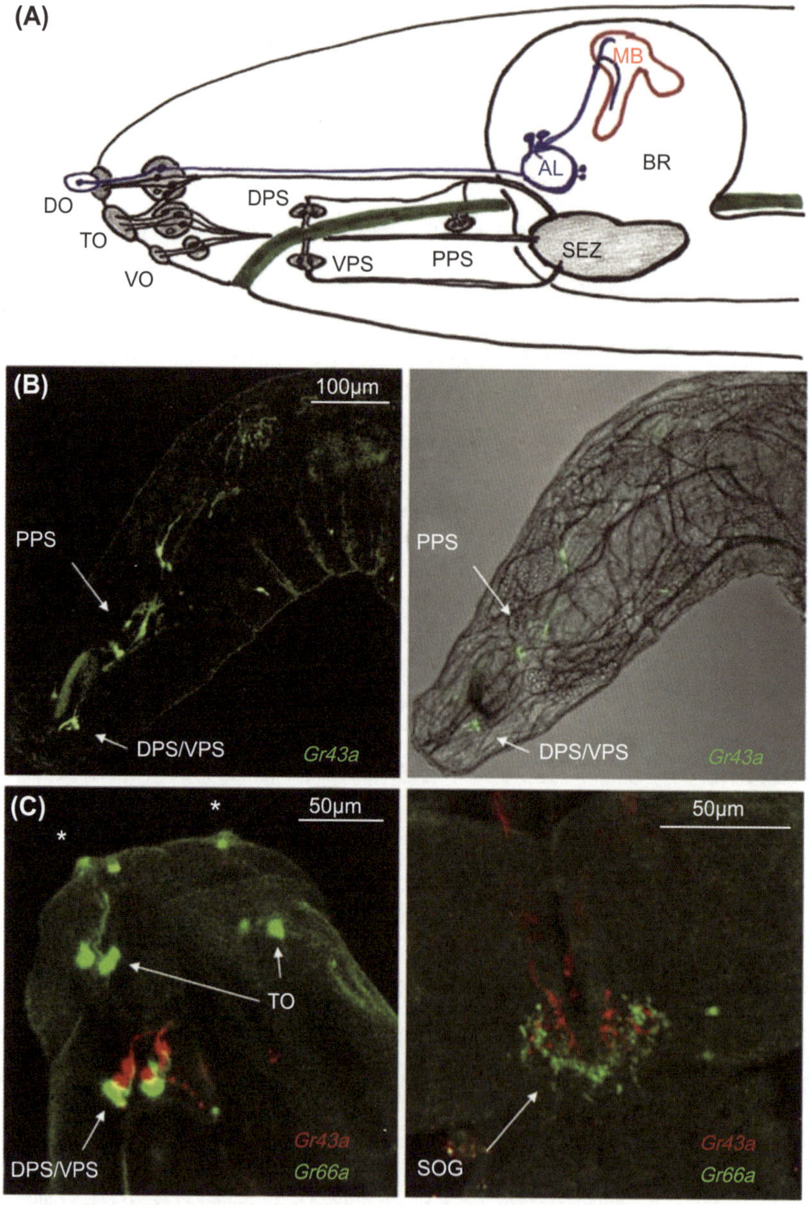

图 14-7　幼虫味觉系统。(A) 幼虫中味觉系统图。背侧、末端和腹部器官 (DO、TO、VO) 带有外周味觉神经元，而背侧、腹部和后咽感觉器官 (DPS、VPS 和 PPS) 位于咽部之内。所有这些神经元都投射至大脑 (BR) 的食管下区域 (SEZ)。DO 还带有嗅觉神经元，投射至触角叶 (AL)。MB，蘑菇体。(B) 一个表达果糖传感器 *Gr43a* 的幼虫荧光 (左) 和亮场 (右) 图像。*Gr43a* (绿色) 在所有的内部味觉器官 (DPS、VPS 和 PPS) 中都有表达，但不在外周味觉器官中表达。(C) 苦味受体 *Gr66a* (绿色) 表达在截然不同于 *Gr43a* (红色) 的 DPS/VPS 神经元中，并且各个神经元向不同的 SEZ 区域 (左) 投射。经许可转载自参考文献 [97]

像成年果蝇一样，幼虫也对低浓度食盐和高浓度食盐表现相似的接受和排斥行为[98,99]。令人惊讶的是，有人认为幼虫用于食盐感应的候选基因完全不同于成年果蝇。退化蛋白/上皮 Na^+ 通道（DEG/ENAC）蛋白家族成员参与到哺乳动物的盐味之中[100,101]，促使 Liu 及其同事考察了它们的昆虫直系同源物即 PPK 蛋白在幼虫盐味中的潜在作用[102]。通过表达显性抑制 PPK 亚型，这些作者发现 *Ppk11* 和 *Ppk19* 基因对高浓度盐的规避行为是必不可少，这一观察结果最近得到了另一个研究小组对于 *Ppk19* 的确认[103]。然而，在成年果蝇中，*ppk11* 并不在味觉神经元中表达，而是发现存在于味觉感器的支持细胞中[32,79]，暗示这两个不同的生命阶段采用了不同的盐感应机制。最后，在幼虫中还表达许多的 *Ir* 基因[104]，这表明该受体基因家族在这两个最主要的生命过程的味觉感知中都扮演了一个非常重要的角色。

味觉受体的非味觉功能

随着研究开始涵盖几乎所有的 *Gr* 基因并且涉及味觉器官以外的组织，人们报道了一些令人惊讶的观察结果：有几个 *Gr* 基因会表达在嗅觉神经元[36,43,105,106]（参阅第 6 章）、大脑、前胃和卵巢[33]、肠道[107]，以及众多并不与化学感应有关联的感官神经元[108]中。在几个案例中还利用各个基因突变体的分子遗传学分析确定了新的、非味觉相关的功能[108–110]。值得注意的是，所有显示有非味觉功能或怀疑有非味觉功能的 *Gr* 基因在整个物种中都是高度保守的，表明它们服务于节肢动物共同的重要过程。

嗅觉系统中的 *Gr* 基因

Gr21a 和 *Gr63a* 是最先显示出非经典表达的两个基因[43,105,106]。它们两个都只表达在 ab1C 嗅觉神经元中，而这些神经元被狭窄调节至二氧化碳（CO_2）。高浓度的 CO_2 对果蝇是一个应激信号并会导致规避行为[111]。*Gr21a* 突变造成 ab1C 嗅觉神经元中一个 CO_2 诱导动作电位的丧失。此外，在缺乏内源表达 *Or* 基因的 ab3A 嗅觉神经元中，*Gr21a* 和 *Gr63a* 的共表达（但非单个表达）可传递 CO_2 敏感性，表明这两种蛋白不可或缺而且足以形成一个异聚的 CO_2 受体[105,106]。*Gr21a* 和 *Gr63* 在包括蚊子在内的大多数昆虫中都是高度保守的，它们需要用其来感应 CO_2，一种吸血昆虫通用的宿主引诱剂[98,112,113]。

除了 *Gr21a* 和 *Gr63a*，在嗅觉神经元中还会表达 3 个糖 *Gr* 基因 *Gr5a*、*Gr64b* 和 *Gr64f*[36]。然而，它们在嗅觉中的功能尚未得到人们确定。一种有趣的可能是果蝇触角中的 OSN 能够感应到糖类，这并不离奇，因为膜翅类昆虫的触角也可以充当味觉器官。不过，也可以想象到 OR 和 GR 蛋白结合形成了新的化学感受器或者 OSN 在突触后末端表达基于 GR 的化学传感器用于检测调节 OSN 活性的信号[36]。

GR 蛋白作为大脑营养素传感器

Gr 基因的非经典表达并不受限于嗅觉系统。最为明显的例子是 *Gr43a*，它表达在大脑里的少量神经元中[33]。这里，*Gr43a* 发挥一个内部营养素传感器的功能，其激活则通过饮食果糖摄入或摄入饮食糖类时（葡萄糖、蔗糖等）血淋巴中果糖水平的升高完成，而饮食糖类的一部分在摄入时转化成为果糖。*Gr43a* 神经元激活时会以一个满足感依赖方式调节果蝇的进食行为。具体来说，*Gr43a* 对于饥饿的果蝇高效进食和饱食的果蝇停止进食都是至关重要的[33]。有趣的是，*Gr43a* 脑神经元还会表达第二个糖受体基因 *Gr64a*[36]。然而，*Gr64a* 对于通过果糖激活脑神经元并非必需，表明在前脑中有一组大脑神经元“读取”了内部的两种不同水平的糖。

其他、非经典表达 *Gr* 基因

除了大脑和嗅觉系统，*Gr* 基因还表达在其他几个组织中，包括前胃和子宫（*Gr43a*）[33,97]、肠道（许多苦味 *Gr* 基因）[107]，以及各种各样的神经元和非神经元细胞类型（*Gr28a*、*Gr28b.a-Gr28b.e*）[108]。特别令人感兴趣的是 6 个高度保守的 *Gr28* 基因，这是因为它们在大脑、幼虫和成虫的许多身体感官神经元，以及肠道中的绛色细胞（oenocytes）和细胞中表达时基本上不重叠[108]。这个基因家族的成员通过多树突状神经元参与了幼虫的光感应[110]并通过阿里斯特（ariste）感官神经元介导了温度感应[109]。因此，对 GR28 配体的鉴定对阐明这些基因可能具有的众多不同作用应该有非常重要的价值。至于 *Ir* 基因，还没有除嗅觉和味觉系统之外表达的报道，尽管对内部组织进行一个详细的研究尚有待进行。

参考文献

[1] Morgan TH, et al. *The Mechanism of Mendelian Heredity*. New York: Henry Holt; 1915.

[2] Stocker RF. The organization of the chemosensory system in *Drosophila melanogaster*: a review. *Cell Tissue Res*. 1994;275(1):3-26.

[3] Dethier VG. *The Hungry Fly: A Physiological Study of the Behavior Associated with Feeding*. Cambridge MA:

Harvard University Press; 1976.

[4] Dethier VG, Goldrich-Rachman N. Anesthetic stimulation of insect water receptors. *Proc Natl Acad Sci USA*. 1976;73(9):3315-3319.

[5] Omand E, Dethier VG. An electrophysiological analysis of the action of carbohydrates on the sugar receptor of the blowfly. *Proc Natl Acad Sci USA*. 1969;62(1):136-143.

[6] Dethier VG, Hanson FE. Electrophysiological responses of the chemoreceptors of the blowfly to sodium salts of fatty acids. *Proc Natl Acad Sci USA*. 1968;60(4):1296-1303.

[7] Dethier VG. Chemosensory input and taste discrimination in the blowfly. *Science*. 1968;161(3839):389e391.

[8] Morita H. Transduction process and impulse initiation in insect contact chemoreceptors. *Zool Sci*. 1992;9:1e16.

[9] Fujishiro N, Kijima H, Morita H. Impulse frequency and action potential amplitude in labellar chemosensory neurons of *Drosophila melanogaster*. *J Insect Physiol*. 1984;30(4):317-325.

[10] Nayak SV, Singh RN. Sensilla on the tarsal segments and mouth parts of adult *Drosophila melaogaster* meigen. *Int J Insect Morphol Embryol*. 1983;12:273-291.

[11] Liman ER, Zhang YV, Montell C. Peripheral coding of taste. *Neuron*. 2014;81(5):984-1000.

[12] Vosshall LB, Stocker RF. Molecular architecture of smell and taste in *Drosophila*. *Annu Rev Neurosci*. 2007;30:505-533.

[13] Weiss LA, et al. The molecular and cellular basis of bitter taste in *Drosophila*. *Neuron*. 2011;69(2):258-272.

[14] Moon SJ, et al. A *Drosophila* gustatory receptor essential for aversive taste and inhibiting male-to-male courtship. *Curr Biol*. 2009;19(19):1623-1627.

[15] Lee Y, Moon SJ, Montell C. Multiple gustatory receptors required for the caffeine response in *Drosophila*. *Proc Natl Acad Sci USA*. 2009;106(11):4495-4500.

[16] Wang Z, et al. Taste representations in the *Drosophila* brain. *Cell*. 2004;117(7):981-991.

[17] Thorne N, et al. Taste perception and coding in *Drosophila*. *Curr Biol*. 2004;14(12):1065-1079.

[18] Meunier N, et al. Peripheral coding of bitter taste in *Drosophila*. *J Neurobiol*. 2003;56(2):139-152.

[19] Toshima N, et al. Genetic variation in food choice behaviour of amino acid-deprived *Drosophila*. *J Insect Physiol*. 2014;69:89-94.

[20] Masek P, Keene AC. *Drosophila* fatty acid taste signals through the PLC pathway in sugar-sensing neurons. *PLoS Genet*. 2013;9(9):e1003710.

[21] Toshima N, Tanimura T. Taste preference for amino acids is dependent on internal nutritional state in *Drosophila melanogaster*. *J Exp Biol*. 2012;215(Pt 16):2827-2832.

[22] Chen Y, Amrein H. Enhancing perception of contaminated food through acid-mediated modulation of taste neuron responses. *Curr Biol*. 2014;24(17):1969-1977.

[23] Fischler W, et al. The detection of carbonation by the *Drosophila* gustatory system. *Nature*. 2007; 448(7157): 1054-1057.

[24] Vogt RG, Prestwich GD, Lerner MR. Odorant-binding-protein subfamilies associate with distinct classes of olfactory receptor neurons in insects. *J Neurobiol*. 1991;22(1):74-84.

[25] Galindo K, Smith DP. A large family of divergent *Drosophila* odorant-binding proteins expressed in gustatory and olfactory sensilla. *Genetics*. 2001;159(3):1059-1072.

[26] Jeong YT, et al. An odorant-binding protein required for suppression of sweet taste by bitter chemicals. *Neuron*. 2013;79(4):725-737.

[27] Stocker RF, Schorderet M. Cobalt filling of sensory projections from internal and external mouthparts in *Drosophila*. *Cell Tissue Res*. 1981;216(3):513-523.

[28] Marella S, et al. Imaging taste responses in the fly brain reveals a functional map of taste category and behavior. *Neuron*. 2006;49(2):285-295.

[29] Hodgson ES, Roeder KD. Physiology of primary chemoreceptor unit. *Science*. 1955;122:417-418.

[30] Tanimura T, et al. Neurophysiology of gustatory receptor neurones in *Drosophila*. *Seb Exp Biol Ser*. 2009;63:59-76.

[31] Miyamoto T, et al. Identification of a *Drosophila* glucose receptor using Ca(2+) imaging of single chemosensory neurons. *PLoS One*. 2013;8(2):e56304.

[32] Thistle R, et al. Contact chemoreceptors mediate male-male repulsion and male-female attraction during *Drosophila* courtship. *Cell*. 2012;149(5):1140-1151.

[33] Miyamoto T, et al. A fructose receptor functions as a nutrient sensor in the *Drosophila* brain. *Cell*. 2012; 151(5): 1113-1125.

[34] Nakai J, Ohkura M, Imoto K. A high signal-to-noise Ca(2+) probe composed of a single green fluorescent protein. *Nat Biotechnol*. 2001;19(2):137-141.

[35] Slone J, Daniels J, Amrein H. Sugar receptors in *Drosophila*. *Curr Biol*. 2007;17(20):1809-1816.

[36] Fujii S, et al. *Drosophila* sugar receptors in sweet taste perception, olfaction, and internal nutrient sensing. *Curr Biol*. 2015;25(5):621-627.

[37] Tanimura T, et al. Genetic dimorphism in the taste senitivity to trehalose in *Drosophila melanogaster*. *J Comp Physiol*. 1982;141:433-473.

[38] Amrein H, Thorne N. Gustatory perception and behavior in *Drosophila melanogaster*. *Curr Biol*. 2005; 15(17): R673-R684.

[39] Moon SJ, et al. A taste receptor required for the caffeine response in vivo. *Curr Biol*. 2006;16(18):1812-1817.

[40] Ja WW, et al. Prandiology of *Drosophila* and the CAFE assay. *Proc Natl Acad Sci USA*. 2007;104(20):8253-8256.

[41] Joseph RM, et al. Oviposition preference for and positional avoidance of acetic acid provide a model for competing behavioral drives in *Drosophila*. *Proc Natl Acad Sci USA*. 2009;106(27):11352-11357.

[42] Bridges M, Mattice M. Over two thousand estimations of the pH of representative foods. *Am J Dig Dis*. 1939;6(7):440-449.

[43] Scott K, et al. A chemosensory gene family encoding candidate gustatory and olfactory receptors in *Drosophila*. *Cell*. 2001;104(5):661-673.

[44] Dunipace L, et al. Spatially restricted expression of candidate taste receptors in the *Drosophila* gustatory system. *Curr Biol*. 2001;11(11):822-835.

[45] Clyne PJ, Warr CG, Carlson JR. Candidate taste receptors in *Drosophila*. *Science*. 2000;287(5459):1830-1834.

[46] Robertson HM, Warr CG, Carlson JR. Molecular evolution of the insect chemoreceptor gene superfamily in *Drosophila melanogaster*. *Proc Natl Acad Sci USA*. 2003;100(suppl 2):14537-14542.

[47] Robertson HM. The insect chemoreceptor superfamily in *Drosophila pseudoobscura*: molecular evolution of ecologically-relevant genes over 25 million years. *J Insect Sci*. 2009;9:18.

[48] Penalva-Arana DC, Lynch M, Robertson HM. The chemoreceptor genes of the waterflea *Daphnia pulex*: many Grs but no Ors. *BMC Evol Biol*. 2009;9:79.

[49] Kent LB, Robertson HM. Evolution of the sugar receptors in insects. *BMC Evol Biol*. 2009;9:41.

[50] Wanner KW, Robertson HM. The gustatory receptor family in the silkworm moth *Bombyx mori* is characterized by a large expansion of a single lineage of putative bitter receptors. *Insect Mol Biol*. 2008;17(6):621-629.

[51] Kent LB, Walden KK, Robertson HM. The Gr family of candidate gustatory and olfactory receptors in the yellow-fever mosquito *Aedes aegypti*. *Chem Senses*. 2008;33(1):79-93.

[52] Robertson HM, Wanner KW. The chemoreceptor superfamily in the honey bee, *Apis mellifera*: expansion of the odorant, but not gustatory, receptor family. *Genome Res*. 2006;16(11):1395-1403.

[53] Ling F, et al. The molecular and cellular basis of taste coding in the legs of *Drosophila*. *J Neurosci*. 2014;34(21):7148-7164.

[54] Nelson G, et al. Mammalian sweet taste receptors. *Cell*. 2001;106(3):381-390.

[55] Montmayeur JP, et al. A candidate taste receptor gene near a sweet taste locus. *Nat Neurosci*. 2001; 4(5):492-498.

[56] Ueno K, et al. Trehalose sensitivity in *Drosophila* correlates with mutations in and expression of the gustatory receptor gene Gr5a. *Curr Biol*. 2001;11(18):1451-1455.

[57] Dahanukar A, et al. A Gr receptor is required for response to the sugar trehalose in taste neurons of *Drosophila*. *Nat*

Neurosci. 2001;4(12):1182-1186.

[58] Jiao Y, et al. Gr64f is required in combination with other gustatory receptors for sugar detection in *Drosophila. Curr Biol.* 2008;18(22):1797-1801.

[59] Jiao Y, Moon SJ, Montell C. A *Drosophila* gustatory receptor required for the responses to sucrose, glucose, and maltose identified by mRNA tagging. *Proc Natl Acad Sci USA.* 2007;104(35):14110-14115.

[60] Dahanukar A, et al. Two Gr genes underlie sugar reception in *Drosophila. Neuron.* 2007;56(3):503-516.

[61] Yavuz A, et al. A genetic tool kit for cellular and behavioral analyses of insect sugar receptors. *Fly (Austin).* 2014;8(4):189-196.

[62] Benton R, et al. Atypical membrane topology and heteromeric function of *Drosophila* odorant receptors in vivo. *PLoS Biol.* 2006;4(2):e20.

[63] Lee Y, et al. Gustatory receptors required for avoiding the insecticide L-canavanine. *J Neurosci.* 2012;32(4):1429-1435.

[64] Lee Y, Kim SH, Montell C. Avoiding DEET through insect gustatory receptors. *Neuron.* 2010;67(4):555-561.

[65] Miyamoto T, Amrein H. Courtship suppression by a *Drosophila* pheromone receptor. *Nat Neurosci.* 2008;11:874-876.

[66] Wang L, et al. Hierarchical chemosensory regulation of male-male social interactions in *Drosophila. Nat Neurosci.* 2011;14(6):757-762.

[67] Julius D. TRP channels and pain. *Annu Rev Cell Dev Biol.* 2013;29:355-384.

[68] Al-Anzi B, Tracey Jr WD, Benzer S. Response of *Drosophila* to wasabi is mediated by painless, the fly homolog of mammalian TRPA1/ANKTM1. *Curr Biol.* 2006;16(10):1034-1040.

[69] Kang K, et al. Analysis of *Drosophila* TRPA1 reveals an ancient origin for human chemical nociception. *Nature.* 2010;464(7288):597-600.

[70] Kwon Y, et al. *Drosophila* TRPA1 channel is required to avoid the naturally occurring insect repellent citronellal. *Curr Biol.* 2010;20(18):1672-1678.

[71] Kang K, et al. Modulation of TRPA1 thermal sensitivity enables sensory discrimination in *Drosophila. Nature.* 2012;481(7379):76-80.

[72] Jordt SE, et al. Mustard oils and cannabinoids excite sensory nerve fibres through the TRP channel ANKTM1. *Nature.* 2004;427(6971):260-265.

[73] Inoshita T, Tanimura T. Cellular identification of water gustatory receptor neurons and their central projection pattern in *Drosophila. Proc Natl Acad Sci USA.* 2006;103(4):1094-1099.

[74] Hiroi M, et al. Two antagonistic gustatory receptor neurons responding to sweet-salty and bitter taste in *Drosophila. J Neurobiol.* 2004;61(3):333-342.

[75] Cameron P, et al. The molecular basis for water taste in *Drosophila. Nature.* 2010;465(7294):91e95.

[76] Awasaki T, Kimura K. Pox-neuro is required for development of chemosensory bristles in *Drosophila. J Neurobiol.* 1997;32(7):707-721.

[77] Boll W, Noll M. The Drosophila Pox neuro gene: control of male courtship behavior and fertility as revealed by a complete dissection of all enhancers. *Development.* 2002;129(24):5667-5681.

[78] Kellenberger S, Schild L. Epithelial sodium channel/degenerin family of ion channels: a variety of functions for a shared structure. *Physiol Rev.* 2002;82(3):735-767.

[79] Zhang YV, Ni J, Montell C. The molecular basis for attractive salt-taste coding in *Drosophila. Science.* 2013;340(6138):1334-1338.

[80] Abuin L, et al. Functional architecture of olfactory ionotropic glutamate receptors. *Neuron.* 2011;69(1):44-60.

[81] Ahn JE, Chen Y, Amrein H. *Identification of an Ionotropic Receptor Necessary for the Taste of Fatty Acids.* 2015 [submitted for publication].

[82] Croset V, et al. Ancient protostome origin of chemosensory ionotropic glutamate receptors and the evolution of insect taste and olfaction. *PLoS Genet.* 2010;6(8):e1001064.

[83] Benton R, et al. Variant ionotropic glutamate receptors as chemosensory receptors in *Drosophila*. *Cell*. 2009;136(1):149-162.

[84] Yao CA, Ignell R, Carlson JR. Chemosensory coding by neurons in the coeloconic sensilla of the *Drosophila* antenna. *J Neurosci*. 2005;25(37):8359-8367.

[85] Koh TW, et al. The *Drosophila* IR20a clade of ionotropic receptors are candidate taste and pheromone receptors. *Neuron*. 2014;83(4):850-865.

[86] Mitri C, et al. Plant insecticide L-canavanine repels *Drosophila* via the insect orphan GPCR DmX. *PLoS Biol*. 2009;7(6):-1000147.

[87] Devambez I, et al. Galphao is required for L-canavanine detection in *Drosophila*. *PLoS One*. 2013;8(5):e63484.

[88] Sato K, Tanaka K, Touhara K. Sugar-regulated cation channel formed by an insect gustatory receptor. *Proc Natl Acad Sci USA*. 2011;108(28):11680-11685.

[89] Sato K, et al. Insect olfactory receptors are heteromeric ligand-gated ion channels. *Nature*. 2008;452(7190):1002-1006.

[90] Wicher D, et al. *Drosophila* odorant receptors are both ligand-gated and cyclic-nucleotide-activated cation channels. *Nature*. 2008;452(7190):1007-1011.

[91] Bredendiek N, et al. Go alpha is involved in sugar perception in *Drosophila*. *Chem Senses*. 2011;36(1):69-81.

[92] Kain P, et al. Mutants in phospholipid signaling attenuate the behavioral response of adult *Drosophila* to trehalose. *Chem Senses*. 2010;35(8):663-673.

[93] Ueno K, et al. Gsalpha is involved in sugar perception in *Drosophila melanogaster*. *J Neurosci*. 2006; 26(23): 6143-6152.

[94] Ishimoto H, et al. G-protein gamma subunit 1 is required for sugar reception in *Drosophila*. *EMBO J*. 2005;24(18):3259-3265.

[95] Kim SH, et al. *Drosophila* TRPA1 channel mediates chemical avoidance in gustatory receptor neurons. *Proc Natl Acad Sci USA*. 2010;107(18):8440-8445.

[96] Kwon JY, et al. Molecular and cellular organization of the taste system in the *Drosophila* larva. *J Neurosci*. 2011;31(43):15300-15309.

[97] Mishra D, et al. The molecular basis of sugar sensing in *Drosophila* larvae. *Curr Biol*. 2013;23(15):1466-1471.

[98] Miyakawa Y. Behavioural evidence for the existence of sugar, salt and amino acid taste receptor cells and some of their propterties in *Drosophila* larvae. *J Insect Physiol*. 1982;28:405-410.

[99] Heimbeck G, et al. Smell and taste perception in *Drosophila melanogaster* larva: toxin expression studies in chemosensory neurons. *J Neurosci*. 1999;19(15):6599-6609.

[100] Lin W, et al. Epithelial Na^+ channel subunits in rat taste cells: localization and regulation by aldosterone. *J Comp Neurol*. 1999;405(3):406-420.

[101] Kretz O, et al. Differential expression of RNA and protein of the three pore-forming subunits of the amiloride-sensitive epithelial sodium channel in taste buds of the rat. *J Histochem Cytochem*. 1999;47(1):51-64.

[102] Liu L, et al. Contribution of *Drosophila* DEG/ENaC genes to salt taste. *Neuron*. 2003;39(1):133-146.

[103] Alves G, et al. High-NaCl perception in *Drosophila melanogaster*. *J Neurosci*. 2014;34(33):10884-10891.

[104] Stewart S, et al. Candidate ionotropic taste receptors in the *Drosophila* larva. *Proc Natl Acad Sci USA*. 2015;112(14):4195-4201.

[105] Jones WD, et al. Two chemosensory receptors together mediate carbon dioxide detection in *Drosophila*. *Nature*. 2007;445(7123):86-90.

[106] Kwon JY, et al. The molecular basis of CO_2 reception in *Drosophila*. *Proc Natl Acad Sci USA*. 2007; 104(9):3574-3578.

[107] Park JH, Kwon JY. Heterogeneous expression of *Drosophila* gustatory receptors in enteroendocrine cells. *PLoS One*. 2011;6(12):e29022.

[108] Thorne N, Amrein H. Atypical expression of *Drosophila* gustatory receptor genes in sensory and central neurons. *J*

Comp Neurol. 2008;506(4):548-568.

[109] Ni L, et al. A gustatory receptor paralogue controls rapid warmth avoidance in *Drosophila*. *Nature*. 2013;500(7464):580-584.

[110] Xiang Y, et al. Light-avoidance-mediating photoreceptors tile the *Drosophila* larval body wall. *Nature*. 2010;468(7326):921-926.

[111] Suh GS, et al. A single population of olfactory sensory neurons mediates an innate avoidance behaviour in *Drosophila*. *Nature*. 2004;431(7010):854-859.

[112] DeGennaro M, et al. Orco mutant mosquitoes lose strong preference for humans and are not repelled by volatile DEET. *Nature*. 2013;498(7455):487-491.

[113] Turner SL, et al. Ultra-prolonged activation of CO_2-sensing neurons disorients mosquitoes. *Nature*. 2011;474(7349):87-91.

CHAPTER 15

第 15 章 G 蛋白耦联味觉转导

苏・C. 金纳蒙

科罗拉多大学医学院耳鼻咽喉系，美国科罗拉多州奥罗拉

概　要

引　言

味蕾是味觉感受的转导元件，它们位于舌头表面的结缔组织乳头中而且散布在软腭、喉部和会厌上皮的所有角落。每个味蕾含有 50~100 个从基膜伸展到上皮表面的细长状味觉细胞，顶端微绒毛上的受体在那里检测并转导有味道的化学物质并最终引起味觉细胞释放递质，从而激活味觉神经纤维。至少可以将味觉系统划分成 5 种各不相同的通道——甜味、咸味、苦味、酸味和鲜味。咸味［氯化钠（NaCl）和其他盐类］和酸味（酸类）刺激物在本质上是离子性的，而且主要依靠处在顶端位置的离子通道进行转导。这些机制将在第 16 章中讨论。甜味（糖类和甜味剂）、苦味（生物碱和其他化合物），以及鲜味（谷氨酸和 5′-核糖核苷酸）刺激物在结构上更加复杂并需

要 GPCR 进行转导。由于在 20 世纪 90 年代初小鼠和人类基因组数据库变得容易得到，人们主要通过基因挖掘对味觉 GPCR 的分子身份进行了鉴定和表征。这些受体在第 13 章中介绍过，本章则重点介绍味觉受体下游细胞内的信号转导效应物（G 蛋白、效应酶、第二信使和靶标），以及三磷酸腺苷（ATP）作为一个激活味觉传入纤维递质的作用。

味觉细胞类型和神经支配

尽管本章侧重于转导，但是仍需要一些味蕾及其神经支配的背景知识才能对生理学研究有适当的了解。舌头前面有 2/3 的味蕾处在真菌状乳头中并受面部神经鼓索支（CN Ⅶ）神经支配，而舌头后面的味蕾则位于叶状乳头和轮廓状乳突中并主要由舌咽神经（CN Ⅸ）进行支配。软腭中的味蕾受一个不同的面部神经分支即岩大神经的支配，而喉部的味蕾则由一个迷走神经的分支（CN Ⅹ）即喉上神经进行支配。

无论味蕾处在什么样的位置，每一个味蕾都含有 3 种类型的拉长细胞和大量增殖的基底细胞，从而产生新的味觉细胞。Ⅰ型细胞或神经胶质样细胞约占味蕾的一半并主要具有支持功能，这类似于神经系统的星形细胞。Ⅰ型细胞的细胞膜以类似神经胶质的方式包裹味蕾中的其他细胞，而且表达用于递质吸收和降解的酶[1]。Ⅱ型细胞或“受体细胞”是本章的主要焦点，其包含有味觉 GPCR 及苦味、甜味和鲜味刺激物的下游效应物[2,3]。Ⅱ型细胞占味蕾细胞总数的 30%~40%，其余的 10%~15% 是Ⅲ型细胞。Ⅲ型细胞或“突触前细胞”之所以如此命名是因为它们是味蕾中唯一与传入神经纤维形成常规突触的细胞，而传入神经纤维含有突触前和突触后特化作用[4,5]。这些细胞对酸味[6]、碳酸化[7]和一些咸味物质[8]（图 15–1）。Ⅱ型细胞和Ⅲ型细胞两者都有电兴奋性，拥有电压门控的钠离子（Na^+）和钾离子（K^+）通道[9–12]，并有规律地产生对味觉刺激物的动作电位[13]。曾经有人认为，由于Ⅲ型细胞与味蕾中的神经纤维只具有传统的突触连接，因此需要Ⅲ型细胞来完成所有味觉特征的传递。然而，当用白喉毒素导致Ⅲ型细胞脱落时，被消除的只有酸味和一部分的咸味响应[8,14]，证实了Ⅱ型细胞也向传入神经纤维直接发出信号，只不过有可能使用一个非常规的突触机制。

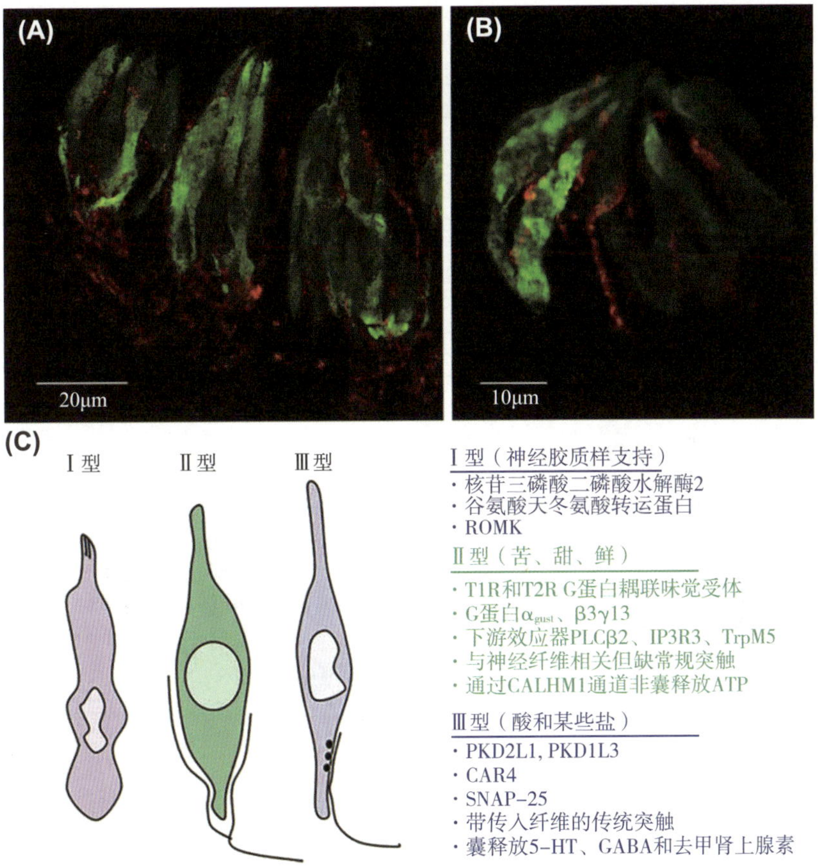

图 15-1　一个叶状乳头（A）和软腭（B）中味蕾的共焦 z-堆叠图，来自一个表达从 *Trpm5* 启动子得到绿色荧光蛋白（GFP）的转基因小鼠。Ⅱ型细胞（绿色）用 GFP 标记，而传入神经纤维（红色）用一个针对嘌呤能受体 $P2X_3$ 的抗体标记（图片由落基山味觉与嗅觉中心的 Thomas Finger 等提供）。（C）Ⅰ型、Ⅱ型和Ⅲ型味觉细胞的示意图，显示每种细胞类型的主要标记物。神经胶质样Ⅰ型细胞表达用于递质降解和吸收的酶及 ROMK，ROMK 是一个位于顶端的调节味蕾周围环境中的 K^+ 水平的通道蛋白。Ⅱ型细胞表达供苦味、甜味和鲜味味觉转导用的受体和下游效应物并通过离子通道 CALHM1 释放三磷酸腺苷。Ⅲ型细胞表达供酸味、碳酸化［介导物为碳酸酐酶 4（CAR4）］和可能的咸味用的假定受体和效应物，尽管尚不清楚其转导机制

G 蛋白耦联受体

GPCR 不仅充当味觉受体的功能，而且还充当视觉和嗅觉刺激物，以及许多神经调节剂和激素受体的功能。所有的 GPCR 都具有 7 个跨膜结构域，其中细胞外的 N 端区域参与配体的结合而细胞内的 C 端则与一个异源三聚体 G 蛋白相关联，而 G 蛋白包含一个 α 亚基和一个 βγ 异源二聚体（图 15-2）。Gα 亚基具有一个核苷酸结合结构域，并且

在受体非活性（未结合）状态下，Gα 亚基是与二磷酸鸟苷（GDP）结合的。当发生配体结合时，GDP 被三磷酸鸟苷（GTP）所取代并且 α 亚基和 βγ 亚基从受体解离并彼此解离。α 亚基和 βγ 亚基两者都能够瞄准效应物酶靶标从而产生第二信使，而第二信使反过来又瞄准离子通道和其他细胞内蛋白质（例如激酶）。GPCR 信号转导通过 α 亚基的内源性三磷酸酶鸟苷酶（GTP 酶）活性而终止，而这个 α 亚基的活性可通过 G 蛋白调节剂调节。所有 GPCR 信号转导的一个共同特征是信号放大，其中一个单独的配体分子可有效产生数百个第二信使分子，而它们每个都可调节离子通道的功能。

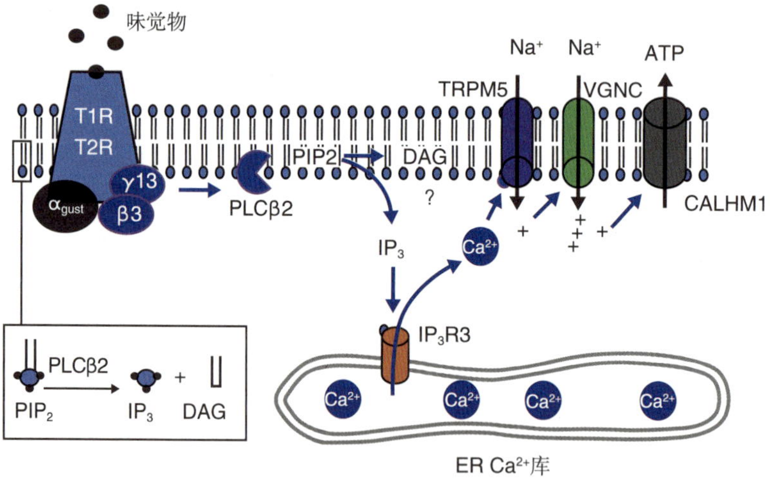

图 15-2　介导苦味、甜味和鲜味味觉转导的 Gβγ 途径。发生受体结合时，Gβγ 从味觉受体（2 型味觉受体或 1 型味觉受体）发生解离以激活磷脂酶 C β2（PLCβ2），从而将膜脂质磷脂酰肌醇-4,5-二磷酸（PIP_2）裂解为在膜上保留的二酰基甘油（DAG）和三磷酸肌醇（IP_3），后者溶于胞浆并与处在内质网（ER）膜上的 3 型三磷酸肌醇受体（IP_3R3）结合。与 IP_3R3 结合后，Ca^{2+} 从 Ca^{2+} 库中释放出来，使细胞内 Ca^{2+} 升高，接着直接激活单价阳离子通道 TRPM5。通过 TRPM5 的 Na^+ 内流会激活电压门控的 Na^+ 通道（VGNC），其通过产生动作电位进一步使膜去极化。强的去极化会激活电压门控三磷酸腺苷（ATP）释放通道 CALHM1，其释放 ATP 从而激活传入神经纤维（未显示）上的嘌呤能受体 $P2X_2$ 和 $P2X_3$。底部放大插图解释了 PIP_2 上 PLCβ2 的酶活性，其产生 IP_3（显示三种磷酸酯）和 DAG

人们已经克隆了两个家族的味觉 GPCR：供苦味味觉用的 2 型味觉受体（TAS2R）及供甜味和鲜味用的 1 型味觉受体（TAS1R）（见第 13 章）。一般而言，与其他的 GPCR 相比，味觉受体是低亲和性受体，具有高的微摩尔至毫摩尔范围的配体结合亲和力，不过在食品中大多数营养素的范围内。由于这种低亲和力，利用味觉多态性和数量性状位点的联系，人们无法通过生化手段轻易识别出味觉受体，而且也无法通过描述小鼠和人类基因组来进行味觉受体的分子鉴定[15,16]。味觉受体在第 13 章中已做过详细的介绍，下面提供了一个概述性介绍。

TAS2R

TAS2R 苦味受体是由小鼠中一个约 30 个 *Tas2r* 基因的家族所编码，其由 Zuker[16,17] 和 Buck[18] 实验室单独鉴定出。一些 TAS2R 的调节范围窄而被限制为结构相似的苦味化合物，而另一些 TAS2R 则有广泛的调节范围，对许多苦味化合物都有响应[19]。最初人们认为每个苦味敏感性Ⅱ型味觉细胞都会表达每个 TAS2R 亚型[17]，但最近的研究却表明 TAS2R 可以被差异化表达，从而可能对苦味化合物进行区分[20,21]。最近的数据表明 TAS2R 受体可能会参与检测包括 NaCl 在内的高（厌恶性）浓度的盐类[8]，然而对于 GPCR 是如何可能被这些高浓度的盐类激活的，人们目前尚不清楚。

TAS1R

人们从分子水平上鉴定出了 3 种 TAS1R 受体即 *Tas1r* 基因产物：TAS1R1、TAS1R2 和 TAS1R3[22-26]。这些受体以异二聚体形式发挥作用，而 TAS1R3 既是鲜味（TAS1R1/TAS1R3）受体的一个专性伙伴（obligate partner），也是甜味（TAS1R2/TAS1R3）受体的一个专性伙伴。这些受体是经典的 C 型 GPCR，带有大的 N 末端结构域并展现一个捕蝇草结合模块，这类似于其他 C 型受体，例如代谢型谷氨酸受体。对甜味受体 TAS1R2/TAS1R3 的异源表达表明它对糖类、合成甜味剂、D- 氨基酸和一些甜味蛋白有响应。结合主要涉及 TAS1R2 亚基，不过一些大的甜蛋白、甜味剂和糖类也与 TAS1R3 区域结合。对啮齿类动物 TAS1R1/TAS1R3 的异源表达研究表明，最主要的配体结合亚基是 TAS1R1，而且它与谷氨酸和大多数 L- 氨基酸发生结合[24]；然而，人类受体对谷氨酸相比其他 L- 氨基酸具有高度选择性[27]。人类和啮齿动物的 T1R1 亚基还会发生变构而结合 5′- 核糖核苷酸（例如单磷酸鸟苷和单磷酸肌苷），这对鲜味味觉响应有非常强的增强。

下游信号转导效应物

尽管苦味、甜味和鲜味味觉受体在大部分不重叠的Ⅱ型味觉细胞的亚群中表达，然而它们全都与同一下游信号转导效应物相耦联[28]。典型的通路（图 15-2）涉及受体的结合，随后激活一个异源三聚体 G 蛋白，其由 Gα- 味导素（$G\alpha_{gust}$）[29] 及其伙伴 Gβ1γ13 组成[30]。该路径的 βγ 支路在驱动受体响应中占主导地位而且在这里首先考虑。

Gβγ信号转导

味觉受体结合会造成磷脂酶 C β2（PLCβ2）的 Gβγ 激活[31]，使膜脂质磷脂酰肌醇 -4,5- 二磷酸（PIP_2）发生断裂生成第二个信使 1,4,5- 三磷酸肌醇（IP_3）和二酰基甘油（DAG）。尽管尚不清楚 DAG 在味觉细胞中的功能，然而 IP_3 溶于胞浆并与处在内质网膜上的 3 型 IP_3 受体（IP_3R3）结合[32,33]，引发 Ca^{2+} 从细胞内储存库中释放和随后对 Ca^{2+} 依赖性瞬时受体电位阳离子通道亚族 M 成员 5（TRPM5）的激活[28,34–36]。Na^+ 通过 TRPM5 内流使膜发生去极化，导致电压门控 Na^+ 通道的激活[37]，产生动作电位[38]并通过一个电压门控的 ATP 释放通道释放 ATP，而 ATP 释放通道有可能为钙稳态调节剂 1（CALHM1）[39,40]（图 15–2）。

这种途径的证据来自分子和免疫细胞化学研究，它们表明下游的信号转导效应物 PLCβ2、TRPM5 和 IP_3R3 在Ⅱ型细胞的同一亚群中共表达[2,3,32]。此外，从表达来自 *Trpm5*、*Plcb2* 或 *Itrp3*（后者编码 IP_3R3）启动子的绿色荧光蛋白（GFP）的转基因小鼠得到的标记Ⅱ型味觉细胞与苦味、甜味或鲜味味觉刺激物响应时，不需要细胞外 Ca^{2+} 也会造成细胞内 Ca^{2+} 升高[41–43]。这些 Ca^{2+} 响应受到磷脂酶 C 拮抗剂 U73122 的抑制，同时还受到毒胡萝卜素的抑制，后者是对重新装满 Ca^{2+} 库负有责任的 Ca^{2+}–ATP 酶的一个抑制剂[41,44]。该 GPCR 级联在味觉响应中具有重要性的进一步证据来自对 *Trpm5*、*Plcb2*[28,45]或 *Itrp3*[46]的基因敲除，其导致对苦味、甜味和鲜味味觉刺激物的响应有明显下降甚至完全消失。同样，基因删除Ⅱ型细胞发育所必需的转录因子 Skn–1A[47]会因这些小鼠中缺乏Ⅱ型细胞，进而使得对这些相同通道的响应完全消失。

TRPM5 在此过程中扮演的角色是将由 IP_3 介导的细胞内库存释放所造成的细胞内 Ca^{2+} 的增加与一个足以激活电压门控的 Na^+ 通道并引发动作电位的去极化相结合，这对打开电压门控的 ATP 释放通道有可能是必需的[13]。由于 TRPM5 通道对长时间处于细胞内 Ca^{2+} 暴露的响应产生脱敏作用[48]，因此必须严格控制味觉细胞中的 Ca^{2+} 水平以确保在面对不断变化的离子条件时有足够的转导。细胞内的 Ca^{2+} 调控不仅涉及一个基础性的 Ca^{2+} 内流，还涉及若干从味觉细胞中挤出 Ca^{2+} 的机制[49,50]。尽管人们还不能鉴定出基础性内流的途径，挤出机制却涉及线粒体缓冲[51]、Na^+/Ca^{2+} 交换器[52]和肌质 / 内质网 Ca^{2+}–ATP 酶（SERCA），其负责在 IP3 介导的 Ca^{2+} 释放后重新补充 Ca^{2+} 库存。人们从味觉细胞中鉴定出了两种亚型：SERCA3 在 TAS2R 表达（苦味）味觉细胞中有表达，而 SERCA2 则主要在表达 TAS1R（甜味和鲜味）表达味觉细胞中有表达[53]。人们尚不清楚这些不同亚型是否具有生理学重要性。

Gα 信号转导

尽管所有味觉领域中的苦味、甜味和鲜味味觉受体似乎都需要用到 Gβ1γ13 信号转导，然而味蕾中表达的几个 Gα 亚基在不同的味觉领域内都有差异表达[54-56]（表 15-1）。$G\alpha_{gust}$ 是第一个被克隆的味觉转导元件[29]，是研究得最好的转导元件。$G\alpha_{gust}$ 在结构上跟 Gα-转导蛋白、介导视柱和视锥细胞中光转导的 Gα 亚基是同源的。$G\alpha_{gust}$ 与 TAS2R 在整个的舌头和腭上都有共表达，但与 TAS1R 仅在前舌和腭上有共表达[16,57,58]。与同样在味觉细胞中表达的 Gα-转导蛋白类似[59]，$G\alpha_{gust}$ 应激活一种或多种磷酸二酯酶（PDE）以降低细胞内环化单磷酸腺苷（cAMP）的水平。苦味[60]和鲜味刺激物[61]确实会降低味觉组织中细胞内的 cAMP 水平，并且 PDE 对苦味的激活会受到针对 $G\alpha_{gust}$ 抗体的抑制[60]。这些数据清楚地表明了 $G\alpha_{gust}$ 在苦味和可能的鲜味转导中发挥一定的作用。

表 15-1　在味觉细胞中表达的 Gα 亚基

Gα 亚基	效应酶	第二信使	表达区域	参考文献
α-味导素	PDE	↓ cAMP	T1R、前舌	[29]
			T2R、所有区域	
α-味导素	PDE	↓ cAMP	所有区域	[54]
α-i2	AC	↓ cAMP	所有区域	[54,56]
α-i3	AC	↓ cAMP	所有区域	[54]
α-14	PLC	↑ Ca^{2+}	T1R2/ 后舌	[54,68]
α-15	PLC	↑ Ca^{2+}	所有区域	[55]
α-q	PLC	↑ Ca^{2+}	所有区域	[55]
α-s	AC	↑ cAMP	所有区域	[54,56]

注：cAMP，环化单磷酸腺苷；PDE，磷酸二酯酶；AC，腺苷酸环化酶；PLC，磷脂酶 C。

一个 PDE 介导细胞内 cAMP 的减少是如何影响味觉信号转导的呢？cAMP 可直接门控离子通道，就像嗅觉受体细胞的情况一样（见第 7 章）。尽管有一个环化核苷酸门控离子通道（CNG）在味觉细胞中表达[62]，但却没有生理学证据表明它在味觉转导中起作用或参与味觉转导。另一个潜在的 cAMP 靶标为 cAMP 依赖性蛋白激酶（PKA），可使其他细胞类型中的 PLCβ2 和 IP_3R3 发生磷酸化[63]。为了确定是否 PKA 磷酸化参与调控味觉细胞中的 Ca^{2+} 信号转导，人们对从 $G\alpha_{gust}$（*Gnat3*）基因敲除小鼠和对照小鼠分离得到的舌头组织进行了生化分析。出乎意料的是，基因敲除小鼠相比它们的野生型同窝出生仔畜具有明显升高的 cAMP 水平[64]。这些数据是在没有味觉刺激的情况下获得的，表明味觉受体或 $G\alpha_{gust}$ 在味觉细胞中具有刺激精神的活性。这个升高的 cAMP 有可能激活了 PKA，因为一个特定的 PKA 抑制剂 H-89 会援救 Ca^{2+} 对 $G\alpha_{gust}$ 敲除小鼠的分离味细胞中一个苦味刺激物的响应[64]。这些数据表明 $G\alpha_{gust}$ 会精神兴奋性激活 PDE 以保持低的 cAMP 水平，从而防止 Ca^{2+} 信号转导效应物的磷酸化，以及随后对苦味刺激物的适应。$G\alpha_{gust}$ 在鲜味和甜味味觉转导中是否扮演一个类似角色尚有待进一步确定（图 15-3）。

与苦味和鲜味的情况不同，人们不大清楚 $G\alpha_{gust}$ 在甜味转导中的作用。$G\alpha_{gust}$ 敲除小鼠对苦味、鲜味和甜味刺激物的响应弱[65]，但对苦味和鲜味的影响相比对甜味的影

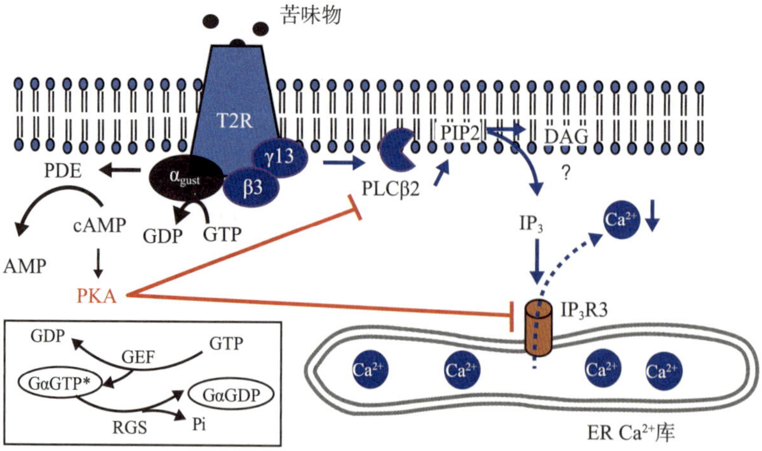

图 15-3 Gα-味导素（$G\alpha_{gust}$）在苦味味觉转导中的假定角色。结合味觉物质后，$G\alpha_{gust}$ 将三磷酸鸟苷（GTP）交换为二磷酸鸟苷（GDP）并与味觉受体和 Gβγ 异源二聚体分离。$G\alpha_{gust}$ 激活磷酸二酯酶（PDE）以降低细胞内环化单磷酸腺苷（cAMP）水平。一个 cAMP 的靶标是 PKA，其可使 3 型三磷酸肌醇受体（IP_3R3）和磷脂酶 C β2（PLCβ2）两者磷酸化，减少 Ca^{2+} 从细胞内储存库的释放并因此降低 TRPM5 的 Ca^{2+} 依赖性激活。因此，通过保持苦味信号传递期间的低 cAMP 水平，PKA 不会被激活而且味觉细胞会产生更强劲的 Ca^{2+} 信号，随后产生更多的去极化和 ATP 释放。最近来自 $G\alpha_{gust}$（*Gnat3*）基因敲除小鼠的数据表明，$G\alpha_{gust}$ 即便在没有苦味刺激物时仍具有提神活性，使 cAMP 处于低水平和味觉细胞处于准备与味觉刺激发生最大程度响应的状态。$G\alpha_{gust}$ 是否在甜味和鲜味转导中起一个类似作用尚不清楚。左下角的放大插图显示了 G 蛋白调节剂的作用。鸟嘌呤核苷酸交换因子（GEF）例如 RIC-8 加速 GTP 交换为 GDP，从而加快了 G 蛋白耦联受体的信号转导。RGS 蛋白激活 GTP 酶活性，从而缩短被激活 Gα 亚基的寿命

响应更加明显[66,67]。对敲除小鼠中甜味影响较小的部分原因是轮廓状味蕾中的甜味受体倾向于与 $G\alpha_{14}$ 而不是 $G\alpha_{gust}$ 共表达[68]。$G\alpha_{14}$ 是否在甜味味觉中发挥一定的作用还有待确定。

$G\alpha_{gust}$ 在甜味转导中扮演一个复杂角色的进一步证据在于甜味刺激物倾向于增加而不是降低细胞内的 cAMP 水平[69-71]，而且外源施加的 cAMP 可模仿仓鼠前舌的甜味味觉活性[72,73]。cAMP 的增加可能是由 $G\alpha_s$ 激活造成的，$G\alpha_s$ 会激活腺苷酸环化酶而产生 cAMP。然而，$G\alpha_s$ 是否与甜味受体是特异性相关的，还没有这样的研究。另一种可能是，cAMP 可能作为一个 Gβγ 激活的次要结果而产生，Gβγ 激活会因从细胞内存储库的释放而提高细胞内的 Ca^{2+} 水平。Ca^{2+}– 激活的腺苷酸环化酶 8（AC8）在味觉组织中表

延伸阅读

呼吸道孤立化学感官细胞中味觉受体信号转导

味觉信号转导效应物的克隆和从其启动子表达绿色荧光蛋白的数个品种转基因小鼠的生产表明，味觉信号转导效应物不仅限于在味蕾中表达，还在其他细胞类型中广泛表达[87-89]，其中包括呼吸道上皮的孤立化学感官细胞（SCC）。这些细胞在形态上类似于味觉受体细胞，它们仅仅零散分布在上皮细胞中，而非聚集成末端器官。SCC 广泛分布在上呼吸道上皮中[90-92]、犁鼻器鼻腔的入口处[93]，以及器官上皮中[89]。上呼吸道的 SCC 受三叉神经的支配，它们在那里与 II 型味觉细胞不同，而与传入纤维形成常规的突触并释放乙酰胆碱作为一个递质[94,95]。SCC 表达所有的苦味味觉信号转导效应物，包括 2 型味觉受体苦味受体和下游效应物 $G\alpha_{gust}$、PLCβ2 和 TRPM5。一些 SCC 还表达类型 1 味觉受体（TAS1R）[96,97]。SCC 对“苦味”刺激物作出响应，这会激活三叉神经从而引起一种刺激性感受而非味觉感受[98]。此外，SCC 还对高丝氨酸内酯（HSL）有响应，HSL 是由革兰阴性致病菌生成的群体信号分子[99]。当这些分子的浓度达到一个临界水平时，细菌就会变成病原体并形成一个生物膜来攻击上皮。SCC 会检测到适当浓度的 HSL 并激活三叉神经，从而产生一个深层的神经源性炎症，起到击退入侵生物体的作用[95]。TRPM5 和 $G\alpha_{gust}$ 敲除小鼠均不存在这些响应，表明 SCC 对于检测 HSL 分子是必需的[99]。有待解决的重要问题是激活 TAS1R 的刺激物有什么样的性质和作用，以及 SCC 在下呼吸道中扮演的生理角色。因为这些 SCC 中的许多都不受神经支配，这些细胞的激活时有可能引起分泌功能或黏膜纤毛清除机制，而不是保护性神经反射。

达[71]，但当细胞内的 Ca^{2+} 信号转导被一个 PLC 抑制剂阻断时，甜味刺激物仍会激活味觉组织中的 cAMP[71]，表明 cAMP 的增加并不是 Ca^{2+} 信号转导的一个下游结果。为了充分了解 cAMP 在甜味味觉转导中的作用，人们仍需要进行进一步的研究。

G 蛋白信号转导的调节

辅助蛋白可以通过与 Gα 亚基发生直接的相互作用来要么加速要么抑制 GPCR 信号转导，从而充当 G 蛋白信号转导的调节剂（图 15-3）。G 蛋白信号调节子（RGS）可通过激活与 Gα 亚基相关联的 GTP 酶来抑制信号转导，从而终止活性的 GTP- 结合 Gα 亚基并终止响应。人们最近从味觉细胞中克隆了 RGS21 并证明其与表达味觉细胞的 $G\alpha_{gust}$ 相互作用，它在其中特异性排斥苦味信号转导[74,75]。相比之下，鸟嘌呤核苷酸交换因子（GEF）通过加快 GDP 向 GTP 的变换而充当信号放大器的功能。人们最近从味觉细胞克隆了两个 GEF：RIC-8A 和 RIC-8B。RIC-8A 与 $G\alpha_{gust}$ 和 $G\alpha_{i2}$ 发生相互作用，从而扩增一个人类苦味受体 TAS2R16 的信号转导[76]。辅助 G 蛋白调节蛋白是否参与了甜味和鲜味转导，仍是一个悬而未决的问题。

ATP 释放与味觉传入的激活

Ⅱ型味觉细胞中的动作电位是如何被转化变成神经递质释放和激活味觉传入纤维的？有趣的是，Ⅱ型细胞既缺乏电压门控 Ca^{2+} 通道又缺乏突触前的 SNARE 蛋白[3,9,10]——两者通常对传统的、囊泡介导的递质释放都是必不可少的。相反，Ⅱ型细胞膜与传入神经纤维之间的接触所具有的特征为大的非典型线粒体和偶尔在突触前膜的表面下膜囊[2,77]。这些超微结构数据表明味觉传递者和释放机制在Ⅱ型味觉细胞中有可能是非常规的。2005 年，Finger 及其同事提供了有力的证据说明 ATP 是负责将味觉信息从Ⅱ型细胞传递至传入神经纤维的一个至关重要的递质。ATP 作用的证据包括：①嘌呤能受体 $P2X_2$ 和 $P2X_3$ 在传入神经纤维上有非常多的表达[78]；② $P2X_2$ 和 $P2X_3$[79] 的双重敲除或者 $P2X_3$[80] 的药理抑制作用会切断对大多数味觉刺激物的响应；③苦味味觉刺激物引发 ATP 从味觉组织中释放[79]；④释放的 ATP 被位置处在神经胶质样Ⅰ型味觉细胞膜上的一个特异性体外 ATP 酶——核苷三磷酸二磷酸水解酶 2 水解[1]。因此，ATP 满足了充当一个味觉传递者全部的要求。经过这些初期的研究，好几个实验室都证明 ATP 是从Ⅱ型味觉细胞中被特异性释放的，并且这种释放机制有可能是非囊泡性的，因为 ATP

释放通道的阻滞剂同时抑制味觉和电压诱发的释放[13,81,82]。人们在味觉细胞中鉴定出好几个电压门控的 ATP 释放通道，包括泛连接蛋白 -1[81]、连接蛋白 30 和 43[82]，以及 CALHM1。人们以前认为泛连接蛋白 -1 为 ATP 释放通道，这主要是因为 ATP 在味觉细胞中的释放受到低浓度的甘珀酸——一种泛连接蛋白 -1 抑制剂的抑制[13,81]。然而，现在的最新数据却指出 CALHM1 是对 ATP 释放负责任的首要通道。CALHM1 是仅有的在Ⅱ型细胞中特异性表达的 ATP 释放通道，并且 *Calhm1* 基因敲除小鼠对苦味、甜味和鲜味刺激物[39]的响应有明显的降低，以及对高浓度的咸味刺激物的响应变钝化[83]。然而，仍然残留有小的响应，表明其他机制可能对 ATP 释放有贡献作用。这个残留的响应不太可能受泛连接蛋白 -1 介导，因为 *Panx1* 基因敲除小鼠仍释放 ATP[84]，而且对味觉刺激物仍具有正常的行为学[85]和电生理学[86]响应。是否有连接蛋白牵涉其中仍有待研究确定。

对 $P2X_2$ 和 $P2X_3$ 受体进行基因敲除[79]和药理学抑制[80]会阻断对所有味觉特征的响应，不仅仅是由Ⅱ型味觉细胞介导的那些特征。因此，ATP 对于酸味和咸味刺激物以及苦味、甜味和鲜味刺激物都是必不可少的。然而，人们尚未从Ⅲ型味觉细胞中检测到 ATP 释放，无论是对酸味刺激物还是膜去极化[81]，因此这些特征的 ATP 源头仍不清楚。

结论和未来的方向

苦味、甜味和鲜味转导的经典途径牵涉不同的Ⅱ型味觉细胞亚群，通过一个共有的下游信号转导途径进行信号转导，从而引起 ATP 释放并且激活味觉传入纤维。更具体地说，这个 TAS1R 甜味和鲜味受体，以及这个 TAS2R 苦味受体与一个由 $G\alpha_{gust}$ 及其伙伴 $\beta1\gamma13$ 组成的异源三聚体 G 蛋白耦联。当受体激活时，$G\beta\gamma$ 会激活 $PLC\beta2$ 产生 IP_3，这将导致 Ca^{2+} 从细胞内存储库中释放，以及 Ca^{2+} 依赖性转导通道 TRPM5 的激活。最终产生的去极化作用引发动作电位，其通过电压依赖性 ATP 释放通道 CALHM1 引发 ATP 的释放。这个释放的 ATP 结合并激活传入纤维上的嘌呤能受体 $P2X_2$ 和 $P2X_3$，从而将味觉信息传递至大脑。$G\alpha_{gust}$ 在这个过程中所起的作用，至少对苦味转导而言，是提神性激活 PDE 以保持 cAMP 水平低并防止 PKA 介导的磷酸化和随后的 Ca^{2+} 信号转导效应物的脱敏。因此，味觉细胞保持在一个活跃状态以便它们与味觉刺激物响应时带有强劲的 Ca^{2+} 信号。但是，人们还不清楚 $G\alpha_{gust}$ 是否在甜味和鲜味的转导中发挥一个相似的作用。

甜味刺激物在生化研究中往往增加而非降低 cAMP 水平，并且甜味和鲜味味觉受体通常并不会在轮廓状和叶状味蕾中与 $G\alpha_{gust}$ 共表达。因此，如何确定对这些味蕾中的甜味和鲜味转导有调节的 Gα 亚基应该成为未来研究的一个重要目标。

致　谢

感谢落基山味觉与嗅觉中心的妮可·舒尔茨（Nicole Shultz）女士和托马斯·芬格（Thomas Finger）博士提供的图 15–1 中的图片。芬格博士还对书稿提供了非常有益的建议。图 15–1 中图片所用的转基因小鼠最初由莫奈尔化学感官中心的罗伯特·马格斯基（Robert Margolskee）博士提供。本研究的部分资金支持来自 R01DC012555（SCK）和 P30DC004657（D. Restrepo）。

参考文献

[1] Bartel DL, Sullivan SL, Lavoie EG, Sevigny J, Finger TE. Nucleoside triphosphate diphosphohydrolase-2 is the ecto-ATPase of type I cells in taste buds. *J Comp Neurol*. July 1, 2006;497(1):1-12.

[2] Clapp TR, Yang R, Stoick CL, Kinnamon SC, Kinnamon JC. Morphologic characterization of rat taste receptor cells that express components of the phospholipase C signaling pathway. *J Comp Neurol*. January 12, 2004;468(3):311-321.

[3] DeFazio RA, Dvoryanchikov G, Maruyama Y, et al. Separate populations of receptor cells and presynaptic cells in mouse taste buds. *J Neurosci*. April 12, 2006;26(15):3971-3980.

[4] Murray RG, Murray A. Relations and possible significance of taste bud cells. *Contrib Sens Physiol*. 1971;5:47-95.

[5] Royer SM, Kinnamon JC. HVEM serial-section analysis of rabbit foliate taste buds: I. Type III cells and their synapses. *J Comp Neurol*. April 1, 1991;306(1):49-72.

[6] Huang YA, Maruyama Y, Stimac R, Roper SD. Presynaptic (Type III) cells in mouse taste buds sense sour (acid) taste. *J Physiol*. June 15, 2008;586(Pt 12):2903-2912.

[7] Chandrashekar J, Yarmolinsky D, von Buchholtz L, et al. The taste of carbonation. *Science*. October 16, 2009; 326(5951):443-445.

[8] Oka Y, Butnaru M, von Buchholtz L, Ryba NJ, Zuker CS. High salt recruits aversive taste pathways. *Nature*. February 28, 2013;494(7438):472-475.

[9] Clapp TR, Medler KF, Damak S, Margolskee RF, Kinnamon SC. Mouse taste cells with G protein-coupled taste receptors lack voltage-gated calcium channels and SNAP-25. *BMC Biol*. 2006;4:7.

[10] Medler KF, Margolskee RF, Kinnamon SC. Electrophysiological characterization of voltage-gated currents in defined taste cell types of mice. *J Neurosci*. April 1, 2003;23(7):2608-2617.

[11] Romanov RA, Kolesnikov SS. Electrophysiologically identified subpopulations of taste bud cells. *Neurosci Lett*. March 13, 2006;395(3):249-254.

[12] Vandenbeuch A, Zorec R, Kinnamon SC. Capacitance measurements of regulated exocytosis in mouse taste cells. *J Neurosci*. November 3, 2010;30(44):14695-14701.

[13] Murata Y, Yasuo T, Yoshida R, et al. Action potential-enhanced ATP release from taste cells through hemichannels. *J*

Neurophysiol. August 2010;104(2):896-901.

[14] Huang AL, Chen X, Hoon MA, et al. The cells and logic for mammalian sour taste detection. *Nature*. August 24, 2006;442(7105):934-938.

[15] Reed DR. Gene mapping for taste related phenotypes in humans and mice. *Appetite*. October 2000;35(2):189-190.

[16] Adler E, Hoon MA, Mueller KL, Chandrashekar J, Ryba NJ, Zuker CS. A novel family of mammalian taste receptors. *Cell*. March 17, 2000;100(6):693-702.

[17] Chandrashekar J, Mueller KL, Hoon MA, et al. T2Rs function as bitter taste receptors. *Cell*. March 17, 2000;100(6):703-711.

[18] Matsunami H, Montmayeur JP, Buck LB. A family of candidate taste receptors in human and mouse. *Nature*. April 6, 2000;404(6778):601-604.

[19] Meyerhof W, Batram C, Kuhn C, et al. The molecular receptive ranges of human TAS2R bitter taste receptors. *Chem Senses*. February 2010;35(2):157-170.

[20] Caicedo A, Roper SD. Taste receptor cells that discriminate between bitter stimuli. *Science*. February 23, 2001;291(5508):1557-1560.

[21] Behrens M, Foerster S, Staehler F, Raguse JD, Meyerhof W. Gustatory expression pattern of the human TAS2R bitter receptor gene family reveals a heterogenous population of bitter responsive taste receptor cells. *J Neurosci*. November 14, 2007;27(46):12630-12640.

[22] Max M, Shanker YG, Huang L, et al. Tas1r3, encoding a new candidate taste receptor, is allelic to the sweet responsiveness locus Sac. *Nat Genet*. May 2001;28(1):58-63.

[23] Montmayeur JP, Liberles SD, Matsunami H, Buck LB. A candidate taste receptor gene near a sweet taste locus. *Nat Neurosci*. May 2001;4(5):492-498.

[24] Nelson G, Chandrashekar J, Hoon MA, et al. An amino-acid taste receptor. *Nature*. March 14, 2002;416(6877): 199-202.

[25] Nelson G, Hoon MA, Chandrashekar J, Zhang Y, Ryba NJ, Zuker CS. Mammalian sweet taste receptors. *Cell*. August 10, 2001;106(3):381-390.

[26] Sainz E, Korley JN, Battey JF, Sullivan SL. Identification of a novel member of the T1R family of putative taste receptors. *J Neurochem*. May 2001;77(3):896-903.

[27] Li X, Staszewski L, Xu H, Durick K, Zoller M, Adler E. Human receptors for sweet and umami taste. *Proc Natl Acad Sci USA*. April 2, 2002;99(7):4692-4696.

[28] Zhang Y, Hoon MA, Chandrashekar J, et al. Coding of sweet, bitter, and umami tastes: different receptor cells sharing similar signaling pathways. *Cell*. February 7, 2003;112(3):293-301.

[29] McLaughlin SK, McKinnon PJ, Margolskee RF. Gustducin is a taste-cell-specific G protein closely related to the transducins. *Nature*. June 18, 1992;357(6379):563-569.

[30] Huang L, Shanker YG, Dubauskaite J, et al. Ggamma13 colocalizes with gustducin in taste receptor cells and mediates IP3 responses to bitter denatonium. *Nat Neurosci*. December 1999;2(12):1055-1062.

[31] Rossler P, Kroner C, Freitag J, Noe J, Breer H. Identification of a phospholipase C beta subtype in rat taste cells. *Eur J Cell Biol*. November 1998;77(3):253-261.

[32] Clapp TR, Stone LM, Margolskee RF, Kinnamon SC. Immunocytochemical evidence for co-expression of Type III IP3 receptor with signaling components of bitter taste transduction. *BMC Neurosci*. 2001;2:6.

[33] Miyoshi MA, Abe K, Emori Y. IP(3) receptor type 3 and PLCbeta2 are co-expressed with taste receptors T1R and T2R in rat taste bud cells. *Chem Senses*. March 2001;26(3):259-265.

[34] Hofmann T, Chubanov V, Gudermann T, Montell C. TRPM5 is a voltage-modulated and Ca(2+)-activated monovalent selective cation channel. *Curr Biol*. July 1, 2003;13(13):1153-1158.

[35] Perez CA, Huang L, Rong M, et al. A transient receptor potential channel expressed in taste receptor cells. *Nat Neurosci*. November 2002;5(11):1169-1176.

[36] Prawitt D, Monteilh-Zoller MK, Brixel L, et al. TRPM5 is a transient Ca^{2+}-activated cation channel responding to

rapid changes in [Ca^{2+}] i. *Proc Natl Acad Sci USA*. December 9, 2003;100(25):15166-15171.

[37] Gao N, Lu M, Echeverri F, et al. Voltage-gated sodium channels in taste bud cells. *BMC Neurosci*. March 12, 2009;10(1):20.

[38] Yoshida R, Sanematsu K, Shigemura N, Yasumatsu K, Ninomiya Y. Taste receptor cells responding with action potentials to taste stimuli and their molecular expression of taste related genes. *Chem Senses*. January 2005;30(suppl 1):i19-20.

[39] Taruno A, Vingtdeux V, Ohmoto M, et al. CALHM1 ion channel mediates purinergic neurotransmission of sweet, bitter and umami tastes. *Nature*. March 14, 2013;495(7440):223-226.

[40] Hellekant G, Schmolling J, Marambaud P, Rose-Hellekant TA. CALHM1 deletion in mice affects glossopharyngeal taste responses, food intake, body weight, and life span. *Chem Senses*. April 8, 2015;40(6):373-379.

[41] Ogura T, Margolskee RF, Kinnamon SC. Taste receptor cell responses to the bitter stimulus denatonium involve Ca^{2+} influx via store-operated channels. *J Neurophysiol*. June 2002;87(6):3152-3155.

[42] Kim JW, Roberts C, Maruyama Y, Berg S, Roper S, Chaudhari N. Faithful expression of GFP from the PLCbeta2 promoter in a functional class of taste receptor cells. *Chem Senses*. March 2006;31(3):213-219.

[43] Starostik MR, Rebello MR, Cotter KA, Kulik A, Medler KF. Expression of GABAergic receptors in mouse taste receptor cells. *PLoS One*. 2010;5(10):e13639.

[44] Hacker K, Laskowski A, Feng L, Restrepo D, Medler K. Evidence for two populations of bitter responsive taste cells in mice. *J Neurophysiol*. March 2008;99(3):1503-1514.

[45] Damak S, Rong M, Yasumatsu K, et al. Trpm5 null mice respond to bitter, sweet, and umami compounds. *Chem Senses*. March 2006;31(3):253-264.

[46] Hisatsune C, Yasumatsu K, Takahashi-Iwanaga H, et al. Abnormal taste perception in mice lacking the type 3 inositol 1,4,5-trisphosphate receptor. *J Biol Chem*. December 21, 2007;282(51):37225-37231.

[47] Matsumoto I, Ohmoto M, Narukawa M, Yoshihara Y, Abe K. Skn-1a (Pou2f3) specifies taste receptor cell lineage. *Nat Neurosci*. June 2011;14(6):685-687.

[48] Zhang Z, Zhao Z, Margolskee RF, Liman ER. The transduction channel TRPM5 is gated by intracellular calcium in taste cells. J Neurosci. 2007;27:5777-5786.

[49] Medler KF. Calcium signaling in taste cells: regulation required. *Chem Senses*. November 2010;35(9):753-765.

[50] Medler KF. Calcium signaling in taste cells. *Biochim Biophys Acta*. November 16, 2014;1853(9):2025-2032.

[51] Hacker K, Medler KF. Mitochondrial calcium buffering contributes to the maintenance of basal calcium levels in mouse taste cells. *J Neurophysiol*. October 2008;100(4):2177-2191.

[52] Szebenyi SA, Laskowski AI, Medler KF. Sodium/calcium exchangers selectively regulate calcium signaling in mouse taste receptor cells. *J Neurophysiol*. July 2010;104(1):529-538.

[53] Iguchi N, Ohkuri T, Slack JP, Zhong P, Huang L. Sarco/endoplasmic reticulum Ca^{2+}-ATPases (SERCA) contribute to GPCR-mediated taste perception. *PLoS One*. 2011;6(8):e23165.

[54] McLaughlin SK, McKinnon PJ, Spickofsky N, Danho W, Margolskee RF. Molecular cloning of G proteins and phosphodiesterases from rat taste cells. *Physiol Behav*. December 1994;56(6):1157-1164.

[55] Kusakabe Y, Yamaguchi E, Tanemura K, et al. Identification of two alpha-subunit species of GTP-binding proteins, Galpha15 and Galphaq, expressed in rat taste buds. *Biochim Biophys Acta*. July 24, 1998;1403(3):265-272.

[56] Kusakabe Y, Yasuoka A, Asano-Miyoshi M, et al. Comprehensive study on G protein alpha-subunits in taste bud cells, with special reference to the occurrence of Galphai2 as a major Galpha species. *Chem Senses*. October 2000;25(5):525-531.

[57] Kim MR, Kusakabe Y, Miura H, Shindo Y, Ninomiya Y, Hino A. Regional expression patterns of taste receptors and gustducin in the mouse tongue. *Biochem Biophys Res Commun*. December 12, 2003;312(2):500-506.

[58] Stone LM, Barrows J, Finger TE, Kinnamon SC. Expression of T1Rs and gustducin in palatal taste buds of mice. *Chem Senses*. March 2007;32(3):255-262.

[59] McLaughlin SK, McKinnon PJ, Robichon A, Spickofsky N, Margolskee RF. Gustducin and transducin: a tale of two

G proteins. *Ciba Found Symp*. 1993;179:186-196. discussion 196-200.

[60] Yan W, Sunavala G, Rosenzweig S, Dasso M, Brand JG, Spielman AI. Bitter taste transduced by PLC-beta(2)-dependent rise in IP(3) and alpha-gustducin-dependent fall in cyclic nucleotides. *Am J Physiol Cell Physiol*. April 2001;280(4):C742-C751.

[61] Abaffy T, Trubey KR, Chaudhari N. Adenylyl cyclase expression and modulation of cAMP in rat taste cells. *Am J Physiol Cell Physiol*. June 2003;284(6):C1420-C1428.

[62] Misaka T, Kusakabe Y, Emori Y, Gonoi T, Arai S, Abe K. Taste buds have a cyclic nucleotide-activated channel, CNGgust. *J Biol Chem*. September 5, 1997;272(36):22623-22629.

[63] Giovannucci DR, Groblewski GE, Sneyd J, Yule DI. Targeted phosphorylation of inositol 1,4,5-trisphosphate receptors selectively inhibits localized Ca^{2+} release and shapes oscillatory Ca^{2+} signals. *J Biol Chem*. October 27, 2000;275(43):33704-33711.

[64] Clapp TR, Trubey KR, Vandenbeuch A, et al. Tonic activity of Galpha-gustducin regulates taste cell responsivity. *FEBS Lett*. November 12, 2008;582(27):3783-3787.

[65] Wong GT, Gannon KS, Margolskee RF. Transduction of bitter and sweet taste by gustducin. *Nature*. June 27, 1996;381(6585):796-800.

[66] Danilova V, Damak S, Margolskee RF, Hellekant G. Taste responses to sweet stimuli in alpha-gustducin knockout and wild-type mice. *Chem Senses*. July 2006;31(6):573-580.

[67] Glendinning JI, Bloom LD, Onishi M, et al. Contribution of alpha-gustducin to taste-guided licking responses of mice. *Chem Senses*. May 2005;30(4):299-316.

[68] Tizzano M, Dvoryanchikov G, Barrows JK, Kim S, Chaudhari N, Finger TE. Expression of Galpha14 in sweet-transducing taste cells of the posterior tongue. *BMC Neurosci*. 2008;9:110.

[69] Striem B, Naim M, Lindemann B. Generation of cyclic AMP in taste buds of the rat circumvallate papilla in response to sucrose. *Cell Physiol Biochem*. 1991;1:46-54.

[70] Bernhardt SJ, Naim M, Zehavi U, Lindemann B. Changes in IP3 and cytosolic Ca^{2+} in response to sugars and non-sugar sweeteners in transduction of sweet taste in the rat. *J Physiol*. January 15, 1996;490(Pt 2):325-336.

[71] Trubey KR, Culpepper S, Maruyama Y, Kinnamon SC, Chaudhari N. Tastants evoke cAMP signal in taste buds that is independent of calcium signaling. *Am J physiology Cell physiology*. August 2006;291(2):C237-C244.

[72] Cummings TA, Daniels C, Kinnamon SC. Sweet taste transduction in hamster: sweeteners and cyclic nucleotides depolarize taste cells by reducing a K^+ current. *J Neurophysiol*. March 1996;75(3):1256-1263.

[73] Cummings TA, Powell J, Kinnamon SC. Sweet taste transduction in hamster taste cells: evidence for the role of cyclic nucleotides. *J Neurophysiol*. December 1993;70(6):2326-2336.

[74] von Buchholtz L, Elischer A, Tareilus E, et al. RGS21 is a novel regulator of G protein signalling selectively expressed in subpopulations of taste bud cells. *Eur J Neurosci*. March 2004;19(6):1535-1544.

[75] Cohen SP, Buckley BK, Kosloff M, et al. Regulator of G-protein signaling-21 (RGS21) is an inhibitor of bitter gustatory signaling found in lingual and airway epithelia. *J Biol Chem*. December 7, 2012;287(50):41706-41719.

[76] Fenech C, Patrikainen L, Kerr DS, et al. Ric-8A, a Galpha protein guanine nucleotide exchange factor potentiates taste receptor signaling. *Front Cell Neurosci*. 2009;3:11.

[77] Royer SM, Kinnamon JC. Ultrastructure of mouse foliate taste buds: synaptic and nonsynaptic interactions between taste cells and nerve fibers. *J Comp Neurol*. April 1, 1988;270(1):11-24, 58-9.

[78] Bo X, Alavi A, Xiang Z, Oglesby I, Ford A, Burnstock G. Localization of ATP-gated P2X2 and P2X3 receptor immunoreactive nerves in rat taste buds. *Neuroreport*. April 6, 1999;10(5):1107-1111.

[79] Finger TE, Danilova V, Barrows J, et al. ATP signaling is crucial for communication from taste buds to gustatory nerves. *Science*. December 2, 2005;310(5753):1495-1499.

[80] Vandenbeuch A, Larson ED, Anderson CB, et al. Postsynaptic P2X3-containing receptors in gustatory nerve fibres mediate responses to all taste qualities in mice. *J Physiol*. March 1, 2015;593(5):1113-1125.

[81] Huang YJ, Maruyama Y, Dvoryanchikov G, Pereira E, Chaudhari N, Roper SD. The role of pannexin 1

hemichannels in ATP release and cell-cell communication in mouse taste buds. *Proc Natl Acad Sci USA*. April 10, 2007;104(15):6436-6441.

[82] Romanov RA, Rogachevskaja OA, Bystrova MF, Jiang P, Margolskee RF, Kolesnikov SS. Afferent neurotransmission mediated by hemichannels in mammalian taste cells. *EMBO J*. February 7, 2007;26(3):657-667.

[83] Tordoff MG, Ellis HT, Aleman TR, et al. Salty taste deficits in CALHM1 knockout mice. *Chem Senses*. July 2014;39(6):515-528.

[84] Romanov RA, Bystrova MF, Rogachevskaya OA, Sadovnikov VB, Shestopalov VI, Kolesnikov SS. The ATP permeability of pannexin 1 channels in a heterologous system and in mammalian taste cells is dispensable. *J Cell Sci*. November 15, 2012;125(Pt 22):5514-5523.

[85] Tordoff MG, Aleman TR, Ellis HT, et al. Normal taste acceptance and preference of PANX1 knockout mice. *Chem Senses*. May 18, 2015;40(7):453-459.

[86] Vandenbeuch A, Anderson CB, Kinnamon SC. Mice lacking Pannexin 1 release ATP and respond normally to all taste qualities. *Chem Senses*. 2015;40(7):461-467.

[87] Krasteva G, Hartmann P, Papadakis T, et al. Cholinergic chemosensory cells in the auditory tube. *Histochem Cell Biol*. April 2012;137(4):483-497.

[88] Krasteva G, Canning BJ, Hartmann P, et al. Cholinergic chemosensory cells in the trachea regulate breathing. *Proc Natl Acad Sci USA*. June 7, 2011;108(23):9478-9483.

[89] Kaske S, Krasteva G, Konig P, et al. TRPM5, a taste-signaling transient receptor potential ion-channel, is a ubiquitous signaling component in chemosensory cells. *BMC Neurosci*. 2007;8:49.

[90] Finger TE, Bottger B, Hansen A, Anderson KT, Alimohammadi H, Silver WL. Solitary chemoreceptor cells in the nasal cavity serve as sentinels of respiration. *Proc Natl Acad Sci USA*. July 22, 2003;100(15):8981-8986.

[91] Sbarbati A, Merigo F, Benati D, et al. Identification and characterization of a specific sensory epithelium in the rat larynx. *J Comp Neurol*. July 19, 2004;475(2):188-201.

[92] Lin W, Ogura T, Margolskee RF, Finger TE, Restrepo D. TRPM5-expressing solitary chemosensory cells respond to odorous irritants. *J Neurophysiol*. March 2008;99(3):1451-1460.

[93] Ogura T, Krosnowski K, Zhang L, Bekkerman M, Lin W. Chemoreception regulates chemical access to mouse vomeronasal organ: role of solitary chemosensory cells. *PLoS One*. 2010;5(7):e11924.

[94] Krasteva G, Canning BJ, Veres T, et al. Tracheal brush cells are neuronally connected cholinergic sensory cells (abstract). *Paper Presented at: Society for Neuroscience*. 2010.

[95] Saunders CJ, Christensen M, Finger TE, Tizzano M. Cholinergic neurotransmission links solitary chemosensory cells to nasal inflammation. *Proc Natl Acad Sci USA*. April 22, 2014;111(16):6075-6080.

[96] Tizzano M, Cristofoletti M, Sbarbati A, Finger TE. Expression of taste receptors in solitary chemosensory cells of rodent airways. *BMC Pulm Med*. 2011;11:3.

[97] Tizzano M, Finger TE. Chemosensors in the nose: guardians of the airways. *Physiology*. January 2013;28(1):51e60.

[98] Gulbransen BD, Clapp TR, Finger TE, Kinnamon SC. Nasal solitary chemoreceptor cell responses to bitter and trigeminal stimulants in vitro. *J Neurophysiol*. June 2008;99(6):2929-2937.

[99] Tizzano M, Gulbransen BD, Vandenbeuch A, et al. Nasal chemosensory cells use bitter taste signaling to detect irritants and bacterial signals. *Proc Natl Acad Sci USA*. February 16, 2010;107(7):3210-3215.

CHAPTER 16

第 16 章
咸味和酸味的机制

史蒂夫·D. 芒格[1,2,3]

[1] 佛罗里达大学嗅觉与味觉中心，美国佛罗里达州盖恩斯维尔

[2] 佛罗里达大学药理学与治疗学系，美国佛罗里达州盖恩斯维尔

[3] 佛罗里达大学医学部内分泌、糖尿病与代谢科，美国佛罗里达州盖恩斯维尔

概　要

引　言

味觉刺激物可以像蛋白质一样大，也可以跟单独的质子一样小。就引起咸味和酸味的盐与酸而言，它们的刺激物都是离子。因此，咸味和酸味刺激物的味觉受体被认为是离子通道。这与依赖 G 蛋白耦联受体（GPCR）和相关的酶级联过程（参阅第 13 和第 15 章）转导甜味、苦味或鲜味刺激物的情况形成了鲜明的对比。尽管咸味和酸味刺激物具有类似的转导策略，但味觉检测盐类和酸类时所用的具体分子和细胞机制却是截然不同的。本章将探讨跟脊椎动物的咸味和酸味感受有关的离子通道和其他蛋白质。如果想要对无脊椎动物（尤其是果蝇）中的这些过程有一个概括性的了解，请参考这篇综述性文献［1］或许多其他不错的文献。

咸 味

味觉系统通过调节盐的摄入量来帮助维持电解质的平衡。在较低浓度（小于 150 mmol·L^{-1}）时，食盐（NaCl）对哺乳动物是增进食欲的，并且是被优先摄取的。而在较高浓度时，NaCl 则变得令人厌恶，而且在正常情况下不会有人食用。然而，钠的损耗会增加对钠的偏好，但不增加对钾、盐和咸味食品的偏好，并且降低对咸味的觉察阈值[2,3]。这些观察结果和其他观察结果（其中一些将在本章中进行讨论）表明哺乳动物具有多种盐检测机制：一种对 Na^+ 具有特异性并介导增进食欲的咸味，而另一种对多种阳离子都有响应性并介导了盐的厌恶感。

阿米洛利敏感性 Na^+ 味觉感知

人们跟钠离子间存在一个一分为二的关系。Na^+ 是一种重要的营养物质，它对于建立和改变细胞的膜电位，吸收营养物质，以及维持血压和血容量都是至关重要的。钠缺乏（低钠血症）会导致破坏性的后果，包括癫痫发作、昏迷或死亡[4]。不过，Na^+ 水平升高（高钠血症），尤其是超过肾脏最大限度排泄 Na^+ 能力的水平，也会有类似的害危害[4]。特别值得注意的是，高血压与过量的 Na^+ 摄入之间具有很强的相关性[5]。因此，维持 Na^+ 稳态对于健康和生存都是至关重要的。

根据大鼠味觉神经电生理记录中 NaCl 诱发响应的时间特征和生理学特征，Lloyd Beidler 提出，Na^+ 的转导很有可能由离子通道或转运蛋白介导，而不是通过酶级联过程[6]。John Desimone 及其同事对狗的舌部上皮中的离子转运研究也支持了这一观点[7]。但为 Na^+ 味觉感知机制的分子特性提供最强有力的线索的是，人们发现 Na^+ 味觉响应至少在部分上对利尿剂阿米洛利具有敏感性，而且阿米洛利对各种组织中跨上皮 Na^+ 转运有抑制作用。Schiffman 及其同事所进行的人类心理物理学研究发现，舌头接触阿米洛利的个体，对钠盐和锂盐的感知会降低（对甜味剂也是如此）[8]。Desimone 及其同事在大鼠中也发现了类似的效应，在舌部涂抹阿米洛利后，这些动物对 NaCl 的鼓索响应减少，但对 KCl 的鼓索响应并不减少[9]。这些发现在许多物种中都得到证实，包括大鼠[10,11]、小鼠[12]、仓鼠[13]、猕猴[14]和黑猩猩[15]。口服阿米洛利会降低仓鼠对促食欲的 0.1mol·L^{-1} NaCl 的摄入量[13]，而用阿米洛利预处理的大鼠对钠的需求几乎完全消失[16]。阿米洛利还降低了小鼠对钠盐的行为味觉敏感性[17]。对分离的青蛙菌状味觉受体细胞（TRC）或大鼠味蕾中的 TRC 的膜片钳记录显示，阿米洛利在 TRC 水

平上抑制了 Na^+ 响应[18,19]。在对体外菌状味蕾的 Ca^{2+} 成像法研究中也得出了类似的结论[20]。这些研究和其他报道还阐明了 Na^+ 味觉感知机制中存在一种对阿米洛利不敏感的成分，这将会在后面讨论。即便如此，这些发现指出阿米洛利敏感性退化蛋白（DEG）/上皮 Na^+ 通道（ENAC）家族的成员很可能是脊椎动物味觉中的主要 Na^+ 检测器。

DEG/ENAC 存在于多种多样的动物物种中，包括哺乳动物、软体动物、线虫和果蝇[21]。这些通道蛋白具有两个被单一大的细胞外环连在一起的跨膜结构域，在多聚体复合物中发挥作用，对电压不敏感并且对 Na^+ 的选择性高于其他阳离子[21,22]。通常，原生哺乳动物的 ENAC 为异聚体（可能是三聚体）并由 α、β 和 γ 亚基组成（图 16–1），但在某些组织中 γ 亚基有可能取代 α 亚基[21,23,24]。ENAC 不仅在调控各种组织上皮的 Na^+ 通量中发挥主要作用，而且其在肾脏中的功能对调控盐和水稳态也尤为重要[25]。

除了阿米洛利的作用，还有好几条证据都支持 ENAC 在 Na^+ 味觉感知机制中充当某种角色。例如，舌前端的味觉受体细胞（受面部神经的鼓索分支支配的细胞，而面部神

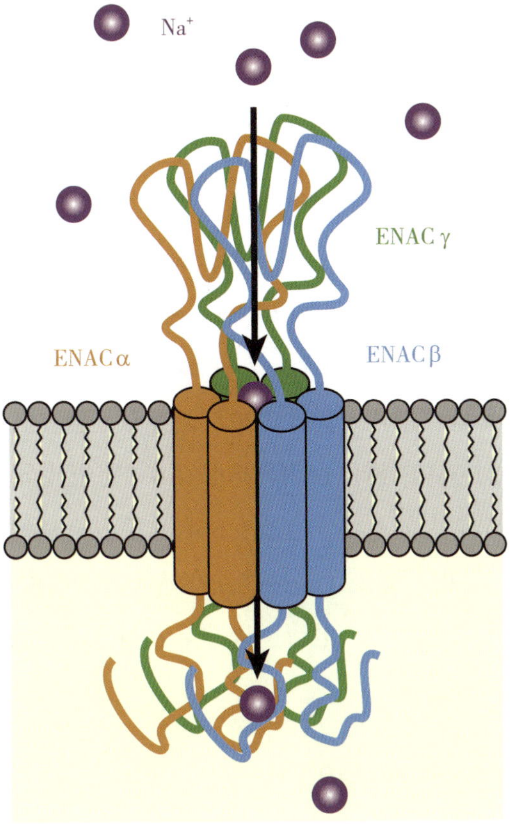

图 16–1　介导钠盐开胃性味觉的上皮 Na^+ 通道（ENAC）。ENAC 由 3 个亚基 α（橙色）、β（蓝色）和 γ（绿色）组成。这个异聚体通道对 Na^+（紫色）有高度选择性

经则是将味觉信息从口腔带到孤束脑干核的三条颅神经之一）表达 ENACα、ENACβ 和 ENACγ，这在信使 RNA 和蛋白水平上都得到了验证[26–28]。舌后部的杯状味蕾（受舌咽神经支配）也会表达 3 个通道亚基[26]，但 ENACα 和 ENACβ 之间似乎没有任何的重叠[20]。由于所有 3 个亚基对形成一个功能通道都是必不可少的，因而在后味觉区域不太可能存在功能性 ENAC；这与观察到大鼠舌咽神经中 Na^+ 响应对阿米洛利并不敏感是相符的[29]。

对于 ENAC 是体内主要的 Na^+ 味觉感知传感器的观点，主要证据是通过条件性基因敲除策略获得的，即敲除小鼠 TRC 中的 *Scnn1a*（编码 ENACα 的基因）导致 ENAC 在外周味觉系统中丧失功能[20]。鼓索神经记录显示，这些动物对低浓度的 NaCl 没有味觉响应，并且对较高浓度的 NaCl 或其他盐类的响应缺乏阿米洛利效应。此外，这些动物还缺乏对 NaCl 的行为偏好，尽管它们会继续回避较高浓度的 NaCl。

但是，主要问题仍然存在。例如，介导 Na^+ 味觉感知的 TRC 亚型还没有被鉴定出来。相比之下，有研究证明引发其他味觉品质的刺激物能够激活不同的 TRC 亚群（即“甜味”“苦味”“鲜味”和“酸味”TRC），这些亚群可以基于刺激物的选择性和独特分子标记物的表达进行区分。一项研究报道，在缺乏电压依赖性内流电流的菌状 TRC 中发现了阿米洛利敏感性 Na^+ 通道[30]，但是这些细胞的分子特性和功能特征尚未得到进一步完善。同样不清楚的还包括 ENAC 对人类 Na^+ 感知的重要程度。阿米洛利对人体的效果似乎不如其对啮齿动物的效果，一项研究发现，阿米洛利只抑制了人体对 NaCl 20%的味觉响应[31]（该数值在啮齿动物中接近 70%[3]）。相比之下，在非人类灵长动物中，Na^+ 响应对阿米洛利表现出非常显著的敏感性[14,15]。对这种差异的一种可能解释在于饮食对 ENAC 表达的影响[3]。食盐在现代人类饮食中广泛存在，但在其他哺乳动物的饮食中却不那么丰富。阿米洛利对 NaCl-诱发舌表面电位（Na^+ 跨上皮导电性的一个指标）的影响在不同个体之间也有非常大的差异，有些受试者几乎没有任何影响，而另一些受试者则有近 50%的减少[32]。注射醛固酮（一种能保存钠的甾体激素）[27]后，人们在杯状味觉细胞中发现了阿米洛利敏感性 Na^+ 电流，该结果表明系统性的 Na^+ 水平可能通过某种机制影响味蕾中 ENAC 的表达。

阿米洛利非敏感性盐味觉感知

如前所述，Na^+ 味觉感知机制中存在明显的对阿米洛利不敏感的成分。啮齿动物和非人类灵长类动物的味觉神经电生理记录显示，它们含有对阿米洛利不敏感的 Na^+ 响应性纤维，并与 KCl 等盐类发生响应[15,33–36]。在 TRC 中，通过膜片钳记录或者 Ca^{2+} 成像也可以看到类似的结果：阿米洛利敏感性 TRC 具有 Na^{+} 特异性，而阿米洛利不敏感细胞则对较高浓度的 NaCl（测试浓度为 300~500 mmol · L^{-1}）和 KCl 都有响应[19,20]。在有阿米洛利存在时小鼠会无法区分 NaCl 和 KCl 的味道[37]，表明阿米洛利非敏感性盐味觉感知机制对阳离子而言是相对无选择性的。正如这些结果所预期的那样，TRC 中缺乏 ENaCα 的条件性敲除小鼠保留了对非钠盐和较高浓度 NaCl 的味觉反应（和回避行为）[20]。

那么，阿米洛利非敏感性盐味觉感知传感器的分子特性是什么？它仍然是未知的。有可能是瞬时受体电位 V1（TRPV1，亦称为辣椒素受体或 VR1）通道的一个 TRC 特异性变体，被称为 TRPV1t[38]。尽管 TRPV1 的互补 DNA 可从大鼠的菌状 TRC 扩增出来[38]，但免疫组化研究表明，该通道更可能与支配味蕾的神经纤维有关[39,40]。TRPV1 激动剂会抑制鼓索神经对盐类的响应[38]，并且 *Trpv1* 基因敲除小鼠在接受苯扎米尔（一种阿米洛利类似物）处理后并未出现强直性鼓索响应[41]。然而，在行为测试中，这些相同的基因敲除小鼠在 NaCl 或 KCl 觉察阈值上没有表现出明显的缺陷，并且在条件性味觉厌恶测试中保持了这两种盐类之间的泛化能力，表明 TRPV1t 对阿米洛利非敏感性盐味觉感知并非是必需的[41,42]。

另一项研究则表明，“酸味”和“苦味”感应细胞介导了非钠盐类和高浓度的钠盐的转导[43]。该观点的确具有一定的吸引力，因为高浓度的 NaCl、非钠盐类、酸类和苦味刺激物通常都是厌恶性的。通过这种途径，阿米洛利非敏感性盐味觉感知的正效价也成为其在味觉外周编码的一个重要部分。即便如此，该观点仍有待充分测试，以了解厌恶性盐类是如何与酸味或苦味刺激物相区别的。此外，苦味和酸味 TRC 中检测盐的潜在分子介体仍有待确定。

酸　味

动物需要避免有毒、被污染或变质的食物。厌恶的味觉特征如苦味或酸味通常都与有毒的化合物相关联[44]（尽管讨厌性味道在复杂食物的背景下能够变成受欢迎的味道[45]）。这种关系对于苦味化合物尤其明显，它们许多都是来源于植物的毒素。避免酸类摄入的原因尚不清楚，但可能与需要回避未成熟或变质食物，以及维持酸碱稳态的重要性有关。事实上，口腔中较低的 pH 值会加速牙釉质的侵蚀并影响龋齿，而过量的酸摄入则与代谢性酸中毒和毒性有关[3,46,47]。

延伸阅读

变酸为甜

甜味物质可以有效遮掩酸类的厌恶味道，这就是为什么加糖柠檬水比纯柠檬汁更加可口的原因。但长期以来，人们一直认为神秘果蛋白（miraculin）和所谓的“味觉修饰蛋白”（taste-modifying proteins）能够进一步使酸味物质变甜。为什么会这样？事实上，味觉修饰蛋白并不修饰味觉。相反，它们代表的是人类甜味受体 TAS1R2:TAS1R3（见第 13 章）的一组新型配体，这些配体在中性 pH 下发挥拮抗剂（或可能是反向激动剂[65]）的作用，但在酸性条件下却变成激动剂[66,67]。

一些小型热带水果产生的蛋白质，分子量大小从 6.5 kDa 到 100 kDa 不等，可以充当哺乳动物甜味受体的配体。这些蛋白中有一些被称为“甜蛋白”（sweet proteins），包括索马甜（thaumatin，来自翅果竹芋）、莫内林（monellin，来自应乐果）和巴西甜蛋白（brazzein，来自忘忧果），它们是高效的刺激物，在相同摩尔浓度下比蔗糖甜数千倍[68]。然而，神秘果蛋白（来自神秘果）和新克灵[neoculin，库克灵（curculin）的异型二聚体，来自宽叶仙茅]在结构上与“甜蛋白”或者彼此无关，在中性 pH 下几乎很少或无甜味，但与酸类接触时表现出明显的甜味。诱变研究表明，酸类通过质子化神秘果蛋白和新克灵结构上关键的组氨酸残基来发挥这种作用，使这些配体发生构象变化，进而导致已与其结合的甜味受体被激活[66,67]。

我们很少体验单独的味觉刺激物，因为大多数食物都是由引发不同味觉感受特征的化合物组成的复杂混合体。尽管味觉修饰蛋白被认为是潜在的低热量甜味剂[68]，但在目前，它们仍然是食品界的新事物。不过它们也为人类提供了一种独特的工具，以理解不同感受特征的刺激物如甜味和酸味刺激物，如何在感官细胞水平上发生相互作用从而改变我们感知味道的方式。

人们通常认为酸性越强酸味也越强，然而实际情况却并非如此[48,49]。相反，在同样的 pH 下，弱有机酸例如乙酸或柠檬酸比强无机酸（例如 HCl）具有更为强烈的酸味。弱酸类在水中仅部分解离，因而其可滴定酸度高于完全解离的强酸。事实上，在预测酸味强度方面，相比于溶液中游离质子浓度，可滴定酸度似乎是一个更好的指标[45]。

即便如此，质子（H^+，或更确切地说为水合氢离子 H_3O^+）仍被人们认为是最接近酸味的刺激物，尽管它会视其来源而作用于不同的位点（图 16–2）。弱有机酸有可能以中性分子的形式扩散穿过质膜[50]。酸类在细胞质中的解离会导致细胞内的酸化。人们尚不清楚这会如何影响细胞的生理现象。可能的情况是，细胞内酸化通过抑制膜 K^+ 通道或者激活其他阳离子通道造成细胞去极化（图 16–2）[51,52]，该过程通过通道蛋白的直接修饰介导，或通过可机械门控通道的细胞骨架变化介导[50,53]。相比之下，来自强酸的 H^+ 则在细胞外溶液中被完全解离，并可能通过质膜通道进入 TRC（见下文）。H^+ 流入不仅能够提供 TRC 的初始去极化，还能够促进包括离子通道在内的其他蛋白质的细胞内酸化。

一些通道和转运蛋白被认为是酸味受体。它们包括：ACCN1（阿米洛利敏感性阳离子通道 1）；HCN1（超极化激活的环化核苷酸门控通道 1）和 HCN4；双孔钾通道 KCNK3（钾通道亚族 K 成员 3，亦称 TASK–1）和 NHE–1（Na^+–H^+–交换蛋白异构体 1），但其中任何一种都缺乏令人信服的证据[54]。一种细胞外碳酸酐酶的异构体 CAR4 被认为参与了酸味刺激物 CO_2 的转导[55]，不过 CAR4 在催化这种酸味气体释放质子，然后

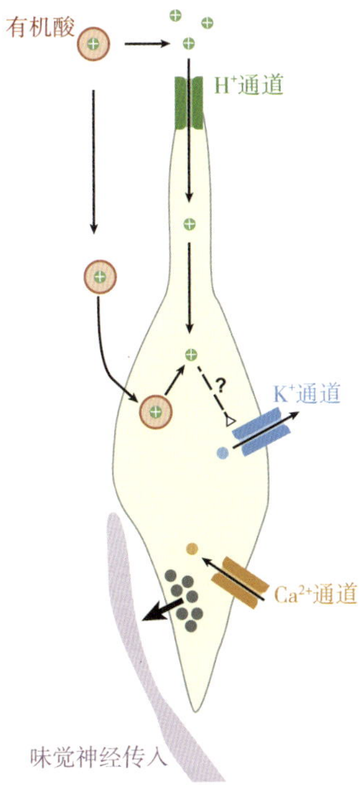

图 16–2　强酸和弱酸对酸味味觉受体细胞的激活模型。强酸在溶液中完全解离并通过一个内向质子电导（绿色）使酸味 TRC 去极化。这可能通过激活电压门控的 Na^+ 通道（未显示）产生额外的去极化或者通过细胞内酸化对 K^+ 通道（蓝色）抑制（空心三角形）。弱酸（红色 / 绿色）在溶液中只部分解离并被认为在细胞内解离前扩散穿过质膜（细胞外质子仍会穿过质子通道）。然后细胞质内质子可能抑制 K^+ 通道。这两种机制都会造成膜去极化并随后激活电压门控的 Ca^{2+} 通道（橙色），加速神经递质（灰色圆圈）释放至附近的传入神经（紫色）。经许可修改自参考文献［1］

使 TRC 酸化方面发挥的作用可能非常有限。近些年来，人们认为最有可能的酸味受体是瞬时受体电位 P 型通道家族的成员 PKD1L3 和 PKD2L1。两者均在一个 TRC 亚群中表达（尽管 PKD1L3 仅限于杯状和菌状味蕾）[56-59]。鼓索神经电生理学记录显示，在使用白喉毒素 A 亚基的靶向表达清除表达 PKD2L1 的 TRC 后，小鼠对甜味、苦味、鲜味和咸味刺激物表现出正常的味觉响应，但对弱酸和强酸都缺乏响应[58]。PKD2L1 和 PKD1L3 在异源细胞中共表达时对酸类有响应[57]，尽管所针对的是刺激物的去除而非其施加[60]。TRC 和鼓索（而非舌咽）神经记录显示，*Pkd2l1* 基因敲除小鼠对酸刺激物的响应确实有小幅下降[62]，但是 *Pkd1l3* 基因敲除小鼠或是 *Pkd2l1* 基因敲除小鼠仍大体保留了正常的酸响应[61,62]。因此，虽然 PKD2L1 和 PKD1L3 在酸敏感性 TRC 中有明确的表达，但它们似乎不是正常酸味响应所必需的。不过，PKD2L1 是酸响应性 TRC 的标志物这一发现，有助于人们更好地研究酸味背后的转导机制。例如，已有一种质子电导（和可能的酸味受体）被确定为表达 PKD2L1 的 TRC 所特有的[63,64]。这种电导由酸类所诱发，可导致细胞内酸化并促进表达 PKD2L1 的 TRC 产生动作电位[63,64]。尽管哪些通道蛋白介导这种 H^+ 电导仍然是一个谜，但现在可能已经有工具可以揭晓它的身份。

结　论

与其他味觉特征相比，我们对盐味和酸味的分子机制和细胞介体的了解仍然相对较少。尽管 Na^+ 味觉感知的主要传感器已被确定为 ENAC，但广泛调节的盐受体仍然身份不明，质子通道和通过细胞内酸化转导酸类的其他靶标也是如此。酸味需要表达 PKD2L1 的 TRC，然而哪些 TRC 亚群表达功能性 ENAC 尚不清楚。阿米洛利非敏感性盐味似乎也需要苦味和酸味敏感性 TRC。新的分子生物学和细胞成像方法的出现为人们在解决这些有关咸味和酸味的重要问题上取得快速进展提供了希望。这些知识对提升食品的可口性，减少 Na^+ 的摄入，以及更好地理解神经系统编码和处理感官信息的策略都将是非常宝贵的。

致　谢

笔者实验室的研究得到了美国国家耳聋和其他沟通障碍研究所的资金支持。

参考文献

[1] Liman ER, Zhang YV, Montell C. Peripheral coding of taste. *Neuron*. 2014;81(5):984-1000.

[2] Beauchamp GK, Bertino M, Burke D, Engelman K. Experimental sodium depletion and salt taste in normal human volunteeers. *Am J Clin Nutr*. 1990;51(5):881-889.

[3] DeSimone JA, Lyall V. Taste receptors in the gastrointestinal tract III. Salty and sour taste: sensing of sodium and protons by the tongue. *Am J Physiol Gastrointest Liver Physiol*. 2006;291(6):G1005-G1010.

[4] Sterns RH. Disorders of plasma sodiumecauses, consequences, and correction. *N Engl J Med*. 2015;372(1):55-65.

[5] Strazzullo P, D'Elia L, Kandala NB, Cappuccio FP. Salt intake, stroke, and cardiovascular disease: meta-analysis of prospective studies. *BMJ*. 2009;339:b4567.

[6] Beidler LM. A theory of taste stimulation. *J Gen Physiol*. 1954;38(2):133-139.

[7] Desimone JA, Heck GL, Mierson S, Desimone SK. The active ion transport properties of canine lingual epithelia in vitro. Implications for gustatory transduction. *J Gen Physiol*. 1984;83(5):633-656.

[8] Schiffman SS, Lockhead E, Maes FW. Amiloride reduces the taste intensity of Na^+ and Li^+ salts and sweeteners. *Proc Natl Acad Sci USA*. 1983;80(19):6136-6140.

[9] Heck GL, Mierson S, DeSimone JA. Salt taste transduction occurs through an amiloride-sensitive sodium transport pathway. *Science*. 1984;223(4634):403-405.

[10] DeSimone JA, Ferrell F. Analysis of amiloride inhibition of chorda tympani taste response of rat to NaCl. *Am J Physiol*. 1985;249(1 Pt 2):R52-R61.

[11] Brand JG, Teeter JH, Silver WL. Inhibition by amiloride of chorda tympani responses evoked by monovalent salts. *Brain Res*. 1985;334(2):207-214.

[12] Ninomiya Y, Sako N, Funakoshi M. Strain differences in amiloride inhibition of NaCl responses in mice, Mus musculus. *J Comp Physiol A*. 1989;166(1):1-5.

[13] Hettinger TP, Frank ME. Specificity of amiloride inhibition of hamster taste responses. *Brain Res*. 1990;513(1):24-34.

[14] Hellekant G, Dubois GE, Roberts TW, Vanderwel H. On the gustatory effect of amiloride in the monkey *(Macaca-Mulatta)*. *Chem Senses*. 1988;13(1):89-93.

[15] Hellekant G, Ninomiya Y, Danilova V. Taste in chimpanzees II: single chorda tympani fibers. *Physiol Behav*. 1997;61(6):829-841.

[16] Bernstein IL, Hennessy CJ. Amiloride-sensitive sodium channels and expression of sodium appetite in rats. *Am J Physiol*. 1987;253(2 Pt 2):R371-R374.

[17] Eylam S, Spector AC. Oral amiloride treatment decreases taste sensitivity to sodium salts in C57BL/6J and DBA/2J mice. *Chem Senses*. 2003;28(5):447-458.

[18] Avenet P, Lindemann B. Amiloride-blockable sodium currents in isolated taste receptor cells. *J Membr Biol*. 1988;105(3):245-255.

[19] Yoshida R, Horio N, Murata Y, Yasumatsu K, Shigemura N, Ninomiya Y. NaCl responsive taste cells in the mouse fungiform taste buds. *Neuroscience*. 2009;159(2):795-803.

[20] Chandrashekar J, Kuhn C, Oka Y, et al. The cells and peripheral representation of sodium taste in mice. *Nature*. 2010;464(7286):297-301.

[21] Ben-Shahar Y. Sensory functions for degenerin/epithelial sodium channels (DEG/ENaC). *Adv Genet*. 2011;76:1-26.

[22] Snyder PM, McDonald FJ, Stokes JB, Welsh MJ. Membrane topology of the amiloride-sensitive epithelial sodium channel. *J Biol Chem*. 1994;269(39):24379-24383.

[23] Canessa CM, Schild L, Buell G, et al. Amiloride-sensitive epithelial Na^+ channel is made of three homologous subunits. *Nature*. 1994;367(6462):463-467.

[24] Kashlan OB, Kleyman TR. ENaC structure and function in the wake of a resolved structure of a family member. *Am J Physiol Ren Physiol*. 2011;301(4):F684-F696.

[25] Rossier BC. Epithelial sodium channel (ENaC) and the control of blood pressure. *Curr Opin Pharmacol*. 2014;15:33-46.

[26] Kretz O, Barbry P, Bock R, Lindemann B. Differential expression of RNA and protein of the three pore-forming subunits of the amiloride-sensitive epithelial sodium channel in taste buds of the rat. *J Histochem Cytochem*. 1999;47(1):51-64.

[27] Lin W, Finger TE, Rossier BC, Kinnamon SC. Epithelial Na^+ channel subunits in rat taste cells: localization and regulation by aldosterone. *J Comp Neurol*. 1999;405(3):406-420.

[28] Shigemura N, Islam AA, Sadamitsu C, Yoshida R, Yasumatsu K, Ninomiya Y. Expression of amiloride-sensitive epithelial sodium channels in mouse taste cells after chorda tympani nerve crush. *Chem Senses*. 2005;30(6):531-538.

[29] Stewart RE, DeSimone JA, Hill DL. New perspectives in a gustatory physiology: transduction, development, and plasticity. *Am J Physiol*. 1997;272(1 Pt 1):C1-C26.

[30] Vandenbeuch A, Clapp TR, Kinnamon SC. Amiloride-sensitive channels in type I fungiform taste cells in mouse. *BMC Neurosci*. 2008;9:1.

[31] Smith DV, Ossebaard CA. Amiloride suppression of the taste intensity of sodium chloride: evidence from direct magnitude scaling. *Physiol Behav*. 1995;57(4):773-777.

[32] Feldman GM, Mogyorosi A, Heck GL, et al. Salt-evoked lingual surface potential in humans. *J Neurophysiol*. 2003;90(3):2060-2064.

[33] Ninomiya Y. Reinnervation of cross-regenerated gustatory nerve fibers into amiloride-sensitive and amiloride-insensitive taste receptor cells. *Proc Natl Acad Sci USA*. 1998;95(9):5347-5350.

[34] Ninomiya Y, Tanimukai T, Yoshida S, Funakoshi M. Gustatory neural responses in preweanling mice. *Physiol Behav*. 1991;49(5):913-918.

[35] Formaker BK, Hill DL. Lack of amiloride sensitivity in SHR and WKY glossopharyngeal taste responses to NaCl. *Physiol Behav*. 1991;50(4):765-769.

[36] Hellekant G, Danilova V, Ninomiya Y. Primate sense of taste: behavioral and single chorda tympani and glossopharyngeal nerve fiber recordings in the rhesus monkey, *Macaca mulatta*. *J Neurophysiol*. 1997;77(2):978-993.

[37] Eylam S, Spector AC. Taste discrimination between NaCl and KCl is disrupted by amiloride in inbred mice with amiloride-insensitive chorda tympani nerves. *Am J Physiol Regul Integr Comp Physiol*. 2005;288(5):R1361-R1368.

[38] Lyall V, Heck GL, Vinnikova AK, et al. The mammalian amiloride-insensitive non-specific salt taste receptor is a vanilloid receptor-1 variant. *J Physiol*. 2004;558(Pt 1):147-159.

[39] Ishida Y, Ugawa S, Ueda T, Murakami S, Shimada S. Vanilloid receptor subtype-1 (VR1) is specifically localized to taste papillae. *Brain Res Mol Brain Res*. 2002;107(1):17-22.

[40] Kido MA, Muroya H, Yamaza T, Terada Y, Tanaka T. Vanilloid receptor expression in the rat tongue and palate. *J Dent Res*. 2003;82(5):393-397.

[41] Treesukosol Y, Lyall V, Heck GL, DeSimone JA, Spector AC. A psychophysical and electrophysiological analysis of salt taste in Trpv1 null mice. *Am J Physiol Regul Integr Comp Physiol*. 2007;292(5):R1799-R1809.

[42] Smith KR, Treesukosol Y, Paedae AB, Contreras RJ, Spector AC. Contribution of the TRPV1 channel to salt taste quality in mice as assessed by conditioned taste aversion generalization and chorda tympani nerve responses. *Am J Physiol Regul Integr Comp Physiol*. 2012;303(11):R1195-R1205.

[43] Oka Y, Butnaru M, von Buchholtz L, Ryba NJ, Zuker CS. High salt recruits aversive taste pathways. *Nature*. 2013;494(7438):472-475.

[44] Lunceford BE, Kubanek J. Reception of aversive taste. *Integr Comp Biol*. 2015;55(3):507-517.

[45] Neta ERD, Johanningsmeier SD, McFeeters RF. The chemistry and physiology of sour taste - a review. *J Food Sci*. 2007;72(2):R33-R38.

[46] DeMars CS, Hollister K, Tomassoni A, Himmelfarb J, Halperin ML. Citric acid ingestion: a life-threatening cause of metabolic acidosis. *Ann Emerg Med*. 2001;38(5):588-591.

[47] Tahmassebi JF, Duggal MS, Malik-Kotru G, Curzon ME. Soft drinks and dental health: a review of the current

literature. *J Dent*. 2006;34(1):2-11.

[48] Richards TW. The relation of the taste of acids to their degree of dissociation, II. *J Phys Chem*. 1900;4(3):207-211.

[49] Richards TW. The relation of the taste of acids to their degree of dissociation. *Am J Chem*. 1898;20:121-126.

[50] Lyall V, Alam RI, Phan DQ, et al. Decrease in rat taste receptor cell intracellular pH is the proximate stimulus in sour taste transduction. *Am J Physiol Cell Physiol*. 2001;281(3):C1005-C1013.

[51] Richter TA, Caicedo A, Roper SD. Sour taste stimuli evoke Ca^{2+} and pH responses in mouse taste cells. *J Physiol*. 2003;547(Pt 2):475-483.

[52] Lin W, Burks CA, Hansen DR, Kinnamon SC, Gilbertson TA. Taste receptor cells express pH-sensitive leak K^+ channels. *J Neurophysiol*. 2004;92(5):2909-2919.

[53] Lyall V, Pasley H, Phan TH, et al. Intracellular pH modulates taste receptor cell volume and the phasic part of the chorda tympani response to acids. *J Gen Physiol*. 2006;127(1):15-34.

[54] Bachmanov AA, Beauchamp GK. Taste receptor genes. *Annu Rev Nutr*. 2007;27:389-414.

[55] Chandrashekar J, Yarmolinsky D, von Buchholtz L, et al. The taste of carbonation. *Science*. 2009; 326(5951):443-445.

[56] LopezJimenez ND, Cavenagh MM, Sainz E, Cruz-Ithier MA, Battey JF, Sullivan SL. Two members of the TRPP family of ion channels, Pkd1l3 and Pkd2l1, are co-expressed in a subset of taste receptor cells. *J Neurochem*. 2006;98(1):68-77.

[57] Ishimaru Y, Inada H, Kubota M, Zhuang H, Tominaga M, Matsunami H. Transient receptor potential family members PKD1L3 and PKD2L1 form a candidate sour taste receptor. *Proc Natl Acad Sci USA*. 2006;103(33):12569-12574.

[58] Huang AL, Chen X, Hoon MA, et al. The cells and logic for mammalian sour taste detection. *Nature*. 2006;442(7105):934-938.

[59] Kataoka S, Yang R, Ishimaru Y, et al. The candidate sour taste receptor, PKD2L1, is expressed by type III taste cells in the mouse. *Chem Senses*. 2008;33(3):243-254.

[60] Inada H, Kawabata F, Ishimaru Y, Fushiki T, Matsunami H, Tominaga M. Off-response property of an acid-activated cation channel complex PKD1L3-PKD2L1. *EMBO Rep*. 2008;9(7):690-697.

[61] Nelson TM, Lopezjimenez ND, Tessarollo L, Inoue M, Bachmanov AA, Sullivan SL. Taste function in mice with a targeted mutation of the pkd1l3 gene. *Chem Senses*. 2010;35(7):565-577.

[62] Horio N, Yoshida R, Yasumatsu K, et al. Sour taste responses in mice lacking PKD channels. *PloS One*. 2011;6(5):e20007.

[63] Chang RB, Waters H, Liman ER. A proton current drives action potentials in genetically identified sour taste cells. *Proc Natl Acad Sci USA*. 2010;107(51):22320-22325.

[64] Bushman JD, Ye W, Liman ER. A proton current associated with sour taste: distribution and functional properties. *FASEB J*. 2015;29(7):3014-3026.

[65] Galindo-Cuspinera V, Winnig M, Bufe B, Meyerhof W, Breslin PA. A TAS1R receptor-based explanation of sweet 'water-taste'. *Nature*. 2006;441(7091):354-357.

[66] Nakajima K, Morita Y, Koizumi A, et al. Acid-induced sweetness of neoculin is ascribed to its pH-dependent agonistic-antagonistic interaction with human sweet taste receptor. *FASEB J*. 2008;22(7):2323-2330.

[67] Koizumi A, Tsuchiya A, Nakajima K, et al. Human sweet taste receptor mediates acid-induced sweetness of miraculin. *Proc Natl Acad Sci USA*. 2011;108(40):16819-16824.

[68] Kant R. Sweet proteinsepotential replacement for artificial low calorie sweeteners. *Nutr J*. 2005;4:5.

CHAPTER 17

第 17 章 味觉转导中的肽信号

高井新吾[1]，吉田隆介[1]，重村德仁[1]，二宫祐三[1,2]

[1] 九州大学齿学研究院口腔神经科学部，日本福冈

[2] 九州大学味觉与嗅觉传感研发中心感觉生理学分部，日本福冈

概 要

引 言

味觉是一种帮助动物们选择吃什么与喝什么的感官系统。食物的味道对于检测营养物质、矿物质或毒素是极其重要的信号。甜味、苦味、咸味、酸味和鲜味（氨基酸）被认为代表了人类所体验到的五种基本味觉特征，并且似乎在啮齿动物和许多其他哺乳动物中得到了保留。一般而言，甜味和鲜味可以检测营养性物质，苦味和酸味则能预防摄入有毒性化学物质，而咸味则为检测某些电解质提供信号。这些来自味觉细胞的感官输

入对调节营养物质吸收和能量稳态至关重要。

越来越多的证据表明，味觉功能是在动物的营养状态下进行调节的，并且各种激素被认为是构成这种调节的基础。血液循环中的几种激素，例如瘦素、胰岛素、血管紧张素Ⅱ（Ang Ⅱ）和催产素，可能会影响外周的味觉功能[1-3]。例如，人们发现脂肪组织中产生的瘦素在甜味敏感性细胞中可通过假定的瘦素受体 Ob-Rb 来选择性抑制甜味响应[1]。其他生物活性肽类，例如胰高血糖素、胰高血糖素样肽 1-（GLP-1）、胆囊收缩素（CCK）、血管活性肠肽（VIP）、神经肽 Y（NPY）、酪酪肽（PYY）、胃饥饿素和甘丙肽，都在味蕾细胞中表达。在某些情况下，它们的受体也以独特的表达模式在味觉细胞亚群中表达，而这些表达模式与特定的味觉细胞标志物具有相关性，表明这些肽类可能通过自分泌和（或）旁分泌（细胞-细胞交流）效应对味蕾中味觉信息的调节作出贡献[3]。味觉神经纤维会表达某些肽受体，包括 GLP-1 受体（GLP-1R）或 NPY 受体，表明这些肽类可能发挥神经递质或神经调节剂的功能[3,4]。在本章中，我们将对外周味觉系统中生物活性肽类的表达和功能进行概括性介绍。

味蕾细胞

每一种基本味觉最初都被认为是通过特定的味蕾细胞检测的，这些细胞根据它们的细胞学、超微结构和功能特性被划分为Ⅰ型、Ⅱ型、Ⅲ型或Ⅳ型[5-7]。表 17-1 总结了每一种类型的味蕾细胞的基本特征。甜味、鲜味和苦味受体（见第 13 章）及转导组分（见第 17 章），如 1 型味觉受体的成员 2 和 3（T1R2+T1R3，甜味），T1R1+T1R3（鲜味），2 型味觉受体（T2R，苦味）、Gα-味导素、磷脂酶 C β2，以及瞬时受体电位阳离子通道亚族 M 成员 5（TRPM5），都在Ⅱ型细胞中表达。候选酸味受体多囊肾显性蛋白 1L3（PKD1L3）和 2L1（PKD2L1）[8,9]，以及突触相关分子如血清素（5-HT）、突触小体相关蛋白（SNAP25）、神经细胞黏附分子（NCAM）和谷氨酸脱羧酶（GAD67）在Ⅲ型细胞中表达（见第 15 章）。降解酶如谷氨酸天冬氨酸转运蛋白和核苷三磷酸二磷酸水解酶 2 在Ⅰ型细胞中表达。Ⅳ型细胞则被认为含有味蕾祖细胞[10,11]。

表 17-1 味蕾细胞的分类

	Ⅰ型细胞	Ⅱ型细胞	Ⅲ型细胞	Ⅳ型细胞
	神经胶质样细胞	味觉受体细胞	突触前细胞	基底的，非极化的，推测未分化的细胞
细胞标志物	GLAST, NTPDase2, ENAC	T1R，T2R，Gα-味导素，PLCβ2，IP_3R3，TRPM5，CALHM1	5-HT、GAD67、SNAP25、PKD1L3/2L1、NCAM，嗜铬粒蛋白	Shh
专注于	咸味?	甜味、鲜味、苦味、脂质感应?	酸味?	?

注：CALHM1，钙稳态调节剂 1；ENAC，上皮钠通道；GAD67，谷氨酸脱羧酶 67；GLAST，谷氨酸天冬氨酸转运蛋白；5-HT，血清素；IP_3R3，3 型三磷酸肌醇受体；NCAM，神经细胞黏附分子；NTPDase2，核苷三磷酸二磷酸水解酶 2；PKD1L3/2L1，多囊肾 1 样 3/ 多囊肾 2 样 1；PLCβ2，磷脂酶 C β2；Shh，音猬因子；SNAP25，突触小体相关蛋白 25；T1R，1 型味觉受体；T2R，2 型味觉受体；TRPM5，瞬时受体电位阳离子通道亚族 M 成员 5。

瘦　　素

瘦素是肥胖基因（*Ob*）的产物，主要由脂肪细胞分泌。它作为一种抑制食欲的介质，主要通过激活下丘脑瘦素受体 OB-RB（亦称 LepRb）来调节食物摄入、能量消耗和体重[12-14]。*db/db* 小鼠在瘦素受体方面存在缺陷，并且食欲无度、极度肥胖和带有糖尿病[13,14]。我们发现，与瘦的对照组小鼠相比，它们对各种甜味物质味觉神经响应和行为响应也更强；这种效应在对咸味、苦味和酸味物质的响应中却是看不到的[15,16]。相比之下，用链脲佐菌素（一种对胰腺 β 细胞具有高毒性的葡糖胺-亚硝基脲化合物[17]）诱导的糖尿病状态的小鼠并没有显示出更强的糖响应[15]，表明 *db/db* 小鼠对甜味物质更强的响应性并非是由糖尿病状态本身造成的。将瘦素施加于瘦对照组小鼠时，它们对甜味物质的鼓索神经响应和行为舔舐响应被选择性抑制，而对酸味、咸味和苦味物质的上述响应则不受影响[18,19]。相较而言，在 *db/db* 小鼠中没有观察到瘦素对甜味响应的这种选择性抑制[18,19]，表明瘦素对甜味敏感性的影响是由瘦素受体 OB-RB 介导的。在味觉组织中，OB-RB 受体在Ⅱ型味蕾细胞中表达[18-22]。在分离出的小鼠味觉细胞中，瘦素可以增强外向钾电流从而导致细胞兴奋性降低[18]。事实上，瘦的健康小鼠约有一半的甜味敏感性味觉细胞在施加瘦素（10~20 ng/mL）期间对甜味刺激物响应显著下降；ATP 敏感性 K^+ 通道（K_{ATP}）抑制剂格列本脲则会消除这种效应[1,23]。在鼓索神经记录中，瘦的小鼠在腹腔注射瘦素受体拮抗剂（LA）突变体 L39A/D40A/F41A 之后，对甜味化合物的响应明显增加[24]。因此，瘦小鼠甜味敏感性味觉细胞的味觉敏感性降低是由瘦素激活表达在这些细胞中的 OB-RB 和 K_{ATP} 通道引起的。此外，瘦素对甜味的抑制作用在瘦的小鼠中观察到，但却没有在饮食诱导的肥胖（DIO）小鼠中观察到。在甜味化合物引起的鼓索神经响应中，LA 的作用随着肥胖不断加深而逐渐降低[24]，并且瘦素对甜味敏感性味觉细胞的影响在 DIO 小鼠中被消除[23]。

最近一项利用离体培养的小鼠味蕾细胞的研究表明，甜味诱导的钙响应和味觉细胞中 ATP 的释放可通过沐浴施加瘦素的方法而显著下降[25]。此外，瘦素增强了味觉细胞中甜味诱导的 5-HT 释放。这些发现为瘦素影响味觉细胞对甜味剂响应的观点提供了支持。在味觉细胞向味觉神经传递味觉信息的过程中，ATP 发挥了至关重要的作用[26]；因此，瘦素减少味觉细胞中甜味诱导的 ATP 释放会导致味觉神经对甜味剂响应降低。

然而，最近的一份报告声称，腹腔注射瘦素（100 ng/g 体重）时，自由喂养小鼠和禁食小鼠对蔗糖的鼓索神经响应都有增加而不是降低[27]。另一项最新的研究报道表明，尽管腹腔注射瘦素（100 ng/g 体重）使血浆瘦素水平升高了 10 倍以上，但瘦素并不影响味觉神经对甜味刺激物的响应[22]。这样迥然不同的神经记录观察结果可能是由于这些研究中实验条件的差异。例如，一项研究使用了溶解在 24℃蒸馏水中的味觉物[18]，而其他研究使用的是溶解在 35℃人工唾液中的味觉物[22,27]。除此之外，记录过程中味觉神经的状态也各不相同；切断的和去鞘的[18,27]或者完整的[22]。所有这些条件和手术方法都可能对结果产生影响。此外，瘦素对行为响应的影响也有不同的结果。一项研究表明，腹腔注射瘦素（100 ng/g 体重；*db/db* 小鼠为 500 ng/g 体重）会减少 *ob/ob* 小鼠和正常同窝出生仔畜对甜味-苦味混合物溶液（蔗糖和糖精 + 3 mmol · L^{-1} 奎宁盐酸盐）的行为舔舐响应，但在 *db/db* 小鼠的 10 s 舔舐试验中却没有发现这种影响[19]，而另一项研究则指出瘦素处理（100 ng/g 体重）不会改变短暂接触测试（5 s）中动物对各种浓度（0.01~1.0 mol · L^{-1}）蔗糖的舔舐行为[22]。这种差异也可能是由这些研究中不同的实验设计和条件造成的。总而言之，瘦素在外周味觉系统中的功能似乎比最初预期的要复杂很多。因此，需要进行深入的研究才能系统全面了解瘦素与甜味敏感性的关系。

循环瘦素水平呈现昼夜变化[28,29]，人体血浆瘦素在中午以前上升，在午夜时（23:00—01:00）达到峰值，然后下降直至早晨[30]。对健康的成年人（体重指数低于25，男性和女性，年龄 21~31 岁）进行血浆瘦素和味觉识别阈值昼夜模式测定时发现，甜味化合物识别阈值表现出与血浆瘦素变化相似的昼夜变化，不过咸味、苦味、酸味或鲜味化合物却没有这种变化[31]。瘦素的昼夜变化与膳食相关变化有关。例如，在不改变人体光照或睡眠周期的情况下，当进餐时间改变 6.5 h 时，血浆瘦素水平同样发生了5~7 h 的偏移[32]。如果受试者戒食，那么瘦素的夜间升高就不会发生[33]。当瘦素水平在强行规定每天吃一餐或两餐后发生相位移时，甜味识别阈值的昼夜变化也会发生相应的偏移[31]。血浆瘦素浓度与甜味识别阈值之间的这些关系表明了瘦素对人体甜味敏感性具有调节作用。

胰高血糖素

由 29 个氨基酸组成的多肽激素——胰高血糖素是在禁食期间由胰岛 α 细胞产生的[34]。胰高血糖素是在位点选择性蛋白酶激素原转化酶 2（PC2）作用下由前体胰高血糖素原发生断裂生成。胰高血糖素通过激活 G 蛋白耦联胰高血糖素受体（GLUCR）来刺激肝糖原分解和糖异生，从而提高血糖水平。GLUCR 也在胰岛中表达，可能有助于调节葡萄糖刺激的 β 细胞的胰岛素分泌[35]和 α 细胞的胰高血糖素分泌[36,37]。

在小鼠味蕾中，胰高血糖素和 GLUCR 都在味觉细胞的一个亚群中共表达。这些细胞大多也表达 T1R3、PLCβ2、PC2，以及它的强制性伴侣 7B2，表明在甜味和（或）鲜味味觉细胞中，胰高血糖素是生物合成的，并与其自身受体一起表达[38]。7B2 由 *Scg5* 基因编码，是激活 PC2 以便胰高血糖素原产生胰高血糖素的关键[39]。缺乏 7B2 的小鼠（$Scg5^{-/-}$ 小鼠），其味蕾细胞中并没有显示出胰高血糖素染色，在短暂接触测试中与其同窝幼畜对照组相比，对蔗糖的敏感性较低，但对咸味、苦味和酸味化合物没有这种现象[38]。此外，在野生型（WT）小鼠中，通过高度特异性的、膜穿透性 GlucR 拮抗剂 L-168,049 对胰高血糖素信号转导进行急性和局部破坏，也会造成类似的对蔗糖响应的降低。综上所述，胰高血糖素可能主要作为味蕾中的自分泌或旁分泌信号发挥作用，并可能增强或维持甜味反应性。

胰高血糖素样肽 -1

胰高血糖素样肽 -1（GLP-1）是一种由 30 个氨基酸组成的激素，是由前体胰高血糖素原经激素原转化酶 1/3（PC1/3）的蛋白水解断裂生成的几种肽激素之一[40]。GLP-1 最初被认为是一种葡糖肠促胰岛素激素，主要在位于小肠和结肠中的肠道内分泌 L 细胞中表达[41]。GLP-1 的主要功能是增强胰腺 β 细胞葡萄糖依赖性胰岛素的分泌和抑制 α 细胞的胰高血糖素分泌，从而对餐后血糖波动进行调节。有趣的是，肠内分泌 L 细胞会表达多种味觉转导分子，包括甜味受体 T1R2+T1R3 和味觉 Gα- 味导素，并释放 GLP-1 对甜味化合物响应[42]。GLP-1 极易被二肽基肽酶 -4 降解；因此，从肠道分泌的 GLP-1 仅有 10%~15% 会进入系统循环[40]。在门静脉中，一部分完整的 GLP-1 会通过 G 蛋白耦联的 GLP-1R 促进肝脏迷走神经的传入活动，并引起强大的神经肠促胰岛素效应[43]。

在味觉组织中，GLP-1 不仅在表达Ⅱ型味觉细胞的一个 T1R3 或（和）Gα- 味导素的亚群中表达，还在表达Ⅲ型味觉细胞的一个 5-HT 或 GAD67 的亚群中表达[4,44]。另一篇报道证明有 91%~93% 的表达 GLP-1 的细胞在轮廓状乳头（CV）中表达 TRPM5，而仅有 23% 的表达 GLP-1 的细胞会在蕈状乳头（FP）中表达 TRPM5[45]。GLP-1 与 PC1/3 在一个味觉细胞亚群中共表达[44]，表明 GLP-1 是在这些味觉细胞内产生和累积的。在 FP 中，一部分甜味响应性味觉细胞在与甜味味觉刺激物（例如葡萄糖、蔗糖和糖精）响应时释放出 GLP-1[4]。在假定有 GPR120 参与下，膳食脂质还会触发从小鼠味蕾中释放出 GLP-1[46]。GLP-1R 能够在 CV[44] 中的味蕾内神经纤维和一个膝状神经节的神经元亚群[4] 中表达，表明味觉神经纤维表达 GLP-1R。GLP-1R$^{-/-}$ 小鼠对甜味化合物（蔗糖和三氯蔗糖）显示减弱的行为和味觉神经响应[4,47]，对低浓度的油（α- 亚麻酸和油酸）表现减弱的行为响应[46]，而对鲜味化合物表现增强的行为响应[46]。此外，静脉注射 GLP-1 会在一部分甜味敏感性味觉神经纤维中产生一个尖峰活动的瞬时升高，并且这些响应会受到预先服用的 GLP-1 受体拮抗剂艾塞那肽 -4（3-39）的显著抑制[4]。总的来说，味蕾中的 GLP-1 可能发挥一个甜味特异性神经递质的功能到达邻近的味觉神经纤维。它可能还参与了鲜味和脂质味的信号转导。

最近的研究表明从味觉细胞释放的 GLP-1 是导致血液 GLP-1 水平头期升高的原因所在[45]。在大鼠研究中，它可能导致在用糖精或葡萄糖进行口腔刺激后的 1~1.5 min 内观察到头期胰岛素释放[48]。因此，舌头不仅可以充当一个感觉器官，还可以充当一个分泌器官并且从舌头分泌出的 GLP-1，还可能参与了对激素释放和能量稳态的调节。

胰岛素

胰岛素可降低血液葡萄糖水平并在调节糖类和脂肪代谢中发挥一个至关重要的角色。一项最新的研究表明胰岛素从胰腺 β 细胞进入血液循环有可能对小鼠外周的盐敏感性产生影响[49]。在小鼠中，上皮 Na^+ 通道（ENAC）是一个用于氯化钠（NaCl）味觉的候选受体[50,51]。胰岛素能增加 ENAC 的开放可能性[52]，并将 ENAC 转运至细胞膜[53]。在一些分离的 FP 味觉细胞中，胰岛素使 Na^+ 电流显著性升高[49]。这种升高的 Na^+ 电流对阿米洛利和（或）苯扎米尔具有敏感性，而它们两个都是 ENAC 抑制剂，表明胰岛素增加了味蕾细胞中的 ENAC 电流。胰岛素对 ENaC 功能的增强作用同时受磷酸肌醇 3 激酶和磷酸肌醇 4 激酶的信号转导途径的介导：这些激酶的药物阻滞剂例如 LY294002 和渥曼青霉素会抑制胰岛素的效应。在味觉偏好测试中，胰岛素处理的小鼠相比对照组小鼠会显著性避开较低浓度的 NaCl 溶液；这种胰岛素效应可通过往 NaCl 溶液加入阿米洛利而消除[49]。这些数据表明胰岛素可以通过对阿米洛利敏感的（表达 ENAC 的）、盐响应性味觉细胞来增强小鼠的盐味敏感性。

血管紧张素Ⅱ

血管紧张素Ⅱ（Ang Ⅱ）为一个八肽激素，在血管张力、心脏功能和钠再吸收的调节方面起一个重要的作用[54]。Ang Ⅱ直接引发血管的收缩并促使垂体后叶和肾上腺皮质分别分泌出血管加压素和醛甾酮。在肾脏中，血管加压素能够增加水的再吸收而醛甾酮则增加盐的滞留[55]。在大鼠中进行侧脑室和静脉注射 Ang Ⅱ产生剂量依赖性的盐胃口，并刺激对通常为拒绝浓度范围钠的摄入[56,57]，表明 Ang Ⅱ充当了一个强效的对钠胃口和偏好的刺激物。

最近的研究显示 Ang Ⅱ受体亚型中的一个血管紧张素Ⅱ型Ⅰ受体（AT1）在味觉细胞中表达[2]。AT1 与 α-ENAC 或 T1R3 在小鼠味蕾细胞中共表达，表明 Ang Ⅱ对盐味、甜味和鲜味味觉敏感性可能产生作用。确实，Ang Ⅱ会抑制对 NaCl 的阿米洛利敏感性味觉响应并增强对甜味剂（葡萄糖、蔗糖、糖精和 SC45647）的响应，而不对 KCl、酸味、苦味和鲜味味觉物的响应产生影响。人们在大麻素受体 1（CB1）敲除小鼠中没有观察到 Ang Ⅱ 对甜味味觉响应的影响。CB1 对内源性大麻素引起的甜味味觉响应的增强是不可或缺的[58]。在中国仓鼠卵巢细胞中，利用 Ang Ⅱ 激活 AT1 使内源性大麻素［2-花生四烯酰甘油（2-AG）］的水平升高，从而导致 CB1 受体经由自分泌 / 旁分泌机制进行反式激活[59]。因而，Ang Ⅱ 对甜味响应的效应可能受味蕾内 AT1 和 CB1 的相互作用介导。这些 Ang Ⅱ 对味觉神经响应的效应在静脉施加 AT1 拮抗剂 CV11974 时受到明显妨碍。在行为测试中，禁水 23 h 导致小鼠血浆 Ang Ⅱ 水平升高；CV11974 处理会降低这些饮水受限小鼠中对 NaCl 和甜味剂的受刺激高舔舐率[2]。总的来说，Ang Ⅱ 信号转导通过 AT1 和 CB1 受体的相互作用来调节动物的盐味和甜味敏感性，并对钠和卡路里摄入的调节产生贡献。

胆囊收缩素

胆囊收缩素（CCK）是一个从肠内分泌 I- 细胞分泌而来的胃肠激素。CCK 能够刺激胃排空、胰酶的释放和胆囊的收缩[60]。此外，CCK 在大脑中表达充裕并发挥一个神经递质的功能[61]。CCK 受体有两种类型：CCK-AR 和 CCK-BR，两者都是从不同基因得到的 G 蛋白耦联受体[62]。这些受体表达在包括大脑、胃、胰腺、肾脏和迷走神经传入纤维在内的各种中枢和外周组织中，尽管这些受体的表达模式和功能在组织和物种之间有可能不同[62,63]。对肠道中苦味味觉受体的激活可导致 CCK 分泌，这被认为对限制吸收膳食产生的苦味味觉毒素有帮助作用[64,65]。从肠道释放的 CCK 可能会激活迷走神经上的 CCK 受体，导致对食物摄入和胃排空的抑制。

CCK 及其受体 CCK-AR 在一部分味觉细胞中表达[66-68]。在大鼠的 CV 味蕾中，有 50%~60% 的 CCK- 阳性细胞表达的是 Gα- 味导素，并且它们有 15% 表示的是 T1R2[67]。在舌部的后面，T2R 与 Gα- 味导素共表达，而 T1R 大多与 Gα- 味导素隔离开[69]。因此，大部分的 CCK 阳性细胞都可能为苦味敏感性味觉细胞。在味蕾中，CCK-AR 的表达与 CCK 的表达完全发生重叠[68]。外源施加的 CCK 能够抑制味觉细胞外流的 K^+ 电流并诱导 Ca^{2+} 响应，这些响应受氯戊米特（一种 CCK-AR 对 CCK-BR 的特异性抑制剂）抑制，但不受 L-365-260（CCK-BR 抑制剂）抑制[66]。许多 CCK 敏感性细胞都会显示对苦味味觉刺激物例如奎宁和咖啡因的 Ca^{2+} 响应[70]。总的来说，CCK 可以通过 CCK–AR 以自分泌方式调节味觉细胞的苦味敏感性。在我们前期的实验中，遗传上缺乏 CCK 受体的小鼠（$CCK–AR^{-/-}$、$CCK–BR^{-/-}$ 和 $CCK–AR^{-/-}BR^{-/-}$ 小鼠）在短期舔舐测试和鼓索神经记录中显示出对苦味敏感性的降低，但对其他味觉（甜味、鲜味、咸味和酸味）化合物的敏感性却没有降低[71]。在一项大鼠研究中，缺乏功能性 CCK–AR 的 OLETF 大鼠在行为分析中表现出对甜味和鲜味味觉溶液的增强响应[72]。因此，CCK 有可能在苦味响应性味觉细胞表达，而且可能主要对苦味味觉敏感性有贡献作用，以及可能对甜味和鲜味敏感性有一定的影响。

血管活性肠肽

血管活性肠肽（VIP）为一种由 29 个氨基酸残基组成的肽激素，是在中枢和外周神经系统[73]中鉴定出并被认为是一种有广泛分布的神经肽，在包括心脏、肺、甲状腺、肾、免疫系统、尿道和生殖器官在内的众多器官和组织中充当一个神经递质或神经调节剂的作用[74]。

VIP 在味蕾中表达[68]。在大鼠的 CV 中，许多（约 60%）VIP- 阳性味觉细胞与 Gα- 味导素共表达，而且它们少量（约 20%）与 T1R2 共表达。CCK 和 VIP 两者在几乎一样的味蕾细胞亚群中表达，表明 VIP- 表达也具有苦味敏感性。$VIP^{-/-}$ 小鼠显示有血糖、胰岛素和瘦素水平的升高而没有胰岛上的形态变化[21]。VIP 及其受体 VPAC1 和 VPAC2 在一部分表达 PLCβ2 的味觉细胞中表达，表明 VIP 在一个味蕾中可能充当一个自分泌 / 旁分泌代理人的作用。在 $VIP^{-/-}$ 小鼠的味蕾中，表达瘦素受体的味觉细胞数量有明显的减少，而且表达 GLP–1 的细胞的数量与 WT 小鼠相比有所增加。$VIP^{-/-}$ 小鼠在短暂接触测试中表现出对甜味和苦味味觉物（蔗糖和苯甲酸地那铵）味觉敏感性的增加，以及对酸味味觉物（柠檬酸）敏感性的降低。味蕾中瘦素受体表达水平低和 GLP–1 表达水平高可能是造成 $VIP^{-/-}$ 小鼠甜味味觉敏感性改变的原因所在，并且这种改变可能展现的是 $VIP^{-/-}$ 小鼠糖尿病样病理生理学的一部分响应性改善[21]。然而，人们仍然没有搞清楚 VIP 信号时如何与酸味或苦味敏感性发生相互作用的。

神经肽 Y

神经肽 Y（NPY）为一种 36 个氨基酸的肽，被人们认为是诱导进食行为最为有效的兴奋剂，其在中枢神经系统中有广泛的分布并导致多种多样的行为效应，包括对焦虑相关的行为和情绪障碍例如抑郁症和焦虑症的调节[75–77]。还有人认为 NPY 会对动物的学习记忆、生物钟、骨骼形成、心血管功能和血压控制产生影响[78,79]。这些范围很广的效应是由 NPY 受体 Y1、Y2、Y4、Y5 和 Y6 受体（Y6 在小鼠中表达但不在人类中表达）介导的。

在小鼠的味蕾中，NPY 免疫阳性味觉细胞几乎总是与 CCK 和 VIP 共表达[80,81]，这表明 NPY 表达细胞有可能是苦味敏感性味觉细胞。NPY 受体同工型 Y1、Y2、Y4 和 Y5 在小鼠的味蕾中表达[82]。在它们之中，Y1 受体被限定于 T1R3 而非 NPY[80]，而 Y4 受体则在味蕾内纤维中表达[82]。当在分离出的大鼠味蕾细胞中施加 NPY 时，测试的离体味觉细胞大约有 1/3 会增强内向整流 K^+ 电流[81]，表明一部分味蕾细胞对 NPY 引起感官刺激变得不那么有响应性。因此，NPY 有可能以一个旁分泌方式调节甜味敏感性味觉细胞的电兴奋性。考虑到 NPY 在 T2R 细胞上和 Y1R 在 T1R3 细胞上的共定位分析，从苦味细胞分泌出来的 NPY 可能会在苦味刺激过程中充当一个甜味细胞的侧向抑制剂[80]。

酪酪肽

酪酪肽（PYY）为一种 36 个氨基酸的多肽激素，它在发生进食响应时主要从回肠或结肠的肠内分泌细胞和胰腺的肠嗜铬细胞中释放出来。PYY 能够抑制食物的摄入并减少啮齿动物和恒河猴的体重增长[83–86]。PYY 还能够降低胃蠕动并增加结肠的水分和电解质吸收[87,88]。包含 PYY 的 L 细胞拥有 GLP–1、苦味和甜味味觉受体（T2R 和 T1R），以及 Gα–味导素，并且这些细胞被认为充当了胃肠道中重要的化学传感器[89]。在外周施加对 Y2 和 Y5 受体[90]有高选择性亲和力的 $PYY_{3–36}$ 会降低小鼠、大鼠和人类的食物摄入量[83,84,91]，并诱发小鼠对 PYY 配对香精的条件性味觉厌恶[92]。

几项研究都提到 PYY 信号转导参与苦味和脂质敏感性的可能。$PYY^{-/-}$ 小鼠对地那铵、奎宁、脂肪乳剂和玉米油乳液的敏感性表现出一个显著性下降[93]。PYY 在鼠类细胞中表达，同时也可以从鼠类和人体唾液中找到[94,95]。在 PYY–GFP 小鼠的味蕾细胞中，

GFP 荧光主要与 PLCβ2 共定位而不大经常与 NCAM 在一起[93]。此外，NPY 受体的 Y1R 亚型在 PLCβ2 免疫阳性Ⅱ型细胞中表达。因而，PYY 在被释放并以一种自分泌 / 旁分泌方式激活一个Ⅱ型细胞亚群上的 PYY 受体（Y1R）之前可能会在味觉细胞中累积。这种 NPY 信号转导有可能参与了对苦味或脂质感应的调节[93]。然而，另一项研究报道 Y1 受体与 T1R3[80]共定位，表明其在甜味或鲜味味觉中扮演一个角色。与之相反，Y2Rs 在味蕾的顶端开口处表达[93]。唾液（内分泌得到的）PYY 有可能激活一部分含有这些顶端表达的 Y2 受体的味觉细胞。

催产素

非肽激素催产素产生自下丘脑的室旁核和视上核，并且会刺激分娩、泌乳和亲社会行为[96,97]。它在调节诸如忠诚、社会探索、认知和攻击等复杂社会行为和认知方面也起着关键的作用[97]。此外，催产素对进食行为具有重要的中枢作用[98]。催产素或通过脑室内给药或腹腔给药都能以一个剂量依赖方式降低禁食和非禁食大鼠的食物摄取和进食行为[99-101]。

采用逆转录酶聚合酶链式反应，人们在 FP、CV、蕈状味蕾和上腭的味蕾中检测到催产素受体（OXTR）信使 RNA[102]。在 OXTR- 黄色荧光蛋白（YFP）敲除小鼠中，其表达 OXTR 的细胞中的 YFP 的金星捕蝇草变体，人们在核苷三磷酸二磷酸水解酶 2- 免疫阳性细胞（Ⅰ型）中观察到 YFP 荧光，但在表达 PLCβ2 的细胞（Ⅱ型）和表达嗜铬粒蛋白 A 的细胞（Ⅲ型）中未观察到 YFP 荧光。味蕾细胞及其相关的神经本身并不含有催产素肽，表明味蕾细胞中的 OXTR 会被血液或唾液中的催产素激活。在分离出的味蕾细胞中加入催产素可诱导一部分味蕾细胞中的 Ca^{2+} 响应，并且这些响应受到 OXTR 拮抗剂 L-371,257 的抑制，表明催产素实际上可通过 OXTR 对一部分味觉细胞产生影响[102]。除此之外，腹腔注射催产素（0.1 mg/kg 体重）会降低短暂接触测试中小鼠的甜味敏感性[103]。因此，味蕾中催产素信号转导有可能对甜味味觉敏感性有贡献，尽管它似乎没有通过直接作用于甜味敏感性Ⅱ型细胞。催产素 $^{-/-}$ 小鼠过量食用糖精和糖类（葡萄糖聚合物和淀粉）[104]的溶液并在剥夺液体后显示 NaCl 溶液消耗量增加[105]。这样的催产素 $^{-/-}$ 小鼠行为响应可能至少有一部分是由催产素对味觉敏感性影响不足所造成的。

生长激素释放肽

生长激素释放肽的前体，前促生长激素释放肽原，含有 117 个氨基酸，而成熟的生长激素释放肽含有 28 个氨基酸，并在第三个氨基酸上带一个脂肪酸链修饰（辛酰基）[106]。生长激素释放肽主要在胃内的肠内分泌细胞中产生，尽管它的表达还被报道出现在肠道、胰腺、卵巢、肾上腺皮质和味蕾细胞等其他外周组织中[106–110]。生长激素释放肽只有在通过生长激素释放肽 -*O*- 酰基转移酶（GOAT）将辛酸翻译后连接至丝氨酸时才会变得有活性。生长激素释放肽会结合至 G 蛋白耦联生长激素促分泌素受体。生长激素释放肽信号转导充当食欲刺激信号和生长激素释放信号功能已经得到人们的确认。生长激素释放肽在胃中的释放在餐前和餐后分别出现升高和降低[111–113]。

在味觉组织中，有一部分味蕾细胞会表达生长激素释放肽、前促生长激素释放肽原、PC1/3 和 GOAT[114]。生长激素释放肽与所有类型的味觉细胞标记物（Ⅰ型：核苷三磷酸二磷酸水解酶 2；Ⅱ型：PLCβ2、Gα- 味导素；Ⅲ型：NCAM；Ⅳ型：Shh）共表达，而其中一些与前促生长激素释放多肽原，PC1/3 和 GOAT 共表达，所有的它们对生成活性生长激素释放肽都是至关重要的。生长激素释放肽受体（GHSR）在味觉细胞中也有广泛分布。几乎所有的 GHSR 信号都与生长激素释放肽信号共定位。一部分的表达生长激素释放肽和 GHSR 的味觉细胞还表达 ENAC。GHSR 敲除小鼠在短暂接触测试中对酸味和咸味味觉溶液显示味觉响应性显著降低[115]。另一项研究则报道了生长激素释放肽敲除小鼠对咸味溶液显示出舔食响应性降低，而 $GOAT^{-/-}$ 小鼠在短暂接触测试中对咸味表现敏感性增强[115]。生长激素释放肽 $^{-/-}$ 和 $GOAT^{-/-}$ 小鼠两者与该项研究中的 WT 对照组小鼠相比均表现出降低的脂味响应性。与之相一致，与 WT 小鼠相比，在生长激素释放肽 $^{-/-}$ 和 $GOAT^{-/-}$ 小鼠的味蕾中潜在脂质味觉受体 CD36 和 GPR120 的表达出现下降，而 $GOAT^{-/-}$ 小鼠中则出现 γENAC 增多。这些结果表明生长激素释放肽是在一个味蕾内部生物合成的，并且对各种不同种类的味觉细胞施加有多个效应。

甘丙肽

甘丙肽最早是从猪的肠道中分离出来[116]。甘丙肽不仅在肠道（十二指肠）中表达，还在中枢神经系统（下丘脑）和初级感官神经元中表达[117–119]。甘丙肽信号转导通过 3

个 G 蛋白耦联受体（GALR1、GALR2 和 GALR3）发生，每个在中枢神经系统或胰腺中都有不同的分布[119-122]。甘丙肽的功能大体上仍不明晰。然而，有人指出其在很多的生理过程中有着多样化的调节功能，包括睡眠和觉醒、痛感、记忆、学习、进食、饮水、新陈代谢和生殖繁衍[123,124]。

在大鼠的 CV 味蕾中有一部分味觉细胞被证明可表达甘丙肽及其受体 GALR2[125]。几乎所有的 PLCβ2-免疫阳性和 Gα-味导素-免疫阳性味觉细胞，以及绝大多数的 NCAM-免疫阳性味觉细胞都表达甘丙肽。GALR2 在味蕾中表达，但尚未有人研究其与味觉细胞标记物的共表达。先前的研究指出 GALR2 介导了甘丙肽的神经营养效应并影响感官神经元的外生[126,127]。综合起来，甘丙肽可能充当了一个味蕾内的旁分泌调节剂和（或）充当了一个与神经纤维相邻的神经营养因子。然而，甘丙肽在味蕾中的生理功能仍然是个未知。

结　　论

我们讨论了各样肽类对味觉功能的效应（图 17-1，表 17-2 显示了一个肽信号转导的概括介绍）。最近，有人建议在肠道和大脑之间存在一个双向的、神经体液的通信系统以调节能量的动态平衡，并且味觉系统可能在很大程度上对该系统有贡献作用[128,129]。肽信号转导，其一部分反映动物的营养状况，有可能将口腔 - 大脑 - 肠道轴突相联系并对进食行为进行有效调节。

然而，关于一个味蕾中肽信号转导仍有许多不清楚的地方。例如，某些肽激素可能影响味觉细胞的电兴奋性，而这些效应的分子学基础和生理学重要性很大程度上仍不清楚。味觉细胞中表达的肽激素是如何与味觉刺激物或某些其他信号响应而被释放出的，这也不清楚。在肠道内分泌细胞中，肠肽是通过分泌颗粒的胞外分被释放出来[130]，而在味觉细胞中（尤其在Ⅱ型细胞中），还没有证据证明含有此种肽激素的囊泡。如果我们想要全面了解肽信号转导在味觉转导中的功能，就需要对这些问题进行解答。

许多研究都证明了肽信号转导对外周味觉响应的一个影响。然而，这些肽类在味觉系统中可能还有其他尚未被发现的功能。此外，除这里讨论的肽以外的其他肽类还可能对外周的味觉功能有贡献。再者，各种肽类信号转导级联还可能彼此发生相互作用，进而产生一个供外周味觉的复杂调节系统。该系统相关的研究才刚刚开始。

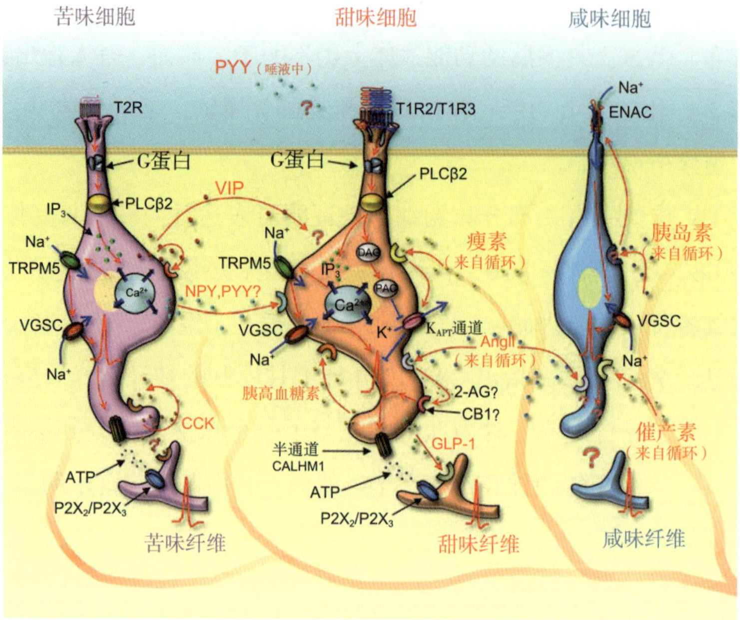

图 17-1　味觉转导中的肽信号转导。1-AG，1-花生四烯酰甘油；2-AG，2-花生四烯酰甘油；Ang Ⅱ，血管紧张素Ⅱ；ATP，三磷酸腺苷；CALHM1，钙稳态调节剂 1；CB1，大麻素受体 1；CCK，胆囊收缩素；ENAC，上皮 Na^+ 通道；IP_3，三磷酸肌醇；K_{ATP} 通道，ATP 敏感性 K^+ 通道；NPY，神经肽 Y；$P2X_2/X_3$，嘌呤能受体 2/3；PLCβ2，磷脂酶 C β2；PYY，酪酪肽；T1R2，1 型味觉受体成员 2；T1R3，1 型味觉受体成员 3；TRPM5，瞬时受体电位阳离子通道亚族 M 成员 5；VGSC，电压门控钠通道；VIP，血管活性肠肽

表 17-2　味觉转导中肽信号转导概要

	定位：共表达分子	味觉组织中认定受体	受体定位：共表达分子	可能的功能
瘦素	血液循环	OB-RB	味蕾	抑制甜味灵敏度
胰高血糖素	Ⅱ型细胞：T1R3，Gα-味导素	GLUCR	Ⅱ型细胞：PLCβ2，Gα-味导素，胰高血糖素，7B2	保持甜味灵敏度
GLP-1	Ⅱ型细胞：T1R3，Gα-味导素 Ⅲ型细胞：5-HT, GAD67	GLP-1R	味觉神经纤维：PGP9.5，$P2X_2$	保持甜 / 鲜 / 脂质味觉灵敏度，并充当甜味特异性神经递质
胰岛素	血液循环	IR	Ⅰ型细胞：ENAC	增强咸味
Ang Ⅱ	血液循环	AT1	Ⅰ型细胞：ENAC Ⅱ型细胞：T1R3	抑制咸味并增强甜味灵敏度

续表

	定位：共表达分子	味觉组织中认定受体	受体定位：共表达分子	可能的功能
CCK	Ⅱ型细胞：T1R2, Gα-味导素, VIP, NPY	CCK-AR, CCK-BR	Ⅱ型细胞：CCK	保持苦味灵敏度
VIP	Ⅱ型细胞：T1R2, Gα-味导素, CCK, NPY	VPAC1, VPAC2	Ⅱ型细胞：PLCβ2	抑制甜味和苦味并增强酸味灵敏度
NPY	Ⅱ型细胞：CCK, VIP	NPY1R, NPY2R, NPY4R, NPY5R	Ⅱ型细胞：T1R3（NPY1R） Ⅲ型细胞，味觉神经纤维：NCAM（NPY4R） 舌上皮	抑制苦味感知中的甜味灵敏度
PYY	Ⅱ型细胞：CCK, VIP			保持苦味和脂质味觉灵敏度
催产素	血液循环	OXTR	Ⅰ型细胞：NTPDase2	抑制甜味和淀粉食用，保持咸味灵敏度
胃饥饿素	Ⅰ型细胞：NTPDase2 Ⅱ型细胞：PLCβ2, Gα-味导素 Ⅲ型细胞：NCAM Ⅳ型细胞：Shh	GHSR	Ⅰ型细胞：NTPDase2 Ⅱ型细胞：PLCβ2, Gα-味导素 Ⅲ型细胞：NCAM Ⅳ型细胞：Shh	保持咸味和酸味灵敏度
甘丙肽	Ⅱ型细胞：PLCβ2, Gα-味导素 Ⅲ型细胞：NCAM	GALR2	味蕾	?

注：Ang Ⅱ，血管紧张素Ⅱ；CCK，胆囊收缩素；ENAC，上皮 Na^+ 通道；GAD67，谷氨酸脱羧酶 67；GALR2，甘丙肽受体 2；GHSR，生长激素释放肽受体；GLP-1，胰高血糖素样肽 -1；GLP-1R，胰高血糖素样肽 -1 受体；GLUCR，G 蛋白耦联胰高血糖素受体；5-HT，5-羟色胺；NCAM，神经细胞黏附分子；NPY，神经肽 Y；NPY1/2/4/5R，1/2/4/5 型神经肽 Y 受体；NTPDase2，核苷三磷酸二磷酸水解酶 2；OB-RB，瘦素受体；OXTR，催产素受体；P2X2/X3，嘌呤能受体 2/3；PGP9.5，泛素羧基末端水解酶 L1；PLCβ2，磷脂酶 C β2；PKD1L3/2L1，多囊肾病 1 样 3/2 样 1；PYY，酪酪肽；Shh，音猬因子；T1R2，1 型味觉受体成员 2；T1R3，1 型味觉受体成员 3；TRPM5，瞬时受体电位阳离子通道亚族 M 成员 5；VIP，血管活性肠肽

延伸阅读

通过促食和厌食调节剂的甜味味觉相互调节

瘦素是一种厌食性激素，抑制甜味味觉敏感性，从而降低甜味食品的可口性。相比之下，促食性调节剂内源性大麻素对甜味味觉敏感性具有相反的作用（即增强甜味味觉敏感性）。内源性大麻素例如［N-花生四烯酸乙醇胺（AEA）］和2-花生四烯酰甘油（2-AG），是基于花生四烯酸酯的脂质而非通过作用于各种脑区的大麻素受体（CB_1）发挥其作用的肽激素[131-135]。循环中的内源性大麻素水平与血浆瘦素水平呈负的相关性[134]。有缺陷的瘦素信号转导与肥胖的*db*/*db*和*ob*/*ob*小鼠及Zucker大鼠中下丘脑内源性大麻素水平的升高相关[135]。这些不同的证据提出了内源性大麻素可能抵制瘦素对甜味味觉敏感性效应的可能性。确实，内源性大麻素能够选择性增强甜味味觉敏感性[58]。在味蕾中，大约60%表达一个甜味受体成分T1R3的味觉细胞会共表达CB_1。在味觉神经记录和短期舔舐测试中，对野生型（WT）小鼠腹腔注射AEA或2-AG会增加甜味味觉响应，但不会影响咸味、酸味、苦味和鲜味味觉响应。该效应可在WT小鼠中观察到，但未在$CB_1^{-/-}$小鼠中观察到。在外周味觉细胞水平上，基底外侧施加AEA和2-AG会增加甜味敏感性味觉细胞的响应，而且这个效应受一个CB_1受体拮抗剂AM251抑制，但不受一个CB_2受体拮抗剂AM630抑制。因此，内源性大麻素通过作用于甜味敏感性味觉细胞中的CB_1受体增强甜味味觉敏感性。一项最新的研究证明*db*/*db*小鼠对甜味化合物的过度响应性行为不仅是由瘦素效应缺乏造成的，也是由味蕾中内源性大麻素水平升高造成的[24]。在*db*/*db*小鼠中，AM251降低了味觉神经对甜味剂的响应，如同WT小鼠显示的那样，但并不降低其对咸味、苦味、酸味和鲜味化合物的响应[24]。因此，*db*/*db*小鼠中甜味响应增强可能通过CB_1受体被内源性大麻素提神激活而发生。这样通过促食性和厌食性调节剂对甜味味觉敏感性的相互调节可能参与到对进食行为和能量稳态的调节之中。

致　　谢

本工作得到了日本学术振兴会的科学研究项目KAKENHI 18077004、18109013、23249081、26670810、15H02571（Y.N.）、20689034、15K11044（N.S.）、23689076、26462815（R.Y.）和15H06485（S.T.）的资金支持。

参考文献

[1] Yoshida R, Niki M, Jyotaki M, Sanematsu K, Shigemura N, Ninomiya Y. Modulation of sweet responses of taste receptor cells. *Semin Cell Dev Biol*. 2013;24:226-231.

[2] Shigemura N, Iwata S, Yasumatsu K, et al. Angiotensin II modulates salty and sweet taste sensitivities. *J Neurosci*. 2013;33:6267-6277.

[3] Dotson CD, Geraedts MC, Munger SD. Peptide regulators of peripheral taste function. *Semin Cell Dev Biol*. 2013;24:232-239.

[4] Takai S, Yasumatsu K, Inoue M, et al. Glucagon-like peptide-1 is specifically involved in sweet taste transmission. *FASEB J*. 2015;29(6):2268-2280.

[5] Chaudhari N, Roper SD. The cell biology of taste. *J Cell Biol*. 2010;190:285-296.

[6] Yoshida R, Ninomiya Y. New insights into the signal transmission from taste cells to gustatory nerve fibers. *Int Rev Cell Mol Biol*. 2010;279:101-134.

[7] Chandrashekar J, Hoon MA, Ryba NJ, Zuker CS. The receptors and cells for mammalian taste. *Nature*. 2006;444:288-294.

[8] Ishimaru Y, Inada H, Kubota M, Zhuang H, Tominaga M, Matsunami H. Transient receptor potential family members PKD1L3 and PKD2L1 form a candidate sour taste receptor. *Proc Natl Acad Sci USA*. 2006;103:12569-12574.

[9] Huang AL, Chen X, Hoon MA, et al. The cells and logic for mammalian sour taste detection. *Nature*. 2006;442:934-938.

[10] Ichimori Y, Ueda K, Okada H, Honma S, Wakisaka S. Histochemical changes and apoptosis in degenerating taste buds of the rat circumvallate papilla. *Arch Histol Cytol*. 2009;72:91-100.

[11] Miura H, Scott JK, Harada S, Barlow LA. Sonic hedgehog-expressing basal cells are general post-mitotic precursors of functional taste receptor cells. *Dev Dyn*. 2014;243:1286-1297.

[12] Zhang Y, Proenca R, Maffei M, Barone M, Leopold L, Friedman JM. Positional cloning of the mouse obese gene and its human homologue. *Nature*. 1994;372:425-432.

[13] Lee GH, Proenca R, Montez JM, et al. Abnormal splicing of the leptin receptor in diabetic mice. *Nature*. 1996;379:632-635.

[14] Chen H, Charlat O, Tartaglia LA, et al. Evidence that the diabetes gene encodes the leptin receptor: identification of a mutation in the leptin receptor gene in db/db mice. *Cell*. 1996;84:491-495.

[15] Ninomiya Y, Sako N, Imai Y. Enhanced gustatory neural responses to sugars in the diabetic db/db mouse. *Am J Physiol*. 1995;269:R930-R937.

[16] Ninomiya Y, Imoto T, Yatabe A, Kawamura S, Nakashima K, Katsukawa H. Enhanced responses of the chorda tympani nerve to nonsugar sweeteners in the diabetic db/db mouse. *Am J Physiol*. 1998;274:R1324-R1330.

[17] Wang Z, Gleichmann H. GLUT2 in pancreatic islets: crucial target molecule in diabetes induced with multiple low doses of streptozotocin in mice. *Diabetes*. 1998;47:50-56.

[18] Kawai K, Sugimoto K, Nakashima K, Miura H, Ninomiya Y. Leptin as a modulator of sweet taste sensitivities in mice. *Proc Natl Acad Sci USA*. 2000;97:11044-11049.

[19] Shigemura N, Ohta R, Kusakabe Y, et al. Leptin modulates behavioral responses to sweet substances by influencing peripheral taste structures. *Endocrinology*. 2004;145:839-847.

[20] Shigemura N, Miura H, Kusakabe Y, Hino A, Ninomiya Y. Expression of leptin receptor (Ob-R) isoforms and signal transducers and activators of transcription (STATs) mRNAs in the mouse taste buds. *Arch Histol Cytol*. 2003;66:253-260.

[21] Martin B, Shin YK, White CM, et al. Vasoactive intestinal peptide-null mice demonstrate enhanced sweet taste preference, dysglycemia, and reduced taste bud leptin receptor expression. *Diabetes*. 2010;59:1143-1152.

[22] Glendinning JI, Elson AE, Kalik S, et al. Taste responsiveness to sweeteners is resistant to elevations in plasma leptin.

Chem Senses. 2015;40(4):223-231.

[23] Yoshida R, Noguchi K, Shigemura N, et al. Leptin Suppresses Mouse Taste Cell Responses to Sweet Compounds. *Diabetes*. 2015;64:3751-3762.

[24] Niki M, Jyotaki M, Yoshida R, et al. Modulation of sweet taste sensitivities by endogenous leptin and endocannabinoids in mice. *J Physiol*. 2015;593(11):2527-2545.

[25] Meredith TL, Corcoran A, Roper SD. Leptin's effect on taste bud calcium responses and transmitter secretion. *Chem Senses*. 2015;40:217-222.

[26] Finger TE, Danilova V, Barrows J, et al. ATP signaling is crucial for communication from taste buds to gustatory nerves. *Science*. 2005;310:1495-1499.

[27] Lu B, Breza JM, Nikonov AA, Paedae AB, Contreras RJ. Leptin increases temperature-dependent chorda tympani nerve responses to sucrose in mice. *Physiol Behav*. 2012;107:533-539.

[28] Saladin R, De Vos P, Guerre-Millo M, et al. Transient increase in obese gene expression after food intake or insulin administration. *Nature*. 1995;377:527-529.

[29] Ahima RS, Prabakaran D, Mantzoros C, et al. Role of leptin in the neuroendocrine response to fasting. *Nature*. 1996;382:250-252.

[30] Sinha MK, Sturis J, Ohannesian J, et al. Ultradian oscillations of leptin secretion in humans. *Biochem Biophys Res Commun*. 1996;228:733-738.

[31] Nakamura Y, Sanematsu K, Ohta R, et al. Diurnal variation of human sweet taste recognition thresholds is correlated with plasma leptin levels. *Diabetes*. 2008;57:2661-2665.

[32] Schoeller DA, Cella LK, Sinha MK, Caro JF. Entrainment of the diurnal rhythm of plasma leptin to meal timing. *J Clin Invest*. 1997;100:1882-1887.

[33] Boden G, Chen X, Mozzoli M, Ryan I. Effect of fasting on serum leptin in normal human subjects. *J Clin Endocrinol Metab*. 1996;8:3419-3423.

[34] Unger RH, Cherrington AD. Glucagonocentric restructuring of diabetes: a pathophysiologic and therapeutic makeover. *J Clin Invest*. 2012;122:4-12.

[35] Huypens P, Ling Z, Pipeleers D, Schuit F. Glucagon receptors on human islet cells contribute to glucose competence of insulin release. *Diabetologia*. 2000;43:1012-1019.

[36] Kieffer TJ, Heller RS, Unson CG, Weir GC, Habener JF. Distribution of glucagon receptors on hormone-specific endocrine cells of rat pancreatic islets. *Endocrinology*. 1996;137:5119-5125.

[37] Ma X, Zhang Y, Gromada J, et al. Glucagon stimulates exocytosis in mouse and rat pancreatic alpha-cells by binding to glucagon receptors. *Mol Endocrinol*. 2005;19:198-212.

[38] Elson AE, Dotson CD, Egan JM, Munger SD. Glucagon signalling modulates sweet taste responsiveness. *FASEB J*. 2010;24:3960-3969.

[39] Lee SN, Lindberg I. 7B2 prevents unfolding and aggregation of prohormone convertase 2. *Endocrinology*. 2008; 149:4116-4127.

[40] Holst JJ. The physiology of glucagon-like peptide 1. *Physiol Rev*. 2007;87:1409-1439.

[41] Bell GI, Santerre RF, Mullenbach GT. Hamster preproglucagon contains the sequence of glucagon and two related peptides. *Nature*. 1983;302:716-718.

[42] Jang HJ, Kokrashvili Z, Theodorakis MJ, et al. Gut-expressed gustducin and taste receptors regulate secretion of glucagon-like peptide-1. *Proc Natl Acad Sci USA*. 2007;104:15069-15074.

[43] Nishizawa M, Nakabayashi H, Uehara K, Nakagawa A, Uchida K, Koya D. Intraportal GLP-1 stimulates insulin secretion predominantly through the hepatoportal-pancreatic vagal reflex pathways. *Am J Physiol Endocrinol Metab*. 2013;305:E376-E387.

[44] Shin YK, Martin B, Golden E, et al. Modulation of taste sensitivity by GLP-1 signaling. *J Neurochem*. 2008;106:455-463.

[45] Kokrashvili Z, Yee KK, Ilegems E, et al. Endocrine taste cells. *Br J Nutr*. 2014;111:S23-S29.

[46] Martin C, Passilly-Degrace P, Chevrot M, et al. Lipid-mediated release of GLP-1 by mouse taste buds from circumvallate papillae: putative involvement of GPR120 and impact on taste sensitivity. *J Lipid Res*. 2012;53:2256-2265.

[47] Martin B, Dotson CD, Shin YK, et al. Modulation of taste sensitivity by GLP-1 signaling in taste buds. *Ann N Y Acad Sci*. 2009;1170:98-101.

[48] Ionescu E, Rohner-Jeanrenaud F, Proietto J, Rivest RW, Jeanrenaud B. Taste-induced changes in plasma insulin and glucose turnover in lean and genetically obese rats. *Diabetes*. 1998;37:773-779.

[49] Baquero AF, Gilbertson TA. Insulin activates epithelial sodium channel (ENaC) via phosphoinositide 3-kinase in mammalian taste receptor cells. *Am J Physiol Cell Physiol*. 2011;300:C860-C871.

[50] Heck GL, Mierson S, DeSimone JA. Salt taste transduction occurs through an amiloride-sensitive sodium transport pathway. *Science*. 1984;223:403-405.

[51] Chandrashekar J, Kuhn C, Oka Y, et al. The cells and peripheral representation of sodium taste in mice. *Nature*. 2010;464:297-301.

[52] Blazer-Yost BL, Liu X, Helman SI. Hormonal regulation of ENaCs: insulin and aldosterone. *Am J Physiol*. 1998;274:C1373-C1379.

[53] Wang J, Barbry P, Maiyar AC, et al. SGK integrates insulin and mineralocorticoid regulation of epithelial sodium transport. *Am J Physiol Ren Physiol*. 2001;280:F303-F313.

[54] Mehta PK, Griendling KK. Angiotensin II cell signaling: physiological and pathological effects in the cardiovascular system. *Am J Physiol Cell Physiol*. 2007;292:C82-C97.

[55] Taubman MB. Angiotensin II: a vasoactive hormone with ever-increasing biological roles. *Circ Res*. 2003;92:9-11.

[56] Avrith DB, Fitzsimons JT. Increased sodium appetite in the rat induced by intracranial administration of components of the renin-angiotensin system. *J Physiol*. 1980;301:349-364.

[57] Fitts DA, Thunhorst RL. Rapid elicitation of salt appetite by an intravenous infusion of angiotensin II in rats. *Am J Physiol*. 1996;270:R1092-R1098.

[58] Yoshida R, Ohkuri T, Jyotaki M, et al. Endocannabinoids selectively enhance sweet taste. *Proc Natl Acad Sci USA*. 2010;107:935-939.

[59] Turu G, Simon A, Gyombolai P, et al. The role of diacylglycerol lipase in constitutive and angiotensin AT1 receptor-stimulated cannabinoid CB1 receptor activity. *J Biol Chem*. 2007;282:7753-7757.

[60] Moran TH, Kinzig KP. Gastrointestinal satiety signals II. Cholecystokinin. *Am J Physiol Gastrointest Liver Physiol*. 2004;286:G183-G188.

[61] Innis RB, Snyder SH. Distinct cholecystokinin receptors in brain and pancreas. *Proc Natl Acad Sci USA*. 1980; 77:6917-6921.

[62] Wank SA. Cholecystokinin receptors. *Am J Physiol*. 1995;269:G628-G646.

[63] Dufresne M, Seva C, Fourmy D. Cholecystokinin and gastrin receptors. *Physiol Rev*. 2006;86:805-847.

[64] Jeon TI, Zhu B, Larson JL, Osborne TF. SREBP-2 regulates gut peptide secretion through intestinal bitter taste receptor signaling in mice. *J Clin Invest*. 2008;118:3693-3700.

[65] Jeon TI, Seo YK, Osborne TF. Gut bitter taste receptor signalling induces ABCB1 through a mechanism involving CCK. *Biochem J*. 2011;438:33-37.

[66] Herness S, Zhao FL, Lu SG, Kaya N, Shen T. Expression and physiological actions of cholecystokinin in rat taste receptor cells. *J Neurosci*. 2002;22:10018-10029.

[67] Herness S, Zhao FL, Kaya N, Shen T, Lu SG, Cao Y. Communication routes within the taste bud by neurotransmitters and neuropeptides. *Chem Senses*. 2005;30:i37-i38.

[68] Shen T, Kaya N, Zhao FL, Lu SG, Cao Y, Herness S. Co-expression patterns of the neuropeptides vasoactive intestinal peptide and cholecystokinin with the transduction molecules alpha-gustducin and T1R2 in rat taste receptor cells. *Neuroscience*. 2005;130:229-238.

[69] Kim MR, Kusakabe Y, Miura H, Shindo Y, Ninomiya Y, Hino A. Regional expression patterns of taste receptors and

gustducin in the mouse tongue. *Biochem Biophys Res Commun*. 2003;312:500-506.

[70] Lu SG, Zhao FL, Herness S. Physiological phenotyping of cholecystokinin-responsive rat taste receptor cells. *Neurosci Lett*. 2003;351:157-160.

[71] Shin M, Yasumatsu K, Takai S, et al. Involvement of CCK in normal gustatory responses to bitter compounds Abstract for European Chemoreception Research Organization XXIVth Congress, 2014, P64.

[72] Hajnal A, Covasa M, Bello NT. Altered taste sensitivity in obese, prediabetic OLETF rats lacking CCK-1 receptors. *Am J Physiol Regul Integr Comp Physiol*. 2005;289:R1675-R1686.

[73] Said SI, Rosenberg RN. Vasoactive intestinal polypeptide: abundant immunoreactivity in neural cell lines and normal nervous tissue. *Science*. 1976;192:907-908.

[74] Henning RJ, Sawmiller DR. Vasoactive intestinal peptide: cardiovascular effects. *Cardiovasc Res*. 2001;49:27-37.

[75] Leibowitz SF. Brain neuropeptide Y: an integrator of endocrine, metabolic and behavioral processes. *Brain Res Bull*. 1991;27:333-337.

[76] Carvajal C, Dumont Y, Herzog H, Quirion R. Emotional behavior in aged neuropeptide Y (NPY) Y2 knockout mice. *J Mol Neurosci*. 2006;28:239-245.

[77] Thorsell A. Neuropeptide Y (NPY) in alcohol intake and dependence. *Peptides*. 2007;28:480-483.

[78] Herzog H. Neuropeptide Y and energy homeostasis: insights from Y receptor knockout models. *Eur J Pharmacol*. 2003;480:21-29.

[79] Lin S, Boey D, Herzog H. NPY and Y receptors: lessons from transgenic and knockout models. *Neuropeptides*. 2004;38:189-200.

[80] Herness S, Zhao FL. The neuropeptides CCK and NPY and the changing view of cell-to-cell communication in the taste bud. *Physiol Behav*. 2009;97:581-591.

[81] Zhao FL, Shen T, Kaya N, Lu SG, Cao Y, Herness S. Expression, physiological action, and coexpression patterns of neuropeptide Y in rat taste-bud cells. *Proc Natl Acad Sci USA*. 2005;102:11100-11105.

[82] Hurtado MD, Acosta A, Riveros PP, et al. Distribution of Y-receptors in murine lingual epithelia. *PLoS One*. 2012;7:e46358.

[83] Batterham RL, Cowley MA, Small CJ, et al. Gut hormone PYY(3-36) physiologically inhibits food intake. *Nature*. 2002;418:650-654.

[84] Batterham RL, Bloom SR. The gut hormone peptide YY regulates appetite. *Ann N Y Acad Sci*. 2003;994:162-168.

[85] Moran TH, Smedh U, Kinzig KP, Scott KA, Knipp S, Ladenheim EE. Peptide YY(3-36) inhibits gastric emptying and produces acute reductions in food intake in rhesus monkeys. *Am J Physiol Regul Integr Comp Physiol*. 2005;288:R384-R388.

[86] Ballantyne GH. Peptide YY(1-36) and peptide YY(3-36): Part I. Distribution, release and actions. *Obes Surg*. 2006;16:651-658.

[87] Liu CD, Aloia T, Adrian TE, et al. Peptide YY: a potential proabsorptive hormone for the treatment of malabsorptive disorders. *Am Surg*. 1996;62:232-236.

[88] Liu CD, Newton TR, Zinner MJ, Ashley SW, McFadden DW. Intraluminal peptide YY induces colonic absorption in vivo. *Dis Colon Rectum*. 1997;40:478-482.

[89] Rozengurt N, Wu SV, Chen MC, Huang C, Sternini C, Rozengurt E. Colocalization of the alpha-subunit of gustducin with PYY and GLP-1 in L cells of human colon. *Am J Physiol Gastrointest Liver Physiol*. 2006;291:G792-G802.

[90] Keire DA, Bowers CW, Solomon TE, Reeve Jr JR. Structure and receptor binding of PYY analogs. *Peptides*. 2002;23:305-321.

[91] Chelikani PK, Haver AC, Reidelberger RD. Intravenous infusion of peptide YY(3-36) potently inhibits food intake in rats. *Endocrinology*. 2005;146:879-888.

[92] Halatchev IG, Cone RD. Peripheral administration of PYY(3-36) produces conditioned taste aversion in mice. *Cell Metab*. 2005;1:159-168.

[93] La Sala MS, Hurtado MD, Brown AR, et al. Modulation of taste responsiveness by the satiation hormone peptide

YY. *FASEB J*. 2013;27:5022-5033.

[94] Nguyen AD, Herzog H, Sainsbury A. Neuropeptide Y and peptide YY: important regulators of energy metabolism. *Curr Opin Endocrinol Diabetes Obes*. 2011;18:56-60.

[95] Acosta A, Hurtado MD, Gorbatyuk O, et al. Salivary PYY: a putative bypass to satiety. *PLoS One*. 2011;6:e26137.

[96] Russell JA, Leng G, Douglas AJ. The magnocellular oxytocin system, the fount of maternity: adaptations in pregnancy. *Front Neuroendocrinol*. 2003;24:27-61.

[97] Meyer-Lindenberg A, Domes G, Kirsch P, Heinrichs M. Oxytocin and vasopressin in the human brain: social neuropeptides for translational medicine. *Nat Rev Neurosci*. 2011;12:524-538.

[98] Leng G, Onaka T, Caquineau C, Sabatier N, Tobin VA, Takayanagi Y. Oxytocin and appetite. *Prog Brain Res*. 2008;170:137-151.

[99] Arletti R, Benelli A, Bertolini A. Influence of oxytocin on feeding behavior in the rat. *Peptides*. 1989;10:89-93.

[100] Arletti R, Benelli A, Bertolini A. Oxytocin inhibits food and fluid intake in rats. *Physiol Behav*. 1990;48:825-830.

[101] Olson BR, Drutarosky MD, Chow MS, Hruby VJ, Stricker EM, Verbalis JG. Oxytocin and an oxytocin agonist administered centrally decrease food intake in rats. *Peptides*. 1991;12:113-118.

[102] Sinclair MS, Perea-Martinez I, Dvoryanchikov G, et al. Oxytocin signaling in mouse taste buds. *PLoS One*. 2010;5:e11980.

[103] Sinclair MS, Perea-Martinez I, Abouyared M, St John SJ, Chaudhari N. Oxytocin decreases sweet taste sensitivity in mice. *Physiol Behav*. 2015;141:103-110.

[104] Sclafani A, Rinaman L, Vollmer RR, Amico JA. Oxytocin knockout mice demonstrate enhanced intake of sweet and nonsweet carbohydrate solutions. *Am J Physiol Regul Integr Comp Physiol*. 2007;292:R1828-R1833.

[105] Puryear R, Rigatto KV, Amico JA, Morris M. Enhanced salt intake in oxytocin deficient mice. *Exp Neurol*. 2001;171:323-328.

[106] Kojima M, Hosoda H, Date Y, Nakazato M, Matsuo H, Kangawa K. Ghrelin is a growth-hormone-releasing acylated peptide from stomach. *Nature*. 1999;402:656-660.

[107] Date Y, Kojima M, Hosoda H, et al. Ghrelin, a novel growth hormone-releasing acylated peptide, is synthesized in a distinct endocrine cell type in the gastrointestinal tracts of rats and humans. *Endocrinology*. 2000;141:4255-4261.

[108] Date Y, Nakazato M, Hashiguchi S, et al. Ghrelin is present in pancreatic alpha-cells of humans and rats and stimulates insulin secretion. *Diabetes*. 2002;51:124-129.

[109] Gaytan F, Barreiro ML, Chopin LK, et al. Immunolocalization of ghrelin and its functional receptor, the type 1a growth hormone secretagogue receptor, in the cyclic human ovary. *J Clin Endocrinol Metab*. 2003;88:879-887.

[110] Tortorella C, Macchi C, Spinazzi R, Malendowicz LK, Trejter M, Nussdorfer GG. Ghrelin, an endogenous ligand for the growth hormone-secretagogue receptor, is expressed in the human adrenal cortex. *Int J Mol Med*. 2003;12:213-217.

[111] Cummings DE, Purnell JQ, Frayo RS, Schmidova K, Wisse BE, Weigle DS. A preprandial rise in plasma ghrelin levels suggests a role in meal initiation in humans. *Diabetes*. 2001;50:1714-1719.

[112] Ariyasu H, Takaya K, Tagami T, et al. Stomach is a major source of circulating ghrelin, and feeding state determines plasma ghrelin-like immunoreactivity levels in humans. *J Clin Endocrinol Metab*. 2001;86:4753-4758.

[113] Tschöp M, Wawarta R, Riepl RL, et al. Post-prandial decrease of circulating human ghrelin levels. *J Endocrinol Invest*. 2001;24:RC19-21.

[114] Shin YK, Martin B, Kim W, et al. Ghrelin is produced in taste cells and ghrelin receptor null mice show reduced taste responsivity to salty (NaCl) and sour (citric acid) tastants. *PLoS One*. 2010;5:e12729.

[115] Cai H, Cong WN, Daimon CM, et al. Altered lipid and salt taste responsivity in ghrelin and GOAT null mice. *PLoS One*. 2013;8:e76553.

[116] Tatemoto K, Rökaeus A, Jörnvall H, McDonald TJ, Mutt V. Galanin - a novel biologically active peptide from porcine intestine. *FEBS Lett*. 1983;164:124-128.

[117] Kaplan LM, Spindel ER, Isselbacher KJ, Chin WW. Tissue-specific expression of the rat galanin gene. *Proc Natl Acad*

Sci USA. 1988;85:1065-1069.

[118] Branchek TA, Smith KE, Gerald C, Walker MW. Galanin receptor subtypes. *Trends Pharmacol Sci*. 2000;21:109-117.

[119] Waters SM, Krause JE. Distribution of galanin-1, -2 and -3 receptor messenger RNAs in central and peripheral rat tissues. *Neuroscience*. 2000;95:265-271.

[120] Branchek T, Smith KE, Walker MW. Molecular biology and pharmacology of galanin receptors. *Ann N Y Acad Sci*. 1998;863:94-107.

[121] Smith KE, Walker MW, Artymyshyn R, et al. Cloned human and rat galanin GALR3 receptors. Pharmacology and activation of G-protein inwardly rectifying K^+ channels. *J Biol Chem*. 1998;273:23321-23326.

[122] Iismaa TP, Shine J. Galanin and galanin receptors. *Results Probl Cell Differ*. 1999;26:257-291.

[123] Lang R, Gundlach AL, Kofler B. The galanin peptide family: receptor pharmacology, pleiotropic biological actions, and implications in health and disease. *Pharmacol Ther*. 2007;115:177-207.

[124] Lang R, Gundlach AL, Holmes FE, et al. Physiology, signaling, and pharmacology of galanin peptides and receptors: three decades of emerging diversity. *Pharmacol Rev*. 2015;67:118-175.

[125] Seta Y, Kataoka S, Toyono T, Toyoshima K. Expression of galanin and the galanin receptor in rat taste buds. *Arch Histol Cytol*. 2006;69:273-280.

[126] Mahoney SA, Hosking R, Farrant S, et al. The second galanin receptor GalR2 plays a key role in neurite outgrowth from adult sensory neurons. *J Neurosci*. 2003;23:416-421.

[127] Shi TJ, Hua XY, Lu X, et al. Sensory neuronal phenotype in galanin receptor 2 knockout mice: focus on dorsal root ganglion neurone development and pain behaviour. *Eur J Neurosci*. 2006;23:627-636.

[128] Heijboer AC, Pijl H, Van den Hoek AM, Havekes LM, Romijn JA, Corssmit EP. Gut-brain axis: regulation of glucose metabolism. *J Neuroendocrinol*. 2006;18:883-894.

[129] Burcelin R, Serino M, Cabou C. A role for the gut-to-brain GLP-1-dependent axis in the control of metabolism. *Curr Opin Pharmacol*. 2009;9:744-752.

[130] Gunawardene AR, Corfe BM, Staton CA. Classification and functions of enteroendocrine cells of the lower gastrointestinal tract. *Int J Exp Pathol*. 2011;92:219-231.

[131] Jamshidi N, Taylor DA. Anandamide administration into the ventromedial hypothalamus stimulates appetite in rats. *Br J Pharmacol*. 2001;134:1151-1154.

[132] Cota D, Marsicano G, Lutz B, et al. Endogenous cannabinoid system as a modulator of food intake. *Int J Obes Relat Metab Disord*. 2003;27:289-301.

[133] Kirkham TC, Williams CM, Fezza F, Di Marzo V. Endocannabinoid levels in rat limbic forebrain and hypothalamus in relation to fasting, feeding and satiation: stimulation of eating by 2-arachidonoyl glycerol. *Br J Pharmacol*. 2002;136:550-557.

[134] Monteleone P, Matias I, Martiadis V, De Petrocellis L, Maj M, Di Marzo V. Blood levels of the endocannabinoid anandamide are increased in anorexia nervosa and in binge-eating disorder, but not in bulimia nervosa. *Neuropsychopharmacology*. 2005;30:1216-1221.

[135] Di Marzo V, Goparaju SK, Wang L, et al. Leptin-regulated endocannabinoids are involved in maintaining food intake. *Nature*. 2001;410:822-825.

SECTION Ⅳ

第4部分

其他化学感知系统中的刺激转导

CHAPTER 18

第 18 章 颈动脉体和主动脉体检测 O_2 和 CO_2

纳杜里·R. 普拉巴卡尔

芝加哥大学生物科学学部整合生理学研究所与氧感应系统生物学中心，美国伊利诺伊州芝加哥

概　要

引　言

检测动脉血液化学成分的感觉器官这一概念源于西班牙马德里卡哈尔研究所的一位学者，以及比利时根特的两位学者在 20 世纪 20 年代的开创性研究。Fernando de Castro [1] 在颈总动脉分叉处观察到一个类似神经节的结构，将其命名为“颈动脉球或颈动脉体”。根据该结构的形态，他提出，颈动脉体的功能是作为感觉器官监测动脉血液化学成分。Jean–Francois Heymans 和 Corneille Heymans [2] 开展的研究表明，心肺对血液中气体成分变化所做出的响应在本质上是反射动作，其源头在颈动脉体。在 von Euler 等 [3] 进行的后续研究中，他们通过直接记录感觉神经对动脉血氧不足（即动脉血液中 O_2 水平的下降）和高碳酸血症（即动脉血液中 CO_2 水平的升高）的响应而确证了颈动脉体的感官本质。

Jean–Francois Heymans 和 Corneille Heymans [2] 提出在主动脉区存在类似于颈动脉体的感觉器官。Julius Comroe [4] 通过缺氧实验确定了主动脉体在心肺功能反射性调节中发挥的作用。因此，人们认为颈动脉体和主动脉体是主要的动脉化学感受器。柯奈尔・海门斯因发现脉窦机制和主动脉机制在调节呼吸中扮演的角色而被授予 1938 年的诺贝尔生理学或医学奖。

在过去的 20 年中，人们在了解颈动脉体感官转导的细胞机制方面取得了很大的进展，这一点可以从一些关于该主体的综述性文献中得到证明 [5–8]。然而，人们对主动脉化学感受器所进行的研究则相对较少。本章的目的首先是重点介绍颈动脉体处 O_2 和 CO_2 感官转导的最新进展，然后讨论目前对主动脉体处化学感官转导过程的认识。

颈动脉体

解剖位置和形态

颈动脉体位于颈部两侧，在颈总动脉分叉为内部颈动脉和外部颈动脉。颈动脉体的湿重从 60 μg（大鼠中）到 600 μg（猫中）不等 [9]，而成年人的则达到约 13 mg [10]。

颈动脉体中化学感受器组织由 Ⅰ 型和 Ⅱ 型细胞构成。Ⅰ 型（亦称动脉球）细胞是颈动脉体中数量最多的细胞类型；大鼠颈动脉体中含有大约 12,000 个细胞，而猫则含有大约 60,000 个细胞 [9]。Ⅰ 型细胞来源于神经嵴，可以表达多种神经细胞标记物包括烯醇酶、酪氨酸羟化酶，以及营养因子如神经胶质衍生的神经生长因子[11-13]。Ⅰ型细胞显示清晰并含有致密核心的囊泡[14]，表明其存储着多种神经递质。

Ⅱ型细胞所占比例大约为颈动脉体细胞的 20%[15]。一个单独的Ⅱ型细胞与 3~5 个Ⅰ型细胞相关[9,15,16]。与Ⅰ型细胞不同，Ⅱ型细胞缺乏致密核心囊泡。Ⅱ型（亦称为支持细胞）细胞在形态上类似于神经系统的神经胶质细胞[9]。

神经支配

颈动脉窦神经是舌咽神经（颅神经Ⅸ）的一个分支，为颈动脉体提供感觉神经。传入神经元的细胞体位于颞骨岩部的神经节中。在颈动脉窦神经中不仅发现有髓纤维（A），还有无髓纤维（C）[17]。电子显微镜显示在传入神经末梢与Ⅰ型细胞之间存在突触接触。颈动脉窦神经末梢可分为两种类型：一种表达酪氨酸羟化酶，另一种含有神经肽如 P 物质和降钙素基因相关肽[18,19]，以及神经元型一氧化氮合成酶[20,21]和胆碱乙酰转移酶[20]。颈动脉体中含有一类能够使Ⅰ型细胞之间，以及Ⅰ型细胞和Ⅱ型细胞之间进行双向电信号通讯的物质[22,23]，被称为缝隙连接蛋白。颈动脉体的传入神经支配来自神经节小球的神经，其来源于上颈椎交感神经节[24]。

血液流量和 O_2 消耗量

颈动脉体的动脉血液供应来自内部和外部的颈动脉、枕骨动脉和咽动脉的分支。颈动脉体就其容量而言具有很高的血流量，其范围是 1000~2000 mL/（min · 100 g 组织重量），约为大脑血流量的 10 倍[25-28]。颈动脉静息时 O_2 的消耗量介于 1.0~1.5 mL/（min · 100 g 组织重量）[29,30]。据推测，每分钟氧气消耗量低于所输送 O_2 的 3%[28]。通过还原型烟酰胺腺嘌呤二核苷酸（NAD）磷酸盐 / 烟酰胺 NAD 磷酸盐自发荧光比测量单个Ⅰ型细胞静息时的 O_2 消耗量表明，Ⅰ型细胞工作时氧气消耗量接近它的最大 O_2 消耗量[31]。O_2 的消耗量在缺氧期间显著增加[29,32]。

组织氧分压

颈动脉体的组织氧分压（PO_2）远低于从器官流出的静脉血液的 PO_2[25,30]。这些迹象表明，在正常情况下大部分颈动脉血流会绕过化学感受器组织，从而影响总血液流量、O_2 消耗量和化学传入神经放电之间的关系。

感应缺氧

对缺氧的反射性响应

双侧切除颈动脉体[33]或麻醉阻滞舌咽神经[34]会完全切断人体对急性缺氧的通气反应。由急性缺氧造成的相类似的通气刺激缺失也出现在其他几种哺乳动物中，包括大鼠[35]、猫[36]、狗[37]、山羊[38]和猪[39]，这表明颈动脉体是检测动脉血液中 O_2 水平的主要传感器。因此，人们在理解颈动脉体感知 O_2 的机制方面倾注了大量的精力。

感觉复合体与感觉转导部位

Ⅰ型细胞与传入神经末梢共同构成了感觉复合体。感觉复合体则被Ⅱ型细胞所包裹。有人提出，传入神经末梢是感觉转导的主要部位[40]，其细胞体位于颞骨岩部神经节中。然而，研究发现颞骨岩部神经元本身对缺氧并不敏感[41]。大量证据表明Ⅰ型细胞是感官转导的初始部位。例如：在冷冻破坏Ⅰ型细胞后，感官放电对缺氧的响应不再增加[42]；在没有颈动脉体的情况下，窦神经瘤对缺氧没有响应[43]；分离的Ⅰ型细胞对缺氧响应时出现胞外分泌增加[44]；当来自颞骨岩部神经节的神经元与Ⅰ型细胞共同培养时，仅有与Ⅰ型细胞发生功能性接触的神经元对缺氧的响应表现为神经活动的增加[45]。Eyzaguirre 等[46]将猫的颈动脉体移植到同一动物的大腿股薄肌中，并让其重新受到肌肉神经的支配。他们发现在 3~6 个月后，约 40%的再生纤维可以对缺氧发生响应，并且肌肉神经纤维与Ⅰ型细胞之间的突触接触能够被电子显微镜观察到。这些发现进一步支持了Ⅰ型细胞是感官转导起始部位的观点。

尽管Ⅰ型细胞对感官转导至关重要，但是尚不确定是否所有Ⅰ型细胞都对缺氧发生响应，以及它们是否为一个同质化的细胞群体。例如，只有一半的Ⅰ型细胞接受感觉神经支配[47]。对于一个给定的缺氧刺激，部分Ⅰ型细胞会发生去极化，而另一些Ⅰ型细胞发生超极化[31]。同样，在对一个给定的缺氧水平发生响应时，某些但并非所有Ⅰ型细胞表现出胞质钙浓度 $[Ca^{2+}]_i$ 升高，并且响应模式在做出响应的Ⅰ型细胞之间也有所不同[48]。一种可能是转导过程由某些Ⅰ型细胞群体启动的，比如接收传入神经支配的细胞群体或者反之亦然，而其他细胞群则凭借其细胞间的间隙连接调节转导Ⅰ型细胞的活动。

感应变量：O_2 张力或 O_2 含量

在正常含氧量条件下（动脉 PO_2 约为 100 mmHg），颈动脉窦的感官放电量很低，然而即使动脉 PO_2 略有下降（例如 60~80 mmHg），感官放电也会急剧增加[49-52]。颈动脉体在体内响应速度极快，在缺氧开始后的 0.2~0.3 秒内发生[53,54]。颈动脉体的感觉神经响应具有非适应性，并且对层级缺氧的刺激反应具有双曲线性质，其为 O_2-血红蛋白解离曲线的映像。无论是由贫血[55]造成的 O_2 含量下降或是由血红蛋白的一氧化碳（CO）中毒、轻微血压降低[56,57]造成的 O_2 含量下降对颈动脉体的感官神经活动均不产生任何影响。这些发现表明，颈动脉体能够感受到 PO_2 含量的降低而不是 O_2 含量减少。

转导机制

新的证据表明，O_2、CO 和硫化氢（H_2S）三种气体之间复杂的相互作用是缺氧刺激颈动脉体感官神经活动的必要条件[58]。下文总结了气体信使的信号转导是如何对由缺氧造成的感觉神经兴奋做出贡献的。

H_2S 介导的缺氧感官兴奋

近期的研究表明，哺乳动物的细胞会内源性产生 H_2S[59]。胱硫醚-γ-裂解酶（CSE）和胱硫醚-β-合成酶（CBS）是催化形成内源性 H_2S 的两种主要酶。CBS 在中枢神经系统中更为丰富，CSE 则主要在外周组织表达[59]。Ⅰ型细胞表达 CSE[60,61]，并可能表达 CBS[62,63]。

CSE 缺陷的小鼠表现出缺氧时颈动脉体感官神经兴奋明显缺失，以及低 O_2 对呼吸的刺激明显减弱，这是颈动脉体化学反射的特征[60]。在药物抑制 H_2S 合成后，大鼠在缺氧下的颈动脉体感觉神经反应也出现了类似的减少或缺失[60,62]。此外，H_2S 供体，像缺氧一样，能刺激多种哺乳动物的颈动脉体感官神经活动，包括小鼠[60,62]、大鼠、兔子和猫[64]。低氧以刺激依赖的方式提高颈动脉体中的 H_2S 水平，这种响应在 CSE 敲除小鼠、药物抑制 CSE 后的大鼠以及野生型小鼠中几乎不存在[60,65]。

Peng 等[65]最近的一项研究表明，缺氧对颈动脉体感官神经的刺激在棕色挪威（BN）大鼠中明显减弱，而它在自发性高血压（SH）大鼠中，与年龄匹配的斯波雷格·多雷（SD）大鼠相比，甚至在发展出高血压前都已经被夸大了。SH 大鼠缺氧敏感性增强与较高的 H_2S 水平相关，而在 BN 大鼠中，相比与 SD 大鼠，缺氧敏感性降低则与较低的 H_2S 水平相关。校正 H_2S 水平可使 BN 和 SH 大鼠的颈动脉体缺氧敏感性恢复到与 SD 大鼠相当的水平。这些研究进一步支持了 H_2S 介导缺氧引起的颈动脉体感官兴奋的观点。

血红素加氧酶 -2 衍射的 CO 调控缺氧下 CSE 依赖性 H_2S 生成

Yuan 等[66]最近的一项研究考察了缺氧造成 H_2S 生成增加的潜在机制。他们发现，在异源表达系统中，CSE 衍生的 H_2S 形成对 O_2 的变化并不敏感，这表明在颈动脉体中缺氧引起的 H_2S 增加需要额外的信号分子。

Ⅰ型细胞表达血红素加氧酶-2（HO-2），它是一种催化形成 CO 的酶[67]，而 CO 是缺氧对颈动脉体兴奋的一种生理抑制剂[65,67,68]。Yuan 等[66]的研究表明，不同于 CSE，HO-2 生成的 CO 对 O_2 供应的变化极为敏感，以至于 CO 生成在正常含氧量时较高而在缺氧时较低。这种独特的 O_2 敏感性依赖 Cys^{265} 和 Cys^{282}，它们能够降低 HO-2 对 O_2 的亲和性，从而使该酶可以将 O_2 的变化转导为 CO 的变化。他们进一步证明，CO 通过 CSE 的 Ser^{377} 的 cGMP 依赖性蛋白激酶（PKG）依赖性磷酸化来抑制经由 CSE 的 H_2S 生成。缺氧通过减少 CO 生成造成 H_2S 增加来降低对 CSE 的抑制作用，从而刺激了颈动脉体的神经活动。这些研究发现表明，正常含氧量时颈动脉体感官神经活动低的原因在于

延伸阅读

识别不同感觉模式的转导机制

脊椎动物天生具有各种各样的感官受体用于检测多种多样的外部刺激包括触觉、温觉、视觉、嗅觉和味觉感受。人们发现有两种类型的感官转导机制触发这些感觉受体部位的转导级联。一种机制包括离子通道和其他的 GPCR。离子通道引发触觉和温觉的感官转导，GPCR 则触发视觉、嗅觉和味觉的感官转导级联[125]。与这些感官受体不同，新的证据表明，由 O_2 依赖性酶生成的气体信使 CO 和 H_2S 所组成的生化机制在触发颈动脉体感知 O_2 的转导级联中是必不可少的起始步骤。因此，颈动脉体中的 O_2 感官转导机制与其他已知的感官受体明显不同。

HO–2 衍生的 CO 水平高，抑制了经由 CSE 的 H_2S 生成，而缺氧时感官神经活动增加的原因则在于 HO–2 生成的 CO 减少，导致 CSE 激活，最终造成 H_2S 生成增加（图 18–1）。在缺乏 HO–2 小鼠的颈动脉体中，Ⅰ型细胞的神经元型一氧化氮合成酶补偿性增加，通过 PKG 依赖性的一氧化氮对 H_2S 的调节来介导 O_2 的感知，从而为生命稳态过程提供了非常重要的可自动防止故障危害的保障机制冗余[66]。

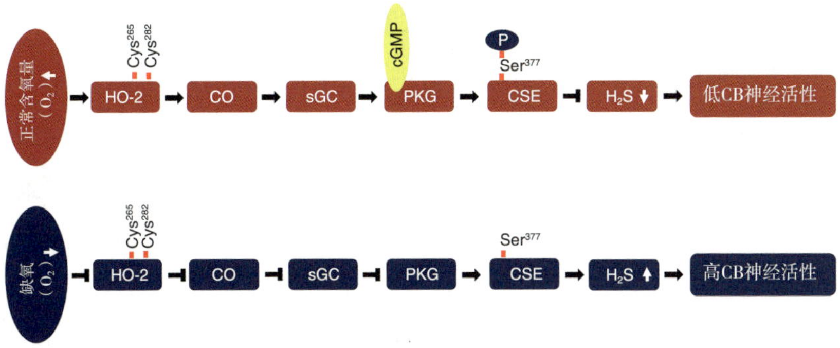

图 18–1　氧气（O_2）感应信号通路的示意图，涉及一个颈动脉体（CB）Ⅰ型细胞中 3 种气体 O_2、CO 和 H_2S 之间的相互作用，以及它们对 CB 神经活性的影响。Cys^{265} 和 Cys^{282} 位于血红素加氧酶 –2（HO–2）的血红素调节基序中而 Ser^{377} 是胱硫醚 –γ– 裂解酶（CSE）调节 H_2S 生成中 cGMP 依赖性蛋白激酶 G（PKG）磷酸化的靶标。cGMP，环化单磷酸鸟苷；sGC，可溶性鸟苷酸环化酶

气体信使介导颈动脉体缺氧感应的细胞基础

目前，对颈动脉体 O_2 感应的细胞基础的共识表明，缺氧使Ⅰ型细胞发生去极化，导致 Ca^{2+} 依赖性兴奋神经递质的释放，从而将刺激传入神经末梢，增加感觉神经的活动[6–8,69,70]。人们提出了两种理论来解释缺氧如何促进Ⅰ型细胞的 Ca^{2+} 依赖性胞外分泌。根据细胞膜假说，K^+ 通道蛋白是 O_2 的传感器，低 O_2 通过抑制 O_2 敏感性 K^+ 电导使Ⅰ型细胞发生去极化，造成 Ca^{2+} 通过电压门控 Ca^{2+} 通道内流，从而导致神经递质释放。代谢或线粒体假说则认为，Ⅰ型细胞中对 O_2 亲和力低的特殊线粒体细胞色素作为 O_2 传感器发挥作用，由细胞色素减少造成的缺氧导致了线粒体去极化并启动感官转导[8]。

细胞膜假说

在支持细胞膜假说方面，膜片钳研究表明缺氧会抑制Ⅰ型细胞中各种各样的 K^+ 通道，包括外向 K^+ 电导[71]、Ca^{2+} 激活的 K^+ 电导[72]，以及各种哺乳动物中的 TASK(TWIK

相关的酸敏感性 K^+）样电导[73]。然而，在异源细胞表达系统中，使用重组电压门控 K^+ 通道来重现固有的 O_2 敏感性的尝试并未获得确定性的结论[8]。因此，有人提出，任何特定Ⅰ型细胞 K^+ 通道的 O_2 敏感性都不是固有的，而是由其与 O_2 依赖的外部因子相耦合而赋予的[74]。

有证据表明，CO 和 H_2S 对Ⅰ型细胞中离子通道的电导具有极深刻的影响。首先，像 O_2 一样，CO 激活Ⅰ型细胞中电压依赖性 K^+ 通道活性[75]，而 H_2S 则像缺氧一样，抑制 Ca^{2+} 激活的 K^+ 通道活性[62,76]，以及 TASK 样 K^+ 电导，使Ⅰ型细胞发生去极化[77]。其次，H_2S 供体（NaHS）提高了Ⅰ型细胞中的 $[Ca^{2+}]_i$；在没有细胞外 Ca^{2+} 的情况下[77,78]，以及利用电压将细胞钳在静息膜电位的方式防止细胞去极化时，这种效应都是不存在的[77]。再次，L 型 Ca^{2+} 通道的阻滞剂硝苯地平以及 T 型 Cav3.2 Ca^{2+} 通道阻滞剂，可以防止 H_2S 和缺氧引起的Ⅰ型细胞中 $[Ca^{2+}]_i$ 升高[78,79]。最后，也许更为重要的是人们发现 CSE 敲除的Ⅰ型细胞几乎不表现缺氧引发的 $[Ca^{2+}]_i$ 升高和胞外分泌[78]。这些研究发现表明，CO 调节的 H_2S 转导缺氧刺激导致了离子通道功能上的变化和Ⅰ型细胞神经递质释放，进而引发感觉神经兴奋。因此，K^+ 通道蛋白可能作为缺氧的效应器系统发挥作用，这也解释了化学感受器对低 O_2 的快速响应，而不是作为 O_2 传感器[70]。

代谢或线粒体假说

Mills 和 Jobsis[80] 在报道中提出，颈动脉体表达了一种假定细胞色素 a3，具有两种 O_2 亲和力，一种具有较高的亲和力，在 PO_2 水平低于 7 mmHg 的情况下仍然被氧化，另一种具有较低的亲和力，在 PO_2 水平接近 90 mmHg 的情况下仍有半数被还原。根据光谱分析，后续的研究[81,82] 指出，颈动脉体表达细胞色素 a5，其在 PO_2 水平介于 60~80 mmHg 时有半数被还原；该细胞色素在上颈神经节和结节神经节中并不表达。人们通过测量线粒体的膜电位和 NADH 的荧光进一步证明了线粒体的作用。Duchen 和 Biscoe[31,83] 报道了缺氧导致Ⅰ型细胞中 NADH/NAD 比值增加和线粒体膜电位降低，这些效应在其他非化学感受器组织如背根神经节中却没有被观察到。基于这些观察结果，有人提出缺氧通过影响线粒体膜电位造成Ⅰ型细胞中 K^+ 通道的失活[31,83]。支持这种可能性是，线粒体功能抑制剂，像缺氧一样，会造成细胞去极化[84,85]，增加 Ca^{2+} 内流和提升 $[Ca^{2+}]_i$[31,83-85]，最终诱导胞外分泌[86]。尽管除了光谱分析，线粒体去极化和低氧条件下颈动脉体功能之间似乎存在因果联系，但对 O_2 亲和力低的特化细胞色素的分子身份仍然难以捉摸，并且将线粒体的氧化还原状态与缺氧导致的感觉神经活动增加相联系的信号机制仍然不确定。

可能的情况是先前归因于低亲和性线粒体细胞色素的颈动脉体光谱变化事实上是由 HO-2 复合物引起的，因为它表现出相似的氧化还原依赖性光谱变化[87]。一项由 Buckler[77] 进行的近期研究报道了 H_2S 会增加 I 型细胞中 NADH 的自发荧光，这表明 H_2S 有可能部分通过其对线粒体电子传输链的影响而介导其作用。因此，极有可能的是气体信使信号通过对 I 型细胞中离子通道活性和（或）线粒体氧化磷酸化的影响而有助于颈动脉体感官神经对缺氧的响应（图 18-2）。

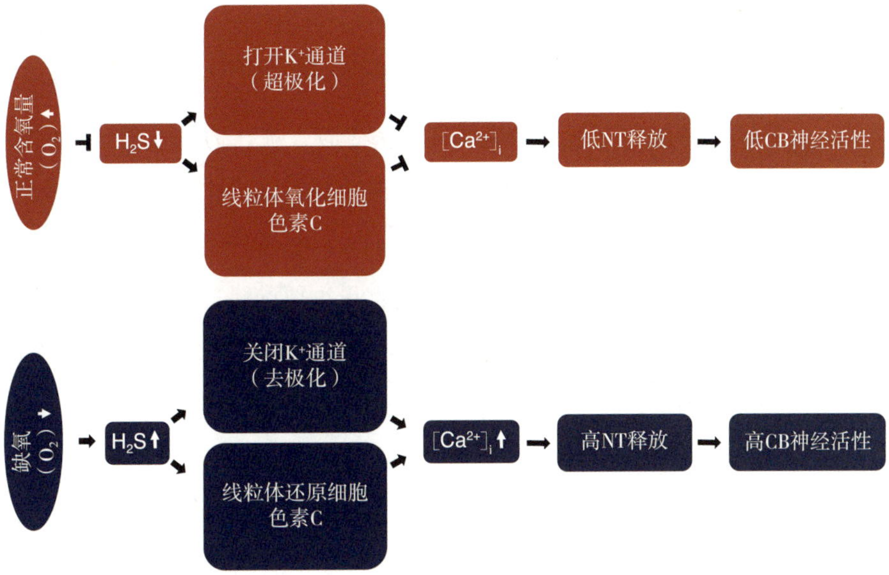

图 18-2　I 型细胞中硫化氢（H_2S）的细胞靶标及其影响正常氧和缺氧情况下颈动脉体（CB）神经活性的示意图。NT，神经递质；$[Ca^{2+}]_i$，胞质钙浓度

兴奋性神经递质的特性：三磷酸腺苷的作用

人们对鉴定 I 型细胞释放的兴奋性神经递质倾注了非常多的精力。它有助于缺氧引起的感官兴奋。最近的研究表明，三磷酸腺苷（ATP）是缺氧诱发颈动脉体感官兴奋的主要贡献者之一。证据包括：①缺氧使颈动脉体释放 ATP，这种响应需要 I 型细胞去极化和电压门控的 Ca^{2+} 进入[88]；②外源 ATP 的施加引发颈动脉体感官神经活动的剂量依赖性增加和反射性换气过度[89]；③ ATP 在大鼠颞骨岩部神经元中诱发快速去极化、苏拉明敏感性和缓慢脱敏的向内电流[90]，并使颞骨岩部神经元活动呈现剂量依赖性增

加[91]；④ ATP 对颞骨岩部神经元的影响是由 $P2X_2/P2X_3$ 异多聚嘌呤受体介导的[92]。这些发现表明，ATP 的刺激作用来自其对传入窦神经末梢的直接影响，而不是对Ⅰ型细胞活动的间接调节。ATP 在颈动脉体中作用的进一步证据来自对缺乏嘌呤能受体亚型小鼠的研究。小鼠在缺乏 $P2X_2$ 或者 $P2X_2$ 和 $P2X_3$ 两者同时缺乏时，其亚基表现出颈动脉体感官神经受损和对缺氧的通气响应[93]。有人提出，ATP 与乙酰胆碱可能一起发挥协同递质功能来唤起缺氧对颈动脉体感官动的刺激[90]。

神经递质之间的相互作用

Ⅰ型细胞除表达 ATP 外，还表达多种神经递质 / 调节剂，包括多巴胺、乙酰胆碱、P 物质和脑啡肽类[94]。在特定的缺氧刺激下，颈动脉体以 Ca^{2+} 依赖性方式释放多种神经递质[94]。由缺氧所释放的一些神经递质，如多巴胺，被认为是颈动脉体感官神经活动的强效抑制剂。抑制性递质在颈动脉体感官神经对缺氧响应中的意义是什么？颈动脉体是一种缓慢适应的感官受体，因为在整个缺氧期间，感觉神经活动一直保持上升。因此，神经递质的功能不仅是启动感官神经的兴奋，更重要的是在整个缺氧期间维持感官神经放电增加。兴奋性神经递质（如 ATP）很可能在缺氧时引发感官神经兴奋，而抑制性递质（如多巴胺）则通过防止兴奋性递质引起的过度兴奋来维持感官神经活动的增加。因此，兴奋性和抑制性神经递质可能作为一种推挽调节系统彼此配合，来维持整个缺氧持续期间感官神经活动的增加[94]。

感应 CO_2

颈动脉体在 CO_2 通气响应中的作用

颈动脉体对系统性高碳酸血症的通气刺激有 30%～50% 的贡献[95-97]。一项近期的研究表明，对 CO_2 的通气响应部分是由于外周化学感受器的感官输入使中枢化学感受器敏感化，特别是来自颈动脉体的感官输入[98]。此外，在颈动脉体去神经的动物中，由 CO_2 造成的通气刺激有明显的延迟[99,100]。这些研究表明，尽管高碳酸血症刺激呼吸的主要驱动力是中枢化学感受器，但外周化学感受器尤其是颈动脉体也对 CO_2 的整体通气响应做出了重要贡献。

颈动脉体对 CO_2 的感官响应

CO_2 刺激颈动脉体感官神经活动是公认的。CO_2 的响应特征与缺氧的感官响应有所不同。动脉血液 PCO_2 的升高会导致颈动脉体感官活动的迅速增加，随后适应新的稳态水平[53]。对 PCO_2 的化学感官响应是线性的，直到 PCO_2 达到 65 mmHg；此后，该响应达到一个平稳状态[49,50,101]。与缺氧不同的是，CO_2 引起的感官兴奋有阈值存在。因此，在正常氧状态下，PCO_2 低于 18~25 mmHg 会使感官神经活动失效[50,102]。占优势的动脉血液 O_2 水平会影响对 CO_2 的阈值。因此，该阈值会因缺氧而降低，在高氧状态下升高[103]。尽管 CO_2 会刺激颈动脉体，但它的刺激作用不如低氧强[103–105]。这种 CO_2 效能下降的原因在于高碳酸血症酸中毒对电压门控 Ca^{2+} 通道和 I 型细胞胞外分泌有直接抑制作用[106]。

CO_2 感官转导

颈动脉体对 CO_2 刺激的转导所受到的关注相对较少。由于颈动脉体对动脉血液 pH 值的变化也有响应[107]，故而对 CO_2 的感官反应是否是由其分子形式和（或）动脉血液 pH 值的变化造成的尚有争议。然而，当动脉血液 pH 值保持恒定时，颈动脉体仍会对 $PaCO_2$ 的增加做出响应，呈现感官放电增加[49]。在固定的 $PaCO_2$ 水平下，酸中毒会降低感官神经的活动[108]。在体外颈动脉体制剂中，等氢离子的高碳酸血症仍会增强颈动脉体的活动[109]。碳酸酐酶可催化 CO_2 转化为碳酸。碳酸酐酶抑制剂会降低颈动脉体的感官神经活动[110]。这些迹象支持了 CO_2 的效应是由细胞内 pH 值变化所致的观点。

目前，人们认为颈动脉体对 CO_2/pH 的敏感性是由细胞内 pH 值与细胞外 pH 值的密切耦联所致。一些分子包括 Na^+–H^+ 交换剂[111–113]、Na^+–HCO_3^- 同向转运蛋白[111,113]、DIDS（4,4′- 二异硫氰酸基 - 二苯乙烯 -2,2′- 二磺酸）敏感分子，Cl^-/HCO_3^- 反向转运蛋白[113] 和阴离子渗透通道都被认为有助于调节 I 型细胞内的 pH 值（图 18–3）。尽管如此，这些发现并不排除 CO_2 充当不依赖其对 $[pH]_i$ 影响的信号分子的潜在作用。

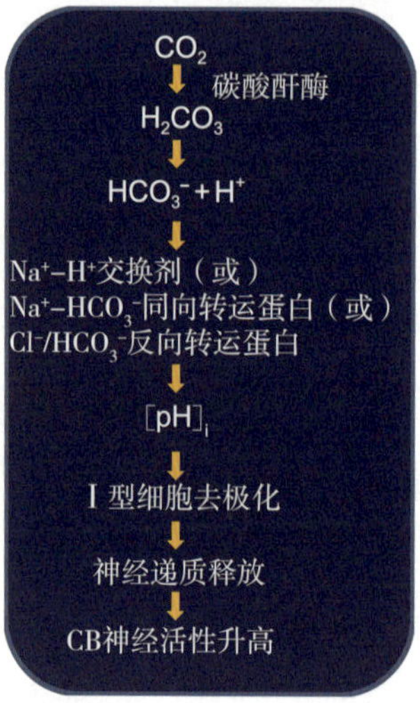

图 18–3 与颈动脉体（CB）神经活性的刺激有关的 CO_2 传感和信号转导途径示意图

主动脉体

解剖位置和形态

主动脉化学感受器组织沿主动脉、肺动脉主干和锁骨下动脉分布[114]。在这些不同的组织中，只有锁骨下化学感受器组织接受全身的动脉血液供应，这些组织通常被称为“主动脉”体。

主动脉化学感受器的感官功能已在猫中得到证实[56,57]，然而大鼠的主动脉区域中化学感受器细胞表达稀少[115]，在兔和小鼠中并不存在形态和功能上的化学感受器细胞[116]。主动脉体接受主动脉神经的感觉支配，主动脉神经则是迷走神经的一个分支。在猫中，发源于星状神经节[117]的交感纤维向主动脉体提供传出神经支配。

类似于颈动脉体的情况，Ⅰ型细胞是主动脉体中最主要的细胞类型。主动脉体中Ⅰ型细胞的精细结构及其神经支配与颈动脉体中所见无异[118]。主动脉体Ⅰ型细胞表达儿茶酚胺、乙酰胆碱、5–羟色胺和 ATP[119,120]。主动脉体血液流量被认为接近于颈动脉体血液流量的 1/6[56,57]。由于主动脉化学感受器组织分散性处于小的细胞群中，所以有关 O_2 消耗量和组织 PO_2 轮廓的信息很少。

主动脉体的反射性调节

在具有完整功能颈动脉体的受试者中，主动脉体化学感受器对心肺反射的作用似乎微乎其微。在切除颈动脉体的受试者中，对缺氧的呼吸响应会随时间的推移而恢复，尽管大大减少。化学反射功能的部分恢复被归因于主动脉体对缺氧响应的增强[33]。主动脉化学感受器也被认为与颈动脉体切除的非人类哺乳动物部分缺氧敏感性恢复有关，包括大鼠[35]、猫[36]、山羊[38]和猪[39]。

主动脉体的缺氧感应

系统缺氧会以刺激依赖性方式增加猫的主动脉化学感受器活动，这与颈动脉体中观察到的情况很相似[56,57,121]。然而，颈动脉体和主动脉体对 O_2 含量降低的响应存在一些明显的差异。降低动脉血液 O_2 含量的刺激，例如贫血、低血压和碳氧血红蛋白血症，会明显刺激主动脉体神经活动，但对颈动脉体活动影响甚小[55–57]。由于流向主动脉体的血液量被认为远低于流向颈动脉体的血液量，有人提出，血液流量的降低使主动脉体对动脉血液 O_2 含量的减少变得敏感[56,57]。因此，主动脉化学感受器除了检测 O_2 分压上的变化外，还会感应到动脉血液 O_2 含量的减少。

与颈动脉体不同，人们对主动脉化学感受器感受缺氧的细胞基础知之甚少。基于主动脉体 I 型细胞和迷走神经元体外共培养的近期研究，为主动脉化学感受器的缺氧感应提供了重要的见解[122,123]。这些研究表明，主动脉体 I 型细胞对缺氧的 $[Ca^{2+}]_i$ 响应与颈动脉体细胞的情况基本相同[122]。有人提出，主动脉体 I 型细胞会像颈动脉体一样释放乙酰胆碱和 ATP，它们作用于传入神经末梢并刺激感官神经活动[122,123]。

主动脉体如何感知 O_2 含量？Lahiri 等[56]推测，氧化的血红蛋白有助于主动脉体感知 O_2 含量。Piskuric 等[123]最近的一项研究认为，为了应对 O_2 含量的减少，血红细胞会在靠近主动脉体 I 型细胞的局部神经元附近释放 ATP，其通过作用于 $P2X_2/P2X_3$ 受体激发神经元活动。增加的神经元活动随后通过电耦合传播到其他的神经元。I 型细胞同时释放乙酰胆碱和 ATP 会进一步帮助神经元兴奋。

主动脉体感应 CO_2

主动脉化学感受器对 CO_2 响应的大部分信息来自对猫的研究。如同颈动脉体一样，高碳酸血症也会增加主动脉体化学感受器的活动，尽管幅度较小，并且 CO_2 的效应会因缺氧而增强[56,57]。代谢性酸中毒会刺激主动脉化学感受器响应，而代谢性碱中毒则会降低对缺氧和 CO_2 的响应[108]。Lahiri 等[56]指出主动脉体和颈动脉体两者享有一个共同的 CO_2 感应机制。然而，Anand 和 Paintal[124]认为，由 CO_2 造成的主动脉化学感受器兴奋继发于交感神经系统的刺激。最近，Nurse 等[123]研究了 CO_2 对培养的主动脉体 I 型细胞的影响，并将其与颈动脉 I 型细胞的响应进行了比较。他们发现，CO_2 在增加主动脉体 I 型细胞的 $[Ca^{2+}]_i$ 方面类似于颈动脉体 I 型细胞的情况，而且镍会阻断 CO_2 引起的 Ca^{2+} 内流，这表明电压门控 Ca^{2+} 通道参与其中。Nurse 及其同事[123]对体外 I 型细胞所做的研究并不支持 Anand 和 Paintal[124]提出的主动脉化学感受器对 CO_2 产生的响应是继发性低血压的观点。

致　　谢

非常感谢我的同事 G. K. 库玛（G. K. Kumar）教授对文稿进行的严格审查。衷心感谢米歇尔·史密斯 - 威廉姆斯（Michelle Smith-Williams）女士在形成参考文献版式中提供的帮助。笔者所在实验室的研究得到了来自美国国立卫生研究院心肺和血液研究所 P01 HL-90554 和 UH2-HL-123610 的资金支持。

参考文献

[1] De Castro F. Sur la structure et l'innervation de la glande intercarotidienne (Glomus caroticum) de l'homme et des mammiferes et sur un nouveau systeme de l'innervation autonome du nerf glossopharyngien. *Trav Lab Rech Biol*. 1926;24:365-432.

[2] Heymans J, Heymans C. Sur les modifications directes et sur la regulationreflexede l'activite du centre respiratoire de la tete isolee du chien. *Arch Int Pharmacodyn Ther*. 1927;33:273-372.

[3] Von Euler US, Liljestrand G, Zotterman Y. The excitation mechanism of the chemoreceptors of the carotid body. *Scand Arch Physiol*. 1939;83:132-152.

[4] Comroe Jr JH. The location and function of the chemoreceptors of the aorta. *Am J Physiol*. 1939;127:176-191.

[5] Fidone S, Gonzalez C. Initiation and control of chemoreceptor activity in the carotid body. In: Fishman AP, Cherniack NS, Widdicombe JG, Geiger SR, eds. *Handbook of Physiology-the Respiratory System-Control of Breathing*. Vol. II. Maryland, USA: American Physiological Society; 1986:247-312.

[6] Gonzalez C, Almaraz L, Obeso A, Rigual R. Carotid body chemoreceptors: from natural stimuli to sensory discharges. *Physiol Rev*. 1994;74:829-898.

[7] Prabhakar NR. Oxygen sensing by the carotid body chemoreceptors. *J Appl Physiol*. June 2000;88(6):2287-2295.

[8] Kumar P, Prabhakar NR. Peripheral chemoreceptors: function and plasticity of the carotid body. *Compr Physiol*. January 2012;2(1):141-219.

[9] McDonald DM. Peripheral chemoreceptors: structure-function relations of the carotid body. In: Hornbein TF, ed. *Lung Biology in Health and Disease. The Regulation of Breathing*. Vol. 17. New York: Dekker; 1981:105-319.

[10] Heath D, Edwards C, Harris P. Post-mortem size and structure of the human carotid body. *Thorax*. 1970;25:129-140.

[11] Kondo H, Iwanaga T, Nakajima T. Immunocytochemical study on the localization of neuron-specific enolase and S-100 protein in the carotid body of rats. *Cell Tissue Res*. 1982;227:291-295.

[12] Kameda Y. Mash1 is required for glomus cell formation in the mouse carotid body. *Dev Biol*. 2005;283:128-139.

[13] Izal-Azcarate A, Belzunegui S, San Sebastian W, et al. Immunohistochemical characterization of the rat carotid body. *Respir Physiol Neurobiol*. 2008;161:95-99.

[14] McDonald DM, Mitchell RA. The innervation of glomus cells, ganglion cells and blood vessels in the rat carotid body: a quantitative ultrastructural analysis. *J Neurocytol*. 1975;4:177-230.

[15] De Kock LL, Dunn AE. An electron microscopic study of the carotid body. *Acta Anat*. 1966;64:163-173.

[16] Verna A. Ultrastructure of the carotid body in the mammals. *Int Rev Cytol*. 1979;60:271-330.

[17] Eyzaguirre C, Uchizono K. Observations on the fibre content of nerves reaching the carotid body of the cat. *J Physiol*. 1961;159:268-281.

[18] Finley JC, Polak J, Katz DM. Transmitter diversity in carotid body afferent neurons: dopaminergic and peptidergic phenotypes. *Neuroscience*. 1992;51:973-987.

[19] Kummer W. Retrograde neuronal labelling and double-staining immunohistochemistry of tachykinin- and calcitonin gene-related peptide-immunoreactive pathways in the carotid sinus nerve of the guinea pig. *J Auton Nerv Syst*. 1988;23:131-141.

[20] Wang ZZ, Bredt DS, Fidone SJ, Stensaas LJ. Neurons synthesizing nitric oxide innervate the mammalian carotid body. *J Comp Neurol*. 1993;336:419-432.

[21] Prabhakar NR, Kumar GK, Chang CH, Agani FH, Haxhiu MA. Nitric oxide in the sensory function of the carotid body. *Brain Res*. 1993;625:16-22.

[22] Baron M, Eyzaguirre C. Effects of temperature on some membrane characteristics of carotid body cells. *Am J Physiol*. 1977;233:C35-C46.

[23] Eyzaguirre C, Abudara V. Possible role of coupling between glomus cells in carotid body chemoreception. *Biol Signals*. 1995;4:263-270.

[24] Gerard MW, Billingsley PR. The innervation of the carotid body. *Anat Rec*. 1923;26:391-400.

[25] Acker H, O'Regan RG. The effects of stimulation of autonomic nerves on carotid body blood flow in the cat. *J Physiol*. 1981;315:99-110.

[26] Barnett S, Mulligan E, Wagerle LC, Lahiri S. Measurement of carotid body blood flow in cats by use of radioactive microspheres. *J Appl Physiol*. 1988;65:2484-2489.

[27] Clarke JA, De Burgh Daly M, Ead HW. Dimensions and volume of the carotid body in the adult cat, and their relation to the specific blood flow through the organ. A histological and morphometric study. *Acta Anat (Basel)*. 1986;126:84-86.

[28] De Burgh Daly M, Lambertsen CJ, Schweitzer A. Observations on the volume of blood flow and oxygen utilization of the carotid body in the cat. *J Physiol*. 1954;125:67-89.

[29] Obeso A, Gonzalez C, Rigual R, Dinger B, Fidone S. Effect of low O_2 on glucose uptake in rabbit carotid body. *J Appl Physiol*. 1993;74:2387-2393.

[30] Whalen WJ, Nair P. Oxidative metabolism and tissue PO_2 of the carotid body. In: Acker H, O'Regan RG, eds. *Physiology of the Peripheral Arterial Chemoreceptors*. Amsterdam: Elsevier; 1983:117-132.

[31] Duchen MR, Biscoe TJ. Mitochondrial function in type I cells isolated from rabbit arterial chemoreceptors. *J Physiol*. 1992;450:13-31.

[32] Rumsey WL, Iturriaga R, Spergel D, Lahiri S, Wilson DF. Optical measurements of the dependence of chemoreception on oxygen pressure in the cat carotid body. *Am J Physiol*. 1991;261:C614-C622.

[33] Honda Y. Respiratory and circulatory activities in carotid body-resected humans. *J Appl Physiol (1985)*. July

1992;73(1):1-8.

[34] Guz A, Noble MI, Widdicombe JG, Trenchard D, Mushin WW. Peripheral chemoreceptor block in man. *Respir Physiol*. 1966;1:38-40.

[35] Martin-Body RL, Robson GJ, Sinclair JD. Restoration of hypoxic respiratory responses in the awake rat after carotid body denervation by sinus nerve section. *J Physiol*. 1986;380:61-73.

[36] Smith PG, Mills E. Restoration of reflex ventilatory response to hypoxia after removal of carotid bodies in the cat. *Neuroscience*. 1980;5:573-580.

[37] Rodman JR, Curran AK, Henderson KS, Dempsey JA, Smith CA. Carotid body denervation in dogs: eupnea and the ventilatory response to hyperoxic hypercapnia. *J Appl Physiol*. 2001;91:328-335.

[38] Pan LG, Forster HV, Martino P, et al. Important role of carotid afferents in control of breathing. *J Appl Physiol*. 1998;85:1299-1306.

[39] Lowry TF, Forster HV, Pan LG, et al. Effects on breathing of carotid body denervation in neonatal piglets. *J Appl Physiol*. 1999;187:2128-2135.

[40] Mitchell RA, Sinha AK, Mcdonald DM. Chemoreceptive properties of regenerated endings of the carotid sinus nerve. *Brain Res*. 1972;43:681-685.

[41] Alcayaga J, Varas R, Arroyo J, Iturriaga R, Zapata P. Responses to hypoxia of petrosal ganglia in vitro. *Brain Res*. 1999; 845:28-34.

[42] Verna A, Roumy M, Leitner LM. Loss of chemoreceptive properties of the rabbit carotid body after destruction of the glomus cells. *Brain Res*. 1975;100:13-23.

[43] Ponte J, Sadler CL. Studies on the regenerated carotid sinus nerve of the rabbit. *J Physiol*. 1989;410:411-424.

[44] Montoro RJ, Urena J, Fernandez-Chacon R, Alvarez de Toledo G, Lopez-Barneo J. Oxygen sensing by ion channels and chemotransduction in single glomus cells. *J Gen Physiol*. 1996;107:133-143.

[45] Zhong H, Zhang M, Nurse CA. Synapse formation and hypoxic signalling in co-cultures of rat petrosal neurons and carotid body type I cells. *J Physiol*. 1997;503:599-612.

[46] Monti-Bloch L, Stensaas LJ, Eyzaguirre C. Carotid body grafts induce chemosensitivity in muscle nerve fibers of the cat. *Brain Res*. 1983;270:77-92.

[47] McDonald DM, Mitchell RA. A quantitative analysis of synaptic connections in the rat carotid body. In: Purves MJ, ed. *The Peripheral Arterial Chemoreceptors*. London: Cambridge University Press; 1975:101-131.

[48] Bright GR, Agani FH, Haque U, Overholt JL, Prabhakar NR. Heterogeneity in cytosolic calcium responses to hypoxia in carotid body cells. *Brain Res*. 1996;706:297-302.

[49] Biscoe TJ, Purves MJ, Sampson SR. The frequency of nerve impulses in single carotid body chemoreceptor afferent fibres recorded in vivo with intact circulation. *J Physiol*. 1970;208:121-131.

[50] Eyzaguirre C, Lewin J. Effect of different oxygen tensions on the carotid body in vitro. *J Physiol*. 1961;159:238-250.

[51] Hornbein TF, Griffo ZJ, Roos A. Quantitation of chemoreceptor activity: interrelation of hypoxia and hypercapnia. *J Neurophysiol*. 1961;24:561-568.

[52] Vidruk EH, Olson Jr EB, Ling L, Mitchell GS. Responses of single-unit carotid body chemoreceptors in adult rats. *J Physiol*. 2001;531:165-170.

[53] Black AM, McCloskey DI, Torrance RW. The responses of carotid body chemoreceptors in the cat to sudden changes of hypercapnic and hypoxic stimuli. *Respir Physiol*. 1971;13:36-49.

[54] Ponte J, Purves MJ. Frequency response of carotid body chemore-receptors in the cat to changes of $PaCO_2$, PaO_2, and pHa. *J Appl Physiol*. 1974;37:635-647.

[55] Hatcher JD, Chiu LK, Jennings DB. Anemia as a stimulus to aortic and carotid chemoreceptors in cats. *J Appl Physiol*. 1978;44:696-702.

[56] Lahiri S, Mulligan E, Nishino T, Mokashi A, Davies RO. Relative responses of aortic body and carotid body chemoreceptors to carboxyhemoglobinemia. *J Appl Physiol Respir Environ Exerc Physiol*. March 1981;50(3):580-586.

[57] Lahiri S, Nishino T, Mokashi A, Mulligan E. Relative responses of aortic body and carotid body chemoreceptors to

hypotension. *J Appl Physiol Respir Environ Exerc Physiol*. May 1980;48(5):781-788.

[58] Prabhakar NR. Sensing hypoxia: physiology, genetics and epigenetics. *J Physiol*. May 1, 2013;591(Pt 9):2245-2257.

[59] Gadalla MM, Snyder SH. Hydrogen sulfide as a gasotransmitter. *J Neurochem*. April 2010;113(1):14-26.

[60] Peng YJ, Nanduri J, Raghuraman G, et al. H2S mediates O_2 sensing in the carotid body. *Proc Natl Acad Sci USA*. June 8, 2010;107(23):10719-10724.

[61] Mkrtchian S, Kåhlin J, Ebberyd A, et al. The human carotid body transcriptome with focus on oxygen sensing and inflammationea comparative analysis. *J Physiol*. August 15, 2012;590(Pt 16):3807-3819.

[62] Li Q, Sun B, Wang X, et al. A crucial role for hydrogen sulfide in oxygen sensing via modulating large conductance calcium-activated potassium channels. *Antioxid Redox Signal*. 2010;12:1179-1189.

[63] Fitzgerald RS, Shirahata M, Chang I, Kostuk E, Kiihl S. The impact of hydrogen sulfide (H2S) on neurotransmitter release from the cat carotid body. *Respir Physiol Neurobiol*. 2011;176:80-89.

[64] Jiao Y, Li Q, Sun B, Zhang G, Rong W. Hydrogen sulfide activates the carotid body chemoreceptors in cat, rabbit and rat ex vivo preparations. *Respir Physiol Neurobiol*. March 2015;208:15-20.

[65] Peng YJ, Makarenko V, Nanduri J, et al. Inherent variations in CO-H_2S-mediated carotid body O_2 sensing mediate hypertension and pulmonary edema. *Proc Natl Acad Sci USA*. January 21, 2014;111(3):1174-1179.

[66] Yuan G, Vasavda C, Peng YJ, et al. Protein kinase G-regulated production of H_2S governs oxygen sensing. *Sci Sig*. 2015;8:ra37.

[67] Prabhakar NR, Dinerman JL, Agani FH, Snyder SH. Carbon monoxide: a role in carotid body chemoreception. *Proc Natl Acad Sci USA*. 1995;92:1994-1997.

[68] Williams SE, Wootton P, Mason HS, et al. Hemoxygenase-2 is an oxygen sensor for a calcium-sensitive potassium channel. *Science*. December 17, 2004;306(5704):2093-2097.

[69] Nurse CA. Neurotransmitter and neuromodulatory mechanisms at peripheral arterial chemoreceptors. *Exp Physiol*. 2010;95:657-667.

[70] Prabhakar NR, Peers C. Gasotransmitter regulation of ion channels: a key step in O_2 sensing by the carotid body. *Physiology*. January 2014;29(1):49-57.

[71] Lopez-Barneo J, Lopez-Lopez JR, Urena J, Gonzalez C. Chemotransduction in the carotid body: K^+ current modulated by PO_2 in type I chemoreceptor cells. *Science*. 1988;241:580-582.

[72] Peers C. Hypoxic suppression of K^+ currents in type I carotid body cells: selective effect on the Ca^{2+}-activated K^+ current. *Neurosci Lett*. 1990;119:253-256.

[73] Buckler KJ. A novel oxygen-sensitive potassium current in rat carotid body type I cells. *J Physiol*. 1997;498(Pt 3):649-662.

[74] Wyatt CN, Wright C, Bee D, Peers C. O_2-sensitive K^+ currents in carotid body chemoreceptor cells from normoxic and chronically hypoxic rats and their roles in hypoxic chemotransduction. *Proc Natl Acad Sci USA*. 1995;92:295-299.

[75] Lopez-Lopez JR, Gonzalez C. Time course of K^+ current inhibition by low oxygen in chemoreceptor cells of adult rabbit carotid body. Effects of carbon monoxide. *FEBS Lett*. 1992;299:251-254.

[76] Telezhkin V, Brazier SP, Cayzac SH, Wilkinson WJ, Riccardi D, Kemp PJ. Mechanism of inhibition by hydrogen sulfide of native and recombinant BK(Ca) channels. *Respir Physiol Neurobiol*. 2010;172:169-178.

[77] Buckler KJ. Effects of exogenous hydrogen sulphide on calcium signalling, background (TASK) K channel activity and mitochondrial function in chemoreceptor cells. *Pflügers Arch*. 2012;463:743-754.

[78] Makarenko VV, Nanduri J, Raghuraman G, et al. Endogenous H_2S is required for hypoxic sensing by carotid body glomus cells. *Am J Physiol Cell Physiol*. November 1, 2012;303(9):C916-C923.

[79] Makarenko VV, Peng YJ, Yuan G, et al. CaV3.2 T-type Ca^{2+} channels in H_2S-mediated hypoxic response of the carotid body. *Am J Physiol Cell Physiol*. January 15, 2015;308(2):C146-C154.

[80] Mills E, Jobsis FF. Simultaneous measurement of cytochrome a3 reduction and chemoreceptor afferent activity in the carotid body. *Nature*. 1970;225:1147-1149.

[81] Lahiri S, Ehleben W, Acker H. Chemoreceptor discharges and cytochrome redox changes of the rat carotid body: role of heme ligands. *Proc Natl Acad Sci USA*. August 3, 1999;96(16):9427-9432.

[82] Streller T, Huckstorf C, Pfeiffer C, Acker H. Unusual cytochrome a592 with low PO_2 affinity correlates as putative oxygen sensor with rat carotid body chemoreceptor discharge. *FASEB J*. August 2002;16(10):1277-1279.

[83] Duchen MR, Biscoe TJ. Relative mitochondrial membrane potential and $[Ca^{2+}]_i$ in type I cells isolated from the rabbit carotid body. *J Physiol*. May 1992;450:33-61.

[84] Buckler KJ, Vaughan-Jones RD. Effects of mitochondrial uncouplers on intracellular calcium, pH and membrane potential in rat carotid body type I cells. *J Physiol*. 1998;513(Pt 3):819-833.

[85] Wyatt CN, Buckler KJ. The effect of mitochondrial inhibitors on membrane currents in isolated neonatal rat carotid body type I cells. *J Physiol*. 2004;556:175-191.

[86] Rocher A, Obeso A, Gonzalez C, Herreros B. Ionic mechanisms for the transduction of acidic stimuli in rabbit carotid body glomus cells. *J Physiol*. 1991;433:533-548.

[87] McCoubrey Jr WK, Huang TJ, Maines MD. Heme oxygenase-2 is a hemoprotein and binds heme through heme regulatory motifs that are not involved in heme catalysis. *J Biol Chem*. May 9, 1997;272(19):12568-12574.

[88] Buttigieg J, Nurse CA. Detection of hypoxia-evoked ATP release from chemoreceptor cells of the rat carotid body. *Biochem Biophys Res Commun*. 2004;322:82-87.

[89] McQueen DS, Bond SM, Moores C, Chessell I, Humphrey PP, Dowd E. Activation of P2X receptors for adenosine triphosphate evokes cardiorespiratory reflexes in anaesthetized rats. *J Physiol*. 1998;507(Pt 3):843-855.

[90] Zhang M, Zhong H, Vollmer C, Nurse CA. Co-release of ATP and ACh mediates hypoxic signalling at rat carotid body chemoreceptors. *J Physiol*. 2000;525(Pt 1):143-158.

[91] Alcayaga J, Cerpa V, Retamal M, Arroyo J, Iturriaga R, Zapata P. Adenosine triphosphate-induced peripheral nerve discharges generated from the cat petrosal ganglion in vitro. *Neurosci Lett*. 2000;282:185-188.

[92] Lewis C, Neidhart S, Holy C, North RA, Buell G, Surprenant A. Coexpression of P2X2 and P2X3 receptor subunits can account for ATP-gated currents in sensory neurons. *Nature*. 1995;377:432-435.

[93] Rong W, Gourine AV, Cockayne DA, et al. Pivotal role of nucleotide P2X2 receptor subunit of the ATP-gated ion channel mediating ventilatory responses to hypoxia. *J Neurosci*. 2003;23:11315-11321.

[94] Prabhakar NR. O_2 sensing at the mammalian carotid body: why multiple O_2 sensors and multiple transmitters? *Exp Physiol*. 2006;91:17-23.

[95] Bruce EN, Cherniack NS. Central chemoreceptors. *J Appl Physiol*. 1987;62:389-402.

[96] Herringa J, Berkenbosch A, de Goede J, Olievier CN. Relative contribution of central and peripheral chemoreceptors to the ventilator response to CO_2 during hyperoxi. *Respir Physiol*. 1979;37(353):365-379.

[97] Nattie E. CO_2, brainstem chemoreceptors and breathing. *Prog Neurobiol*. 1999;59:299-331.

[98] Blain GM, Smith CA, Henderson KS, Dempsey JA. Peripheral chemoreceptors determine the respiratory sensitivity of central chemoreceptors to CO(2). *J Physiol*. July 1, 2010;588(Pt 13):2455-2471.

[99] Ahmad HR, Loeschcke HH. Transient and steady state responses of pulmonary ventilation to the medullary extracellular pH after approximately rectangular changes in alveolar PCO_2. *Pflugers Arch*. December 1982;395(4):285-292.

[100] Smith CA, Forster HV, Blain GM, Dempsey JA. An interdependent model of central/peripheral chemoreception: evidence and implications for ventilatory control. *Respir Physiol Neurobiol*. October 31, 2010;173(3):288-297.

[101] Fitzgerald RS, Dehghani GA. Neural responses of the cat carotid and aortic bodies to hypercapnia and hypoxia. *J Appl Physiol*. 1982;52:596-601.

[102] Bartels H, Witzleb E. Effect of arterial carbon dioxide pressure on chemoreceptor action potentials in the carotid sinus nerves. *Pflugers Arch*. 1956;262:466-472.

[103] Lahiri S, DeLaney RG. Stimulus interaction in the responses of carotid body chemoreceptor single afferent fibers. *Respir Physiol*. 1975;24:249-266.

[104] Fitzgerald RS, Parks DC. Effect of hypoxia on carotid chemoreceptor response to carbon dioxide in cats. *Respir*

Physiol. 1971;12:218-229.

[105] Pepper DR, Landauer RC, Kumar P. Postnatal development of CO_2-O_2 interaction in the rat carotid body in vitro. *J Physiol*. 1995;485(Pt 2):531-541.

[106] Rocher A, Caceres AI, Almaraz L, Gonzalez C. EPAC signalling pathways are involved in low PO_2 chemoreception in carotid body chemoreceptor cells. *J Physiol*. 2009;587:4015-4027.

[107] Eyzaguirre C, Koyano H. Effects of hypoxia, hypercapnia, and pH on the chemoreceptor activity of the carotid body in vitro. *J Physiol*. 1965;178:385-409.

[108] Pokorski M, Lahiri S. Relative peripheral and central chemosensory responses to metabolic alkalosis. *Am J Physiol*. 1983;245:R873-R880.

[109] Rigual R, Gonzalez E, Fidone S, Gonzalez C. Effects of low pH on synthesis and release of catecholamines in the cat carotid body in vitro. *Brain Res*. 1984;309:178-181.

[110] Hanson MA, Nye PC, Rao PS, Torrance RW. Effects of acetazolamide and benzolamide on the response of the carotid chemoreceptors to CO_2 [proceedings]. *J Physiol*. 1978;284:165-166.

[111] Buckler KJ, Vaughan-Jones RD. Application of a new pH-sensitive fluoroprobe (carboxy-SNARF-1) for intracellular pH measurement in small, isolated cells. *Pflugers Arch*. 1990;417:234-239.

[112] Wilding TJ, Cheng B, Roos A. pH regulation in adult rat carotid body glomus cells. Importance of extracellular pH, sodium, and potassium. *J Gen Physiol*. 1992;100:593-608.

[113] Buckler KJ, Vaughan-Jones RD, Peers C, Nye PC. Intracellular pH and its regulation in isolated type I carotid body cells of the neonatal rat. *J Physiol*. 1991;436:107-129.

[114] Coleridge H, Coleridge J, Howe A. Search for pulmonary artery chemoreceptors in the cat with a comparison of the blood supply of the aortic bodies in the newborn and adult animal. *J Physiol*. 1967;191:353-374.

[115] Easton J, Howe A. The distribution of thoracic glomus tissue (aortic bodies) in the rat. *Cell Tissue Res*. 1983;232:349-356.

[116] Chalmers JP, Korner PI, White SW. The relative roles of the aortic and carotid sinus nerves in the rabbit in the control of respiration and circulation during arterial hypoxia and hypercapnia. *J Physiol*. 1967;188:435-450.

[117] Neil E, O'Regan RG. Efferent and afferent impulse activity recorded from few-fibre preparations of otherwise intact sinus and aortic nerves. *J Physiol*. 1971;215:33-47.

[118] McDonald DM, Blewett RW. Location and size of carotid body-like organs (paraganglia) revealed in rats by the permeability of blood vessels to Evans blue dye. *J Neurocytol*. August 1981;10(4):607-643.

[119] Dvorakova MC, Kummer W. Immunohistochemical evidence for species-specific coexistence of catecholamines, serotonin, acetylcholine and nitric oxide in glomus cells of rat and guinea pig aortic bodies. *Ann Anat*. September 2005;187(4):323-331.

[120] Piskuric NA, Vollmer C, Nurse CA. Confocal immunofluorescence study of rat aortic body chemoreceptors and associated neurons in situ and in vitro. *J Comp Neurol*. April 1, 2011;519(5):856-873.

[121] Paintal AS. Mechanism of stimulation of aortic chemoreceptors by natural stimuli and chemical substances. *J Physiol*. 1967;189:63-84.

[122] Piskuric NA, Nurse CA. Effects of chemostimuli on $[Ca^{2+}]_i$ responses of rat aortic body type I cells and endogenous local neurons: comparison with carotid body cells. *J Physiol*. May 1, 2012;590(Pt 9):2121-2135.

[123] Piskuric NA, Zhang M, Vollmer C, Nurse CA. Potential roles of ATP and local neurons in the monitoring of blood O_2 content by rat aortic bodies. *Exp Physiol*. January 2014;99(1):248-261.

[124] Anand A, Paintal AS. The influence of the sympathetic outflow on aortic chemoreceptors of the cat during hypoxia and hypercapnia. *J Physiol*. January 1988;395:215-231.

[125] Julius D, Nathans J. Signaling by sensory receptors. *Cold Spring Harb Perspect Biol*. 2012;4:a005991.

CHAPTER 19

第 19 章 中枢神经系统脑室中的化学感应

温淑萍，青木真理，乌尔里希·伯姆

萨尔兰大学医学院药理学与毒理学系，德国洪堡

概要

引言

在哺乳动物大脑的前脑和脑干的核心区内部存在 4 个相互联结的腔体，里面充满了脑脊液（CSF），称为脑室系统[1]。侧脑室是两个最大的腔体，位于小脑内。第三脑室处在前脑间脑的中间位置，而第四脑室位于小脑和脑桥之间。第三脑室和第四脑室通过中脑水管连接[2]。被称为脉络丛（CP）的血管化结构漂浮在侧脑室、第三脑室和第四脑室的顶部之中，它们不断补充和更新 CSF，同时起到血液-CSF 屏障作用[3]。CSF 携带来自外周器官和不同大脑部位的化学信息，从侧脑室经蒙罗脑室间孔流入第三脑室，沿中脑水管抵达第四脑室，从那里再下流到脊髓或进入蛛网膜下腔，并最终被蛛网膜绒毛重新吸收进入血液中[4]（图 19-1）。

脑室系统不仅通过 CSF 循环提供富含营养成分而又没有毒性代谢产物的最佳环境来维持中枢神经系统的动态平衡，而且还作为一种媒介使外周系统能够与不同脑区进行交流[5]。通过这一途径，不同来源 [例如外周器官、CP 或脑实质的化学信息被传送到远端的大脑区域以调节大脑功能。这种化学信息可以是蛋白质、激素、神经递质、葡萄糖、胆固醇、脂质和其他形式的分子，并可以影响各种生物过程，包括大脑发育和行为[6,7]。

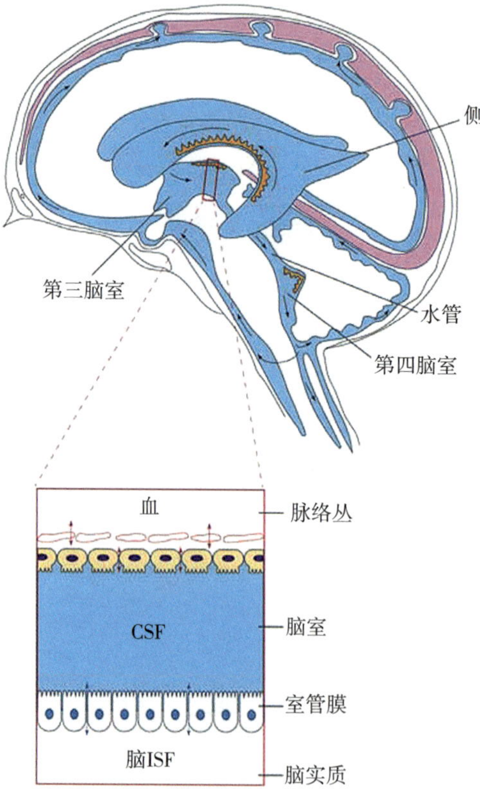

图 19-1 人体大脑的脑室系统结构和 CSF 循环路径的示意图。箭头指示 CSF 的流动方向。CSF，脑脊液；ISF，组织液

CSF 的组成受到发育过程的高度调节，在胚胎和成年动物中可以观察到不同的 CSF 化学轮廓[8]。此外，CSF 的组成在某些神经系统疾病中也会发生变化[9]。总而言之，这些数据表明 CSF 的组成密切反映了生物体的生理状态和病理生理状态。

在本章中，我们将首先介绍脑室中 CP-CSF 的结构和功能，然后对位于第三脑室壁上的专门化学感官系统的实验证据进行回顾。

脉络丛-脑脊液系统

CSF：化学感官信号的来源

CSF 是一种持续不断更新的液体。它不仅可以减轻大脑的机械应力或者热应力，还可以为大脑提供营养物，清除废物，并通过神经肽类和其他神经活性分子调节大脑功能[10]。大约有 70%的 CSF 由 CP 产生[8]，而其余的 CSF 来源于非脉络丛部分，如脑实质中的毛细血管内皮细胞和位于脑室壁上的室管膜细胞[5]。人们通过蛋白质组学分析研究了成年和胚胎发育阶段的 CSF 组成[9,11]，以及神经系统疾病患者的 CSF 组成以寻找潜在的生物标志物和改善诊断方法[12,13]。CSF 的 pH 值为中性，99%为水，并包含多种离子（Na^+、K^+、Mg^{2+}、Ca^{2+}、Cl^-、HCO_3^-）、氨基酸、葡萄糖、脂质、蛋白质，以及许多其他分子和代谢物。在胚胎发育阶段的 CSF 中已经鉴定出各种各样的生长因子，包括成纤维细胞生长因子、胰岛素样生长因子（IGF）和视黄酸[7]。CSF 中的信号分子不仅作用于脑实质细胞来影响范围广泛的中枢神经系统功能，而且作用于 CP 以调节 CSF 的分泌。表 19-1 列出了一些已在 CSF 中发现的重要信号分子。

脉络丛

有 4 个 CP 漂浮在大脑的脑室腔体内：两个侧脑室各有 1 个，第三脑室 1 个，第四脑室 1 个[1]。它们是脑室壁上室管膜衬里的延伸，并与蛛网膜和脑室周围器官一起构成血液-CSF 屏障的主要部分。CP 由筛状的脉管系统核构成，周围环绕着单层的极化立方上皮，中间是间质基质层。CP 的上皮细胞既是外周血液和大脑 CSF 之间的物理屏障，也是生化屏障[14]。CP 中的血液流量比大脑实质中血液流量高 10 倍[15]。

表 19-1　CSF 中与疾病有关的信号分子例子

信号分子	神经疾病	参考文献
乙酰胆碱	阿尔茨海默病	[127,128]
促肾上腺皮质激素	西方综合征，婴儿痉挛，多发性硬化症	[129–131]
促肾上腺皮质激素释放激素	抑郁症，情绪障碍，纤维肌痛	[132–134]
多巴胺	抑郁症，艾滋病，帕金森病，精神分裂症	[135–138]

续表

信号分子	神经疾病	参考文献
肾上腺素	阿尔茨海默病，帕金森病	[139,140]
内皮素 1	动脉瘤性蛛网膜下腔出血	[141,142]
β-内啡肽	抑郁症	[143]
雌激素	阿尔茨海默病	[144]
γ-氨基丁酸	精神分裂症，癫痫发作，亨廷顿舞蹈病，癫痫病等	[145-149]
谷氨酸	艾滋病痴呆综合征，癫痫发作，Rett 综合征，精神分裂症等	[148,150-152]
组胺	多发性硬化症，阿尔茨海默病，嗜睡症，睡眠障碍等	[153-155]
瘦素	特发性颅内高压，抑郁症，肥胖	[156,157]
去甲肾上腺素	抑郁症，精神分裂症，帕金森病等	[158-160]

脉络丛上皮已知的主要功能是生成 CSF。在 CP 中 CSF 的形成经由遍及脉管系统核心的脉络膜毛细血管内皮的外周血液的被动过滤，随后通过单层上皮细胞的调节主动分泌[16]。CSF 的产生受多种机制的调控，至少部分受自主性去甲肾上腺素能、胆碱能和肽能神经支配的控制[17]。此外，多种激素受体在 CP 中表达，表明有内分泌调节作用[17]。在脑室内，CSF 从侧脑室单向流入第三脑室，穿过中脑水管并最终到达第四脑室[18]。CSF 在大脑周围的蛛网膜下腔中也有不同方向的流动。绝大部分 CSF 都会被蛛网膜下腔中的蛛网膜绒毛重新吸收，进入静脉循环，而后进入体静脉；然而，部分 CSF 也会被脑毛细血管再次吸收[19]。

在 CP 中表达有多种转运蛋白，以调节化学物质从血液进入 CSF 的途径。CSF 中水和离子的运输，以及电解质平衡受 CP 中表达的不同离子通道和协同转运蛋白的调控[3]。钙渗透性的瞬时受体电位亚族Ⅴ成员 4 通道（TRVP4）在 CP 上皮细胞中高度表达，其与 ANO 1 之间的相互作用被认为可以调节 CP 中的水转运[20]。CP 上皮中特定的通道-转运蛋白信号转导复合物可能会促进溶质运输和电化学“串话”（cross-talk）[21]。CP 局部生成的醛固酮（来自肾上腺和下丘脑）、血管紧张素Ⅱ和精氨酸血管加压素也在 CSF 水和单价电解质平衡调节中发挥重要的作用[3]。CP 通过转运系统控制来自外周血液的信号转导分子进入大脑。例如，来自脂肪组织的激素瘦素在外周血液中循环，并被 CP 中表达的瘦素受体（OB-RA）转运到 CSF，从而到达下丘脑内的最终靶位[22]。人们在 CP 中还检测到了催乳素[23]、胰岛素和 IGF-1[24]的受体，表明这些分子有可能通过受体介导转运。此外，葡萄糖转运蛋白在人和啮齿动物大脑的 CP 中有表达[25,26]。同时，据报道，味觉受体 TAS1R1、TAS1R2 和 TAS1R3（参阅第 13 章）和味觉 Gα- 味导素（参阅第 15 章）在 CP 的脑室内的上皮细胞中亦有表达[27]。目前，味觉信号转导机制的其他分子是否在这些细胞中起作用尚不清楚。

CSF 不是简单的血浆超滤液，而是由 CP 主动合成得。研究表明，CP 还能合成一系列生物活性因子，例如神经营养因子、生长因子和激素[28]。这些分子大多数都拥有相应的表达在 CP 中的受体，表明它们的分泌是以自分泌或旁分泌的方式进行调节的[28]。除了生成 CSF，CP 还具有神经保护和解毒功能。表达在 CP 中的外向转运蛋白和代谢酶 / 抗氧化酶可以消除来自 CSF 的有毒代谢物和外源性化学物质，并会限制它们进入 CSF[29]。

CP-CSF 系统的功能

除了携带营养素和清除代谢的废物，CSF 还可以将肽能和其他信号分子转运到大脑的特定目标区域，并且在调控与神经发生、衰老和行为有关的多种生物学功能中发挥重要作用[8]。此外，CSF 成分的变化也被认为与神经系统疾病有关[30]。

神经发生中的 CP-CSF 系统

胚胎期的 CSF 组成与成体的 CSF 组成有所不同[31]。胚胎 CSF 的蛋白质组学分析显示，大量的蛋白酶抑制剂、细胞外基质蛋白和细胞内蛋白参与了影响神经元活动、信号转导、细胞增殖，以及分化的各种脑功能[11]。研究进一步表明，从脑室系统特定部位分泌的信号转导分子对大脑皮质的发育至关重要[32]。此外，CSF 内的某些分子可调节成体侧脑室下区中的神经发生，例如 EGF-2 和视黄酸，它们在 CP 中合成并被释放到 CSF 中[4]。

衰老和神经系统疾病中的 CP-CSF 系统

CP-CSF 系统也与衰老和多种神经系统疾病有关。跟衰老有关的 CP 老化被认为干扰了离子稳态，并增加了老年人及阿尔茨海默疾病患者中的离子介导毒性、炎症和氧化应激[33]。与此相一致的是，一些 CSF 分子的异常调节被认为与各种神经系统疾病有关（表

19-1 中列出了一些例子)。最近，一项研究表明，CP 本身可能是衰老诱导的 I 型干扰素发生响应的部位，从而对大脑功能产生负面影响[34]。在衰老小鼠中，CSF 衍生的信号诱导了依赖 I 型干扰素信号的基因表达。当这种信号在衰老大脑内被阻滞时，先前恶化的认知功能和海马神经发生就会恢复。

CP-CSF 系统和行为

将神经肽类立体定向注入到特定的大脑区域，例如前额皮质，中脑导水管周围灰质或者下丘脑，可以诱导各种行为响应[35-37]。有趣的是，其中一些区域与脑室系统或蛛网膜下腔接壤，因而与 CSF 靠得很近。这与神经活性物质可以通过 CSF 循环被发送到远端的下游脑区，并直接或间接激活各自的脑区来诱导情绪、动机和行为变化的假设相一致。事实上，CSF 中发现的一些分子已经被证明可以调节广泛的行为，包括睡眠、食物摄入和性接受。例如，对缺乏睡眠的动物所做的研究表明，CSF 中存在的大脑脂肪酸——油酰胺可以诱导睡眠[38]。人们在 CSF 中检测到一种由下丘脑外侧神经元释放的唤起促发因子——增食欲素-A，它被证明可促进觉醒[39]。令人惊讶的是，对增食欲素-A 的响应强度取决于脑室中的灌注部位，表明脑室壁不同区域的功能异质性(见下文)。参与调节生物周期和自主活动的分子，如转化生长因子(TGF)-α[40]和心肌营养因子样细胞因子[41]，也在 CSF 中被检测到。此外，人们还在 CSF 中检测到了褪黑素，它已被证明可通过激活下丘脑中特定的靶细胞[42]来调节黄体生成素释放的季节性控制[43]。有趣的是，肝脏衍生的休眠特异性蛋白复合物的浓度会随休眠状态发生变化[44]。CSF 中的其他分子例如胰岛素[45]和瘦蛋白[46]也会影响食物摄入，以及影响食欲。在 CSF 中还存在由脑源性促性腺激素释放激素(GNRH)[47]。尽管还没有任何有关黄体生成激素释放效应的报道[47]，但 CSF GNRH 对性接受性的行为学效应已被证实[48]。CSF 中促皮质素释放因子(CRF)和血管加压素的存在促使人们猜测，这些肽激素可能分别参与了恐惧和力量主导的动机[49]。

CSF 中的信号分子是如何被检测到的，这些信号携带的信息随后又是如何传递到特定脑区的？最近的研究提供的实验证据表明，伸展细胞，位于第三脑室壁上的一群专门的化学感官细胞，在上述过程中发挥着重要作用，尤其是在代谢和生殖的调节，以及成体神经发生方面。

伸展细胞

形态学

1954 年，Horstmann[50]首次对伸展细胞进行了描述。伸展细胞（tanycyte）的英文单词来源于希腊语单词 *tanus*，意为“伸展的”。顾名思义，伸展细胞具有长长的突起或终足（end-feet），从而投射入脑实质，并能够伸展至几百微米。伸展细胞为室管膜神经胶质细胞，它们排列在漏斗隐窝的侧壁和大脑第三脑室底部[51]。在发育过程中，大鼠的第一批伸展细胞出现在胚胎的（E）18 天[52]，而小鼠的则在胚胎的 E12 天[53]出现。伸展细胞的一个独特特征是，它们与 CSF、血液和神经元有直接的接触（图 19–2）。它们的细胞体上有朝向 CSF 的微绒毛，并且其突起终止于毛细血管[54,55]。伸展细胞通过限制细胞间转运的紧密连接结合在一起[56]。电子显微镜研究表明，伸展细胞拥有 100~200 个突触样触点，并包含透明和（或）致密的核心囊泡[57]（不过也可参考先前的工作[51]），但到目前为止，电生理学方法仍未能证明下丘脑神经元与突触后伸展细胞之间的突触接触具有功能意义[58]。早期的研究结果表明，注射进入 CSF 的辣根过氧化物酶或 GNRH 可被下丘脑室管膜细胞吸收，在门脉血管的毛细血管四围也有发现[59–61]。这些迹象强烈地表明伸展细胞具有转运功能。

伸展细胞分类

根据基因表达和细胞体沿第三脑室壁排列的位置，可以将伸展细胞划分成四类[62]（图 19–3）。α1 和 α2 伸展细胞分别沿下丘脑腹内侧核的室管膜表面和下丘脑弓状核排列（图 19–3）。它们投射到相邻的下丘脑区域并与血管和神经元接触。β1 伸展细胞处在漏斗隐窝的侧向延伸位置，而 β2 伸展细胞分布在脑室的底部[63,64]。这些位于腹侧位置的 β 细胞与正中隆起的毛细血管接触[55]。大多数伸展细胞都表达波形蛋白、巢蛋白、SOXB1，以及一种表观分子量为 32,000 kDa（DARPP–32）的由多巴胺和环化单磷酸腺苷调节的磷蛋白，而 α1 和背侧 α2 伸展细胞可以通过胶质纤维酸性蛋白的免疫反应性与其他伸展细胞进行特异性区分[65–69]。

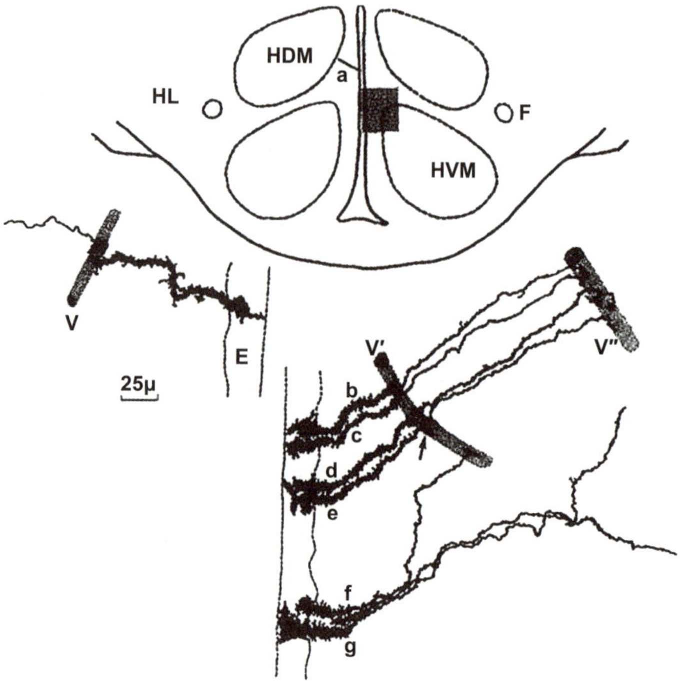

图 19-2 成年大鼠的快速高尔基切片。在下丘脑腹内侧核（HVM）背侧水平处的伸展细胞。细胞 a 和 b~e 的颈部与血管（V 和 V′）具有典型的关系，通常在血管壁四周形成一个翻边（箭头）。b~e 的尾巴延伸进入下丘脑并终止于血管 V″。尽管细胞 f 和 g 的颈部与血管没有任何明显的连接，它们尾部却连接有一个血管（细胞 f）。E，室管膜层；F，穹窿；HDM，下丘脑向背中线；HL，下丘脑外侧。经许可源自参考文献[55]

功能作用

伸展细胞既能进入 CSF 也能进入血液，这一显著特征使它们处于监测和整合来自多个人体腔室信号的首要位置。与此相一致的是，伸展细胞已被证明可以检测出多种化学物质，并参与调节各种生理状态。

葡萄糖对能量消耗调节的敏感性

葡萄糖是大脑的主要能量来源。促进性葡萄糖转运体（GLUT）蛋白可以帮助葡萄糖进入细胞[70]。在作为主要葡萄糖传感器的胰腺 β 细胞中，葡萄糖被 GLUT 吸收，随后发生 ATP 敏感性钾通道关闭、钙进入和胰岛素分泌。GLUT 异构体不仅存在于胰腺 β 细胞、血管、神经元和星形胶质细胞，而且在伸展细胞中也有发现[70,71]。GLUT1 和 GLUT2 在 α 和 β 两种伸展细胞中都有表达[72-75]。GLUT1 主要位于突起中，而 GLUT2 则处于近端区域[73]。ATP 传感钾通道的成孔亚基 Kir6.1 和 Kir6.2 也分别在伸展细胞和胰腺中被发

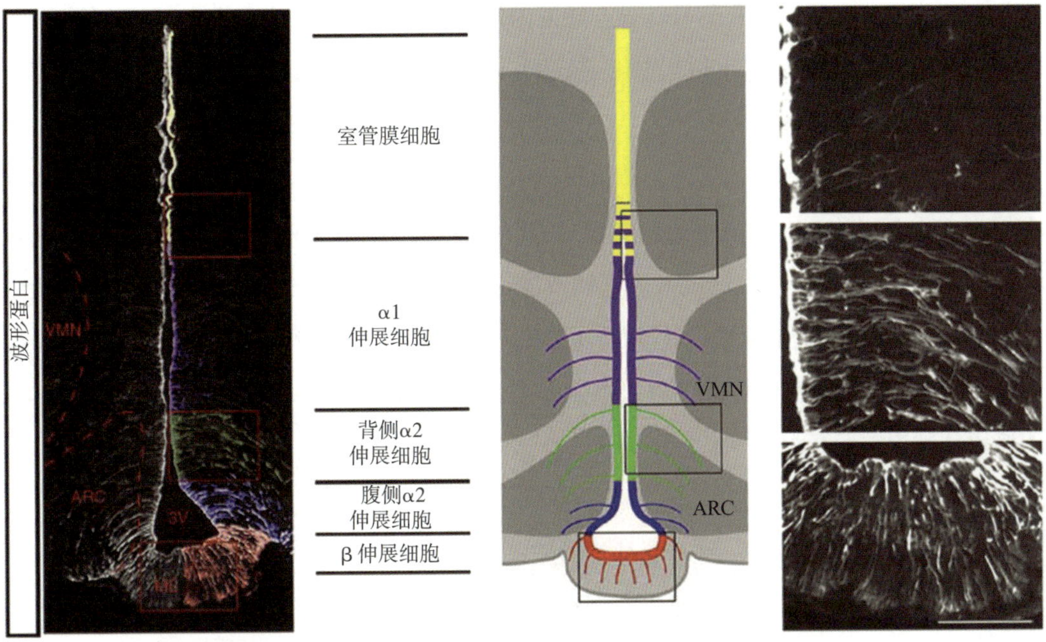

图 19-3　GLAST:CreER^{T2} 标示成人下丘脑中的 α- 伸展细胞亚群。左侧图：穿过第三个脑室（3V）的冠状切面，用波形蛋白进行免疫标记。波形蛋白阳性过程将伸展细胞（图像右侧上伪色）与室管膜细胞区分。中部图显示伸展细胞亚型的位置和突起投影：紫色，α1；绿色，背侧 α2；蓝色，腹侧 α2；红色，β。注意 β- 伸展细胞分为内侧 β2 和外侧 β1 亚群。右侧图显示框住区域的高倍放大率图。腹侧，所有脑室细胞似乎都有一个波形蛋白阳性突起。中部，许多脑室细胞都有一个波形蛋白阳性突起；背侧，室管膜细胞 /α1 边界不清晰，伸展细胞与室管膜细胞有混合。ARC，弓形核；ME，正中隆起；VMN，腹内侧核。经 Robins 等[69]许可转载

现[73,76,77]。这些数据揭示了一个活跃在伸展细胞中的潜在途径，它使人联想到活跃在胰腺 β 细胞中的葡萄糖感应途径。最近，人们通过钙成像实验获得了伸展细胞对葡萄糖敏感的直接证据[78]。伸展细胞对吸入的葡萄糖反应强烈，并释放 ATP 作为回应。有趣的是，下丘脑腹内侧核内调节食物摄入的神经元表达 ATP 受体 P2Y1[79]。这些结果表明，对葡萄糖敏感的伸展细胞可能在调节能量平衡中发挥一定的作用。

激素造成的促食性控制

能量摄入和支出之间缺乏平衡可能会导致肥胖。瘦素是由白色脂肪组织[80]所产生和分泌的，循环中的瘦素水平与脂肪组织的质量相关联[81]。瘦素通过穿透血液 - 大脑屏障到达中枢神经系统，并激活下丘脑核中的神经元[82]。最近的一项研究表明，瘦素会激活其在正中隆起伸展细胞中的受体，导致内侧基底下丘脑中神经元被激活[83]。具体而言，瘦素以一种瘦素受体依赖性方式被伸展细胞的终足吸收，随后被转运至细胞体内。伸展细

胞中的细胞外信号调节激酶信号转导会触发内侧基底下丘脑神经元的激活，从而在调节肥胖小鼠的能量消耗中发挥功能性作用。这些发现意味着伸展细胞可作为允许瘦素从外周血液进入大脑的一个检查点。

尽管瘦素是作为食欲的反向调节因子，但胃饥饿素却有促食性效应。胃饥饿素是一种在胃内产生并释放到血液流中的肽激素[84]。它最早被认为是一种作用于垂体的生长激素释放肽[85]。有趣的是，胃饥饿素还可调节能量平衡。外周胃饥饿素的施加会增加食物的摄入和体重[86]。胃饥饿素通过其受体激活下丘脑弓状核和腹内侧核中的神经元[87]。在伸展细胞中可以检测到静脉注射的胃饥饿素，表明伸展细胞会以一种类似于瘦素的方式将胃饥饿素从外周转运至大脑[88]。

谷氨酸的检查点

谷氨酸是下丘脑中的一种重要神经递质[89]。由于过度的谷氨酸受体激活对神经元有毒性，因此必须对细胞外谷氨酸浓度水平进行严格调控[90]。谷氨酸转运蛋白在控制谷氨酸水平中扮演了重要的角色；谷氨酸被星形胶质细胞中表达的谷氨酸转运蛋白从突触间隙吸收，然后再转化为谷氨酰胺。神经元接着吸收谷氨酰胺并将其水解成谷氨酸[91]。在伸展细胞中发现的谷氨酸转运蛋白包括 GLT-1 和 GLAST[92]。GLT-1 主要由背侧第三脑室壁上的伸展细胞表达，而 GLAST 则更多表达在腹侧的脑室壁和脑室底部中。谷氨酸受体在下丘脑核中表达，对生殖有重要作用[93]。很容易猜测的是，伸展细胞在谷氨酸 - 谷氨酰胺循环中扮演一定的角色，并且 GLAST- 阳性伸展细胞从 CSF 或下丘脑核吸收谷氨酸并调节神经元活动。

原位杂交和免疫组化分析显示，在伸展细胞中存在谷氨酸盐受体亚基 GLUR7 和代谢型的谷氨酸盐受体亚基 1α（MGLUR1α）[94,95]。人们不仅在细胞体中发现了免疫反应性 GLUR7 和 MGLUR1α 信号，而且还在伸展细胞的终足上检测到免疫反应性 GLUR7 和 MGLUR1α 信号，这使来自 CSF 的谷氨酸能够直接作用于伸展细胞并调控其激活的可能性大大增加。

铁转运体

亚铁离子（Fe^{2+}）与过氧化氢发生反应生成三价铁离子（Fe^{3+}）、OH^-，以及高活性的羟基自由基。尽管铁是血红蛋白合成和细胞生存所必需的，但自由基会破坏脂质膜、蛋白质和核酸。因此，铁的含量受到严格控制。细胞外铁与转铁蛋白结合，形成一种非活性的形态，而细胞内的铁则存储在铁蛋白中。尽管伸展细胞对转铁蛋白受体没有免疫反应性[96]，但它们对铁和铁蛋白却呈现明显的阳性反应[97]。伸展细胞也会以低水平表达转铁蛋白。排列脑室壁上的铁蛋白阳性的伸展细胞会将其突起延伸到下丘脑区域，并与血管相连，这与伸展细胞有可能充当一种铁转运体的角色相一致。

生殖

一些电子显微镜的研究结果表明，GNRH 神经元轴突末端与伸展细胞终足具有紧密的结构相关性[98-100]。值得注意的是，伸展细胞与 GNRH 神经元之间的联系是依赖于发情周期的（图 19-4）。在发情期，GNRH 末端完全被伸展细胞终足包围。然而，在发情前期，伸展细胞的终足被缩回，从而使 GNRH 神经元直接接触垂体门静脉血，并可能造成 GNRH 的分泌[101,102]。伸展细胞终足的这种动态变化受 TGF 信号的调节。下丘脑中 TGF-β 信使 RNA 的水平在发情前期升高[103]。下丘脑的星形胶质细胞表达 TGF 受体 erbB-1、erbB-2 和 erbB-4，伸展细胞则表达 erbB-1、erbB-2 和 erbB-3[104-106]。尽管对 TGF-α 处理会促进伸展细胞终足外生，对 TGF-β 处理则引发突起回缩[107]。有趣的是，对 TGF-α 长期处理会造成伸展细胞终足回缩，这可能是因为 TGF-α 刺激 TGF-β 从伸展细胞释放。此外，TGF-α 诱导的 erbB-1 激活会引发星形胶质细胞和伸展细胞分泌前列腺素 E_2，导致 GNRH 从正中隆起处释放[107,108]。

一氧化氮（NO）也会参与调节伸展细胞终足的可塑性。NO 是在一氧化氮合成酶（NOS）催化氧化 L-精氨酸生成 L-瓜氨酸的过程中产生的，是一种充当神经递质的自由基气体[109]。NOS 存在于大脑的内皮细胞和神经元中。与典型的神经递质不同，NO 扩散进入邻近细胞并与靶蛋白结合，包括可溶性鸟苷酸环化酶、蛋氨酸合成酶和血红蛋白[110,111]。大量的研究表明，NO 能够调控 GNRH 的释放。在下丘脑外植体和一个永生化 GNRH 神经元细胞系中施加 NO 供体会引起 GNRH 分泌。这种 GNRH 释放会因施加 cGMP 依赖性蛋白激酶（PKG）阻滞剂而被抑制，表明其为鸟苷酰环化酶依赖性 GNRH 释放[112,113]。在 NOS 抑制剂存在下，体内和体外实验中都观察到 GNRH 脉动式分泌减少[114,115]。尽管这些研究显示了 NO 对 GNRH 神经元的直接影响，但其他数据表明 NO 还作用于伸展细胞并促进终足的可塑性[116]。与纯化过的内皮细胞或内皮细胞系 EA.hy926 共培养的伸展细胞显示出肌动蛋白细胞骨架重塑升高；这种肌动蛋白细胞骨架的重塑被 NOS 抑制剂 L-NAME 所阻止[116]。L- 精氨酸的施加引发了伸展细胞终足的快速结构变化，使 GNRH 纤维接近毛细血管周围空间[116]。在灌注 L-NAME 后，大鼠表现出发情周期中断，表明伸展细胞介导的 NO 信号转导在生殖中的突出作用[116]。

最近的文献显示出有其他因子参与了伸展细胞终足可塑性的调节。信号素由一个巨大的基因家族构成，最初被确定为轴突导向分子。它们在包括 GNRH 神经元系统在

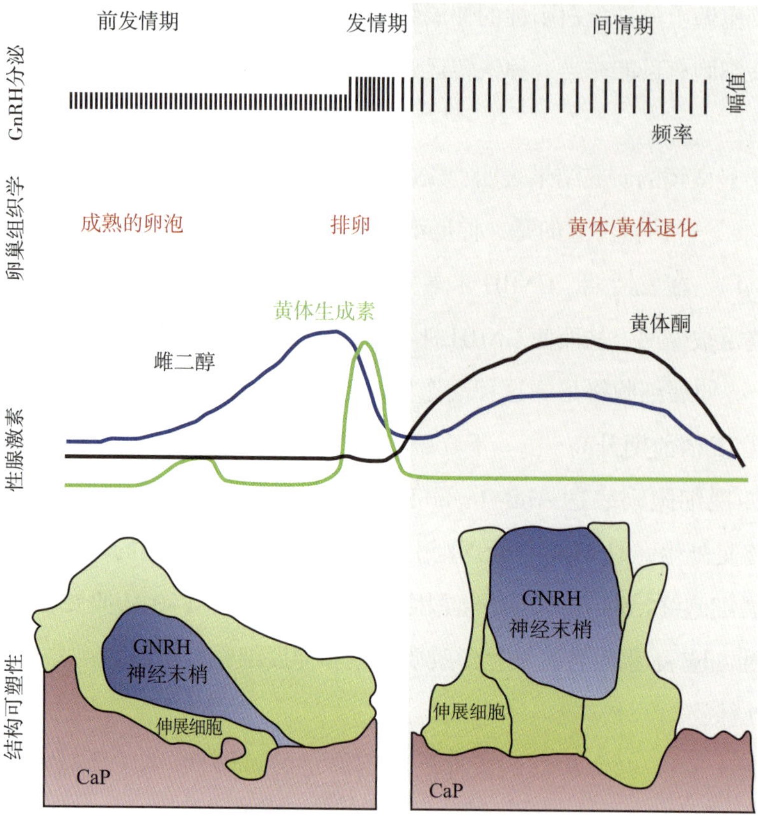

图 19-4　间情期和前发情期期间下丘脑正中隆起中促性腺激素释放激素（GNRH）神经末梢和伸展细胞终足的结构可塑性。该示意图强调了排卵周期的不同阶段期间分别在 GNRH 分泌、卵巢组织学和循环性激素水平上发生变化的因果关系。循环性腺类固醇上的变化是造成正中隆起的神经 / 神经胶质结构可塑性的原因。在前发情期，GNRH 神经末梢（蓝色）伸向描绘出毛细血管周围空间的基底层（浅红色，CaP），并最终与其直接接触，而伸展细胞则退缩。在间情期，在低促性腺激素释放条件下，分泌 GNRH 的轴突末端远离毛细血管周围空间并且伸展细胞包裹住 GNRH 神经末梢，从而妨碍神经激素向垂体门静脉循环的进出。经 Messing 等[126]许可转载

内的神经回路形成中发挥重要作用。信号素 7A（Sema7A）不仅对 GNRH 神经元迁移必不可少，对伸展细胞终足重塑也是不可或缺的[117,118]。在发情期，伸展细胞中信号素 7A 的表达水平可能受孕酮的调节而升高[118]。信号素 7A 的施加会触发来自毛细血管的 GNRH 末端通过丛蛋白 PlexinC1 和 β1- 整联蛋白回缩，而它们是在 GNRH 神经元中表达的信号素 7A 的受体[118]。信号素 7A 还经由 β1- 整联蛋白信号转导以一种自分泌 / 旁分泌的方式作用于伸展细胞。体外信号素 7A 处理可诱导 β1- 整联蛋白的磷酸化，从而激活粘着斑激酶、细胞外信号调节激酶 1/2 和 AKT，导致细胞骨架重塑和伸展细胞终足延伸[118]。

IGF-1 还可调节生殖生理。弓形核中的 IGF-1 水平随着青春期和发情早期阶段的到来而增加[119]。此外，IGF-1 的施用会导致青春期提前[120]。令人惊讶的是，尽管伸展细胞并不表达 IGF-1 信使 RNA，但它们对 IGF-1 具有免疫反应性[119]。将 IGF-1 注入侧脑室后发现，发情前期的下午 IGF-1 在伸展细胞中累积水平很低，而发情期的下午其累积水平很高，这表明 IGF-1 摄入具有发情依赖性[121]。由于伸展细胞的微绒毛中存在 IGF-1 受体，伸展细胞可能会检测到脑室中 IGF-1 的浓度，并调节 IGF-1 对下丘脑细胞的供应[122,123]。

成体神经发生的生态位

成体神经发生被认为主要集中在海马区和脑室下区。耐人寻味的是，最近的一些研究表明伸展细胞也会增殖并具有神经源性[124,125]。Lee 等人通过腹腔注射溴脱氧尿苷，证明了下丘脑内的增殖细胞是 β2 伸展细胞[124]。利用遗传命运图方法对 Nestin-CreER^{T2} 驱动小鼠和 ROSA26stopYFP 报告基因小鼠的研究显示，在 Cre（环化重组酶）激活后 1 个月，一些 YFP 阳性细胞表达神经元标记物 Hu，表明 β2 伸展细胞生成神经元[124]。有趣的是，对动物施以高脂肪膳食（HFD）会增加下丘脑中的神经发生率，通过辐射对神经发生进行局部抑制会导致 HFD 喂养的小鼠体重增加减缓[124]。类似的遗传学方法还显示，成纤维细胞生长因子 10 阳性的伸展细胞在下丘脑的弓形核和腹内侧核中产生了对禁食或瘦素处理有响应的神经元[125]。

结束语

尽管人们很早就知道 CSF 的组成密切反映出机体的生理和病理生理状态，然而有关 CP 或脑室壁中化学感官细胞的单个亚群的信息，以及有关这些细胞内化学感官信号转导机制的分子成分的信息才刚刚开始出现。随着标记和表征单个细胞群的遗传策略的出现，我们似乎能够在未来详细地解决这些问题。

致　谢

感谢迈克尔·坎迪斯（Michael Candlish）对文稿提出的批判性意见。笔者实验室的工作得到德国基金会项目 SPP1392、SFB894、SFB/TRR152、BO1743/6 和 BO1743/7 的资助。

此外，乌尔里希·伯姆是研究 GNRH 生物学和生殖的欧洲研究者网络的成员（COST Action BM1105，“GNRH 缺乏：阐明人类生殖的神经内分泌控制”）。

参考文献

[1] Mortazavi MM, Adeeb N, Griessenauer CJ, et al. The ventricular system of the brain: a comprehensive review of its history, anatomy, histology, embryology, and surgical considerations. *Childs Nerv Syst*. 2014;30(1):19-35.

[2] Nicholson C. Signals that go with the flow. *Trends Neurosci*. 1999;22(4):143-145.

[3] Damkier HH, Brown PD, Praetorius J. Cerebrospinal fluid secretion by the choroid plexus. *Physiol Rev*. 2013;93(4):1847-1892.

[4] Lehtinen MK, Bjornsson CS, Dymecki SM, Gilbertson RJ, Holtzman DM, Monuki ES. The choroid plexus and cerebrospinal fluid: emerging roles in development, disease, and therapy. *J Neurosci*. 2013;33(45):17553-17559.

[5] Skipor J, Thiery JC. The choroid plexusecerebrospinal fluid system: undervaluated pathway of neuroendocrine signaling into the brain. *Acta Neurobiol Exp*. 2008;68(3):414-428.

[6] Johanson CE, Duncan 3rd JA, Klinge PM, Brinker T, Stopa EG, Silverberg GD. Multiplicity of cerebrospinal fluid functions: new challenges in health and disease. *Cerebrospinal Fluid Res*. 2008;5:10.

[7] Zappaterra MW, Lehtinen MK. The cerebrospinal fluid: regulator of neurogenesis, behavior, and beyond. *Cell Mol Life Sci*. 2012;69(17):2863-2878.

[8] Redzic ZB, Preston JE, Duncan JA, Chodobski A, Szmydynger-Chodobska J. The choroid plexus-cerebrospinal fluid system: from development to aging. *Curr Top Dev Biol*. 2005;71:1-52.

[9] Maurer MH. Proteomics of brain extracellular fluid (ECF) and cerebrospinal fluid (CSF). *Mass Spectrom Rev*. 2010;29(1):17-28.

[10] Veening JG, Barendregt HP. The regulation of brain states by neuroactive substances distributed via the cerebrospinal fluid; a review. *Cerebrospinal Fluid Res*. 2010;7:1.

[11] Zappaterra MD, Lisgo SN, Lindsay S, Gygi SP, Walsh CA, Ballif BA. A comparative proteomic analysis of human and rat embryonic cerebrospinal fluid. J Proteome Res. 2007;6(9):3537-3548.

[12] Kroksveen AC, Opsahl JA, Guldbrandsen A, et al. Cerebrospinal fluid proteomics in multiple sclerosis. *Biochim Biophys Acta*. 2014;1854(7):746-756.

[13] Oeckl P, Steinacker P, Feneberg E, Otto M. Cerebrospinal fluid proteomics and protein biomarkers in frontotemporal lobar degeneration: current status and future perspectives. *Biochim Biophys Acta*. 2014;1854(7):757-768.

[14] Wolburg H, Paulus W. Choroid plexus: biology and pathology. *Acta Neuropathol*. 2010;119(1):75-88.

[15] Keep RF, Jones HC. A morphometric study on the development of the lateral ventricle choroid-plexus,choroid-plexus capillaries and ventricular ependyma in the rat. *Brain Res Dev Brain Res*. 1990;56(1):47-53.

[16] Speake T, Whitwell C, Kajita H, Majid A, Brown PD. Mechanisms of CSF secretion by the choroid plexus. *Microsc Res Tech*. 2001;52(1):49-59.

[17] Nilsson C, Lindvall-Axelsson M, Owman C. Neuroendocrine regulatory mechanisms in the choroid plexus-cerebrospinal fluid system. *Brain Res Brain Res Rev*. 1992;17(2):109-138.

[18] Reiber H. Proteins in cerebrospinal fluid and blood: barriers, CSF flow rate and source-related dynamics. *Restor Neurol Neurosci*. 2003;21(3e4):79-96.

[19] Greitz D, Hannerz J. A proposed model of cerebrospinal fluid circulation: observations with radionuclide cisternography. *Am J Neuroradiol*. 1996;17(3):431-438.

[20] Takayama Y, Shibasaki K, Suzuki Y, Yamanaka A, Tominaga M. Modulation of water efflux through functional

interaction between TRPV4 and TMEM16A/anoctamin 1. *FASEB J*. 2014;28(5):2238-2248.

[21] Abbott GW, Tai KK, Neverisky DL, et al. KCNQ1, KCNE2, and Na^+-coupled solute transporters form reciprocally regulating complexes that affect neuronal excitability. *Sci Signal*. 2014;7(315):ra22.

[22] Zlokovic BV, Jovanovic S, Miao W, Samara S, Verma S, Farrell CL. Differential regulation of leptin transport by the choroid plexus and bloodebrain barrier and high affinity transport systems for entry into hypothalamus and across the blood-cerebrospinal fluid barrier. *Endocrinology*. 2000;141(4):1434-1441.

[23] Bakowska JC, Morrell JI. Atlas of the neurons that express mRNA for the long form of the prolactin receptor in the forebrain of the female rat. *J Comp Neurol*. 1997;386(2):161-177.

[24] Bondy C, Werner H, Roberts CT, Leroith D. Cellular-pattern of type-I insulin-like growth-factor receptor gene-expression during maturation of the rat-brain - comparison with insulin-like growth factor-I and factor-II. *Neuroscience*. 1992;46(4):909-923.

[25] Vannucci SJ, Clark RR, Koehler-Stec E, et al. Glucose transporter expression in brain: relationship to cerebral glucose utilization. *Dev Neurosci*. 1998;20(4e5):369-379.

[26] Ueno M, Nishi N, Nakagawa T, et al. Immunoreactivity of glucose transporter 5 is located in epithelial cells of the choroid plexus and ependymal cells. *Neuroscience*. 2014;260:149-157.

[27] Ren X, Zhou L, Terwilliger R, Newton SS, de Araujo IE. Sweet taste signaling functions as a hypothalamic glucose sensor. *Front Integr Neurosci*. 2009;3:12.

[28] Chodobski A, Szmydynger-Chodobska J. Choroid plexus: target for polypeptides and site of their synthesis. *Microsc Res Tech*. 2001;52(1):65-82.

[29] Kratzer I, Liddelow SA, Saunders NR, Dziegielewska KM, Strazielle N, Ghersi-Egea JF. Developmental changes in the transcriptome of the rat choroid plexus in relation to neuroprotection. *Fluids Barriers CNS*. 2013;10(1):25.

[30] Gonzalez-Cuyar LF, Sonnen JA, Montine KS, Keene CD, Montine TJ. Role of cerebrospinal fluid and plasma biomarkers in the diagnosis of neurodegenerative disorders and mild cognitive impairment. *Curr Neurol Neurosci Rep*. 2011;11(5):455-463.

[31] Gato A, Alonso MI, Martin C, et al. Embryonic cerebrospinal fluid in brain development: neural progenitor control. *Croat Med J*. 2014;55(4):299-305.

[32] Miyan JA, Nabiyouni M, Zendah M. Development of the brain: a vital role for cerebrospinal fluid. *Can J Physiol Pharm*. 2003;81(4):317-328.

[33] Mesquita SD, Ferreira AC, Sousa JC, et al. Modulation of iron metabolism in aging and in Alzheimer's disease: relevance of the choroid plexus. *Front Cell Neurosci*. 2012;6:25.

[34] Baruch K, Deczkowska A, David E, et al. Aging. Aging-induced type I interferon response at the choroid plexus negatively affects brain function. *Science*. 2014;346(6205):89-93.

[35] Toriya M, Maekawa F, Maejima Y, et al. Long-term infusion of brain-derived neurotrophic factor reduces food intake and body weight via a corticotrophin-releasing hormone pathway in the paraventricular nucleus of the hypothalamus. *J Neuroendocrinol*. 2010;22(9):987-995.

[36] Miguel TT, Nunes-de-Souza RL. Anxiogenic and antinociceptive effects induced by corticotropin-releasing factor (CRF) injections into the periaqueductal gray are modulated by CRF1 receptor in mice. *Hormones Behav*. 2011;60(3):292-300.

[37] Mena JD, Selleck RA, Baldo BA. Mu-opioid stimulation in rat prefrontal cortex engages hypothalamic orexin/hypocretin-containing neurons, and reveals dissociable roles of nucleus accumbens and hypothalamus in cortically driven feeding. *J Neurosci*. 2013;33(47):18540-18552.

[38] Lerner RA, Siuzdak G, Prospero-Garcia O, Henriksen SJ, Boger DL, Cravatt BF. Cerebrodiene: a brain lipid isolated from sleep-deprived cats. *Proc Natl Acad Sci USA*. 1994;91(20):9505-9508.

[39] Espana RA, Baldo BA, Kelley AE, Berridge CW. Wake-promoting and sleep-suppressing actions of hypocretin (orexin): basal forebrain sites of action. *Neuroscience*. 2001;106(4):699-715.

[40] Kramer A, Yang FC, Snodgrass P, et al. Regulation of daily locomotor activity and sleep by hypothalamic EGF

receptor signaling. *Science*. 2001;294(5551):2511-2515.

[41] Kraves S, Weitz CJ. A role for cardiotrophin-like cytokine in the circadian control of mammalian locomotor activity. *Nat Neurosci*. 2006;9(2):212-219.

[42] Malpaux B, Daveau A, Maurice-Mandon F, Duarte G, Chemineau P. Evidence that melatonin acts in the premammillary hypothalamic area to control reproduction in the ewe: presence of binding sites and stimulation of luteinizing hormone secretion by in situ microimplant delivery. *Endocrinology*. 1998;139(4):1508-1516.

[43] Tricoire H, Moller M, Chemineau P, Malpaux B. Origin of cerebrospinal fluid melatonin and possible function in the integration of photoperiod. *Reproduction*. 2003;61:311-321.

[44] Kondo N, Sekijima T, Kondo J, Takamatsu N, Tohya K, Ohtsu T. Circannual control of hibernation by HP complex in the brain. *Cell*. 2006;125(1):161-172.

[45] Woods SC, Lotter EC, McKay LD, Porte Jr D. Chronic intracerebroventricular infusion of insulin reduces food intake and body weight of baboons. *Nature*. 1979;282(5738):503-505.

[46] Schwartz MW, Peskind E, Raskind M, Boyko EJ, Porte Jr D. Cerebrospinal fluid leptin levels: relationship to plasma levels and to adiposity in humans. *Nat Med*. 1996;2(5):589-593.

[47] Skinner DC, Caraty A, Evans NP. Does gonadotropin-releasing hormone in the cerebrospinal fluid modulate luteinizing hormone release? *Neuroendocrinology*. 1998;67(1):37-44.

[48] Caraty A, Delaleu B, Chesneau D, Fabre-Nys C. Sequential role of e2 and GnRH for the expression of estrous behavior in ewes. *Endocrinology*. 2002;143(1):139-145.

[49] Sewards TV, Sewards MA. Fear and power-dominance motivation: proposed contributions of peptide hormones present in cerebrospinal fluid and plasma. *Neurosci Biobehav Rev*. 2003;27(3):247-267.

[50] Horstmann E. Die Faserglia des Selachiergehirns. *Z Zellforsch Mik Ana*. 1954;39(6):588-617.

[51] Flament-Durand J, Brion JP. Tanycytes: morphology and functions: a review. *Int Rev Cytol*. 1985;96:121-155.

[52] Rutzel H, Schiebler TH. Prenatal and early postnatal development of the glial cells in the median eminence of the rat. *Cell Tissue Res*. 1980;211(1):117-137.

[53] Rakic P, Sidman RL. Subcommissural organ and adjacent ependyma: autoradiographic study of their origin in the mouse brain. *Am J Anat*. 1968;122(2):317-335.

[54] Scott DE, Knigge KM. Ultrastructural changes in the median eminence of the rat following deafferentation of the basal hypothalamus. *Z Zellforsch Mikrosk Anat*. 1970;105(1):1-32.

[55] Millhouse OE. A golgi study of third ventricle tanycytes in the adult rodent brain. *Z Zellforsch Mikrosk Anat*. 1971;121(1):1-13.

[56] Knigge KM, Scott DE. Structure and function of the median eminence. *Am J Anat*. 1970;129(2):223-243.

[57] Guldner FH, Wolff JR. Neurono-glial synaptoid contacts in the median eminence of the rat: ultrastructure, staining properties and distribution on tanycytes. *Brain Res*. 1973;61:217-234.

[58] Jarvis CR, Andrew RD. Correlated electrophysiology and morphology of the ependyma in rat hypothalamus. *J Neurosci*. 1988;8(10):3691-3702.

[59] Ugrumov MV, Mitskevich MS. The adsorptive and transport capacity of tanycytes during the perinatal period of the rat. *Cell Tissue Res*. 1980;211(3):493-501.

[60] Wagner HJ, Pilgrim C. Extracellular and transcellular transport of horseradish peroxidase (HRP) through the hypothalamic tanycyte ependyma. *Cell Tissue Res*. 1974;152(4):477-491.

[61] Uemura H, Asai T, Nozaki M, Kobayashi H. Ependymal absorption of luteinizing hormone-releasing hormone injected into the third ventricle of the rat. *Cell Tissue Res*. 1975;160(4):443-452.

[62] Akmayev IG, Fidelina OV, Kabolova ZA, Popov AP, Schitkova TA. Morphological aspects of the hypothalamic-hypophyseal system. IV. Medial basal hypothalamus. An experimental morphological study. *Z Zellforsch Mikrosk Anat*. 1973;137(4):493-512.

[63] Akmayev IG, Fidelina OV. Morphological aspects of the hypothalamic-hypophyseal system. VI. The tanycytes: their relation to the sexual differentiation of the hypothalamus. An enzyme-histochemical study. *Cell Tissue Res*.

1976;173(3):407-416.

[64] Rodriguez EM, Gonzalez CB, Delannoy L. Cellular organization of the lateral and postinfundibular regions of the median eminence in the rat. *Cell Tissue Res*. 1979;201(3):377-408.

[65] Basco E, Woodhams PL, Hajos F, Balazs R. Immunocytochemical demonstration of glial fibrillary acidic protein in mouse tanycytes. *Anat Embryol*. 1981;162(2):217-222.

[66] de Vitry F, Picart R, Jacque C, Tixier-Vidal A. Glial fibrillary acidic protein. A cellular marker of tanycytes in the mouse hypothalamus. *Dev Neurosci*. 1981;4(6):457-460.

[67] Chouaf L, Didier-Bazes M, Aguera M, et al. Comparative marker analysis of the ependymocytes of the subcommissural organ in four different mammalian species. *Cell Tissue Res*. 1989;257(2):255-262.

[68] Meister B, Hokfelt T, Tsuruo Y, et al. DARPP-32, a dopamine- and cyclic AMP-regulated phosphoprotein in tanycytes of the mediobasal hypothalamus: distribution and relation to dopamine and luteinizing hormone-releasing hormone neurons and other glial elements. *Neuroscience*. 1988;27(2):607-622.

[69] Robins SC, Stewart I, McNay DE, et al. Alpha-tanycytes of the adult hypothalamic third ventricle include distinct populations of FGF-responsive neural progenitors. *Nat Commun*. 2013;4:2049.

[70] McEwen BS, Reagan LP. Glucose transporter expression in the central nervous system: relationship to synaptic function. *Eur J Pharmacol*. 2004;490(1e3):13-24.

[71] Harik SI, Kalaria RN, Andersson L, Lundahl P, Perry G. Immunocytochemical localization of the erythroid glucose transporter: abundance in tissues with barrier functions. *J Neurosci*. 1990;10(12):3862-3872.

[72] Arluison M, Quignon M, Nguyen P, Thorens B, Leloup C, Penicaud L. Distribution and anatomical localization of the glucose transporter 2 (GLUT2) in the adult rat brainean immunohistochemical study. *J Chem Neuroanat*. 2004;28(3):117-136.

[73] Garcia M, Millan C, Balmaceda-Aguilera C, et al. Hypothalamic ependymal-glial cells express the glucose transporter GLUT2, a protein involved in glucose sensing. *J Neurochem*. 2003;86(3):709-724.

[74] Garcia MA, Carrasco M, Godoy A, et al. Elevated expression of glucose transporter-1 in hypothalamic ependymal cells not involved in the formation of the brain-cerebrospinal fluid barrier. *J Cell Biochem*. 2001;80(4):491-503.

[75] Silva-Alvarez C, Carrasco M, Balmaceda-Aguilera C, et al. Ependymal cell differentiation and GLUT1 expression is a synchronous process in the ventricular wall. *Neurochem Res*. 2005;30(10):1227-1236.

[76] Schuit FC, Huypens P, Heimberg H, Pipeleers DG. Glucose sensing in pancreatic beta-cells: a model for the study of other glucose-regulated cells in gut, pancreas, and hypothalamus. *Diabetes*. 2001;50(1):1-11.

[77] Thomzig A, Wenzel M, Karschin C, et al. Kir6.1 is the principal pore-forming subunit of astrocyte but not neuronal plasma membrane K-ATP channels. *Mol Cell Neurosci*. 2001;18(6):671-690.

[78] Frayling C, Britton R, Dale N. ATP-mediated glucosensing by hypothalamic tanycytes. *J Physiol*. 2011;589(Pt 9): 2275-2286.

[79] Kittner H, Franke H, Harsch JI, et al. Enhanced food intake after stimulation of hypothalamic P2Y1 receptors in rats: modulation of feeding behaviour by extracellular nucleotides. *Eur J Neurosci*. 2006;24(7):2049-2056.

[80] Zhang Y, Proenca R, Maffei M, Barone M, Leopold L, Friedman JM. Positional cloning of the mouse obese gene and its human homologue. *Nature*. 1994;372(6505):425-432.

[81] Friedman JM, Halaas JL. Leptin and the regulation of body weight in mammals. *Nature*. 1998;395(6704):763-770.

[82] Park HK, Ahima RS. Physiology of leptin: energy homeostasis, neuroendocrine function and metabolism. *Metabolism*. 2015;64(1):24-34.

[83] Balland E, Dam J, Langlet F, et al. Hypothalamic tanycytes are an ERK-gated conduit for leptin into the brain. *Cell Metab*. 2014;19(2):293-301.

[84] Kojima M, Kangawa K. Ghrelin: structure and function. *Physiol Rev*. 2005;85(2):495e522.

[85] Kojima M, Hosoda H, Date Y, Nakazato M, Matsuo H, Kangawa K. Ghrelin is a growth-hormone-releasing acylated peptide from stomach. *Nature*. 1999;402(6762):656-660.

[86] Tschop M, Smiley DL, Heiman ML. Ghrelin induces adiposity in rodents. *Nature*. 2000;407(6806):908-913.

[87] Nakazato M, Murakami N, Date Y, et al. A role for ghrelin in the central regulation of feeding. *Nature*. 2001;409(6817):194-198.

[88] Collden G, Balland E, Parkash J, et al. Neonatal overnutrition causes early alterations in the central response to peripheral ghrelin. *Mol Metab*. 2015;4(1):15-24.

[89] van den Pol AN, Wuarin JP, Dudek FE. Glutamate, the dominant excitatory transmitter in neuroendocrine regulation. *Science*. 1990;250(4985):1276-1278.

[90] Vandenberg RJ, Ryan RM. Mechanisms of glutamate transport. *Physiol Rev*. 2013;93(4):1621-1657.

[91] Broer S, Brookes N. Transfer of glutamine between astrocytes and neurons. *J Neurochem*. 2001;77(3):705-719.

[92] Berger UV, Hediger MA. Differential distribution of the glutamate transporters GLT-1 and GLAST in tanycytes of the third ventricle. *J Comp Neurol*. 2001;433(1):101-114.

[93] Mahesh VB, Brann DW. Regulatory role of excitatory amino acids in reproduction. *Endocrine*. 2005;28(3):271-280.

[94] Eyigor O, Jennes L. Identification of kainate-preferring glutamate receptor subunit GluR7 mRNA and protein in the rat median eminence. *Brain Res*. 1998;814(1e2):231-235.

[95] Tang FR, Sim MK. Metabotropic glutamate receptor subtype-1 alpha (mGluR1 alpha) immunoreactivity in ependymal cells of the rat caudal medulla oblongata and spinal cord. *Neurosci Lett*. 1997;225(3):177-180.

[96] Dickinson TK, Connor JR. Immunohistochemical analysis of transferrin receptor: regional and cellular distribution in the hypotransferrinemic (hpx) mouse brain. *Brain Res*. 1998;801(1e2):171-181.

[97] Benkovic SA, Connor JR. Ferritin, transferrin, and iron in selected regions of the adult and aged rat brain. *J Comp Neurol*. 1993;338(1):97-113.

[98] Kozlowski GP, Coates PW. Ependymoneuronal specializations between LHRH fibers and cells of the cerebroventricular system. *Cell Tissue Res*. 1985;242(2):301-311.

[99] Ugrumov M, Hisano S, Daikoku S. Topographic relations between tyrosine hydroxylase- and luteinizing hormone-releasing hormone-immunoreactive fibers in the median eminence of adult rats. *Neurosci Lett*. 1989;102(2e3):159-164.

[100] King JC, Rubin BS. Dynamic changes in LHRH neurovascular terminals with various endocrine conditions in adults. *Hormones Behav*. 1994;28(4):349-356.

[101] Prevot V, Dutoit S, Croix D, Tramu G, Beauvillain JC. Semi-quantitative ultrastructural analysis of the localization and neuropeptide content of gonadotropin releasing hormone nerve terminals in the median eminence throughout the estrous cycle of the rat. *Neuroscience*. 1998;84(1):177-191.

[102] Prevot V, Croix D, Bouret S, et al. Definitive evidence for the existence of morphological plasticity in the external zone of the median eminence during the rat estrous cycle: implication of neuro-glio-endothelial interactions in gonadotropin-releasing hormone release. *Neuroscience*. 1999;94(3):809-819.

[103] Galbiati M, Magnaghi V, Martini L, Melcangi RC. Hypothalamic transforming growth factor beta1 and basic fibroblast growth factor mRNA expression is modified during the rat oestrous cycle. *J Neuroendocrinol*. 2001;13(6):483-489.

[104] Ma YJ, Hill DF, Junier MP, Costa ME, Felder SE, Ojeda SR. Expression of epidermal growth factor receptor changes in the hypothalamus during the onset of female puberty. *Mol Cell Neurosci*. 1994;5(3):246-262.

[105] Steiner H, Blum M, Kitai ST, Fedi P. Differential expression of ErbB3 and ErbB4 neuregulin receptors in dopamine neurons and forebrain areas of the adult rat. *Exp Neurol*. 1999;159(2):494-503.

[106] Ma YJ, Hill DF, Creswick KE, et al. Neuregulins signaling via a glial erbB-2-erbB-4 receptor complex contribute to the neuroendocrine control of mammalian sexual development. *J Neurosci*. 1999;19(22):9913-9927.

[107] Prevot V, Cornea A, Mungenast A, Smiley G, Ojeda SR. Activation of erbB-1 signaling in tanycytes of the median eminence stimulates transforming growth factor beta1 release via prostaglandin E2 production and induces cell plasticity. *J Neurosci*. 2003;23(33):10622-10632.

[108] Ojeda SR, Urbanski HF, Costa ME, Hill DF, Moholt-Siebert M. Involvement of transforming growth factor alpha in the release of luteinizing hormone-releasing hormone from the developing female hypothalamus. *Proc Natl Acad*

Sci USA. 1990;87(24):9698-9702.

[109] Bredt DS, Snyder SH. Nitric oxide, a novel neuronal messenger. *Neuron*. 1992;8(1):3-11.

[110] Boehning D, Snyder SH. Novel neural modulators. *Annu Rev Neurosci*. 2003;26:105-131.

[111] Jaffrey SR, Snyder SH. Nitric oxide: a neural messenger. *Annu Rev Cell Dev Biol*. 1995;11:417-440.

[112] Moretto M, Lopez FJ, Negro-Vilar A. Nitric oxide regulates luteinizing hormone-releasing hormone secretion. *Endocrinology*. 1993;133(5):2399-2402.

[113] Bonavera JJ, Sahu A, Kalra PS, Kalra SP. Evidence that nitric oxide may mediate the ovarian steroid-induced luteinizing hormone surge: involvement of excitatory amino acids. *Endocrinology*. 1993;133(6):2481-2487.

[114] Rettori V, Belova N, Dees WL, Nyberg CL, Gimeno M, McCann SM. Role of nitric oxide in the control of luteinizing hormone-releasing hormone release in vivo and in vitro. *Proc Natl Acad Sci USA*. 1993; 90(21):10130-10134.

[115] Lopez FJ, Moretto M, Merchenthaler I, Negro-Vilar A. Nitric oxide is involved in the genesis of pulsatile LHRH secretion from immortalized LHRH neurons. *J Neuroendocrinol*. 1997;9(9):647-654.

[116] De Seranno S, Estrella C, Loyens A, et al. Vascular endothelial cells promote acute plasticity in ependymoglial cells of the neuroendocrine brain. *J Neurosci*. 2004;24(46):10353-10363.

[117] Messina A, Ferraris N, Wray S, et al. Dysregulation of Semaphorin7A/beta1-integrin signaling leads to defective GnRH-1 cell migration, abnormal gonadal development and altered fertility. *Hum Mol Genet*. 2011;20(24):4759-4774.

[118] Parkash J, Messina A, Langlet F, et al. Semaphorin7A regulates neuroglial plasticity in the adult hypothalamic median eminence. *Nat Commun*. 2015;6:6385.

[119] Duenas M, Luquin S, Chowen JA, Torres-Aleman I, Naftolin F, Garcia-Segura LM. Gonadal hormone regulation of insulin-like growth factor-I-like immunoreactivity in hypothalamic astroglia of developing and adult rats. *Neuroendocrinology*. 1994;59(6):528-538.

[120] Hiney JK, Srivastava V, Nyberg CL, Ojeda SR, Dees WL. Insulin-like growth factor I of peripheral origin acts centrally to accelerate the initiation of female puberty. *Endocrinology*. 1996;137(9):3717-3728.

[121] Fernandez-Galaz MC, Torres-Aleman I, Garcia-Segura LM. Endocrine-dependent accumulation of IGF-I by hypothalamic glia. *Neuroreport*. 1996;8(1):373-377.

[122] Garcia-Segura LM, Rodriguez JR, Torres-Aleman I. Localization of the insulin-like growth factor I receptor in the cerebellum and hypothalamus of adult rats: an electron microscopic study. *J Neurocytol*. 1997;26(7):479-490.

[123] Fernandez-Galaz MC, Morschl E, Chowen JA, Torres-Aleman I, Naftolin F, Garcia-Segura LM. Role of astroglia and insulin-like growth factor-I in gonadal hormone-dependent synaptic plasticity. *Brain Res Bull*. 1997;44(4):525-531.

[124] Lee DA, Bedont JL, Pak T, et al. Tanycytes of the hypothalamic median eminence form a diet-responsive neurogenic niche. *Nat Neurosci*. 2012;15(5):700-702.

[125] Haan N, Goodman T, Najdi-Samiei A, et al. Fgf10-expressing tanycytes add new neurons to the appetite/energy-balance regulating centers of the postnatal and adult hypothalamus. *J Neurosci*. 2013;33(14):6170-6180.

[126] Messina A, Giacobini P. Semaphorin signaling in the development and function of the gonadotropin hormone-releasing hormone system. *Front Endocrinol*. 2013;4:133.

[127] Smith RC, Kumar V, Khera G, Elble R, Giacobini E, Colliver J. Brain morphological measures and CSF acetylcholine in Alzheimer dementia. *Psychiatry Res*. 1988;23(1):111-114.

[128] Frolich L, Dirr A, Gotz ME, et al. Acetylcholine in human CSF: methodological considerations and levels in dementia of Alzheimer type. *J Neural Transm*. 1998;105(8e9):961-973.

[129] Naess A, Nyland H. Effect of ACTH treatment on CSF and blood lymphocyte sub-populations in patients with multiple-sclerosis. *Acta Neurol Scand*. 1981;63(1):57-66.

[130] Takahashi H, Watanabe K, Sato Y, et al. CSF homocarnosine levels in patients with infantile spasms treated with ACTH. *Brain Dev*. 1984;6(4):424-425.

[131] Heiskala H. CSF ACTH and beta-endorphin in infants with West syndrome and ACTH therapy. *Brain Dev*. 1997;19(5):339-342.

[132] Williams DA, Baraniuk J, Gracely RH, Whalen G, Lyden AK, Clauw DJ. Resting cerebrospinal fluid (CSF) CRH levels differ between fibromyalgia (FM) and related conditions, and healthy controls (HC). *Arthritis Rheum*. 2004;50(9):S249.

[133] Mathe AA, Agren H, Andersson W, et al. Neuropeptide Y (NPY) and corticotropin-releasing hormone (CRH) in human CSF and in brain of animal models of depression. *Int J Neuropsychoph*. 2006;9:S74.

[134] Currier D, Galfalvy H, Huang YY, et al. CRHR1 and other CRH-related genes are associated with mood disorders and CSF CRH. *Biol Psychiatry*. 2009;65(8):225S.

[135] Gjerris A, Werdelin L, Rafaelsen OJ, Alling C, Christensen NJ. CSF dopamine increased in depression: CSF dopamine, noradrenaline and their metabolites in depressed patients and in controls. *J Affect Disord*. 1987;13(3):279-286.

[136] van Kammen DP, Kelley ME, Gilbertson MW, Gurklis J, O'Connor DT. CSF dopamine beta-hydroxylase in schizophrenia: associations with premorbid functioning and brain computerized tomography scan measures. *Am J Psychiatry*. 1994;151(3):372-378.

[137] Lunardi G, Galati S, Tropepi D, et al. Correlation between changes in CSF dopamine turnover and development of dyskinesia in Parkinson's disease. *Parkinsonism Relat Disord*. 2009;15(5):383-389.

[138] Horn A, Scheller C, du Plessis S, et al. Increases in CSF dopamine in HIV patients are due to the dopamine transporter 10/10-repeat allele which is more frequent in HIV-infected individuals. *J Neural Transm*. 2013; 120(10):1411-1419.

[139] Eldrup E, Mogensen P, Jacobsen J, Pakkenberg H, Christensen NJ. CSF and plasma-concentrations of free norepinephrine, dopamine, 3,4-dihydroxyphenylacetic acid (DOPAC), 3,4-dihydroxyphenylalanine (Dopa), and epinephrine in Parkinson's-disease. *Acta Neurol Scand*. 1995;92(2):116-121.

[140] Peskind ER, Elrod R, Digiacomo L, Veith RC, Raskind MA. CSF epinephrine in aging and Alzheimer's disease. *Biol Psychiatry*. 1996;39(7):542.

[141] Fassbender K, Hodopp B, Rossol S, et al. Endothelin-1 is produced by activated mononuclear leukocytes in CSF of patients with subarachnoid hemorrhage. *Neurology*. 2000;54(7):A299-A300.

[142] Kastner S, Oertel MF, Scharbrodt W, Krause M, Boker DK, Deinsberger W. Endothelin-1 in plasma, cisternal CSF and microdialysate following aneurysmal SAH. *Acta Neurochir*. 2005;147(12):1271-1279.

[143] Agren H, Terenius L. Depression and CSF endorphin fraction-I: seasonal-variation and higher levels in unipolar than bipolar patients. *Psychiatry Res*. 1983;10(4):303-311.

[144] Schoenknecht P, Hunt A, Hentze M, Pantel J, Schroeder J. CSF estrogen levels are correlated with hippocampal glucose metabolism in Alzheimer's disease. *Int Psychogeriatr*. 2003;15:179.

[145] Gerner RH, Hare TA. CSF-GABA in normal subjects and patients with depression, schizophrenia, mania, and anorexia-nervosa. *Am J Psychiatry*. 1981;138(8):1098-1101.

[146] Manyam BV, Katz L, Hare TA, Kaniefski K, Tremblay RD. Isoniazid-induced elevation of CSF GABA levels and effects on chorea in Huntington's disease. *Ann Neurol*. 1981;10(1):35-37.

[147] Menachem EB, Persson LI, Schechter PJ, et al. Effects of single doses of vigabatrin on CSF concentrations of GABA, homocarnosine, homovanillic-acid and 5-hydroxyindoleacetic acid in patients with complex partial epilepsy. *Epilepsy Res*. 1988;2(2):96-101.

[148] Goto T, Matsuo N, Takahashi T. CSF glutamate/GABA concentrations in pyridoxine-dependent seizures: etiology of pyridoxine-dependent seizures and the mechanisms of pyridoxine action in seizure control. *Brain Dev*. 2001;23(1):24-29.

[149] Poulin J, Van Kammen DP, Kelley ME, et al. Correlations between REM sleep EEG spectral analysis and CSF GABA in clinically stable drug-free patients with schizophrenia: a pilot study. *Neuropsychopharmacology*. 2005;30:S247.

[150] Labarca R, Silva H, Jerez S, et al. Effects of haloperidol on CSF glutamate levels in drug-naive schizophrenic patients. *Schizophr Res*. 1995;16(1):83-85.

[151] Vanhala R, Riikonen R. High levels of CSF glutamate in Rett syndrome. *Eur Child Adolesc Psychiatry*. 1997;6:87.

[152] Espey MG, Basile AS, Heaton RK, Ellis RJ. Increased glutamate in CSF and plasma of patients with HIV dementia. *Neurology*. 2002;58(9):1439.

[153] Kanbayashi T, Kodama T, Kondo H, et al. CSF histamine and noradrenaline contents in narcolepsy and other sleep disorders. *Sleep*. 2004;27:236.

[154] Motawaj M, Peoc'h K, Callebert J, Arrang JM. CSF levels of the histamine metabolite tele-methylhistamine are only slightly decreased in Alzheimer's disease. *J Alzheimers Dis*. 2010;22(3):861-871.

[155] Kallweit U, Aritake K, Bassetti CL, et al. CSF histamine levels in multiple sclerosis patients. *Mult Scler J*. 2012;18:263.

[156] Buettner R, Nguyen L, O'Doherty RM. The mechanism of fasting-induced decreases in plasma and CSF leptin is defective in diet-induced obesity. *Diabetes*. 2000;49:A279.

[157] Ball AK, Sinclair AJ, Curnow SJ, et al. Elevated cerebrospinal fluid (CSF) leptin in idiopathic intracranial hypertension (IIH): evidence for hypothalamic leptin resistance? *Clin Endocrinol*. 2009;70(6):863-869.

[158] Kemali D, Maj M. CSF noradrenaline and schizophrenia. *Am J Psychiatry*. 1986;143(1):126-127.

[159] Turkka JT, Juujarvi KK, Myllyla VV. Correlation of autonomic dysfunction to CSF concentrations of noradrenaline and 3-methoxy-4-hydroxyphenylglycol in Parkinson's disease. *Eur Neurol*. 1987;26(1):29-34.

[160] Galfalvy H, Currier D, Oquendo MA, et al. Adrenergic genotype, noradrenaline metabolite (MHPG) CSF levels and suicide attempts in major depression. *Biol Psychiatry*. 2009;65(8):225S.

CHAPTER 20

第 20 章 肠道内营养成分感知

萨米·达马克

雀巢研究中心，瑞士洛桑

概要

引言

一顿饭的摄入对很多生理功能都会产生重大的影响，包括限制进一步的食物摄入，以及通过微调和适应数个过程让胃肠道做好充分处理其管腔内营养物的准备。关于检测营养成分的结构和细胞特性，以及胃肠道管腔内营养物质对激素和神经的影响，人们已经积累了非常多的知识。目前，在参与营养物感知的肠道分子检测器特性方面仍存在许多空白。除了舌头，味觉受体在胃肠道中也有表达，这一发现让人兴奋不已，人们相信味觉受体正是渴望寻找的肠道化学传感器。迄今为止，人们只是部分地破译了它们的作用，不过其对营养成分感知的贡献似乎是巨大的。本章将探讨这些所谓的味觉受体，以及其他分子传感器作为宏观营养素传感器（即用于脂质、糖类和蛋白质的传感器）的作用（表 20–1）。维生素和矿物质的感应将不包括在内。

表 20-1 用于糖类、脂质和蛋白质的分子传感器

大量营养成分	感测分子	GPCR	转运蛋白	其他机制
糖类	糖	TAS1R3:TAS1R2	SGLT-1 GLUT2	微生物丛 糖酵解
脂质	FFA 10-羟基-顺式-12-十八碳烯酸 OEA 2-油酰基甘油	GPR120, GPR41, GPR43, GPR40 GPR119	FATP4	微生物丛
蛋白质	低聚肽 二肽 氨基酸	GPR92 TAS1R1:TAS1R3, CASR GPRC6A, MGLUR4	PEPT1	

注：FFA，游离脂肪酸；GPCR，G 蛋白耦联受体；MGLUR4，代谢型谷氨酸受体 4；SGLT-1，Na^+/ 葡萄糖协同转运蛋白 1。

味觉受体

口腔是最先评价食物的场所，并在此基础上做出吞咽或是拒绝的决定。食物被摄入后，所含的营养物必须接受进一步监测，以便胃肠道能够应对其中的化学成分。

目前被广泛接受的味觉有五种：甜味、苦味、咸味、酸味和鲜味，并且有越来越多的证据表明还存在一些其他类型的味觉，例如钙的味道或脂肪的味道。甜味、鲜味和脂肪味的功能是检测口腔中宏观营养成分并促进其摄入（参阅第 13 章）。咸味可以检测钠，而酸味和苦味则分别是对变质食物和毒素发出的警告。因为只涉及宏观营养素的感应，所以这里将不讨论咸味、酸味和苦味受体（不过可参阅第 13 章和第 16 章）。

甜味是由糖类或无热量甜味剂结合并激活甜味受体所引发的，甜味受体是由两个 C 类 GPCR——TAS1R2 和 TAS1R3 构成的异二聚体[1]。该受体还与无热量甜味剂发生响应，例如三氯蔗糖、甘素、糖精、安赛蜜、甜蜜素。

鲜味为第五种基本味觉，通常是由谷氨酸单钠盐（MSG）产生的可口的味道。研究显示介导鲜味的受体包括异二聚体 TAS1R1:TAS1R3[2,3]、截短形式的 MGLUR4[4]，以及截短形式的 MGLUR1[5]。尽管这三种受体看似都在啮齿动物谷氨酸盐味觉信号转导中起作用[6]，但 TAS1R1:TAS1R3 可能是人类最主要的鲜味受体，这是因为氨基酸和单磷酸肌苷（IMP）能够协同激活该受体，并且嘌呤核苷酸增强 MSG 效应是人类鲜味味觉的关键特征[7]。

口腔对脂肪的检测主要依赖于质地，味觉起的作用较小。在味蕾细胞中表达的两种 GPCR——GPR120 和 GPR40[8]，以及转运蛋白 CD36[9] 似乎在脂肪味中扮演某种角色；支持其作用的主要论据是相应的敲除小鼠对油类和脂肪酸的偏好减弱[8,9]。然而，GPR40 和（或）GPR120 的激动剂并未获得小鼠的青睐，即便人类发现 GPR40 激动剂与亚油酸具有相似的味道[10]。GPR120 激动剂在人体中不引起脂肪味[10]。尚无公开的数据表明脂肪味功能的获得是由结合 CD36 的化合物造成的或者来源于通过 CD36 促进脂肪酸转运的化合物。

甜味和鲜味受体的下游信号通路包含 Gα– 味导素（$G\alpha_{gust}$）、磷脂酶 C β2、3 型三磷酸肌醇受体、瞬时受体电位阳离子通道亚族 M 成员 5（TRPM5）、Ca^{2+} 稳态调节蛋白 1 通道，以及充当神经递质功能并激活味觉神经纤维的三磷酸腺苷（ATP）的释放[11–14]（另请参阅第 15 章）。脂肪味受体的下游信号通路仍不太清楚。

肠道中的味觉信号转导分子

甜味和鲜味受体最先发现于味蕾细胞，但后来的工作表明，它们在包括胃肠道在内的其他器官也有表达[15,16]。GPR40 和 GPR120 最初分别在胰腺[17,18]和肠道[19]中发现。随后人们提出了它们在脂肪味信号转导中的作用[8]。味觉受体下游信号通路的大部分元素也在胃肠道中有表达[15,20]。味觉受体和味觉信号转导分子被表达在两种类型的肠道孤立细胞中：肠内分泌细胞和簇状细胞[15,20,21]。信号通路成员在肠道的共表达程度并非总是与味蕾细胞中的情况相一致。例如，在肠道上皮中，TRPM5 只在簇状细胞中表达，$G\alpha_{gust}$ 则在肠内分泌细胞中表达，而味蕾细胞中所有表达 $G\alpha_{gust}$ 细胞的也表达 TRPM5[20]，这两种情况截然不同。甜味和鲜味受体在肠道中的表达水平也远远低于味蕾。

肠道为什么能感知到营养成分

肠道的主要功能是消化和吸收营养成分，并向大脑发出饱腹感或饥饿感信号。餐后结果包括胃腺和胰腺分泌上的变化、胆囊收缩、血液流量的适应，以及肠道蠕动变化。为了完成这些功能，肠道需要监测所食之物的化学性质，并相应地调整蠕动性、分泌和转运体的表达。

传感器位于何处

对胃肠道营养成分感应贡献最大的细胞是肠内分泌细胞。它们是一群孤立的肠道细胞，分泌诸如胃泌素、胃饥饿素、胰高血糖素样肽-1（GLP-1）、葡萄糖依赖性促胰岛素多肽（GIP）等激素，以及血清素、胆囊收缩素（CCK）、酪酪肽（PYY）、胃泌素调节素、生长抑素、神经降压素和促胰液素。缺乏肠内分泌细胞的小鼠在出生后第一周就会死亡，这表明营养物质感应对维持生命至关重要[22]。肠内分泌细胞包括一个顶部极点，其中的微绒毛与肠内管腔接触，并在那里感应营养物质，还包括一个宽的基底侧，激素在此处分泌以回应营养物质感应。激素以旁分泌方式作用于邻近的神经和细胞，以内分泌方式进入血液。最近，人们在肠内分泌细胞的基底侧提出了一个名为神经足（neuropod）的细胞质结构[23,24]。这种神经足与传出和传入神经直接接触，证实肠内分泌传感细胞与肠神经系统和中枢神经系统之间存在直接联系[25]。肠内分泌细胞的研究因其具有分散性质而变得复杂，不过最近转基因小鼠在标记特定肠内分泌细胞方面的进展使人们能够分离并纯化特定的细胞种群，从而更好地理解它们的分子构成。肠内分泌细胞分为不同的亚群，可依据它们分泌的肽类进行划分。例如，L 细胞可分泌 GLP-1、GLP-2、胃泌素调节素和 PYY，而 I 细胞可分泌 CCK。对转基因小鼠所进行的深入研究表明，肠内分泌细胞亚型的区分并不像最初想象的那样严格。例如，L 细胞也会分泌 CCK[26,27]。分离的 L 细胞通过细胞膜去极化与葡萄糖发生响应，产生动作电位及 Ca^{2+} 通过电压门控 Ca^{2+} 通道进入细胞[28]。

簇状细胞构成了另一组孤立细胞，存在于胃肠道和其他一些中空器官中[29]。这类细胞拥有一个伸展进入肠道管腔的顶端突起，以及一个狭窄的基底侧（图 20-1）。基于簇状细胞的形状和超微结构，人们首次提出了“肠道味觉”的存在[30]。它们的形态看起来像味觉感官细胞，而且表达 $G\alpha_{gust}$[31] 和一些其他的味觉信号转导分子[15,20]，这提示其可能与化学感应有关。不过，这种功能尚未得到证实，并且由于不完全清楚簇状细胞能否被营养物质激活并传递相关信息，人们对其在营养物质感应中的作用甚至产生了质疑。有人提出簇状细胞接触神经纤维（图 20-2）并生成前列腺素，但尚未得到证实。簇状细胞的确切功能仍很不清楚。

肠上皮细胞是肠黏膜内层数量最多的细胞，其主要功能是吸收营养物质。膜转运蛋白可促进多种营养物质的吸收，在多数情况下，分子的跨膜转运会产生电流，这足以使细胞去极化并产生信号。进餐后，肠上皮细胞发生响应还会合成油酰乙醇胺（OEA），从而有

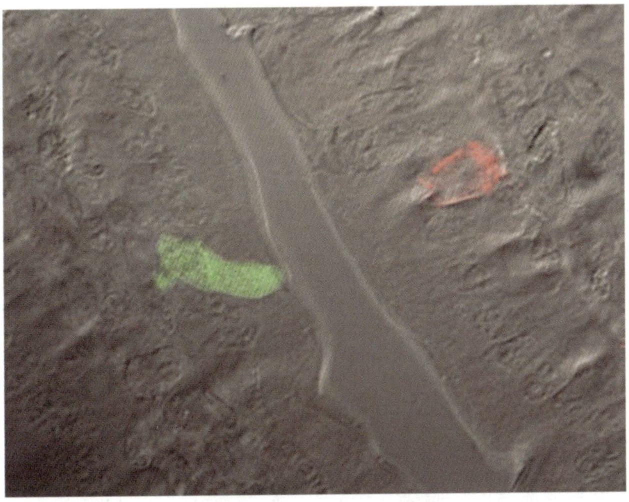

图 20-1　一个 *Trpm5*-GFP 转基因小鼠空肠的切片，显示一个用嗜铬粒蛋白-A 抗体染成红色的肠内分泌细胞，以及一个用 *Trpm5* 驱动的 GFP 标记成绿色的簇状细胞。GFP，绿色荧光蛋白

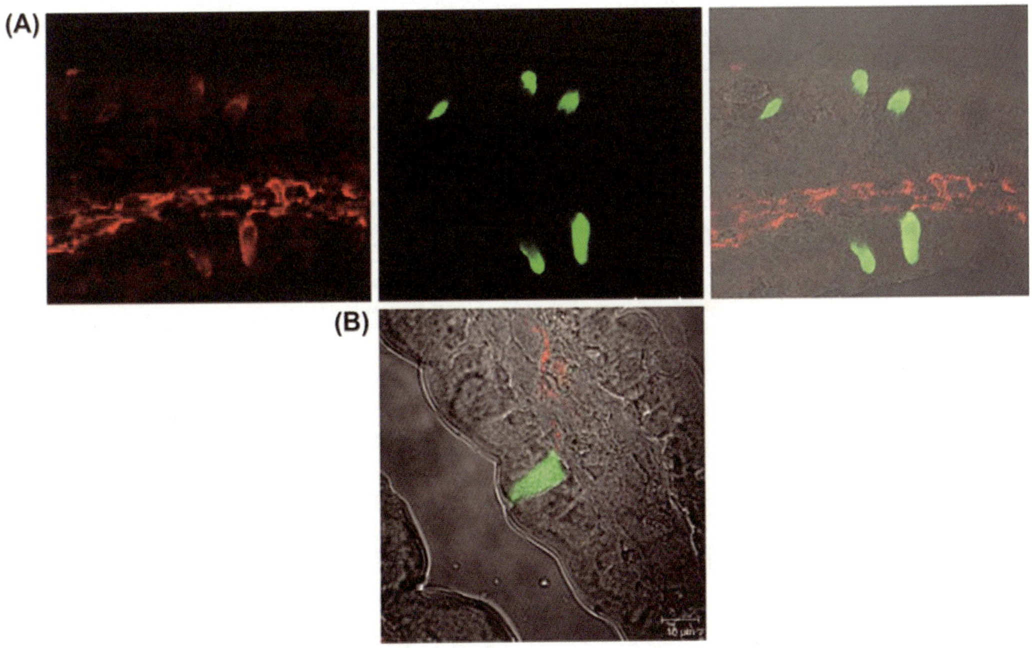

图 20-2　（A）一个 *Trpm5*-GFP 转基因小鼠十二指肠的切片，显示簇状细胞中 COX-1（红色）的表达（用 *Trpm5* 驱动的 GFP 标记为绿色）。（B）一个 *Trpm5*-GFP 转基因小鼠十二指肠的切片，显示神经纤维（用 PGP95 抗体染成红色）和表达 *Trpm5* 的簇状细胞（绿色）之间非常接近。这些数据表明簇状细胞可将营养物质感应与免疫和神经系统相联系。GFP，绿色荧光蛋白

延伸阅读

弥散性化学感官系统

由孤立细胞组成的弥散性化学感官系统（DCS）不仅存在于胃肠道内，而且还存在于气流通道和其他中空器官中。该系统最初是依据构成它的细胞的形状和超微结构从形态上进行界定的。随着味觉信号转导元素例如 Gα- 味导素、TRPM5 和味觉受体的发现，弥散性化学感官细胞变得更为明确并依据它们表达的感官分子进行界定。在气流通道中，嗅觉上皮、喉部、支气管和肺部都有孤立的化学感官细胞。尽管还缺乏功能性数据，但该系统在气流通道中可能的作用似乎是检测刺激物、调节分泌和控制微生物群体（也可参阅第 15 章）。在胃肠道系统内，DCS 由肠内分泌细胞和簇状细胞组成。簇状细胞亦被称为丛状细胞、刷状细胞或者海绵状细胞，存在于唾液腺管、胆囊、胆汁，以及胰腺排泄管中，其功能尚不明确。TRPM5、Gα-味导素和味觉受体通常表达在簇状细胞中。

助于控制食物摄入[32,33]。

迷走神经末梢不太可能直接感知营养物质，这是因为它们并没有抵达肠内官腔，甚至也不会支配管腔上皮壁[34]。由专一的上皮细胞检测到营养成分后所产生的信号信息通过激素的释放，以旁分泌方式传递至神经，或者在某些情况下，通过感官细胞和神经之间的直接接触传达给神经[25]。

感应糖类

数十年前，人们在狗的模型中发现，十二指肠注射葡萄糖后会导致血浆肠降血糖素［即 GLP-1 和（或）GIP］水平的升高，而在静脉注入葡萄糖后却没有观察到这种效果，这为肠内感应糖类提供了证据[35]。

甜味受体 TAS1R1:TAS1R3 有助于小肠对糖类的检测及响应。在小鼠、大鼠和仔猪中，摄入高浓度的糖类或者非热量甜味剂会导致葡萄糖转运蛋白 Na^+/ 葡萄糖协同转运蛋白 1（SGLT-1）和促进性葡萄糖转运蛋白 2（GLUT2）的上调，以及肠上皮对葡萄糖的吸收增加[21,36,37]（图 20-3）。这种上调依赖于 TAS1R3 和 $G\alpha_{gust}$，因为它在 *Tas1r3* 基因敲除小鼠和

$G\alpha_{gust}$（*Gnat3*）敲除小鼠中是不存在的[21]。值得注意的是，在没有 TAS1R3 或 $G\alpha_{gust}$ 的情况下，对高蔗糖水平所产生的上调响应完全被消除，表明这有可能是检测肠道中高浓度糖的主要机制。在小鼠中，摄入葡萄糖会导致 $G\alpha_{gust}$ 依赖性的血浆 GLP-1 的增加，而人类 L 细胞系 NCI-H716 在与三氯蔗糖发生响应时分泌出 GLP-1，这意味着肠内表达的甜味受体会感知到肠内管腔的蔗糖含量并作出响应分泌肠降血糖素[38]。不过，至少有三项研究未能证实这种机制在人体内存在。例如，在运动员运动和摄入麦芽糊精期间，预先服用三氯蔗糖对随后的外源性葡萄糖氧化（葡萄糖吸收的标志）没有任何影响[39]。此外，人体摄入葡萄糖会触发血浆肠降血糖素的升高，而非热量甜味剂却不会，这为甜味受体在调节肠降血糖素分泌中并不发挥作用提供了很好的论据[40,41]。然而，另一项在人体中的研究却发现，甜味受体拮抗物降甜剂会降低与胃内葡萄糖注射响应的 GLP-1 和 PYY 分泌的上调，这支持了有该受体参与的观点[42]。为了调和这些看似矛盾的数据，我们可以认为激活肠道 TAS1R2:TAS1R3 是必不可少的，但却不足以导致肠降血糖素的释放。

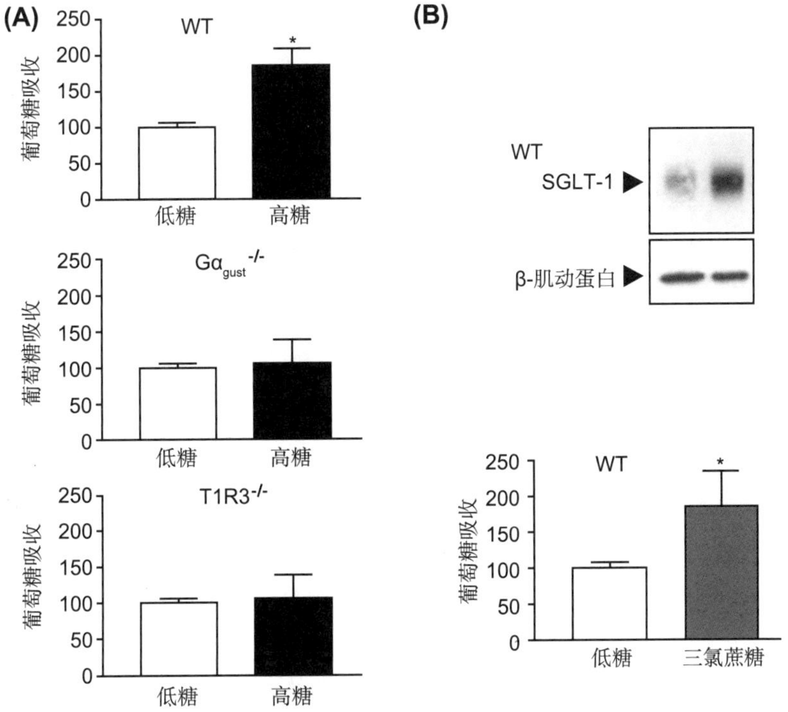

图 20-3　（A）提供低或高糖类饮食 2 周后，野生型（WT）小鼠对饮食中的糖类响应时葡萄糖摄入升高，但在 $G\alpha_{gust}$ 敲除（$G\alpha_{gust}^{-/-}$）或 *Tas1r3* 基因敲除（$T1R3^{-/-}$）小鼠中没有。（B）提供一个低糖类饮食或用三氯蔗糖补充的相同饮食时，野生型小鼠中肠道 Na^+/ 葡萄糖协同转运蛋白 1（SGLT-1）表达和葡萄糖摄入升高。改编自参考文献［21］

Na^+/ 葡萄糖协同转运蛋白 1（SGLT-1）对感应小肠管腔内的葡萄糖也有贡献。SGLT-1 最主要的功能是在肠内吸收穿过肠上皮细胞顶部膜的葡萄糖。SGLT-1 在肠内分泌 L 细胞中也有大量表达[28]。葡萄糖从肠道管腔转运至细胞内伴随着钠的共同转运。这就产生了一个跨越质膜的 Na^+ 梯度，并导致去极化、动作电位放电，以及电压门控 Ca^{2+} 通道开放，从而直接触发 GLP-1 从 L 细胞中释放[28,43]。人们相信类似的机制也会在肠内分泌 K 细胞中发生，并释放 GIP[44]。SGLT-1 敲除小鼠在口服葡萄糖后血浆 GLP-1 和 GIP 的缓慢升高，也证明 SGLT-1 对葡萄糖感应和肠降血糖素释放具有贡献[45,46]。

使用原代细胞和细胞系的实验表明，L 细胞也能够通过与胰腺中葡萄糖感应机制相类似的机制来感应葡萄糖，其中糖酵解、细胞内 ATP 浓度升高及 ATP 门控钾通道的关闭导致胰岛素分泌[28,47]。

GLUT2 有助于葡萄糖从肠内刷细胞向血液转运。在大鼠肠环中使用 GLUT2 抑制剂的实验结果表明，GLUT2 对调节各种营养物质引起的肠降血糖素分泌有作用[48]。然而，GLUT2 敲除小鼠对胃内给予的葡萄糖仍有正常的肠降血糖素反应，这表明 GLUT2 在调节肠降血糖素分泌方面并没有发挥重要的作用[46]。

感应脂肪

摄入脂质可增强肠内分泌激素的释放并抑制胃排空[49]。甘油三酯是油类和脂肪的主要成分，可被舌脂酶、胃脂酶和胰脂酶水解，最终释放出游离脂肪酸（FFA）和单酰基甘油。自 20 世纪 60 年代以来，人们就已经知道胃肠道化学传感器所检测到的主要脂质刺激物是 FFA 而不是甘油三酯，而且最有效的 FFA 是那些链长 12 或更长的脂肪酸[50]。近年来，FFA 以外的脂质也被证明有助于生物体对脂肪的响应。对 FFA 发生响应的 GPCR 有五种：GPR120 被长链 FFA 激活，GPR40 被长链和中等链长 FFA 激活，GPR84 被中等链长 FFA 激活，以及 GPR41 和 GPR43 被短链 FFA 激活。

GPR120 与 GLP-1 共表达在回肠和结肠的肠内分泌细胞中[19]。该受体被认为与体重的控制、GLP-1 分泌[19]，以及 ω-3 脂肪酸[51]的抗炎作用有关。另一项研究却未能证实 GPR120 可介导小鼠血浆中 GLP-1 的升高[52,53]。GPR120 在近端肠内 K 细胞中也有表达，而且有助于摄入油后的 GIP 分泌[54]。

GPR40 表达的主要部位是胰腺，但免疫组化研究已经表明，它在十二指肠的肠内分泌细胞中也有表达[55,56]。GPR40 与 CCK 在肠内 I 细胞中共存，并且 GPR40 敲除小鼠对油灌胃的 CCK 反应减弱[56]。在胃肠道中，GPR40 也存在于表达 GLP-1 和 GIP 的细胞中，而与急性脂肪饮食响应的血浆 GLP-1 和 GIP 水平的升高在 GPR40 敲除小鼠中却有所减弱[55]。GPR40 可被一种亚油酸的微生物代谢物 10- 羟基 - 顺式 -12- 十八碳烯酸所激活，从而在受到葡聚糖硫酸钠或肿瘤坏死因子挑战后保护肠内上皮屏障[57]。

GPR40 和 GPR120 都有助于脂肪诱导的风味营养物质学习。野生型小鼠会增加它们的摄入量，并学会喜欢在胃内灌注搭配大豆油乳液的加香溶液。这种效应在 *Gpr40/Gpr120* 基因双敲除小鼠中有明显减弱，在 *Gpr40* 基因敲除小鼠中减弱的程度有所减小[58]。

GPR41 和 GPR43 可被短链脂肪酸（SCFA）激活[59]。饮食中 SCFA 的含量并不高，它们是由结肠微生物群通过饮食纤维发酵过程产生的。GPR41 和 GPR43 在 L 细胞中有表达[60]。原代 L 细胞通过升高 Ca^{2+} 对 SCFA 作出响应[60]，而且 *Gpr43* 基因敲除小鼠对 SCFA 响应时并未出现血浆 GLP-1 升高[60]。*Gpr41* 基因敲除小鼠比野生型同窝幼仔更瘦而且 PYY 表达减少，这些影响是肠道微生物群依赖性的[61]。以上数据表明，GPR41 在感应 SCFA 中发挥生理作用。

CD36 是一种促进长链脂肪酸进入细胞发生氧化或储存的转运蛋白。它被表达在肠上皮细胞[62]的刷状缘膜中，可能有助于肠道脂质的吸收[63]，尽管这一作用尚未得到普遍认可。CD36 也在味蕾细胞中有表达，*Cd36* 基因敲除小鼠对脂肪酸和油类的偏好有所降低，表明 CD36 在舌头上具有传感功能[9,64,65]。该转运蛋白在胃肠道营养物质感应的作用到目前为止还没有得到证实。一项研究考察了 CD36 在小鼠口后脂肪调节中的作用，但没有任何发现[65]。另一项研究利用 GLUTag 细胞和 *Cd36* 基因敲除小鼠考察了脂肪酸转运蛋白在胃肠道营养物质感应中所扮演的角色，发现脂肪酸转运蛋白 4（SLC27A4）而非 CD36 在油酸诱导肠内分泌 L 细胞分泌 GLP-1[66]中起作用。

GPR119 是一种在 L 和 K 细胞中表达的 GPCR[44,67]，它很容易被在肠内黏膜中合成的油酸衍生的脂质 OEA 所激活。肠管腔内注射 OEA 通过 GPR119 刺激小鼠 GLP-1 的释放[68]。尽管 OEA 在控制食物摄入中发挥一定的作用[68,69]，但这种厌食效应似乎与 GPR119 激活无关，因为其在 GPR119 敲除小鼠中仍然存在[70]；它更有可能是通过激活过氧化物酶体增殖物激活受体 α 引起的[71]。GPR119 还能被 2- 油酰甘油（饮食中甘油三酯在胃肠道管腔内被胰脂酶消化得到的产物[72]），以及其他一些内源性脂质（参阅文献［73］）所激活。GPR119 的激活则可以介导 GLP-1 和 GIP 释放[68,72]。

甘油三酯或甘油二酯在被消化前是否能够以原形被感应，目前仍未证实。

感应蛋白质和氨基酸

蛋白质在胃肠道内被消化为寡聚肽、三肽和二肽及单个氨基酸的复杂混合物。蛋白质的消化产物蛋白胨能刺激肠道释放 GLP-1，完整的蛋白质却不具备该功能[74]。这表明信号转导分子是蛋白质消化后的产物，正如糖和脂肪感应中的情况一样。已发现有几种受体与蛋白质消化产物的检测有关。

在包括人类在内的多个物种的胃部胃窦区 G 和 D 细胞中都表达有 GPR92[75]，它能够被蛋白质水解产物所激活[76,77]。人们已经证明，在培养的 STC-1 细胞中，CCK 分泌是蛋白质降解产物激活 GPR92 的结果[76]。

除了 GPR92，基于电化学梯度传输和生成的传感器也有助于检测寡聚肽。采用特定的抑制剂和纯化的 L 细胞，Diakogiannaki 及其同事证明了肽转运蛋白 1（PEPT1）介导 GLP-1 的分泌，以应对蛋白胨和二 / 三肽的刺激[78]。人们通过其他方式研究了类似的作用，但并未证明 PEPT1 介导 CCK 的分泌[79]。PEPT1 还会介导蛋白质消化物对大鼠十二指肠中迷走传入神经的激活[80]。

鲜味受体 TAS1R1:TAS1R3、Ca^{2+} 感应受体 CASR 及 GPRC6A 都能够被氨基酸激活。鲜味味觉受体 TAS1R1 和 TAS1R3 的亚基在胃肠道中表达[15]。在人体中，TAS1R1:TAS1R3 能被 L- 谷氨酸和 L- 天冬氨酸所激活，而在啮齿动物中，其对 L- 氨基酸有广泛的调节但对色氨酸没有反应。体外培养的小鼠小肠在与多种氨基酸响应时会分泌出 CCK，该响应能够被 IMP 增强，被 TAS1R3 拮抗剂武靴藤多肽削弱，表明 TAS1R1:TAS1R3 有贡献作用[81]。CCK 具有非常多的生理作用，包括抑制食物的摄入。

TAS1R1:TAS1R3 异二聚体还会介导结肠管腔中氨基酸引起的结肠收缩。在大鼠和小鼠体外实验中，MSG 引发结肠的向上收缩和向下松弛，这种作用能被 IMP 增强，而在 *Tas1r1* 基因敲除小鼠中则不存在。在豚鼠中人工粪便颗粒的推进速度可通过向管腔注入味精和 L- 半胱氨酸得到提高，但 L- 色氨酸却不能。MSG 的效应可被 IMP 增强，这也暗示了 TAS1R1:TAS1R3 异二聚体在管腔氨基酸引发的蠕动中发挥了一定的作用[82]。

除了作为钙传感器的角色，CASR 还会被芳香族氨基酸激活[83]。CASR 与 CCK 在小鼠的肠道中共同表达，纯化过的表达 CCK 和 CASR 的肠道细胞通过提升细胞内 Ca^{2+} 和分泌 CCK 对苯丙氨酸和色氨酸进行响应。这种效应可通过抑制 CASR 被消除，并且不被非芳香性氨基酸引发[84]。在离体的大鼠小肠环路中，L- 氨基酸如苯丙氨酸、天冬酰胺、谷氨酰胺、色氨酸和精氨酸都能刺激 GIP、GLP-1 和 PYY 的分泌，这种作用可通过 CASR 抑

制剂和清除细胞外 Ca^{2+} 被消除。这类肽的分泌可被 CASR 激动剂 NPS-R568 增强[48]。

GPRC6A 优先与碱性氨基酸发生响应[85,86]，并且也在胃部的 G 和 D 细胞中有表达[75]，表明它对氨基酸感应有帮助。不过，这一点尚未被证实。

其他谷氨酸反应受体还包括 MGLUR。MGLUR1 在胃部的主要细胞及可能的壁细胞中有表达[87]，表明其在调节胃内蛋白质消化过程中起一定的作用。MGLUR4 也在胃和十二指肠的黏膜中有表达[88]。通过使用特定的激动剂和拮抗剂，Akiba 等[88]发现大鼠 MGLUR4 的激活会增加十二指肠管腔内的 pH 和黏液凝胶厚度。

微生物群的作用

显然，并非所有有关肠内营养物质感应的知识都已了解清楚，其他机制和受体还有待发现。在这一点上，我们可以推测，肠道微生物群所发挥的重要作用将会被发现。肠道微生物群的基因多样性远大于人类基因组，它们可能藏有营养物质传感器和信号转导分子。现有研究已经表明肠道微生物群对营养物质的生理反应有贡献作用，不过到目前为止所描述的机制都与新陈代谢有关，而不是感官。一个很好的例子是结肠微生物群通过纤维发酵及未消化多糖的发酵来产生短链脂肪酸，其通过激活 GPR41 发出信号[61]。

结束语

近年来，人们在鉴定与营养物质响应从而调节肠道功能的胃肠道受体方面取得了很大进展。大量证据表明味觉受体与这些作用有关，尽管其他的受体和机制也有贡献。同样显而易见的是，鉴于胃肠道化学传感的重要性，一定有其他的机制。这一点可以从以下观察中得到很好的说明，例如，敲除任何一种涉及胃肠道营养物质感应的受体或转运蛋白都不会影响小鼠的正常生活，但缺乏肠内分泌细胞的小鼠则出现早逝。此外，缺乏甜味受体亚基功能基因的物种，例如猫或企鹅，肠道内必定存在糖类感应的其他机制[89,90]。

对于上述三类宏观营养素来说，现存的所有证据表明，胃肠道营养物质传感器检测到的分子并不是完整的宏观营养素自身而是它们的消化产物，并且 GPCR 和转运蛋白在该过程中发挥了一定的作用。对糖类而言，还存在其他基于糖酵解过程中产生的细胞质 ATP 浓度的传感器。

在多数情况下，对不同营养物质的感应所表现出的分子结果来源于同一类过程。对于

GLP-1 的分泌尤其如此，它是在氨基酸、脂肪酸或葡萄糖对其同源受体的刺激下发生的。这有点出乎意料，因为 GLP-1 分泌的增加以及由此导致的胰岛素释放增加仅在应对高负荷葡萄糖时才需要。身体如何对每一种营养物质做出特定的响应是一个悬而未决的问题。例如，很有可能在蛋白质消化过程中，上述受体根据肠道管腔内的氨基酸含量对胃蛋白酶原、盐酸和胰腺蛋白酶的分泌进行微调。这些发送给胃部和胰腺以完成上述任务的特定消息的性质尚不清楚。

人们不仅已经掌握了许多有关营养物质传感器激活的分子结果，而且在某些情况下这种激活的生理后果也已确定。甜味受体感应到管腔内高浓度葡萄糖后引起的肠内黏膜葡萄糖摄入上调就属于这种情况。

现在，有许多解决难题的办法都已经准备就绪，这为破解许多精妙的机制铺平了道路，通过这样的机制，我们的身体设法对摄取的各种营养物质作出特定的生理响应，并使这些响应适应身体的营养状况以及它在当下的生理需求。

参考文献

[1] Nelson G, Hoon MA, Chandrashekar J, Zhang Y, Ryba NJ, Zuker CS. Mammalian sweet taste receptors. *Cell*. 2001;106(3):381-390.

[2] Li X, Staszewski L, Xu H, Durick K, Zoller M, Adler E. Human receptors for sweet and umami taste. *Proc Natl Acad Sci USA*. 2002;99(7):4692-4696.

[3] Nelson G, Chandrashekar J, Hoon MA, et al. An amino-acid taste receptor. *Nature*. 2002;416(6877):199-202.

[4] Chaudhari N, Landin AM, Roper SD. A metabotropic glutamate receptor variant functions as a taste receptor. *Nat Neurosci*. 2000;3(2):113-119.

[5] San GA, Uneyama H, Yoshie S, Torii K. Cloning and characterization of a novel mGluR1 variant from vallate papillae that functions as a receptor for L-glutamate stimuli. *Chem Senses*. 2005;30(suppl 1):i25-i26.

[6] Yasumatsu K, Manabe T, Yoshida R, et al. Involvement of multiple taste receptors in umami taste: analysis of gustatory nerve responses in mGluR4 knock-out mice. *J Physiol*. 2014;593:1021-1034.

[7] Yamaguchi S. The synergistic taste effect of monosodium glutamate and disodium 50-inosinate. *J Food Sci*. 1967;32:473-478.

[8] Cartoni C, Yasumatsu K, Ohkuri T, et al. Taste preference for fatty acids is mediated by GPR40 and GPR120. *J Neurosci*. 2010;30(25):8376-8382.

[9] Laugerette F, Passilly-Degrace P, Patris B, et al. CD36 involvement in orosensory detection of dietary lipids, spontaneous fat preference, and digestive secretions. *J Clin Invest*. 2005;115(11):3177-3184.

[10] Godinot N, Yasumatsu K, Barcos ME, et al. Activation of tongue-expressed GPR40 and GPR120 by non caloric agonists is not sufficient to drive preference in mice. *Neuroscience*. 2013;250:20-30.

[11] Finger TE, Danilova V, Barrows J, et al. ATP signaling is crucial for communication from taste buds to gustatory nerves. *Science*. 2005;310(5753):1495-1499.

[12] Huang YJ, Maruyama Y, Dvoryanchikov G, Pereira E, Chaudhari N, Roper SD. The role of pannexin 1

hemichannels in ATP release and cell-cell communication in mouse taste buds. *Proc Natl Acad Sci USA*. 2007;104(15):6436-6441.

[13] Simon SA, de Araujo IE, Gutierrez R, Nicolelis MA. The neural mechanisms of gustation: a distributed processing code. *Nat Rev Neurosci*. 2006;7(11):890-901.

[14] Taruno A, Vingtdeux V, Ohmoto M, et al. CALHM1 ion channel mediates purinergic neurotransmission of sweet, bitter and umami tastes. *Nature*. 2013;495(7440):223-226.

[15] Bezencon C, le Coutre J, Damak S. Taste-signaling proteins are coexpressed in solitary intestinal epithelial cells. *Chem Senses*. 2007;32(1):41-49.

[16] Dyer J, Salmon KS, Zibrik L, Shirazi-Beechey SP. Expression of sweet taste receptors of the T1R family in the intestinal tract and enteroendocrine cells. *Biochem Soc Trans*. 2005;33(Pt 1):302-305.

[17] Briscoe CP, Tadayyon M, Andrews JL, et al. The orphan G protein-coupled receptor GPR40 is activated by medium and long chain fatty acids. *J Biol Chem*. 2003;278(13):11303-11311.

[18] Itoh Y, Kawamata Y, Harada M, et al. Free fatty acids regulate insulin secretion from pancreatic beta cells through GPR40. *Nature*. 2003;422(6928):173-176.

[19] Hirasawa A, Tsumaya K, Awaji T, et al. Free fatty acids regulate gut incretin glucagon-like peptide-1 secretion through GPR120. *Nat Med*. 2005;11(1):90-94.

[20] Bezencon C, Furholz A, Raymond F, et al. Murine intestinal cells expressing Trpm5 are mostly brush cells and express markers of neuronal and inflammatory cells. *J Comp Neurol*. 2008;509(5):514-525.

[21] Margolskee RF, Dyer J, Kokrashvili Z, et al. T1R3 and gustducin in gut sense sugars to regulate expression of Na^+-glucose cotransporter 1. *Proc Natl Acad Sci USA*. 2007;104(38):15075-15080.

[22] Mellitzer G, Beucher A, Lobstein V, et al. Loss of enteroendocrine cells in mice alters lipid absorption and glucose homeostasis and impairs postnatal survival. *J Clin Invest*. 2010;120(5):1708-1721.

[23] Bohorquez DV, Chandra R, Samsa LA, Vigna SR, Liddle RA. Characterization of basal pseudopod-like processes in ileal and colonic PYY cells. *J Mol Histol*. 2011;42(1):3-13.

[24] Bohorquez DV, Samsa LA, Roholt A, Medicetty S, Chandra R, Liddle RA. An enteroendocrine cell-enteric glia connection revealed by 3D electron microscopy. *PLoS One*. 2014;9(2):e89881.

[25] Bohorquez DV, Shahid RA, Erdmann A, et al. Neuroepithelial circuit formed by innervation of sensory enteroendocrine cells. *J Clin Invest*. 2015;125:782-786.

[26] Egerod KL, Engelstoft MS, Grunddal KV, et al. A major lineage of enteroendocrine cells coexpress CCK, secretin, GIP, GLP-1, PYY, and neurotensin but not somatostatin. *Endocrinology*. 2012;153(12):5782-5795.

[27] Habib AM, Richards P, Cairns LS, et al. Overlap of endocrine hormone expression in the mouse intestine revealed by transcriptional profiling and flow cytometry. *Endocrinology*. 2012;153(7):3054-3065.

[28] Reimann F, Habib AM, Tolhurst G, Parker HE, Rogers GJ, Gribble FM. Glucose sensing in L cells: a primary cell study. *Cell Metab*. 2008;8(6):532-539.

[29] Sbarbati A, Bramanti P, Benati D, Merigo F. The diffuse chemosensory system: exploring the iceberg toward the definition of functional roles. *Prog Neurobiol*. 2010;91(1):77-89.

[30] Newson B, Ahlman H, Dahlstrom A, Nyhus LM. Ultrastructural observations in the rat ileal mucosa of possible epithelial "taste cells" and submucosal sensory neurons. *Acta Physiol Scand*. 1982;114(2):161-164.

[31] Hofer D, Puschel B, Drenckhahn D. Taste receptor-like cells in the rat gut identified by expression of alpha-gustducin. *Proc Natl Acad Sci USA*. 1996;93(13):6631-6634.

[32] Fu J, Astarita G, Gaetani S, et al. Food intake regulates oleoylethanolamide formation and degradation in the proximal small intestine. *J Biol Chem*. 2007;282(2):1518-1528.

[33] Rodriguez de FF, Navarro M, Gomez R, et al. An anorexic lipid mediator regulated by feeding. *Nature*. 2001;414(6860):209-212.

[34] Powley TL, Spaulding RA, Haglof SA. Vagal afferent innervation of the proximal gastrointestinal tract mucosa: chemoreceptor and mechanoreceptor architecture. *J Comp Neurol*. 2011;519(4):644-660.

[35] Unger RH, Ohneda A, Valverde I, Eisentraut AM, Exton J. Characterization of the responses of circulating glucagon-like immunoreactivity to intraduodenal and intravenous administration of glucose. *J Clin Invest*. 1968;47(1):48-65.

[36] Mace OJ, Affleck J, Patel N, Kellett GL. Sweet taste receptors in rat small intestine stimulate glucose absorption through apical GLUT2. *J Physiol*. 2007;582(Pt 1):379-392.

[37] Moran AW, Al-Rammahi MA, Arora DK, et al. Expression of Na^+/glucose co-transporter 1 (SGLT1) is enhanced by supplementation of the diet of weaning piglets with artificial sweeteners. *Br J Nutr*. 2010;104(5):637-646.

[38] Jang HJ, Kokrashvili Z, Theodorakis MJ, et al. Gut-expressed gustducin and taste receptors regulate secretion of glucagon-like peptide-1. *Proc Natl Acad Sci USA*. 2007;104(38):15069-15074.

[39] Stellingwerff T, Godin JP, Beaumont M, et al. Effects of pre-exercise sucralose ingestion on carbohydrate oxidation during exercise. *Int J Sport Nutr Exerc Metab*. 2013;23(6):584-592.

[40] Fujita Y, Wideman RD, Speck M, et al. Incretin release from gut is acutely enhanced by sugar but not by sweeteners in vivo. *Am J Physiol Endocrinol Metab*. 2009;296(3):E473-E479.

[41] Ma J, Bellon M, Wishart JM, et al. Effect of the artificial sweetener, sucralose, on gastric emptying and incretin hormone release in healthy subjects. *Am J Physiol Gastrointest Liver Physiol*. 2009;296(4):G735-G739.

[42] Steinert RE, Gerspach AC, Gutmann H, Asarian L, Drewe J, Beglinger C. The functional involvement of gut-expressed sweet taste receptors in glucose-stimulated secretion of glucagon-like peptide-1 (GLP-1) and peptide YY (PYY). *Clin Nutr*. 2011;30(4):524-532.

[43] Gribble FM, Williams L, Simpson AK, Reimann F. A novel glucose-sensing mechanism contributing to glucagon-like peptide-1 secretion from the GLUTag cell line. *Diabetes*. 2003;52(5):1147-1154.

[44] Parker HE, Habib AM, Rogers GJ, Gribble FM, Reimann F. Nutrient-dependent secretion of glucose-dependent insulinotropic polypeptide from primary murine K cells. *Diabetologia*. 2009;52(2):289-298.

[45] Parker HE, Adriaenssens A, Rogers G, et al. Predominant role of active versus facilitative glucose transport for glucagon-like peptide-1 secretion. *Diabetologia*. 2012;55(9):2445-2455.

[46] Roder PV, Geillinger KE, Zietek TS, Thorens B, Koepsell H, Daniel H. The role of SGLT1 and GLUT2 in intestinal glucose transport and sensing. *PLoS One*. 2014;9(2):e89977.

[47] Reimann F, Gribble FM. Glucose-sensing in glucagon-like peptide-1-secreting cells. *Diabetes*. 2002;51(9): 2757-2763.

[48] Mace OJ, Schindler M, Patel S. The regulation of K- and L-cell activity by GLUT2 and the calcium-sensing receptor CasR in rat small intestine. *J Physiol*. 2012;590(Pt 12):2917-2936.

[49] Little TJ, Feinle-Bisset C. Effects of dietary fat on appetite and energy intake in health and obesityeoral and gastrointestinal sensory contributions. *Physiol Behav*. 2011;104(4):613-620.

[50] Hunt JN, Knox MT. A relation between the chain length of fatty acids and the slowing of gastric emptying. *J Physiol*. 1968;194(2):327-336.

[51] Oh DY, Talukdar S, Bae EJ, et al. GPR120 is an omega-3 fatty acid receptor mediating potent anti-inflammatory and insulin-sensitizing effects. *Cell*. 2010;142(5):687-698.

[52] Oh DY, Walenta E, Akiyama TE, et al. A Gpr120-selective agonist improves insulin resistance and chronic inflammation in obese mice. *Nat Med*. 2014;20(8):942-947.

[53] Xiong Y, Swaminath G, Cao Q, et al. Activation of FFA1 mediates GLP-1 secretion in mice. Evidence for allosterism at FFA1. *Mol Cell Endocrinol*. 2013;369(1e2):119-129.

[54] Iwasaki K, Harada N, Sasaki K, et al. Free fatty acid receptor GPR120 is highly expressed in enteroendocrine K-cells of the upper small intestine and has a critical role in GIP secretion after fat ingestion. *Endocrinology*. 2014;156. http://dx.doi.org/10.1210/en2014-1653.

[55] Edfalk S, Steneberg P, Edlund H. Gpr40 is expressed in enteroendocrine cells and mediates free fatty acid stimulation of incretin secretion. *Diabetes*. 2008;57(9):2280-2287.

[56] Liou AP, Lu X, Sei Y, et al. The G-protein-coupled receptor GPR40 directly mediates long-chain fatty acid-induced secretion of cholecystokinin. *Gastroenterology*. 2011;140(3):903-912.

[57] Miyamoto J, Mizukure T, Park SB, et al. A gut microbial metabolite of linoleic acid, 10-hydroxy-cis-12-octadecenoic acid, ameliorates intestinal epithelial barrier impairment partially via GPR40/MEK-ERK pathway. *J Biol Chem*. 2015;290:2902-2918.

[58] Sclafani A, Zukerman S, Ackroff K. GPR40 and GPR120 fatty acid sensors are critical for postoral but not oral mediation of fat preferences in the mouse. *Am J Physiol Regul Integr Comp Physiol*. 2013;305(12):R1490-R1497.

[59] Le PE, Loison C, Struyf S, et al. Functional characterization of human receptors for short chain fatty acids and their role in polymorphonuclear cell activation. *J Biol Chem*. 2003;278(28):25481-25489.

[60] Tolhurst G, Heffron H, Lam YS, et al. Short-chain fatty acids stimulate glucagon-like peptide-1 secretion via the G-protein-coupled receptor FFAR2. *Diabetes*. 2012;61(2):364-371.

[61] Samuel BS, ShaitoA,Motoike T, et al. Effects of the gutmicrobiota on host adiposity aremodulated by the short-chain fatty-acid binding G protein-coupled receptor, Gpr41. *Proc Natl Acad Sci USA*. 2008;105(43):16767-16772.

[62] Lobo MV, Huerta L, Ruiz-Velasco N, et al. Localization of the lipid receptors CD36 and CLA-1/SR-BI in the human gastrointestinal tract: towards the identification of receptors mediating the intestinal absorption of dietary lipids. *J Histochem Cytochem*. 2001;49(10):1253-1260.

[63] Chen M, Yang Y, Braunstein E, Georgeson KE, Harmon CM. Gut expression and regulation of FAT/CD36: possible role in fatty acid transport in rat enterocytes. *Am J Physiol Endocrinol Metab*. 2001;281(5):E916-E923.

[64] Fukuwatari T, Kawada T, Tsuruta M, et al. Expression of the putative membrane fatty acid transporter (FAT) in taste buds of the circumvallate papillae in rats. *FEBS Lett*. 1997;414(2):461-464.

[65] Sclafani A, Ackroff K, Abumrad NA. CD36 gene deletion reduces fat preference and intake but not post-oral fat conditioning in mice. *Am J Physiol Regul Integr Comp Physiol*. 2007;293(5):R1823-R1832.

[66] Poreba MA, Dong CX, Li SK, Stahl A, Miner JH, Brubaker PL. Role of fatty acid transport protein 4 in oleic acid-induced glucagon-like peptide-1 secretion from murine intestinal L cells. *Am J Physiol Endocrinol Metab*. 2012;303(7):E899-E907.

[67] Chu ZL, Carroll C, Alfonso J, et al. A role for intestinal endocrine cell-expressed G protein-coupled receptor 119 in glycemic control by enhancing glucagon-like peptide-1 and glucose-dependent insulinotropic peptide release. *Endocrinology*. 2008;149(5):2038-2047.

[68] Lauffer LM, Iakoubov R, Brubaker PL. GPR119 is essential for oleoylethanolamide-induced glucagon-like peptide-1 secretion from the intestinal enteroendocrine L-cell. *Diabetes*. 2009;58(5):1058-1066.

[69] Overton HA, Babbs AJ, Doel SM, et al. Deorphanization of a G protein-coupled receptor for oleoylethanolamide and its use in the discovery of small-molecule hypophagic agents. *Cell Metab*. 2006;3(3):167-175.

[70] Lan H, Vassileva G, Corona A, et al. GPR119 is required for physiological regulation of glucagon-like peptide-1 secretion but not for metabolic homeostasis. *J Endocrinol*. 2009;201(2):219-230.

[71] Fu J, Gaetani S, Oveisi F, et al. Oleylethanolamide regulates feeding and body weight through activation of the nuclear receptor PPAR-alpha. *Nature*. 2003;425(6953):90-93.

[72] Hansen KB, Rosenkilde MM, Knop FK, et al. 2-Oleoyl glycerol is a GPR119 agonist and signals GLP-1 release in humans. *J Clin Endocrinol Metab*. 2011;96(9):E1409-E1417.

[73] Hansen HS, Rosenkilde MM, Holst JJ, Schwartz TW. GPR119 as a fat sensor. *Trends Pharmacol Sci*. 2012;33(7):374-381.

[74] Cordier-Bussat M, Bernard C, Levenez F, et al. Peptones stimulate both the secretion of the incretin hormone glucagon-like peptide 1 and the transcription of the proglucagon gene. *Diabetes*. 1998;47(7):1038-1045.

[75] Haid DC, Jordan-Biegger C, Widmayer P, Breer H. Receptors responsive to protein breakdown products in g-cells and d-cells of mouse, swine and human. *Front Physiol*. 2012;3:65.

[76] Choi S, Lee M, Shiu AL, Yo SJ, Hallden G, Aponte GW. GPR93 activation by protein hydrolysate induces CCK transcription and secretion in STC-1 cells. *Am J Physiol Gastrointest Liver Physiol*. 2007;292(5):G1366-G1375.

[77] Choi S, Lee M, Shiu AL, Yo SJ, Aponte GW. Identification of a protein hydrolysate responsive G protein-coupled receptor in enterocytes. *Am J Physiol Gastrointest Liver Physiol*. 2007;292(1):G98-G112.

[78] Diakogiannaki E, Pais R, Tolhurst G, et al. Oligopeptides stimulate glucagon-like peptide-1 secretion in mice through proton-coupled uptake and the calcium-sensing receptor. *Diabetologia*. 2013;56(12):2688-2696.

[79] Liou AP, Chavez DI, Espero E, Hao S, Wank SA, Raybould HE. Protein hydrolysate-induced cholecystokinin secretion from enteroendocrine cells is indirectly mediated by the intestinal oligopeptide transporter PepT1. *Am J Physiol Gastrointest Liver Physiol*. 2011;300(5):G895-G902.

[80] Darcel NP, Liou AP, Tome D, Raybould HE. Activation of vagal afferents in the rat duodenum by protein digests requires PepT1. *J Nutr*. 2005;135(6):1491-1495.

[81] Daly K, Al-Rammahi M, Moran A, Marcello M, Ninomiya Y, Shirazi-Beechey SP. Sensing of amino acids by the gut-expressed taste receptor T1R1-T1R3 stimulates CCK secretion. *Am J Physiol Gastrointest Liver Physiol*. 2013;304(3):G271-G282.

[82] Kendig DM, Hurst NR, Bradley ZL, et al. Activation of the umami taste receptor (T1R1/T1R3) initiates the peristaltic reflex and pellet propulsion in the distal colon. *Am J Physiol Gastrointest Liver Physiol*. 2014; 307(11):G1100-G1107.

[83] Conigrave AD, Quinn SJ, Brown EM. L-Amino acid sensing by the extracellular Ca^{2+}-sensing receptor. *Proc Natl Acad Sci USA*. 2000;97(9):4814-4819.

[84] Wang Y, Chandra R, Samsa LA, et al. Amino acids stimulate cholecystokinin release through the Ca^{2+}-sensing receptor. *Am J Physiol Gastrointest Liver Physiol*. 2011;300(4):G528-G537.

[85] Christiansen B, Hansen KB, Wellendorph P, Brauner-Osborne H. Pharmacological characterization of mouse GPRC6A, an L-alpha-amino-acid receptor modulated by divalent cations. *Br J Pharmacol*. 2007;150(6):798-807.

[86] Wellendorph P, Burhenne N, Christiansen B, Walter B, Schmale H, Brauner-Osborne H. The rat GPRC6A: cloning and characterization. *Gene*. 2007;396(2):257-267.

[87] SanGabriel AM, Maekawa T, Uneyama H, Yoshie S, Torii K. mGluR1 in the fundic glands of rat stomach. *FEBS Lett*. 2007;581(6):1119-1123.

[88] Akiba Y, Watanabe C, Mizumori M, Kaunitz JD. Luminal L-glutamate enhances duodenal mucosal defense mechanisms via multiple glutamate receptors in rats. *Am J Physiol Gastrointest Liver Physiol*. 2009; 297(4):G781-G791.

[89] Li X, Li W, Wang H, et al. Pseudogenization of a sweet-receptor gene accounts for cats' indifference toward sugar. *PLoS Genet*. 2005;1(1):27-35.

[90] Zhao H, Li J, Zhang J. Molecular evidence for the loss of three basic tastes in penguins. *Curr Biol*. 2015; 25(4):R141-R142.

CHAPTER 21

第 21 章 化学物理觉的分子药理学

杰伊·P. 斯莱克
奇华顿科技研发部，美国俄亥俄州辛辛那提

概　要

引　言

在最为基础的层面上，食物可以被认为是化学物质和大分子的集合[1]。在提供营养物质和能量之前，食物会触发许多感官系统。视觉、触觉、嗅觉和味觉有助于人类、动物和昆虫决定食物选择。在进食过程中，味道（味觉）、气味（嗅觉），以及触感 / 质地 / 温度（躯体感觉）都会在饮食体验中发挥直接作用[2]。在某些情况下，这些系统的一个或多个会因潜在的健康危害而提醒动物停止甚至避免食用某些事物[3]。人们使用“香味”（flavor）一词来描述食物的感官属性，并认为这种香味轮廓在很大程度上取决于味道和香气[4,5]。

然而，品尝食物时获得的整体感官体验实际上是味觉信号、嗅觉信号和躯体感觉信号的整合，它们通常在有意识和无意识的消费过程中产生[4]。因此，尽管我们认为香味感知主要来自味觉和嗅觉，但现在很清楚，躯体感官系统在进食期间也在同时检测触觉、温觉、疼痛和（或）运动感觉刺激[5]。此外，来自食物成分的小分子也在激活那些转导疼痛和温度的躯体感觉受体，这进一步促进了整体饮食体验[6]。化学刺激物经由躯体感觉系统产生的感觉被称为化学物理觉（chemesthesis）[7]。本章将讨论食用过程中口腔内化学物理觉信号转导的潜在分子机制。

化学物理觉

化学物理觉是由化学刺激直接激活体感神经而产生的[7,8]。当外源性化学激动剂激活传递温度、疼痛、触觉或质地等其他感觉的受体时就会产生化学物理觉[9]。在解剖学上，这些感觉会在支配皮肤、黏膜、眼睛，以及口腔和鼻腔的体感神经被激活时产生，引起清凉、灼烧、刺痛或麻刺等感觉[8]。George H. Parker 于 1912 年首次对与化学物理觉有关的行为学和生理学进行了报道，并称之为一种共同化学觉（chemicalsense）[10]。Parker 对理解为什么青蛙的皮肤对酸和盐有反应十分感兴趣，他认为这些反应与对相同刺激的味觉反应极其相似。他推断这两种感官系统是相关的，并通过检查口腔、鼻腔和皮肤对酸、碱、盐和甜味剂等化学刺激物的敏感性对此进行了研究。Parker 通过采用不同化学物质刺激鱼的不同部位，并记录其浓度依赖性行为响应来探索这个问题。利用神经横切技术，他确定了对各种化学刺激的局部响应需要哪些感官神经。根据研究结果，Parker 提出动物拥有 3 种截然不同的化学感官受体：嗅觉受体、味觉受体和共同化学觉受体[10]。他还观察到嗅觉响应所需的浓度通常远低于味觉或共同化学觉响应[10]。最后，他指出这些共同化学觉受体更容易频繁受到厌恶性刺激物的刺激[10]。

Parker 在 1912 年的观察为体感系统使用不同于味觉和嗅觉系统的神经通路来检测和应对化合物提供了第一个证据。历经 1 个世纪不间断的神经科学研究之后，我们现在明白了哪些神经和受体负责传递这些感觉，以及隐藏在食物中的许多引起这些感觉的化学物质。化学物理觉涉及对有害化学物质的体感反应，口腔中化学物理觉刺激物的觉察主要通过以下 3 种体感神经：三叉神经、舌咽神经和迷走神经[11]。三叉神经对施加在前舌、上腭、扁桃体，以及舌咽黏膜上的化学刺激物非常重要[11]。三叉神经对鼻腔内的化学物理觉响应也很重要[11]。舌咽神经和迷走神经则是口腔后部的刺激物产生化学物理觉响应的次要位点[11]。

常见的化学物理觉刺激物包括辣椒、酒精、薄荷、芥末油，以及各种酸和碳酸水溶液（二氧化碳）。这些刺激物通常与口腔中的辛辣、清新、麻刺、尖刺和清爽感等有关，其中许多也与疼痛感受（痛觉）有关[7]。薄荷中最主要的化学物理觉刺激物薄荷脑可以刺激舌部神经的温觉受体，这种相互作用为薄荷脑引发口腔清凉感提供了一个早期的解释[12]。Zotterman 等在研究中观察到，薄荷脑使舌部神经对较小的温度变化变得敏感，在低于体温（25℃）的温度下增强神经活动，而在温度高于 40℃时降低神经反应[12]。相反地，辣椒中最主要的化学物理觉刺激物辣椒素会在口腔和其他组织中发挥作用，从而激活对有害高温敏感的多通道痛觉神经纤维[13]。此外，20 世纪 60 年代针对啮齿动物的研究表明，反复的辣椒素全身性暴露能够消除随后外周神经对辣椒素，以及其他非辣椒素类刺激物如芥子油和二甲苯的响应[14]。这些早期的研究共同为辣椒素、薄荷脑和其他化学刺激物与同一疼痛传递神经路径相互作用提供了重要证据，而这些神经路径还传递温度的变化。本章剩下的章节将介绍那些被不同种类化学刺激物所激活的主要受体，以及它们在温度感应或其他与化学物理觉有关的生理过程中的作用。

瞬时受体电位通道亚族 V 成员 1

正如前面概述的，辣椒素是一种痛觉神经元的强效化学激活剂，并且这一特征实际上导致了神经元受体 TRPV1（瞬时受体电位通道亚族 V 成员 1）的发现。TRPV1 首次被确定为辣椒素作用位点是基于一种功能性筛查策略，该策略旨在发现能使非神经元细胞与辣椒素响应的互补 DNA 克隆[15]。利用这种独特的方法，Julius 等鉴定出一个来自背根神经节（DRG）神经元的单一互补 DNA，它使转染肾细胞对辣椒素具有强烈响应[15]。这种受体最初被称为 VR1，即类香草素受体亚型 1，但现在其标准名称为 TRPV1[16]。体外表达 TRPV1 的非洲爪蟾卵母细胞或 HEK293 细胞，暴露于辣椒素或高效力的辣椒素类似物树脂毒素之后会产生强大的钙电流[15]。重要的是，这两种物质在体外的效力与用分离的痛感神经元获得的效力相似[15]。此外，卵母细胞中 TRPV1 的响应可被特定浓度的辣椒平或钌红抑制，而人们已经知道它们在该浓度下能够阻断痛觉神经元对辣椒素的响应[15]。最后，TRPV1 可与含辣椒素的辣椒提取物发生响应，并且这些提取物对 TRPV1 的激活与由人类味觉评价得到的辛辣程度密切相关[15]。

自人们发现 TRPV1 在多通道痛觉神经元中充当辣椒素传感器以来，许多后续的研究证实了该通道在与化学物理觉、疼痛、温度调节，以及神经源性炎症有关的生化过程和神经过程中的重要性[17]。继首次发现 TRPV1 之后，Julius 的实验室证明了高温（46℃）和辣椒素都能激活表达相同 TRPV1 的 HK293 细胞，并且两种刺激物所引发的电流与先前从培养的感官神经元中获得的结果一致[18]。表达 TRPV1 的细胞受热后会对随后的辣椒素刺激脱敏而且反之亦然，这证实了 TRPV1 是这两种痛觉刺激物的神经元受体靶标[15]。该研究还表明，在生理温度下质子（酸性）可直接激活 TRPV1，并且还会增强 TRPV1 对有害温度和（或）辣椒素的响应[15]。最后，TRPV1 表达在三叉神经、背根和结节感官神经节内的中小粒径神经元中[15,18]，它们都是与化学物理觉相关的神经群体。总的来说，这些功能研究得到的结果与先前从分离的多通道痛觉神经元观察到的结果是一致的，并且强烈表明 TRPV1 是外周神经元对热、质子和与辣椒素有关的化学刺激物作出响应的关键媒介。

2000 年，Caterina 等报道了 TRPV1 缺陷小鼠的发育和特征[19]，从而为 TRPV1 是产生疼痛刺激的多通道检测器提供了确凿的证据。通过采用基因敲除策略以及细胞和行为学实验，他们发现 TRPV1 缺陷小鼠对辣椒素类物质并不敏感，并且对质子和热的敏感性也明显降低[19]。他们还发现了皮肤神经元及口腔的三叉神经元对辣椒素的脱敏[19]。TRPV1 在三叉神经元中的行为重要性可通过使用含有 100 $\mu mol \cdot L^{-1}$ 辣椒素的水溶液进行味觉厌恶测试来证明。在饮用含有辣椒素的水之后，正常小鼠会擦拭鼻子并且不再饮用。相比之下，*Trpv1* 基因敲除小鼠会反复饮用含有辣椒素的水而不表现任何的厌恶行为[19]。这些结果表明，TRPV1 对于检测特定的化学刺激物至关重要。然而，这些缺陷仅限于 TRPV1 依赖的厌恶性刺激物，这是因为在 *Trpv1* 基因敲除动物中，对其他化学刺激物例如福尔马林的直接皮肤神经响应并未受到影响[19]。

这些研究清楚地证明了 TRPV1 是应对热量以及诸如质子和辣椒素类等化学物理觉刺激物的主要痛觉受体。后续的研究已经表明 TRPV1 激活对检测诸如食盐[20]、黑胡椒[21,22]、榴梿[23]、大蒜[24]、洋葱[24]、迷迭香[25]、薄荷[25]、姜[26,27]和芥末油[28]等食物和辛香料中的其他化学物理觉刺激物也很重要。具有潜在 TRPV1 活性的食品活性成分非常多样，涵盖了广泛的化学空间（表 21-1）。除了食物相关的化合物，TRPV1 信号还会直接或间接受到许多非食物刺激物的影响，其中包括内源性循环脂肪酸酰胺[26]、产生炎症性疼痛的毒素[29-31]、药物如利多卡因[26]，甚至乙醇[32]。这些物质对 TRPV1 激活会产生诸如灼烧、刺痛、尖刺、温暖和麻木等化学刺激[7]，这进一步突显了 TRPV1 在化学物理觉刺激物感官响应中所发挥的作用。

表 21-1　常见的化学物理觉刺激物及其来源和 TRP 通道靶点

结构	名称	来源	受体	参考文献
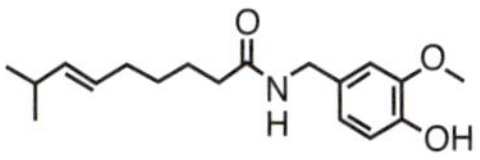	辣椒素	辣椒	TRPV1	[15]
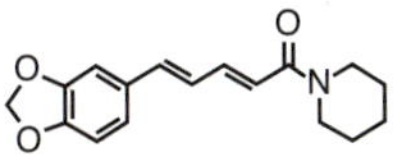	胡椒碱	黑胡椒	TRPV1/A1	[21,22,86]
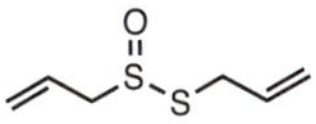	大蒜素	蒜	TRPA1/V1	[24,53]
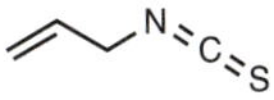	AITC	芥末油，辣根	TRPA1/V1	[50,51]
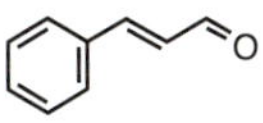	肉桂醛	肉桂	TRPA1	[50,52]
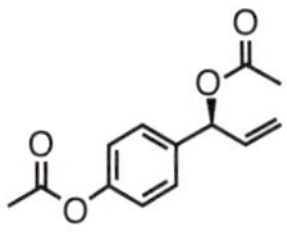	乙酸高良姜酯	中国生姜	TRPA1	[56]
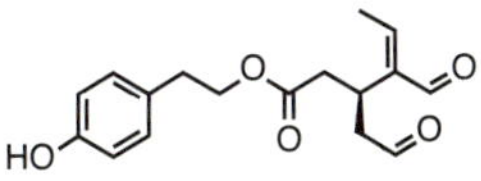	油橄榄素	橄榄油	TRPA1	[54]
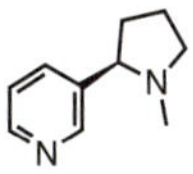	烟碱	烟草	TRPA1	[57]
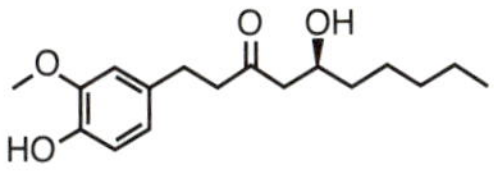	6-姜醇	姜	TRPA1/V1	[27,50]
	樟脑	月桂树	TRPV3/V1	[25,67]
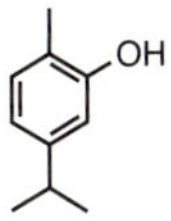	香芹酚	牛至	TRPV3/A1	[69,71]
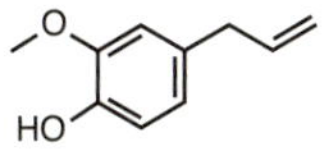	丁香酚	丁香	TRPV3/V1/A1	[50,69]
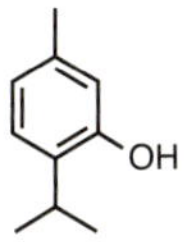	百里酚	百里香	TRPV3/A1	[55,69]

续表

结构	名称	来源	受体	参考文献
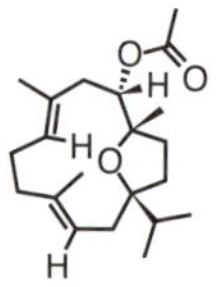	醋酸因香酚	乳香	TRPV3	[77]
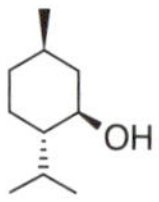	薄荷醇	椒样薄荷	TRPM8/A1/V3	[35,36,42,44,70,71]
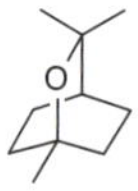	桉树脑	桉树	TRPM8	[36,42]
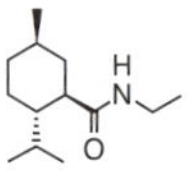	WS-3	合成物	TRPM8/A1	[42,44]
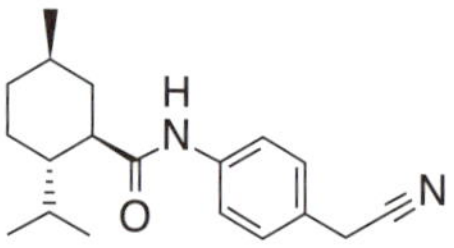	GIV1	合成物	TRPM8/A1	[44]
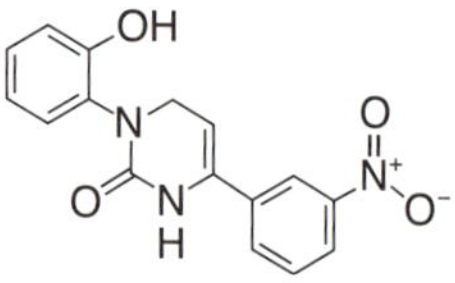	Icilin	合成物	TRPM8/A1	[36,46]
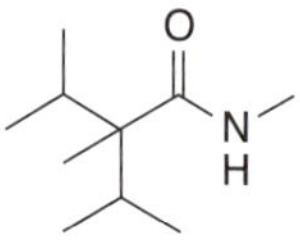	WS-23	合成物	TRPM8	[42]
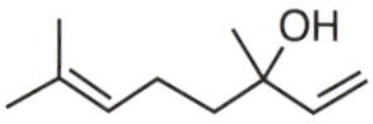	芳樟醇	芫荽	TRPM8/A1/V3	[42,71,83]
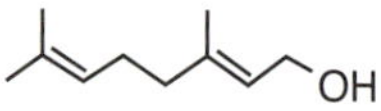	香叶醇	玫瑰	TRPM8/V3	[42,71]

注：引用的参考文献基于使用重组表达系统中受体活性的功能分析的报告。

瞬时受体电位通道亚族 M 成员 8

TRP 通道是一个大型的离子通道家族，在 27 种哺乳动物中分布，其中 TRPV1 在各种生物系统中发挥作用[17]。TRP 通道受到温度、化学物质、pH、压力、脂质或者蛋白质等一系列刺激物的调节，并且它们是所有主要感觉的重要信号整合器，如视觉、味觉、嗅觉、听觉和躯体感觉[17,33]。自从 TRPV1 是热和辣椒素的躯体感觉受体这一里程碑式发现后，许多其他的 TRP 通道也被证明在感官生物学中发挥重要的作用，特别是在温度检测和化学物理觉方面[34]。一个突出的例子是 TRPM8，它是 TRP 通道亚族 M（melastatin subfamily）的一个成员[16]

2002 年，两个不同的研究小组同时发现 TRPM8 是薄荷脑的主要受体，也是一系列温度的检测器，可感知从无害的凉爽到有害的寒冷的温度范围[35,36]。这些研究显示，重组表达 TRPM8 的非神经元细胞可产生强大的温度依赖性阳离子电流[35,36]。与 TRPV1 不同，TRPM8 能被凉爽 / 寒冷范围（8~28℃）的温度激活，但却不能够被有害高温或 TRPV1 激动剂激活[35,36]。TRPM8 的表达可在三叉神经元和背根神经节中观察到，它们处在包含小粒径 C 纤维和已知对寒冷温度敏感的神经中[35,36]。此外，表达 TRPM8 的神经元并不表达 TRPV1、降钙素基因相关肽或同工凝集素 B4 等标记物，而这些标记物都是已知的痛觉神经元的分子标记物[35,36]。体外表达 TRPM8 的 HEK293 或者中国仓鼠卵巢细胞，暴露于薄荷脑[35,36]、Icilin[36]和桉树脑[36]等化学物理觉刺激物后会产生强大的钙电流，而这些化学物理觉刺激物先前已被发现可引起人或动物的寒冷感受。因此，所有的 TRPM8 体外特性（温度敏感性、薄荷脑敏感性和离子电导性）都强烈表明该通道是引起清凉感的化学物理觉刺激物的分子作用位点。此外，这一发现也证实了 Hensel 和 Zotterman[12]最初提出的冷敏感神经纤维中存在薄荷脑受体。

关于 TRPM8 是产生寒冷刺激的关键媒介的确凿证据出现在 2007 年，有两个研究小组报道了 TRPM8 缺陷小鼠对寒冷温度的生理学和行为学响应明显降低[37,38]。这些研究证实 TRPM8 对引发清凉感的化学物理觉刺激物所产生的躯体感觉也是必不可少的[37,38]。背根神经节神经元的钙成像表明，TRPM8 的缺失导致对寒冷或薄荷脑有响应的神经元数量减少 50%~67%[37,38]。行为趋温性分析表明 TRPM8 缺陷型小鼠对无害低温的检测被严重破坏[37,38]。对挥发性冷却剂（丙酮）或腹腔注射 Icilin（一种高效能冷却剂）的体感响应的生理学评估显示，TRPM8 也参与了有害低温的反应[37,38]。最后，TRPM8 还被发现对有益的、减轻疼痛的冷感很重要[37]，这与薄荷脑的镇痛特性部分来源于 TRPM8 激活相一致[39]。

这些研究确定了 TRPM8 是冷感的一个关键媒介。后续的 TRPM8 药理学研究发现了多种化学性质不同的 TRPM8 激动剂[40]，它们具有清凉特性，包括天然的和化学合成的分子（表 21-1）。对 TRPM8 最初的鉴定和表征表明它能够被薄荷烷（薄荷脑）或非薄荷烷类物质（桉树脑、Icilin）激活[35,36]。除了薄荷油或薄荷脑，许多合成的薄荷脑衍生物，如 WS-3，经常被添加到润唇膏、剃须膏、口香糖、牙膏和漱口水中，以发挥凉爽和止痛特性[41]。这些薄荷脑类似物中有很多目前都被公认为是 TRPM8 的受体激动剂，而且表现出程度各不相同的效能和功效[42,43]。基于 TRPM8 激活人们发现了两种新型薄荷脑衍生物，相比其他较低效能 / 效力的 TRPM8 激动剂，它们能够引发更加明显的凉感[44]。此外，一些非薄荷烷类香料如芳樟醇或香叶醇，也会表现弱的 TRPM8 激动剂活性[42]。这些不同的物质激活 TRPM8 引起了从愉快清凉感到寒冷的化学物理觉，并且与其他诸如清新和清洁的享乐描述语相关联[45]，进一步突显了 TRPM8 在对化学物理觉刺激物的感官响应中的作用。

瞬时受体电位通道亚族 A 成员 1

在发现 TRPM8 充当寒冷刺激主要受体后不久，有人提出，瞬时受体电位通道亚族 A 成员 1（TRPA1）可作为痛觉受体，检测低于 TRPM8 温度范围的有害寒冷[46]。TRPA1 最初被称为 ANKTM1，其结构完全不同于 TRPM8，并且 N 末端含有多个锚蛋白重复序列，使其也有别于 TRP 通道家族的其他成员[46]。这些锚蛋白重复序列被认为是激活该通道的关键位点[47]。TRPA1 分布在三叉神经和背根神经节的痛觉神经元中，大多数表达 TRPA1 的神经元也会表达 TRPV1[46]。对重组表达系统中 TRPA1 功能的初步表征显示，有害低温（10℃）和 Icilin 是该通道的强力激活剂，导致非常强的钙内流[46]。在表达 TRPM8 的神经元中并未发现 TRPA1，而且激活 TRPA1 需要更低的温度，表明 TRPA1 可能是非 TRPM8 介导的有害低温响应的潜在受体[46]。在这一初步发现之后，有害低温对 TRPA1 的直接热激活成了广泛研究的主题，最终出现了许多相互矛盾的报道，并导致人们提出了该通道并非由低温直接调控的观点[48]。不过，最近越来越多的研究表明，在没有化学刺激物、第二信使或辅助蛋白存在的情况下，插入脂质双分子层中的纯化 TRPA1 仍能够被低温直接激活[49]。

随后，TRPA1 被确定为一些具有辛辣特征的化学刺激物的分子靶标，而且还能够被与疼痛和炎症相关的化合物或肽类激活[50,51]。这些刺激物大多来源于植物，包括异硫氰酸酯（芥子油）、肉桂醛（肉桂）、丁香酚（丁香、肉豆蔻、肉桂）和水杨酸甲酯（冬青植物）[50,51]。TRPA1 被外源性化学刺激物或被有害的低温所激活表明其在痛觉响应中发挥一定的作用，而这在后来也被产生疼痛的缓激肽可直接激活 TRPA1 所证实[50]。TRPA1 被最终确认为伤害性痛觉受体来自 TRPA1 缺陷小鼠实验结果，人们发现 TRPA1 缺陷小鼠对多种引起疼痛的刺激物的反应严重缺失，包括芥子油、福尔马林或缓激肽[52]。

在过去 10 年中，有越来越多的药理学和生理学证据表明 TRPA1 实际上是一种调节范围很广的传感器，可与一系列热的、离子的、化学的和机械的痛觉刺激物发生响应[48]。除了前面提到的那些，TRPA1 还可以被其他食物中的化学刺激物所激活（表 21–1），例如生大蒜 / 洋葱（大蒜素）[53]、辣根 / 芥末（异硫氰酸酯）[50]、薄荷（薄荷脑）[44]、橄榄油[54]、百里香（百里香酚）[55] 和生姜（姜油醇、高良姜）[27,56]。其他低效的 TRPA1 刺激剂还包括咖啡因和尼古丁[48,57]。TRPA1 的激活在一定程度上也引发了碳酸饮料的刺激性[58]。在这些食物和（或）化合物的感官评价中，化学物理觉刺激物激活 TRPA1 所引发的感官响应通常被描述为灼烧或刺痛感[48]。此外，TRPA1 对一些不激活 TRPV1 的刺激物的敏感性也为辣椒素和其他非辣椒素类化学物理觉刺激物（如肉桂醛）之间的交叉适应性提供了药理学基础。众所周知，反复接触辣椒素可使痛觉纤维发生脱敏，并使它们对随后的辣椒素或非辣椒素刺激物暴露都变得不那么敏感[14]。相同的结果也在急性口腔暴露研究中被观察到，在预先暴露于辣椒素后，肉桂醛的刺激性会降低，这种降低体现在被描述为灼烧 / 尖刺 / 刺痛的感受方面[7]。对这一悖论的最佳解释是 TRPA1 和 TRPV1 在同一痛觉神经纤维中共同表达，以致辣椒素对 TRPV1 预先激活可使三叉神经对随后 TRPA1 激动剂的刺激变得不太敏感[50,51]。

与 TRPV1 或 TRPM8 不同，TRPA1 表现出高度的物种依赖性变化，从而导致了热敏感性或化学敏感性的显著差异（图 21–1）。例如，TRPA1 在哺乳动物（如啮齿动物）中作为有害冷传感器，但在爬行动物中却作为热传感器[59,60]。这种热敏性差异也在其他物种中有所体现。颊窝毒蛇表达一种独特的爬行动物 TRPA1 变体，该变体能够被红外线辐射所激活，被用作探测猎物的专用传感器[61]。果蝇表达的 TRPA1 变体是热激活的，西方爪蟾和绿色变色蜥也是如此[60]。此外，构成爬行动物 TRPA1 热敏感性基础的相同序列变异也会影响化学敏感性，例如蛇的 TRPA1 变体对异硫氰酸烯丙酯（AITC）的敏感性非常低，但 AITC 却是其他 TRPA1 直系同源物的强效激动剂[61]。咖啡因是小鼠 TRPA1 的激动剂，但其在人体却是 TRPA1 的拮抗剂，这是两个物种间单个氨基酸差异所造成的[62,63]。鸟类 TRPA1 可被化学刺激物如 AITC、肉桂醛激活，它们同时也能够激活哺乳动物的 TRPA1 变体；然而，鸟类 TRPA1 只对有害的热发生响应，并不对有害的冷反应[60]。有趣的是，鸡的 TRPA1 物种特异性序列变异使其对邻氨基苯甲酸甲酯（葡萄中发现的一种化学物质）高度敏感，该物质使鸟类产生厌恶性并被作为一种非致死性驱鸟剂使用[60]。因此，TRPA1 变体通过物种特异性变化感知各种环境刺激物，从而对动物生理和（或）行为的各个方面产生影响。

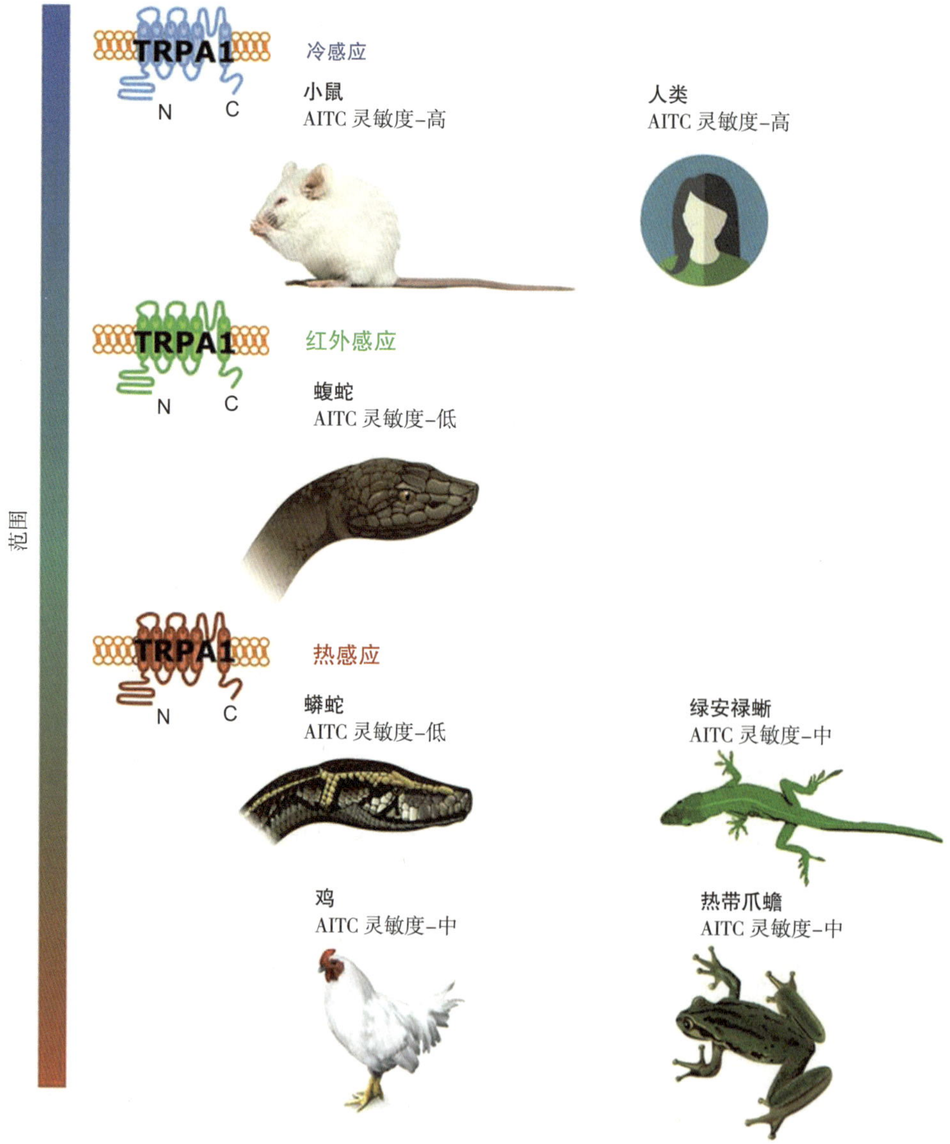

图 21-1　TRPA1 功能的物种特异性变化。描述了不同动物中 TRPA1 对温度和异硫氰酸烯丙酯（AITC）的敏感性，而且所依据的是以下参考文献中报道的 TRPA1 的功能响应：人体[49,53]、小鼠[50,59]、颊窝毒蛇/蛇类[61]，以及鸡/变色蜥/青蛙[60]

瞬时受体电位通道亚族 V 成员 3

TRPV1、TRPM8 和 TRPA1 的温度调节作用导致人们发现了另一个温度敏感性的 TRP 通道，其被称为 TRPV3。通过对与 TRPV1 相关的基因进行序列同源性检索，三个独立的研究小组同时鉴定出了 TRPV3。功能分析表明它是一个主要在神经系统，以及皮肤和味觉组织的上皮细胞中表达的热敏性通道[64–66]。有趣的是，在来自背根神经节（DRG）的神经元信使 RNA 中并没有检测到小鼠 TRPV3 的表达[64]，但却在人类 DRG 神经元中观察到了 TRPV3 的稳健表达[65]。TRPV3 转染细胞暴露于 30~45℃温变区间时会引发持续的细胞内钙电流，并存在一个平均温度为 37~39℃的激活阈值[64–66]。尽管含有 TRPV3 的神经元会共表达 TRPV1，但 TRPV3 却不被辣椒素或质子激活，也不会被辣椒平所抑制[64–66]。TRPV3 通道在反复受到热刺激后显示出明显的敏感化，导致更大的电流振幅[64,66]。TRPV3 的热激活通道特性也与先前对感官神经元的研究相一致[66]。这表明 TRPV3 是另一种热敏感性 TRP 通道，其能够检测生理范围介于 TRPM8 和 TRPV1 之间的温暖和炎热温度。

TRPV3 在小鼠角质细胞中表达但却不在 DRG 神经元中表达，这引发了有关其是否直接参与热感觉的疑问。为了澄清该问题，Moqrich 等培养了一种 TRPV3 缺陷型小鼠并发现其缺乏热和化学敏感性[67]。具体来说，在强迫选择的趋温性试验中，他们发现 TRPV3 的丧失与温度偏好的改变有关。与 25℃的环境温度相比，野生型小鼠对 33℃的环境温度表现出更强烈（92%）的偏好，而 *Trpv3* 基因敲除小鼠对较暖的温度仅有轻微（64%）偏好[67]。TRPV3 缺陷小鼠还对 50℃或更高温度的疼痛热刺激表现出延迟的甩尾或缩爪反应，表明 TRPV3 在检测无害和有害温度中都发挥了作用[67]。樟脑在生理相关浓度下激活了表达 TRPV3 的重组细胞，并使 TRPV3 对温暖刺激变得敏感[67]，这与樟脑对人体皮肤的效应相一致[68]。最后，培养的小鼠角质细胞对温暖的温度（37℃）或单独的樟脑表现出强大的离子电流响应，并且对温暖温度的响应可以通过添加樟脑来增强[67]。缺失 TRPV3 的角质细胞对樟脑（单独或与热结合使用）没有响应，对单独的温暖温度的响应也大大降低，证实了 TRPV3 在皮肤的热和化学敏感性中发挥一定的作用[67]。

后续的研究发现 TRPV3 的激活具有非选择性，很多天然产物都可以作为其激动剂，包括存在于常见辛香料如牛至、百里香和丁香中的化合物[69]。具体而言，薄荷脑和其他与樟脑有关的单萜类化合物，例如冰片、6-叔丁基-间甲酚、香芹酚、香芹醇、二氢香芹醇、丁香酚和百里香酚，都是TRPV3的激动剂[69-71]（表21-1）。与TRPV3在化学物理觉和热感应中的作用相一致的是，丁香酚和香芹酚会引发口腔的无害温暖感觉，并增强有害高温引起的疼痛[72]。TRPV3被薄荷脑激活也可以解释先前来于Hensel和Zotterman[12]的观察，即薄荷脑可以激活一小部分对温暖温度敏感的舌神经纤维。人工合成的TRPV3激动剂则包括2-氨基乙氧基二苯基硼酸酯（2-APB）及其类似物二苯基硼酸酐（DPBA）[73]。然而，2-APB和DPBA都是非选择性的，它们还能调节其他的TRP通道，包括TRPV1和TRPV2[74,75]。此外，有研究表明，单独的DPBA并不能激活永生化小鼠皮肤细胞系（被称为m308k）中的TRPV3，但DPBA与其他已知的TRPV3激动剂例如樟脑、香芹酚和百里香酚具有协同作用[73]。有趣的是，在培养的m308k细胞中，不饱和长链脂肪酸亚油酸和花生四烯酸能够增强TRPV3对2-APB的响应，但对其他TRPV3激动剂却没有类似作用[73]。法尼基焦磷酸酯（FPP）是TRPV3的选择性激动剂，被认为是产生疼痛的内源性物质，因为注射FPP会在部分涉及TRPV3的动物模型中产生痛觉响应[76]。最后，据报道TRPV3还可被用于制造乳香的乳香树脂的精神活性成分因香酚乙酸酯激活。对小鼠使用因香酚乙酸酯处理时会产生类似抗焦虑和抗抑郁的行为，这种行为依赖于TRPV3表达，表明除了在化学物理觉和热感应中发挥作用，TRPV3还可能参与情绪的调节[77]。

钾离子通道亚族K通道

四川的花椒属（*Xanthoxylum*）胡椒植物在烹饪和传统医药中有着悠久的使用历史，值得注意的是，它们能够唤起独特的口腔感受，如麻刺，以及清凉、辛辣、麻木，甚至生津的感觉[78-80]。花椒属植物引起的麻刺感或嗡嗡感来自一类被称为山椒醇的烷基酰胺，其主要的化学物理觉刺激物是α-羟基山椒醇[78]。除了α-羟基山椒醇，另一种在莲雾水果中发现的烷基酰胺千日菊素，也会产生类似的麻刺感受，而这种感受截然不同于由其他化学物理觉刺激物（如辣椒素、肉桂醛或异硫氰酸酯）所引发的辛辣感受[79]。

将纯化的α-羟基山椒醇施加到大鼠的舌头会造成多种三叉神经纤维的激活，包括清凉敏感神经元、触觉敏感神经元和有害低温感应神经元，以及一些并不与其他特征化学或触觉刺激物响应的神经元[78]。对α-羟基山椒醇响应的神经元与辣椒素敏感性痛觉纤维是完全不同的[78]。一些触觉敏感性神经元在预先接触α-羟基山椒醇后对触觉刺激的响应增强，而其他最初对触觉刺激没有响应性的神经元在预先接触山椒醇后变得对触觉敏感[78]。这表明 α-羟基山椒醇所引起的麻刺感部分是由于低阈值机械敏感性纤维的激活，这不仅与小鼠离体体外皮肤神经制备中的发现相一致[81]，也与使用 α-羟基山椒醇合成衍生物的人体感官研究的发现相一致[79]。口服 α-羟基山椒醇会引起麻刺感，其被人们描述为类似于低压电击或者在舌头上涂抹弱碳酸溶液所产生的感觉[78]。高浓度的 α-羟基山椒醇则与挥发性凉爽和疼痛感觉有关[78]。利用 α-羟基山椒醇的合成衍生物 IBA（异丁基烷基酰胺）进行的交叉脱敏研究表明，在与辛辣刺激物如辣椒素或芥子油交叉脱敏后，山椒醇的麻刺感并没有降低，这与使用大鼠三叉神经的研究结果相一致[78,79]。此外，另一个与大鼠研究相一致的结果是，IBA 与寒冷刺激联合施加时会增强人体中单独施加 IBA 引发的感受[79]。最后，在花椒属植物提取物中存在许多 α-羟基山椒醇的异构体，并且它们大多数都会引发麻刺感[80]。然而，似乎丢失一个关键的顺式双键便会导致其完全失去麻刺活性，这表明羟基山椒醇的立体化学特征对其独特的化学物理觉活性至关重要的[80]。

四川胡椒中的主要化学物理觉刺激物在酰胺部位都含有一个羟基，如 α-羟基山椒醇、β-羟基山椒醇、γ-羟基山椒醇和 δ-羟基山椒醇（图 21-2），它们在碳链长度以及 C6 位置的关键双键的立体化学取向上各不相同[82]。尽管 α-羟基山椒醇会引起麻刺感，但 δ-羟基山椒醇和 γ-羟基山椒醇却产生灼烧感，而 β-羟基山椒醇则会造成麻木感[82]。在药理学上，人们认为有多种受体介导了山椒醇的化学物理觉特性。对四种山椒醇的体外评估表明它们是 TRPA1 和 TRPV1 激动剂，其中 TRPA1 的效能取决于 C6 顺式双键的存在[82,83]。在另一项研究中，研究者用 α-羟基山椒醇处理培养的三叉神经或 DRG 神经元，这造成背景钾泄漏电流减少并产生兴奋性钙信号。进一步的实验显示，α-羟基山椒醇可逆地抑制了 pH 敏感性钾泄漏电流，该电流对传统的钾通道抑制剂 TEA 或 4-氨基吡啶也很敏感，这表明 KCNQ 或钾通道亚族 K（KCNK）参与其中[84]。随后的研究发现，α-羟基山椒醇能抑制双孔钾通道家族的 3 个成员（KCNK3、KCNK9、KCNK18），其中 KNCK3 和 KCNK18 最为敏感[84]。在培养的 DRG 神经元中，α-羟基山椒醇只激活表达 KCNK3/KCNK9 的神经元但不激活表达 KCNQ 家族的神经元[84]，这进一步证实了 KCNK 的重要性。不引发麻刺感的 β-羟基山椒醇并不会刺激感官神经元，只能在体外抑制 KCNK3[84]。重要的是，四川胡椒提取物仍然可以完全激活来自 *Trpa1* 或 *Trpv1* 基因敲除小鼠的神经元，还能引发 *Trpv1/Trpa1* 基因双敲除小鼠的厌恶行为[84]。这些研究发现表明 TRP 通道不传递麻刺感，而 KCNK 更有可能是山椒醇所引起麻刺感的媒

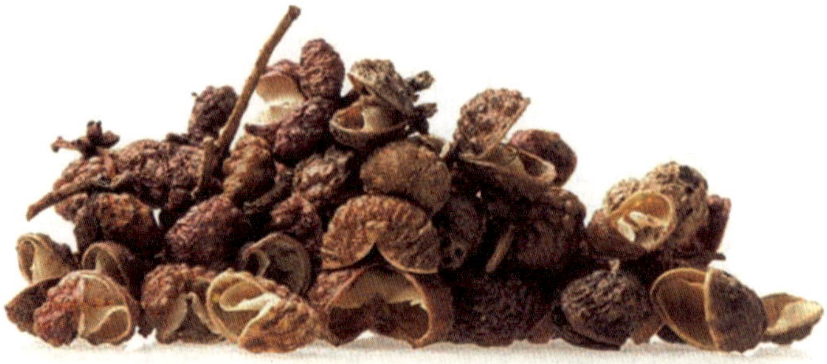

活性化学物质	感觉	受体靶点
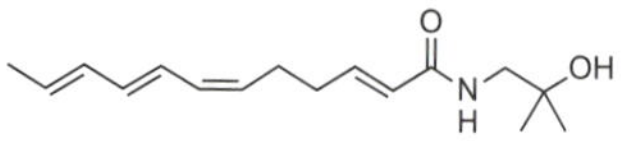	麻刺	KCNK3, KCNK9, KCNK18, TRPA1, TRPV1
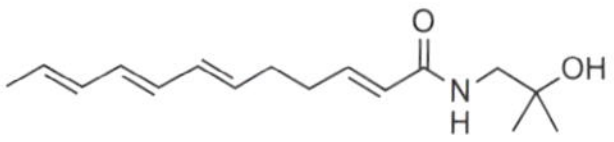	麻木	KCNK3
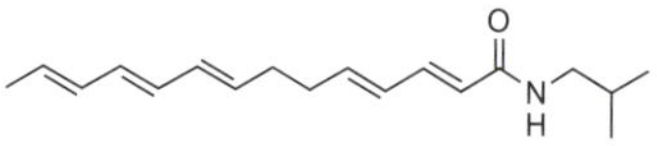	灼烧	TRPA1, TRPV1
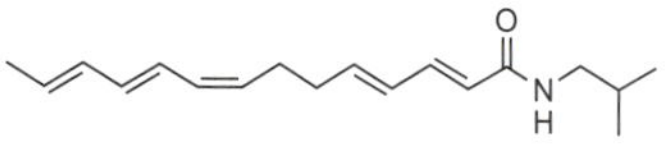	灼烧	TRPA1, TRPV1

图 21-2 四川胡椒中发现的化学物理觉刺激物及其潜在受体。描述的化合物依次是 α-羟基山椒醇、β-羟基山椒醇、δ-羟基山椒醇和 γ-羟基山椒醇。受体敏感性基于先前工作中报道的功能响应[82-84]

介[84]。然而，由于 KCNK 还对不产生麻刺感觉的麻醉药物具有敏感性，因此，这些通道是否只单独传递山椒醇诱发的麻刺感或麻木感，或者它们实际上传递两种感受，仍有待确定。

结论和未来展望

自 1912 年 Parker 首次发表关于共同化学觉的报道以来，人们在理解躯体感觉系统如何检测和应对化学刺激物方面已经取得了非常多的进展。很多与化学物理觉有关的受体也在呼吸道和胃肠道等感官系统外表达。TRP 通道作为药物的靶标引起了人们极大的兴趣，它们涉及不同的治疗领域，包括疼痛、瘙痒、咳嗽、头痛、眼功能障碍和代谢健康[85]。在过去 1 个世纪中，相关领域的研究让人们逐渐理解自然界中化学物质是如何激活这些不同的受体，从而产生了独特感觉的感知。当然，探讨这些相同的受体在其他组织和器官中的调节机制如何影响与健康和行为有关的其他过程也将是令人兴奋的事情。

参考文献

[1] Ryan KK, Seeley RJ. Food as a hormone. *Science*. 2013;339:918-919.

[2] Galindo MM, Schneider NY, Stähler F, Töle J, Meyerhof W. Taste preferences. *Prog Mol Biol Transl Sci*. 2012;108:383-426.

[3] Drewnowski A, Gomez-carneros C. Bitter taste, phytonutrients, and the consumer: a review. *Am J Clin Nutr*. 2000;72(6):1424-1435.

[4] Lindsay RC. Flavors. In: Rinivasan S, Parkin KL, Fennema OR, eds. *Fennema's Food Chemistry*. vol. 4. Boca Raton, FL: CRC Press; 2007:640-687.

[5] Small DM, Prescott J. Odor/taste integration and the perception of flavor. *Exp Brain Res*. 2005;166:345-357.

[6] Halpern BP. Psychophysics of taste. In: Beauchamp GK, Bartoshuk LM, eds. *Tasting and Smelling*. vol. 2. San Diego, CA: Elsevier; 1997:77-123.

[7] Green BG. Capsaicin cross-desensitization on the tongue: psychophysical evidence that oral chemical irritation is mediated by more than one sensory pathway. *Chem Senses*. 1991;16:675-689.

[8] Green BG. Chemesthesis and the chemical senses as components of a "chemofensor complex". *Chem Senses*. 2012;37:201-206.

[9] Nilius B, Appendino G. Tasty and healthy TR(i)Ps. *EMBO Rep*. 2011;12:1094-1101.

[10] Parker G. The relations of smell, taste, and the common chemical sense in vertebrates. *J Acad Natl Sci Phila*. 1912;18:221-234.

[11] Simons CT, Carstens EE. Oral chemesthesis and taste. In: Beauchamp GK, ed. *The Senses: A Comprehensive Reference*. vol. 1. Academic Press; 2008:345-369.

[12] Hensel H, Zotterman Y. The effect of menthol on the thermoreceptors. *Acta Physiol Scand*. 1951;24:27-34.

[13] Szolcsanyi J, Anton F, Reeh PW, Handwerker HO. Selective excitation by capsaicin of mechano-heat sensitive nociceptors in rat skin. *Brain Res*. 1988;446:262-268.

[14] Jancsó N, Jancsó-Gábor A, Szolcsányi J. Direct evidence for neurogenic inflammation and its prevention by denervation and by pretreatment with capsaicin. *Br J Pharmacol Chemother*. 1967;31:138-151.

[15] Caterina MJ, Schumacher MA, Tominaga M, Rosen TA, Levine JD, Julius D. The capsaicin receptor: a heat-activated ion channel in the pain pathway. *Nature*. 1997;389:816-824.

[16] Montell C, Birnbaumer L, Flockerzi V, et al. A unified nomenclature for the superfamily of TRP cation channels. *Mol Cell*. 2002;9:229-231.

[17] Hilton JK, Rath P, Helsell CVM, Beckstein O, Van Horn WD. Understanding thermosensitive transient receptor potential channels as versatile polymodal cellular sensors. *Biochemistry*. 2015;54:2401-2413.

[18] Tominaga M, Caterina MJ, Malmberg AB, et al. The cloned capsaicin receptor integrates multiple pain-producing stimuli. *Neuron*. 1998;21:531-543.

[19] Caterina MJ, Leffler A, Malmberg AB, et al. Impaired nociception and pain sensation in mice lacking the capsaicin receptor. *Science*. 2000;288:306-313.

[20] Ruiz C, Gutknecht S, Delay E, Kinnamon S. Detection of NaCl and KCl in TRPV1 knockout mice. *Chem Senses*. 2006;31:813-820.

[21] McNamara FN, Randall A, Gunthorpe MJ. Effects of piperine, the pungent component of black pepper, at the human vanilloid receptor (TRPV1). *Br J Pharmacol*. 2005;144:781-790.

[22] Okumura Y, Narukawa M, Iwasaki Y, et al. Activation of TRPV1 and TRPA1 by black pepper components. *Biosci Biotechnol Biochem*. 2010;74:1068-1072.

[23] Terada Y, Hosono T, Seki T, et al. Sulphur-containing compounds of durian activate the thermogenesis-inducing receptors TRPA1 and TRPV1. *Food Chem*. 2014;157:213-220.

[24] Macpherson LJ, Geierstanger BH, Viswanath V, et al. The pungency of garlic: activation of TRPA1 and TRPV1 in response to allicin. *Curr Biol*. 2005;15:929-934.

[25] Xu H, Blair NT, Clapham DE. Camphor activates and strongly desensitizes the transient receptor potential vanilloid subtype 1 channel in a vanilloid-independent mechanism. *J Neurosci*. 2005;25:8924-8937.

[26] Vriens J, Appendino G, Nilius B. Pharmacology of vanilloid transient receptor potential cation channels. *Mol Pharmacol*. 2009;75:1262-1279.

[27] Morera E, De Petrocellis L, Morera L, et al. Synthesis and biological evaluation of [6]-gingerol analogues as transient receptor potential channel TRPV1 and TRPA1 modulators. *Bioorg Med Chem Lett*. 2012;22:1674-1677.

[28] Everaerts W, Gees M, Alpizar YA, et al. The capsaicin receptor TRPV1 is a crucial mediator of the noxious effects of mustard oil. *Curr Biol*. 2011;21:316-321.

[29] Siemens J, Zhou S, Piskorowski R, et al. Spider toxins activate the capsaicin receptor to produce inflammatory pain. *Nature*. 2006;444:208-212.

[30] Min JW, Liu WH, He XH, Peng BW. Different types of toxins targeting TRPV1 in pain. *Toxicon*. 2013;71:66-75.

[31] Gui J, Liu B, Cao G, et al. A tarantula-venom peptide antagonizes the TRPA1 nociceptor ion channel by binding to the S1-S4 gating domain. *Curr Biol*. 2014;24:473-483.

[32] Trevisani M, Smart D, Gunthorpe MJ, et al. Ethanol elicits and potentiates nociceptor responses via the vanilloid receptor-1. *Nat Neurosci*. 2002;5:546-551.

[33] Clapham DE. TRP channels as cellular sensors. *Nature*. 2003;426:517-524.

[34] Nilius B, Appendino G. Tasty and healthy TR(i)Ps. The human quest for culinary pungency. *EMBO Rep*. 2011;12:1094-1101.

[35] Peier AM, Moqrich A, Hergarden AC, et al. A TRP channel that senses cold stimuli and menthol. *Cell*. 2002;108:705-715.

[36] McKemy DD, Neuhausser WM, Julius D. Identification of a cold receptor reveals a general role for TRP channels in thermosensation. *Nature*. 2002;416:52-58.

[37] Dhaka A, Murray AN, Mathur J, Earley TJ, Petrus MJ, Patapoutian A. TRPM8 is required for cold sensation in mice. *Neuron*. 2007;54:371-378.

[38] Colburn RW, Lubin ML, Stone DJ, et al. Attenuated cold sensitivity in TRPM8 null mice. *Neuron*. 2007;54:379e386.

[39] McKemy DD. The molecular and cellular basis of cold sensation. *ACS Chem Neurosci*. 2013;4:238-247.

[40] Journigan VB, Zaveri NT. TRPM8 ion channel ligands for new therapeutic applications and as probes to study menthol pharmacology. *Life Sci*. 2013;92:425-437.

[41] Eccles R. Menthol and related cooling compounds. *J Pharm Pharmacol*. 1994;46:618-630.

[42] Behrendt H-J, Germann T, Gillen C, Hatt H, Jostock R. Characterization of the mouse cold-menthol receptor TRPM8 and vanilloid receptor type-1 VR1 using a fluorometric imaging plate reader (FLIPR) assay. *Br J Pharmacol*.

2004;141:737-745.

[43] Bharate SS, Bharate SB. Modulation of thermoreceptor TRPM8 by cooling compounds. *ACS Chem Neurosci*. 2012;3:248-267.

[44] Klein AH, Iodi Carstens M, McCluskey TS, et al. Novel menthol-derived cooling compounds activate primary and second-order trigeminal sensory neurons and modulate lingual thermosensitivity. *Chem Senses*. 2011;36:649-658.

[45] Furrer SM, Slack JP, McCluskey ST, et al. New developments in the chemistry of cooling compounds. *Chemosens Percept*. 2008;1:119-126.

[46] Story GM, Peier AM, Reeve AJ, et al. ANKTM1, a TRP-like channel expressed in nociceptive neurons, is activated by cold temperatures. *Cell*. 2003;112:819-829.

[47] Cordero-Morales JF, Gracheva EO, Julius D. Cytoplasmic ankyrin repeats of transient receptor potential A1 (TRPA1) dictate sensitivity to thermal and chemical stimuli. *Proc Natl Acad Sci USA*. 2011;108:E1184-E1191.

[48] Garrison SR, Stucky CL. The dynamic TRPA1 channel: a suitable pharmacological pain target? *Curr Pharm Biotechnol*. 2011;12:1689-1697.

[49] Moparthi L, Survery S, Kreir M, et al. Human TRPA1 is intrinsically cold- and chemosensitive with and without its N-terminal ankyrin repeat domain. *Proc Natl Acad Sci USA*. 2014;111:16901-16906.

[50] Bandell M, Story GM, Hwang SW, et al. Noxious cold ion channel TRPA1 is activated by pungent compounds and bradykinin. *Neuron*. 2004;41:849-857.

[51] Jordt S-E, Bautista DM, Chuang H, Meng ID, Julius D. Mustard oils and cannabinoids excite sensory nerve fibres through the TRP channel ANKTM1. *Nature*. 2004;427:260-265.

[52] Bautista DM, Jordt SE, Nikai T, et al. TRPA1 mediates the inflammatory actions of environmental irritants and proalgesic agents. *Cell*. 2006;124:1269-1282.

[53] Bautista DM, Movahed P, Hinman A, et al. Pungent products from garlic activate the sensory ion channel TRPA1. *Proc Natl Acad Sci USA*. 2005;102:12248-12252.

[54] Peyrot des Gachons C, Uchida K, Bryant B, et al. Unusual pungency from extra-virgin olive oil is attributable to restricted spatial expression of the receptor of oleocanthal. *J Neurosci*. 2011;31:999-1009.

[55] Lee SP, Buber MT, Yang Q, et al. Thymol and related alkyl phenols activate the hTRPA1 channel. *Br J Pharmacol*. 2008;153:1739-1749.

[56] Narukawa M, Koizumi K, Iwasaki Y, Kubota K, Watanabe T. Galangal pungent component, 10-acetoxychavicol acetate, activates TRPA1. *Biosci Biotechnol Biochem*. 2010;74:1694-1696.

[57] Schreiner BSP, Lehmann R, Thiel U, et al. Direct action and modulating effect of (+)- and (-)-nicotine on ion channels expressed in trigeminal sensory neurons. *Eur J Pharmacol*. 2014;728:48-58.

[58] Wang YY, Chang RB, Liman ER. TRPA1 is a component of the nociceptive response to CO_2. *J Neurosci*. 2010;30:12958-12963.

[59] Chen J, Kang D, Xu J, et al. Species differences and molecular determinant of TRPA1 cold sensitivity. *Nat Commun*. 2013;4:2501.

[60] Saito S, Banzawa N, Fukuta N, et al. Heat and noxious chemical sensor, chicken TRPA1, as a target of bird repellents and identification of its structural determinants by multispecies functional comparison. *Mol Biol Evol*. 2014;31:708-722.

[61] Gracheva EO, Ingolia NT, Kelly YM, et al. Molecular basis of infrared detection by snakes. *Nature*. 2010;464:1006-1011.

[62] Nagatomo K, Kubo Y. Caffeine activates mouse TRPA1 channels but suppresses human TRPA1 channels. *Proc Natl*

Acad Sci USA. 2008;105:17373-17378.

[63] Nagatomo K, Ishii H, Yamamoto T, Nakajo K, Kubo Y. The Met268Pro mutation of mouse TRPA1 changes the effect of caffeine from activation to suppression. *Biophys J*. 2010;99:3609-3618.

[64] Peier AM, Reeve AJ, Andersson DA, et al. A heat-sensitive TRP channel expressed in keratinocytes. *Science*. 2002;296:2046-2049.

[65] Smith GD, Gunthorpe MJ, Kelsell RE, et al. TRPV3 is a temperature-sensitive vanilloid receptor-like protein. *Nature*. 2002;418:186-190.

[66] Xu H, Ramsey IS, Kotecha SA. TRPV3 is a calcium-permeable temperature-sensitive cation channel. *Nature*. 2002;418:181-186.

[67] Moqrich A, Hwang SW, Earley TJ, et al. Impaired thermosensation in mice lacking TRPV3, a heat and camphor sensor in the skin. *Science*. 2005;307:1468-1472.

[68] Green BG. Sensory characterisistics of camphor. *Soc Investig Dermatol*. 1990;94:662-666.

[69] Xu H, Delling M, Jun JC, Clapham DE. Oregano, thyme and clove-derived flavors and skin sensitizers activate specific TRP channels. *Nat Neurosci*. 2006;9:628-635.

[70] Macpherson LJ, Hwang SW, Miyamoto T, Dubin AE, Patapoutian A, Story GM. More than cool: promiscuous relationships of menthol and other sensory compounds. *Mol Cell Neurosci*. 2006;32:335-343.

[71] Vogt-Eisele a K, Weber K, Sherkheli MA, et al. Monoterpenoid agonists of TRPV3. *Br J Pharmacol*. 2007;151:530-540.

[72] Klein AH, Iodi Carstens M, Carstens E. Eugenol and carvacrol induce temporally desensitizing patterns of oral irritation and enhance innocuous warmth and noxious heat sensation on the tongue. *Pain*. 2013;154:2078-2087.

[73] Grubisha O, Mogg AJ, Sorge JL, et al. Pharmacological profiling of the TRPV3 channel in recombinant and native assays. *Br J Pharmacol*. 2014;171:2631-2644.

[74] Hu HZ, Gu Q, Wang C, et al. 2-Aminoethoxydiphenyl borate is a common activator of TRPV1, TRPV2, and TRPV3. *J Biol Chem*. 2004;279:35741-35748.

[75] Juvin V, Penna A, Chemin J, Lin Y-L, Rassendren F-A. Pharmacological characterization and molecular determinants of the activation of transient receptor potential V2 channel orthologs by 2-aminoethoxydiphenyl borate. *Mol Pharmacol*. 2007;72:1258-1268.

[76] Bang S, Yoo S, Yang TJ, Cho H, Hwang SW. Farnesyl pyrophosphate is a novel pain-producing molecule via specific activation of TRPV3. *J Biol Chem*. 2010;285:19362-19371.

[77] Moussaieff A, Rimmerman N, Bregman T, et al. Incensole acetate, an incense component, elicits psychoactivity by activating TRPV3 channels in the brain. *FASEB J*. 2008;22:3024-3034.

[78] Bryant BP, Mezine I. Alkylamides that produce tingling paresthesia activate tactile and thermal trigeminal neurons. *Brain Res*. 1999;842:452-460.

[79] Albin KC, Simons CT. Psychophysical evaluation of a sanshool derivative (alkylamide) and the elucidation of mechanisms subserving tingle. *PLoS One*. 2010;5:e9520.

[80] Bader M, Stark TD, Dawid C, Lösch S, Hofmann T. All-trans-configuration in zanthoxylum alkylamides swaps the tingling with a numbing sensation and diminishes salivation. *J Agric Food Chem*. 2014;62:2479-2488.

[81] Lennertz RC, Tsunozaki M, Bautista DM, Stucky CL. Physiological basis of tingling paresthesia evoked by hydroxy-alpha-sanshool. *J Neurosci*. 2010;30:4353-4361.

[82] Menozzi C, Riera CE, Munari C, Coutre JL, Robert F. Synthesis and evaluation of new alkylamides derived from alpha-hydroxysanshool, the pungent molecule in szechuan pepper. *J Agric Food Chem*. 2009;57:1982-1989.

[83] Riera CE, Menozzi-Smarrito C, Affolter M, et al. Compounds from Sichuan and Melegueta peppers activate, covalently and non-covalently, TRPA1 and TRPV1 channels. *Br J Pharmacol*. 2009;157:1398-1409.

[84] Bautista DM, Sigal YM, Milstein AD, et al. Pungent agents from Szechuan peppers excite sensory neurons by inhibiting two-pore potassium channels. *Nat Neurosci*. 2008;11:772-779.

[85] Viana F. Chemosensory properties of the trigeminal system. *ACS Chem Neurosci*. 2011;2:38-50.

[86] Ursu D, Knopp K, Beattie RE, Liu B, Sher E. Pungency of TRPV1 agonists is directly correlated with kinetics of receptor activation and lipophilicity. *Eur J Pharmacol*. 2010;641:114-122.

Chemosensory Transduction: The Detection of Odors, Tastes, and Other Chemostimuli, 1E
Frank Zufall, Steven D. Munger
ISBN: 9780128016947

Authorized Chinese translation published by China Science and Technology Press Co., Ltd.

《化学感官转导机制》(第 1 版)(张建勋　刘俊辉　张启东　毛健　范武　译)
ISBN: 9787523613610

注意

本书涉及领域的知识和实践标准在不断变化。新的研究和经验拓展我们的理解,因此须对研究方法、专业实践或医疗方法作出调整。从业者和研究人员必须始终依靠自身经验和知识来评估和使用本书中提到的所有信息、方法、化合物或本书中描述的实验。在使用这些信息或方法时,他们应注意自身和他人的安全,包括注意他们负有专业责任的当事人的安全。在法律允许的最大范围内,爱思唯尔、译文的原文作者、原文编辑及原文内容提供者均不对因产品责任、疏忽或其他人身或财产伤害及/或损失承担责任,亦不对由于使用或操作文中提到的方法、产品、说明或思想而导致的人身或财产伤害及/或损失承担责任。